“十二五”普通高等教育本科国家级规划教材

工程制图

Gongcheng Zhitu

第二版

焦永和　张　彤　张京英　主编

高等教育出版社·北京

内容提要

本书是“十二五”普通高等教育本科国家级规划教材，是根据教育部高等学校工程图学教学指导委员会2010年制订的《普通高等学校工程图学课程教学基本要求》及有关最新国家标准，参考国内、外同类教材，并总结作者近年来的教学改革实践经验，在第一版的基础上修订而成的。

全书除绪论外共分为10章，包括制图的基础知识、正投影基础、基本立体及其表面交线的投影、组合体的视图、轴测投影、图样画法、标准件与常用件、零件图、装配图、计算机绘图及三维造型基础等内容。

与本书配套使用的焦永和、张彤、张京英主编《工程制图习题集》同时修订出版。本书后还附有《工程制图（第二版）教学辅助系统》，可供教学和自学使用。

本书可作为高等学校本科近机类、非机类各专业的教材，也可供中等及高等职业学校的教师和有关的工程技术人员参考。

图书在版编目(CIP)数据

工程制图/焦永和，张彤，张京英主编. ——2版.
——北京：高等教育出版社，2015.12(2017.8重印)
ISBN 978－7－04－044164－2

Ⅰ.①工… Ⅱ.①焦… ②张… ③张… Ⅲ.①工程制图—高等学校—教材 Ⅳ.①TB23

中国版本图书馆CIP数据核字(2015)第260652号

策划编辑	薛立华	责任编辑	薛立华	封面设计	杨立新	版式设计	马敬茹
插图绘制	杜晓丹	责任校对	胡美萍	责任印制	刘思涵		

出版发行	高等教育出版社	网　址	http://www.hep.edu.cn
社　址	北京市西城区德外大街4号		http://www.hep.com.cn
邮政编码	100120	网上订购	http://www.landraco.com
印　刷	山东临沂新华印刷物流集团		http://www.landraco.com.cn
开　本	787mm×1092mm 1/16		
印　张	22.25	版　次	2008年6月第1版
字　数	540千字		2015年12月第2版
购书热线	010－58581118	印　次	2017年8月第3次印刷
咨询电话	400－810－0598	定　价	42.50元

物 料 号　44164－00

第二版前言

本书是“十二五”普通高等教育本科国家级规划教材，是根据教育部高等学校工程图学教学指导委员会2010年制订的《普通高等学校工程图学课程教学基本要求》及有关最新国家标准，在第一版的基础上修订而成的。本次修订基本保留第一版的内容、结构体系和叙述风格，局部更新、调整了部分章节的内容和插图，全面校正了第一版中的文字和插图错误。

“组合体的视图”一章是工程制图课程最主要的内容之一，而组合体的尺寸标注和读组合体的视图是学生学习中的难点问题。作者在这一章中将自己多年来在教学中总结出来的方法做了详细介绍：提出了组合体的定形与定位尺寸的划分，取决于形体分析时对组合体的分解方式；提出了读组合体视图时需注意的六个方面问题，其中“关注层次、线段的有效交点、圆的象限点以及通孔与板厚的关系等”是本书的独到之处，也是本书突出的特点。

除此之外，修订后本书还有以下主要特点：

(1) 投影理论是全书的基础和主体。投影法是绘制几何形体、零部件图的理论基础，投影理论构成了全书的主体和核心，体现了工程制图与画法几何的内在联系。

(2) 在每章的开始时给出本章的学习目的与学习内容，便于学生预习时参考。在每章的最后给出本章小结和一定数量的复习思考题，有利于学生的课后复习。

(3) 采用有关的最新国家标准。全书采用最新颁布的《技术制图》《机械制图》等有关国家标准，并根据课程内容的需要，分别编排在正文或附录中，以培养学生树立贯彻最新国家标准的意识和查阅国家标准的能力。

(4) 增加计算机三维造型的内容。在计算机二维绘图内容的基础上增加三维造型的内容，并将其集中在最后一章，便于在教学中灵活选用。二维绘图部分主要介绍 AutoCAD 绘图软件的基本绘图功能；三维造型部分主要介绍用 Inventor 构造三维形体的功能。工程制图课程的计算机绘图部分，其主要任务是培养学生合理地运用软件绘制工程图以及三维造型的能力，而不是系统地掌握 AutoCAD 与 Inventor 软件的全部知识和具体操作。

(5) 加强徒手绘图能力的培养。徒手绘图是进行现代工程技术设计尤其是创意设计必需的一种能力。本书在第一章集中介绍了徒手绘制平面图的方法，之后将徒手绘图的训练贯穿在全课程的作业实践中。教学中可将一部分传统的尺规绘图作业改为徒手绘图，以加强徒手绘图能力的培养。

与本书配套的《工程制图(第二版)教学辅助系统》包括 CAI 课件、习题答案及模拟试卷等内容，以光盘形式附于书后。

本书由焦永和、张彤、张京英主编。参加本书修订工作的有：北京理工大学焦永和(绪论、第三章、第四章、附录)、张彤(第一章、第七章、§8.5)、张辉(第五章)、张京英(第六章)、李莉(§10.1)、罗会甫(§10.2)，北京理工大学珠海学院熊南峰(第二章)、薛广红(第九章)，北京工商大学刘斌(第八章其余小节)。书中的三维立体模型均由刘斌构造。中国人民解放军装备指挥技术学院陈梅参与了部分章节的修订。

清华大学刘朝儒教授认真审阅了全书并提出了许多宝贵的修改意见,尤其是对“组合体的视图”一章,无偿提供了自己在教学中使用多年的读图图例(图 4-39~图 4-42),使得这一章的内容更加丰满。在此深深致谢。

由于水平所限,书中不当之处在所难免,恳请读者批评指正。

编者

2015 年 6 月于北京

目　　录

绪　　论

一、本课程的性质

图形是人类社会生活与生产过程中进行信息交流的重要媒体。采用一定的投影方法及按有关规定绘制的图形称为图样。

在生产和科学研究中,设计者用图样表达设计的产品,制造者从图样了解产品的设计要求并制造产品,图样还被用来进行技术交流,以及产品的安装、检验与维修。因此,图样是设计的成果、制造与检验维修的依据、交流的工具。生产实践与科学研究都离不开图样,它是工程界的技术语言。工程技术人员应当熟练地掌握这一技术语言。

工程制图是研究工程图样的阅读与绘制的一门技术基础课程。

二、本课程的任务

(1) 学习正投影法的基本理论及其应用。

(2) 培养对三维形体的空间思维能力。

(3) 培养阅读与绘制工程图样的基本能力。

(4) 培养利用计算机绘制图样以及用计算机构造三维形体的初步能力。

此外,在教学过程中,应注重培养分析问题和解决问题的能力,培养认真负责的工作态度和严谨细致的工作作风,这些对于工程技术人员来说都是十分重要的。

三、本课程的主要内容

(1) 用投影的方法在二维平面上表达三维空间几何元素和形体的基本理论和方法。

(2) 绘制和阅读工程图样的理论、方法和国家标准的有关规定。

(3) 使用仪器绘图、徒手绘图的基本方法与技能。

(4) 一般机械零件和部件的结构知识、技术要求等。

第一章 制图的基础知识

本章学习目标

掌握有关工程制图国家标准；了解几何作图和徒手草图的概念和作图方法；掌握平面图形分析和绘制。

本章学习内容

1. 国家标准中图纸幅画和格式、标题栏和明细栏、比例、字体、图线和尺寸标注等要求；

2. 正多边形、斜度与锥度、圆弧连接、椭圆等的几何作图；

3. 平面图形尺寸及线段分析，平面图形绘制方法及尺寸标注；

4. 徒手草图的概念和简单作图方法。

工程图样是现代工业生产中必不可少的技术资料，每个工程技术人员均应熟悉和掌握有关制图的基本知识和技能。本章将着重介绍国家标准《技术制图》和《机械制图》中关于图纸幅面和格式、比例、字体、图线、尺寸标注等的有关规定，并简略介绍平面图形的基本作图方法、尺寸标注及徒手草图的概念和作图方法。

§1.1 国家标准有关制图的基本规定

为了适应现代化生产、管理的需要和便于技术交流，国家标准机构依据国际标准化组织制定的国际标准，结合我国具体情况，制定并颁布出相应的一系列国家标准，代号“GB”。“GB/T”表示该国家标准为推荐标准。本节摘录了国家标准《技术制图》和《机械制图》中有关制图的基本规定，在绘制工程图样时，必须严格遵守这些规定。

一、图纸幅面和格式(GB/T 14689—2008)

1. 图纸幅面

绘制图样时，应优先采用表 1-1 中规定的图纸幅面尺寸。图幅代号分别为 A0、A1、A2、A3、A4 五种。

表 1-1 图纸幅面　　mm

幅面代号	A0	A1	A2	A3	A4
$B \times L$	841×1 189	594×841	420×594	297×420	210×297
e	20		10		
c	10			5	
a	25				

必要时,可以按规定加长图纸的幅面。加长幅面的尺寸由基本幅面的短边成整数倍增加后得出,如图 1-1 所示。图中粗实线为第一选择的基本幅面;细实线为第二选择的加长幅面;细虚线为第三选择的加长幅面。

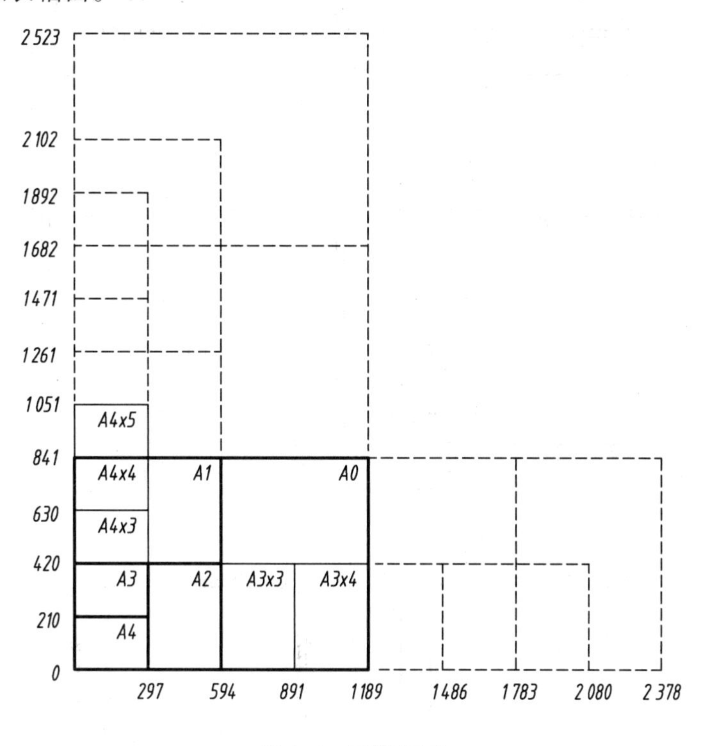

图 1-1 图纸幅面

2. 图框格式

在图纸上必须用粗实线画出图框,图样必须绘制在图框内部。其格式分为留有装订边和不留装订边两种,如图 1-2 所示,其尺寸规定见表 1-1。同一产品的图样只能采用一种图框格式。

为使图样复制和缩微摄影时方便定位,对图 1-1 和表 1-1 中的各号图纸,均应在各边中点处分别用粗实线绘制对中符号,自周边深入图框内约 5 mm,如图 1-2e 所示。

当标题栏(下文介绍)的长边置于水平方向且和图纸的长边平行时构成 X 型图纸,标题栏的长边和图纸的长边垂直时则构成 Y 型图纸,如图 1-2 所示。

采用 X 型图纸与 Y 型图纸时,看图的方向与看标题栏的方向一致。有时为了充分利用已印刷好的图纸,允许将 X 型图纸的短边或 Y 型图纸的长边置于水平位置使用,但必须用方向符号指示看图方向,方向符号是用细实线绘制的等边三角形,放置在图纸下端对中符号处，如图 1-2e 所示。此时，标题栏的填写方法仍按常规处理，与图样的尺寸标注、文字说明无确定的直接关系。

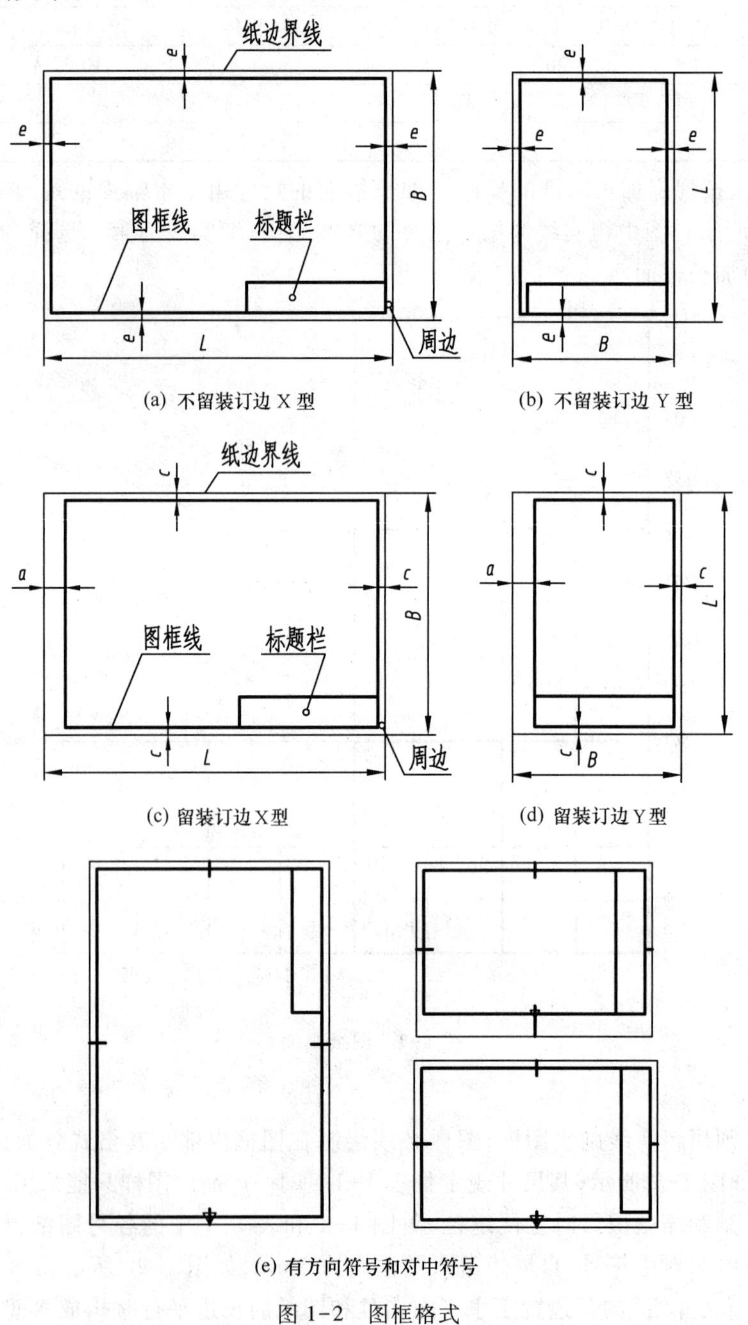

(a) 不留装订边 X 型　(b) 不留装订边 Y 型

(c) 留装订边 X 型　(d) 留装订边 Y 型

(e) 有方向符号和对中符号

图 1-2　图框格式

二、标题栏和明细栏

1. 标题栏（GB/T 10609.1—2008）

每张图纸上都必须画有标题栏。标题栏位于图纸的右下角，其格式和尺寸要遵守国家标准

GB/T 10609.1—2008 的规定，在该标准的附录中列出了一个标题栏的格式举例，作为标题栏的统一格式，如图 1-3 所示。

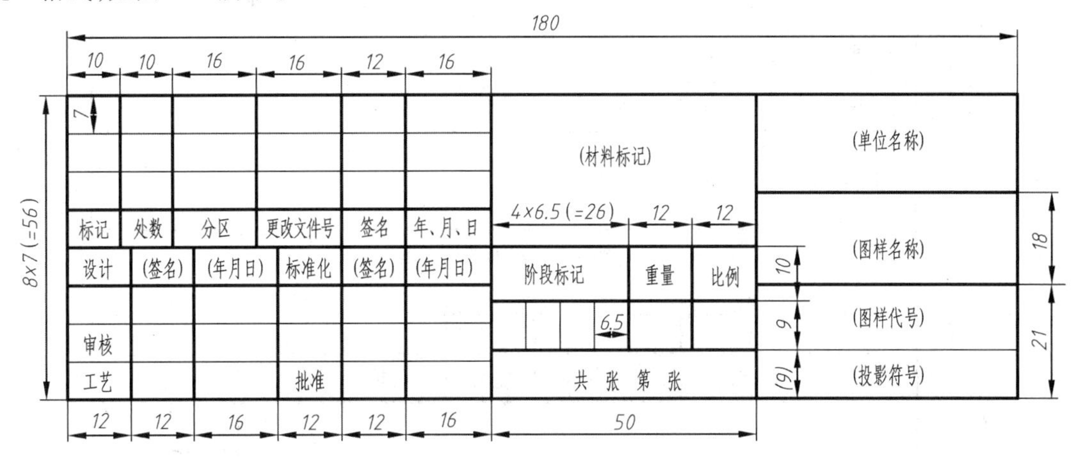

图 1-3 标题栏的格式

2. 明细栏(GB/T 10609.2—2009)

装配图中的明细栏由国家标准 GB/T 10609.2—2009 规定，其格式和尺寸如图 1-4 所示。

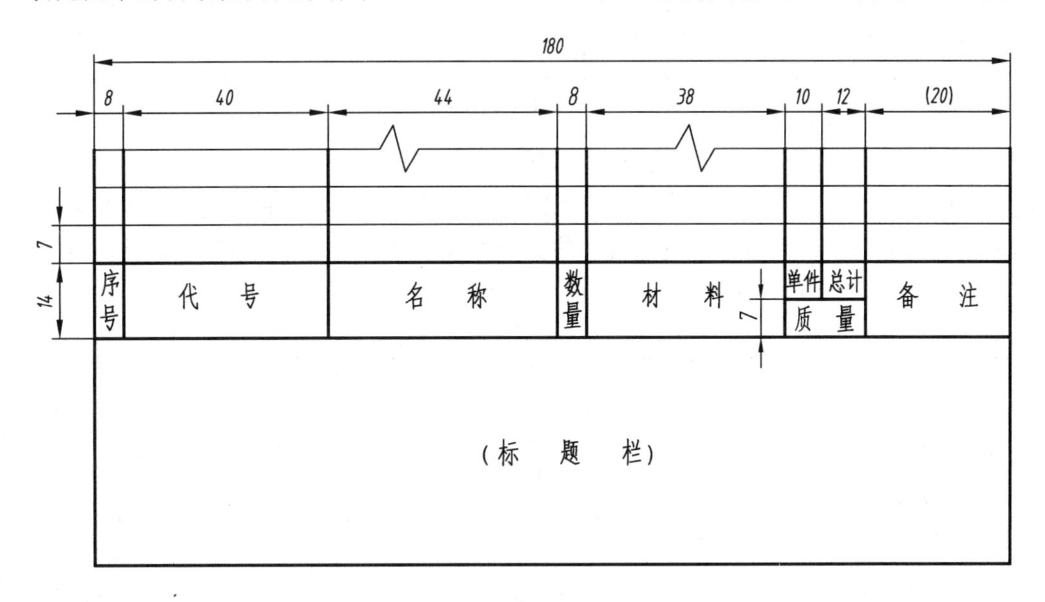

图 1-4 装配图中明细栏的格式

为了简化练习，本教材推荐制图练习用的标题栏和明细栏如图 1-5 所示。

三、比例(GB/T 14690—1993)

图样的比例是指图样中机件要素的线性尺寸与实物相应要素的线性尺寸之比。线性尺寸是指尺寸线能用直线表达的尺寸，例如直线长度、圆的直径等，而角度则为非线性尺寸。

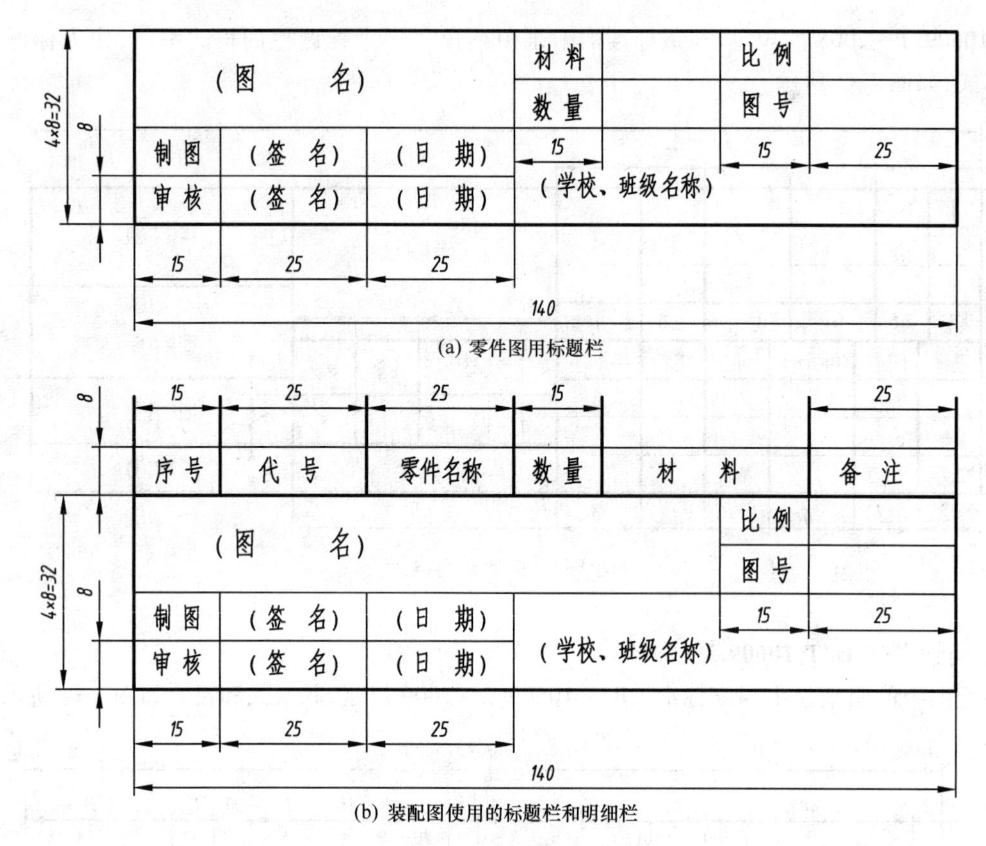

图 1-5 练习使用的标题栏和明细栏

图样比例分为原值比例、放大比例、缩小比例三种，绘制图样时，应根据实际需要按表 1-2 中规定的系列选取适当的比例。应尽量按机件的实际大小(1 : 1)画图，以便能直接从图样上看出机件的真实大小。必要时，亦允许采用表 1-3 的比例。

表 1-2 标准比例系列

种类	比例		
原值比例	1 : 1		
放大比例	2 : 1	5 : 1	
	2×10^n : 1	5×10^n : 1	1×10^n : 1
缩小比例	1 : 2	1 : 5	1 : 10
	1 : 2×10^n	1 : 5×10^n	1 : 1×10^n

注：n 为正整数。

表 1-3 比 例 系 列

种类	比例					
放大比例	4 : 1	4×10^n : 1	2.5 : 1	2.5×10^n : 1		
缩小比例	1 : 3	1 : 3×10^n	1 : 4	1 : 4×10^n	1 : 6	1 : 6×10^n

注：n 为正整数。

绘制同一机件的各个视图应采用相同的比例，并在标题栏的“比例”一栏中标明。当某个视图需要采用不同的比例时，必须另行标注。应注意，不论采用何种比例绘图，尺寸数值均按原值注出，如图 1-6 所示。

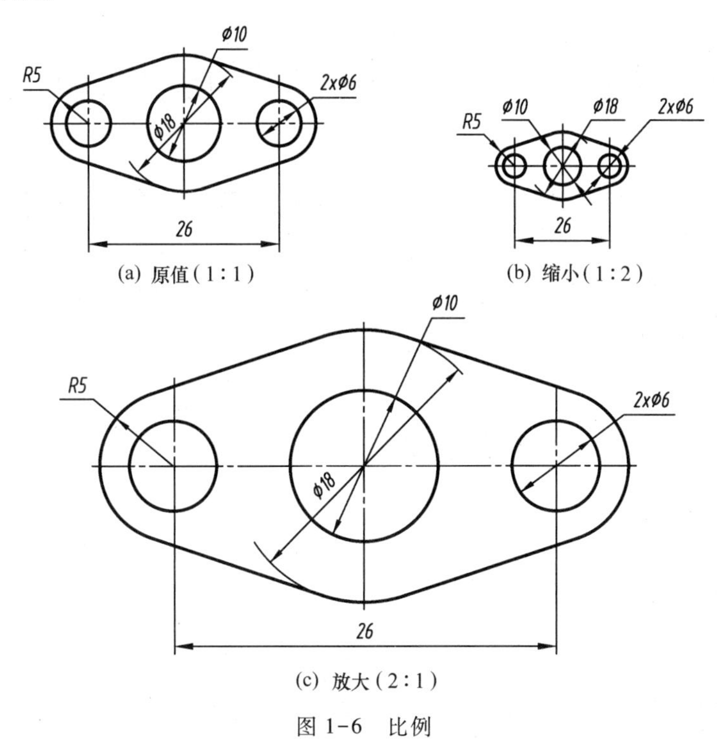

(a) 原值(1∶1)　　(b) 缩小(1∶2)

(c) 放大(2∶1)

图 1-6　比例

四、字体(GB/T 14691—1993)

图样中的字体书写必须做到：字体工整、笔画清楚、间隔均匀、排列整齐。

字体高度（用 h 表示，单位为 mm）的公称尺寸系列为：1.8，2.5，3.5，5，7，10，14，20。如需书写更大的字，其字体高度应按$\sqrt{2}$的比率递增，字体高度代表字的号数。

1. 汉字

汉字应写成长仿宋体字，并应采用中华人民共和国国务院正式公布推行的《汉字简化方案》中规定的简化字。汉字的高度 h 不应小于 3.5 mm，其字宽一般为 $h/\sqrt{2}$。

长仿宋体汉字的书写要领是：横平竖直、注意起落、结构匀称、填满方格。

汉字除单体字外，一般由上、下或左、右几部分组成，书写时各部分的比例要匀称，结构要紧凑。

汉字书写示例——长仿宋体：

10 号字

字体工整　笔画清楚　间隔均匀　排列整齐

7 号字

横平竖直注意起落结构均匀填满方格

5 号字

技术制图 机械电子 汽车航空 船舶港口 土木建筑 矿山井坑 纺织服装

2. 数字和字母

数字和字母分为 A 型和 B 型。A 型字体的笔画宽度(d)为字高(h)的十四分之一;B 型字体的笔画宽度(d)为字高(h)的十分之一。数字和字母均可写成斜体或直体,斜体字字头向右倾斜,与水平线成约 75°角。在同一张图样上,只允许选用一种形式的字体。

阿拉伯数字书写示例:

A 型斜体

0123456789

A 型直体

0123456789

字母书写示例:

A 型大写斜体

ABCDEFGHKLMNOPQRSTUVWXYZ

A 型小写斜体

abcdefghijklmnopqrstuvwxyz

3. 图样中书写规定与示例

(1) 用作指数、分数、极限偏差、注脚等的数字及字母,一般应采用小一号的字体。

$$10^{3}\quad S^{-1}\quad D_{1}\quad T_{d}\quad \phi 20^{+0.010}_{-0.023}\quad 7^{\circ}{}^{+1^{\circ}}_{-2^{\circ}}\quad \frac{3}{5}$$

(2) 其他应用示例。

$$10Js5(\pm 0.003)\quad M24\text{-}6h\quad \phi 25\frac{H6}{m5}\quad \frac{II}{2:1}\quad \frac{A\frown}{5:1}\quad \sqrt{Ra\ 6.3}\quad R8\quad 5\%$$

五、图线(GB/T 17450—1998,GB/T 4457.4—2002)

国家标准规定了技术制图所用图线的名称、形式、结构、标记及画法规则。它适用于各种技术图样,如机械、电气、土木工程图样等。

1. 线型

GB/T 17450—1998 中规定了绘制各种技术图样的 15 种基本线型。机械制图用线型有 9 种,表 1-4 和图 1-7 给出了机械制图中常用的几种线型的名称、画法和应用。

表 1-4　线型及应用

名称	图示	应用	名称	图示	应用
细实线		尺寸线、尺寸界线、指引线、剖面线等	细虚线		不可见轮廓线
粗实线		可见轮廓线、螺纹牙顶线、螺纹终止线	细点画线		中心线、对称线、齿轮的节圆、剖切线等
波浪线		断裂边界线	粗点画线		有特殊要求表面的表示线
双折线		断裂边界线	细双点画线		假想轮廓线、极限位置轮廓线

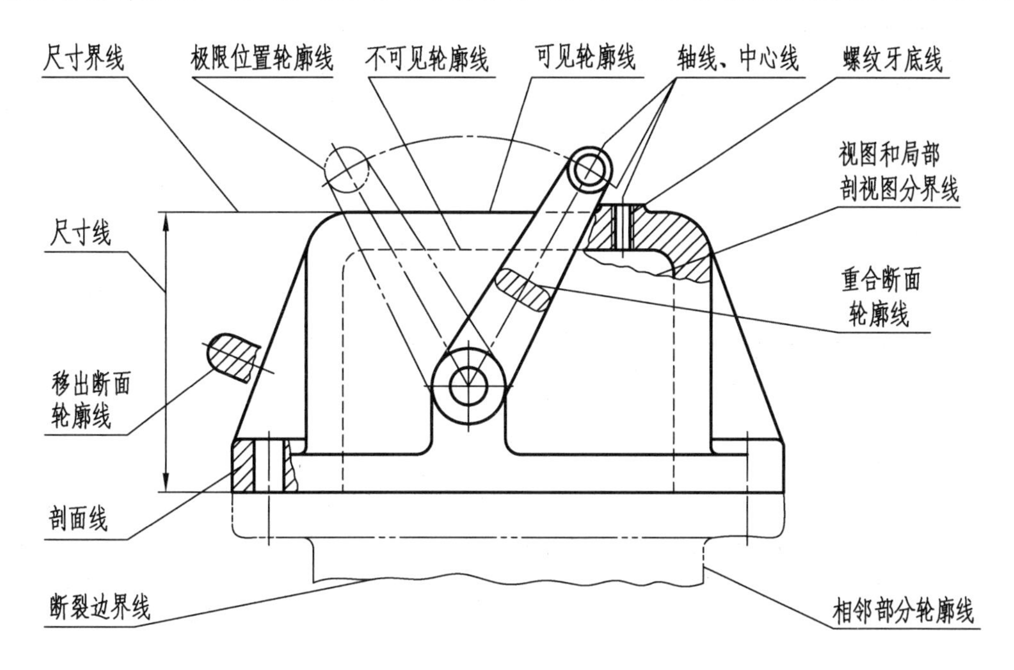

图 1-7　各种线型的应用

2. 图线宽度

技术制图国家标准规定了 9 种图线宽度(用 d 表示)。绘制工程图样时所有线型宽度值 d 应在下面的系列中选择:0.13,0.18,0.25,0.35,0.5,0.7,1,1.4,2,单位为 mm。

同一张图样中,相同线型的宽度应一致,如有特殊需要,线宽应按$\sqrt{2}$的级数派生。

机械制图国家标准通常采用粗、细两种线宽,其比例关系为 2∶1。

3. 图线的画法

虚线、点画线、双点画线的线段长度和间隔应各自大致相等,在图样中要显得匀称协调,国家标准建议绘图时采用图 1-8 的图线规格。另外,还应注意:

(1) 虚线、点画线、双点画线应恰当地交于画处,而不是点或间隔处,如图 1-9a 所示;

（2）画圆的中心线时，圆心应是画的交点，细点画线两端应超出轮廓 2～5 mm；当圆心较小时，允许用细实线代替细点画线，如图 1-9b 所示。

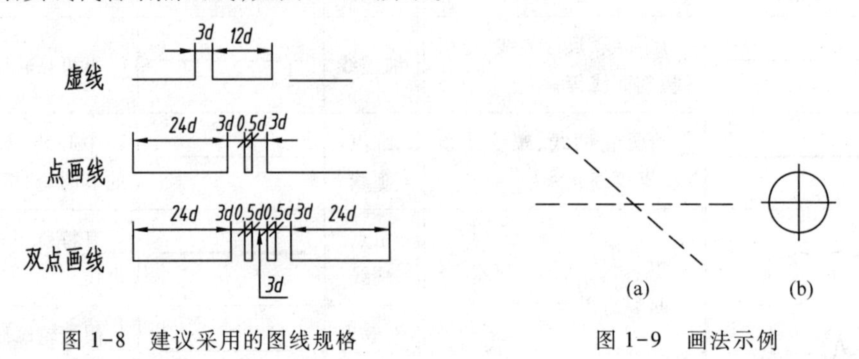

图 1-8 建议采用的图线规格　　图 1-9 画法示例

（3）细虚线直接在实线延长线上相接时，细虚线应留出间隙，如图 1-10 所示；

（4）细虚线圆弧与实线相切时，细虚线圆弧应留出间隙。

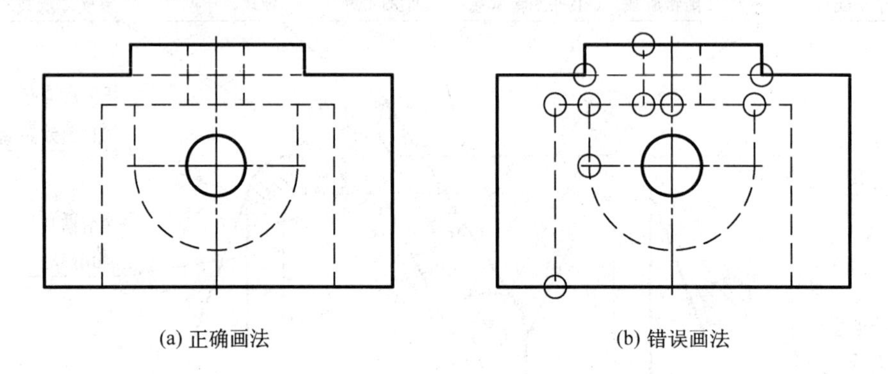

(a) 正确画法　　(b) 错误画法

图 1-10 各种图线相交、相接的画法

六、尺寸标注（GB/T 4458.4—2003）

在图样中，除需表达形体的结构形状外，还需标注尺寸，以确定形体的大小。因此，尺寸是图样的重要组成部分。尺寸标注是否正确、合理，会直接影响图样的质量。为了便于交流，国家标准 GB/T 4458.4—2003 对尺寸标注的基本方法做了一系列规定，在绘图过程中必须严格遵守。

1. 基本规则

（1）图样中（包括技术要求和其他说明）的尺寸，以 mm 为单位时，不需标注单位符号（或名称）；如采用其他单位，则必须注明相应的单位符号。

（2）图样上所标注尺寸数值为机件的真实大小，与图形的大小和绘图的准确度无关。

（3）机件的每一个尺寸在图样中一般只标注一次。

（4）图样中所标注的尺寸为该机件的最后完工尺寸，否则应另加说明。

2. 尺寸要素

（1）尺寸界线。尺寸界线表示所注尺寸的起止范围，用细实线绘制，并应由图形的轮廓线、轴线或对称中心线引出。也可以直接利用轮廓线、轴线或对称中心线作为尺寸界线(图 1-11a)。尺寸界线应超出尺寸线 2~3 mm。尺寸界线一般应与尺寸线垂直,必要时才允许倾斜,如表 1-6 所示"光滑过渡处"的标注。

(2) 尺寸线。尺寸线用细实线绘制。标注线性尺寸时,尺寸线必须与所标注的线段平行,相同方向的各尺寸线之间的距离要均匀,间隔应大于 5 mm。尺寸线不能用图上的其他线所代替,也不能与其他图线重合或在其延长线上,并应尽量避免与其他尺寸线或尺寸界线相交叉,如图 1-11b所示的标注。

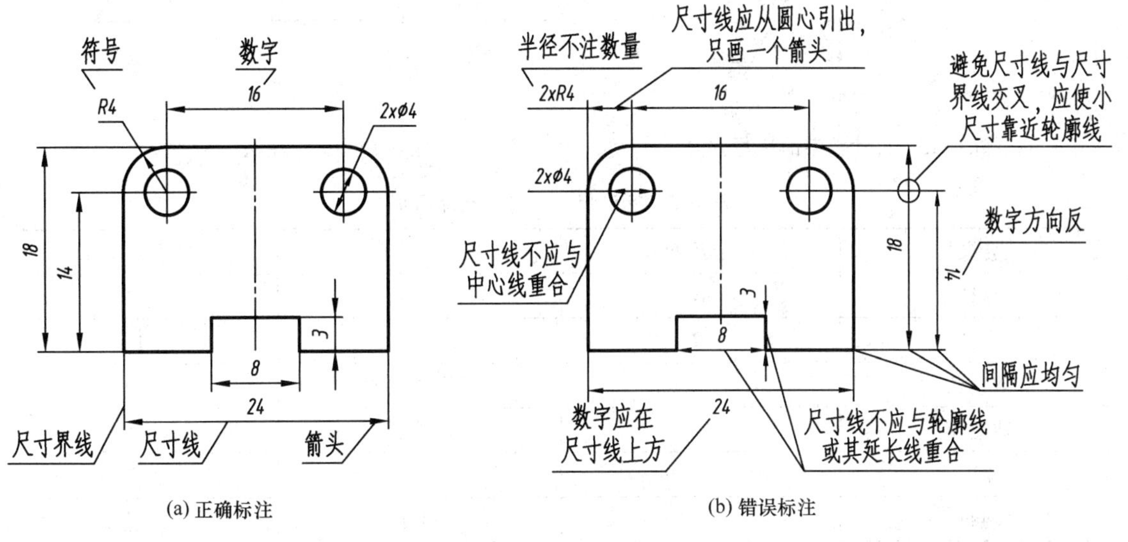

(a) 正确标注　　(b) 错误标注

图 1-11　尺寸注法

尺寸线终端可以有以下两种形式:

箭头:箭头的形式如图 1-12a 所示,图中 d 为粗实线宽度,适用于各种类型的图样。

斜线:斜线用细实线绘制,其画法如图 1-12b 所示,图中 h 为字高。当尺寸线的终端采用斜线时,尺寸线与尺寸界线必须垂直。

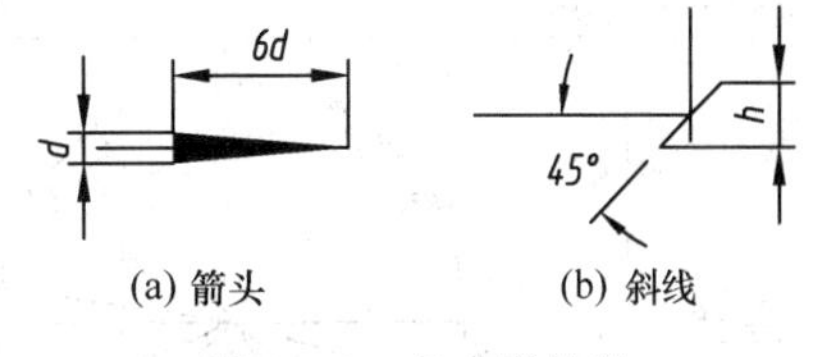

(a) 箭头　　(b) 斜线

图 1-12　尺寸线终端

同一张图样中一般采用一种尺寸线终端形式。当采用箭头时,在位置不够的情况下,允许用圆点或斜线代替箭头,如表 1-6 所示"狭小部位"的标注。

(3) 尺寸数字。线性尺寸的数字一般注写在尺寸线的上方,也允许注写在尺寸线的中断处。线性尺寸数字的书写方向应按图 1-13 所示进行注写,并尽可能避免在图示 30°范围内注写尺寸,无法避免时,可以采用引出注法,如图 1-14 所示。

不同类型的尺寸需在尺寸数字前用符号区分,如直径标注成"ϕ20"。其他类型尺寸的符号见表 1-5。

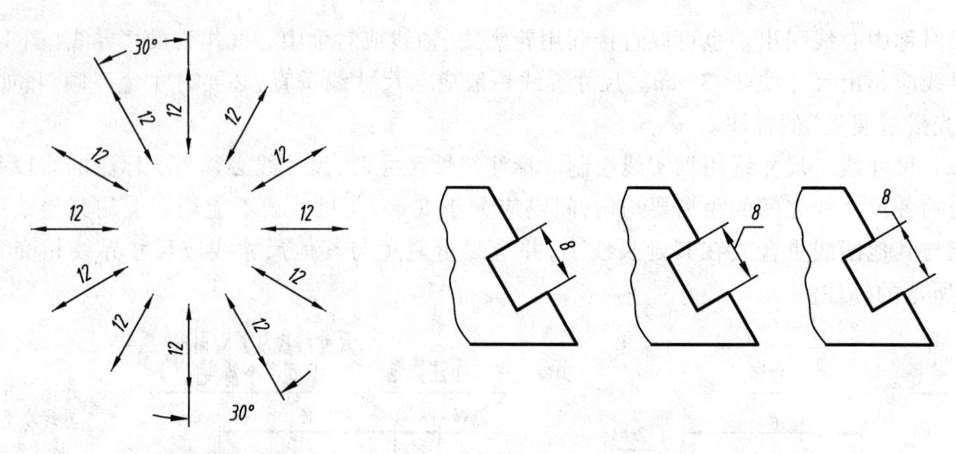

图 1-13　尺寸数字的注写方向　　　　图 1-14　引出注法

表 1-5　标注尺寸的符号及缩写词

含义	符号及缩写	含义	符号及缩写
直径	*ϕ*	正方形	□
半径	*R*	深度	↧
球直径	*Sϕ*	沉孔或锪平	⌴
球半径	*SR*	埋头孔	⌵
厚度	*t*	弧长	⌒
均布	EQS	斜度	∠
45°倒角	*C*	锥度	◁

（4）标注示例。表 1-6 列出了国家标准规定的尺寸标注的范例。

表 1-6　尺寸标注示例

标注内容	图例	说明
角度	67° 46° 58° 8° 17° 23° 22° 20° 16° 83° 50°	① 角度尺寸界线沿径向引出； ② 角度尺寸线画成圆弧，圆心是该角顶点； ③ 角度尺寸数字一律写成水平方向
直径	ϕ18 ϕ12 ϕ18 ϕ8	① 直径尺寸应在尺寸数字前加注符号“ϕ”； ② 尺寸线应通过圆心，尺寸线终端画成箭头； ③ 整圆或大于半圆的圆弧标注直径尺寸

续表

标注内容	图例	说明
半径	R12 R18 R13 R10	① 半径尺寸应在尺寸数字前加注符号“*R*”； ② 半径尺寸必须注在投影为圆弧的图形上，且尺寸线应通过圆心； ③ 半圆或小于半圆的圆弧标注半径尺寸
大圆弧	R60 SR64	当圆弧半径过大，在图纸范围内无法标出圆心位置时，按左图的形式标注；若不需标出圆心位置，则按右图的形式标注
狭小部位	2 1 2 5 4 3 3 2 3 3 2 4 R5 R5 R5 R5 R4 R3 R3 R2 ϕ10 ϕ10 ϕ10 ϕ5 ϕ5 ϕ5	在没有足够位置画箭头或注写数字时，可按左图的形式标注

续表

标注内容	图例	说明
对称机件	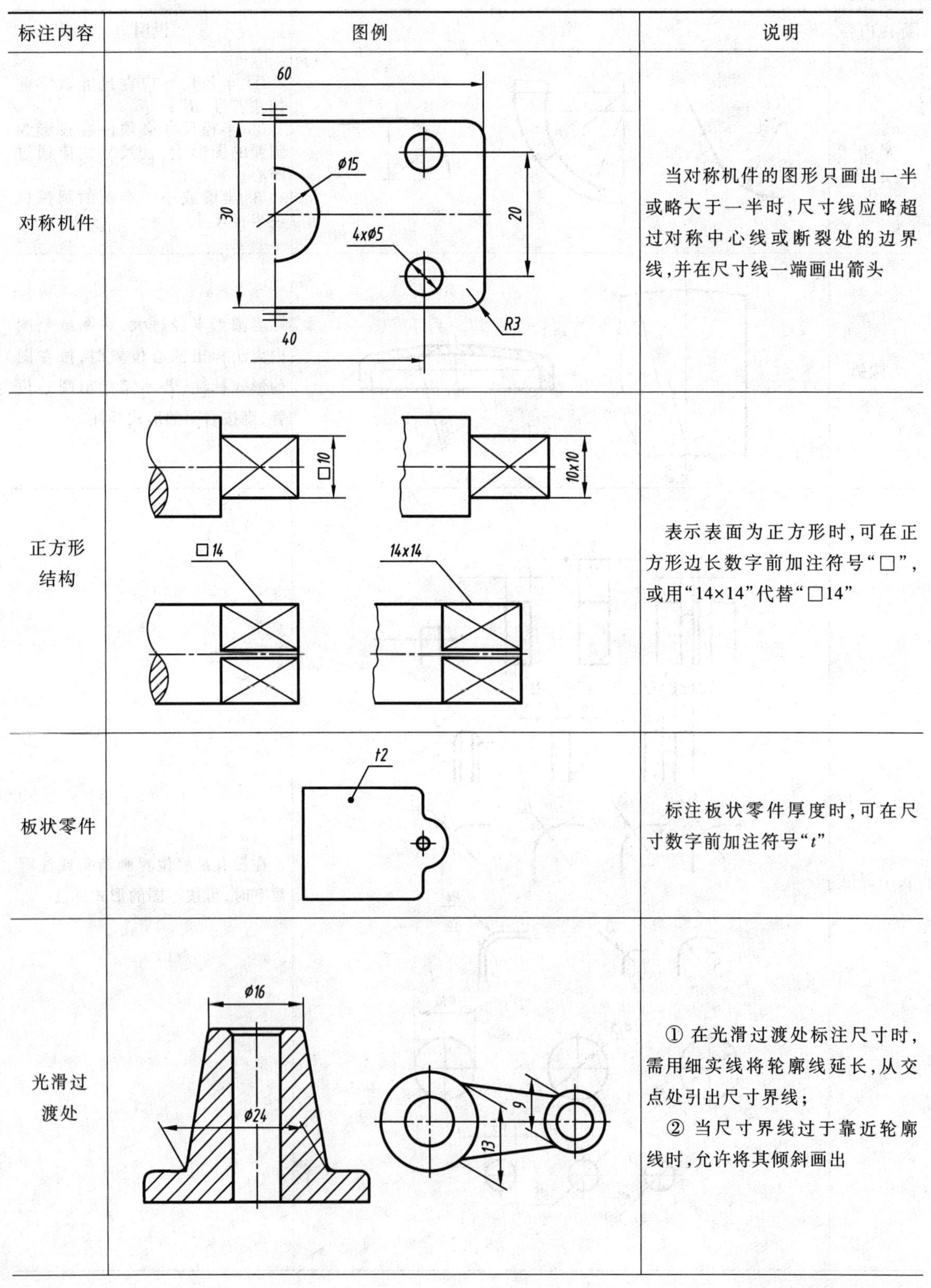	当对称机件的图形只画出一半或略大于一半时，尺寸线应略超过对称中心线或断裂处的边界线，并在尺寸线一端画出箭头
正方形结构		表示表面为正方形时，可在正方形边长数字前加注符号“□”，或用“14×14”代替“□14”
板状零件		标注板状零件厚度时，可在尺寸数字前加注符号“t”
光滑过渡处		① 在光滑过渡处标注尺寸时，需用细实线将轮廓线延长，从交点处引出尺寸界线； ② 当尺寸界线过于靠近轮廓线时，允许将其倾斜画出

续表

标注内容	图例	说明
弦长和弧长	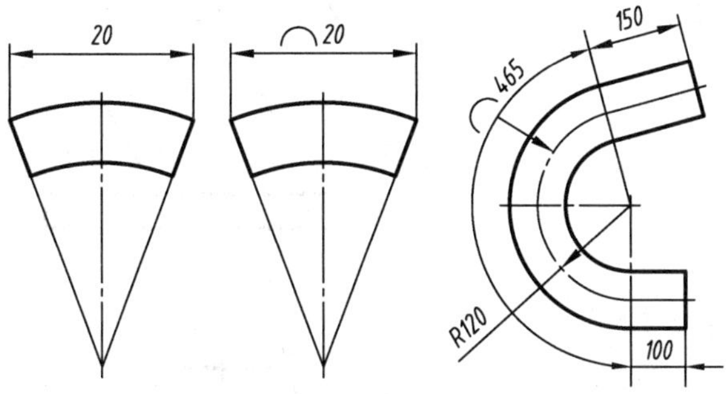 20 ⌒20 150 ⌒465 R120 100	① 标注弧长时，应在尺寸数字左方加注符号“⌒”； ② 弦长及弧长的尺寸界线应平行该弦的垂直平分线，当弧较大时，可沿径向引出
球面	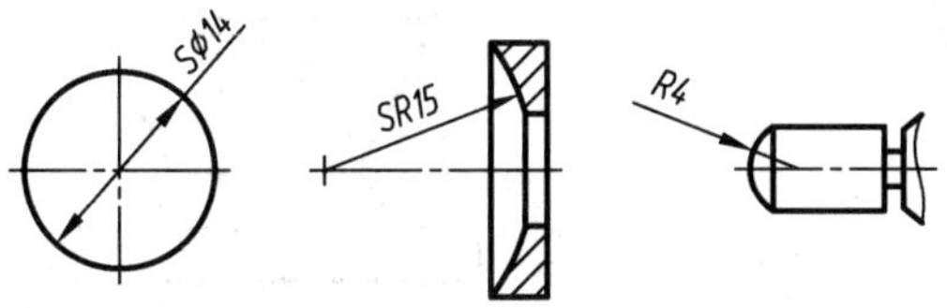 Sϕ14 SR15 R4	标注球面直径或半径时，应在“ϕ”或“R”前面再加注符号“S”。对铆钉、轴及手柄的端部，在不致引起误解的情况下，可省略“S”
斜度和锥度	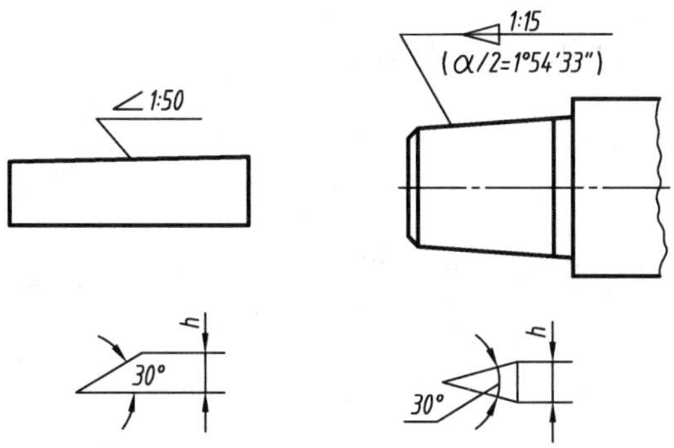 ∠1:50 1:15 (α/2=1°54′33″) 30° h	① 斜度和锥度的标注，其符号应与斜度、锥度的方向一致； ② 符号的线宽为 $h/10$； ③ 必要时，标注锥度的同时，在括号内写出其角度值

§ 1.2 几何作图

几何作图是指工程图样中常见的正多边形、斜度和锥度、椭圆及包含圆弧连接等基本图形的作图方法。

一、正多边形

1. 已知正六边形对角线长度，作正六边形

作图步骤（图 1-15）：

(1) 画水平、垂直对称中心线，取 *1*、*4* 两点间距为对角线长；

(2) 过点 *1*、*O*、*4* 分别作同方向的 60°斜线；

(3) 过点 *1*、*4* 作另一方向的 60°斜线，与在步骤(2)画的斜线交于点 *2*、*5*；

(4) 过点 *2*、*5* 分别作水平线即为所求。

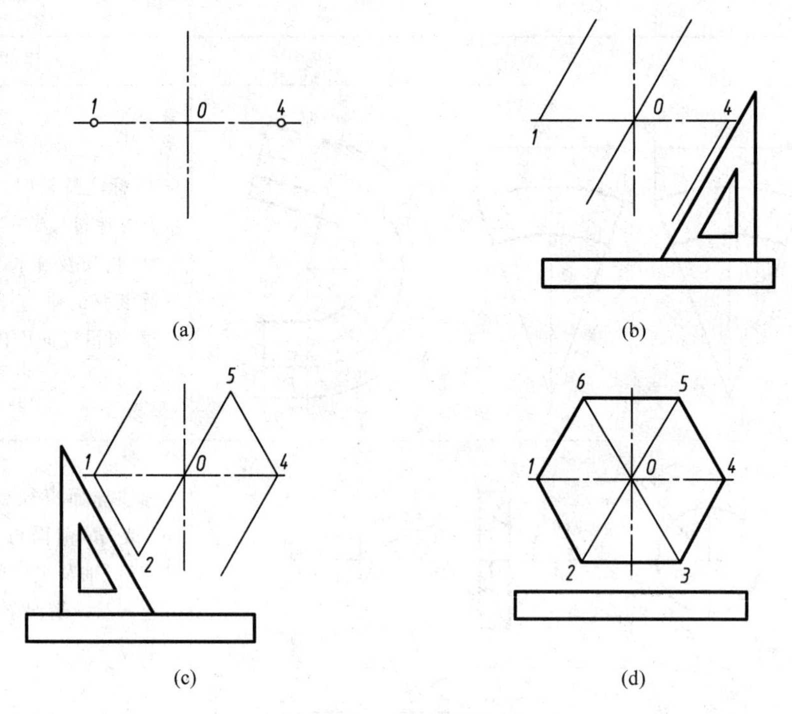

图 1-15　正六边形作图

2. 作圆内接正多边形

作图步骤(图 1-16)：

(1) 将直径 *AB* 等分成与所求的正多边形边数相同的份数(如作正五边形,则将直径 *AB* 分成五等份)；

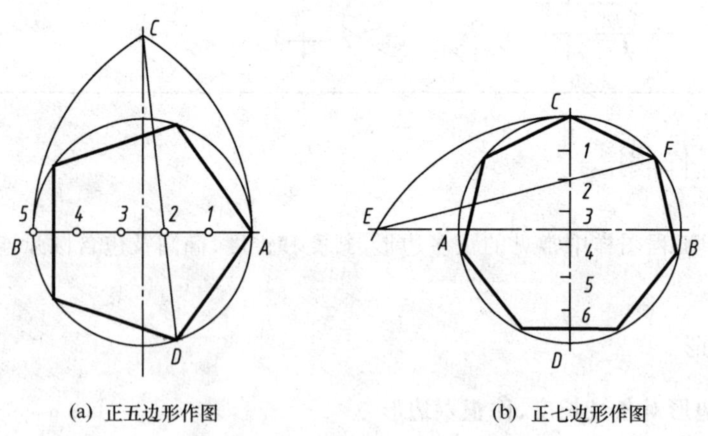

图 1-16　圆内接正多边形作图

(2) 分别以 *A*、*B* 点为圆心,*AB* 长为半径作圆弧交于 *C* 点；

(3) 连接 *C*2 并延长交圆周于 *D* 点(作任意边数的多边形都要通过点 2)；

（4）用弦长 AD 将圆周五等分；

（5）依次连接各分点得正五边形。

图 1-16b 所示为正七边形的作图。

二、斜度与锥度

斜度和锥度的符号和标注方法参看表 1-6。

1. 斜度

斜度是指一直线或平面相对另一直线或平面的倾斜程度。斜度数值用倾斜角的正切值表示（图 1-17），即：斜度 $=\tan\alpha=H/L$。斜度一般写成 $1:n$ 的形式，如图 1-18a 所示。斜度的作图方法如图 1-18b、c 所示。

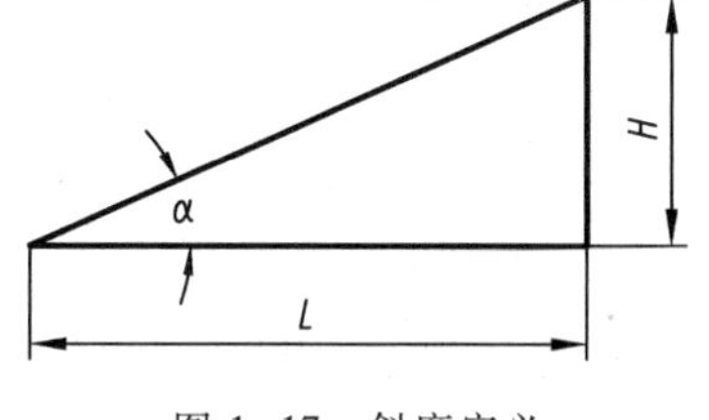

图 1-17 斜度定义

图 1-18b 所示的作图步骤：

（1）自点 C 作 AB 的垂线；

（2）在 AC 上截取 $C3$（长度任定），过点 3 作 AB 的平行线，并截取线段 $\overline{34}=5\times\overline{C3}$ 得点 4；

（3）连线 $C4$ 即为所作的斜度线。

图 1-18c 所示的作图步骤：

（1）自点 C 作 AB 的垂线；

（2）在 AC 和 AB 上分别截取 $\overline{A1}:\overline{A2}=1:5$，得斜度方向线 12；

（3）过点 C 作线段 12 的平行线，即为所求斜度线。

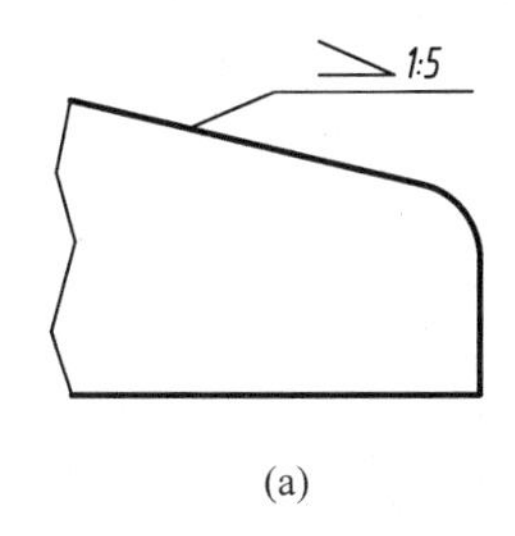

(a)

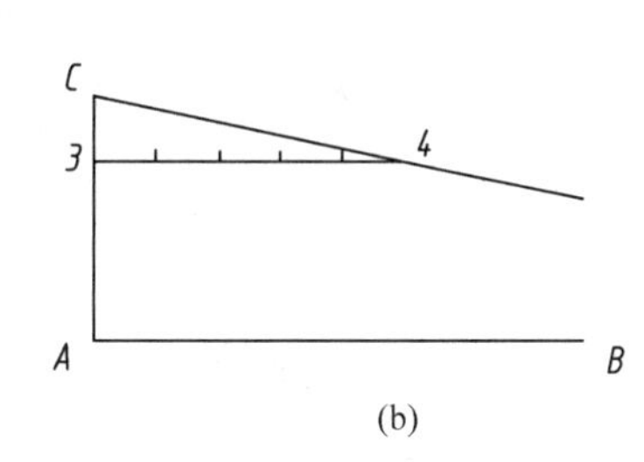

(b)

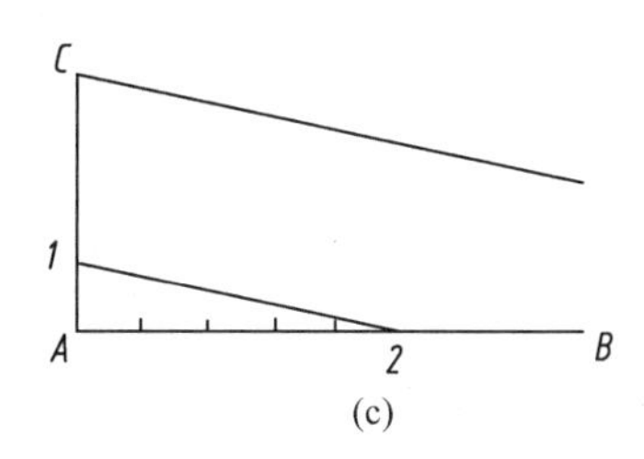

(c)

图 1-18 斜度的作图

2. 锥度

锥度是正圆锥底圆直径与圆锥高度之比或正圆台两底圆直径之差与圆台高度之比，如图 1-19 所示，即：锥度 $=D/L=(D-d)/l$。锥度也写成 $1:n$ 的形式。锥度的作图方法如图 1-20所示。

作图步骤：

（1）以圆台大端为底，以圆台轴为高作 $\overline{ab}:\overline{oc}=1:2.5$ 的等腰三角形；

（2）过 $\phi30$ 两端点 d、e 分别作三角形两腰的平行线，即为锥度线。

三、圆弧连接

用已知半径的圆弧光滑连接两已知线段（直线或圆弧），称为圆弧连接。

所谓光滑连接，就是平面几何中的相切。连接已知直线或圆弧的圆弧称为连接弧，连接点就是切点。

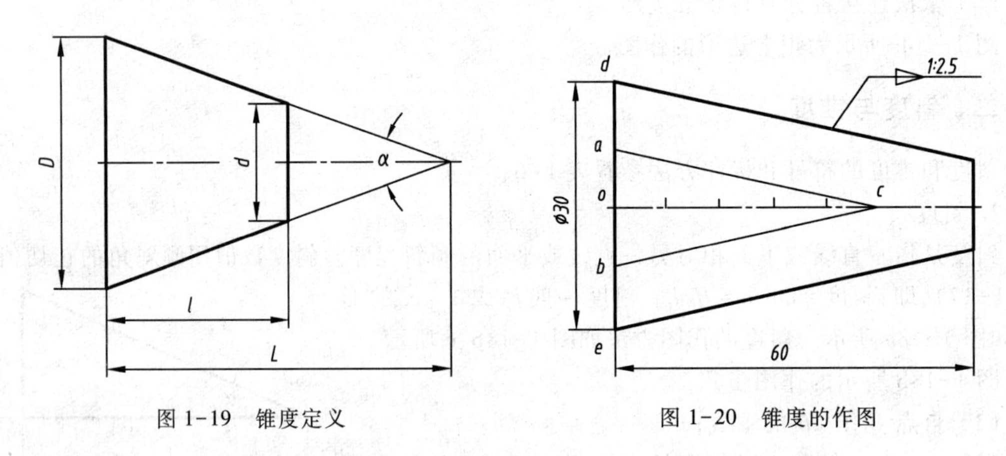

图 1-19　锥度定义　　　图 1-20　锥度的作图

圆弧连接的作图要点：根据已知条件，准确地求出连接圆弧的圆心和切点。

1. 圆弧连接的作图原理

圆弧连接的作图原理如图 1-21 所示。

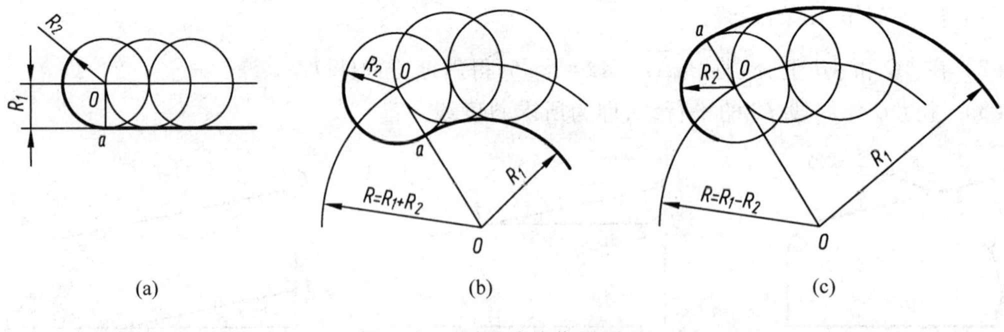

图 1-21　圆弧连接作图原理

图 1-21a 表示圆弧与直线连接。其连接弧的圆心轨迹是与已知直线相距 R_1 且平行已知直线的一条直线；切点 a 是过圆心垂直已知直线的垂足（即交点）。图 1-21b、c 表示圆弧与圆弧连接。外切时，连接弧圆心 O 的轨迹是已知圆弧（半径 R_1）的同心圆，其半径为两圆弧半径之和，即 $R=R_1+R_2$，如图 1-21b 所示；切点 a 是两圆弧连心线与已知弧的交点。内切时，连接弧圆心 O 的轨迹是已知圆弧（半径 R_1）的同心圆，其半径为两圆弧半径之差，即 $R=R_1-R_2$，如图 1-21c 所示；切点 a 是两圆弧连心线的延长线与已知弧的交点。

2. 作图示例

作图示例见表 1-7。

表 1-7 作图示例

条件	作图方法
用圆弧 R_2 连接两条直线	作两条直线分别平行于两已知直线(距离为 R_2),其交点即为圆心 O,自点 O 向两已知直线分别作垂线,垂足即是切点 a、b 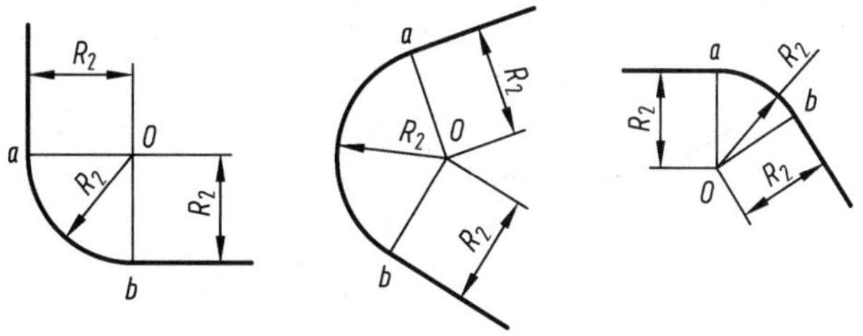
用圆弧连接直线与圆弧 R_1(圆心 O_1)	作直线平行于已知直线(距离为 R_2),作圆弧 R(左图 $R=R_1-R_2$,右图 $R=R_1+R_2$)与直线的交点即为圆心 O,自点 O 向已知直线作垂线,垂足即是切点 a,作直线 OO_1 与圆弧的交点即切点 b 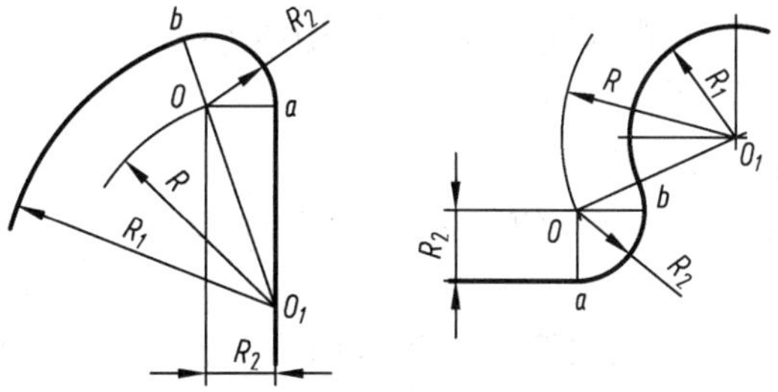
用圆弧 R_2 连接两圆弧(其圆心分别为 O_a、O_b)	作圆弧 R_a 和 R_b(其大小由内切或外切确定),其交点即为连接弧 R_2 的圆心 O,作直线 OO_a 与 OO_b 分别与已知圆弧的交点即是切点 a、b 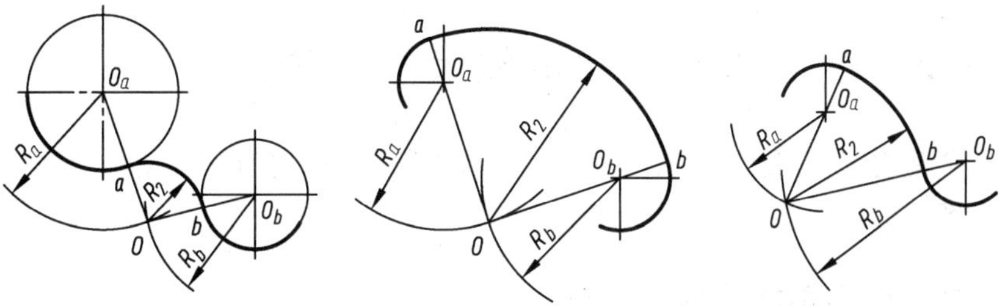

四、椭圆

已知长轴 AB、短轴 CD,常用的作椭圆的方法如图 1-22 所示,图 1-22a 所示为四心法(近似画法),图 1-22b 所示为同心圆法(准确画法)。

四心法的作图步骤:

(1) 连接 A、C,以 O 为圆心、OA 为半径画弧与 CD 延长线交于点 E,以 C 为圆心、CE 为半径画弧与 AC 交于点 E_1。

(2) 作 AE_1 的垂直平分线与长、短轴分别交于点 O_1、O_2,再作对称点 O_3、O_4。O_1、O_2、O_3、O_4

即四个圆心。

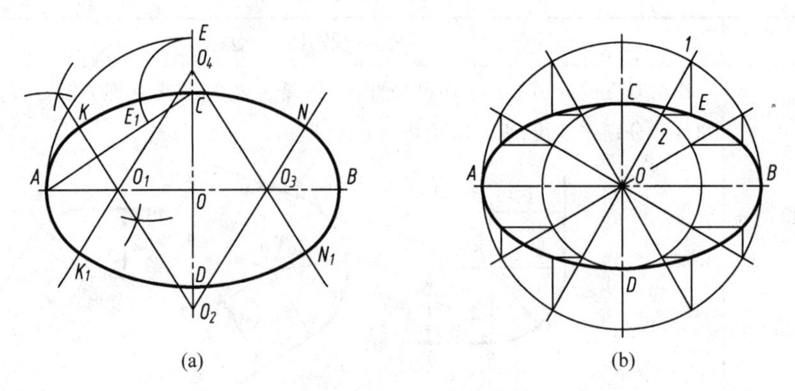

图 1-22　椭圆的画法

(3) 分别作圆心连线 O_1O_4、O_2O_3、O_3O_4 并延长。

(4) 分别以 O_1、O_3 为圆心，O_1A 或 O_3B 为半径画小圆弧 K_1AK 和 NBN_1；分别以 O_2、O_4 为圆心，O_2C 或 O_4D 为半径画大圆弧 KCN 和 N_1DK_1（切点 K、K_1、N_1、N 分别位于相应的圆心连线上），即完成近似椭圆的作图。

同心圆法的作图步骤：

(1) 以 O 为圆心、OA 和 OC 为半径分别画辅助圆；

(2) 作若干直径与两辅助圆相交（该图作了 6 条直径）；

(3) 过一条直径与大圆弧的交点（如点 *1*）作平行于 CD 的直线，过该直径和小圆弧的交点（如点 *2*）作平行于 AB 的直线，两直线的交点 E 即为椭圆上的一个点；

(4) 以同样的方法作出若干点，然后用曲线板光滑连接各交点，即得所求的准确椭圆。

§1.3　平面图形的分析和尺寸注法

平面图形一般由一些基本的平面几何图形组成。因此，要正确绘制一个平面图形，必须掌握平面图形的尺寸分析和线段分析。

一、平面图形的尺寸分析

1. 平面图形尺寸标注的要求

标注平面图形的尺寸时，要求做到正确、完整。正确是指应符合国家标准的规定；完整是指尺寸不多余、不遗漏。利用所注全部尺寸能绘制出整个图形时，尺寸标注就是完整的。若已标注的所有尺寸尚不能绘制出图形中的某些形状，则尺寸有遗漏。作图中用不上的尺寸是多余尺寸，如图 1-23 所示的尺寸 L、M、S 是多余尺寸。

2. 平面图形尺寸分析

按照尺寸在平面图形中所起的作用，可将平面图形的尺寸分为定形尺寸和定位尺寸两类。要想确定平面图形中线段上下、左右的相对位置，必须引入机械制图中被称为尺寸基

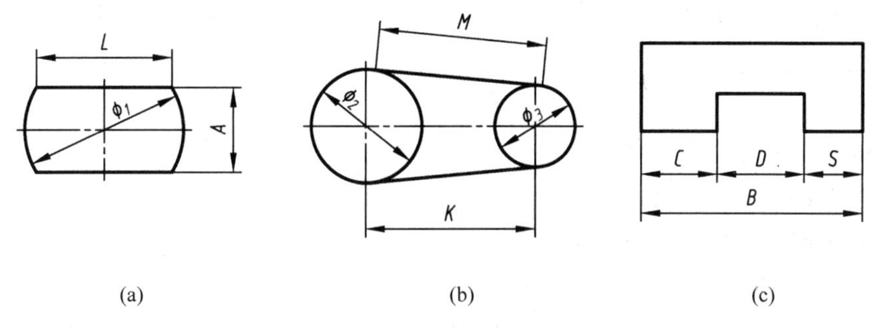

图 1-23　多余尺寸示例

准的概念。

(1) 尺寸基准。确定平面图形中尺寸位置的点、线称为尺寸基准。

尺寸基准可简称为基准。一般以图形的对称中心线、圆心、轮廓直线等作为基准。一个平面图形至少有两个尺寸基准,以直角坐标或极坐标方式标注。

图 1-24a、b 是以轮廓直线为基准;

图 1-24c 是以两条对称中心线为基准;

图 1-24d 是以圆的对称中心线为基准;

图 1-24e 是以对称中心线和水平方向轮廓直线为基准;

图 1-24f 是以水平轮廓直线和圆心为基准。

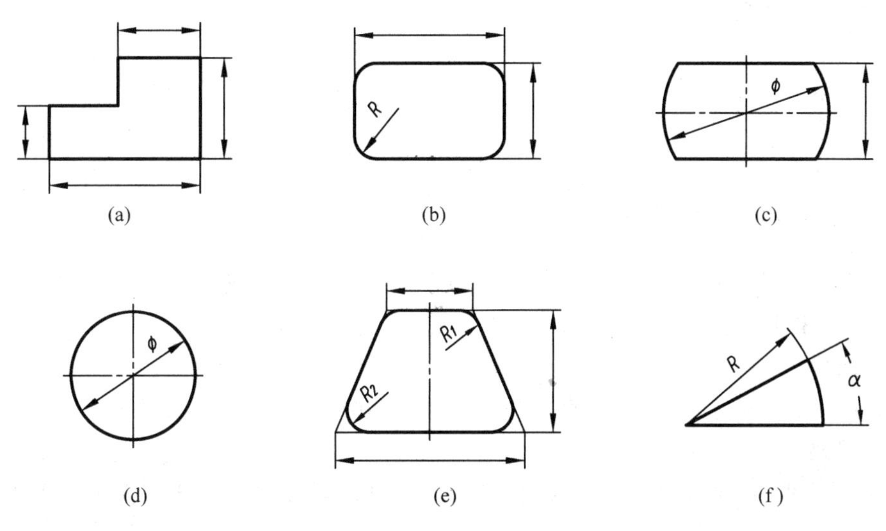

图 1-24　尺寸基准和定形尺寸

(2) 定形尺寸。确定平面图形形状和大小的尺寸称为定形尺寸。

在图 1-24 中,定形尺寸用来确定以直线围成的图形的形状和大小, 尺寸 R、α 用来确定圆弧、圆的形状及大小。

(3) 定位尺寸。确定平面图形各部分之间相对位置的尺寸称为定位尺寸。

两个图形之间一般在两个方向上分别标注两个定位尺寸。

如图 1-25a 所示,圆相对外轮廓图形间的定位尺寸是 L_1 和 H_1,长方形相对外轮廓图形间的定位尺寸是 L_2 和 H_2;

图 1-25b 中圆的定位尺寸是 α 和 R;

图 1-25c 中,圆位于外轮廓图形的上下方向的对称中心线上,故仅标注一个定位尺寸 L_1;

图 1-25d 中四个直径相同的均布的圆,只需标注一个定位尺寸 ϕ;

图 1-25e、f 两个图形的对称中心线重合,定位尺寸不标注。

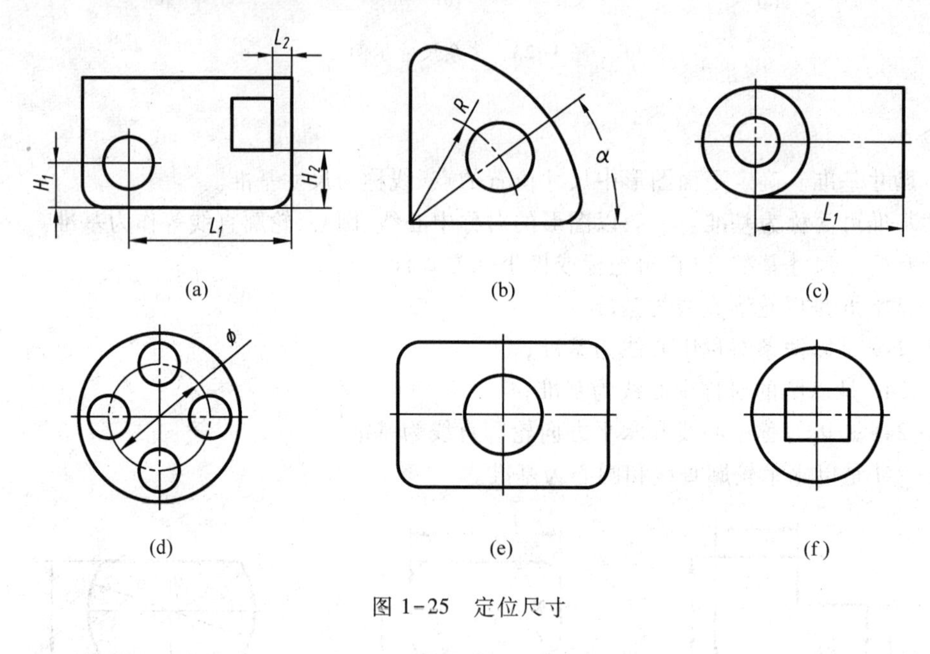

图 1-25　定位尺寸

二、平面图形的线段分析

平面图形是根据给定的尺寸绘制而成的,图形中常见的有直线、圆弧和圆,通常可按所标注的定位尺寸数量将其分为三类:已知线段、中间线段和连接线段。

1. 已知线段

定形尺寸和定位尺寸均给出,可直接画出的线段和圆弧。

2. 中间线段

只有定形尺寸,定位尺寸不全,需要根据与其他线段或圆弧的连接关系画出的线段或圆弧。

3. 连接线段

只有定形尺寸,没有定位尺寸,只能在已知线段和中间线段画出后,根据连接关系画出的线段或圆弧。

平面图形线段分析的目的是:检查尺寸是否多余或遗漏;确定平面图形中线段的作图顺序。

图 1-26 所示为平面图形线段分析的实例。

图中，ϕ25、ϕ14 的圆，其圆心位置由尺寸 92 和 52 直接确定，是已知弧，两条竖直线和一条水平线是已知线段，都可直接画出。

*R*50、*R*32 的圆弧，只直接注出尺寸 6，其圆心位置需通过与 ϕ25 的圆内切关系求出，是中间弧，标注角度尺寸 45°的倾斜直线是中间线段，需随后画出。

*R*18、*R*12、*R*8 的圆弧，其圆心位置均无定位尺寸，需通过与 *R*50 的圆弧和直线连接关系求出，是连接弧，最后画出。

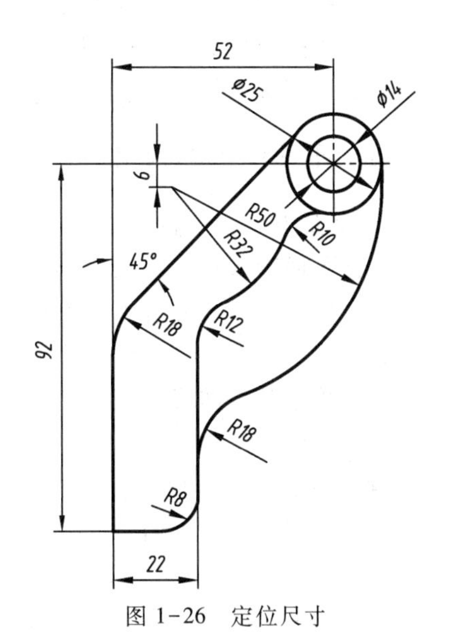

图 1-26　定位尺寸

三、平面图形的绘图步骤

利用尺规绘制平面图形的步骤如下：

（1）根据图形大小定比例及图纸幅面。

（2）在图板上用胶带纸固定图纸。

（3）根据图中所给尺寸，用细实线画底稿。如图 1-27 所示，先确定基准，然后画已知线段，接着画中间线段，最后画连接线段。

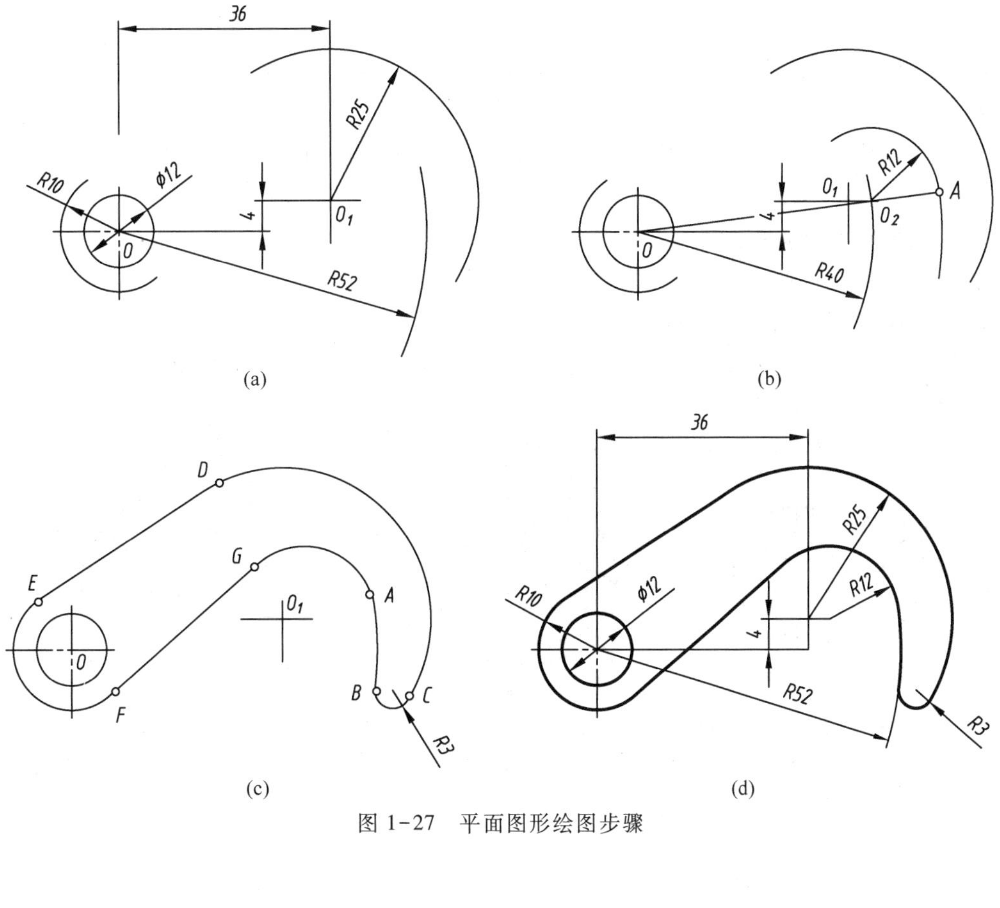

(a)　(b)

(c)　(d)

图 1-27　平面图形绘图步骤

(4) 标注尺寸。画尺寸界线、尺寸线及箭头,填写尺寸文本。

(5) 检查、描深。检查图形无误后,擦除多余线,先描深圆及圆弧,后描深直线。

(6) 填写标题栏,完成全图。

四、平面图形的尺寸标注

1. 平面图形尺寸标注方法

标注平面图形尺寸一般采用图形分解法,即:

(1) 将平面图形分解为一个基本图形和几个子图形;

(2) 确定基本图形的尺寸基准;

(3) 标注定形尺寸;

(4) 确定各子图形的基准,标注定位尺寸。

2. 平面图形尺寸标注实例

标注图 1-28 所示平面图形的尺寸。

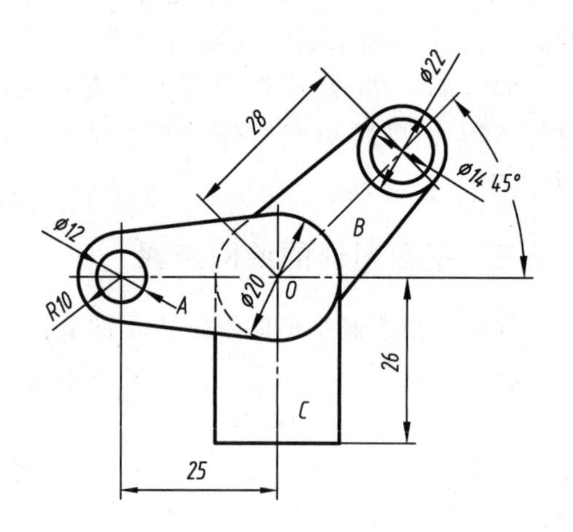

图 1-28　平面图形尺寸标注实例

首先将平面图形分解为基本图形 A 和子图形 B 及 C。

基本图形 A 的尺寸基准是水平和铅垂方向的细点画线,定位尺寸是 25;定形尺寸为 $\phi20$、$\phi12$、$R10$。

子图形 B 的基准是倾斜方向的细点画线和圆心 O,定位尺寸是 45°和 28,定形尺寸为 $\phi22$ 和 $\phi14$。

因为子图形 C 的基准与基本图形 A 一致,故定位尺寸省略,定形尺寸为 26,因其与 $\phi20$ 的圆相切,故长度按规定不注。

3. 平面图形尺寸标注示例

图 1-29 所示是一些常见平面图形的标注示例。

4. 平面图形尺寸标注要注意的问题

要做到正确、完整地标注平面图形尺寸,必须通过反复实践和理解,掌握规律。有些尺寸注法容易出错,应当引起注意。

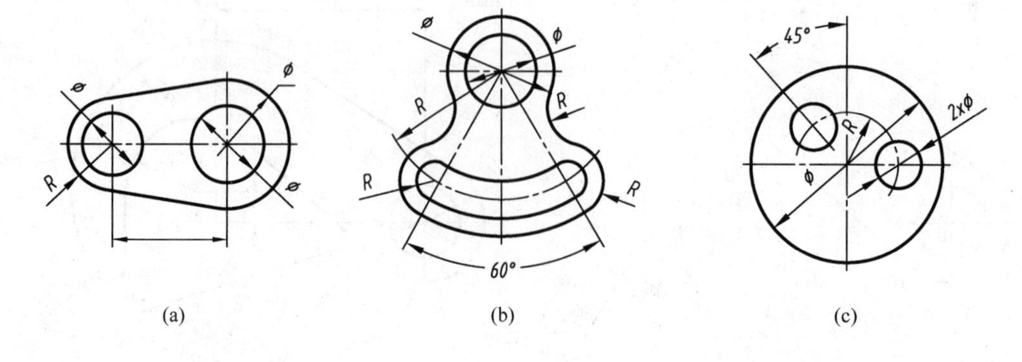

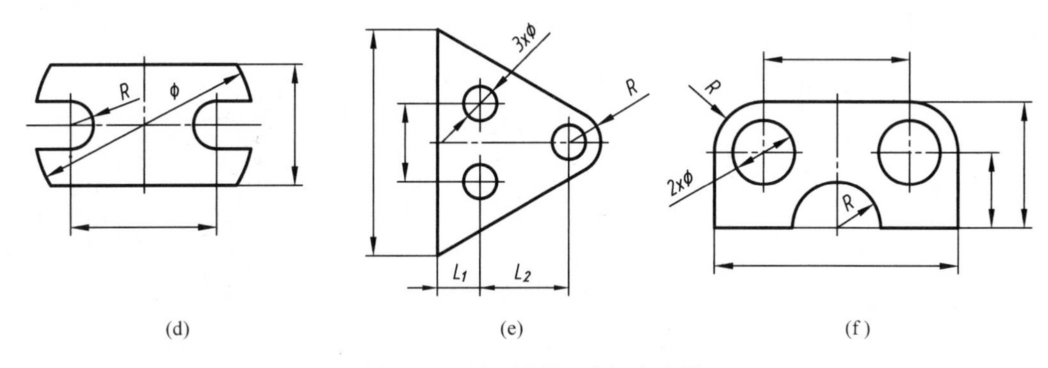

(d)　(e)　(f)

图 1-29　平面图形尺寸标注示例

（1）不标注交线、切线的长度尺寸。如图 1-30 中的尺寸 B、C 及图 1-23b 中的尺寸 M 都不应标注。

（2）不要标注成封闭尺寸。如图 1-31 中的尺寸 10 及图 1-23c 中的尺寸 S。

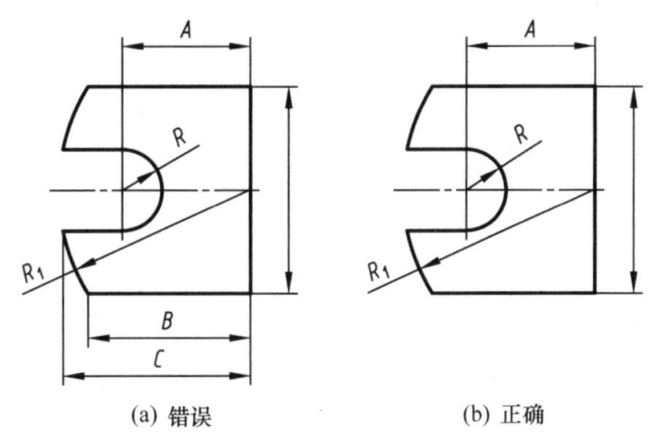

(a) 错误　(b) 正确

图 1-30　尺寸注法示例之一

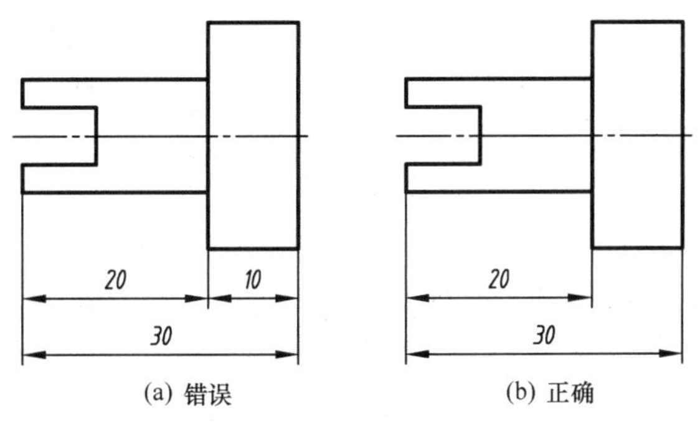

(a) 错误　(b) 正确

图 1-31　尺寸注法示例之二

（3）总长、总宽尺寸的处理。当遇到图形的一端或两端为圆或圆弧时，往往不注总尺寸，如图 1-32 所示的标注。

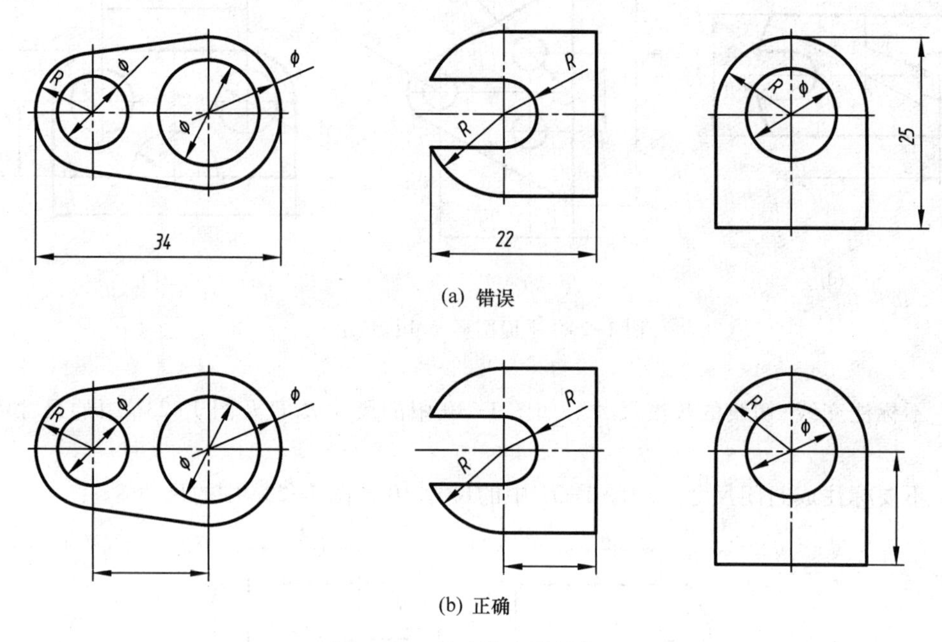

(a) 错误

(b) 正确

图 1-32 尺寸注法示例之三

§1.4 徒手图

一、徒手图的概念

徒手图也称草图，是不借助仪器，仅以铅笔以徒手的方法绘制的图样。由于绘制草图迅速简便，有很大的实用价值，常用于创意设计、测绘零件和技术交流中。徒手图不要求按照国家标准规定的比例绘制，但要求正确目测实物形状及大小，基本上把握住形体各部分间的比例关系。对于中、小型物体，可利用铅笔作为测量工具，直接从物体上量出各部分尺寸画在草图上，尺寸不要求非常精确，如图 1-33 所示。判断形体间比例的正确方法应是从整体到局部，再由局部返回整体，相互比较地观察。如一个物体的长、宽、高之比为 4 : 3 : 2，画此物体时，就要保持物体自身的这种比例。

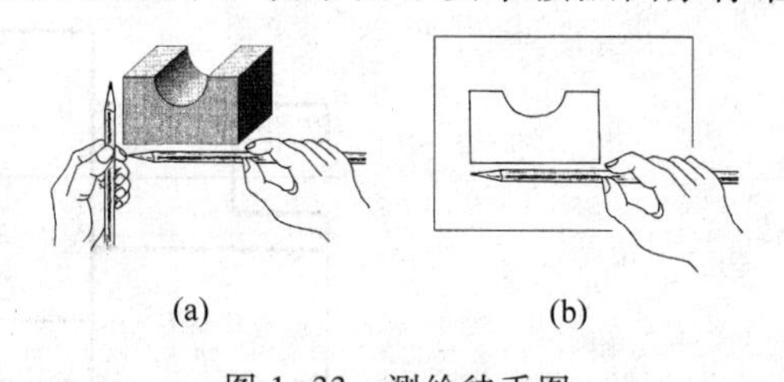
(a) (b)

图 1-33 测绘徒手图

徒手图不是潦草的图，除比例一项外，其余必须遵守国家标准规定，要求做到图线清晰、粗细分明、字体工整等。

为便于控制尺寸大小，经常在网格纸上画徒手图，网格纸不要固定在图板上，为了作图方便可任意转动或移动。

二、徒手图的绘制

1. 画直线

横线应自左向右、竖线应自上而下画出，眼视终点，手腕和小指对纸面的压力不要太大，如图1-34所示。

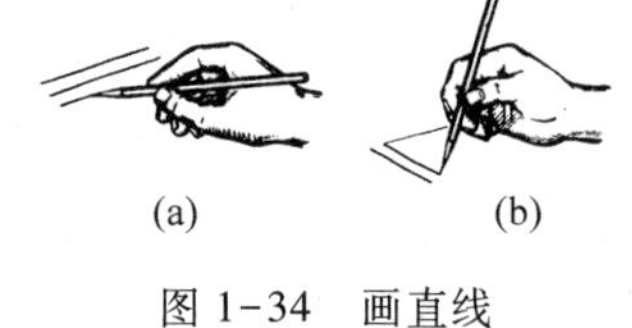

(a) (b)

图 1-34 画直线

2. 画圆

确定圆心位置、画出对称中心线后，可根据半径大小用目测在中心线上定出4点，然后过这4个点画圆，如图1-35a所示；当圆的直径较大时，可过圆心增画两条45°的斜线，在线上再定4个点，然后过这8个点画圆，如图1-35b所示。

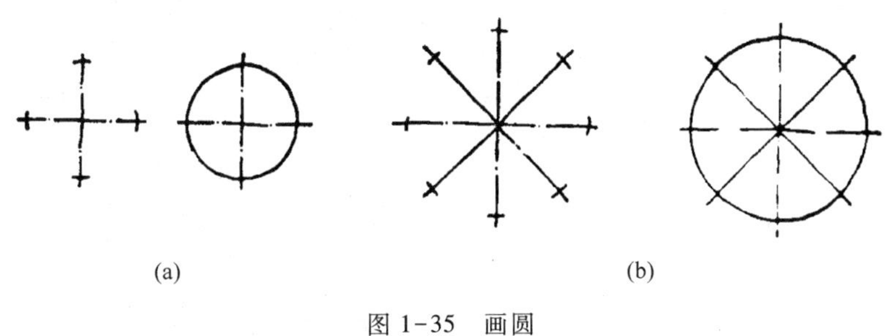

(a) (b)

图 1-35 画圆

3. 画椭圆

画椭圆时可用4点或8点，一定要注意对称性（图1-36）。

4. 画圆角

画圆角时先用目测在角平分线上选取圆心的位置，过圆心向两边引垂线定出圆弧与两边的切点，然后画圆弧，如图1-37所示。

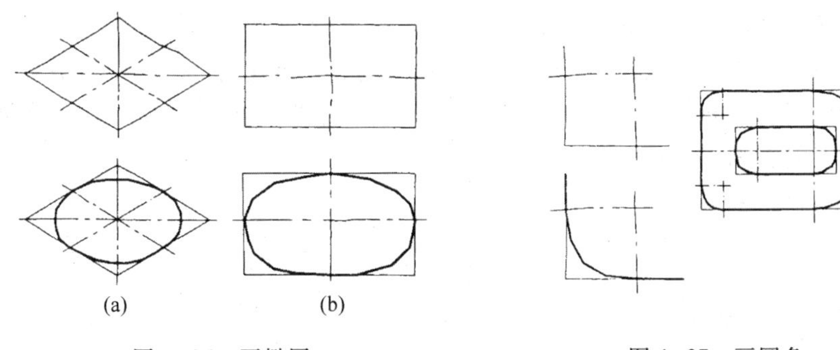

(a) (b)

图 1-36 画椭圆

图 1-37 画圆角

5. 画平面图形

徒手画平面图形时，应先目测图形总的长宽比例，考虑图形的整体和各组成部分的比例是否协调。初学徒手绘图时，最好先在网格纸上训练，这样图形各部分之间的比例可借助网格数来确定，熟练后可在空白纸上画图。图1-38所示为平面图形徒手绘图的示例。

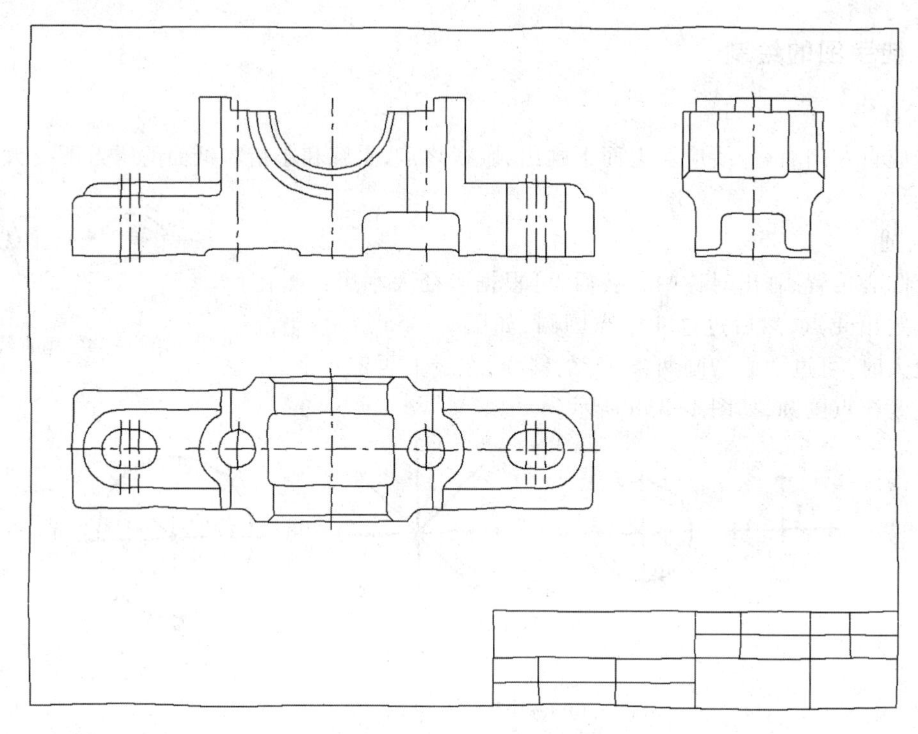

图 1-38 平面图形

本章小结

通过本章的学习，应掌握国家标准《技术制图》和《机械制图》中关于图幅、图框格式、常用比例、字体、线型等的基本规定。

能正确使用绘图工具画正六边形、椭圆等基本图形。

能正确地对平面图形进行尺寸和线段分析，正确选择尺寸基准，完整地标注定位及定形尺寸，掌握圆弧连接的概念和作图原理；能准确地求出切点及圆心，按照已知线段、中间线段、连接线段的顺序绘制平面图形。

了解徒手图的概念和基本作图方法。

复习思考题

1. 尺寸标注有哪些基本规则？
2. 字体的号数与字高有什么关系？
3. 机械图样上有哪几种图线形式？
4. 试列举一些常用的标注尺寸的符号和缩写词。
5. 几何作图中椭圆的画法有几种？
6. 试述平面图形的线段分类及绘制平面图形的大致步骤。
7. 徒手绘制的草图尺寸是按目测的大小比例标注，还是按实物大小标注？

第二章　正投影基础

本章学习目标

掌握平行投影的基本性质，正投影体系，点、直线和平面的投影规律，直线、平面的相对位置等内容。

本章学习内容

1. 中心投影法与平行投影法，平行投影的基本性质；
2. 正投影体系，点的投影规律，点的坐标，各种位置点的投影，重影点；
3. 直线的投影，各种位置的直线，直线上的点，两直线的相对位置；
4. 平面的投影，各种位置的平面，平面上的点和直线；
5. 直线、平面的相对位置。

§2.1　投影法

在日常生活中，我们经常可以看到一些投影现象，如电影、幻灯、照相以及太阳照射物体所产生的影子等。投影法就是从这一自然现象抽象出来，并随着科学技术的发展而发展起来的。常用的投影法有两大类：中心投影法和平行投影法。

一、中心投影法

图 2-1 表示空间物体的投影情况。点 S 称为投射中心，自投射中心 S 引出的射线称为投射线（如 SA、SB、SC）；平面 H 称为投影面。投射线 SA、SB、SC 与平面 H 的交点 a、b、c 就是空间点 A、B、C 在投影面 H 上的中心投影，而 $\triangle abc$ 即为 $\triangle ABC$ 在 H 面上的中心投影，规定用大写字母表示空间的点，而用小写字母表示相应空间点的投影。这种投射线均通过投射中心的投影方法，称为中心投影法。

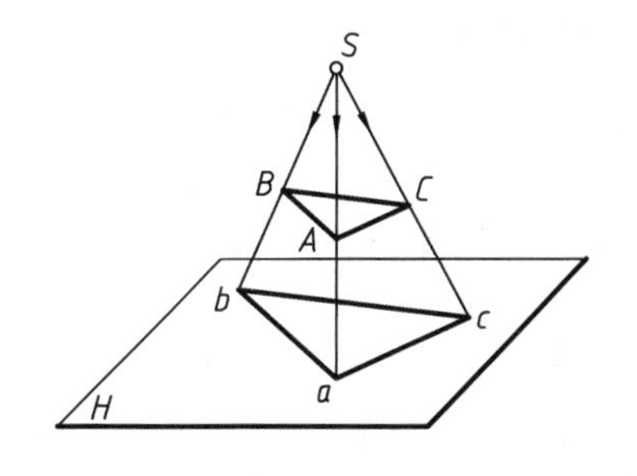

图 2-1　中心投影法

在中心投影中，如果改变 $\triangle ABC$ 与投射中心或投影面之间的距离，则其投影 $\triangle abc$ 的大小也随之改变。另外，在投射中心 S 确定的情况下，空间的一个点在

投影面 H 上只存在唯一的一个投影。

二、平行投影法

如果把中心投影法中的投射中心移至无穷远处，则各投射线就成为相互平行的直线，这种投影法称为平行投影法。在平行投影法中，用 S 表示投射方向，只要自空间各点分别引与 S 平行的投射线（S 与投影面 H 不平行），就可以在投影面 H 上得到空间各点的投影，如图 2-2 所示。

从图中可以看出，在平行投影法中，如果仅改变空间 $\triangle ABC$ 与投影面之间的距离，其投影 $\triangle abc$ 的大小保持不变。在投射方向 S 确定的情况下，空间的一个点在投影面 H 上的平行投影也是唯一确定的。

如图 2-3 所示，根据投射方向 S 是否垂直于投影面 H，平行投影法又可以分为以下两种情况：

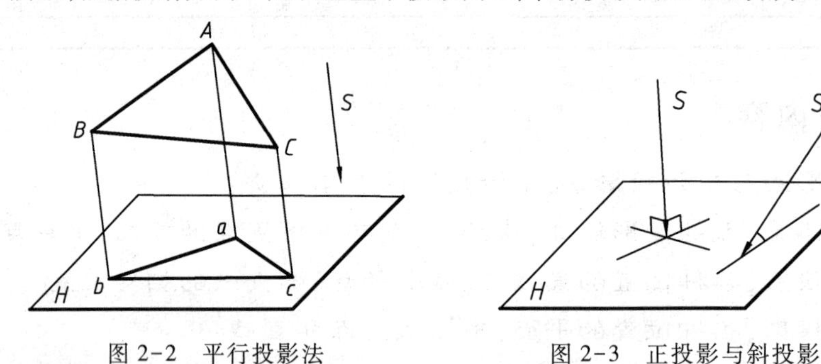

图 2-2　平行投影法　　图 2-3　正投影与斜投影

（1）正投影法：投射方向 S 垂直于投影面 H，也称直角投影法。正投影法在工程制图中得到广泛应用。

（2）斜投影法：投射方向 S 倾斜于投影面 H。

三、平行投影的基本性质

平行投影具有如下基本性质：

1. 同素性

点的投影是点，直线的投影一般仍是直线，平行投影所具有的这一性质称为同素性。

如图 2-4 所示，过直线 AB 上各点的投射线构成了一个投射平面 $ABba$，该投射平面与投影面 H 的交线 ab 即为直线 AB 的投影。从图中可见，一般情况下，直线的投影还是直线。

2. 从属性不变

若点在直线上，则该点的投影一定在该直线的投影上，即点和直线的从属性是平行投影的不变性。如图 2-5 所示，$C \in AB$，则 $c \in ab$。

3. 平行性不变

平行两直线的投影一般仍相互平行。如图 2-6 所示，$AB /\!/ CD$，则有两投射平面 $ABba /\!/ CDdc$，所以 $ab /\!/ cd$。

容易证明，平行两线段 AB 和 CD 的长度比是平行投影的不变量，即若有 $AB /\!/ CD$，则有

$$\overline{AB}/\overline{CD}=\overline{ab}/\overline{cd}$$

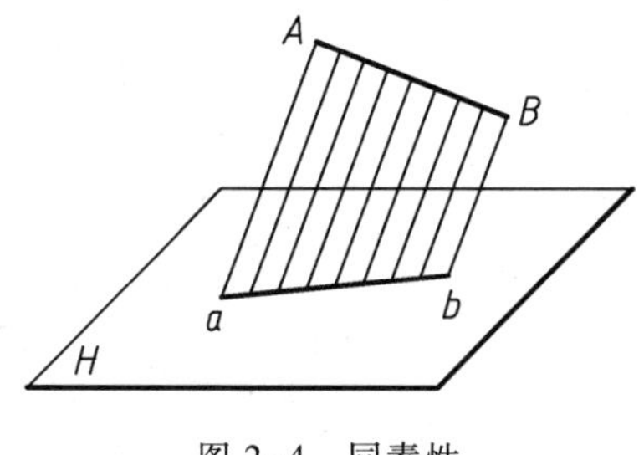

图 2-4 同素性

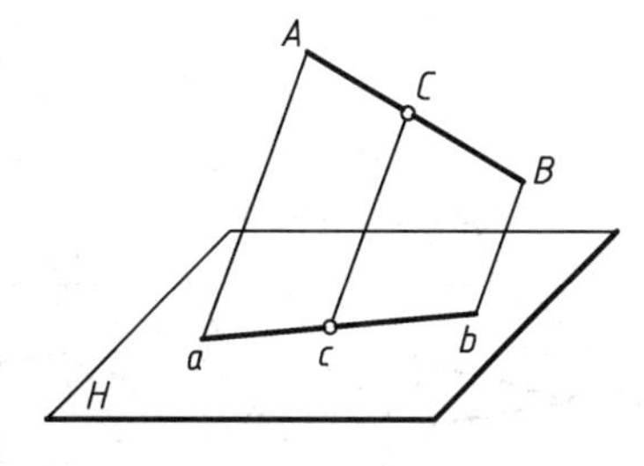

图 2-5 从属性不变

4. 简单比不变

一条直线上任意三个点的简单比是平行投影的不变量。

如图 2-7 所示，点 A、B、C 为一条直线上的三个点，其中点 A、B 为基础点，点 C 为分点。则这三个点的简单比定义为

$$(ABC)=\overline{AC}/\overline{BC}$$

由初等几何的平行线截割定理容易证明

$$\overline{AC}/\overline{BC}=\overline{ac}/\overline{bc}$$

或

$$(ABC)=(abc)$$

即一条直线上三个点的简单比等于其投影相应的三个点的简单比。

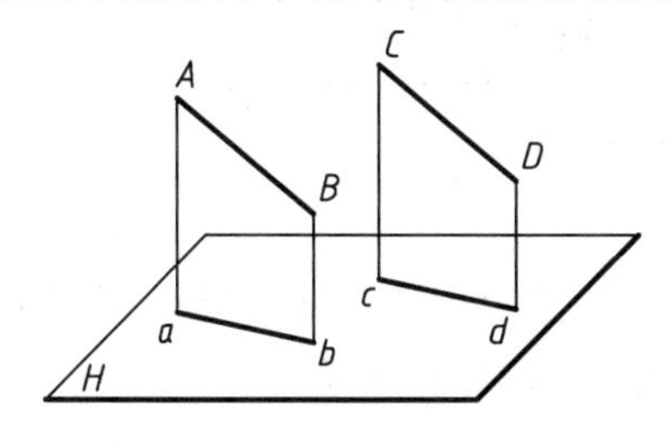

图 2-6 平行性不变

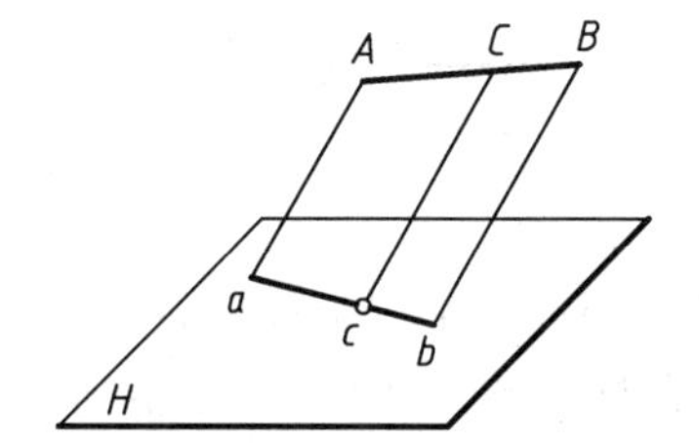

图 2-7 简单比不变

5. 相仿性

平面形的投影可由其投影轮廓线得到。一般情况下，平面形的投影都要发生变形，但投影形状总与原形相仿，即平面形投射后，其投影形状与原形的边数、平行性、凸凹性相同及边的直线或曲线性质不变，这种性质称为相仿性。如图 2-8 所示，$\triangle abc\neq\triangle ABC$，八边形 $abcdefgh\neq ABCDEFGH$。但三角形的投影仍为三角形，八边形的投影仍为八边形，且凹形的投影仍为凹形。

此外，在一般情况下，线段投影之后其长度会发生变化。投影长与线段原长之比称为伸缩系数，如图 2-9 所示，用 k 表示伸缩系数，则有

$$k=\overline{ab}/\overline{AB}$$

在斜投影的情况下，可能有 $k>1$、$k=1$ 或 $k<1$，即线段的长度在投影之后可能增大、不变或缩短。

在正投影的情况下，一般有 $k<1$。如图 2-9 所示，设线段 AB 对投影面 H 的倾角为 α，则有 $\overline{ab}=\overline{AB}\cos\alpha$，所以 $k=\overline{ab}/\overline{AB}=\cos\alpha<1(\alpha\neq0°,\alpha\neq90°)$，即线段的投影长度一般要缩短。

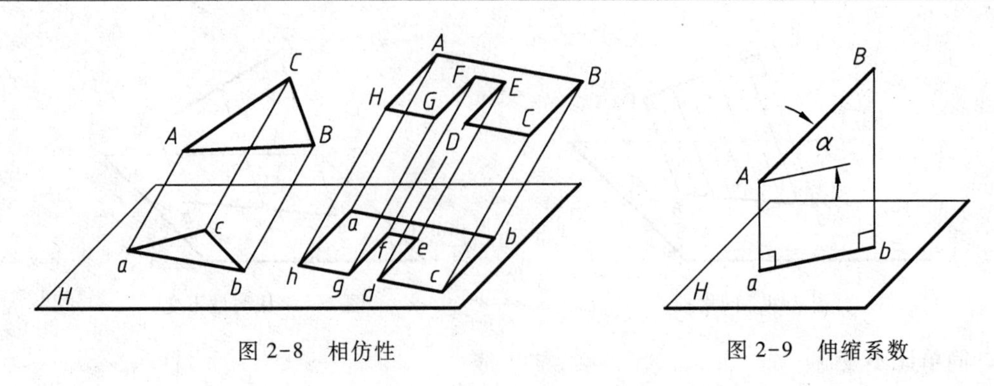

图 2-8　相仿性　　　　图 2-9　伸缩系数

以上讨论了在一般情况下平行投影所具有的性质。在特殊情况下，平行投影还具有以下两条性质：

(1) 积聚性。当直线平行于投射方向 S 时，直线的投影成为点；当平面图形平行于投射方向 S 时，其投影为直线。这种投影性质称为积聚性，如图 2-10 所示。

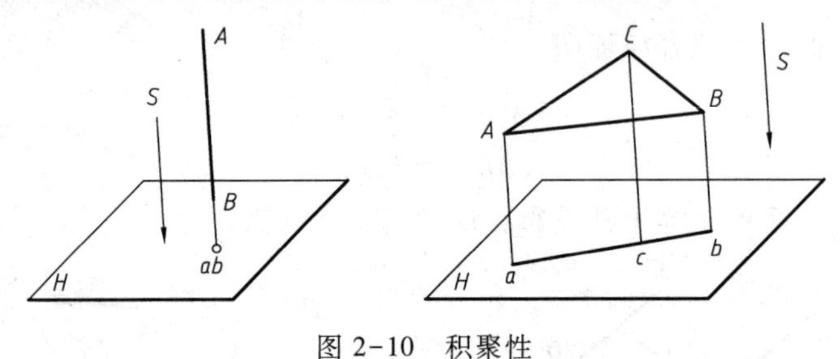

图 2-10　积聚性

(2) 全等性。当线段平行于投影面 H 时，其投影长度反映线段的实长；当平面图形平行于投影面 H 时，其投影与原平面图形全等。这种性质称为全等性，如图 2-11 所示。

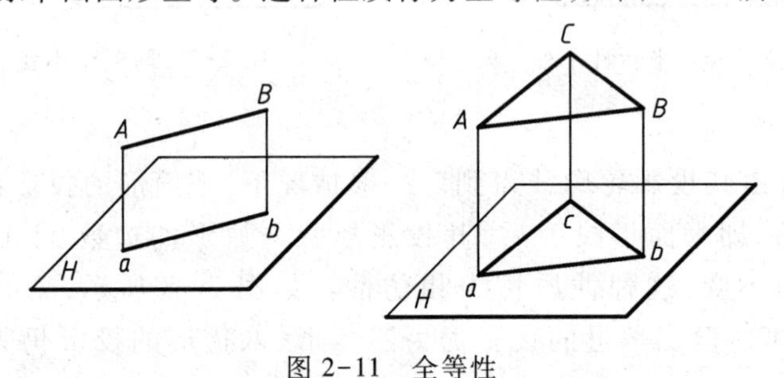

图 2-11　全等性

在上述平行投影的基本性质中，要特别注意那些平行投影下的不变性（如同素性、点和直线的从属性、两直线的平行性等）以及不变量（如简单比、两平行线段的长度比等）。这些不变性和不变量，对图示、图解空间几何的各种问题都将起重要的作用。

§2.2　点的投影

自然界中一切有形的物体，用几何的观点都可以看作是由点、线（直线和曲线）、面（平面和曲面)等基本几何元素构成的。点是最基本的几何元素,下面用点的投影说明正投影的基本规律。仅有点的一个投影不能确定点的空间位置,为了确定几何元素的空间位置,需要建立正投影的投影面体系。

一、投影面体系与投影轴

如图 2-12 所示,用互相垂直相交的三个投影面,构成投影面体系,其中 V 面称为正立投影面,H 面称为水平投影面,W 面称为侧立投影面。两投影面的交线称为投影轴,从图中可以看出 V 面与 H 面交于 OX 轴;H 面与 W 面交于 OY 轴;W 面与 V 面交于 OZ 轴。三投影轴交于原点 O。这样就构成了空间的投影面体系与投影轴。

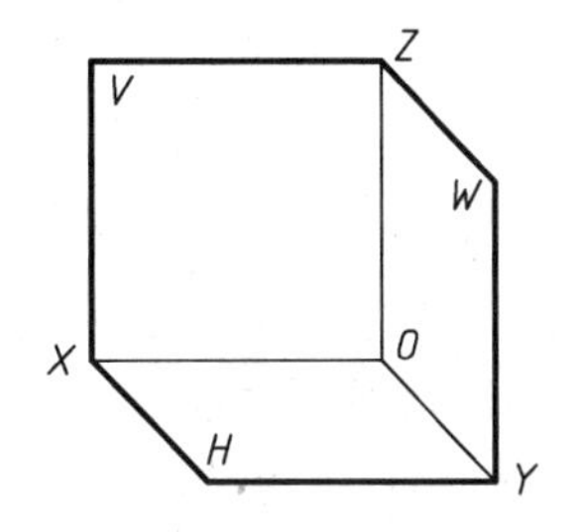

图 2-12 投影面体系与投影轴

二、点的投影及投影规律

1. 点的投影

如图 2-13a 所示,由空间点 A 分别引垂直于三个投影面 H、V、W 的投射线,与投影面相交,得到点 A 的三个投影 a、a'、a'',其在投影面 H 上的投影为 a,称为 A 点的水平投影;在投影面 V 上的投影为 a',称为 A 点的正面投影;在投影面 W 上的投影为 a'',称为 A 点的侧面投影。

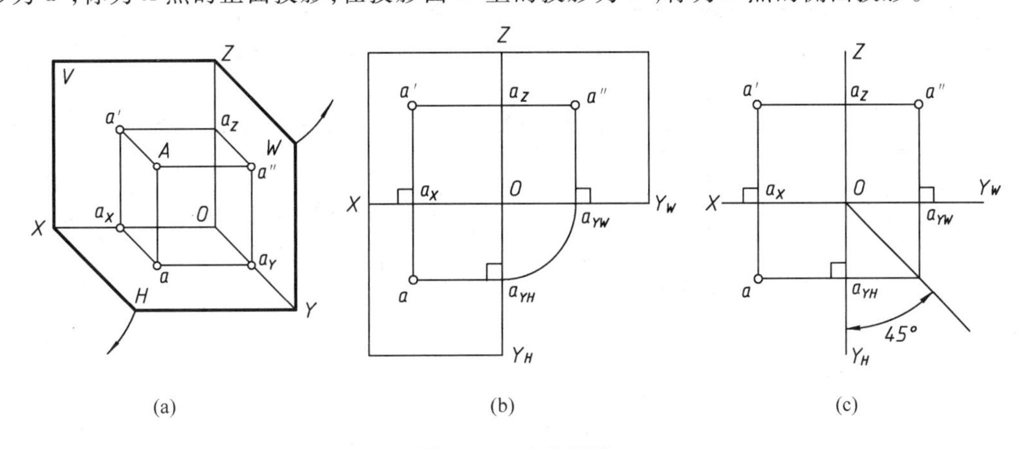

(a) (b) (c)

图 2-13 点的投影

规定:空间点用大写字母表示,点的三个投影都用同一个小写字母表示,其中 H 面投影不加撇,V 面投影加一撇,W 面投影加两撇。

得到点的各投影后,将三个投影面展开成一个平面:V 面不动,H 面绕 OX 轴向下旋转 90°,W 面绕 OZ 轴向后方旋转 90°(如图 2-13a 中箭头所示),与 V 面成为同一个平面。展开时,OY 轴随 H 面和 W 面被分为两处,在 H 面上的记作 OY_H,在 W 面上的记作 OY_W。

图 2-13b 所示是展开后点 A 的正投影图。在投射时,投影面的大小不受限制,所以不必画出投影面的边框,如图 2-13c 所示。

2. 点的投影规律

点的正投影有如下三条基本规律:

(1) 任一点 A 的 H 面投影 a 和 V 面投影 a' 的连线必垂直于 OX 轴，即 $aa' \perp OX$。从图 2-13a 可见，由投射线 Aa 和 Aa' 组成的平面 $Aa a_X a'$ 既垂直于 H 面又垂直于 V 面，所以该平面也垂直于 OX 轴。因此，$aa_X \perp OX$，$a'a_X \perp OX$。故在点 A 的正投影（图 2-13c）上，有 $aa' \perp OX$。

(2) 任一点 A 的 V 面投影 a' 和 W 面投影 a'' 的连线必垂直于 OZ 轴，即 $a'a'' \perp OZ$ 轴。证明方法同上。

(3) 由于 OY 轴被分为 OY_H 和 OY_W 两处，所以点 a_Y 也被分为 a_{YH} 和 a_{YW} 两个点。从图 2-13b 和图 2-13c 中可以看出：$aa_{YH} \perp OY_H$；$a''a_{YW} \perp OY_W$；$\overline{Oa_{YH}} = \overline{Oa_{YW}}$。点 A 的 H 面投影 a 和 W 面投影 a'' 可用三段线联系起来，其中两段（aa_{YH} 和 $a''a_{YW}$）为分别与 OY_H 和 OY_W 轴垂直，中间一段为圆弧（图 2-13b）；也可按图 2-13c 的形式将它们联系起来。

例 2-1　已知点 C 的正面投影 c' 和侧面投影 c''，求作其水平投影 c（图 2-14a）。

作图步骤（图 2-14b）

1) 过 c' 作 $c'c_X \perp OX$；

2) 过 c'' 作 $c''c_{YW} \perp OY_W$；

3) 以 O 为圆心、Oc_{YW} 为半径作圆弧交 OY_H 于 c_{YH}；

4) 过 c_{YH} 作平行于 OX 轴的直线，与 $c'c_X$ 的延长线相交，交点即为水平投影 c。

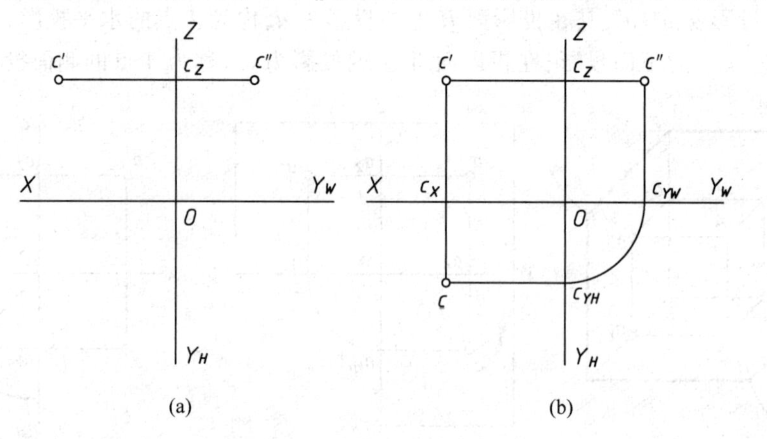

图 2-14　求点的水平投影

3. 点的投影和坐标

为了确定空间点 A 对三个投影面的相对位置，把投影面当作坐标面，三个投影轴当作坐标轴，将点 A 到 W 面的距离 Aa'' 称为横标（X 坐标），点 A 到 V 面的距离 Aa' 称为纵标（Y 坐标），点 A 到 H 面的距离 Aa 称为高标（Z 坐标）。用 (x_A, y_A, z_A) 表示点 A 的三个坐标值，由图 2-15 可知：

点 A 的横标（X 坐标）$x_A = \overline{Oa_X} = \overline{a'a_Z} = \overline{aa_{YH}} = \overline{Aa''}$；

点 A 的纵标（Y 坐标）$y_A = \overline{Oa_Y} = \overline{aa_X} = \overline{a''a_Z} = \overline{Aa'}$；

点 A 的高标（Z 坐标）$z_A = \overline{Oa_Z} = \overline{a'a_X} = \overline{a''a_{YW}} = \overline{Aa}$。

从图 2-15b 中可以看出，点的一个投影反映两个坐标：V 面投影反映高标 Z 和横标 X（$a'a_X$

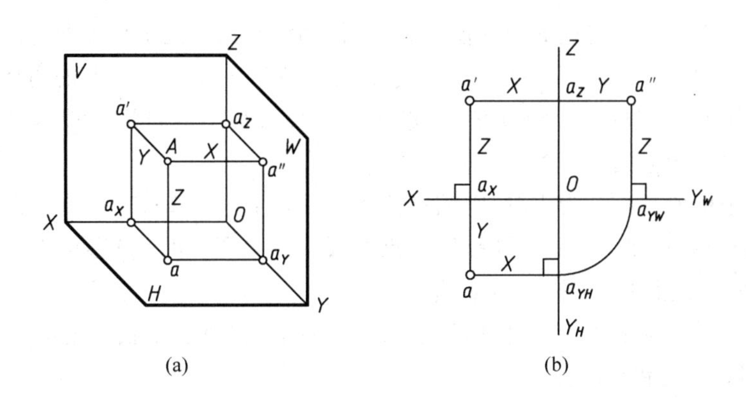

(a) (b)

图 2-15 点的投影和坐标

和 $a'a_Z$),H 面投影反映纵标 Y 和横标 X(aa_X 和 aa_{YH}),W 面投影反映高标 Z 和纵标 Y($a''a_{YW}$和 $a''a_Z$)。点的一个坐标反映在两个投影上:V、H 面投影都反映横标 X;V、W 面投影都反映高标 Z;H、W 面投影都反映纵标 Y。

所以,点的三个投影间的关系可归纳如下:

(1) V、H 面投影都反映横标,且投影连线垂直 OX 轴;

(2) V、W 面投影都反映高标,且投影连线垂直 OZ 轴;

(3) H、W 面投影都反映纵标,投影连线是一条折线,其中 W 面上的一段垂直 OY_W,H 面上的一段垂直 OY_H,中间可用以 O 为圆心的圆弧或 45°的辅助线联系起来。

例 2-2 已知点 A(30,20,40),求作其三面投影(图 2-16a)。

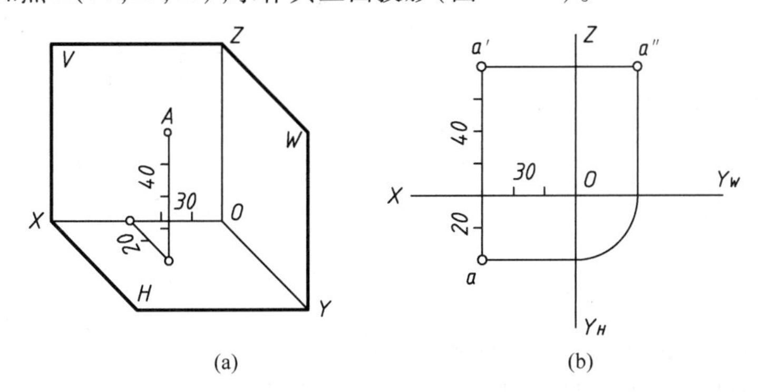

(a) (b)

图 2-16 点的坐标与投影的关系

作图步骤(图 2-16b)

1) 根据点 A 的 X 坐标 30,Z 坐标 40,确定其 V 面投影 a';

2) 利用 $a'a \perp OX$,以及 Y 坐标 20,求得 H 面投影 a;

3) 根据已求得的两投影 a、a',利用投影关系求得 W 面投影 a''。

4. 各种位置点的投影

(1) 一般位置点。当空间点的三个坐标值 X、Y、Z 均不为零(即此点距 H、V、W 面的距离都不是零)时,称该点为一般位置点。图 2-15 中的点 A 即为一般位置点。

(2) 特殊位置点。当空间点的坐标值有一个为零时，则该点位于投影面上。如图2-17所示，点 A 的纵标 Y 为零，即点 A 距 V 面的距离为零，故点 A 位于 V 面上。点 B 的高标 Z 为零，则点 B 位于 H 面上。投影面上点的投影特点是：该点所在的投影面上的投影与该点的空间位置重合，而另外两个投影位于相应的投影轴上。

当空间点的坐标值有两个为零时，则该点位于投影轴上。图 2-17 中点 C 的纵标 Y 和高标 Z 均为零，故点 C 位于投影轴 OX 上。投影轴上点的投影特点是：两个投影位于投影轴上，并与空间点重合，而另外一个投影则与原点 O 重合。

当空间点的三个坐标值皆为零时，则该点与原点 O 重合，其三个投影也重合在原点 O 处。

5. 两点的相对位置和重影点

(1) 两点的相对位置。根据两点相对于投影面的距离(坐标)不同，即可确定两点的相对位置。图 2-18 给出了 A、B 两点的三个投影。从图中可以看出，A 点的横标小于 B 点的横标，即点 A 距 W 面较近，或者说点 A 在点 B 的右方。同样，可以判断点 A 在点 B 上方、点 A 在点 B 前方。按习惯，称距 V 面远为前，距 V 面近为后。

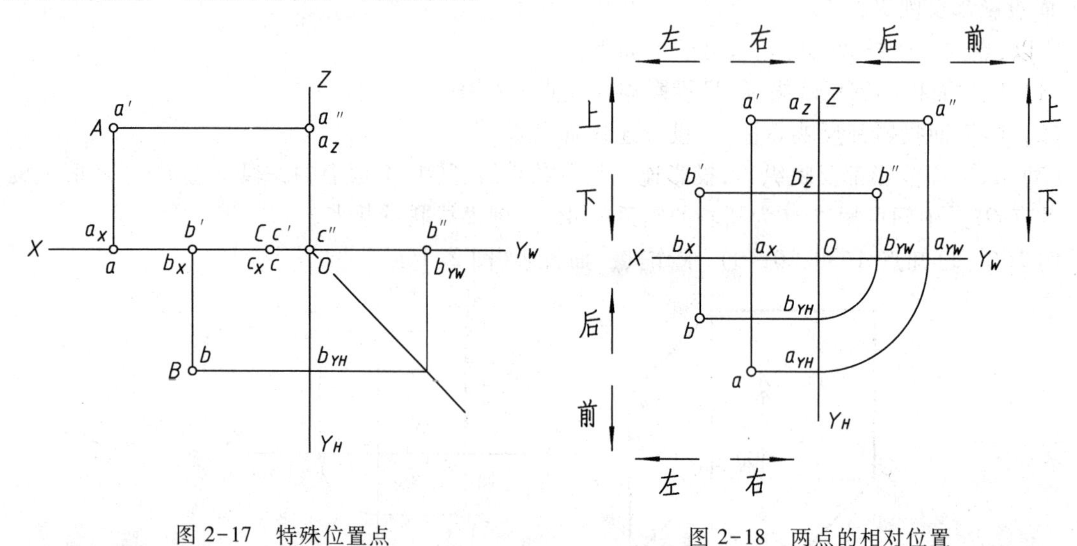

图 2-17　特殊位置点

图 2-18　两点的相对位置

由上所述可知，由已知两点的三个投影判断其相对位置时，可根据正面投影或侧面投影判断上下位置；根据正面投影或水平投影判断左右位置；根据水平投影或侧面投影判断前后位置。

例 2-3　如图 2-19 所示，已知点 A 的三个投影，另一点 B 在点 A 上方 8 mm、左方 12 mm、前方 10 mm 处，求点 B 的三面投影。

作图步骤

1) 在 a'左方 12 mm、上方 8 mm 处确定 b'；

2) 作 $b'b \perp OX$，且在 a 前 10 mm 处确定 b；

3) 按投影关系求得 b''。

(2) 重影点。特殊情况下，当空间两点处在对某投影面的同一条投射线上时，这两点在该投影面上的投影重合，这两点就称为对该投影面的重影点。如图 2-20 所示，点 A、B 在对 H 面的同一条投射线上，它们在 H 面的投影重合，它们是对 H 面的重影点。而点 A、C 则是对 W 面的重影点。

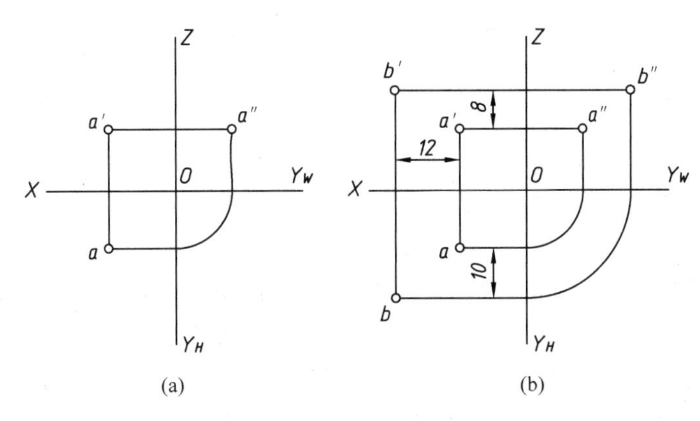

图 2-19 两点的相对位置

重影点有两个坐标值相等,而其第三个坐标值不等。如图 2-20 所示,*A*、*B* 两点的横标 *X* 和纵标 *Y* 是相等的,而其高标 *Z* 不等;亦即 *A*、*B* 两点距离 *W* 面和 *V* 面是相等的,距离 *H* 面不相等。同理,*A*、*C* 两点的纵标 *Y* 及高标 *Z* 相等,而横标 *X* 不等。

重影点分为可见点和不可见点。顺着投射方向观察:对 *H* 面,上面的点为可见点,下面的点为不可见点,即上遮下;对 *V* 面,前面的点为可见点,后面的点为不可见点,即前遮后;对 *W* 面,左边的点为可见点,右边的点为不可见点,即左遮右。如图 2-20 所示,点 *A* 在点 *B* 的上方,所以对 *H* 面来说,点 *A* 可见,点 *B* 不可见。同理,点 *C* 在点 *A* 的左方,对 *W* 面来说,点 *C* 可见,点 *A* 不可见。对于不可见点的投影,在标记时,加括号表示。

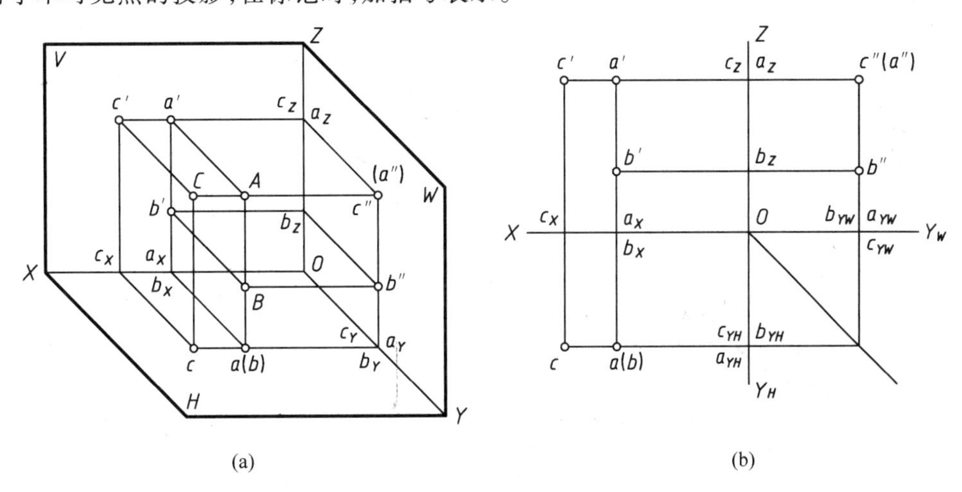

图 2-20 重影点

§2.3 直线的投影

一、直线的投影

一般情况下,直线的投影仍为直线。将直线上两点的同面投影用直线连接起来,就得到直线的三面投影。直线的投影规定用粗实线绘制。

二、各种位置直线

直线在三投影面体系中，按其对投影面的相对位置可分为三类：

(1) 一般位置直线：直线不平行于任何一个投影面；

(2) 投影面平行线：直线只和一个投影面平行，与另外两个投影面倾斜；

(3) 投影面垂直线：直线和一个投影面垂直，与另外两个投影面平行。

后两种直线又称特殊位置直线。下面分别讨论这三类直线的投影特性。

1. 一般位置直线

图 2-21 表示一般位置直线的三个投影。直线与 H、V 和 W 三个投影面的倾角分别用 α、β 和 γ 表示，按正投影性质有

$$\overline{ab}=\overline{AB}\cos\alpha, \overline{a'b'}=\overline{AB}\cos\beta, \overline{a''b''}=\overline{AB}\cos\gamma$$

由此可见，一般位置直线的投影特性为：各投影的长度均小于线段本身的实长。又由图2-21可见，直线 AB 上各点对某一投影面的距离均不相等，故直线的各个投影均不平行于各投影轴。

2. 投影面平行线

投影面平行线有三种：水平线(平行于 H 面)、正平线(平行于 V 面)、侧平线(平行于 W 面)。表2-1列出了三种投影面平行线的投影特点和性质。下面以水平线为例，进一步说明其投影特性。

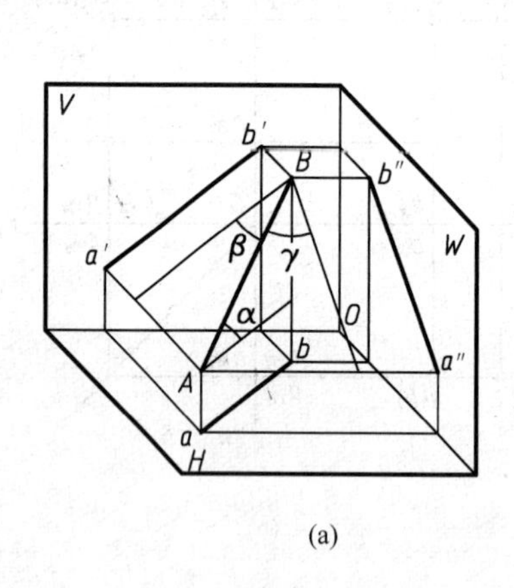

(a)

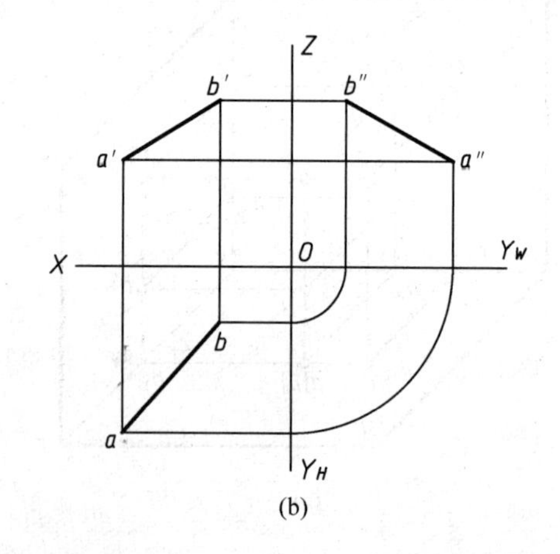

(b)

图 2-21　一般位置直线

由于水平线平行于 H 面，所以水平线 AB 上的所有点与 H 面的距离相等(即高标相等)，因此它的 V、W 两面投影分别平行于相应的投影轴，即 $a'b' /\!/ OX$，$a''b'' /\!/ OY_W$。水平线的 H 面投影反映线段的实长，即 $\overline{ab}=\overline{AB}$，且 ab 与 OX 轴的夹角反映该直线对 V 面的倾角 β，与 OY_H 轴的夹角反映该直线对 W 面的倾角 γ。

正平线和侧平线有类似的投影特性(表 2-1)。

表 2-1 投影面平行线

名　　称	立 体 图	投 影 图	投 影 特 性
水平线 （//H 面）	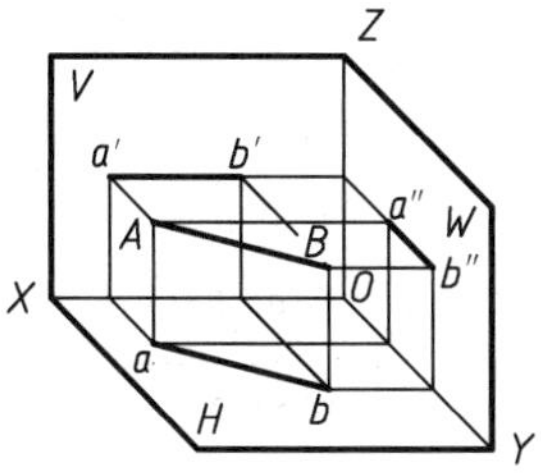 Z V a' b' A B a'' W b'' X O a H b Y	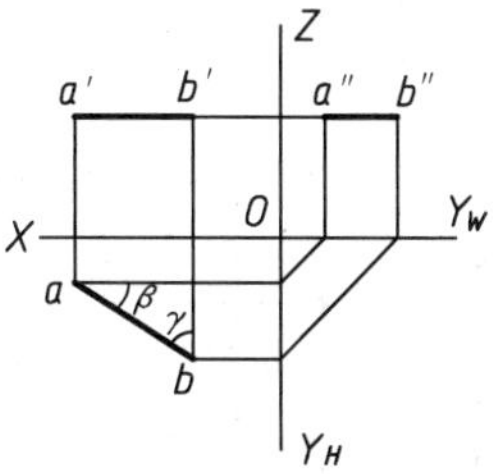 Z a' b' a'' b'' O Y_W X a β γ b Y_H	① $a'b'$ // OX，$a''b''$ // OY_W； ② $\overline{ab}=\overline{AB}$； ③ 反映倾角 β、γ 的大小
正平线 （//V 面）	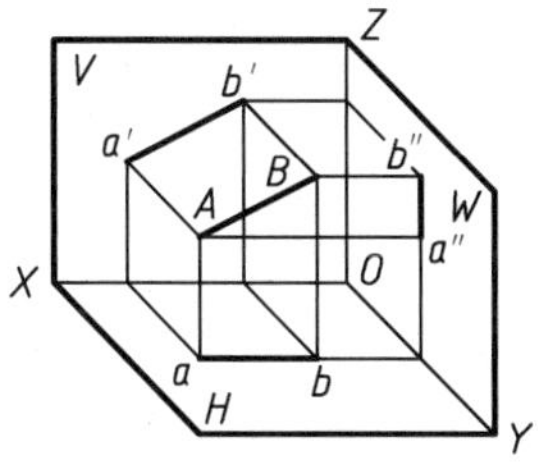 Z V b' a' B b'' A W a'' X O a b H Y	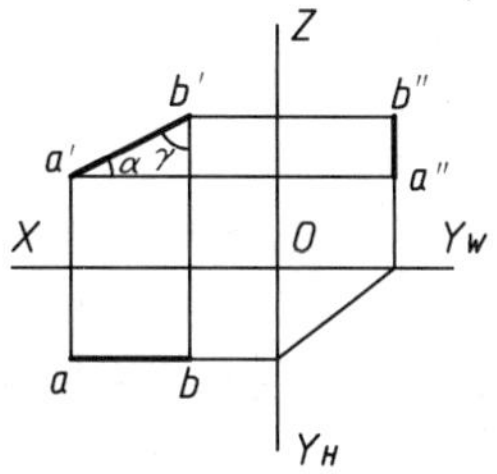 Z b' b'' a' α γ a'' X O Y_W a b Y_H	① ab // OX，$a''b''$ // OZ； ② $\overline{a'b'}=\overline{AB}$； ③ 反映倾角 α、γ 的大小
侧平线 （//W 面）	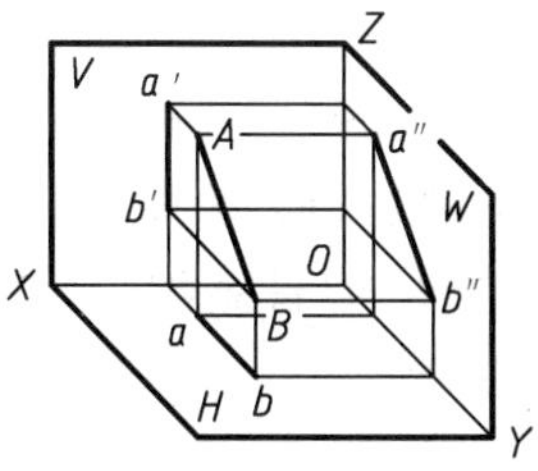 Z V a' A a'' b' W O X b'' a B H b Y	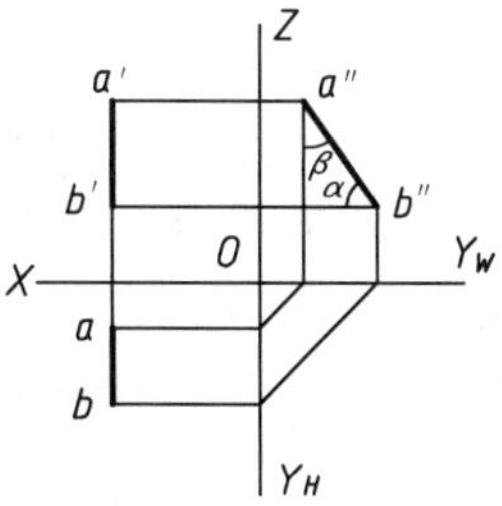 Z a' a'' β α b' b'' O Y_W X a b Y_H	① ab // OY_H，$a'b'$ // OZ； ② $\overline{a''b''}=\overline{AB}$； ③ 反映倾角 α、β 的大小

由表 2-1 可见，投影面平行线有如下投影特性：

（1）在其所平行的投影面上的投影反映线段实长，且其投影与投影轴的夹角反映直线与另两个投影面的真实倾角。

（2）在另外两个投影面上的投影平行于相应的投影轴。

3. 投影面垂直线

投影面垂直线也有三种：铅垂线（垂直于 H 面）、正垂线（垂直于 V 面）和侧垂线（垂直于 W 面）。表 2-2 列出了三种投影面垂直线的投影特点和性质。下面以铅垂线为例，进一步说明其投影特性。

表 2-2 投影面垂直线

名　　称	立 体 图	投 影 图	投 影 特 性
铅垂线 （⊥H 面）	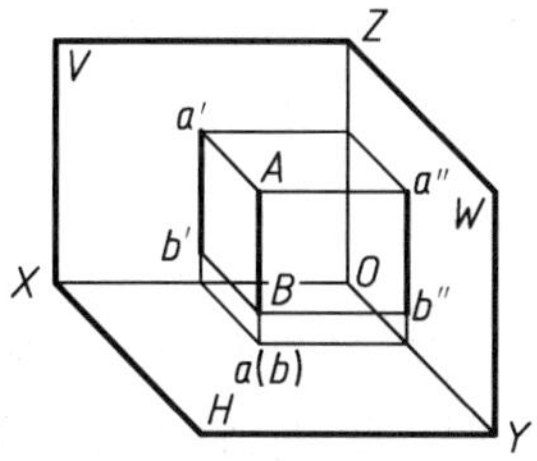 Z V a' A a'' W b' X B O b'' a(b) H Y	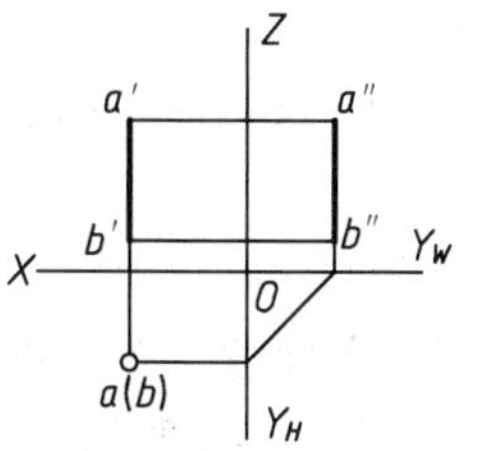 Z a' a'' b' b'' Y_W X O a(b) Y_H	① H 面投影为一点，有积聚性； ② $a'b' \perp OX$，$a''b'' \perp OY_W$； ③ $\overline{a'b'}=\overline{a''b''}=\overline{AB}$

续表

名　称	立　体　图	投　影　图	投 影 特 性
正垂线 （$\perp V$ 面）	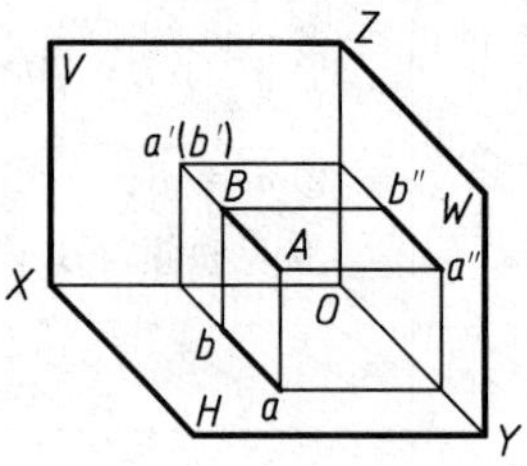	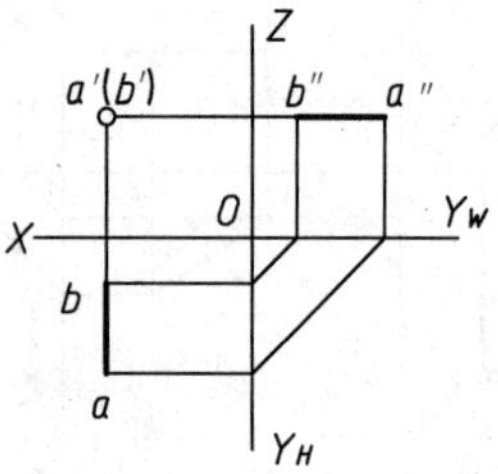	① V 面投影为一点，有积聚性； ② $ab \perp OX, a''b'' \perp OZ$； ③ $\overline{ab}=\overline{a''b''}=\overline{AB}$
侧垂线 （$\perp W$ 面）	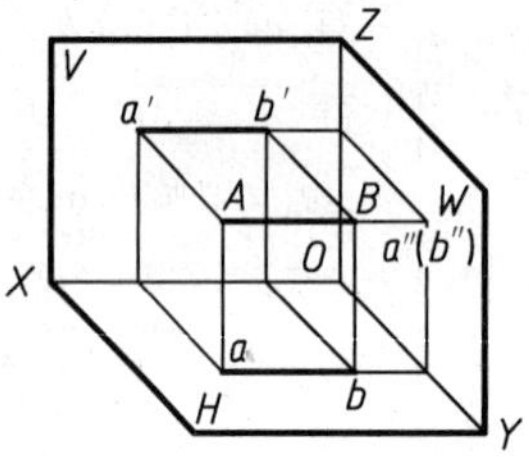	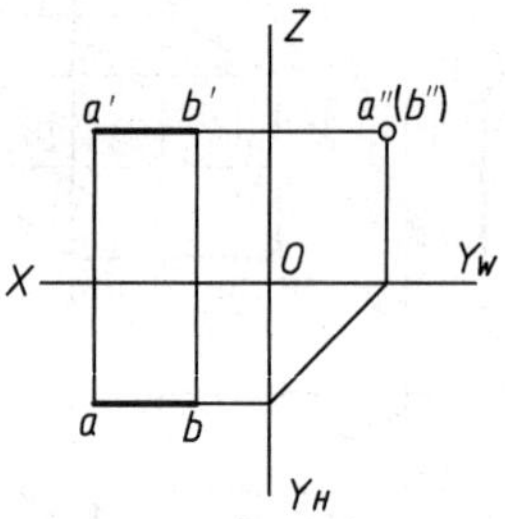	① W 面投影为一点，有积聚性； ② $ab \perp OY_H, a'b' \perp OZ$ ； ③ $\overline{ab}=\overline{a'b'}=\overline{AB}$

铅垂线垂直于 H 面，所以铅垂线 AB 在 H 面上的投影为一点 $a(b)$，有积聚性。铅垂线平行于 OZ 轴，所以它的 V、W 面投影均平行于 OZ 轴，即垂直于相应的投影轴（$a'b' \perp OX, a''b'' \perp OY_W$）；铅垂线平行于 V、W 两投影面，故其 V、W 面投影均反映实长。

正垂线和侧垂线有类似的投影特性。

由表 2-2 可见，投影面垂直线有如下投影特性：

（1）在其所垂直的投影面上的投影为一点，有积聚性；

（2）在另外两个投影面上的投影垂直于相应的投影轴，且反映线段的实长。

三、直线上的点

1. 点与直线的从属关系

若点在直线上，则点的各个投影必在直线的同面投影上；反之，若点的各个投影均在直线的同面投影上，则点必在该直线上。这是判断点、线从属关系的依据。如图 2-22 所示，点 C 在直线 AB 上，而点 D 和点 E 都不在 AB 直线上。

对于一般位置直线，只需察看点和直线的任何两个投影，就可确定空间点是否在空间直线上。但是对于投影面平行线，一般还需要察看直线在所平行的那个投影面上的投影才能判断点是否在直线上，或利用点分割线段成定比的特性来判断（详见下一节）。如图 2-23 所示，AB 为侧平线，虽然其 H 和 V 面投影符合 $c \in ab$ 及 $c' \in a'b'$ 的条件，但 c'' 不在 $a''b''$ 上，所以点 C 不在直线 AB 上。

2. 点分割线段成定比

由平行投影的基本性质可知：直线上任意三个点的简单比是平行投影的不变量，即直线上的点分割线段之比等于其投影之比。如图 2-24a 所示，点 C 在线段 AB 上，它把该线段分为 AC、CB

两部分，则 $\overline{AC}:\overline{CB}=\overline{ac}:\overline{cb}=\overline{a'c'}:\overline{c'b'}$（图 2-24b）。因此，可以在投影图上按比例分割线段。

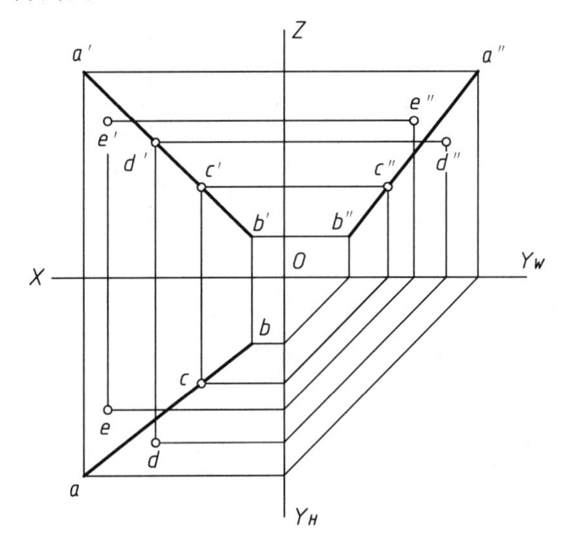

图 2-22　点和直线的从属性

图 2-23　点 C 不在直线上

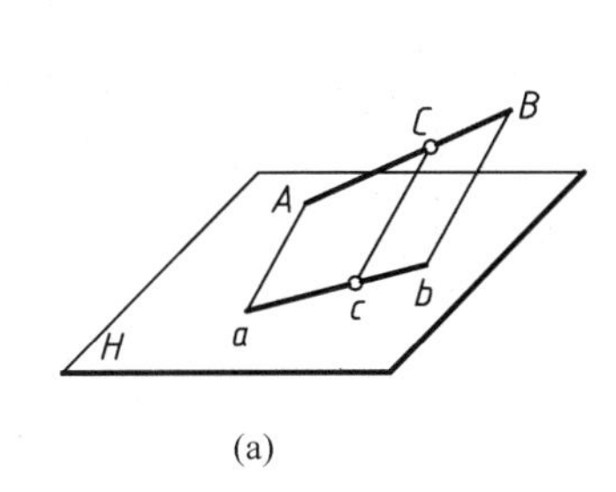

(a)

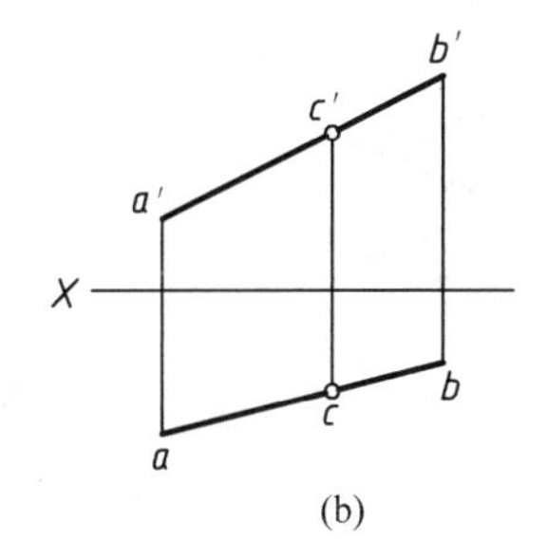

(b)

图 2-24　点分割线段成定比

例 2-4　试在直线 AB 上取一点 C，使 $\overline{AC}:\overline{CB}=1:2$，求分点 C 的投影（图 2-25）。

分析　分点 C 的投影必在直线 AB 的同面投影上，且 $\overline{ac}:\overline{cb}=\overline{a'c'}:\overline{c'b'}=1:2$，可用比例作图法作图。

作图步骤

1）过 a（或 b）任作一直线 aB_1（或 bB_1）；

2）在 aB_1 上取 C_1，使 $\overline{aC_1}:\overline{C_1B_1}=1:2$；

3）连接 B_1b；

4）过 C_1 作 $C_1c\,/\!/\,B_1b$，与 ab 交于 c；

5）过 c 作 X 轴的垂线，与 a′b′交于 c′，则 c、c′即为所求分点 C 的投影。

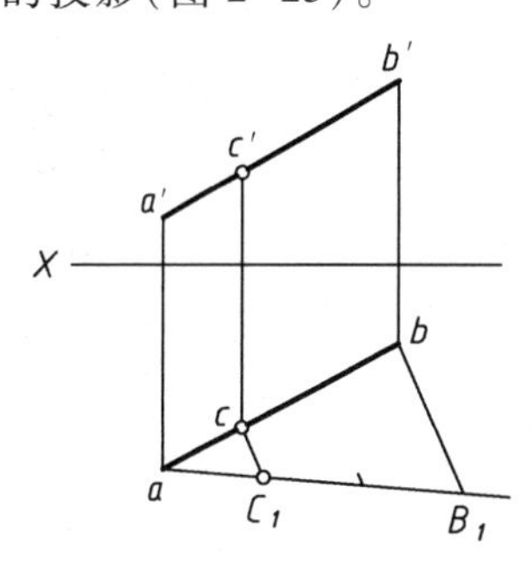

图 2-25　求分割点的投影

例 2-5　已知直线 EF 及点 K 的两个投影，试判断点 K 是否在直线 EF 上（图 2-26）。

分析　根据直线上点的投影性质来解题。因 EF 是侧平线，所以此题有两种解法：① 作出其 W 面投影，观察 k″是否在 e″f″上；② 不作 W 面投影，而用比例作图法判断点 K 是否在 EF 上。现用第二种方法解题。

作图步骤

1）在 H 面投影上，过 f（或 e）任作一条直线 fE_1。

2）在 fE_1 上取 $fK_1=f'k'$，$K_1E_1=k'e'$。

3）连接 E_1e，过 K_1 作直线平行于 E_1e，与 fe 交于 k_1。因已知投影 k 与 k_1 不重合，所以点 K 不在直线 EF 上。

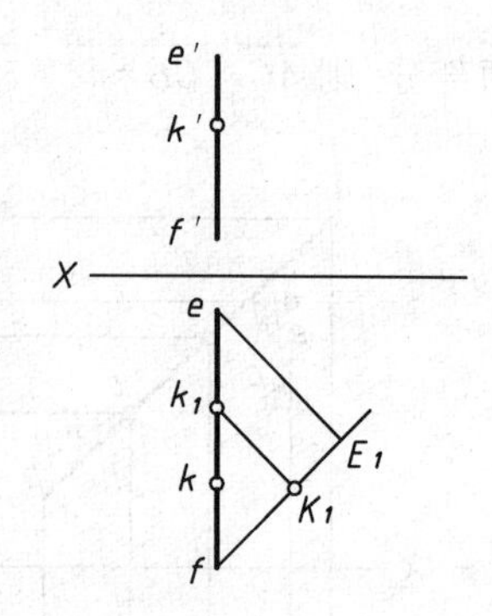

图 2-26　判断点与直线的关系

四、两直线的相对位置

两直线在空间的相对位置有三种：平行、相交、相错。平行和相交两直线都是位于同一平面上的直线，而相错两直线则不在同一平面上。表 2-3 列出了它们的投影特性。

表 2-3　两直线的相对位置

相对位置	立体图	投影图	投影特性
平行两直线	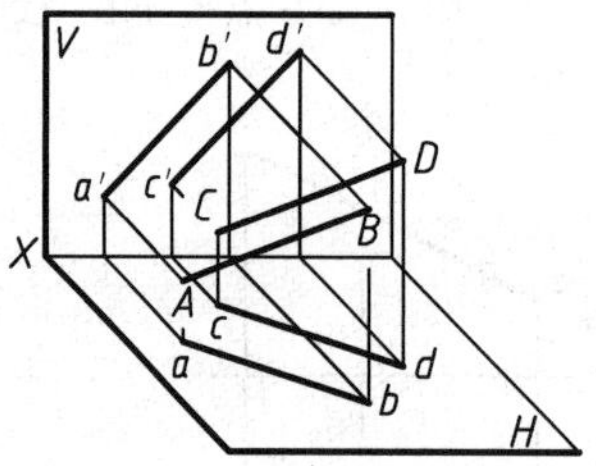	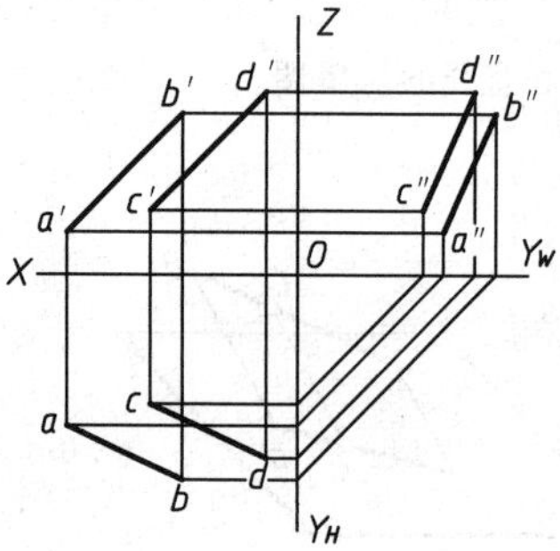	若空间两直线相互平行，则其各同面投影也一定相互平行。反之，若两直线的各同面投影相互平行，则此两直线在空间一定相互平行
相交两直线	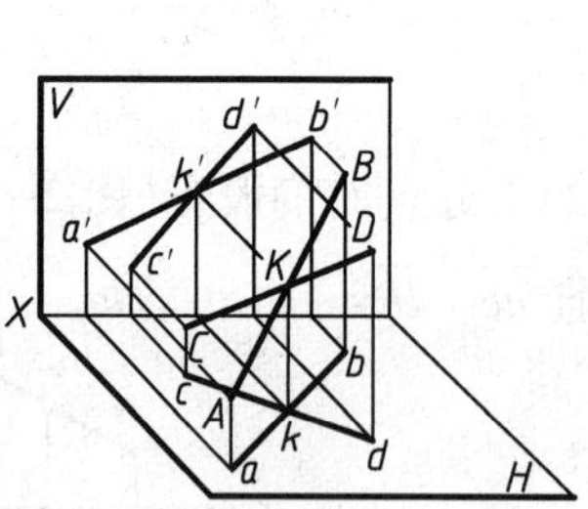	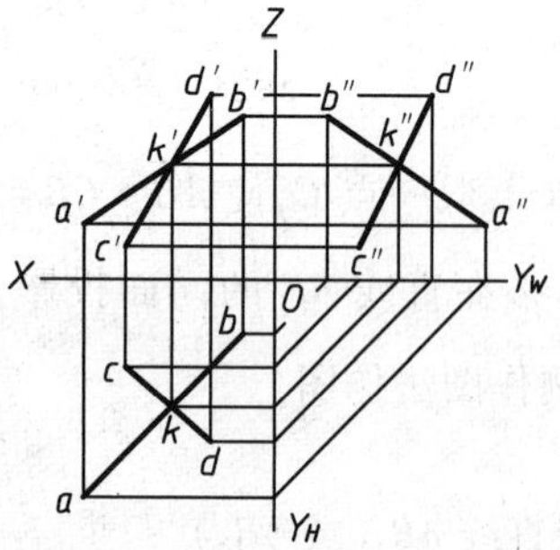	若空间两直线相交，则其各同面投影也一定相交，且交点一定符合点的投影规律。反之，若两直线的各同面投影相交，且交点符合点的投影规律，则此两直线在空间一定相交
相错两直线	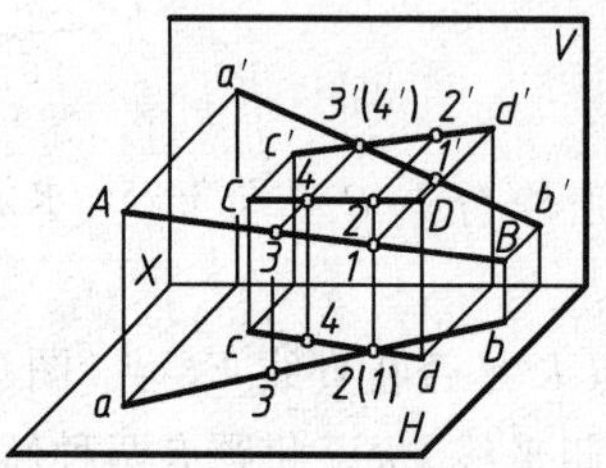	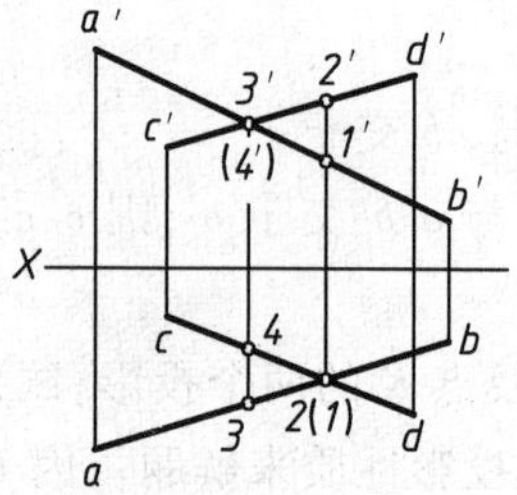	两直线既不平行又不相交，为相错直线。它可能有一个或两个同面投影互相平行；也可能有一个、两个或三个同面投影相交，但其交点不符合点的投影规律。这些点都是重影点

一般情况下，两直线的相对位置，只要察看两个投影便可确定。此外，还有下列两种特殊情况：

（1）当两直线有两个投影均互相平行，且又同时平行于第三个投影面时，一般应观察该两直线在所平行的那个投影面上的投影来判断两直线是否平行。如图 2-27 所示，虽然 $ab \parallel cd$，$a'b' \parallel c'd'$，但 AB、CD 均为侧平线，故尚需观察其侧面投影，因 $a''b''$不平行于 $c''d''$，所以 AB、CD 两直线不平行，是两条相错直线。

（2）当两直线的两个投影都相交，且其中一直线平行于第三个投影面时，一般应观察投影面平行线在所平行的那个投影面上的投影，或按线上点的等比关系，来判断两直线是否相交。如图 2-28所示，虽然 $ab \cap cd$，$a'b' \cap c'd'$，且交点连线 $kk' \perp OX$，但因 AB 是侧平线，虽然 $a''b''$和 $c''d''$相交，但三个投影的交点不符合一个点的投影规律，所以两直线 AB 与 CD 不相交。还可利用线上点的等比关系来判断：因$\overline{a'k'} : \overline{k'b'}$不等于 $\overline{ak} : \overline{kb}$，故点 K 不是直线 AB 上的点，所以两直线不相交。上述两种方法判断的结果是相同的，即直线 AB 和 CD 是两条相错直线。

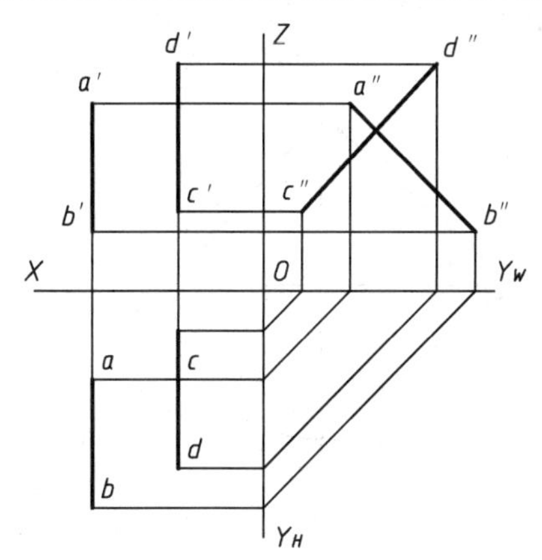

图 2-27 判断两直线相对位置（一）

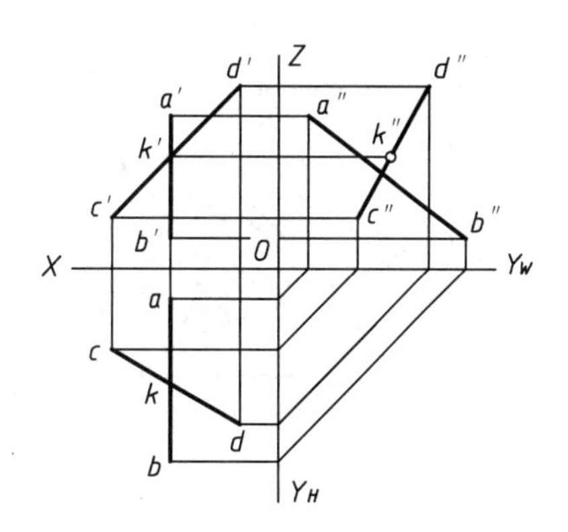

图 2-28 判断两直线相对位置（二）

§2.4 平面的投影

一、平面的表示法

1. 用几何元素表示平面

平面可由下列任何一组几何元素确定：不在同一直线上的三点；一直线和线外一点；两相交直线；两平行直线；任意平面图形（如三角形、圆或其他平面图形等）。

在投影图上，可以用上述任何一组元素的投影来表示平面，如图 2-29 所示。

图 2-29 所示的各种表示方法之间是可以相互转换的，例如连接图 a 中的 a、b 及 a'、b'就得到图 b；连接图 b 中的 b、c 及 b'、c'就得到图 c 等。但是，同一平面无论其表示形式如何演变，平面在空间的位置始终不会改变。

2. 用平面的迹线表示平面

平面和投影面的交线，称为平面的迹线（图 2-30a）。平面和 H 面的交线，称为水平迹线；平面和 V 面的交线，称为正面迹线；平面和 W 面的交线，称为侧面迹线。如图 2-30 所示，平面 P 的

三条迹线分别用 P_H、P_V 和 P_W 标注。平面的迹线如果相交，其交点必在投影轴上，平面 P 与三投影轴的交点，分别用 P_X、P_Y 和 P_Z 标注。

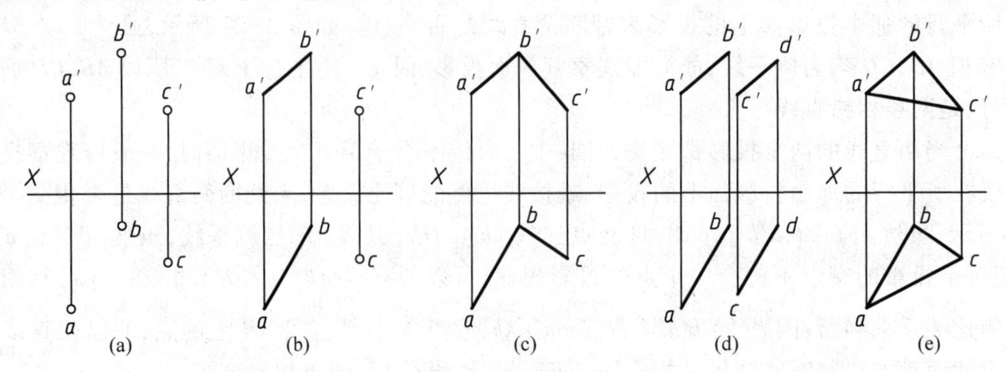

图 2-29　用几何元素表示平面

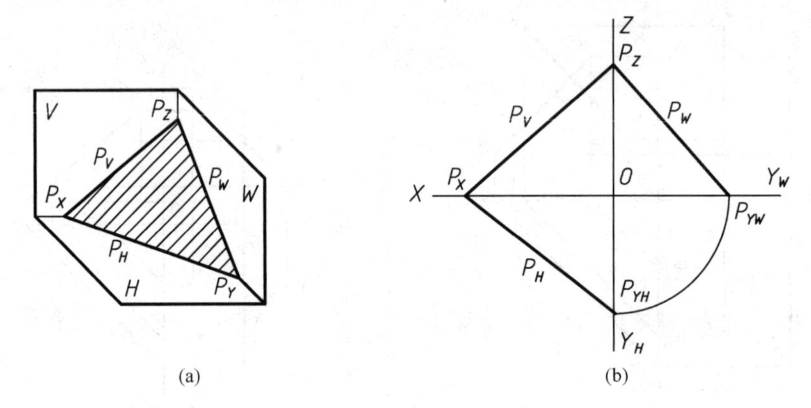

图 2-30　平面的迹线

由于平面的迹线是投影面上的直线，所以它的一个投影和其本身重合，另外两个投影与相应的投影轴重合。如 P_H，其 H 面投影 p_H 和它本身（P_H）重合，V、W 面投影分别和 X、Y 轴重合。在投影图上表示迹线，通常只将迹线与自身重合的那个投影画出，并用符号标注，而和投影轴重合的投影不加标注，如图 2-30b 所示。

一般用两条迹线表示平面，即可确定平面的空间位置。当用 P_V 和 P_H 表示平面时，P_V 和 P_H 可能是两相交直线（图 2-31），也可能是两平行直线（图 2-32），它们满足确定平面的几何条件，因此可用来表示平面。

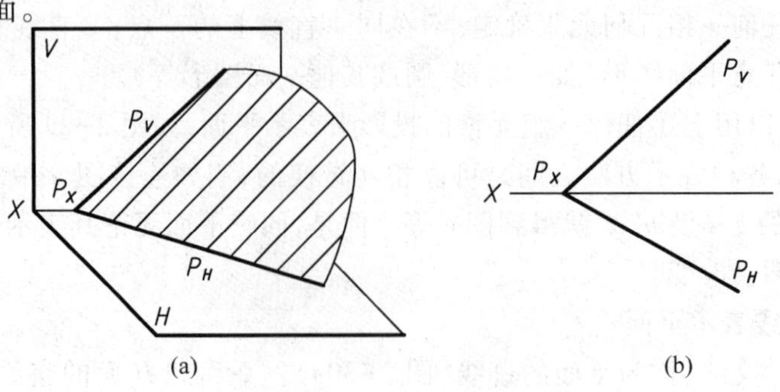

图 2-31　两迹线相交

根据迹线的投影规律可知，如图 2-33 所示，点 A、B 位于平面 P 上，而点 C、D 则不在 P 上。

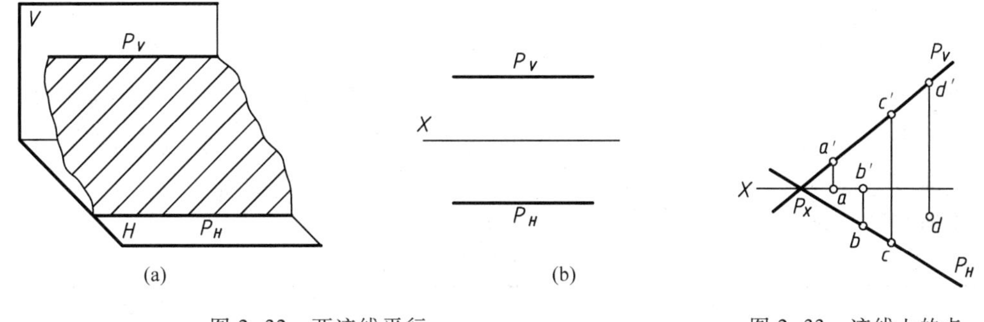

图 2-32 两迹线平行 图 2-33 迹线上的点

二、各种位置平面

平面对投影面的相对位置也可分为三类：

(1) 一般位置平面：对三个投影面都倾斜的平面；

(2) 投影面垂直面：只垂直于一个投影面的平面；

(3) 投影面平行面：平行于一个投影面（垂直于另外两个投影面）的平面。

后两种平面又称特殊位置平面。下面分别讨论这三类平面的投影特性。

1. 一般位置平面

一般位置平面和三个投影面既不垂直也不平行，与三个投影面都倾斜，其与 H、V、W 三个投影面的夹角分别用 α、β 和 γ 表示。如果用平面形（例如三角形）表示一般位置平面（图 2-34），则它的三个投影均不是实形，比实形缩小了，但具有相仿性。由此得到一般位置平面的投影特性：一般位置平面上的图形，在三个投影面上的投影均为相仿的平面图形，且形状缩小。

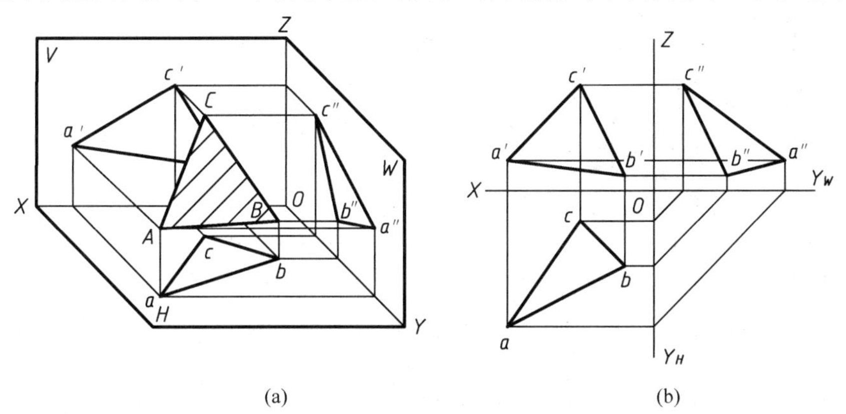

图 2-34 一般位置平面

2. 投影面垂直面

仅垂直于一个投影面的平面，称为投影面垂直面。根据其所垂直的投影面不同，可以分为三种：

(1) 铅垂面——垂直于 H 面；

（2）正垂面——垂直于 V 面；

（3）侧垂面——垂直于 W 面。

表 2-4 用三角形给出了三种投影面垂直面。现以铅垂面为例，说明其投影特性。

铅垂面（如 $\triangle ABC$）垂直于 H 面，所以它的 H 面投影积聚为直线，这是识别铅垂面的一个投影特征。其 V、W 面投影 $\triangle a'b'c'$ 和 $\triangle a''b''c''$ 不是实形，但有相仿性。其 H 面投影与 OX 轴的夹角，反映该平面对 V 面的倾角 β；与 OY 轴的夹角，反映该平面对 W 面的倾角 γ。

正垂面和侧垂面有类似的投影特性（表 2-4）。

表 2-4　投影面垂直面

名　称	立体图	投影图	投影特性
铅垂面（⊥H 面）	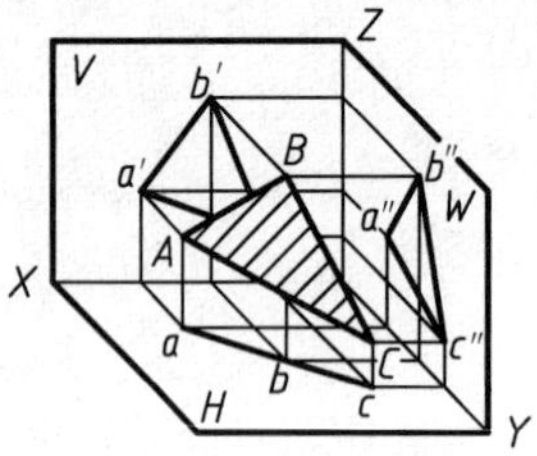	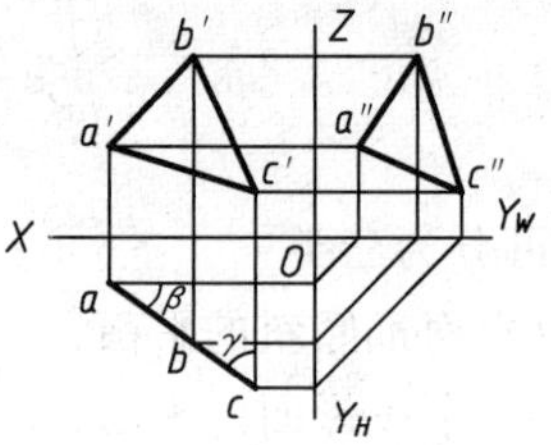	① H 面投影为斜直线，有积聚性，且反映 β、γ 的大小；② V、W 面投影不是实形，但有相仿性
正垂面（⊥V 面）	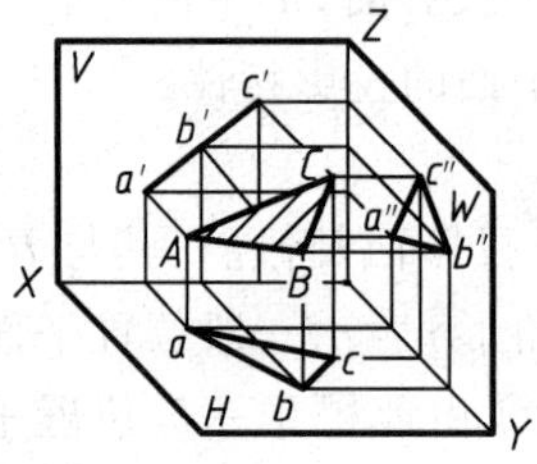	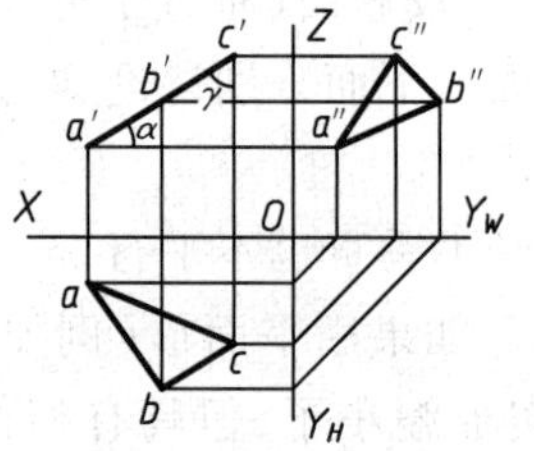	① V 面投影为斜直线，有积聚性，且反映 α、γ 的大小；② H、W 面投影不是实形，但有相仿性
侧垂面（⊥W 面）	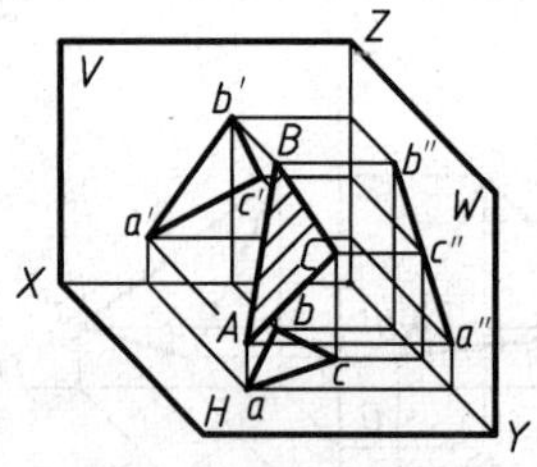	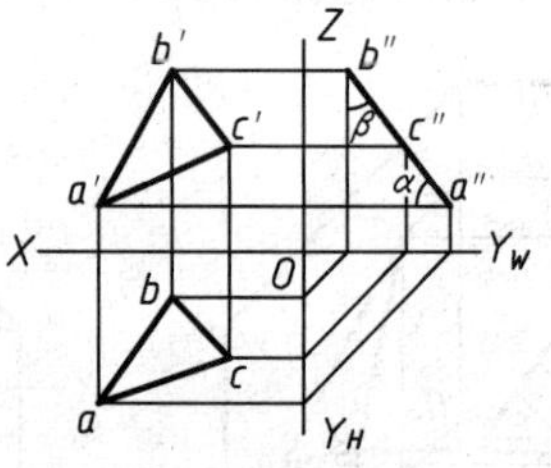	① W 面投影为斜直线，有积聚性，且反映 α、β 的大小；② H、V 面投影不是实形，但有相仿性

由表 2-4 可见，投影面垂直面的投影特性是：

（1）在其所垂直的投影面上，投影为斜直线，有积聚性；该斜直线与投影轴的夹角反映该平面对相应投影面的倾角。

（2）如用平面图形表示平面，则在另外两个投影面上的投影不是实形，但有相仿性。

3. 投影面平行面

垂直于两个投影面、平行于第三个投影面的平面，称为投影面平行面。根据其所平行的投影面不同，投影面平行面也可分为三种：

（1）水平面——平行于 H 面；

（2）正平面——平行于 V 面；

（3）侧平面——平行于 W 面。

表 2-5 用三角形给出了三种投影面平行面。现以水平面为例，说明其投影特性。

水平面(如△ABC)平行于 H 面，垂直于 V、W 面，所以水平面的 V、W 面投影为一直线(有积聚性)，且平行于相应的投影轴。这是识别水平面的投影特征。水平面的 H 面投影反映平面的实形。

正平面和侧平面有类似的投影特性(表 2-5)。

表 2-5 投影面平行面

名　称	立 体 图	投 影 图	投 影 特 性
水平面 (//H 面)	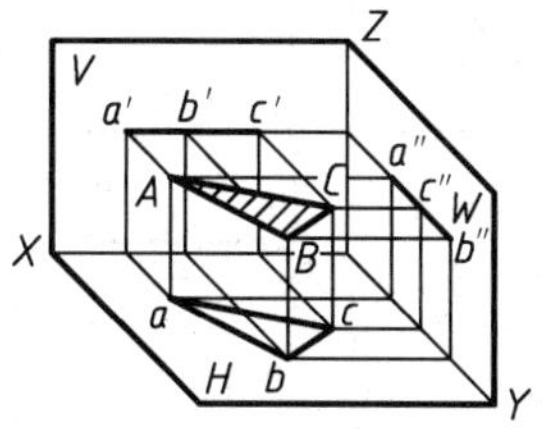	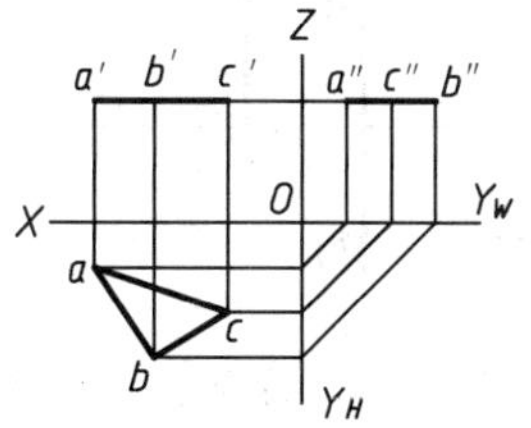	① H 面投影反映实形； ② V、W 面投影分别为平行 OX、OY_W 轴的直线段，有积聚性
正平面 (//V 面)	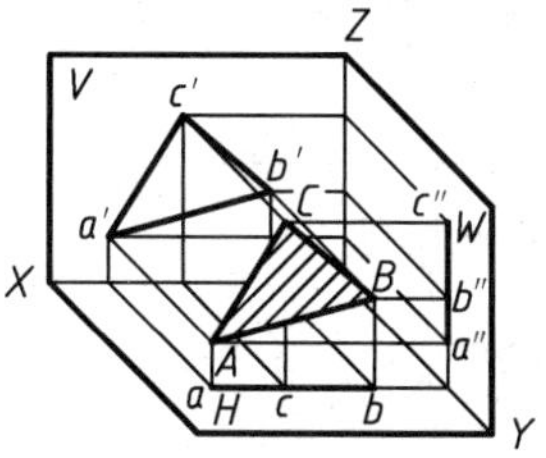	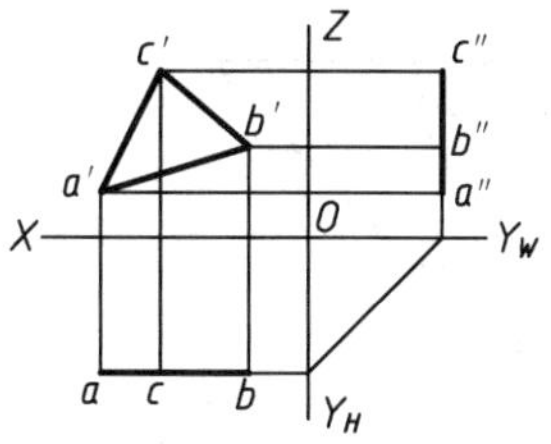	① V 面投影反映实形； ② H、W 面投影分别为平行 OX、OZ 轴的直线段，有积聚性
侧平面 (//W 面)	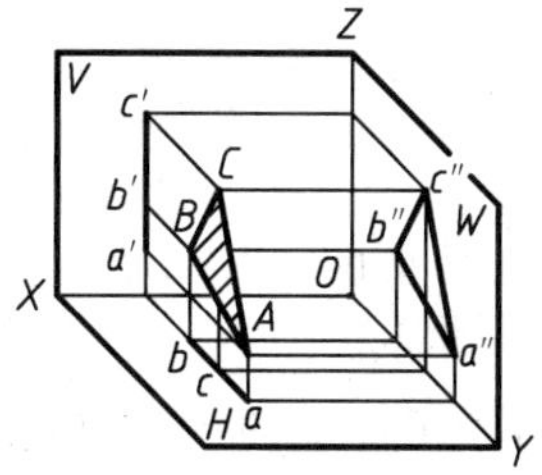	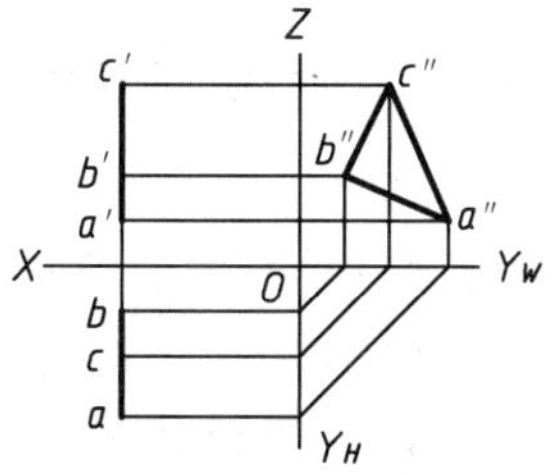	① W 面投影反映实形； ② V、H 面投影分别为平行 OZ、OY_H 轴的直线段，有积聚性

由表 2-5 可见，投影面平行面的投影特性是：

(1) 如平面用平面图形表示，则其在所平行的投影面上的投影反映平面图形的实形；

(2) 在另外两个投影面上的投影均为直线段，有积聚性，且平行于相应的投影轴。

图 2-35 用迹线表示了投影面平行面和投影面垂直面。这种用迹线表示的特殊位置平面，作图简便，应用比较广泛。

三、平面上的点和直线

1. 平面内的点

点在平面上的条件是：如果点在平面上的某一直线上，则此点必在该平面上；反之亦然。

如图 2-36a 所示，相交两直线 AB、BC 确定一平面，点 M 在直线 AB 上，而直线 AB 在平面 ABC 上，所以点 M 在平面 ABC 上。图 2-36b 所示为其投影图。

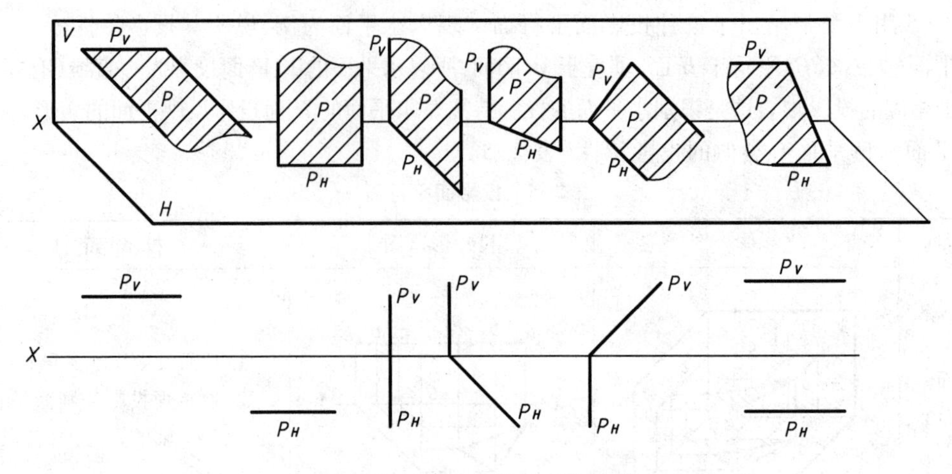

图 2-35　特殊位置平面的迹线

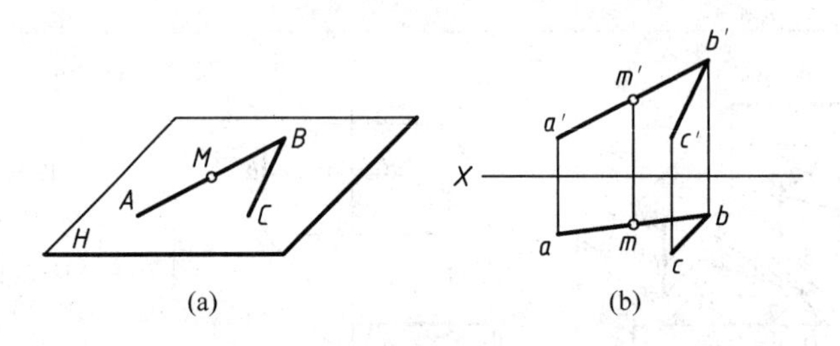

图 2-36　平面内的点

2. 平面内的直线

直线在平面内的条件是:通过平面上的两个点或通过平面上的一个点,且平行于平面上的一条直线;反之亦然。

如图 2-37a 所示,点 M、N 分别在直线 AB、BC 上,则 M、N 是平面 ABC 上的点,所以直线 MN 在平面 ABC 上。图 2-37b 所示为其投影图。

又如图 2-38a 所示,直线 MN 过平面上的一点 M,且平行于平面上的一条直线 BC,所以直线 MN 在平面 ABC 上。图 2-38b 所示为其投影图。

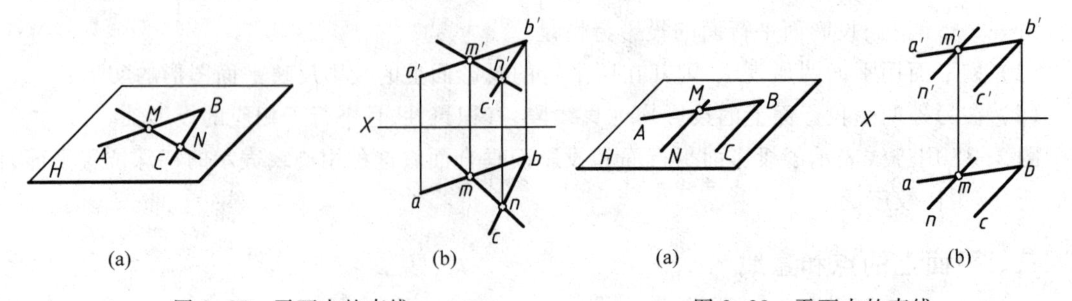

图 2-37　平面内的直线　　图 2-38　平面内的直线

例 2-6　已知平面 ABC 内一点 K 的 H 面投影 k,试求其 V 面投影 k'(图 2-39)。

分析　点 K 在平面内,则必在平面内的一条直线上。所以,过点的已知投影 k 作任一直线,求出此线的 V 面投影,即可求出 k'。

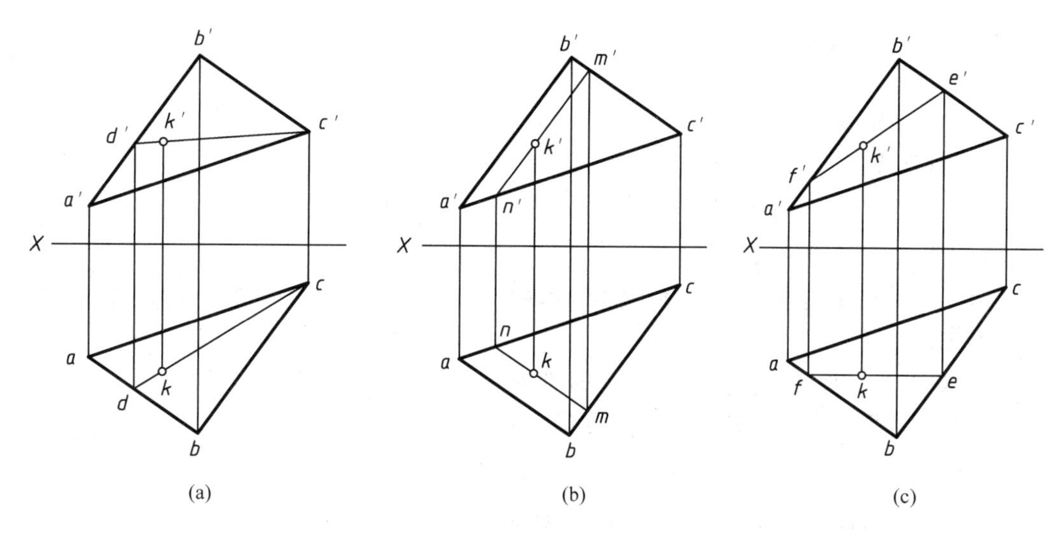

图 2-39　求平面内点的投影

解法 1(图 2-39a)　过平面内已知点作辅助线,求点的投影。

连接 c、k 并延长交 ab 于点 d,则 CD 即为△ABC 平面内一条直线,求出 $c'd'$;在 $c'd'$ 上求出 k'。

解法 2(图 2-39b)　过 k 作 $mn /\!/ ab$;由 m 求出 m';过 m'作 $m'n' /\!/ a'b'$;由 k 引垂线,在 $m'n'$ 上求出 k'。

解法 3(图 2-39c)　过平面内一已知点作投影面平行线,求点的投影。

过 k 作 $ef /\!/ X$ 轴(EF 为平面内的一条正平线);由 e 求出 e',由 f 求出 f';则 k'即在正平线的 V 面投影 $e'f'$上。

例 2-7　已知平面四边形 $ABCD$ 的 H 面投影 $abcd$ 和 V 面投影 $a'b'c'$,试完成其 V 面投影(图 2-40a)。

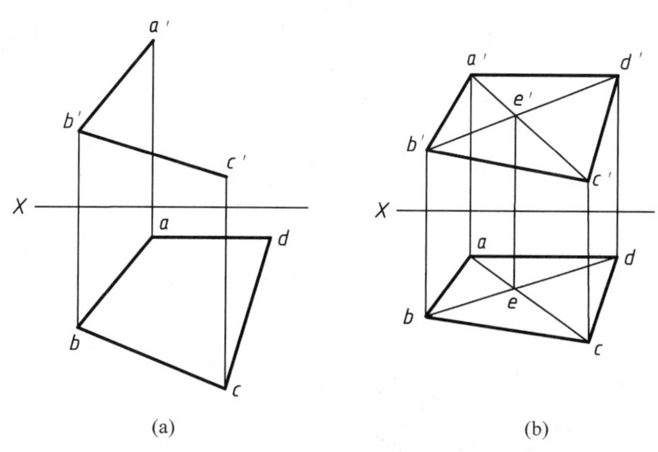

图 2-40　求平面内点的投影

分析　A、B、C 三点确定一个平面,它们的 H、V 面投影均为已知,因此完成平面四边形的 V 面投影问题,实际上就是已知 ABC 平面内一点 D 的 H 面投影 d,求其 V 面投影 d'的问题。

作图步骤(图 2-40b)

1) 连接 a、c 和 a'、c',得辅助线 AC 的两投影;

2) 连接 b、d,bd 交 ac 于 e;

3) 由 e 引垂线,在 $a'c$ 上求出 e';

4) 连接 b'、e',在 $b'e'$的延长线上求出 d';

5) 分别连接 a'、d'和 c'、d',即为所求。

例 2-8　已知铅垂面 P 内一条水平线 AB 的端点 A 的两投影,且$\overline{AB}=20$ mm,求直线 AB 的两投影(图 2-41a)。

分析　铅垂面 P 的 H 面投影有积聚性,铅垂面 P 内点和直线的 H 面投影,必重合于 P_H 迹线上,而直线 AB 为水平线,故其 H 面投影反映实长。

作图步骤(图 2-41b)

1) 在迹线 P_H 上,过 a 量取 $\overline{ab}=20$ mm,得点 b;

2) 由 b 引垂线,与自 a'所作 X 轴的平行线相交,其交点为 b',则 ab、$a'b'$即为所求。

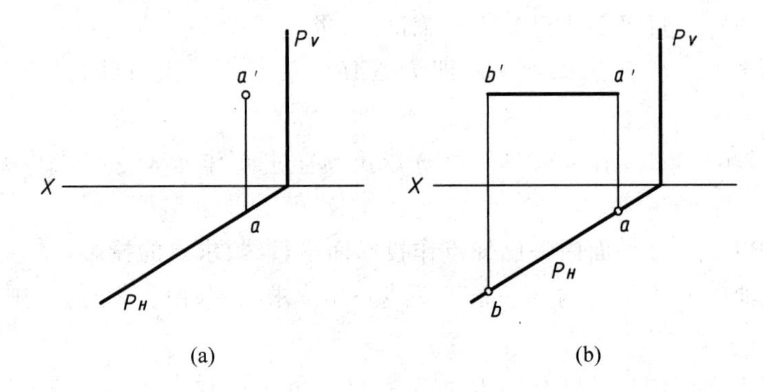

图 2-41　求平面内直线的投影

§2.5　直线与平面的相对位置

直线与平面、平面与平面的相对位置有平行、相交两种情况。本节简单讨论这两种情况的投影特征和作图方法。

一、平行关系

1. 直线与平面平行

直线与平面平行的判定条件是:如果平面外的一直线平行于某平面内的一直线,则该直线平行于该平面。

如图 2-42a 所示,直线 EF 平行于$\triangle ABC$ 内的一直线 AD,所以 $EF\parallel\triangle ABC$。图 2-42b 所示为其投影图。由于 $ef\parallel ad$、$e'f'\parallel a'd'$,即 $EF\parallel AD$,且 AD 是 ABC 平面内的一条直线,所以直线 EF 平行于$\triangle ABC$ 平面。

例 2-9　过已知点 K,作一条水平线平行于$\triangle ABC$ 平面(图 2-43)。

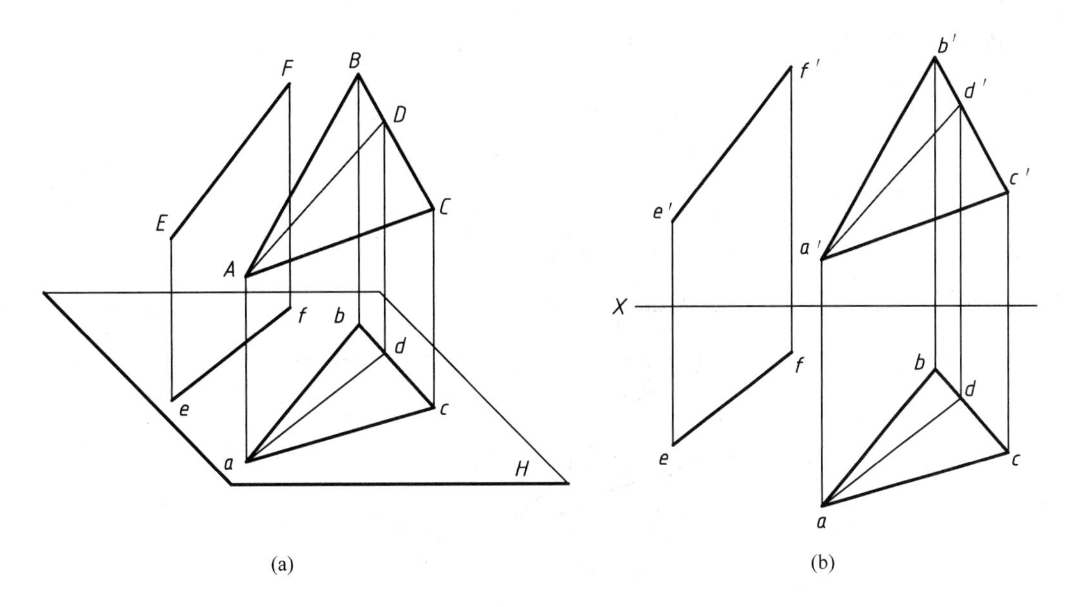

(a) (b)

图 2-42 直线与平面平行

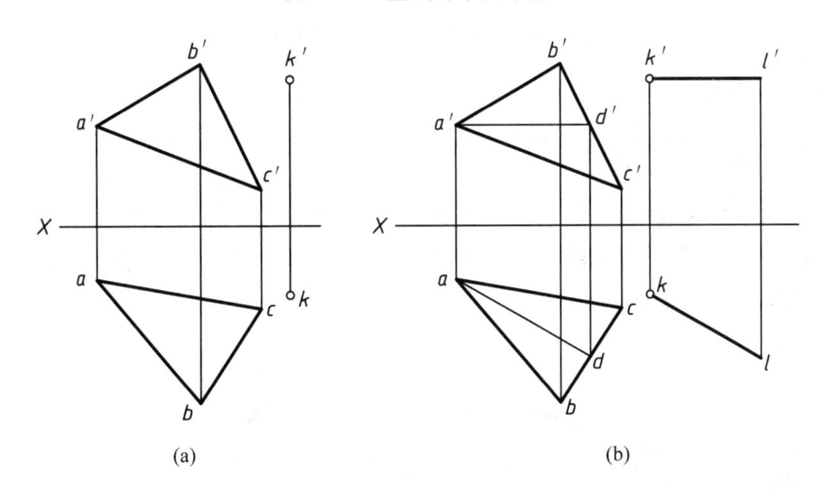

(a) (b)

图 2-43 求与平面△*ABC* 平行的直线

作图步骤(图 2-43b)

1) 在△*ABC* 平面内作一水平线 *AD*(*ad*,*a′d′*);

2) 过点 *K*(*k*,*k′*)作 *KL*//*AD*(*k′l′*//*a′d′*,*kl*//*ad*);

3) 直线 *KL*(*kl*,*k′l′*)即为所求。

例 2-10 试判断已知直线 *AB* 是否平行于四棱锥的侧表面 *SCF*(图 2-44)。

分析 要解决这一问题可以先看在四棱锥侧表面 *SCF* 内能否作出直线 *CM* 平行于直线 *AB*;也可以过点 *C* 作一直线平行于直线 *AB*,然后判断所作直线是否在平面 *SCF* 内。利用前一种方法作图的步骤如下:

1) 作 *c′m′*//*a′b′*;

2) 根据 *CM* 在平面 *SCF* 内,作出 *cm*;

3）由于 cm 不平行于 ab，所以直线 AB 不平行于四棱锥侧表面 SCF。

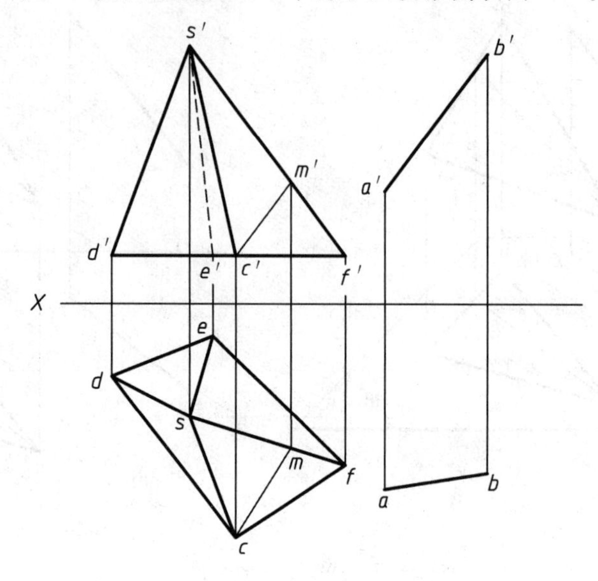

图 2-44 判断 AB 是否平行于 SCF

2. 平面与平面平行

两平面相平行的判定条件是：如果一平面上的两条相交直线分别平行于另一平面上的两条相交直线，则此两平面平行。

图 2-45a 表示平面 P、Q 内的两对相交直线 AB、BC 和 DE、EF，因 $AB /\!/ DE$、$BC /\!/ EF$，所以平面 P 平行于平面 Q。其投影图如图 2-45b 所示，由于 $ab /\!/ de$、$a'b' /\!/ d'e'$，所以 $AB /\!/ DE$，同理，$BC /\!/ EF$，故平面 ABC 平行于平面 DEF。

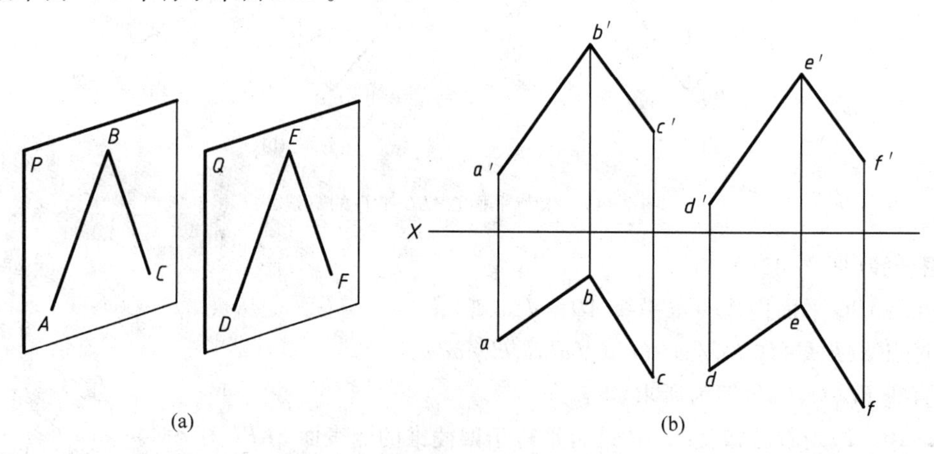

图 2-45 两平面平行

例 2-11 过点 K 作一平面，使其与平面 ABC 平行（图 2-46）。

分析 只要过 K 点作两条相交直线分别平行于 $\triangle ABC$ 的两条边，则这两条相交直线所确定的平面就是所求的平面。

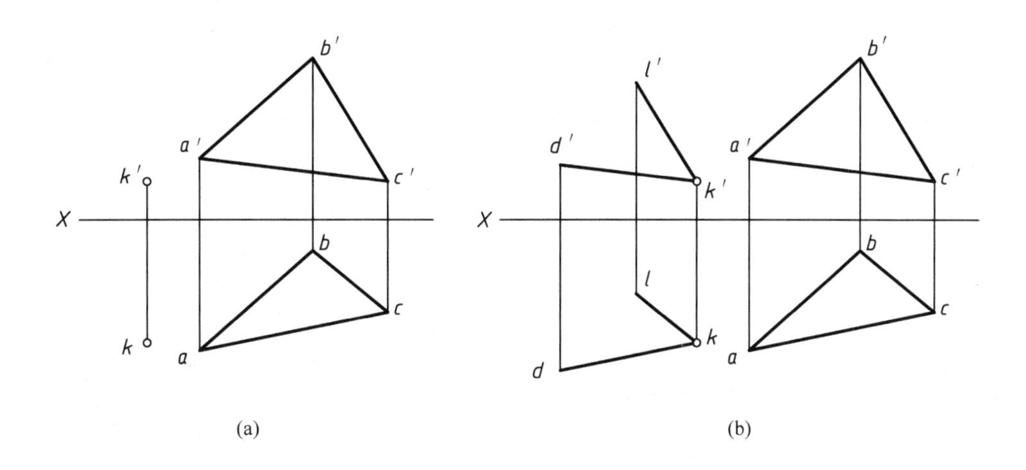

图 2-46 过 K 点作 ABC 的平行平面

作图步骤

1）作 $KL /\!/ BC(k'l' /\!/ b'c', kl /\!/ bc)$；

2）作 $KD /\!/ AC(k'd' /\!/ a'c', kd /\!/ ac)$；

3）平面 DKL 即为所求。

二、相交关系

直线与平面相交于一点，交点是直线和平面的公共点，它既是直线上的点，又是平面上的点。

两平面相交于一条直线，交线是两平面的公共线。求两平面的交线，需要求出两相交平面的两个公共点或求出一个公共点和交线方向，即可求出交线。可见，求交点和交线的基本问题是求直线与平面的交点。

1. 直线与平面相交

当直线或平面之一垂直于某投影面时，直线或平面在该投影面上的投影有积聚性，则交点在该投影面上的投影可直接确定，交点的其他投影可用在直线或平面上取点的方法求出。

图 2-47 表示了求一般位置直线和正垂面 ABC 交点的过程。平面 ABC 的 V 面投影 $a'b'c'$ 积聚成一直线段。因交点 K 是平面上的点，所以它的 V 面投影一定在该直线上。同时交点 K 也是直线 MN 上的点，它的 V 面投影必在 $m'n'$ 上。因此，直线和平面的 V 面投影 $m'n'$ 和 $a'b'c'$ 的交点 k' 就是交点 K 的 V 面投影。然后，再用求直线上点的方法，在 mn 上求出点 K 的 H 面投影 k，则点 $K(k,k')$ 即为直线 MN 与平面 ABC 的交点。

为了更清晰地表达直线与平面在空间中的位置关系，对直线与平面的重影部分应分辨可见性。分辨可见性的根据是：交点的投影是线段投影可见性的分界点，若其一侧的线段为可见，则另一侧的线段必为不可见。作图时，可用比较两相错直线重影点的另一坐标值的大小的方法，来判断线段投影的可见性。如图 2-47 所示，要分辨直线 MN 在 H 面上的可见性，可在 H 面投影上取 mn 和 ab 的重影点 $1(2)$，并分别找出其 V 面投影 $1'$、$2'$，由于 $1'$ 的高标大于 $2'$ 的高标，故 $k1$ 段为可见，画粗实线，而另一段为不可见，画细虚线。

图 2-48 表示了求正垂线 EF 和一般位置平面 ABC 交点的过程。由于直线 EF 垂直于 V 面，

其 V 面投影积聚为一点 $e'(f')$，交点 K 的 V 面投影 k' 必与 $e'(f')$ 重合，又因交点 K 是直线 EF 与平面 ABC 的共有点，所以交点 K 也必在平面 ABC 上。这样，求交点的问题即转化为已知平面上点的一个投影求其他投影的问题了。因此，可用作辅助线求面上点的方法，求出交点 K 的 H 面投影 k，最后再选择对 H 面的重影点，分辨出直线 H 面投影的可见性。

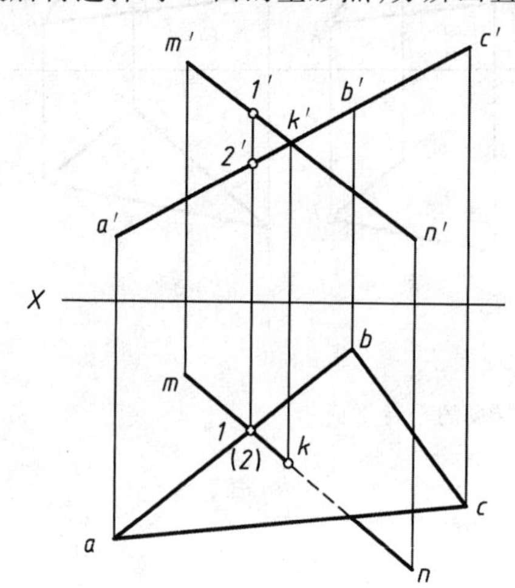

图 2-47　求 MN 与 $\triangle ABC$ 的交点

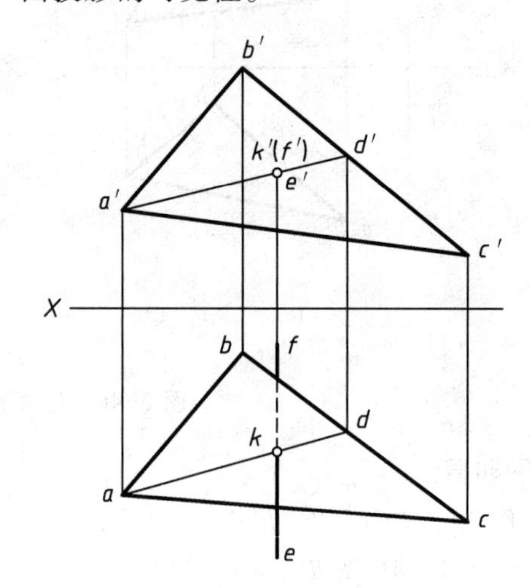

图 2-48　求 EF 与 $\triangle ABC$ 的交点

例 2-12　求直线 MN 与铅垂面 P 的交点(图 2-49)。

解　平面 P 为铅垂面，P_H 有积聚性，故 mn 与 P_H 的交点 k 即为交点 K 的 H 面投影，由于交点 K 必在直线 MN 上，故可用在直线上取点的方法，由 k 求出 k'。规定在求用迹线表示的平面的交点和交线时，不必分辨可见性。

例 2-13　求直线 MN 与四棱柱表面 $ABCD$ 和 $ABEF$ 的交点(图 2-50)。

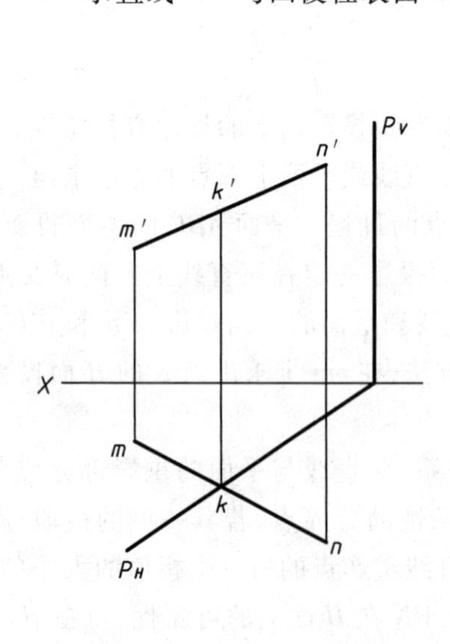

图 2-49　求 MN 与平面 P 的交点

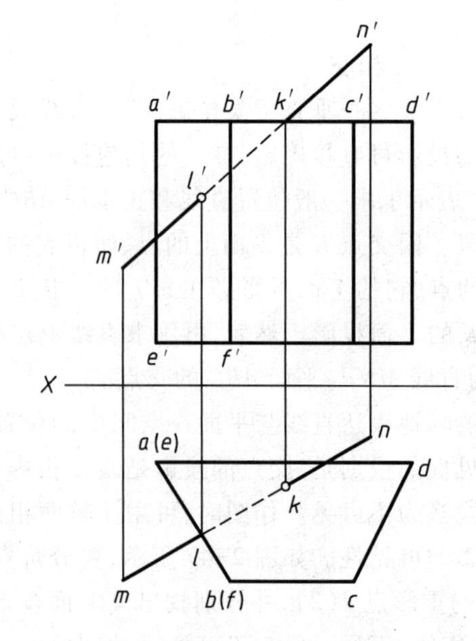

图 2-50　求 MN 与四棱柱表面的交点

分析　$ABCD$ 为水平面，其 V 面投影有积聚性；$ABEF$ 为铅垂面，其 H 面投影有积聚性，故本题可利用平面的积聚性求解。

作图步骤

1）求 $m'n'$ 与 $a'b'c'd'$ 的交点 k'；

2）根据 k' 在 mn 上求得点 k，则点 $K(k,k')$ 就是 MN 与 $ABCD$ 的交点；

3）求 mn 与 $abef$ 的交点 l；

4）根据 l 在 $m'n'$ 上求 l'，则点 $L(l,l')$ 就是 MN 与 $ABEF$ 的交点；

5）因直线 MN 穿通四棱柱，所以线段 KL 之间部分的投影均为不可见。

2. 两平面相交

求两平面交线的问题，可以转化成求两平面的两个公共点的问题。在两平面之一有积聚性的情况下，可以在没有积聚性的那个平面上取两条直线，分别求这两条直线与有积聚性的那个平面的交点，则这两个交点的连线就是两平面的交线。

例 2-14　求一般位置平面 ABC 与铅垂面 DEF 的交线（图 2-51）。

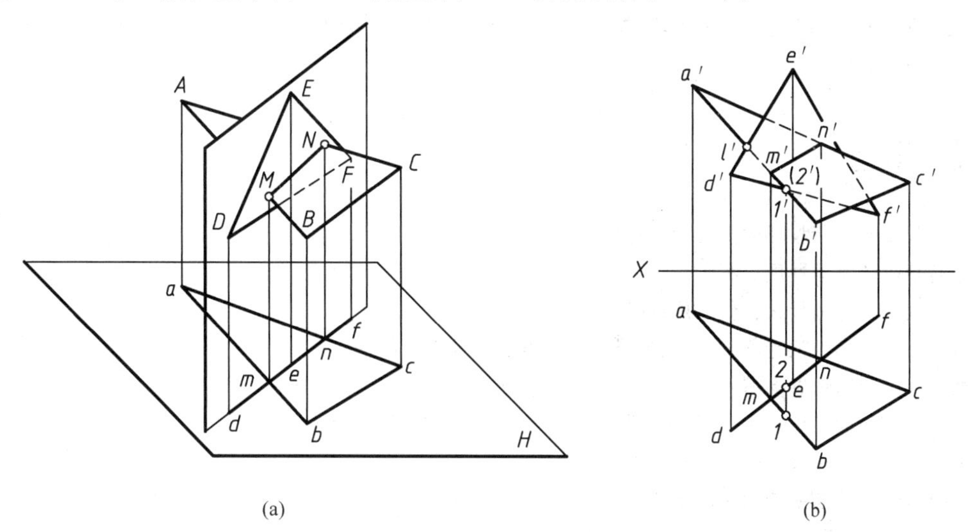

(a)　　(b)

图 2-51　求平面 ABC 与 DEF 的交线

分析　由图 2-51a 可见，只要求出 $\triangle ABC$ 上的两条直线 AB、AC 和 $\triangle DEF$ 的交点 M、N，就可以求得两平面的交线。

作图步骤（图 2-51b）

1）利用积聚性求 AB 与 $\triangle DEF$ 的交点 $M(m,m')$。

2）利用积聚性求 AC 与 $\triangle DEF$ 的交点 $N(n,n')$。

3）连接 $MN(mn,m'n')$ 就可得到两平面的交线。

4）取直线 AB 和 DF 在 V 面上的重影点 $1'(2')$，分辨可见性，由图中可见，点 1 在点 2 的前面，故 $b'm'$ 为可见，$m'l'$ 为不可见。由于过重影点的两线段的投影之可见性必不相同，因此可以确定其他各边的可见性。

本章小结

本章介绍了正投影图的基本知识，深入理解并熟练掌握点、线和面的投影规律，将会为今后的学习创造良好的条件。

正投影是平行投影的特例，所以平行投影的基本性质是建立正投影的基础。

点是最基本的几何元素，因此应熟练掌握点的投影规律，即：

(1) 点的 H 面投影和 V 面投影均反映点的 X 坐标，它们的投影连线垂直于 OX 轴；

(2) 点的 V 面投影和 W 面投影均反映点的 Z 坐标，它们的投影连线垂直于 OZ 轴；

(3) 点的 H 面投影和 W 面投影均反映点的 Y 坐标，它们的投影由三段线联系起来，其中两段分别垂直于 OY_H、OY_W 轴，且 H 面投影到 OX 轴的距离等于 W 面投影到 OZ 轴的距离。

本章还介绍了各种位置直线的投影特性及两直线相对位置的投影特征；各种位置平面的投影特征，以及点、线、面之间的从属关系；直线、平面的平行和相交关系。

总之，点、线和面的投影规律及其投影特性和作图方法是本章的核心内容，也是进一步学习后续内容的重要基础。

复习思考题

1. 中心投影与平行投影的主要特点是什么？
2. 平行投影的基本性质有哪些？
3. 点的投影规律是什么？什么是重影点？
4. 按其对投影面的位置不同，直线可分为哪几类？其投影特征是什么？
5. 两直线的相对位置有哪几种？
6. 按其对投影面的位置不同，平面可分为哪几类？其投影特征是什么？
7. 两平面的相对位置有哪几种？
8. 判定直线与平面平行的条件是什么？

第三章　基本立体及其表面交线的投影

本章学习目标

理解基本立体的投影图，能够绘制基本立体的表面交线。

本章学习内容

1. 基本平面立体和曲面立体的投影；
2. 基本立体表面上的点和线；
3. 平面立体的截交线；
4. 回转体的截交线；
5. 回转体的相贯线；
6. 相贯线的特殊情况等。

空间物体的形状虽然各不相同，但工程上用到的物体，大都可以看成是由一些简单的几何体所组成，称为基本立体。而这些基本立体又是由一些表面所围成。如果立体表面全部由平面所围成，则称为平面立体。常见的基本平面立体有棱柱和棱锥等。如果立体表面全部由曲面围成或由曲面和平面所围成，则称为曲面立体。常见的基本曲面立体有圆柱、圆锥、球和圆环等回转体，本章下文中的“立体”均指“基本立体”。

如图 3-1a 所示为平面立体，图 3-1b 所示为曲面立体。

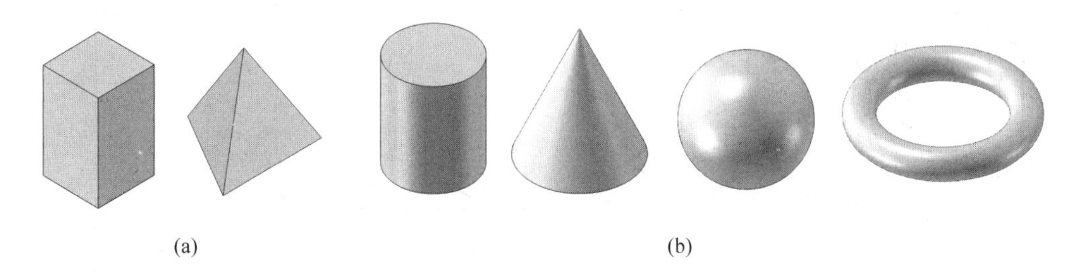

(a)　　　　(b)

图 3-1　立体

围成立体的各类表面相交形成不同的表面交线。画图时，为了准确、清晰地表达出空间几何体的形状，需要正确地画出这些交线的投影。立体表面上的交线可分为两大类：

（1）截交线：平面与立体表面相交后形成的交线，如图 3-2a、b 所示；

(2) 相贯线:立体与立体表面相交所形成的交线,如图 3-2c 所示。

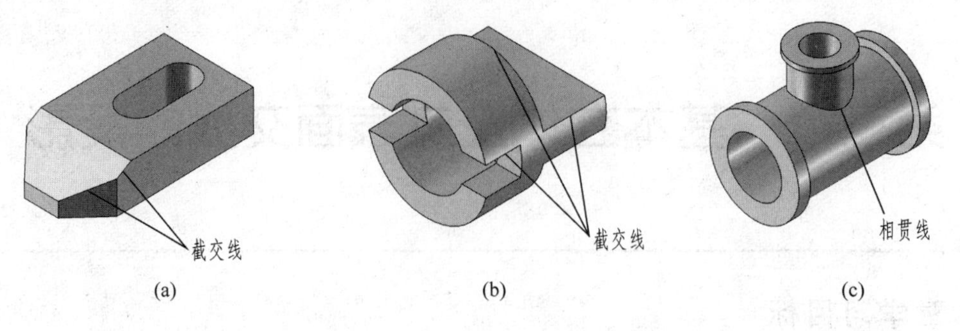

图 3-2　立体表面交线

本章主要介绍常见的一些立体投影图画法以及立体表面交线的画法,为进一步分析复杂的物体打下基础。

§ 3.1　平面立体的投影

一、棱柱

将三棱柱分别向三个投影面作正投射,得到 H、V、W 面三个投影,如图 3-3a 所示。再按图 3-3a所示箭头方向,将 H、W 面展开到与 V 面重合的位置上,便得三棱柱的三面投影图,如图 3-3b所示。

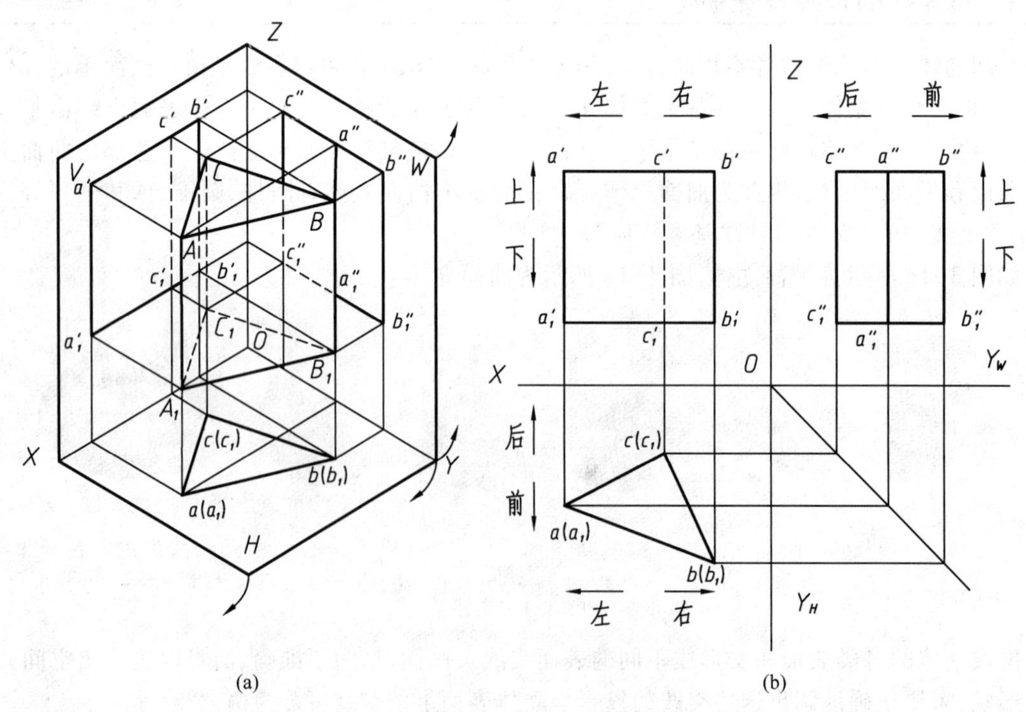

图 3-3　三棱柱的投影图

由图中可以看出,三个投影之间存在着下列投影规律:

(1) 投影之间的度量关系 。V 面投影与 H 面投影沿 OX 轴方向的坐标相等;V 面投影与 W 面投影沿 OZ 轴方向的坐标相等;H 面投影与 W 面投影沿 OY 轴方向的坐标相等。

(2) 投影之间的位置关系。H 面投影反映物体前、后和左、右的位置关系;V 面投影反映物体上、下和左、右的位置关系;W 面投影反映物体上、下和前、后的位置关系。

上述投影规律适用于所有物体的投影。

由图 3-3 还可进一步看出,当棱线垂直于 H 面放置时,三棱柱的顶面和底面都是水平面,其 H 面投影为实形;三个侧表面都是铅垂面,其 H 面投影积聚为斜直线;三条棱线 AA_1、BB_1 和 CC_1 都是铅垂线,其 H 面投影积聚为点,而 V、W 面投影反映棱线的实长。在画立体的投影图时规定可见的轮廓线画粗实线,不可见的轮廓线画细虚线。由于棱线 CC_1 在侧表面 AA_1B_1B 的后面,故其 V 面投影为不可见,应画细虚线;其余可见棱线均画粗实线。

由于物体投影图的形状和大小与物体对投影面的距离无关,所以在画图时为了合理布置图幅,通常去掉投影轴(图 3-4),但它们之间的投影关系仍应严格遵守。

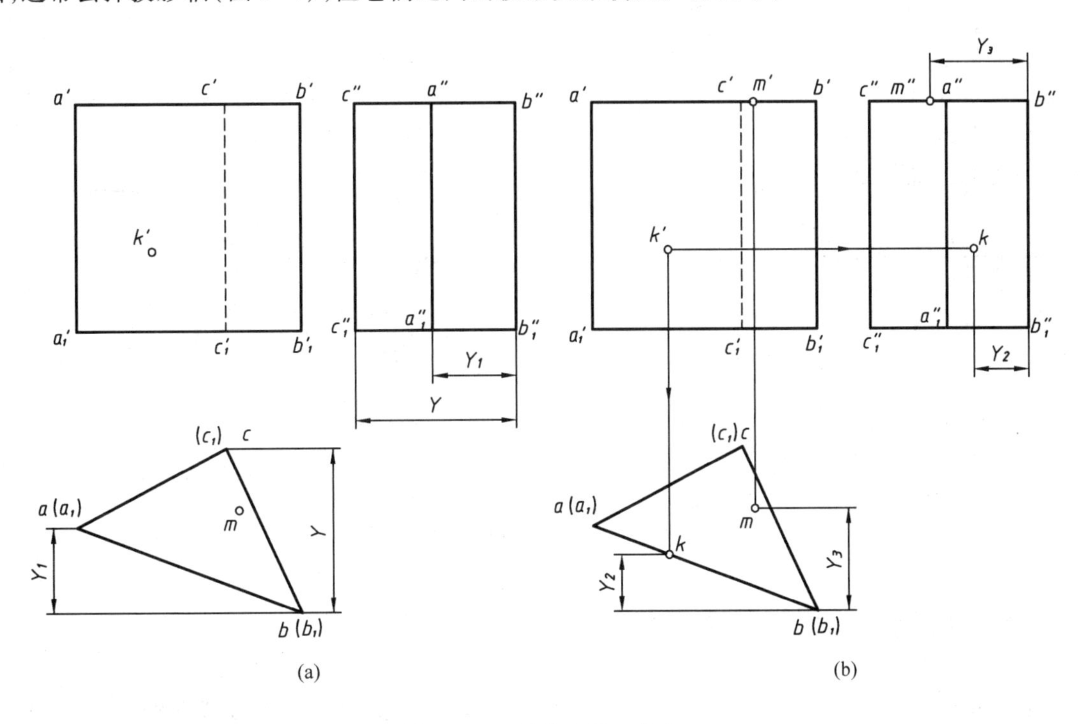

图 3-4　三棱柱表面上的点

图 3-4a 表示在三棱柱表面上有点 K 和 M,已知点 K 的 V 面投影 k'和点 M 的 H 面投影 m,求作它们的另外两投影。

由于点 K 的 V 面投影 k'是可见的,所以点 K 位于侧表面 AA_1B_1B 上,而侧表面 AA_1B_1B 是铅垂面,其 H 面投影积聚为直线段,所以点 K 的 H 面投影 k 必在该直线段上。根据点的投影规律,先求出点 K 的 H 面投影 k,然后由 k、k',利用 Y 坐标相同(图中 Y_2)及 Z 坐标相同的投影规律,再求出其 W 面投影 k''。因侧表面 AA_1B_1B 的 W 面投影为可见,故 k''也为可见,如图 3-4b 所示。

由于点 M 的 H 面投影 m 为可见,所以点 M 位于三棱柱的顶面 ABC 内,而顶面 ABC 为水平面,其 V、W 面投影均积聚为直线段,故可由点 M 的 H 面投影 m,利用点的投影规律,求出其 V、W 面投影 m'、m'',如图 3-4b 所示。

二、棱锥

图 3-5a 所示为三棱锥的投影图,从图中可以看出,侧表面 SAB 及 SBC 为一般位置平面,侧表面 SAC 为侧垂面,底面 ABC 为水平面;三条棱线中 SA 和 SC 为一般位置直线,而 SB 为侧平线。

根据三棱锥侧表面上点 K 的 V 面投影 k'求其另外两面投影,可利用求面上点的方法完成。由于点 K 的 V 面投影 k'为可见,所以点 K 在一般位置平面 SAB 内,欲求点 K 的另外两个投影,可过点 K 作辅助直线 SD,其 V 面投影 $s'd'$必通过 k'。求出辅助线 SD 的 H、W 面投影 sd、$s''d''$,则点 K 的 H、W 面投影 k、k''必在 sd、$s''d''$上,如图 3-5a 所示。

另外,还可通过点 K 作水平辅助线 EF,则 $e'f'$通过 k',求出 EF 的 H、W 面投影 ef、$e''f''$,则点 K 的 H、W 面投影 k、k''必在 ef、$e''f''$上,如图 3-5b 所示。

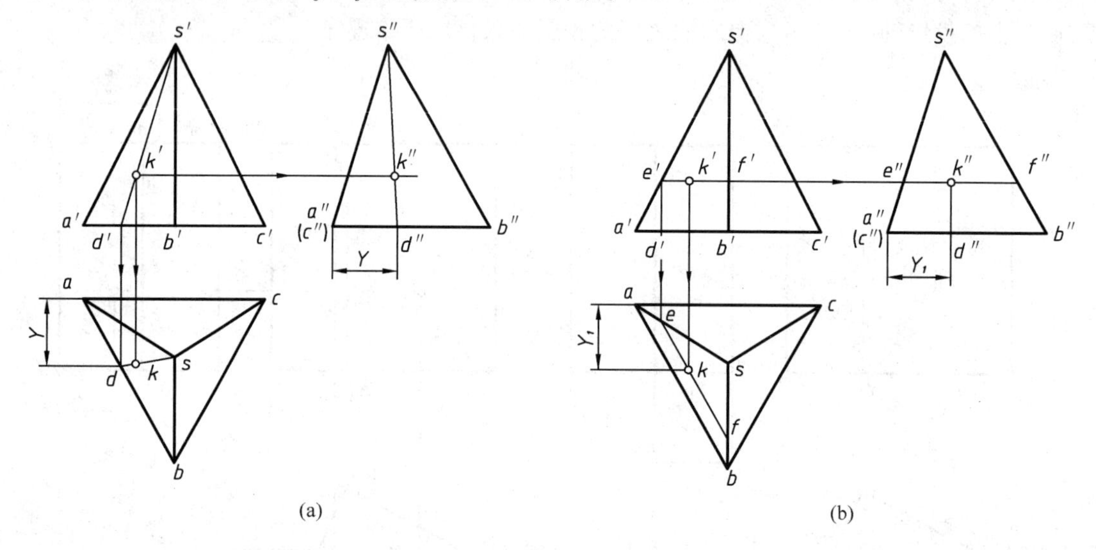

图 3-5 三棱锥表面上的点

§ 3.2 回转曲面立体的投影

本节介绍常见的回转曲面立体,简称回转体。回转曲面是由母线(直线或曲线)绕定轴线作回转运动生成的;直母线生成的回转曲面称为直线回转面,如圆柱面、圆锥面等;曲母线生成的回转曲面称为曲线回转面,如球面、圆环面等。母线在任何一个位置称为素线,素线有无穷多条,而母线只有一条。

一、圆柱

1. 圆柱的投影

圆柱是由圆柱面和上、下底面组成。

圆柱面可看成是由一条直母线 AA_1,绕与它平行的轴线 OO_1 旋转形成的,如图 3-6a 所示。

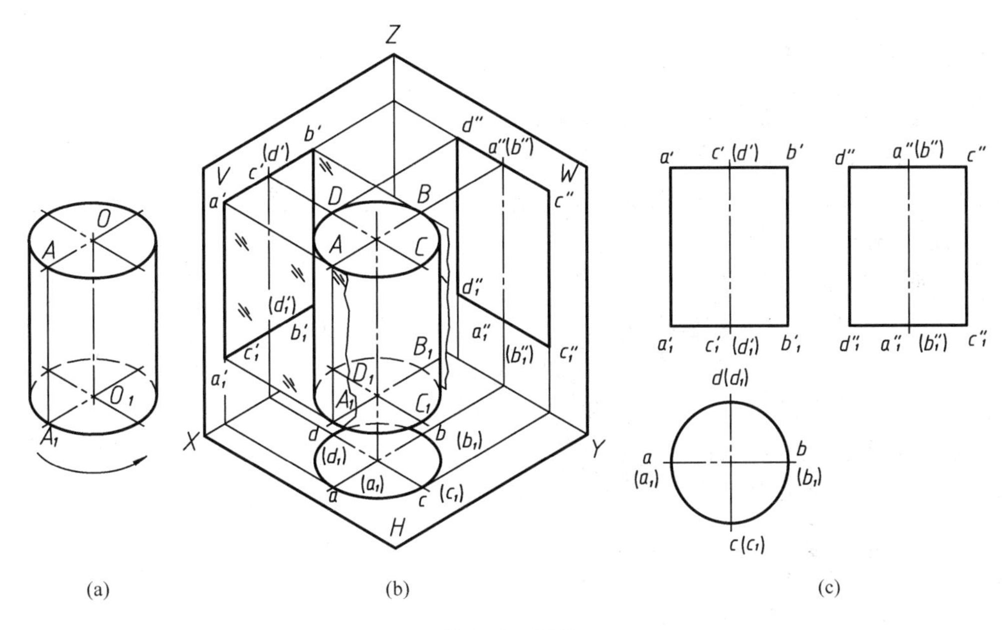

(a)　　(b)　　(c)

图 3-6　圆柱

图 3-6b、c 表示一个直立圆柱的投射情况和它的投影图。圆柱的上、下底面是水平面，圆柱的轴线垂直于 H 面，圆柱面在 H 面上的投影为圆周，有积聚性。

圆柱在 V、W 面上的投影为同样大小的矩形线框。线框上、下两条水平直线段是圆柱上、下底面的投影；左、右两条铅垂的直线段是圆柱面轮廓线的投影。

图 3-6b 表示圆柱面向 V 面投射时，两条素线的投射情况。假想在圆柱面的左、右两侧，有两个投射平面 $AA_1a'_1a'$、$BB_1b'_1b'$ 与圆柱面相切，相切处的两条素线即是曲面的轮廓线 AA_1 及 BB_1，其 V 面投影为 $a'a'_1$ 及 $b'b'_1$，AA_1、BB_1 也是对 V 面的可见性分界线，称为对 V 面的界限素线。界限素线是回转曲面对投影面可见和不可见部分的分界线。必须注意，圆柱面对 V 面的界限素线在 W 面投影上没有画出，但它的位置在 W 面投影的对称中心线处。

同理，圆柱面最前、最后两条素线 CC_1 和 DD_1 的 W 面投影为 $c''c''_1$ 和 $d''d''_1$。素线 CC_1 和 DD_1 把圆柱面分为左、右两部分，在 W 面投影上，左半部分可见，右半部分不可见。因此，CC_1 和 DD_1 是圆柱面对 W 面的界限素线。同样，圆柱面对 W 面的界限素线在 V 面投影上没有画出，但它的位置在 V 面投影的对称中心线处。

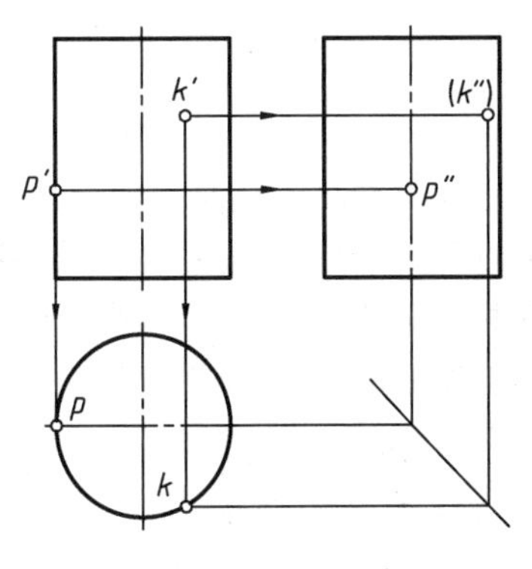

图 3-7　圆柱面上的点

由于圆柱是回转曲面，画圆柱的正投影图时，其 V、W 面投影，除画出轮廓线的投影外，必须用细点画线画出回转轴线；其 H 面投影为有积聚性的圆，必须画出对称中心线。W 面投影虽然与 V 面投影形状相同，但轮廓线的投影却对应于不同的界限素线。三个投影间省去了投影轴，但必须保持正确的投影关系，如图 3-6c 所示。必要时 H 面投影与 W 面投影可以由过轴线交点的 45°斜线保持关系，如图 3-7 所示。

2. 圆柱面上的点

如图 3-7 所示，还表示出圆柱面上有两点 P 和 K，已知其 V 面投影 p' 和 k'，求另外两投影的作图过程。由于 p' 点位于圆柱面最左边界限素线上，其另外两投影 p、p'' 可直接求出。而点 K 不在圆柱面的界限素线上，可利用圆柱面有积聚性的 H 面投影，先求出点 K 的 H 面投影 k，再由 k 和 k'，利用投影关系求出 k''。由于点 K 位于圆柱面的前面右半部分，故其 W 面投影 k'' 不可见。

3. 圆柱面上的曲线

求圆柱面上的曲线时，通常采用取点的方法。取点时应先求特殊点，再求一般点，然后顺序连接。所谓特殊点，主要是指曲线上最高、最低、最前、最后、最左、最右点，属于回转体界限素线上的点以及其他对作图有意义的点（如椭圆长、短轴的端点）等。在后面介绍的求回转体截交线、相贯线时也应先求特殊点，再求一般点。

例 3-1 已知圆柱表面上的曲线 AE 的 V 面投影 $a'e'$，试求其另外两投影，如图 3-8a 所示。

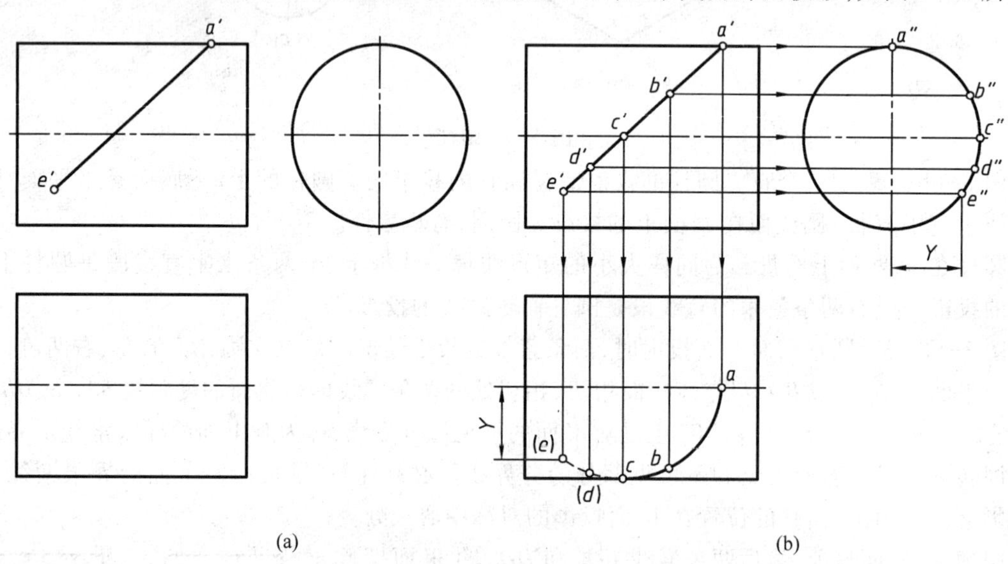

图 3-8 圆柱表面上的曲线

分析 此圆柱面的轴线垂直于 W 面，故其 W 面投影积聚为圆。曲线是由许多点组成的，求作曲线的投影，可先在曲线上选择若干点，求出其投影后，再顺序光滑连接这些点的同面投影，即得曲线的投影。

作图步骤

1）在 $a'e'$ 上选取若干点，如 a'、b'、c'、d'、e'（其中 C 为特殊点）。

2）利用积聚性，先求出各个点的 W 面投影 a''、b''、c''、d''、e''。

3）再由各点的 V、W 面投影，求各个点的 H 面投影 a、b、c、d、e。

4）用曲线板依次光滑连接各点的同面投影。由于 AC 在圆柱表面之上半部，而 CE 在下半部，c 是曲线 H 面投影可见性的分界点（水平投影界限素线上的点），故其 H 面投影 abc 为可见，画粗实线，cde 为不可见，画细虚线，如图 3-8b 所示。

二、圆锥

1. 圆锥的投影

圆锥是由圆锥面和底面(圆形平面)组成。圆锥面可看成是由一条直母线 SA,绕与它相交的轴线 OO_1 旋转形成的,如图 3-9a 所示。因此,在圆锥面上任意位置的素线,均交于锥顶 S。

图 3-9b、c 表示一个直立圆锥的投射情况和它的投影图。图示圆锥的底面是水平面,圆锥的轴线垂直于 H 面,它的 V、W 面投影为同样大小的等腰三角形线框,其底边则是圆锥底面的投影。

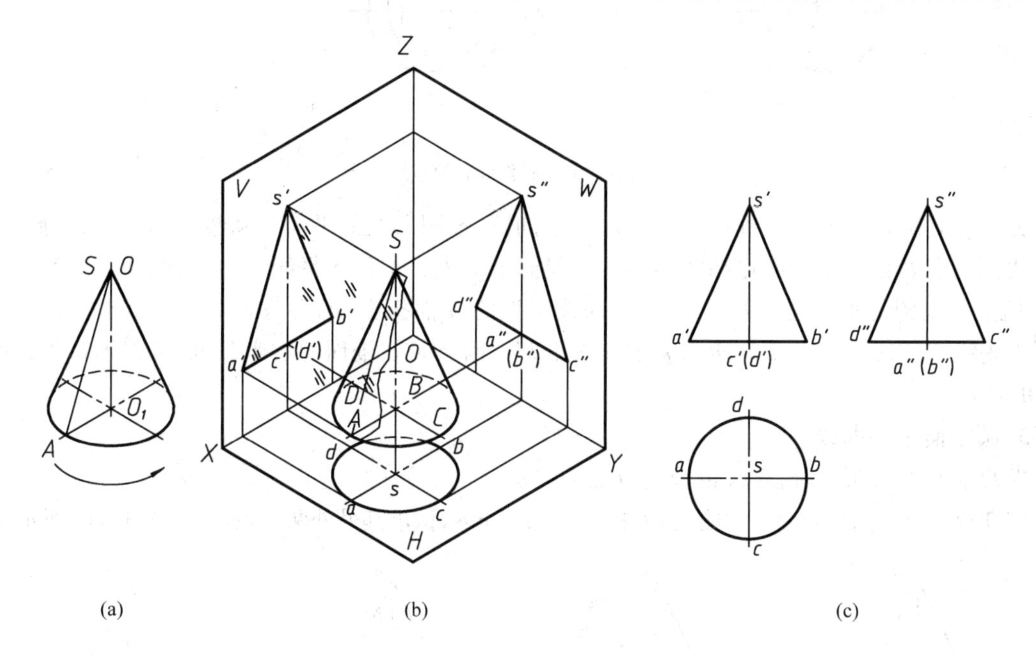

(a) (b) (c)

图 3-9 圆锥

V 面投影等腰三角形的两腰 $s'a'$ 和 $s'b'$ 是圆锥面最左和最右界限素线的投影,其 W 面投影与圆锥轴线的投影重合,它们将圆锥面分为前、后两半部分。W 面投影等腰三角形的两腰 $s''c''$ 和 $s''d''$ 是圆锥面最前和最后界限素线的投影,其 V 面投影与圆锥轴线的投影重合,它们把圆锥面分为左、右两半部分。

圆锥面的 H 面投影为圆。最左和最右界限素线 SA、SB 为正平线,其 H 面投影与圆的水平对称中心线重合;最前和最后界限素线 SC、SD 为侧平线,其 H 面投影与圆的垂直对称中心线重合。

2. 圆锥面上的点

图 3-10a 给出了圆锥的投影,以及圆锥表面上的两个点 M、K 的 V 面投影。

求点 M、点 K 的另外两个投影的方法并不相同。界限素线上的点 M 位置特殊,作图较为简单。点 M 在最左界限素线上,根据已知投影 m',可直接求出其他两个投影 m、m'',如图 3-10a 所示。

在圆锥面上的一般点,需要用作辅助线的方法,才能由一已知投影求出另外两个投影。

已知点 K 的 V 面投影 k',求点 K 的其他两个投影可以有多种作图方法。一种是过点 K 及锥顶 S 作锥面上的素线 SE,即先过 k' 作 $s'e'$,由 e' 求出 e、e'',连接 se 和 $s''e''$,它们是辅助线 SE 的 H、W 面投影。而点 K 的 H、W 面投影必在 SE 的同面投影上,从而求出 k 和 k'',如图 3-10a 所示。

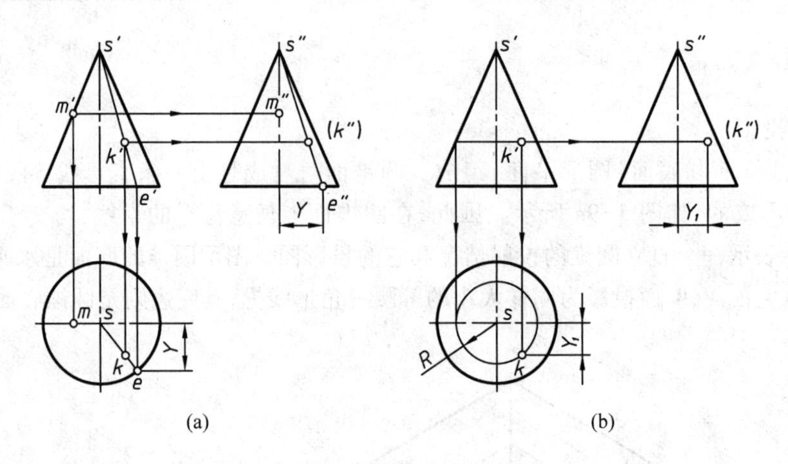

图 3-10　圆锥面上的点

另一种方法是过点 K 在锥面上作一水平辅助圆，该圆所在的平面与圆锥的轴线垂直，此圆称为纬线圆。点 K 的各投影必在纬线圆的同面投影上。先过 k' 作水平线，它是纬线圆的 V 面投影；在 H 面上纬线圆的水平投影为实形，画出纬线圆弧的 H 面投影（圆心与 S 重合，半径为 R）；由 k' 向下引垂线与纬线圆交于点 k，再由 k' 及 k 求出 k''。因点 K 在锥面的右半部，所以 k'' 不可见，如图 3-10b 所示。

3. 圆锥面上的曲线

求圆锥面上的曲线时，通常也采用取点的方法。

例 3-2　已知圆锥表面上的曲线 AE 的 V 面投影 $a'e'$，试求其另外两个投影，如图 3-11a 所示。

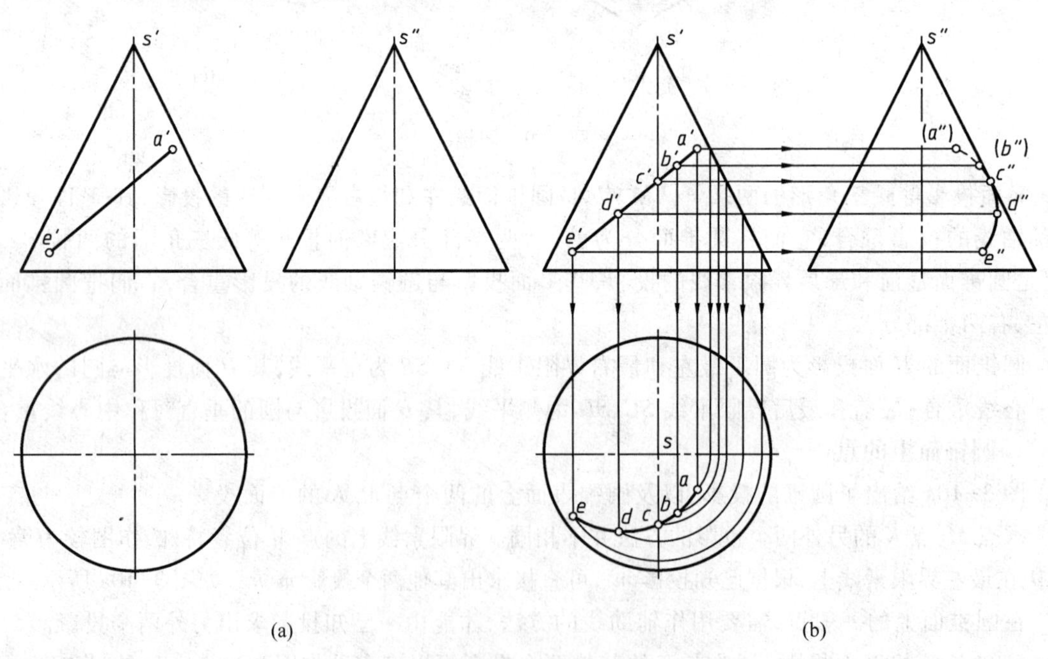

图 3-11　圆锥表面上的曲线

分析　曲线是由许多点组成的，求作曲线的投影，可先在曲线上选择若干点，求出其投影后，再顺序光滑连接这些点的同面投影并判断其可见性，即得曲线的投影。

作图步骤

1）在 $a'e'$ 上选取若干点，如 a'、b'、c'、d'、e'（其中 C 为特殊点）。

2）利用纬线圆，先求出各个点的 H 面投影 a、b、c、d、e。

3）再由各点的 V、H 面投影，求各个点的 W 面投影 a''、b''、c''、d''、e''。

4）用曲线板依次光滑连接各点的同面投影。由于 AC 在圆锥表面之右半部，而 CE 在左半部，c'' 是曲线 W 面投影可见性的分界点，故其 W 面投影 $c''d''e''$ 为可见，画粗实线，$a''b''c''$ 为不可见，画细虚线，如图 3-11b 所示。

三、球

1. 球的投影

球面是由一圆作母线，以它的直径为回转轴旋转形成的。由图 3-12 可见，球的三个投影分别都是和球直径相等的圆，它们是球在平行于 H、V、W 面三个方向上最大圆的投影。

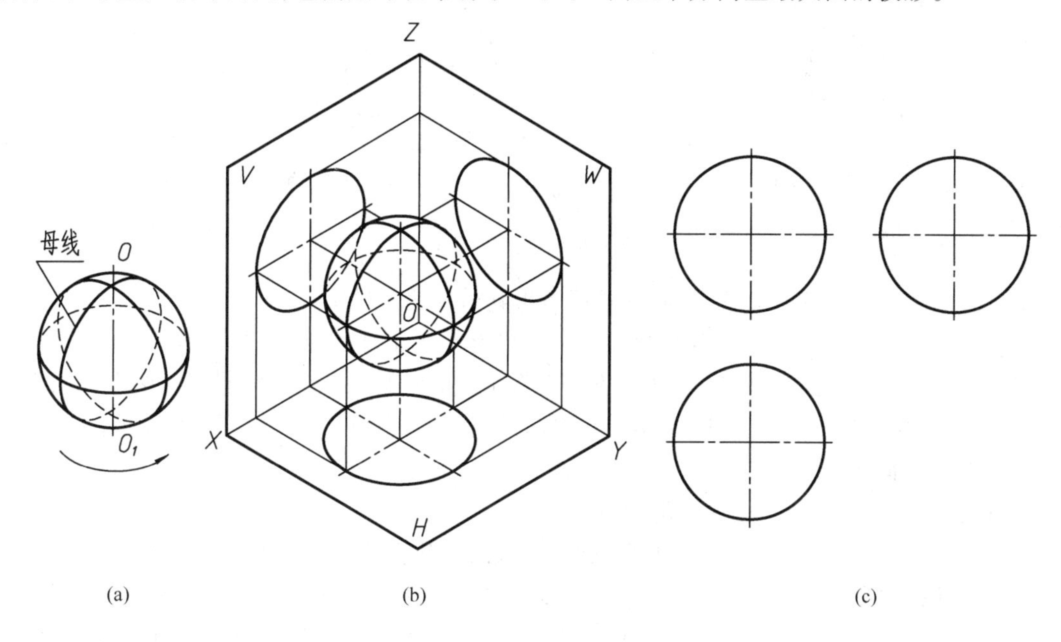

图 3-12 球的投影

水平最大圆的 H 面投影为圆，其 V 和 W 面投影积聚为直线段（在相应的轴线上），并与水平对称中心线重合，它把球面分为上、下两部分。

正面最大圆的 V 面投影为圆，其 H 和 W 面投影积聚为直线段（在相应的轴线上），并分别与水平和垂直对称中心线重合，它把球面分为前、后两部分。

侧面最大圆的 W 面投影为圆，其 H 和 V 面投影积聚为直线段（在相应的轴线上），并与垂直对称中心线重合，它把球面分为左、右两部分。

在 V 面投影中，前半球可见，后半球不可见；在 H 面投影中，上半球可见，下半球不可见；在 W 面投影中，左半球可见，右半球不可见。

2. 球面上的点

图 3-13a 给出了球的投影,以及球面上的三个点 A、B、C 的 V 面投影。

求点 A、B、C 的另外两个投影的方法并不相同。界限素线上的点 A、B 位置特殊,作图较为简单。因 a' 位于正面最大圆的 V 面投影上,故其 H 面投影 a 在水平对称中心线上,W 面投影 a'' 在垂直对称中心线上,因它位于左上半球,所以 a 和 a'' 均可见,如图 3-13a 所示。

b' 位于垂直对称中心线上,且不可见,故点 B 的 W 面投影 b'' 在侧面最大圆 W 面投影的左半部分,可由 b' 直接求出 b'',最后求出 b,点 B 在后下半球上,故点 b 不可见,如图 3-13a 所示。

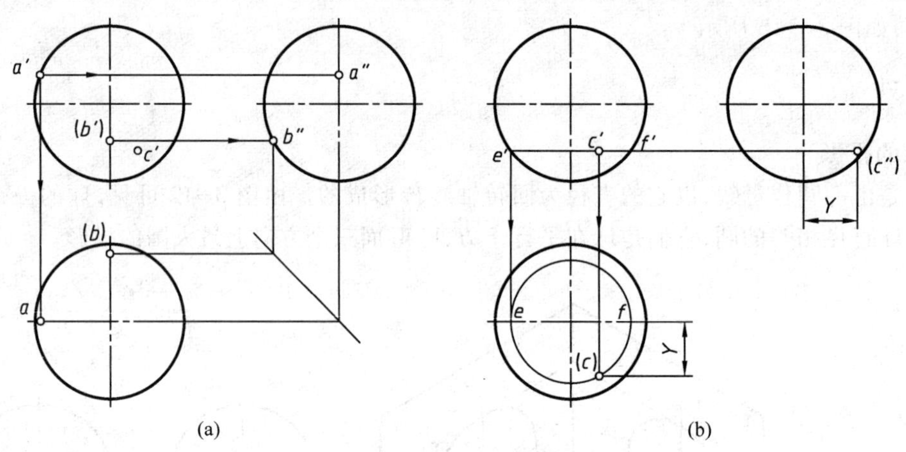

图 3-13　球面上的点

以上两点均为界限素线上的点,故可直接求出其另外两个投影。

点 C 为球面上的一般点,需作辅助线求解,可以选择水平纬线圆为辅助线。过 c' 作水平线,与圆交于点 e'、f',以 $e'f'$ 为直径,在 H 面投影上作水平圆,则点 C 的 H 面投影 c 必在此圆上,由 c、c' 求出 c''。因点 C 在右下半球上,故 H、W 面投影 c 和 c'' 均不可见,如图 3-13b 所示。

3. 球面上的曲线

求球面上的曲线时,通常也采用取点的方法。

例 3-3　已知球面上曲线 AD 的 V 面投影 $a'd'$,试求其另外两个投影,如图 3-14a 所示。

分析　在曲线 AD 上,选若干点 A、B、C、D,其中点 B 和 C 为特殊点,点 B 在侧面最大圆上,点 C 在水平最大圆上,其另外两个投影可直接求出。曲线两端点 A 和 D 为一般点,需作辅助线求解。

作图步骤

1）求特殊点 B、C 的 H、W 面投影。

2）过 a' 和 d' 分别作水平纬线圆,求出 a 和 d。

3）由 a、a' 及 d、d' 分别求出 a'' 及 d''。

4）用曲线板依次光滑连接各点的同面投影,并分辨可见性。因线段 AC 在球的上半部,C 是曲线 H 面投影可见性分界点,故其 H 面投影 abc 为可见,cd 为不可见;又因线段 BD 在球的左半部,b 是曲线 W 面投影可见性分界点,故其 W 面投影 $b''c''d''$ 为可见,而 $a''b''$ 为不可见,如图 3-14b 所示。

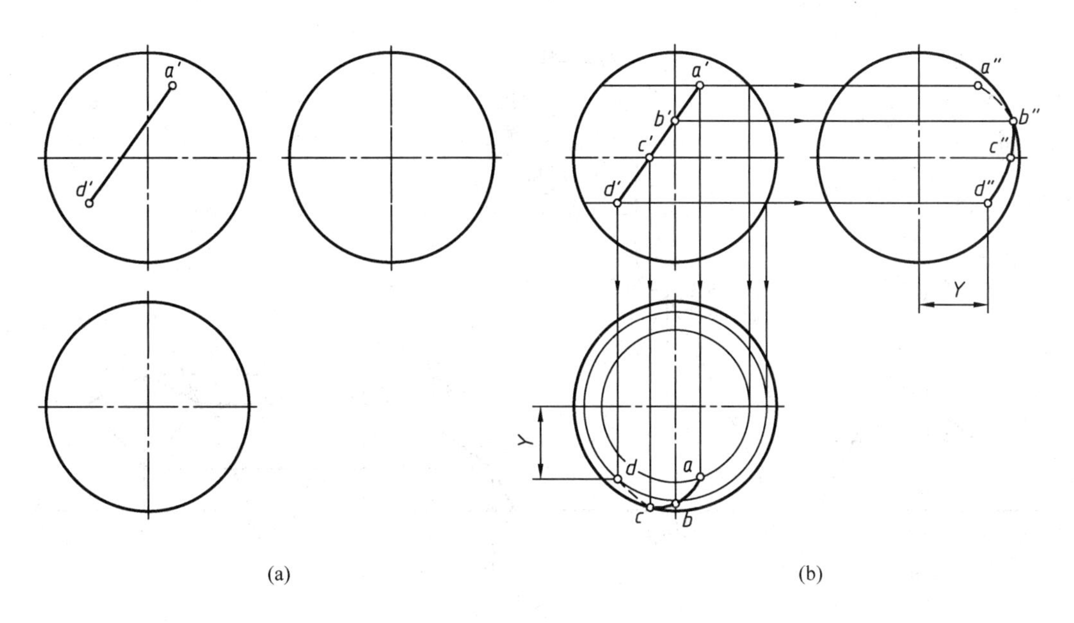

图 3-14　球面上的曲线

§3.3　平面立体的截交线

平面立体被截平面切割后所形成的截交线具有这样的性质:它既在截平面上,又在立体表面上,是截平面与立体表面的共有线。截交线的形状是由直线段围成的平面多边形。多边形的顶点是立体棱线与截平面的交点,多边形的各边是截平面与立体表面上不同平面的交线。

平面与平面立体的截交线求法可归结为两种:

(1) 求平面立体棱线与截平面的交点,顺序连接各交点即得截交线,这种方法称线面交点法。

(2) 求截平面与平面立体表面的交线,这种方法称面面交线法。

当截平面与平面立体表面上的某个面平行时,要特别注意截交线与原有棱边的平行关系。

截平面的位置可以是特殊位置,也可以是一般位置。现主要以特殊位置截平面为例,说明求解平面立体截交线的方法和步骤。

例 3-4　四棱锥 *SABCD* 被正垂面 *P* 切割,求其截交线的投影,如图 3-15b 所示。

分析　由图 3-15a 可知,截平面 *P* 与四棱锥的四个侧表面相交,截交线为四边形。四边形的顶点 Ⅰ、Ⅱ、Ⅲ、Ⅳ分别是四条棱线 *SA*、*SB*、*SC*、*SD* 与截平面 *P* 的四个交点。由于平面 *P* 是正垂面,它的 *V* 面投影积聚为一条直线,故截交线的 *V* 面投影积聚为直线段,可直接求出。然后由其 *V* 面投影求出 *W* 面投影,再由 *V*、*W* 面投影确定其 *H* 面投影。

作图步骤

1) 直接标出四条棱线与平面 *P* 四个交点的 *V* 面投影 1′、2′、3′、4′。

2) 根据直线上点的投影性质,由 *V* 面投影求出交点的 *W* 面投影 1″、2″、3″、4″。由 *V*、*W* 面投影求出四个交点的 *H* 面投影 1、2、3、4。

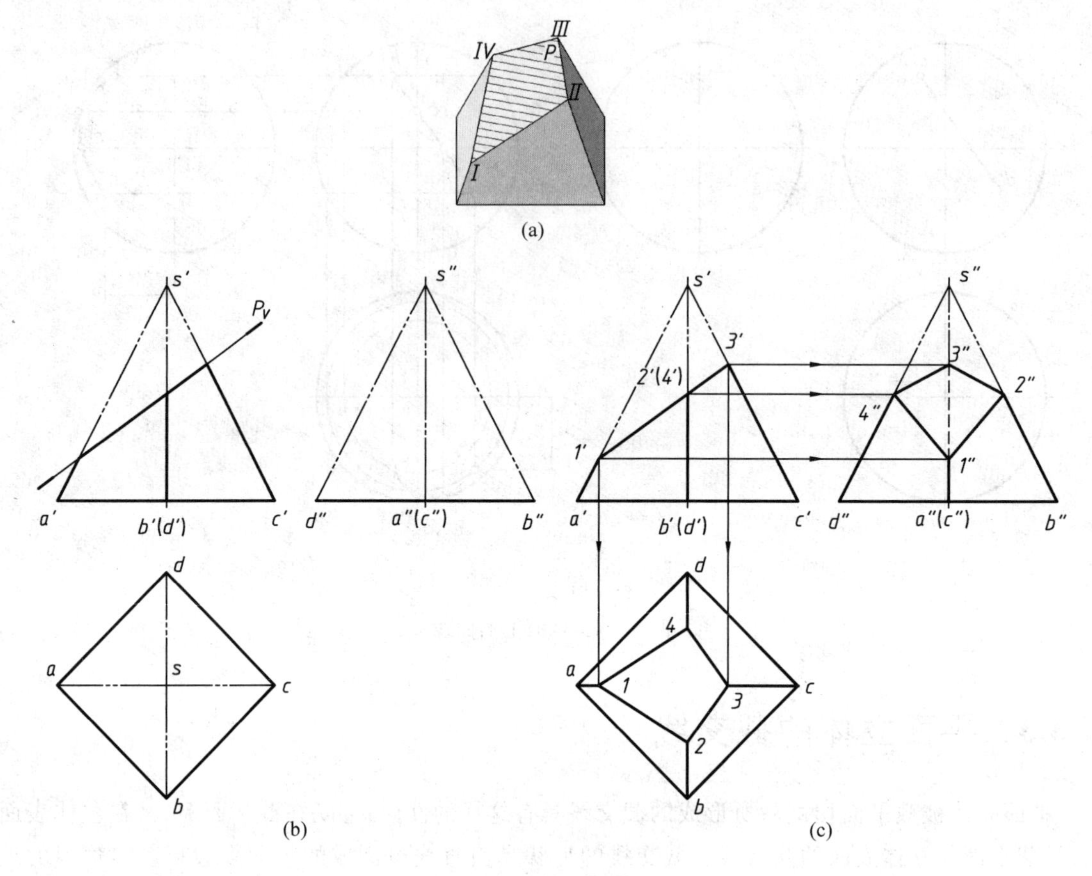

图 3-15 四棱锥的截交线

3）顺序连接四个交点的同面投影，即得截交线的各投影。

4）判断可见性：图中四棱锥的上部被平面 P 切去，因而截交线的三个投影均可见。注意棱线 SC 的 W 面投影为细虚线，如图 3-15c 所示。

例 3-5 求 P、Q 两平面与三棱锥 $SABC$ 截交线的投影，如图 3-16b 所示。

分析 由图 3-16a 可见，正垂面 P 与三棱锥的两侧表面 SAB 和 SAC 相交于两段直线 ⅠⅡ 和 ⅠⅢ。水平面 Q 也与两侧表面 SAB 和 SAC 相交于水平线 ⅡⅣ 和 ⅢⅣ，它们分别与三棱锥底面的边 AB 和 AC 平行，即线段 ⅡⅣ 和 ⅢⅣ 的方向为已知。只要求出点 Ⅳ 的投影，就可求出点 Ⅱ、Ⅲ 的投影。P、Q 两截平面相交于直线 ⅡⅢ。点 Ⅰ 和点 Ⅳ 位于 SA 棱线上，其 V 面投影 $1'$ 和 $4'$ 已知，由 V 面投影可直接求出其 H、W 面投影 1、$1''$ 和 4、$4''$。Ⅱ、Ⅲ 两点可采用求平面上点的方法，由 V 面投影 $2'$、$(3')$ 求出其 H、W 面投影 2、$2''$ 和 3、$3''$。

作图步骤

1）直接标出 P、Q 两平面与 SA 棱线交点的 V 面投影 $1'$、$4'$，以及 P、Q 两平面交线的 V 面投影 $2'(3')$。根据投影关系，由 $1'$、$4'$ 求出 1、4 和 $1''$、$4''$。

2）在 H 面上，作 $42 /\!/ ab$，$43 /\!/ ac$，根据 V 面投影 $2'$、$(3')$ 求出 H 面投影 2 和 3。

3）由 2、$2'$ 求出 $2''$；由 3、$3'$ 求出 $3''$。

4）顺序连接各点的同面投影，即得截交线的投影。

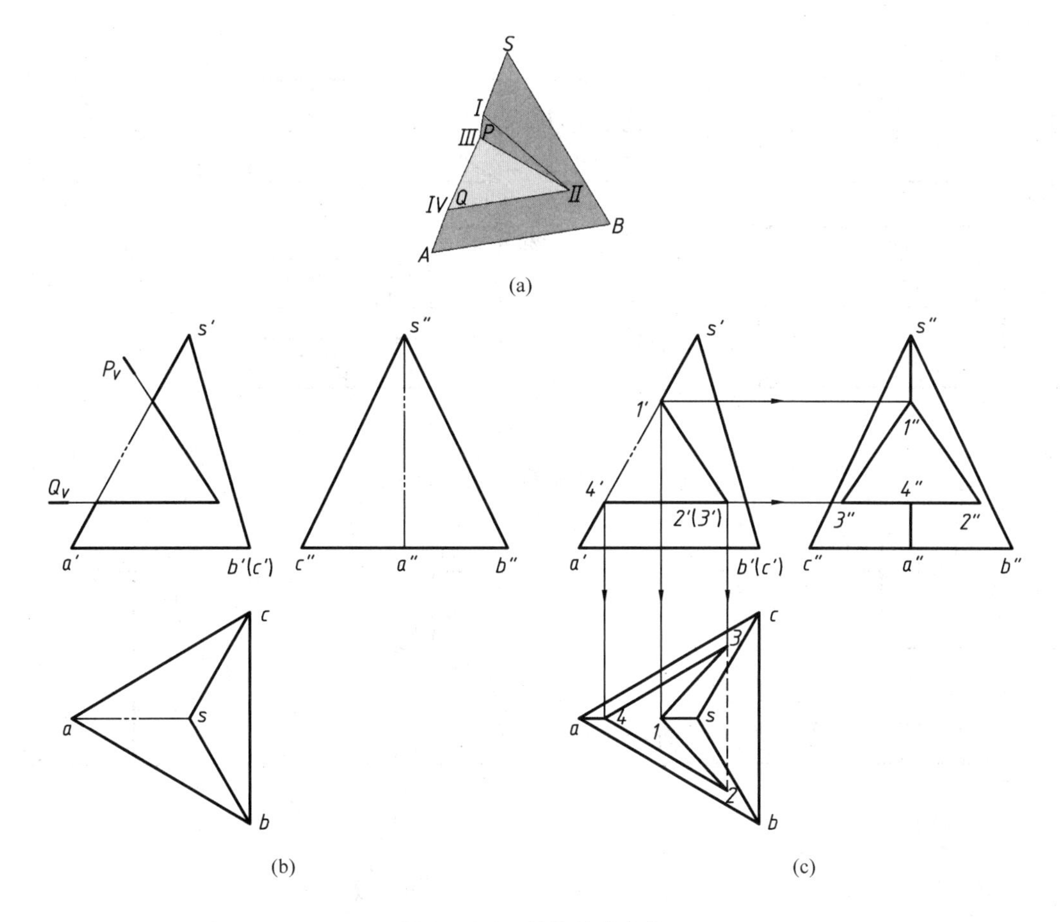

图 3-16 三棱锥的截交线

5）分辨可见性：*P*、*Q* 两平面交线 *ⅡⅢ* 的 *H* 面投影为不可见，画成细虚线，其他交线可见，画成粗实线，如图 3-16c 所示。

例 3-6 已知立体被一个正垂面截切，试求其 *H* 面投影，如图 3-17a 所示。

分析 该立体可以看作是上部开有 V 形槽的长方体被正垂面截切形成。截交线的 *V* 面投影已知，积聚为直线段。截交线的 *W* 面投影与立体的 *W* 面投影重合，由其 *V*、*W* 两面投影便可求出其 *H* 面投影。

作图步骤

1）截交线的形状为八边形，其 *W* 面投影已知，直接标出 *1″2″3″4″5″6″7″8″*；

2）由 *W* 面投影对应地标出其 *V* 面投影 *1′2′3′4′5′6′7′8′*；

3）根据 *V*、*W* 面投影求出八边形的 *H* 面投影 *12345678*；

4）去掉截去的部分，即得所求，如图 3-17b 所示。

例 3-7 已知上部开有通槽的四棱锥台，如图 3-18a 所示，试完成其 *H*、*W* 面投影。

分析 四棱锥台的上部被两个左右对称的侧平面 *P*、*Q* 和一个水平面 *R* 切割。由于 *P*、*Q* 均为侧平面，因此截交线的 *V* 面投影、*H* 面投影有积聚性，且 *P*、*Q* 与侧表面的交线与最前、最后两条棱线平行。水平面 *R* 与四棱锥台的四个侧表面相交，其交线与底面的四条边分别平行；水平面

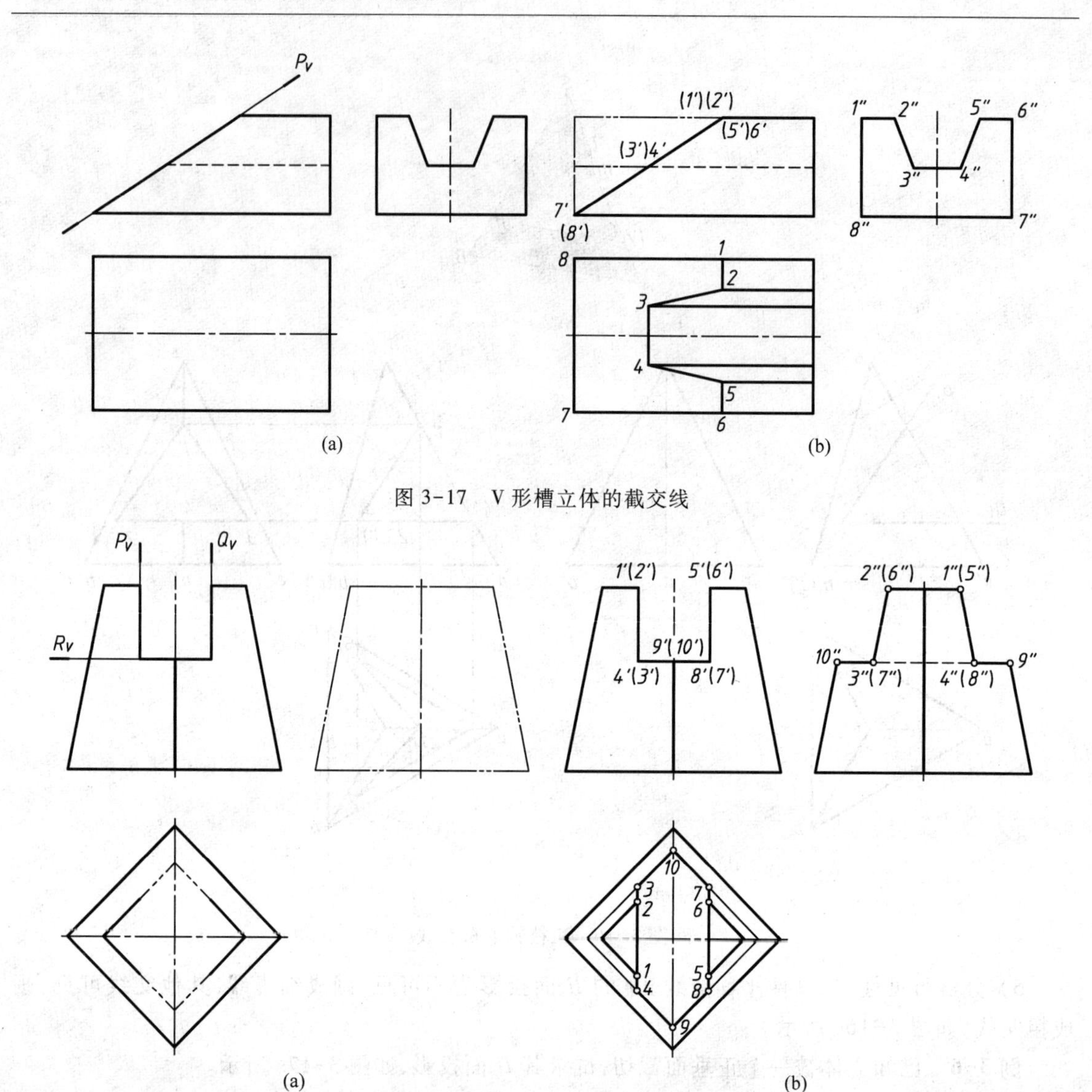

图 3-17 V 形槽立体的截交线

图 3-18 四棱台的截交线

R 与 *P*、*Q* 两侧平面相交，其交线在 *V* 面投影上有积聚性，在 *H* 面投影上反映实形。

作图步骤

1）直接标出 *P*、*Q* 平面与上表面棱边交点 *1′*、(*2′*)、*5′*、(*6′*)，及 *P*、*Q* 平面与 *R* 平面交线端点的 *V* 面投影(*3′*)、*4′*和(*7′*)、*8′*。

2）标出水平面 *R* 与前、后两棱线交点的 *V* 面投影 *9′*、(*10′*)，由 *9′*、(*10′*)直接求出 *9″*、*10″*。

3）求出上述点的 *H* 面投影 *9*、*10* 和 *1*、*2*、*5*、*6*；水平面 *R* 与四棱锥台的四个侧表面交线分别平行于立体底面四个边，从而求出 *P*、*Q* 平面与 *R* 平面交线端点的 *H* 面投影 *3*、*4*、*7*、*8*。

4）根据 *V*、*H* 面投影求出交点的 *W* 面投影 *1″*、(*5″*)、*2″*、(*6″*)、*3″*、(*7″*)、*4″*、(*8″*)。

5）顺序连接各个点的同面投影。

6）分辨可见性：在 W 面投影上，凹槽底面中部不可见，画成细虚线，如图 3-18b 所示。

例 3-8 已知开有燕尾槽的长方体被一个正垂面截切，完成其 H 面投影，如图 3-19a 所示。

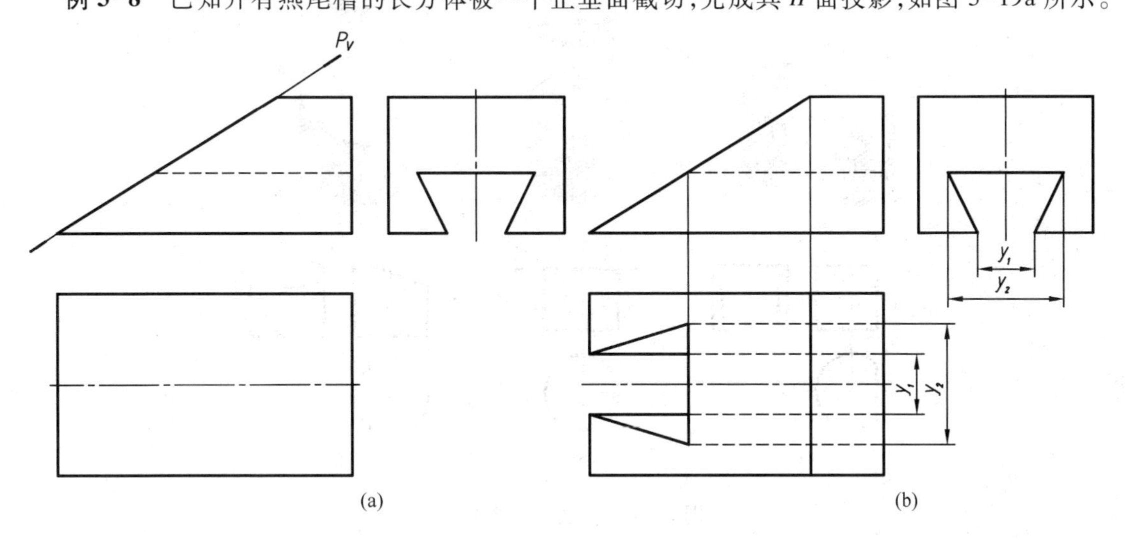

图 3-19 带燕尾槽的长方体的截交线

分析 图示物体是开有燕尾槽的长方体被一个正垂截平面切割后而形成的，其交线的 V 面投影有积聚性，可直接得出。截交线的 W 面投影与立体的轮廓线重合，为已知。可以根据截交线的 V、W 面投影求得其 H 面投影。具体作图方法与例 3-6 类似，如图 3-19b 所示。

§3.4 回转体的截交线

平面与回转体表面相交，其截交线是封闭的平面图形。截交线是由曲线围成，或者由曲线与直线段围成，或者由直线段围成。回转体截交线常利用积聚性或者辅助面的方法求解。

一、圆柱的截交线

平面与圆柱面相交时，根据平面与圆柱轴线的相对位置不同，其截交线有三种情况：圆、椭圆和两条平行直线，如图 3-20 所示。

从图中可见，当截平面 P 平行于圆柱的轴线时，P 平面与圆柱面（不是圆柱体）的交线为两条平行直线。当截平面 P 垂直于圆柱的轴线时，截交线是一个与圆柱等径的圆。当截平面 P 倾斜于圆柱轴线时，其截交线是椭圆。

例 3-9 如图 3-21b 所示，圆柱被 P、Q 两平面截切，试完成其三面投影图。

分析 如图 3-21a 所示，圆柱被水平面 P 和侧平面 Q 所截切。截平面 P 平行于圆柱的轴线，与圆柱面的交线为两条侧垂线。截平面 Q 垂直于圆柱的轴线，与圆柱面的交线为平行于 W 面的一段圆弧。平面 P 和 Q 的交线为正垂线。因此可利用截平面 P、Q 和圆柱面投影的积聚性，直接求圆柱截交线的投影。

作图步骤

1）画出截平面 P、Q 的 V 面投影 P_V、Q_V；

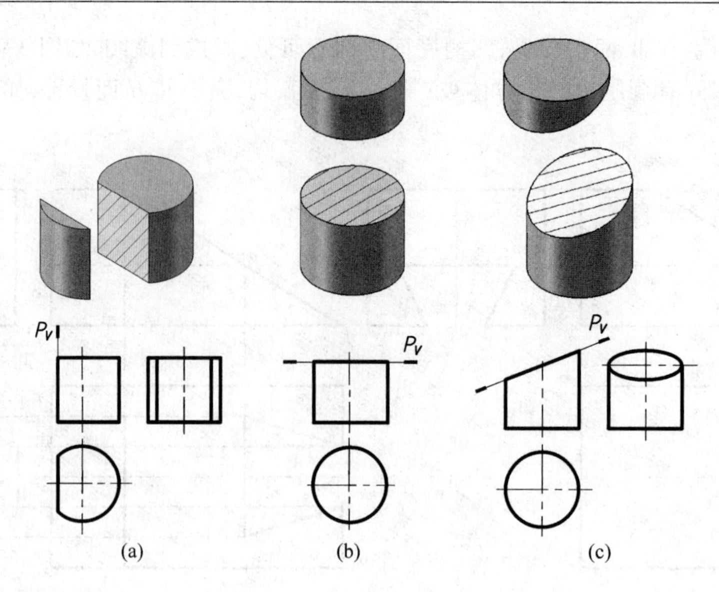

图 3-20　圆柱面的截交线

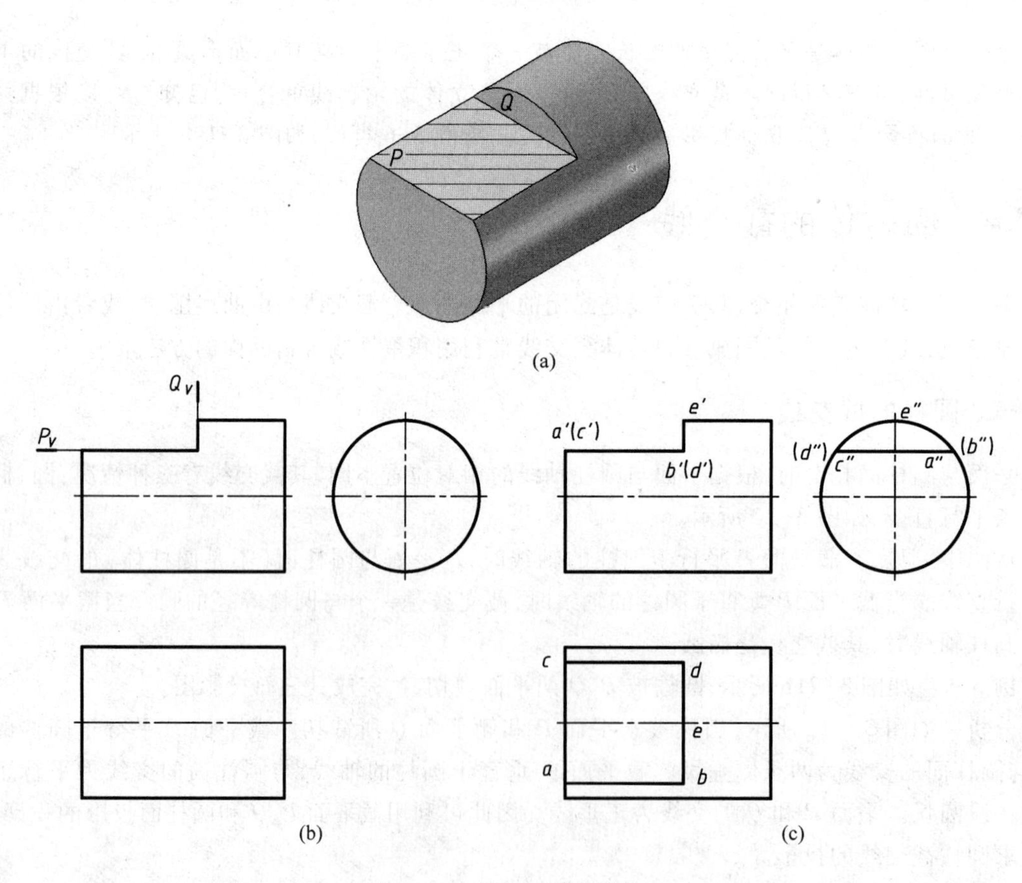

图 3-21　两平面截切圆柱

2）平面 P 与圆柱面交线的 V 面投影 $a'b'$、$c'd'$ 及 W 面投影 $a''(b'')$、$c''(d'')$ 为已知，由此可求出两交线 AB、CD 的 H 面投影 ab、cd；

3）截平面 Q 与圆柱面交线的 W 面投影 $b''e''d''$ 及 V 面投影也可得知，据此直接求出其 H 面投影 bed，如图 3-21c 所示。

例 3-10　图 3-22b 所示为圆柱被正垂面截切，试画出其 H 面投影。

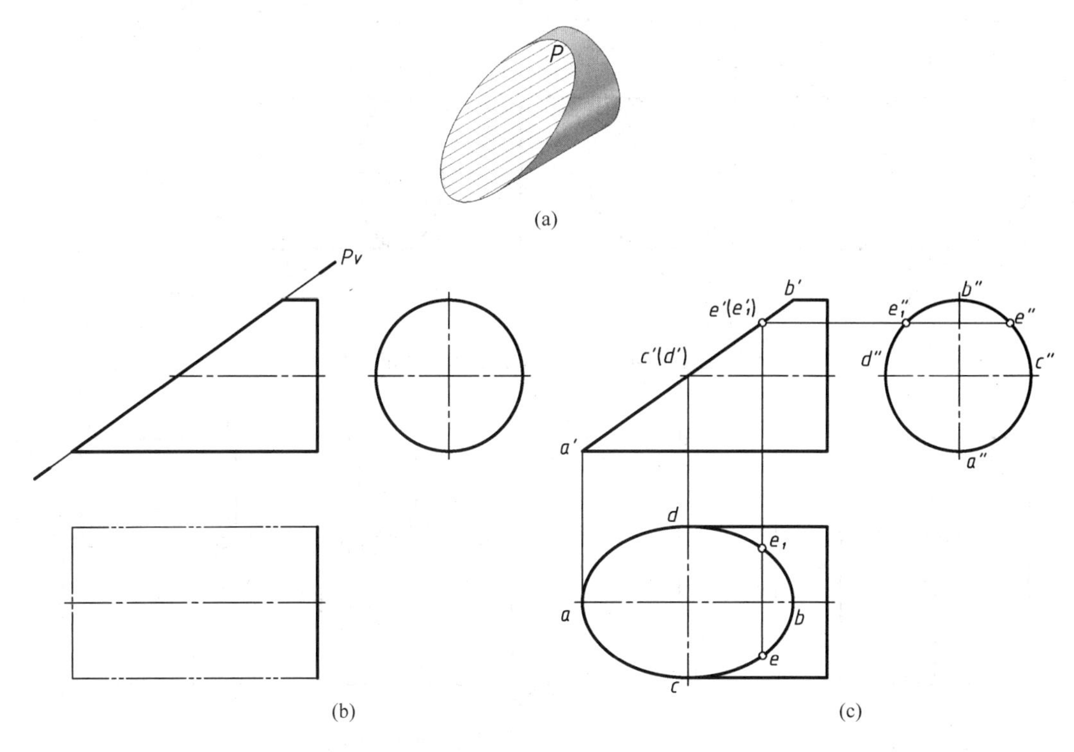

图 3-22　正垂面截切圆柱

分析　如图 3-22a 所示，截平面与圆柱的轴线倾斜相交，截交线为一椭圆。由于平面 P 为正垂面，截交线在 V 面上的投影有积聚性。圆柱面的 W 面投影具有积聚性，故截交线的 W 面投影与圆柱面的 W 面投影重合。由于平面 P 与 H 面倾斜，所以截交线的 H 面投影与其本身具有相仿性，一般仍为椭圆。

作图步骤

1）求特殊点 A、B、C、D 的三面投影；

2）确定若干一般点，如求点 E 和 E_1，在 V 面投影上确定 e'、e_1'，由 e'、e_1' 在 W 面投影上求出 e''、e_1''，由 e'、e_1' 和 e''、e_1'' 求出 H 面投影上的 e、e_1 点；

3）求出足够的一般点，然后顺序光滑连接起来，即得截交线的 H 面投影，如图 3-22c 所示。

本例还有一种作图方法：先求出截交线在 H 面上投影的椭圆长、短轴 ab 和 cd，再利用四心法画近似椭圆。

图 3-23 所示为截平面与圆柱轴线斜交，截交线随截平面与圆柱轴线夹角 β 的变化而变化的情况。从图中可见 $\beta=45°$时，截交线的 H 面投影为圆。

例 3-11　已知顶部开有长方槽圆柱的 V 面投影和 H 面投影（图 3-24a），试画出其 W 面投影。

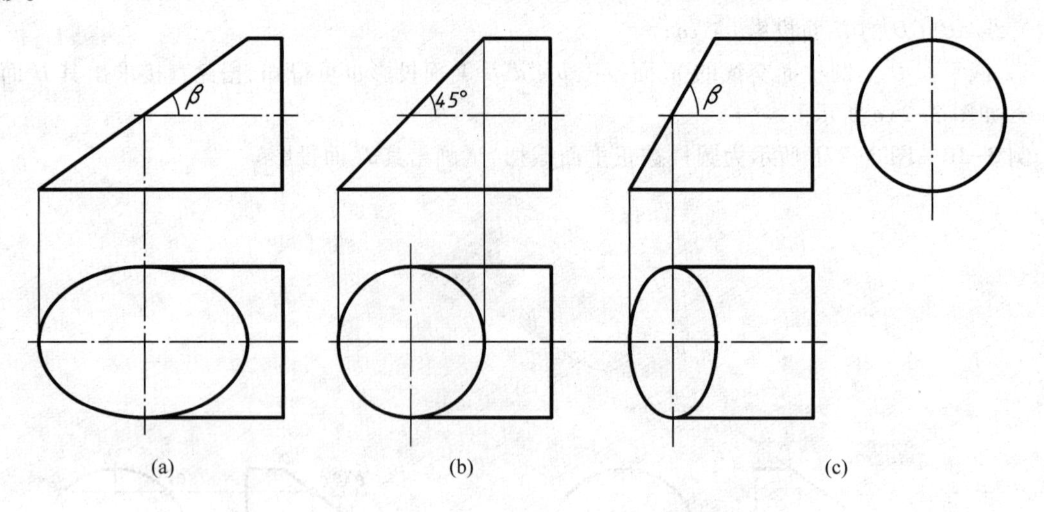

图 3-23　平面与圆柱斜交角度的变化情况

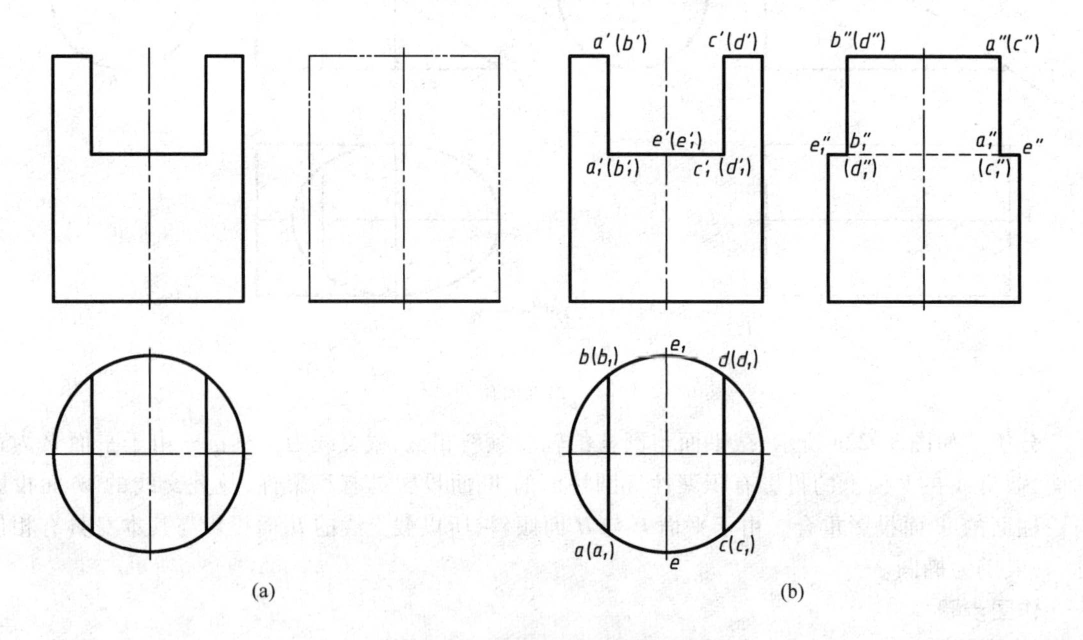

图 3-24　开槽圆柱的截交线

分析　圆柱上部被左、右对称的两个侧平面和一个水平面截切。两侧平面平行于圆柱轴线，与圆柱面的交线为平行于圆柱轴线的铅垂线。水平面垂直于圆柱轴线，与圆柱面的交线为水平的两段圆弧。

作图步骤

1）两侧平面与圆柱面相交，四条交线的 H 面投影 $a(a_1)$、$b(b_1)$、$c(c_1)$、$d(d_1)$ 及其 V 面投影 $a'a'_1$、(b') (b'_1)、$c'c'_1$、(d') (d'_1) 为已知，由此可直接求出其 W 面投影 $a''a''_1$、$b''b''_1$、(c'') (c''_1)、(d'') (d''_1)。

2）水平面与圆柱面交出两段圆弧，其 H 面投影 $\widehat{a_1ec_1}$ 及 $\widehat{b_1e_1d_1}$、V 面投影 $a_1'e'c_1'$ 及 (b_1') (e_1') (d_1') 为已知，由此可求出其 W 面投影 $a_1''e''(c_1'')$、$b_1''e_1''(d_1'')$。

3）在 W 面投影上，用细虚线画出方槽底部不可见部分的投影，如图 3-24b 所示。

例 3-12　图 3-25b 所示为上部开有长方槽的空心圆柱，试画出其三面投影图。

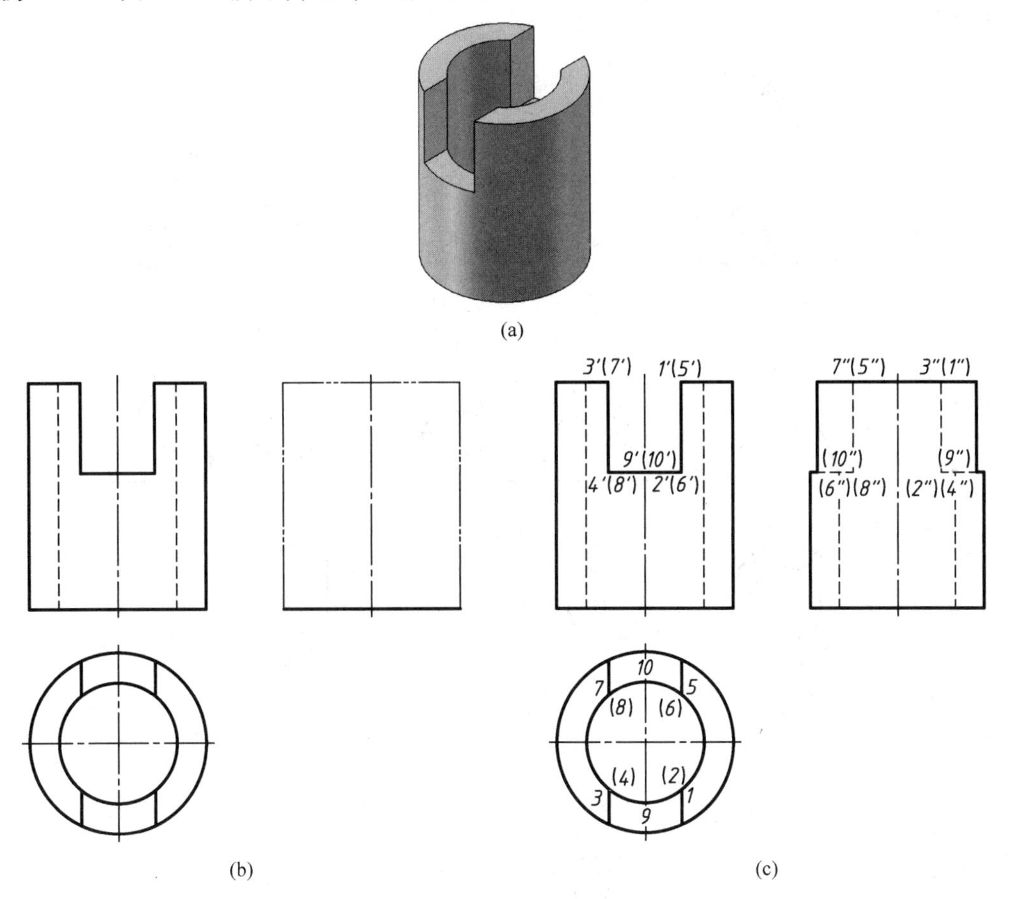

图 3-25　圆柱的内、外表面截交线

分析　如图 3-25a 所示，空心圆柱的上部被两个侧平面和一个水平面截切，形成一个长方槽。三个截平面与圆柱的内、外表面分别相交，与外表面交线的求法和上例相同。三个截平面和空心圆柱内表面截交线的求法，与求外表面截交线相同。

作图步骤

1）完成三个截平面与空心圆柱外表面的截交线，作图方法与上例相同。

2）两侧平面与圆柱内表面相交，交线的 H 面投影 $1(2)$、$3(4)$、$5(6)$、$7(8)$ 及其 V 面投影 $1'2'$、$3'4'$、$(5')(6')$、$(7')(8')$ 为已知，直接标出即可，由此可求出其 W 面投影 $(1'')(2'')$、$(3'')(4'')$、$(5'')(6'')$、$7''(8'')$，交线在圆柱内表面上，其 W 面投影不可见，画为细虚线。

3）水平面与空心圆柱内表面的交线为两段水平圆弧，和内表面的 H 面投影重合。其 V 面投影已知，由 H、V 两面投影可求出 W 面投影 $(2'')(9'')(4'')$ 和 $(6'')(10'')(8'')$，画为细虚线。

4）在 W 面投影上，用细虚线画出长方槽底部不可见部分的投影，即得所求三面投影图，如图

3-25c所示。

二、圆锥的截交线

当平面与圆锥面相交时，随着截平面与圆锥轴线相对位置的不同，截交线的形状有五种，如图 3-26 所示。

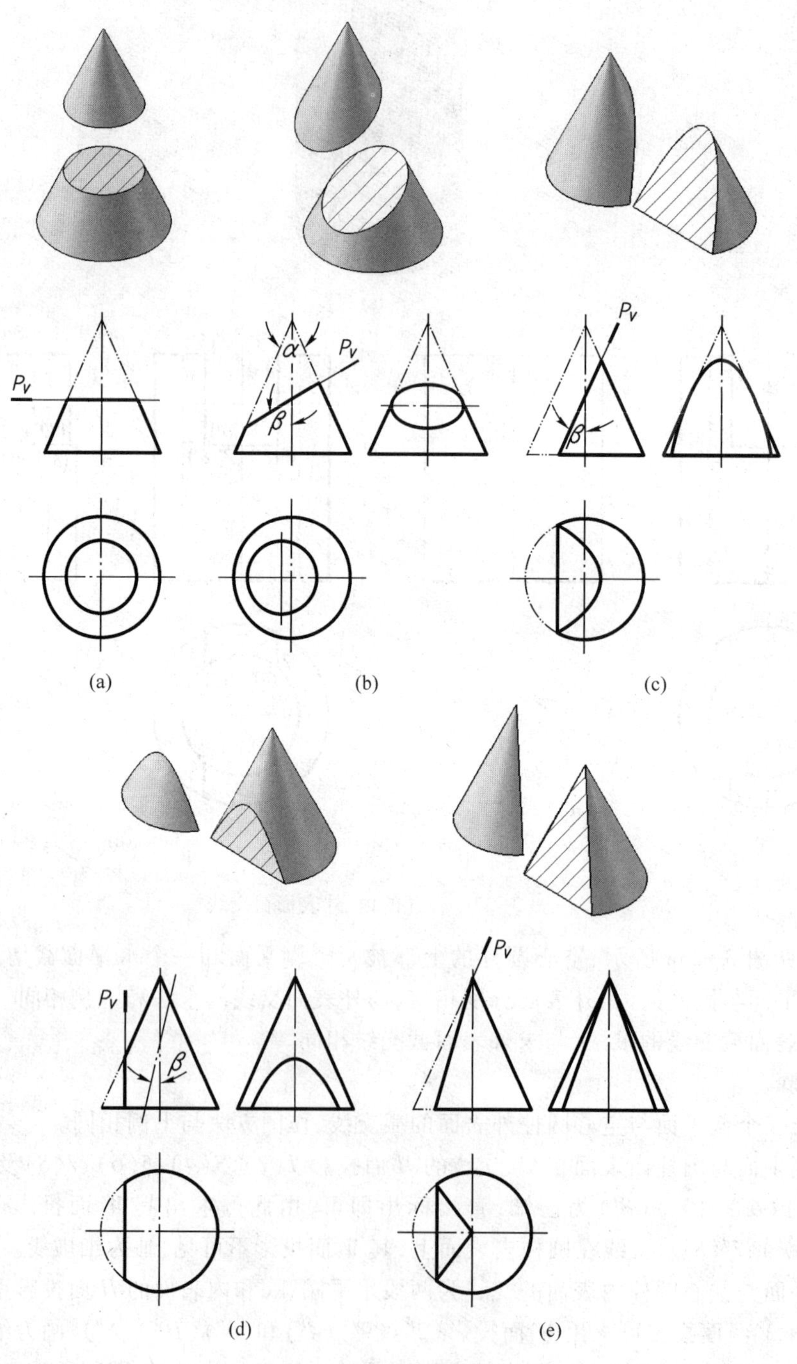

图 3-26　圆锥面截交线

（1）截平面垂直于圆锥轴线时，截交线为圆，如图 3-26a 所示。

（2）截平面与圆锥轴线的夹角 $\beta>\alpha/2$ 时（α 为锥顶角），截平面不平行于圆锥面的任何素线（与所有的素线均相交），截交线为椭圆，如图 3-26b 所示。

（3）当截平面与圆锥轴线夹角 $\beta=\alpha/2$ 时，截平面平行于圆锥面上的一条素线，截交线为抛物线，如图 3-26c 所示。

（4）当 $\beta<\alpha/2$ 时，截平面平行于圆锥面上的两条素线，截平面与圆锥面的截交线为双曲线，如图 3-26d 所示。

（5）当截平面过圆锥顶点时，截平面与圆锥面交线为两条相交直线，如图 3-26e 所示。

例 3-13　求图示正垂面与圆锥的截交线，如图 3-27b 所示。

分析　如图 3-27a 所示，截平面 P 与圆锥轴线斜交，且 $\beta>\alpha/2$，故截交线为椭圆。截交线的 V 面投影积聚为直线段，而其 H 面投影和 W 面投影仍为椭圆。应先求截交线上的特殊点，再求一般点。

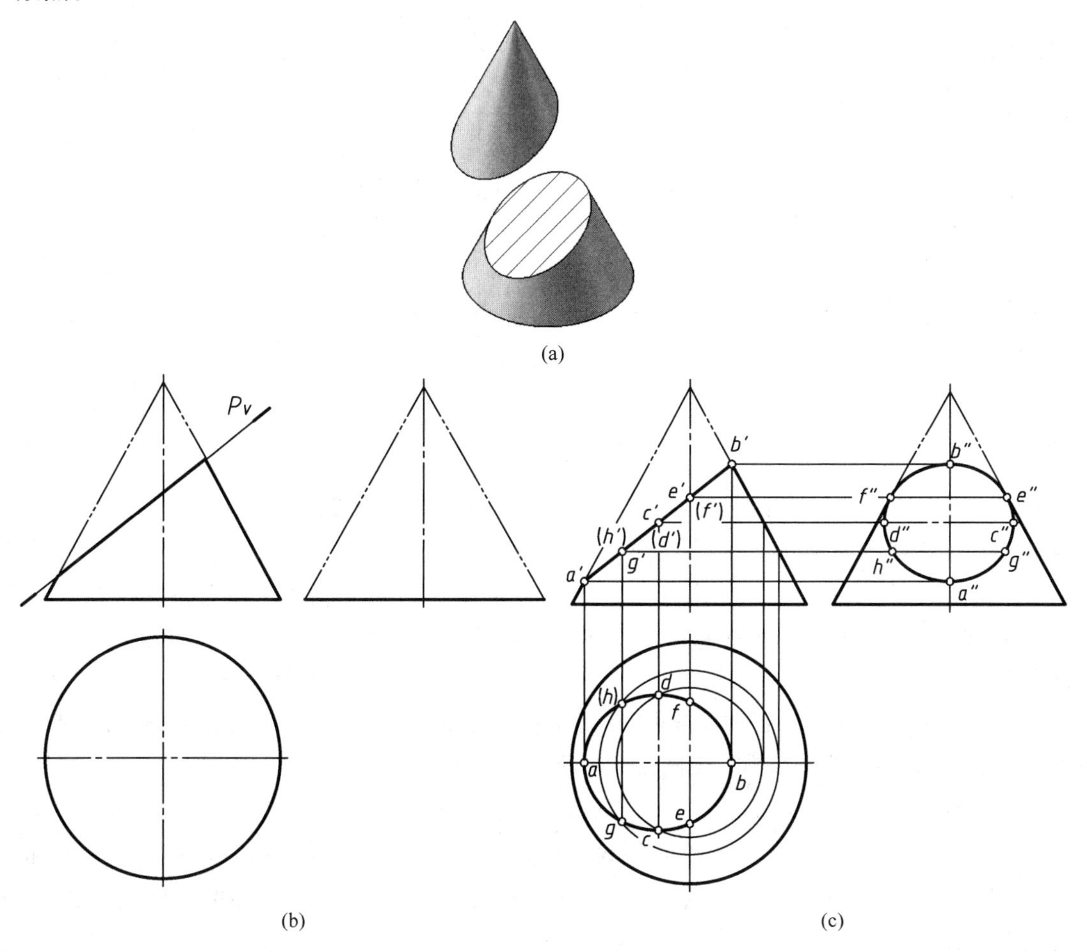

图 3-27　正垂面截切圆锥

作图步骤

1）求特殊点 A、B、C、D，这四个点是截交线椭圆长、短轴的端点，其 V 面投影 a'、b'、c'、(d')

可直接求得，c'、(d')位于$a'b'$的中点。

2）由A、B的V面投影a'、b'可直接求出其H、W面投影a、b和a''、b''。

3）过C、D作水平纬线圆，可求得其H面投影c、d，并根据投影关系求出c''、d''。

4）求特殊点E、F，这两点是W面投影界限素线上的点，其V面投影e'、f'可直接得到，由e'、f'可求出e''、f''，再由e'、e''和f'、f''求出e、f。

5）采用纬线圆法求一般点G、H，其三面投影如图3-27c所示。

6）求出H、W面投影上面的椭圆。在W面投影上，椭圆应与圆锥的界限素线切于e''、f''，如图3-27c所示。

例3-14 正平面P截切圆锥，求截交线的投影，如图3-28a所示。

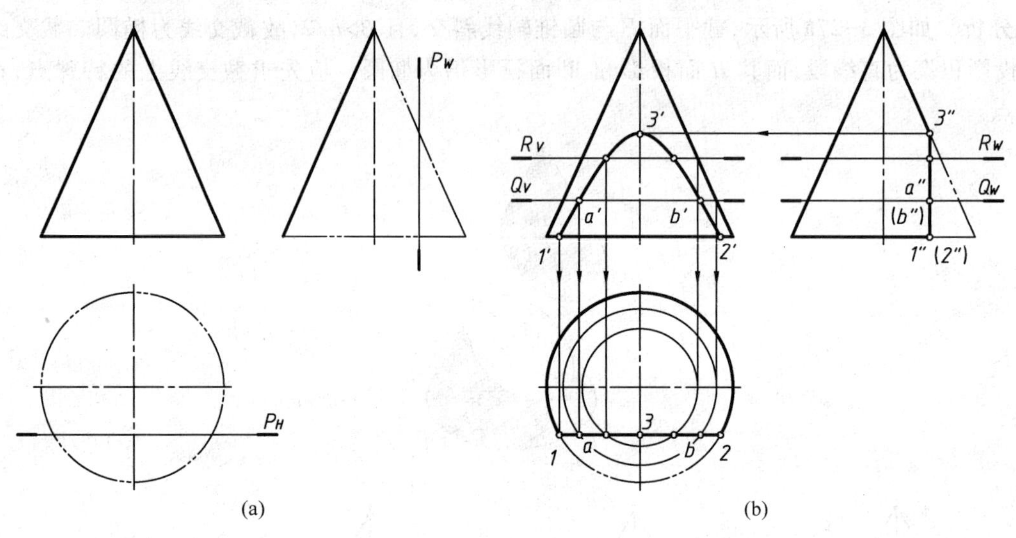

图3-28 正平面截切圆锥

分析 平面P平行于圆锥的轴线，截交线为双曲线，其H面投影积聚在P_H上，W面投影积聚在P_W上，截交线的H、W两面投影已知，可据此求出V面投影。

作图步骤如图3-28b所示，先求特殊点Ⅰ、Ⅱ、Ⅲ，再用纬线圆法求一般点，不再详述。

例3-15 圆锥被正垂面P和侧平面Q截切，已知其V面投影，求作H、W面投影，如图3-29a所示。

分析 截平面P为正垂面且过锥顶，其截交线为两条相交直线，截平面Q为侧平面，垂直于圆锥的轴线，与圆锥面的交线为一段圆弧。P面与Q面相交于一直线（正垂线）。

作图步骤

1）在V面投影上过s'、$k'(k_1')$作直线，交圆锥底圆周的V面投影于$1'(2')$点，由此可求出$s''1''$、$s''2''$和$s1$、$s2$；空间点K和K_1分别位于SⅠ和SⅡ两条直线上，可求出其W面投影k''、k_1''和H面投影k、k_1。

2）在W面投影上，以s''为圆心，以$s''k''$为半径画弧$k''e''k_1''$，即为其W面投影，且反映实形。其H面投影积聚为直线段kek_1。

3）作出平面P与Q交线的W面投影$k''k_1''$，如图3-29b所示。

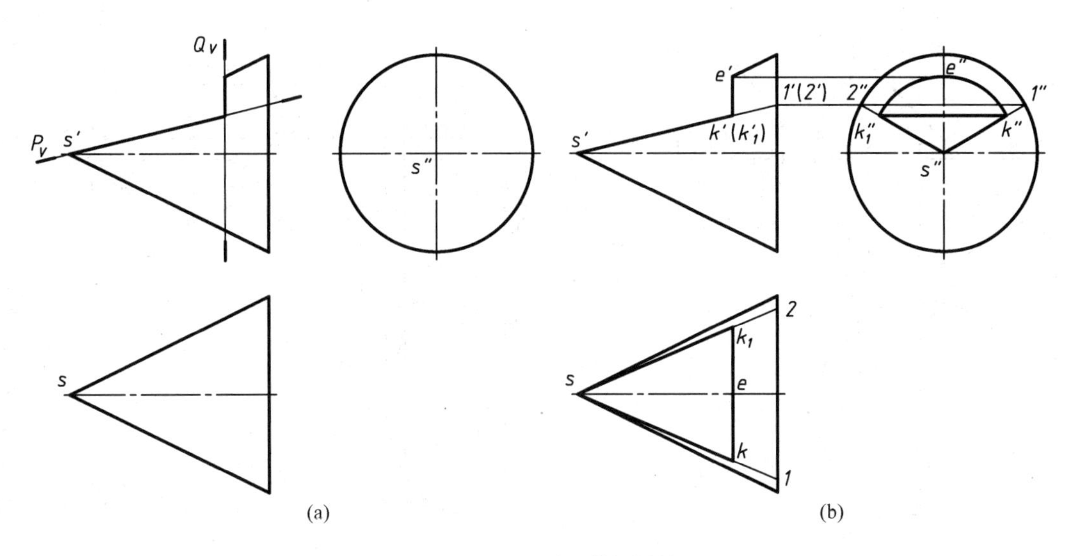

图 3-29 两平面截切圆锥

三、球的截交线

平面与球相交，其截交线总是圆。但是截平面与投影面相对位置不同时，截交线圆的投影也会发生变化，如图 3-30 所示。

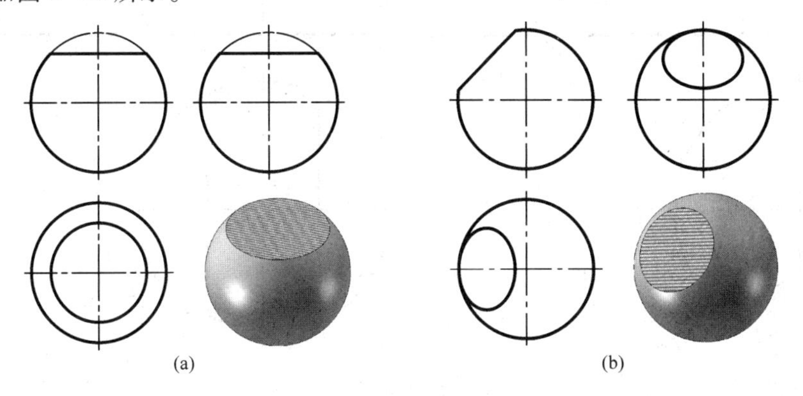

图 3-30 球截交线

例 3-16 正垂面 *P* 与球面相交，求其截交线的投影，如图 3-31a 所示。

分析 平面 *P* 与球面相交的截交线为圆，其 *V* 面投影有积聚性，*H* 面投影和 *W* 面投影均为椭圆。

作图步骤

1）求特殊点 Ⅰ、Ⅱ、Ⅴ、Ⅵ、Ⅶ、Ⅷ，这六个点是投影在界限素线上的点。根据投影关系很容易求得其三个投影。

2）求特殊点 Ⅲ、Ⅳ，这两个点是极限位置的点（最前、最后），同时也是 *H*、*W* 面投影椭圆的长轴端点。

3）用纬线圆法求一般点 *A*、*B*、*C*、*D*。

4）按顺序光滑连接各点的 *H*、*W* 面投影，即得所求截交线的投影，如图 3-31b 所示。

例 3-17 已知开有通槽半球的 *V* 面投影，求其 *H*、*W* 面投影，如图 3-32a 所示。

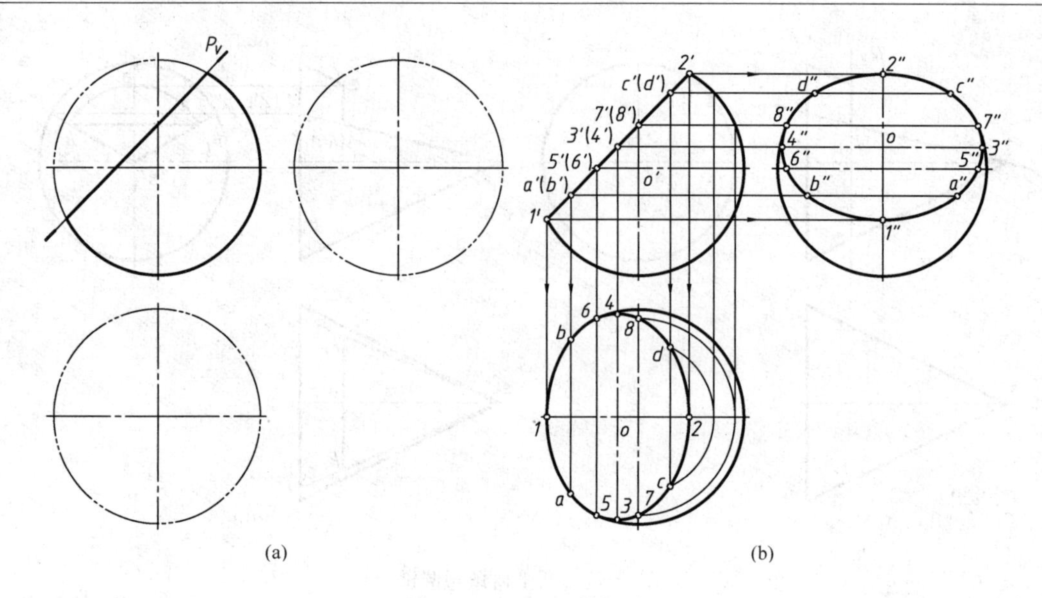

图 3-31　正垂面截切球

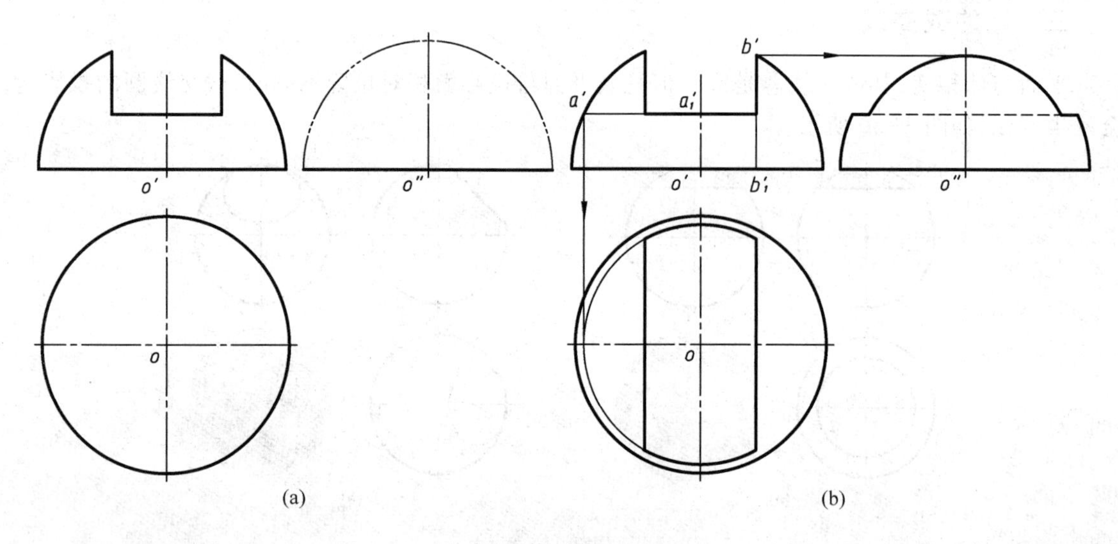

图 3-32　开有通槽的半球

分析　通槽是由两侧平面和一个水平面截切而成，截交线均为圆弧。其中侧平圆弧在 V、H 面投影上积聚为直线段，W 面投影上反映实形。水平圆弧在 V、W 面投影上积聚为直线段，在 H 面投影上反映实形。本题的核心是要分析清楚圆弧投影之后的圆心位置与半径大小。

作图步骤

1）在 H 面投影上，以 o 为圆心，以 $a'a_1'$ 为半径画圆，与两侧平面的 H 面投射线相交，求出两段水平圆弧的 H 面投影；

2）在 W 面投影上，以 o''为圆心、$b'b_1'$ 为半径，画出两段侧平圆弧的 W 面投影；

3）画出通槽水平底面的 W 面投影，不可见部分画为细虚线；

4）擦除半球上部被切去的轮廓线，即得所求，如图 3-32b 所示。

四、综合举例

下面一个例子介绍组合回转体被平面截切的截交线求法。此类问题的关键是分清组合回转体是由哪些基本回转体组合而成的，以及他们的分界线在什么位置。在分界线的不同侧，按照平面截切基本回转体来求截交线。

例 3-18 已知组合回转体被两个平面截切，完成其 V 面投影，如图 3-33a 所示。

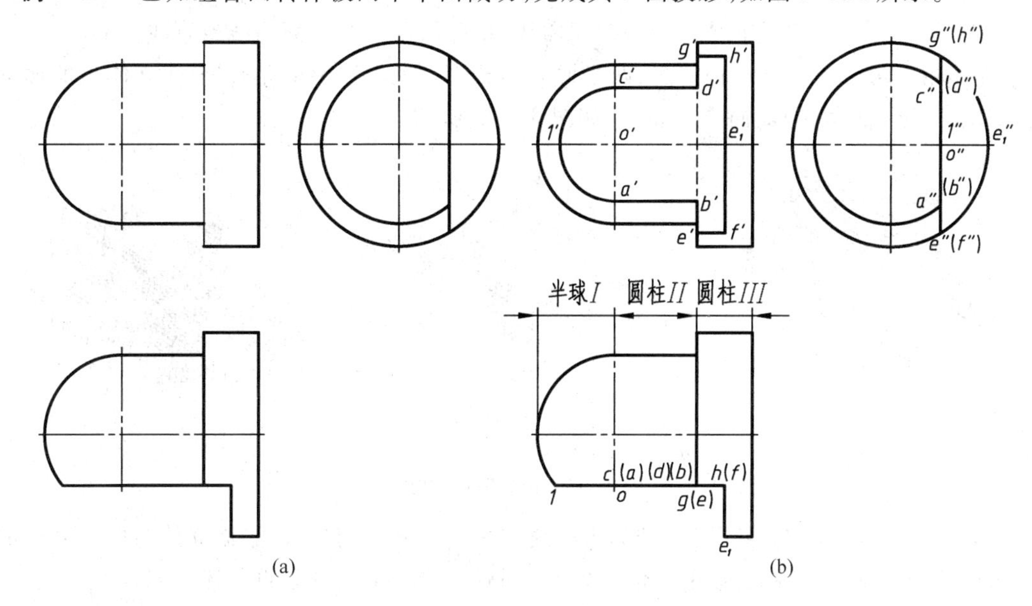

图 3-33 平面截切组合回转体

分析 该回转体是由两个圆柱和一个半球面组合而成，左端半球 Ⅰ 与圆柱 Ⅱ 相切，右边为一大圆柱 Ⅲ，被正平面和侧平面切割。正平面与半球的截交线为半圆；与圆柱 Ⅱ 的截交线为两平行直线，这两平行直线与半球面截交线半圆相切。正平面与圆柱 Ⅲ 的截交线也是两平行直线。侧平面与圆柱 Ⅲ 的截交线为侧平圆弧。两截切平面相交于一直线（铅垂线）。

作图步骤

1）以 o' 为圆心、$o1$ 为半径在 V 面投影上画出半圆。

2）求正平面与圆柱 Ⅱ 的交线（两条平行直线），根据其 H、W 面投影 $(a)(b)$、cd 和 $a''(b'')$、$c''(d'')$ 求出 V 面投影 $a'b'$、$c'd'$（是两条侧垂线）。

3）求正平面与圆柱 Ⅲ 的交线（两条平行直线），根据其 H、W 面投影 $(e)(f)$、gh 和 $e''(f'')$、$g''(h'')$ 求出 V 面投影 $e'f'$、$g'h'$（是两条侧垂线）。

4）求正平面与圆柱 Ⅲ 左端面的交线 GD 和 EB（是两条铅垂线），求出其 V 面投影 $g'd'$、$e'b'$。

5）求出侧平面与圆柱 Ⅲ 表面交线的 V 面投影，积聚为直线 $f'h'$。

6）画出圆柱 Ⅱ 与圆柱 Ⅲ 左端面的交线的 V 面投影，中间一段 $b'd'$ 为细虚线，从而完成作图，如图 3-33b 所示。

§3.5 回转体的相贯线

两个立体相交所形成的表面交线称为相贯线。相贯线具有如下性质：

(1) 相贯线是两个立体表面的共有线，共有线上的每一点都是两立体表面的共有点；

(2) 相贯线是两个立体表面的分界线；

(3) 相贯线在一般情况下是封闭的空间曲线，特殊情况下为平面曲线或直线。

两立体相交可分为以下三种情况：两平面立体相交，如图 3-34a 所示；平面立体与曲面立体相交，如图 3-34b 所示；两曲面立体相交，如图 3-34c 所示。

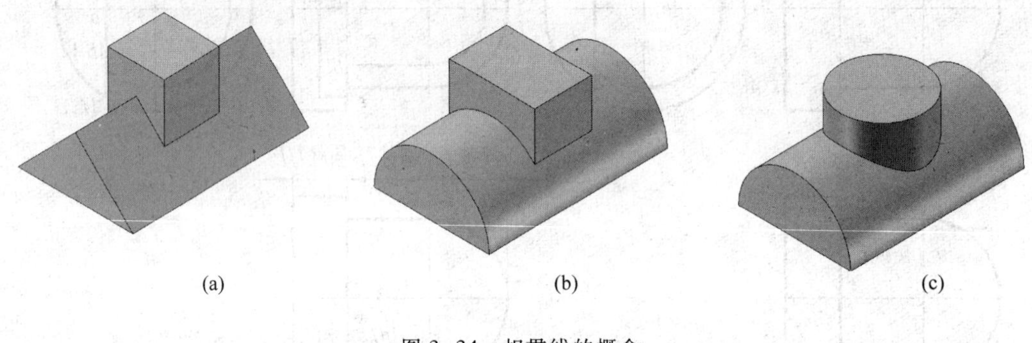

(a) (b) (c)

图 3-34 相贯线的概念

求两平面立体的其相贯线，可归结为求棱线与平面的交点问题；求平面立体与曲面立体的相贯线，可归结为求平面立体与曲面立体的截交线问题。这两个问题不再赘述。

本节主要介绍曲面立体相贯线的求解问题。求曲面立体的相贯线主要有两种方法：利用积聚性求相贯线、利用辅助平面求相贯线。

一、利用积聚性求相贯线

当两个圆柱的轴线分别垂直于不同的投影面时，相交的两圆柱的表面相对于投影面有积聚性，可利用积聚性直接求出两立体表面的相贯线。

例 3-19 试求两轴线垂直相交圆柱相贯线的投影，如图 3-35a 所示。

分析 直立圆柱与水平圆柱的轴线是正交位置，其相贯线是前、后对称并左、右对称的一条封闭的空间曲线。直立圆柱的表面垂直于 H 面，它的 H 面投影有积聚性，则相贯线的 H 面投影就是直立圆柱的 H 面投影圆。同理，相贯线的 W 面投影就是水平圆柱表面的 W 面投影圆。相贯线的 H、W 面投影已知，只需求其 V 面投影。

作图步骤

1) 求特殊点 Ⅰ、Ⅱ、Ⅲ、Ⅳ。最高点 Ⅰ、Ⅲ 的三个投影 1、$1'$、$1''$和 3、$3'$、($3''$)可直接求出。最低点 Ⅱ、Ⅳ 的 H、W 面投影已知，由此可求出 V 面投影 $2'$、($4'$)。

2) 求一般点 A、B、C、D。在直立圆柱 H 面投影的圆周上，取 a、b、c、d 四点，由此可求出其 W 面投影 a''、(b'')、c''、(d'')，再由 H、W 面投影求出其 V 面投影 a'、b'、(c')、(d')。

3) 依顺序光滑连接 $1'a'2'b'3'$，即得相贯线的 V 面投影，如图 3-35b 所示。

图 3-36 和图 3-37 分别是圆柱外表面与圆柱内表面相贯、两圆柱内表面相贯的情况。

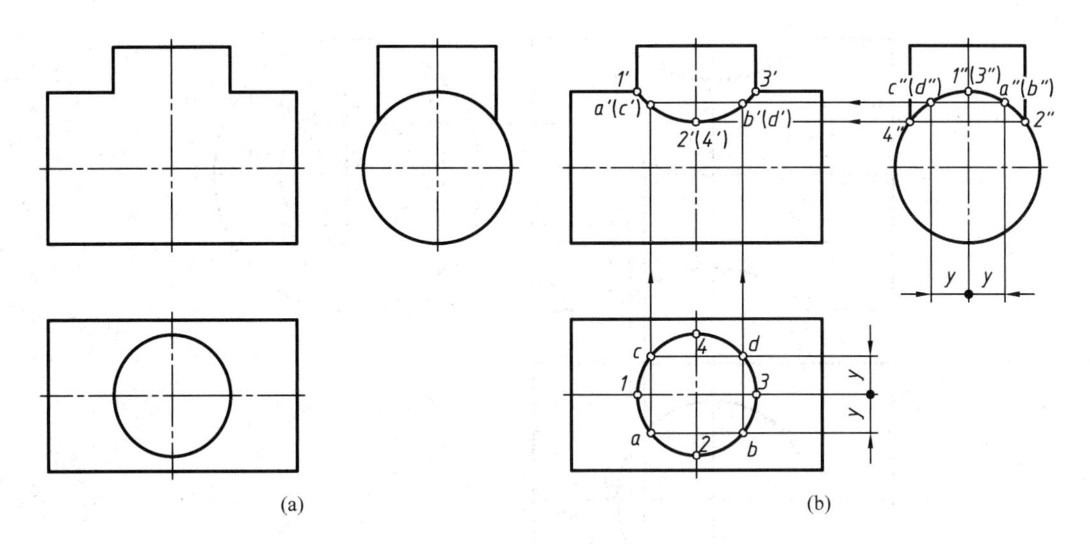

图 3-35　利用积聚性求相贯线

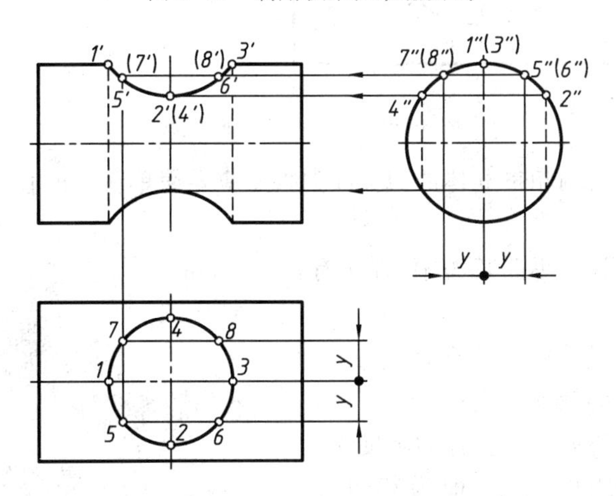

图 3-36　圆柱内、外表面相贯

二、用辅助平面求相贯线

两曲面立体表面相交，其相贯线有时也可用辅助平面法求解。

辅助平面法的原理：在两个立体的公共部分作辅助平面，该辅助平面同时截切两个立体，得到两部分截交线。由于他们都在同一个平面（截切平面）上，必有交点，交点就是相贯线上的点。

图 3-38 所示为圆柱与圆锥相贯。作一水平辅助平面 *P*，平面 *P* 与圆锥面的辅助交线为圆。平面 *P* 与圆柱面的辅助交线为两平行直线 *AB*、*CD*。

交线 *AB*、*CD* 与交线圆同在平面 *P* 上，交于 *B*、*D* 两点。平面 *P* 上的这两点既在圆柱面上，又在圆锥面上，所以是三个面的公共点。*B*、*D* 两点就是相贯线上的点。用此方法求出足够数量的点，然后依顺序光滑连接，即可求得相贯线的投影。

辅助平面的选择原则：

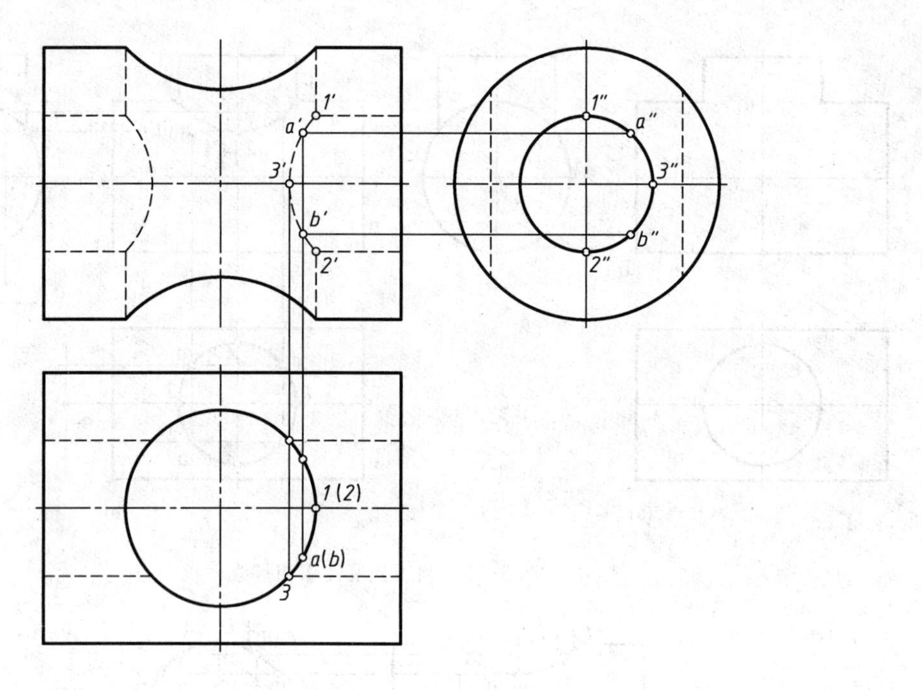

图 3-37　两圆柱内表面相贯

(1) 所选辅助平面与两相贯立体的截交线的投影应是简单易画的直线或圆。常选用特殊位置平面作为辅助平面。

(2) 辅助平面应位于两曲面立体的共有区域内。

辅助平面法求相贯线的作图步骤:

(1) 选择适当位置的辅助平面;

(2) 求作辅助平面与两相贯立体的辅助交线;

(3) 求出辅助交线的交点,即为相贯线上的点。

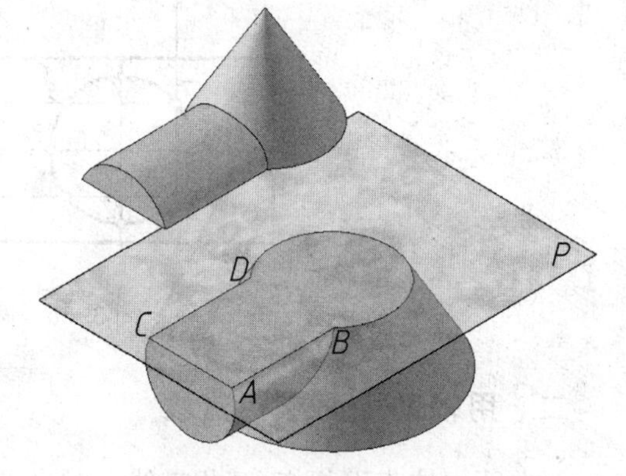

图 3-38　辅助平面法的原理

例 3-20　求图 3-39 所示圆柱与圆锥相贯线的投影。

分析　相贯线的 W 面投影在圆柱 W 面投影的圆周上。相贯线的 V、H 面投影需用辅助平面法求出。选择水平面为辅助平面,交圆锥于圆,交圆柱于两条平行直线。求得圆和两条平行直线的交点,就可以得到相贯线上的点。

作图步骤

1) 求特殊点 Ⅰ、Ⅱ,这两个点分别是相贯线上的最高、最低点。$1'$、$2'$在 V 面投影轮廓线上,可以求出 1、$1''$和 2、$2''$。

2) 求特殊点 Ⅲ、Ⅳ,这两个点分别是相贯线上的最前、最后点。其 W 面投影 $3''$、$4''$可直接标出。过圆柱轴线作水平辅助面 R,R 与圆锥面的交线是水平纬线圆,其 H 面投影与圆柱面的前、后两条轮廓线投影的交点就是这两点的 H 面投影 3、4。由 3、4 求出 $3'$、$4'$。

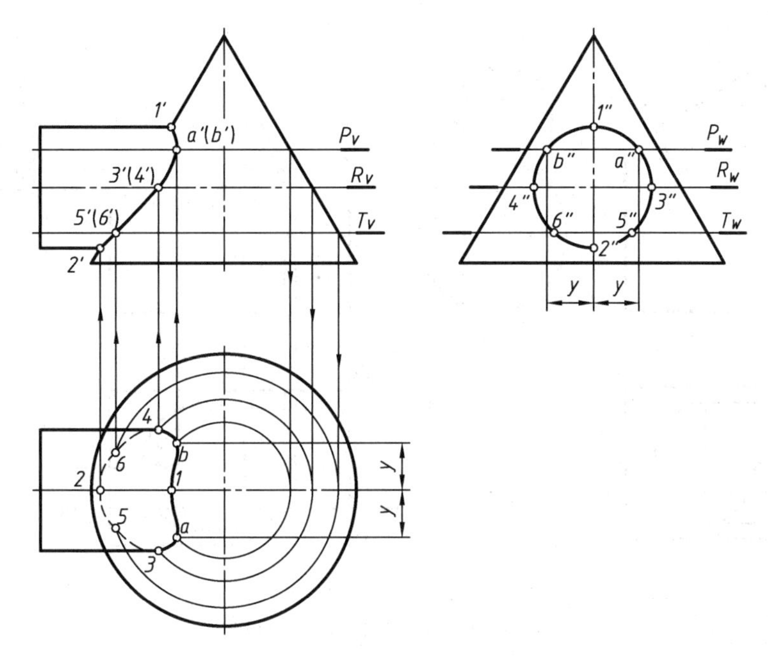

图3-39 用辅助平面法求锥、柱相贯

3）求一般点 *A*、*B*，作水平辅助面 *P*，求出平面 *P* 与圆柱面交线的 *H* 面投影，以及平面 *P* 与圆锥面交线的 *H* 面投影，即得两 *H* 面投影的交点 *a*、*b*。由 *a*、*b* 求出 *a'*、*b'*。

4）同理作辅助平面 *T*，求出 *5*、*5'* 和 *6*、(*6'*)。根据需要，求出足够数量的一般点。

5）顺序光滑连接各点，并分辨可见性，将不可见部分画为细虚线，完成相贯线作图，如图3-39所示。

本例还可以选择过锥顶的侧垂面作为辅助平面。此时，辅助平面截切圆柱为两条平行直线，截切圆锥为两条相交直线，也可以求得相贯线上的点。具体过程请读者自行分析。

例 3-21 求两斜交圆柱的相贯线，如图 3-40a 所示。

分析 水平圆柱的 *W* 面投影积聚为圆，相贯线的 *W* 面投影重合在该圆周上。相贯线的 *H*、*V* 面投影未知。可选用正平面 *P* 作为辅助平面，截切两圆柱分别为两条正平线和一条侧垂线，其交点就是相贯线上的点。

作图步骤

1）求特殊点 Ⅰ、Ⅱ，这两个点是相贯线上的最高点。*1'*、*2'* 在 *V* 面投影轮廓线上，可以求出 *1*、(*1"*) 和 *2*、(*2"*)。

2）求特殊点 Ⅲ、Ⅳ，这两个点是相贯线上的最低点。*3"*、*4"* 在 *W* 面投影轮廓线上，因此 *3'*、(*4'*) 在倾斜圆柱 *V* 面投影的中心线上，可以据此求出其 *H* 面投影 *3* 和 *4*。

3）作正平辅助面 *P*，求出平面 *P* 与两圆柱面交线的 *V* 面投影。平面 *P* 与水平圆柱的辅助交线为 *CD*(*cd*，*c'd'*，*c"d"*)，与倾斜圆柱的交线是过顶面圆周上两点 *E*、*F* 的两平行直线（过 *e'*、*f'* 且平行于倾斜圆柱轴线的两直线）。

4）求一般点 *A*、*B*，上述两平行直线与 *c'd'* 直线的交点 *a'*、*b'* 即为其 *V* 面投影，由 *a'*、*b'* 求出 *a*、*b*。

5）用类似方法求出足够数量的一般点。

6）分辨可见性，顺序光滑连接各点的同面投影，即得所求相贯线，如图 3-40b 所示。

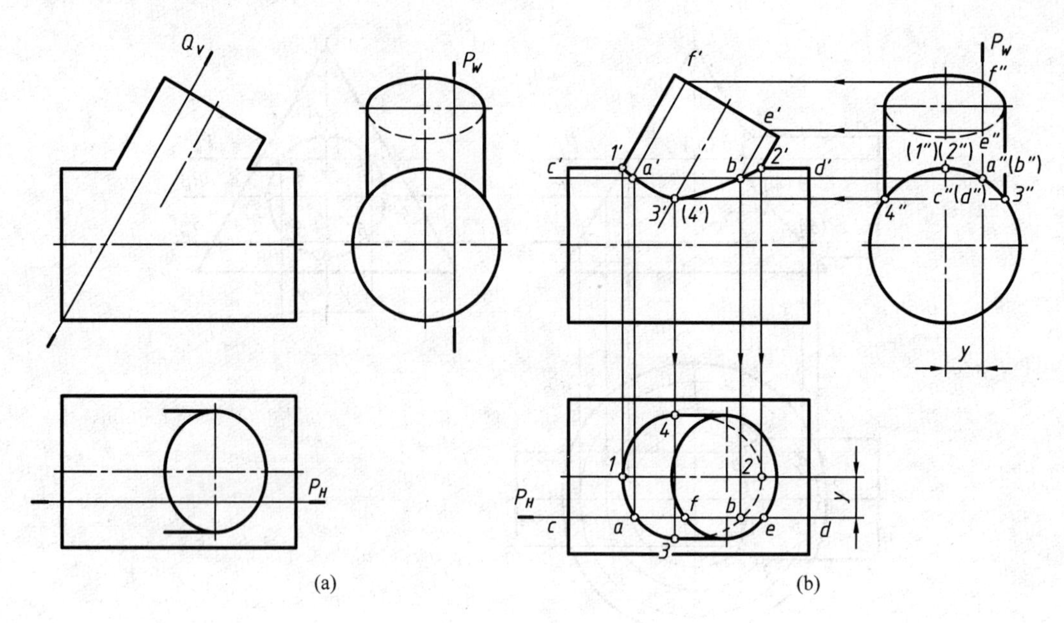

图 3-40　两斜交圆柱的相贯线

本例还可以选择与斜圆柱轴线平行的正垂面 Q 作辅助平面，如图 3-40a 所示。此时，辅助平面 Q 截切倾斜圆柱为两条平行直线，截切水平圆柱为椭圆，但是该椭圆的 W 面投影为圆，用这种方法也可以求得相贯线上的点。具体过程请读者自行分析。

例 3-22　求圆柱与半球相贯线的投影，如图 3-41 所示。

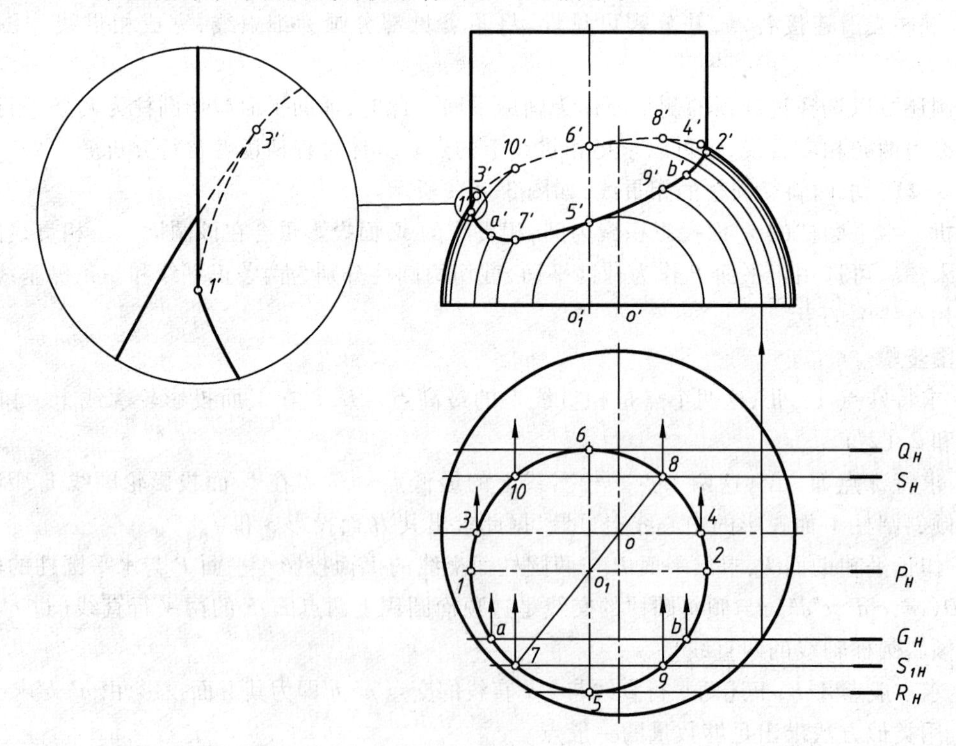

图 3-41　柱、球相贯

分析 圆柱面的 H 面投影有积聚性，相贯线的 H 面投影与圆柱面的 H 面投影重合，只需求相贯线的 V 面投影。可以选择的辅助平面为正平面、侧平面和水平面，本题选用正平面作为辅助平面。

作图步骤

1）求特殊点Ⅲ、Ⅳ，这两个点是半球面界限素线上的点，可直接求得 $3'$、$4'$。

2）求特殊点Ⅰ、Ⅱ、Ⅴ、Ⅵ，这四个点是圆柱面界线素线上的点。作正平辅助面 P、R、Q，与球面相交形成正平半圆，其直径由它的 H 面投影可知，由此可求出其 V 面投影 $1'$、$2'$、$5'$、$6'$。

3）求特殊点Ⅶ、Ⅷ，这两个点分别是相贯线上的最低、最高点。在 H 面投影上，连 oo_1 交圆柱的 H 面投影于 7、8 两点，过 7、8 作 S_1 和 S 两正平辅助面，求出相贯线的最高点 8、$8'$ 和最低点 7、$7'$，以及一般点 9、$9'$ 和 10、$10'$。

4）求一般点 A、B，同样采用正平辅助面求出 a、a' 和 b、b'。

5）求得足够数量的一般点，分辨可见性，顺序光滑连接各点。在 V 面投影上 $1'$、$2'$ 为可见性分界点。

三、相贯线的特殊情况

一般情况下，当两曲面立体相交时，其相贯线是空间封闭曲线。但在特殊情况下，相贯线就退化为平面曲线。以下介绍两种相贯线的特殊情况。

1. 蒙日定理

定理：若两个二次曲面共同外切于第三个二次曲面，则两曲面的相贯线为平面曲线。

如图 3-42a 所示，两圆柱的轴线正交，直径相等，同切于一球，它们相贯线为两个平面椭圆。

图 3-42b 所示为圆柱与圆锥相交。它们的轴线正交，且外切于同一球，它们的相贯线为两平面椭圆。

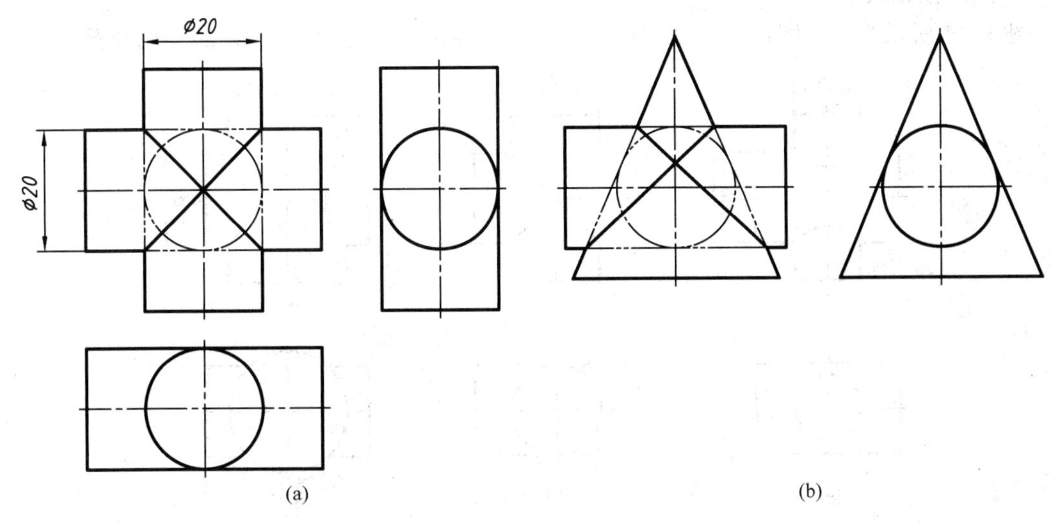

图 3-42 蒙日定理

2. 共轴回转体

若两回转曲面相交，具有公共回转轴线，则其相贯线为圆。当回转曲面轴线过球心时，回转体与球的相贯线为圆。

图 3-43 给出了共轴回转体的四个例子，分别是共轴的圆柱与圆锥、圆柱与球、圆锥与球、圆环与球相交，它们的相贯线都是圆。

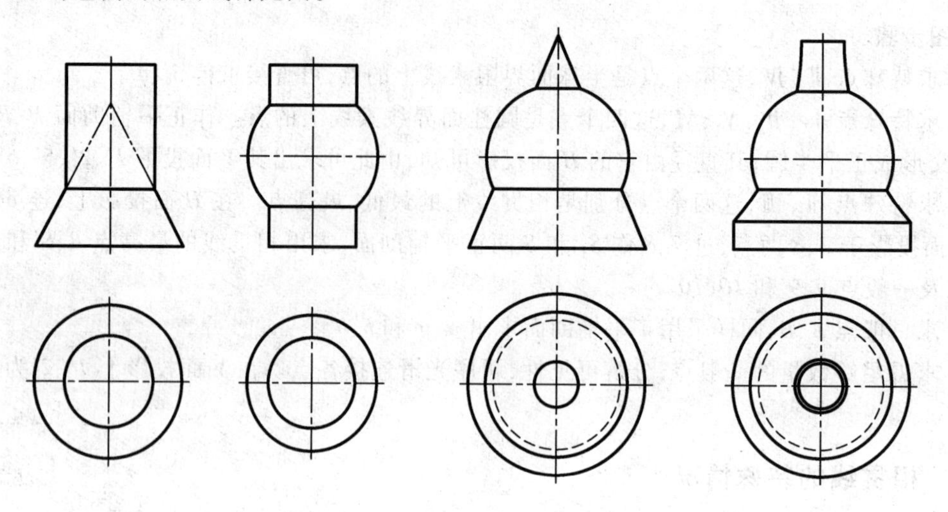

图 3-43　共轴回转体的相贯线

四、圆柱、圆锥相贯线变化规律

圆柱与圆柱、圆柱与圆锥相贯时，相贯线的空间形状取决于两回转体的形状大小及它们之间的相对位置。

以下介绍改变两回转体的大小时，相贯线的变化情况。

1. 两圆柱相贯

图 3-44 所示为当一圆柱直径不变而另一圆柱直径发生变化时，相贯线的变化情况。

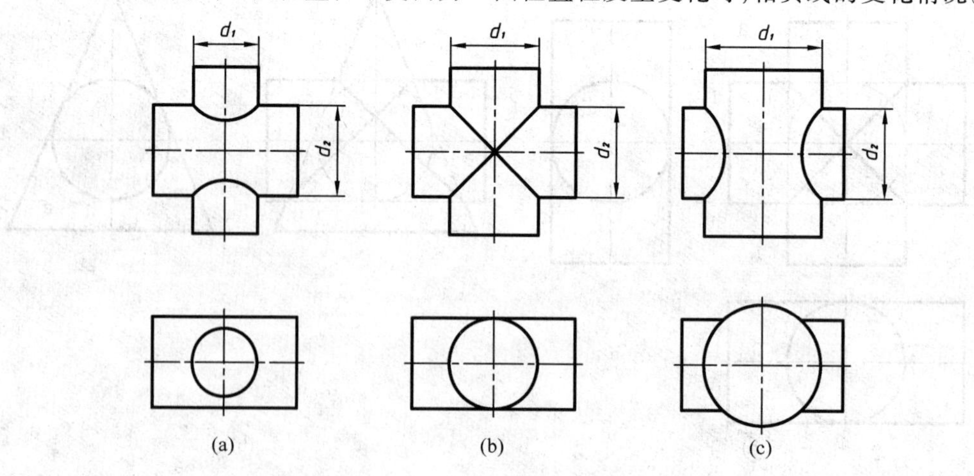

图 3-44　两圆柱相贯线的变化规律

当 $d_1<d_2$ 时，相贯线为上下两条空间曲线，如图 3-44a 所示；

当 $d_1=d_2$ 时，相贯线退化为平面曲线（两椭圆），其 V 面投影为相交直线，如图 3-44b 所示；

当 $d_1>d_2$ 时，相贯线变为左、右两条空间曲线，如图 3-44c 所示。

2. 圆柱与圆锥相贯

图 3-45 所示为圆锥的大小不变，圆柱、圆锥相对位置不变，改变圆柱直径时，相贯线的变化情况。

从 *W* 面投影可看出：

当圆（圆柱的投影）在三角形（圆锥的投影）内时，相贯线为左、右两条空间曲线，其 *V* 面投影双曲线向圆锥轴线方向弯曲，如图 3-45a 所示；

当圆与三角形相切时，相贯线由空间曲线退化为平面曲线（两相交椭圆），其 *V* 面投影为两相交直线，如图 3-45b 所示；

当圆与三角形相交时，相贯线为上、下两条空间曲线，其 *V* 面投影双曲线向圆柱轴线方向弯曲，如图 3-45c 所示。

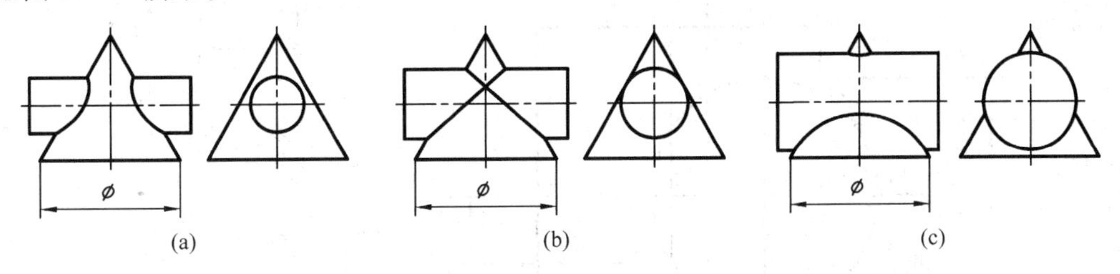

图 3-45　圆柱与圆锥相贯线的变化规律

五、综合举例

下面一个例子介绍多个回转体相贯时相贯线的求法。多个回转体相贯，其相贯线由多条空间曲线（或直线）构成。虽然有多个回转体参与相贯，但在局部上看，其相贯线总是由立体两两相交产生的。

此类问题的关键是分清参与相贯的多体都是由哪些基本回转体组合而成的，以及他们的分界在什么位置。在分界的不同侧，按照两立体相贯来求相贯线。

例 3-23　求三个回转体相交的相贯线，如图 3-46a 所示。

分析　直立圆柱与左端水平圆柱的直径相等，它们的相贯线为一段椭圆弧，其 *V* 面投影为一直线段，其 *H* 面投影、*W* 面投影分别与直立圆柱的 *H* 面投影、左端水平圆柱的 *W* 面投影重合；直立圆柱与右端水平圆柱的相贯线是一段空间曲线，该曲线的 *V* 面投影向水平圆柱轴线方向弯曲，其 *H* 面投影、*W* 面投影分别与直立圆柱的 *H* 面投影、左端水平圆柱的 *W* 面投影重合；直立圆柱与水平大圆柱的左端面相交，截交线为平行于直立圆柱轴线的两直线。

综上所述，三个回转体的相贯线是由特殊相贯线（椭圆弧）、两条直线、一段空间曲线三部分构成。该相贯线前、后对称。

作图步骤

1）求特殊相贯线部分，可在 *V* 面投影上由点 *1′* 向两轴线交点处引直线，交水平大圆柱的左端面于点 *9′*，直线 *1′9′* 即为其 *V* 面投影；

2）求直立圆柱与水平大圆柱的左端面的截交线，由 *H* 面投影 *3*、*8* 求出 *3″*、*8″*，从而求得 *3′*、*8′*，连接 *2′3′*，*3″2″*、*8″9″*，即为该截交线的 *V*、*W* 面投影；

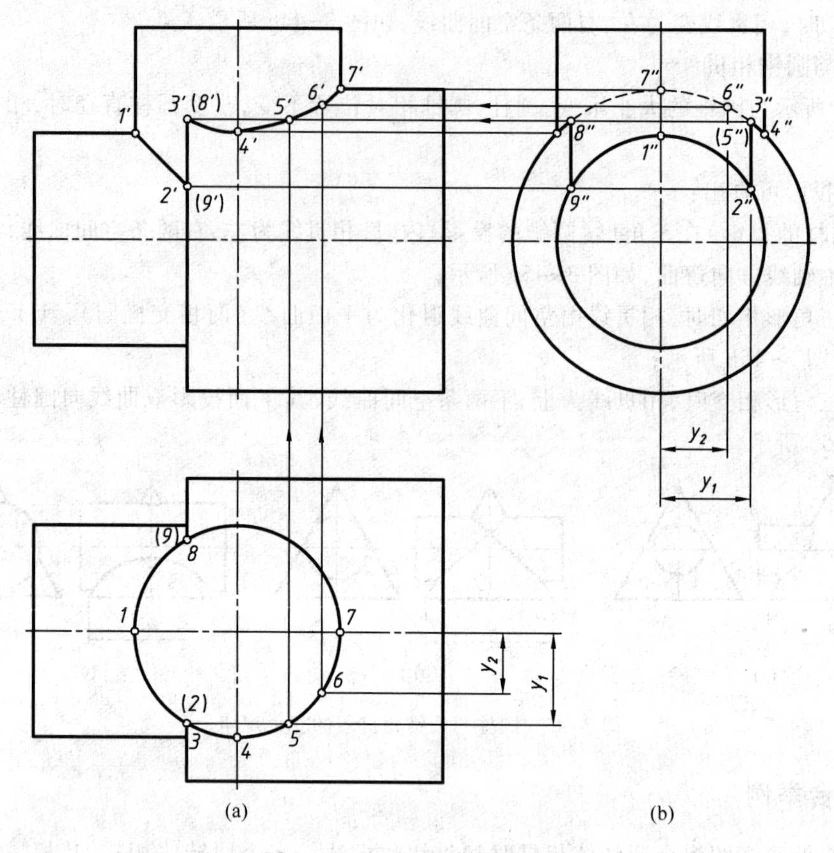

图 3-46 三个回转体的相贯线

3）求直立圆柱与水平大圆柱的相贯线，可利用积聚性根据 H、W 面投影求出其 V 面投影，如图 3-46b 所示。

本章小结

本章主要介绍了立体的投影、平面与立体的截交线以及立体与立体的相贯线。

平面立体的表面由平面组成，其棱线是各表面的交线。绘制平面立体的投影，实际上是绘制平面立体各表面的投影。各表面由棱线围成，每条棱线由其两端点确定，因此绘制平面立体的投影，可归结为绘制各表面的交线及各顶点的投影。在平面立体表面上取点、取线的方法与在平面上取点、取线的方法相同，需注意的是应首先分清它们位于哪一个表面上，然后再求解。

求截交线和相贯线是求相交元素的共有线，求共有线的问题是求共有点。截交线和相贯线的求法有以下几种：

（1）当交线的两个投影有积聚性时，可按投影关系直接求得第三个投影。

（2）当交线的一个投影有积聚性时，可用在相交立体表面上取点的方法求出其他投影（截交线），也可用辅助平面法求得其他投影（相贯线）。

（3）当交线的投影均无积聚性时，可用三面共点辅助面法求得其投影。

用辅助面法求截交线和相贯线时，选择什么样的平面作为辅助面，由相交元素的具体情况决定，但必须使辅助交线的投影是简单的直线或圆，以便作图。

求截交线和相贯线时，首先应对题目进行空间分析和投影分析，搞清楚已知的是什么，要求的是什么，明确需用什么方法来解题，然后再进行作图。

复习思考题

1. 什么是平面立体？
2. 什么是曲面立体？
3. 平面立体与曲面立体表面上点、线的求法和画法是怎样的？
4. 平面立体截交线有什么性质？有几种求法？
5. 圆柱面、圆锥面的截交线有几种什么形状的交线？有什么条件？
6. 相贯线有什么性质？曲面立体相贯线有什么性质？
7. 什么是曲面立体截交线上的特殊点？如何分析？
8. 求曲面立体相贯线有什么方法？写出步骤。
9. 曲面立体相贯线的特殊点是指什么点？如何分析？

第四章　组合体的视图

本章学习目标

掌握组合体视图的绘制与阅读，并能够正确标注组合体的尺寸。

本章学习内容

1. 组合体的基本概念；
2. 组合体的组合形式与表面关系；
3. 用形体分析的方法画组合体的视图；
4. 根据切割方式画组合体的视图；
5. 用形体分析的方法标注组合体的尺寸；
6. 根据切割方式标注组合体的尺寸；
7. 阅读组合体视图的方法与注意事项等。

§4.1　概述

由一些基本立体(棱柱、棱锥、圆柱、圆锥、球、圆环等)组成的较复杂的物体称为组合体，组合体可看作是机器零件的主体模型。无论从设计零件来讲，还是从学习画图与读图来讲，组合体都是由单纯的几何形体向机器零件过渡的一个环节，其地位十分重要。

一、视图

物体向投影面投射得到的图形称为视图。在三投影面体系中可得到物体的三个视图，其中 V 面投影称为主视图，H 面投影称为俯视图，W 面投影称为左视图。规定可见轮廓线用粗实线表示，不可见轮廓线用细虚线绘制。

为使图形简明、清晰，在画三视图时，不画投影轴和视图间的投影连线，但主视图与俯视图应在长度方向对正，主视图与左视图应在高度方向平齐，俯视图与左视图应在宽度方向相等，简言之即：长对正、高平齐、宽相等，这称为三视图间的投影规律，如图 4-1 所示。

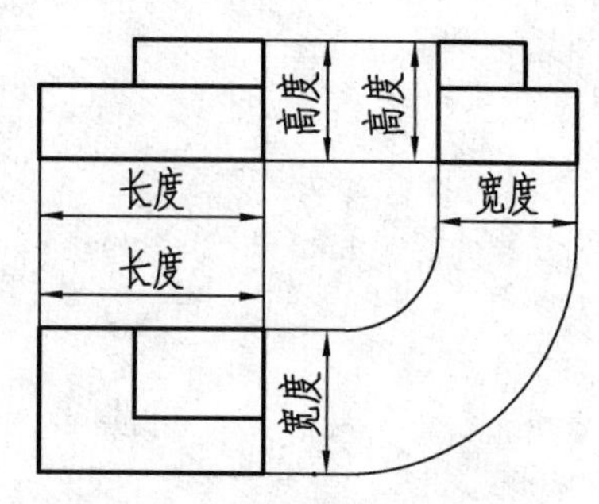

图 4-1　三视图间的投影规律

一个组合体用几个视图表达，应根据需要而定，本章仍多采用三视图表达。

二、组合体的构成

组合体的构成方式主要有堆积、切割两种，可仅用一种，亦可综合运用堆积、切割两种方式。图 4-2a 中的组合体是由长方体、圆柱和圆台堆积而成；图 b 中的组合体是由长方体切去三棱柱和四棱柱而成；图 c 中的组合体是由大长方体先切去两个圆角和两个圆柱，另一个长方体先切去小长方体后，再与三棱柱一起堆积到大长方体上组成的，它的形成方式是堆积与切割的综合。

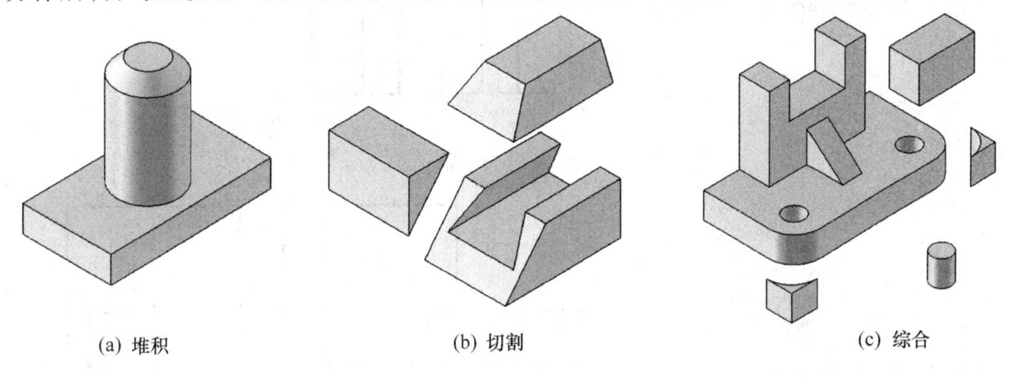

(a) 堆积　(b) 切割　(c) 综合

图 4-2　组合体的构成方式

有些组合体既可以按"堆积"的形成方式进行分析，也可以按"切割"的形成方式进行分析。例如图 4-2b 所示的组合体也可以不按"切割"而按"堆积"分析。有些组合体却只能按一种方式分析才使画图、读图简单，例如图 4-2a、c 所示的组合体若不用"堆积"，而纯用"切割"分析很难理解，又将使画图、读图变得复杂。采用什么方式分析应当根据组合体的具体情况而定，以便于作图和易于理解为准。

三、组合体的表面分析

前述"堆积"、"切割"等方式构成组合体的分析，只是为了便于理解组合体的形状，方便画图、读图以及尺寸标注。需要强调的是组合体是一个整体，并不因为基本立体的"堆积"而在其内部产生分界面。

画图时需要清楚各种不同的组合方式所形成的表面的变化。由基本立体堆积成组合体时，立体上原有的相贴合的表面成为组合体的内部而不复存在，有些表面将连成一个表面，有些表面将被切割掉，有些表面将产生相交或相切。在画组合体的视图时，应将上述表面的各种结合关系正确地表达出来。

常见的表面结合关系有如下三种：

1. 共面

当两个较简单的立体上的两个平面相互平齐结合成为一个平面时，它们之间就是共面关系，而不再有分界线。如图 4-3 所示的两个长方体的前、后表面都平齐，结合成为一个表面，在主视图上就不应该画出它们的分界线。

2. 相交

当两个较简单的立体上的两个表面相交时，必须画出它们交线的投影，如图 4-4 所示的主视图。

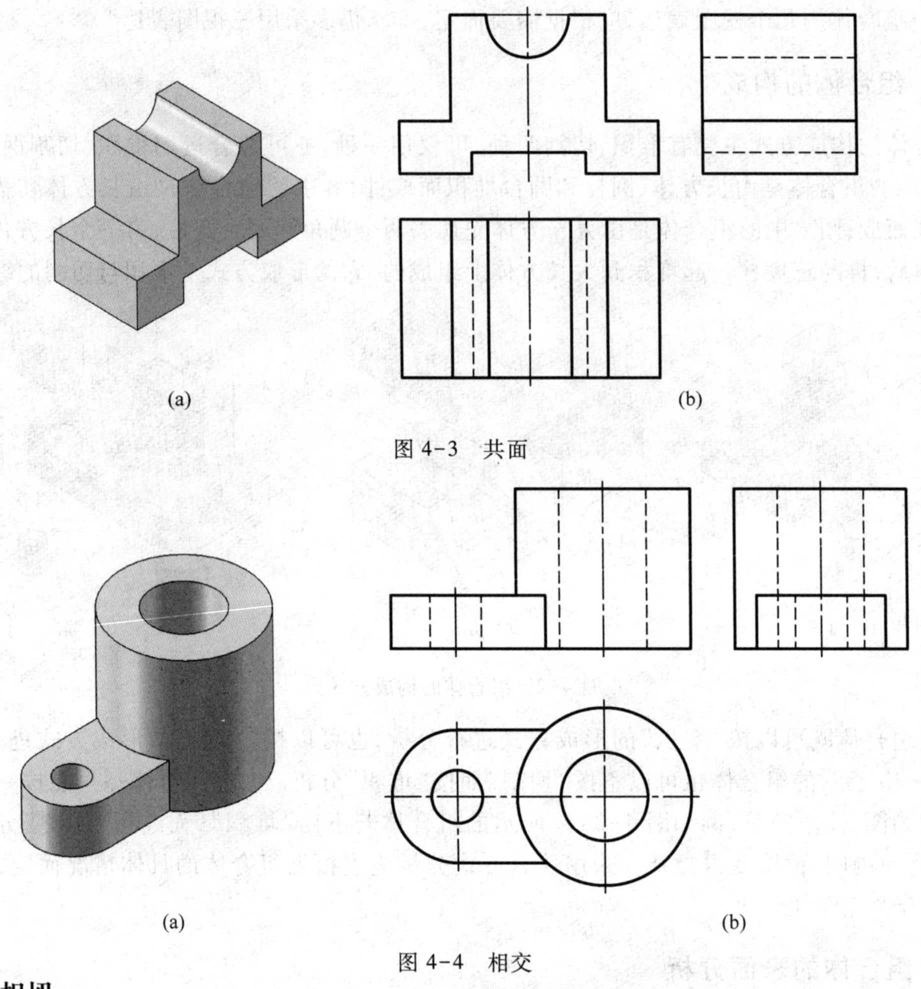

图 4-3　共面

图 4-4　相交

3. 相切

当两个较简单的立体上的两个表面相切时，在相切处两个表面是光滑过渡的，故该处的投影不应画出分界线，如图 4-5 所示。

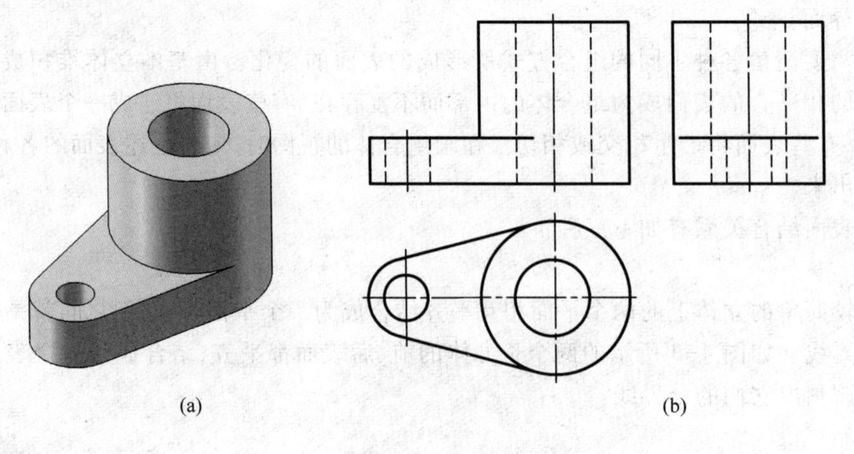

图 4-5　相切

四、组合体的形体分析

为了方便分析问题，把较复杂的组合体分解成为由若干较简单的立体按照不同的方式组合而成的方法，称为形体分析方法。采用形体分析方法时，要兼顾组合体的表面关系。利用形体分析方法，可以把复杂的组合体转换为简单的形体，从而便于理解复杂物体的形状，也便于对其进行绘图和尺寸标注。

图 4-6a 所示的组合体，可以分解成图 b 所示的简单立体。这些简单立体是：直立放置的圆筒，水平放置的圆筒，左、右上耳板，左、右下耳板和圆底板。各简单立体进行堆积组合。直立圆筒与水平圆筒是垂直相交的关系，所以两圆筒的内、外表面都有相贯线；上耳板的侧面与直立圆筒的圆柱面部分是相切关系，不产生交线；上耳板的上表面与直立圆筒的上表面是共面关系，无分界线；下耳板的平面表面与直立圆筒的外表面是相交关系，有截交线。其三视图如图 4-6c 所示，在主视图与左视图上特别要注意两表面的相切处不画线，而所有相交表面的相交处均应画出交线。

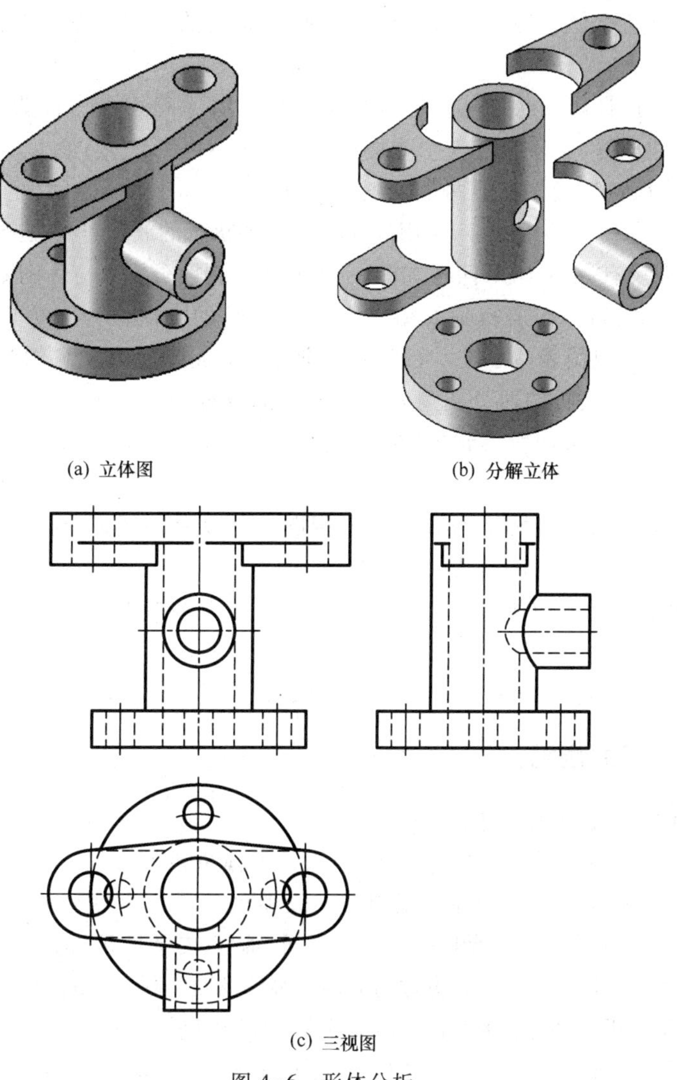

图 4-6 形体分析

一个组合体能分解为哪些简单立体，如何划分，一方面取决于它自身的形状和结构，另一方面要便于画图和读图。

§4.2　画组合体的视图

画组合体的视图时，应当根据组合体的不同形成方式采用不同的方法。一般而言，以堆积为主形成的组合体，多采用形体分析的方法绘制；而以切割为主形成的组合体，则多根据其切割方式及切割过程来绘制。无论采用何种方式绘制，都应当先选择视图，然后按照正确的方式画图。

一、组合体视图的选择

主视图是最重要的视图，因此在选择组合体的视图时，应当先选择主视图。选择组合体主视图时一般应先考虑组合体的放置方式，再考虑所选用的投射方向。

（1）放置方式　组合体应当按照自然稳定且画图简便的方式放置，一般将较大的平面作为底面。

（2）投射方向　选择能反映形状特征及各部分相互关系最多的方向为主视图的投射方向，应使组合体的可见性最好，也就是使三个视图中细虚线（不可见轮廓）最少。

组合体的主视图确定之后，其他两个视图也就确定了。

图 4-7 所示为轴承座模型组合体，采用底面在下水平状态的放置方式，自然稳定，如图 4-7a 所示。主视图投射方向可有 *A*、*B*、*C*、*D* 四种选择：所得到的三视图分别对应为图 c、图 d、图 e、图 f。

以 *A* 向为主视图投射方向所得到的图 c，将尺寸较长的方向作为 *X* 方向，便于合理布图，清楚地展现形体特征。左视图表达了支承板的特征形状、肋板厚度以及它们与轴套在前后方向的相互位置；俯视图表达了底板的两个圆角和四个小孔的位置。

以 *B* 向为主视图投射方向所得到的图 d，左视图上有较多结构被遮挡，因此不宜作为主视图的投射方向。

以 *C* 向为主视图投射方向所得到的图 e，三视图上可以反映底板、支承板的特征形状及肋板宽度和它们的相互位置，但形体间的层次不如 *A* 向明显。

以 *D* 向为主视图投射方向所得到的图 f，主视图上有较多结构被遮挡，因此不宜作为主视图的投射方向。

可见以 *A* 向为主视图投射方向所得三视图为最佳。

二、组合体视图的画法

1. 用形体分析的方法画组合体的视图

对于以堆积的方式为主形成的组合体，一般采用形体分析的方法绘制其视图。

以下以图 4-7 为例介绍画组合体三视图的一般步骤。

（1）形体分析　如前所述，将轴承座分解为由底板、轴套、支承板和肋板四部分组成，这四部分之间是堆积组合。底板又可以分解成为长方体切去两个圆角及四个圆柱而成，轴套也可以分解成为大圆柱减去小圆柱。由于底板和轴套的形状已经较为简单，就不再进一步分解，如图 4-7b 所示。

（2）选择主视图　放置方式与投射方向的选择如图 4-7a 所示。

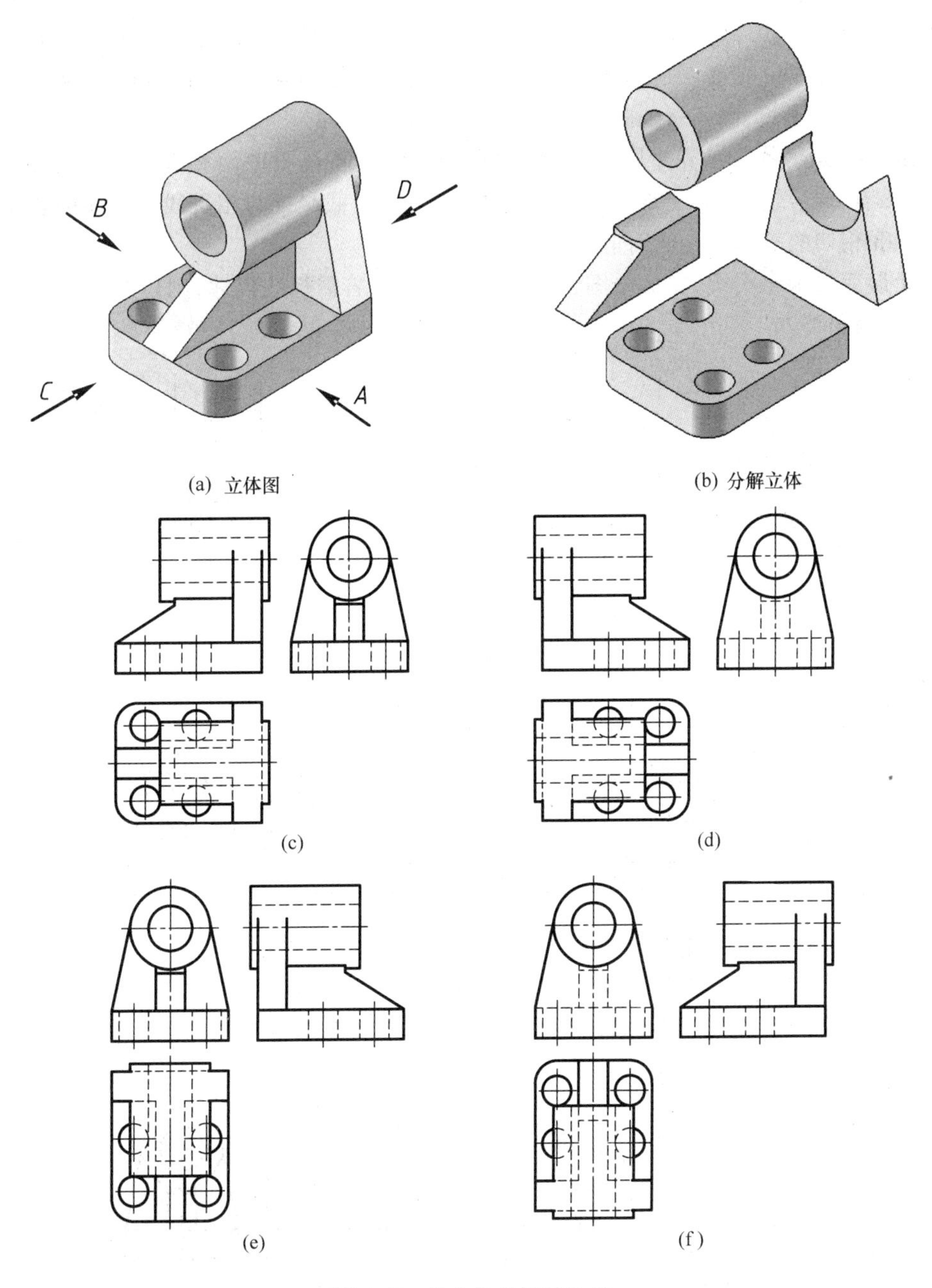

图 4-7 组合体的视图选择

(3) 选比例，定图幅 根据组合体的复杂程度和大小选择画图比例（尽量选用 1:1），估算三视图所占面积后，选用标准图纸幅面。

(4) 布置图面 固定好图纸后，根据各视图的大小和位置画出基准线（对称中心线、轴线和基准平面所在位置的直线），基准线是确定三个视图位置的线，每个视图都应该画两个方向的基准线，如图 4-8a 所示。

(5) 画底稿 画图时要先用细实线画出各视图的底稿。画图的顺序是：先画主要形体，后画次要形体;先画外形轮廓,后画内部细节;先画可见部分,后画不可见部分。每个简单形体的三个视图要同步进行。图中的细点画线和细虚线可直接画出。在图 4-8 中,图 b 画底板,图 4-8c 画轴套,图 4-8d 画支承板,图 4-8e 画肋板。

(6) 检查描深　完成细节并检查。检查的重点是:①各视图中两相邻的简单体的“图形线框”间是否该有分界线。②截交线与相贯线是否正确;产生截交线与相贯线后相应的轮廓线是否处理正确。③相切的表面是否画对。

检查无误后加深粗实线,完成全图,如图 4-8f 所示。若需标注尺寸,则应在注完尺寸后再描深,以利于图面整洁。

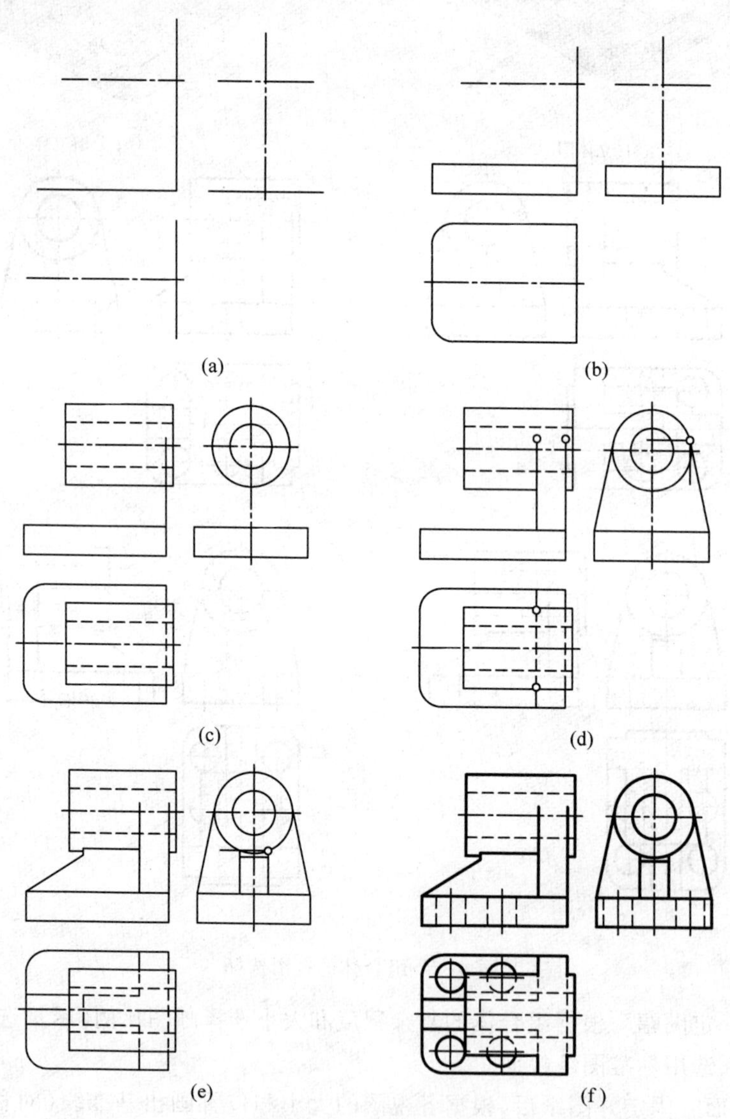

图 4-8　轴承座的画图步骤

2. 按切割顺序画组合体的视图

对于以切割方式为主形成的组合体,一般按切割的顺序绘制其视图。

以下以图 4-9 为例介绍这种方法。

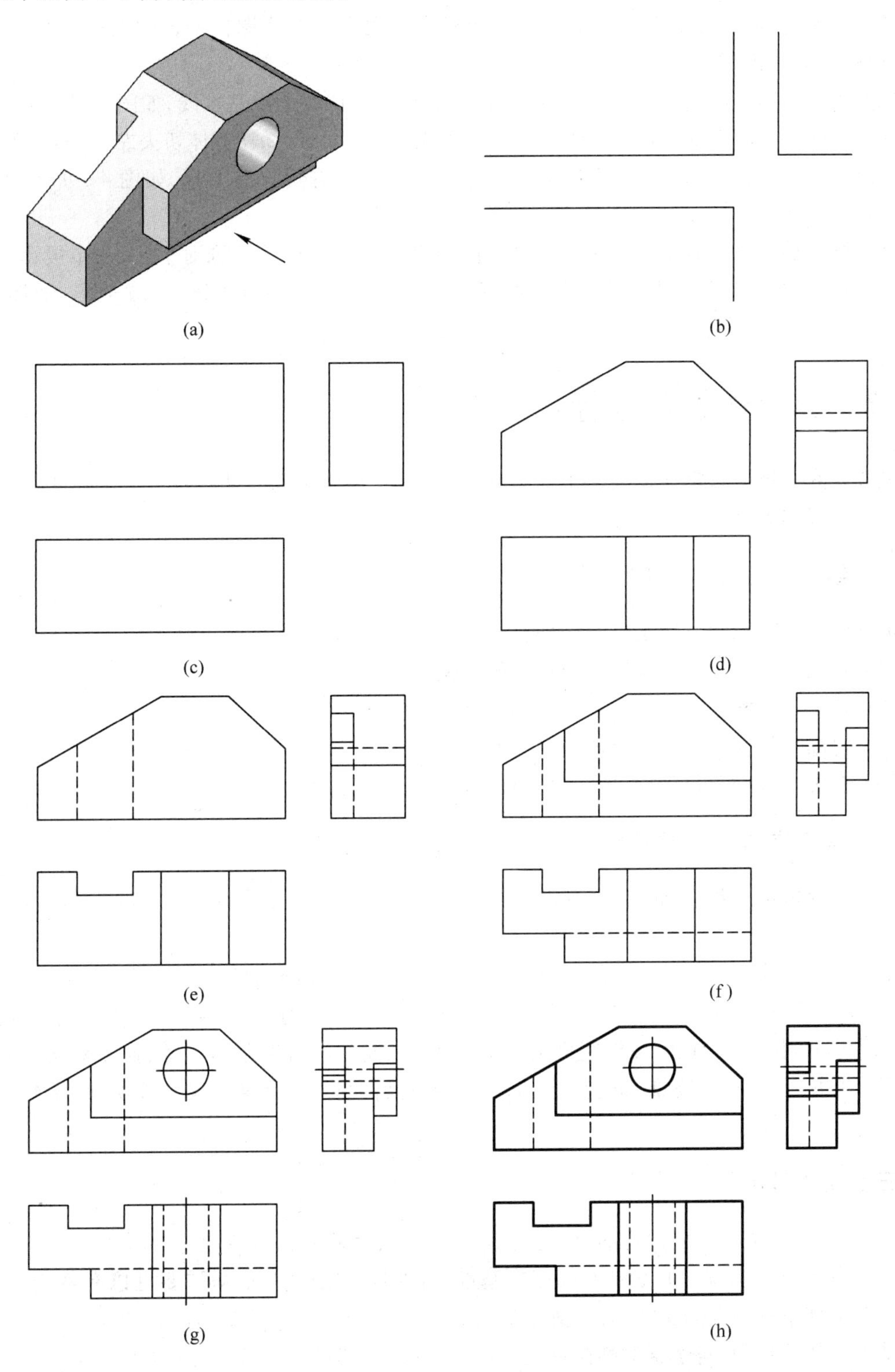

图 4-9　切割体的画图步骤

(1) 选择主视图 组合体的放置方式与投射方向的选择如图 4-9a 所示。

(2) 选比例,定图幅 根据组合体的复杂程度和大小选择画图比例,计算三视图所占面积后,选用标准图纸幅面。

(3) 布置图面 固定好图纸后,根据各视图的大小和位置画出基准线,如图 4-9b 所示。

(4) 画底稿 画图的顺序是:①画长方体,如图 4-9c 所示;②长方体切去左、右两个角,如图 4-9d 所示;③切去后部的槽,如图 4-9e 所示;④再切去左前侧与前下部,如图 4-9f 所示;⑤画孔,如图 4-9g 所示。每次切割要在三个视图上同步进行。

(5) 检查加深 检查的重点是切割时形成的投影面垂直面是否画对了,即一个投影积聚成直线、另两个投影为"相仿图形"的投影特征。检查无误后加深粗实线,完成全图,如图 4-9h 所示。

§4.3 组合体的尺寸标注

组合体的三视图只定性地表达了它的形状,还需要标注出尺寸才能准确地表示出组合体的确切形状及真实大小。

一、组合体标注尺寸的要求

组合体的尺寸标注要满足以下四条要求:

(1) 正确 尺寸标注要符合国家标准的有关规定。

(2) 完整 尺寸必须齐全,不遗漏,不重复,不多余。

(3) 清晰 尺寸的布局要清晰,整齐,便于读图。

(4) 合理 基准选择合理,所标尺寸符合成形及组合过程。

二、基本立体的尺寸标注

组合体由基本体组合而成,要想掌握组合体的尺寸标注,必须先能正确标注基本立体的尺寸。

常见基本立体的尺寸注法如图 4-10 所示。基本立体所需要的尺寸个数与其形状有关。图 4-10a 所示为长方体,需要三个尺寸;图 4-10b 所示为正六棱柱,需要两个尺寸,括号中的尺寸 19.6 为参考尺寸。注意正六棱柱端面的正六边形,一般标注对边距离尺寸,而非对角线长度尺寸。图 4-10c 所示为四棱锥,需要三个尺寸。圆柱、圆锥、球所需的尺寸个数如图 4-10d ~ f 所示。

三、尺寸基准

在组合体中,确定尺寸位置的点、直线、平面等称尺寸基准,简称基准。

组合体的长、宽、高三个方向上都存在基准,且在同一方向上根据需要可以有若干个基准。这若干个基准中有一个为主要基准,其余的为辅助基准。

基准选择要合理,对于有对称面的组合体,一般选取其对称平面作为该方向上的基准。对于非对称的组合体,一般选取较大的平面(底面或端面)为该方向上的基准;对于整体上具有回转

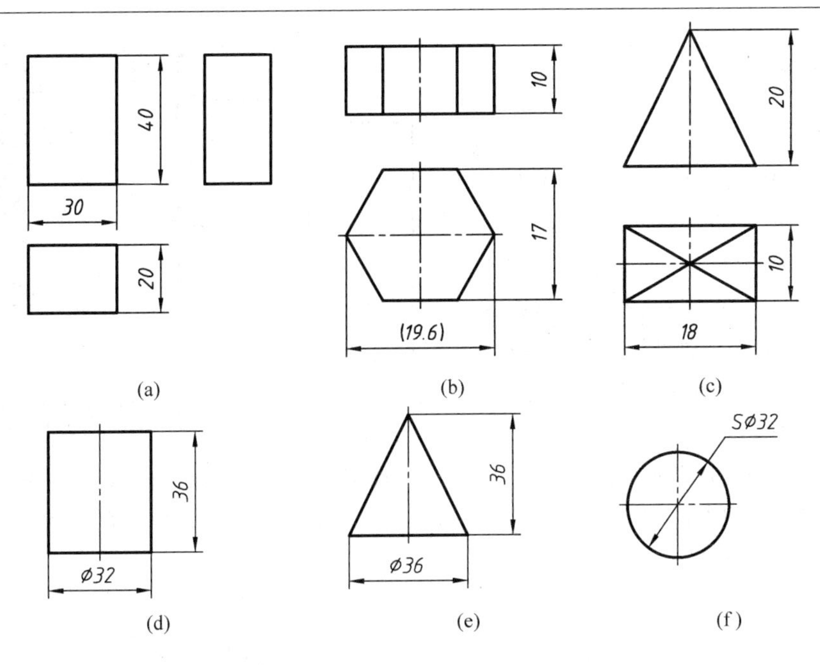

图 4-10 基本立体的尺寸标注

轴线的组合体，一般选取其回转轴线作为两个方向上的基准。

如图 4-11 所示的组合体，在高度方向上没有对称平面，选取其底面作为该方向上的基准；在前后方向上也没有对称平面，选取其较大的端面（背面）作为该方向上的主要基准；在长度方向上具有对称平面，选取其对称平面为该方向上的主要基准。

需要说明的是，以对称平面作为基准标注尺寸时，尺寸必须注在两端，而不可以只注一侧，如图 4-11 所示。

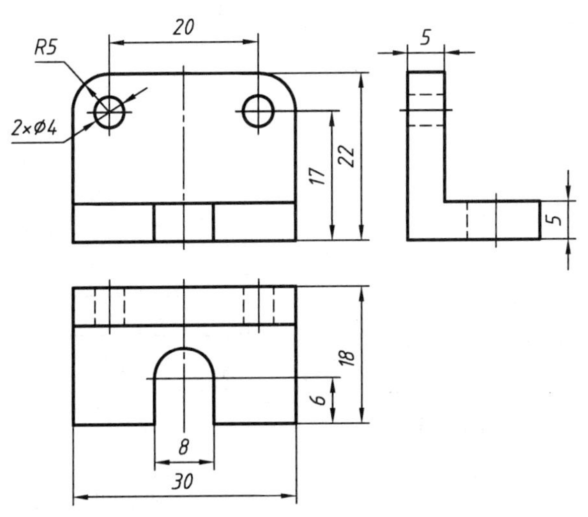

图 4-11 具有对称平面的组合体

如图 4-12 所示的组合体，在长度方向上选取右端的大平面为该方向的基准，其他两个方向上选取回转轴线作为基准。

四、尺寸种类

1. 定形尺寸

确定各形体形状及大小的尺寸称为定形尺寸。对于以堆积为主形成的组合体，定形尺寸是确定分解后各基本立体或简单体形状的尺寸，如图 4-13a 所示；对于以切割为主形成的组合体，定形尺寸是确定切割前原始形体及孔、沟槽等结构形状的尺寸，如图4-13b所示。

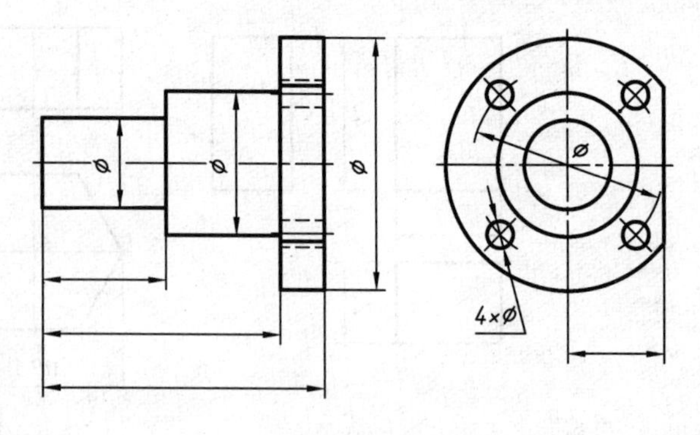

图 4-12　具有回转轴线的组合体

2. 定位尺寸

对于以堆积为主形成的组合体，定位尺寸是确定分解后各基本立体或简单体之间相对位置的尺寸，如图 4-14a 所示。对于以切割为主形成的组合体，定位尺寸是确定切割面位置及确定孔、沟槽等结构位置的尺寸，如图 4-14b 所示。

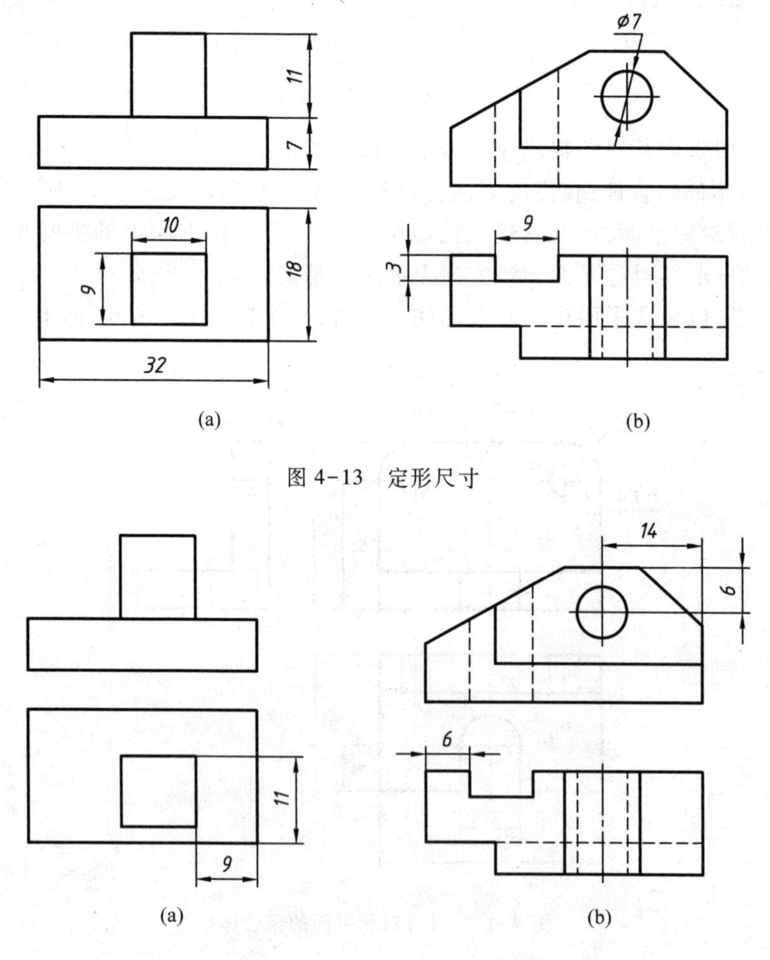

(a)　(b)

图 4-13　定形尺寸

(a)　(b)

图 4-14　定位尺寸

需要说明的是，定形尺寸与定位尺寸的划分只是为了便于分析问题。对于有些尺寸既可以算作定形尺寸，又可以算作定位尺寸。某个尺寸究竟应当算定形尺寸还是定位尺寸，取决于如何分解形体。如果将组合体当作一个整体来看待，则其所有的尺寸都是定形尺寸。

如图 4-15a 所示的轴承座，若将其分解为底板、轴套、支承板和肋板，则确定这四部分各自形状的尺寸应当视为定形尺寸。也就是说底板上的 8 个尺寸都是定形尺寸，如图 4-15b 所示。如果将底板进一步分解为长方体切去圆角和四个孔，则确定四个孔中心位置的三个尺寸是定位尺寸，如图 4-15c 所示。

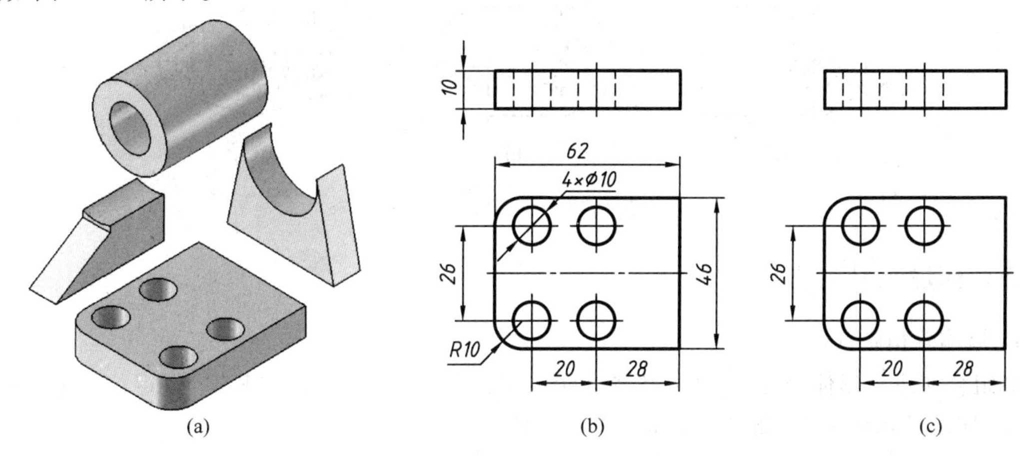

图 4-15 定形尺寸与定位尺寸

3. 总体尺寸

表示组合体总长、总宽、总高的尺寸称为总体尺寸。组合体一般需要标注总体尺寸。当总体尺寸在某个方向上与已经标注的某定形尺寸一致时不需要另行标注。在某个方向需要标注总体尺寸时，要对该方向原有的尺寸做出调整，即要减少一个定形尺寸。

如图 4-16 所示，长度方向的总体尺寸 60、宽度方向的总体尺寸 40 与底板的定形尺寸一致，这两个方向上不必另行标注；高度方向上标注了总体尺寸 50，则在该方向上减去了上部圆筒的高度尺寸。

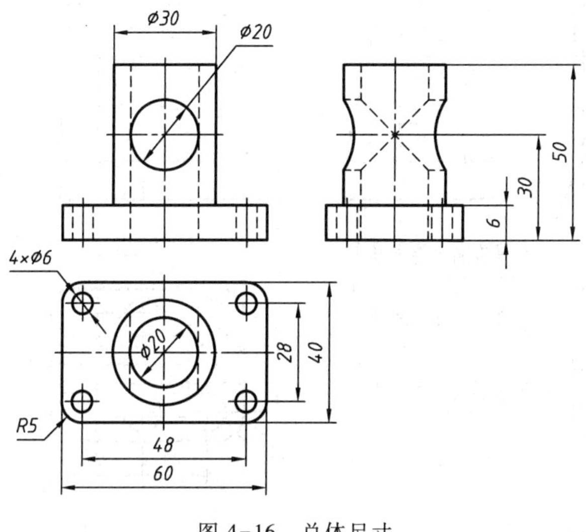

图 4-16 总体尺寸

当组合体在某个方向上的端部为回转面时，总体尺寸已由“中心距加半径”确定，则该方向上不再标注总体尺寸。如图 4-17 所示的组合体没有标注总长尺寸。

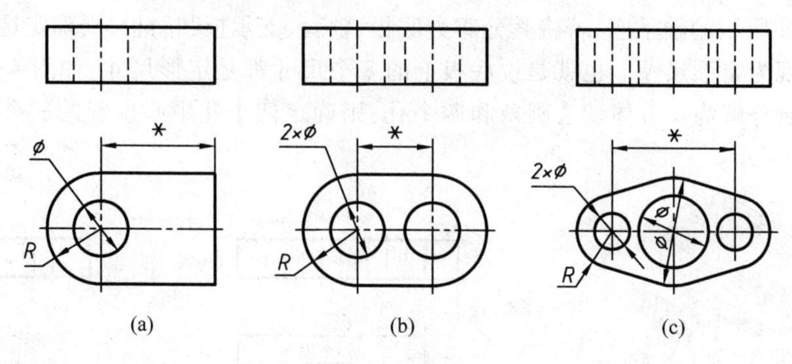

图 4-17　不注总长尺寸

五、标注尺寸的方法

1. 形体分析标注尺寸

对组合体进行形体分析，将其分解成几个简单形体，逐个形体标注其定形、定位尺寸。现以图 4-18 所示轴承座为例，说明按形体标注的步骤。

（1）形体分析　将轴承座分解成底板、轴套、肋板、支承板四个形体。

（2）选尺寸基准　选择支承板右端大平面、轴承座前后对称平面、底面分别为长、宽、高三个方向上的主要尺寸基准，选择合理，如图 4-18a 所示。

（3）标注各形体的定形尺寸。

需要说明的是定形尺寸又分为独立的定形尺寸与非独立的定形尺寸。

1）独立的定形尺寸

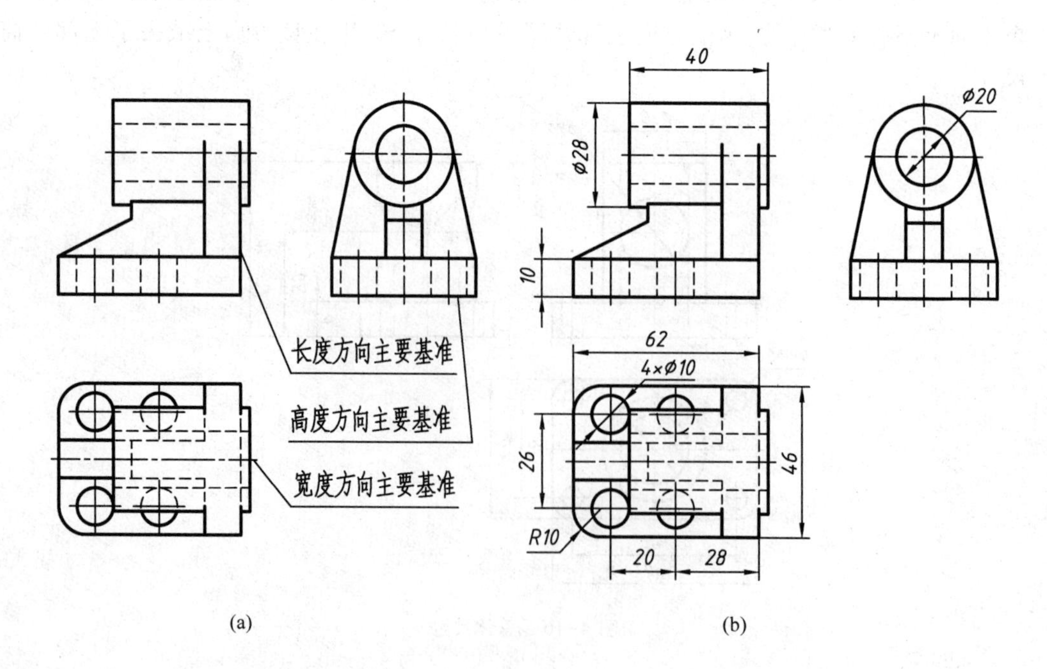

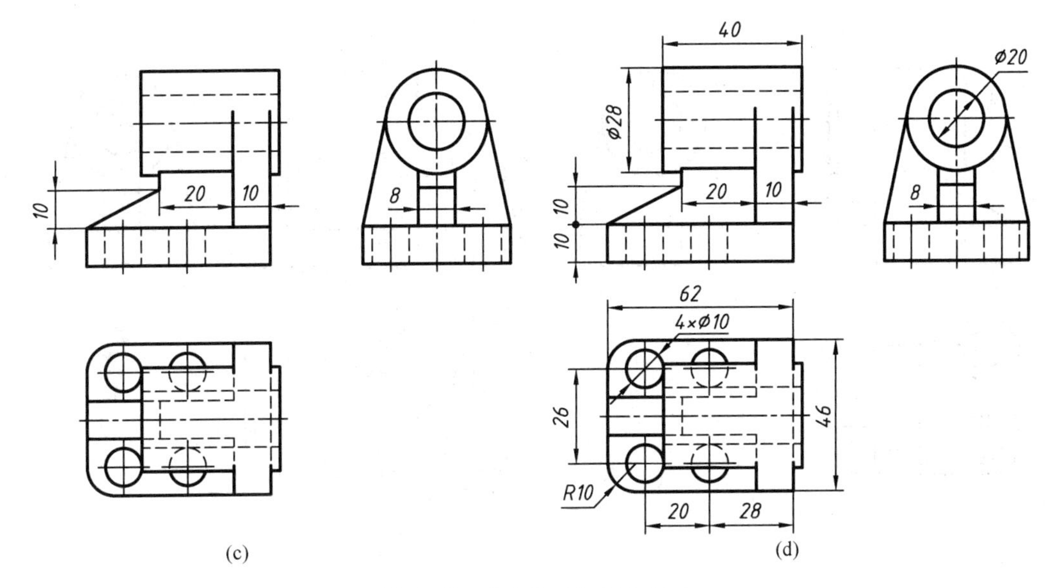

图 4-18 按形体标注定形尺寸

对于以堆积为主形成的组合体，分解后的各部分之间是有关联的，这些关联体现在尺寸上就是一些形体的某些尺寸受其他形体约束。如图 4-15 中的支承板，其上部与圆筒相切，且其圆弧尺寸与圆筒相关联，其下部的长度与底板的宽度相同，其厚度与底板和肋板相关联，等等。

在标注这类形体的尺寸时，凡是由其他关联关系确定的尺寸不需要标注，要标注的只是那些独立的、不受任何关联关系约束的尺寸。这类尺寸称为独立的定形尺寸。

2）非独立的定形尺寸

这类尺寸不需要标注，但是要认真分析，否则可能导致组合体尺寸的重复标注。底板作为一个整体，其定形尺寸共计 8 个；轴套的定形尺寸 3 个，如图 4-18b 所示；支承板独立的定形尺寸只有 1 个板厚，如图 4-18c 所示，其余的依赖于底板和轴套，以及轴套相对于底板的高度；肋板独立的定形尺寸有 3 个，如图 4-18c 所示，其余的依赖于底板和支承板，以及轴套相对于底板的高度。图 4-18d 给出了轴承座的全部定形尺寸。

需要注意的是，相同的孔要注数量，如 4×ϕ10，但相同的圆角不注数量，如 R10。

（4）标注各形体间定位尺寸　在确定底板、轴套、支承板、肋板之间的相对位置时，只需要标注确定轴套相对于基准位置的长度尺寸和高度尺寸，如图 4-19a 所示。其余形体相对于基准的位置都不需要额外尺寸确定。

组合体所需的尺寸总数是所有的定形尺寸与定位尺寸之和。若将轴承座分解成底板、轴套、支承板和肋板四个部分，则各部分的定形尺寸数量之和为 15 个，而确定其相对位置的定位尺寸的数量为 2 个，则轴承座所需的全部尺寸为 17 个。

（5）标注总体尺寸　总宽尺寸 46 就是底板的定形尺寸，不需要额外标注；因顶部端面为圆弧面，总高尺寸不标注。由于制作组合体时直接运用尺寸 62 和 5，两尺寸相加即确定了总体尺寸，故也未标注总长尺寸。图 4-19b 所示是轴承座完整的尺寸标注情况。

掌握这种分析方法可以方便地计算尺寸数目及检查尺寸是否标注完整。

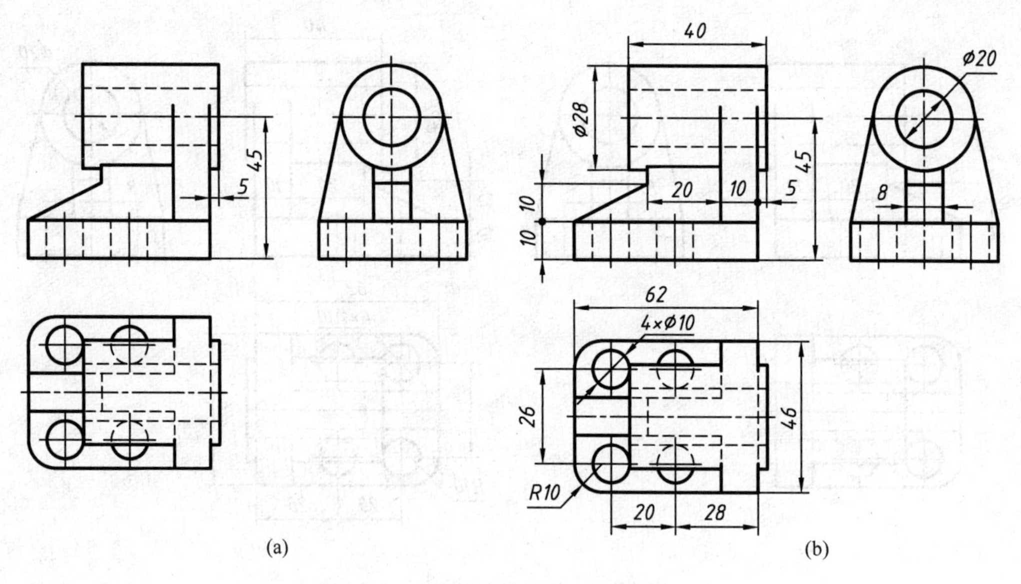

(a) (b)

图 4-19 标注定位尺寸和总体尺寸

2. 按切割过程标注尺寸

对于以切割为主形成的组合体,一般不做形体分解,而直接按其切割过程标注尺寸。现以图4-20为例,说明用这一方法标注尺寸的步骤。

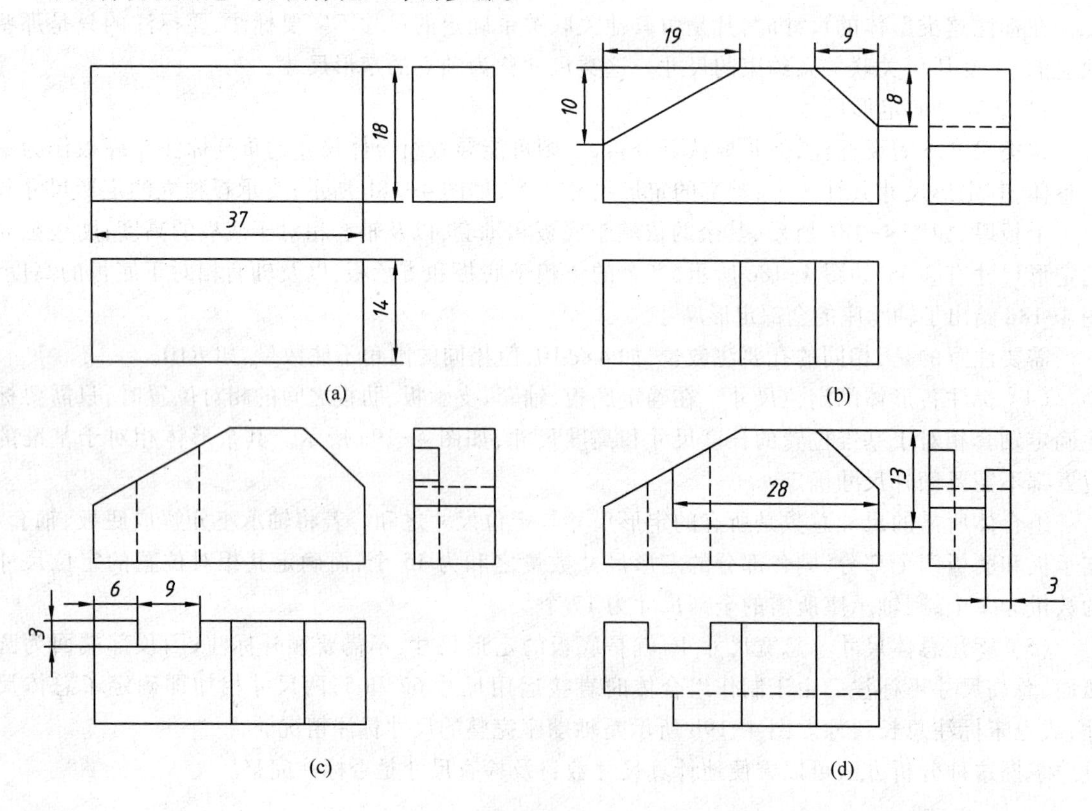

(a) (b)

(c) (d)

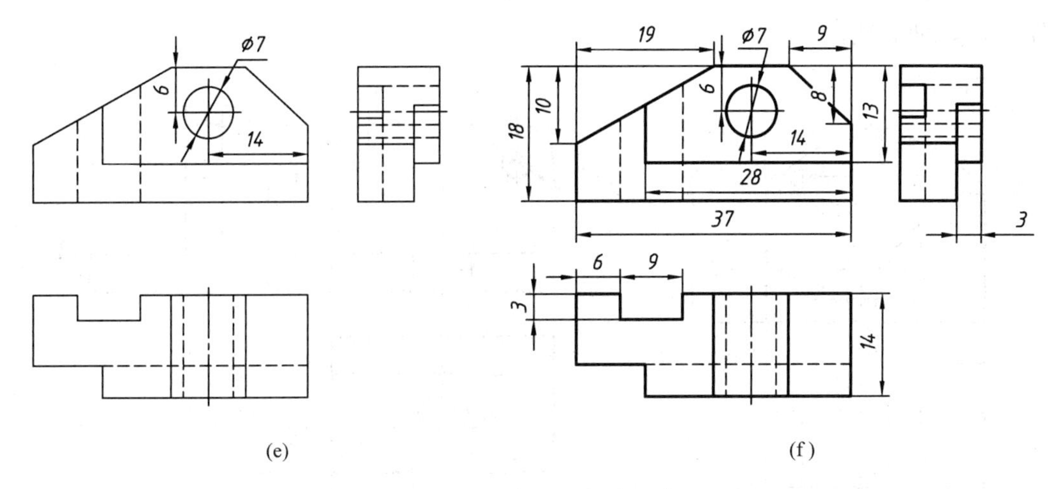

(e) (f)

图 4-20 按切割过程标注尺寸

图 4-20 所示的组合体可以视为由一个长方体切割而成,标注其尺寸时可以先从长方体开始。

(1) 标注长方体的尺寸(长、宽、高 3 个尺寸),如图 4-20a 所示;

(2) 标注切去左、右两个角的尺寸(需要 4 个尺寸),如图 4-20b 所示;

(3) 标注切去后部槽的尺寸(需要 3 个尺寸),如图 4-20c 所示;

(4) 标注切去前部左侧与下方的尺寸(需要 3 个尺寸),如图 4-20d 所示;

(5) 标注中间孔的尺寸(需要 3 个尺寸),如图 4-20e 所示;

(6) 调整尺寸位置,完成尺寸标注(总计 16 个尺寸),如图 4-20f 所示。

用这种方法也可以准确地计算尺寸数目及检查尺寸是否标注完整。

六、清晰安排尺寸的一些原则

前面介绍的方法可以满足尺寸标注完整的要求,为了便于读图,还要注意尺寸在图上的排列与布置。下面主要介绍清晰安排尺寸的一些原则。

1. 反映特征

各形体的定形尺寸和反映各形体间相对位置的定位尺寸应尽量标注在反映其形状特征和位置关系的视图上。如图 4-21 中 V 形槽的定形尺寸,应注在反映其形状特征的主视图上。图 4-22中孔中心距 20 应标注在主视图上。

2. 集中标注

同一形体的定形尺寸和定位尺寸,应尽可能标注在同一视图上。如图 4-22 所示,背板上两个 ϕ4 孔的定形尺寸 2×ϕ4,及其定位尺寸 20、17 集中注在主视图上;底板上小槽的尺寸 8、6 集中标注在俯视图上。图 4-23 中将内形尺寸相对集中标注在一侧,外形尺寸相对集中标注在另一侧,避免混杂。

3. 排列整齐

尺寸排列要清晰,平行的尺寸应当按照“大尺寸在外,小尺寸在内”的原则排列,避免尺寸线与尺寸界限交叉。图 4-24a 所示的尺寸布置正确,图 4-24b 所示的尺寸布置造成了尺寸线与尺寸界线交叉，不正确。

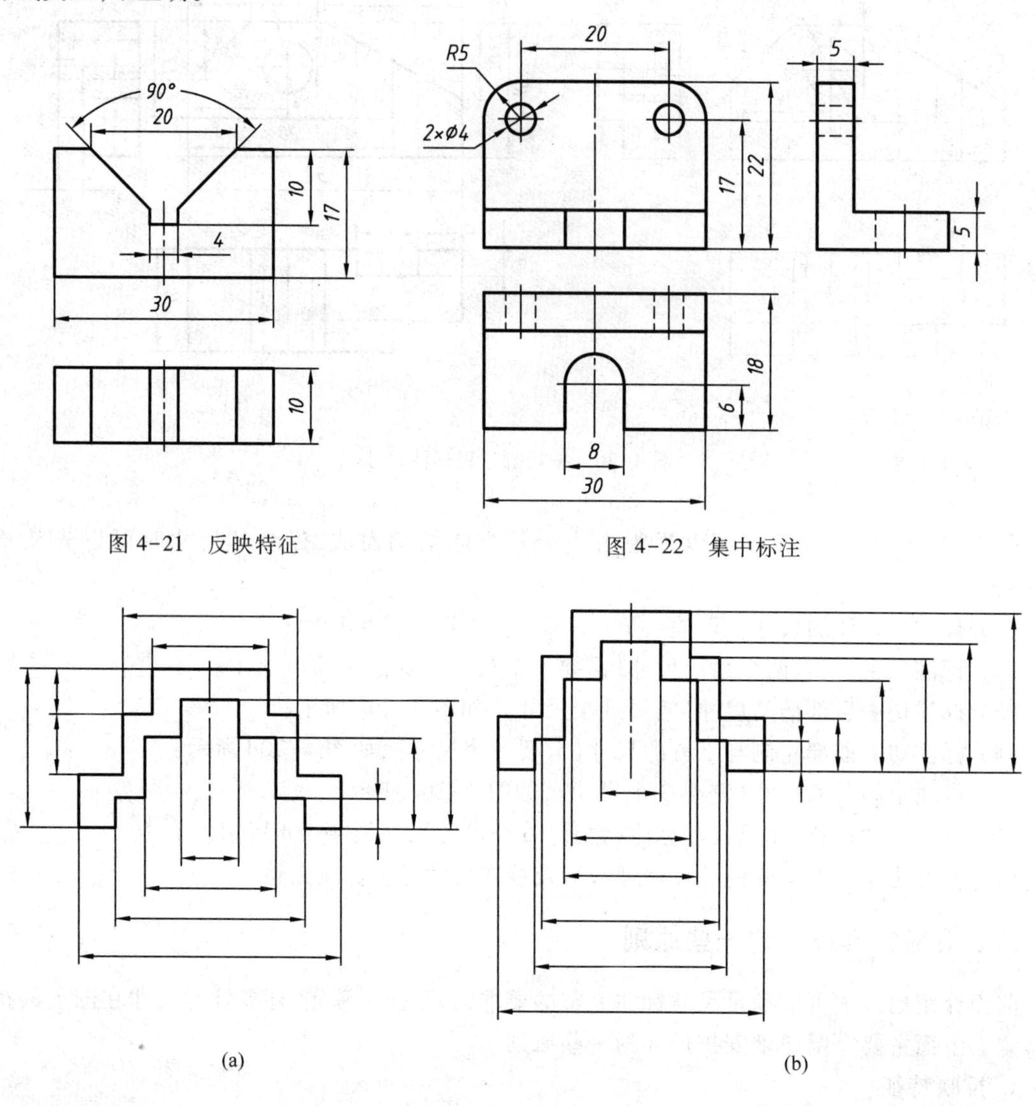

图 4-21　反映特征

图 4-22　集中标注

(a)

(b)

图 4-23　内、外分别集中

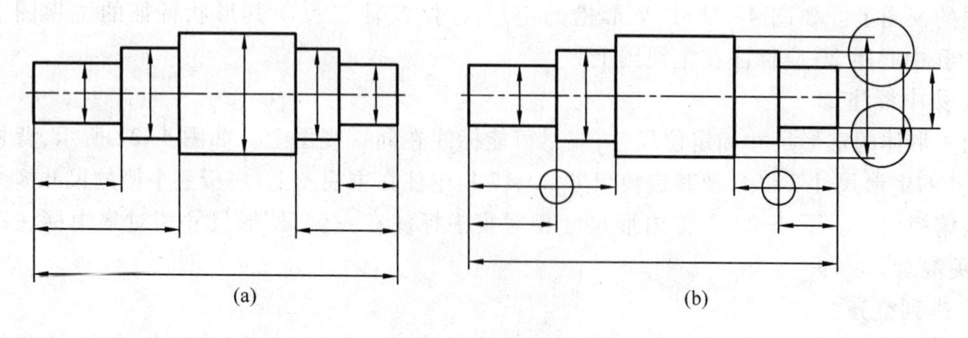

(a)

(b)

图 4-24　排列整齐

4. 直径注法

同轴回转体的直径,尽量标注在非圆形的视图上,即避免在同心圆较多的视图上标注过多的直径尺寸。图4-25a所示的直径尺寸多数标注在了非圆形的视图上,较好;图4-25b所示的直径尺寸都标注在圆形视图上,不好。

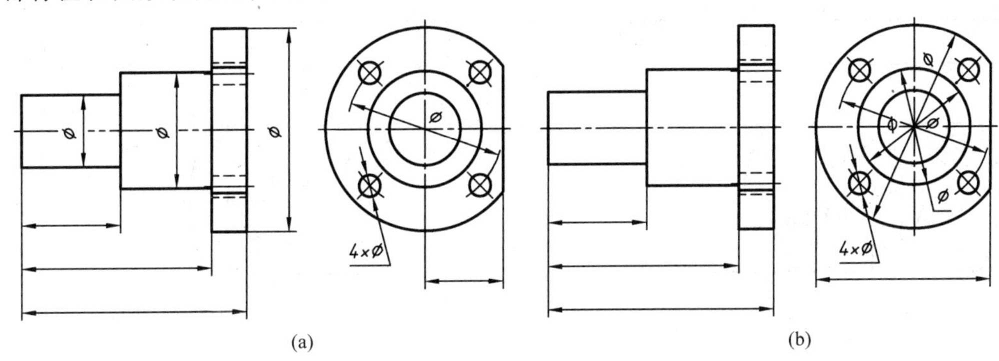

图4-25 直径注法

5. 虚线不注

除不得已的情况下,一般不应在虚线上标注尺寸。如图4-18所示轴套的内孔,由于其界限素线的投影是细虚线,所以将直径 $\phi20$ 注在左视图的圆形投影上。

七、尺寸标注举例

例4-1 试标注图4-26所示组合体的尺寸。

如图4-26所示的组合体,可以分解为下部的底盘和上部的立轴堆积而成。可以按照形体分析的方法,分别标注这两部分的定形尺寸,以及确定其相对位置的定位尺寸。而底盘和立轴又可以视为分别由两个圆柱切割而成,在标注各自的定形尺寸时,应当按照切割方式进行标注。

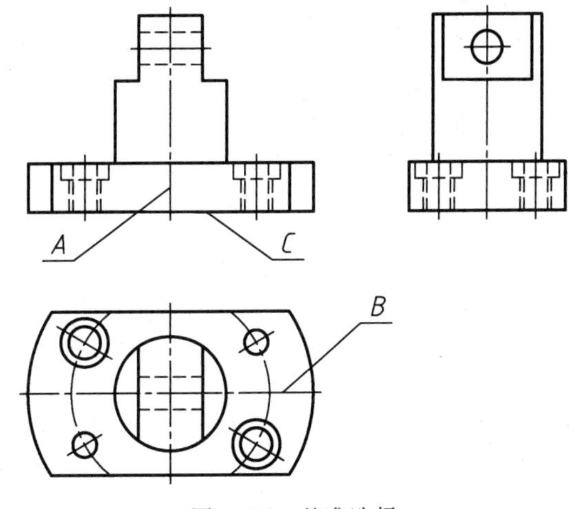

图4-26 基准选择

长度、宽度方向的尺寸基准分别选择其对称平面 A、B;高度方向的尺寸基准选择该组合体的底面 C。

先标注底盘的尺寸:

1) 标注切去前、后部分的大圆柱的尺寸(直径、高、截切后宽度共3个尺寸),如图4-27a所示;

2) 标注挖切所得的销孔和阶梯孔的尺寸(需要7个尺寸,即确定销孔和阶梯孔的形状4个尺寸,确定销孔和阶梯孔的位置3个尺寸),如图4-27b所示。

再标注立轴的尺寸:

1) 标注小圆柱的尺寸(直径、高2个尺寸),如图4-27c所示;

2) 标注切去左、右部分的尺寸(需要2个尺寸),如图4-27d所示;

3) 标注销孔的尺寸(需要2个尺寸),如图4-27e所示。

由于底盘和轴之间不需要额外的尺寸来确定其相对位置,调整尺寸位置,加注总体尺寸(同时减去立轴的高度尺寸 24)即可完成尺寸标注(总计 16 个尺寸),如图 4-27f 所示。

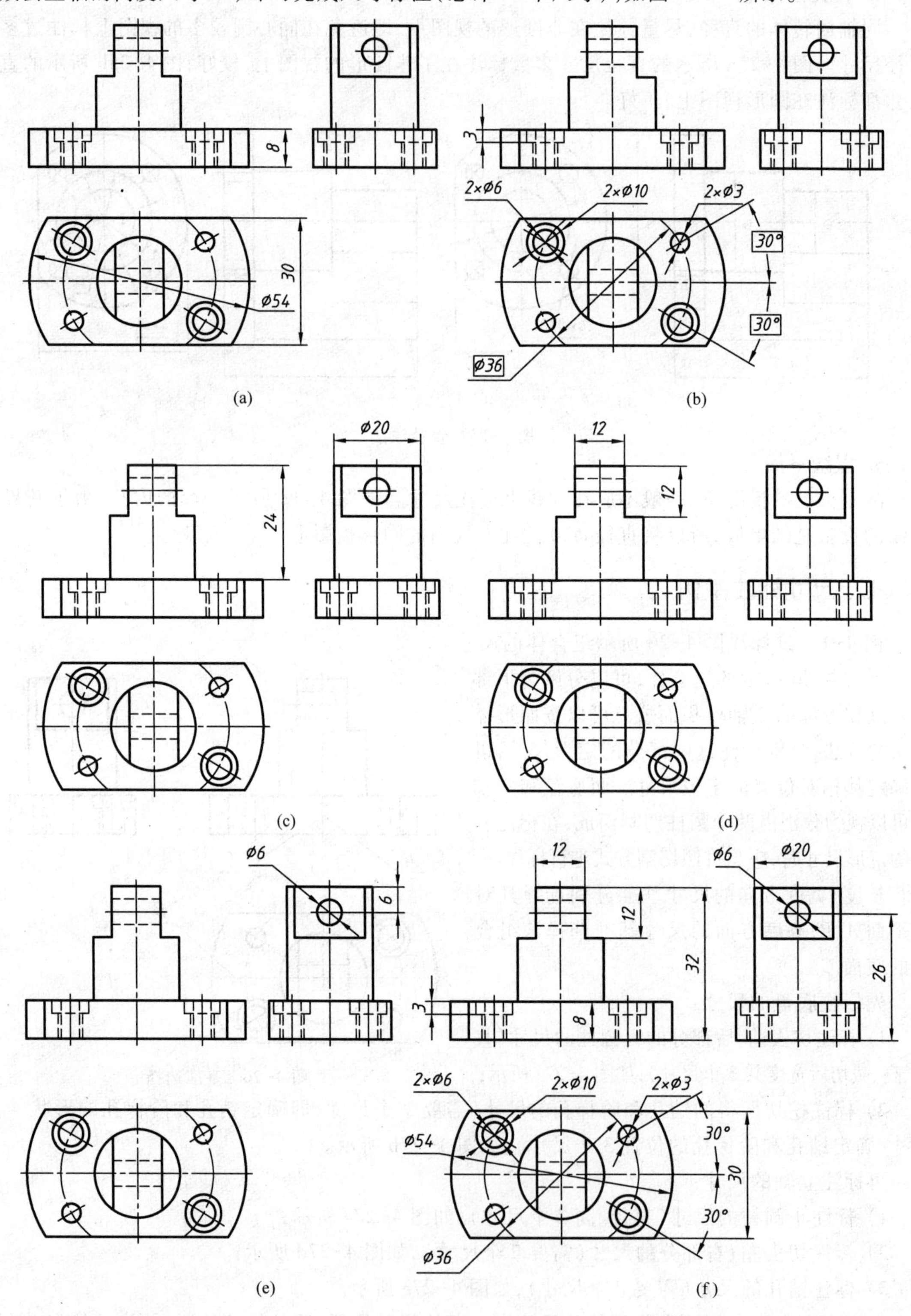

图 4-27 尺寸标注举例

§4.4 读组合体的视图

组合体读图是利用正投影原理对给定的视图进行分析、想象出空间物体的整体形状，它是画组合体视图的逆过程。读图中常用形体分析法和线面投影分析法。无论采用何种方法读图，都应该先了解视图上的图线与线框可能的含义。

一、视图上图线与线框的含义

1. 视图上图线的含义

组合体各个视图上的各种图线可能表示：

（1）表面的积聚性投影　如图 4-28 中主视图上的图线 *V*，对应着左视图上部的水平直线和俯视图上右边第二个线框，它是水平面的积聚性投影。直线 *I* 是一条斜线，对应着左、俯视图上的相仿形，所以它是正垂面的积聚性投影。图线 *II* 为半圆柱的积聚性投影。

（2）表面交线的投影　如图 4-28 中的图线 *III* 是两圆柱相贯线的投影。有时可能是两斜面或平面和曲面交线的投影等。

（3）曲面的投影轮廓线　如图 4-28 中的图线 *IV* 为圆柱面对 *V* 面的投影轮廓线，即界限素线的投影。

2. 视图上线框的含义

组合体各个视图上的各种线框可能表示：

（1）平面的投影　如图 4-28 中左视图上线框 *1* 为正垂面的投影。

（2）曲面的投影　如图 4-28 中左视图上线框 *2* 为圆柱面的投影。

（3）孔的投影　如图 4-28 中左视图上线框 *3* 表示通孔。

（4）光滑过渡表面的投影　如图 4-29 中的主视图只有一个线框，它是平面与圆柱面相切的投影。

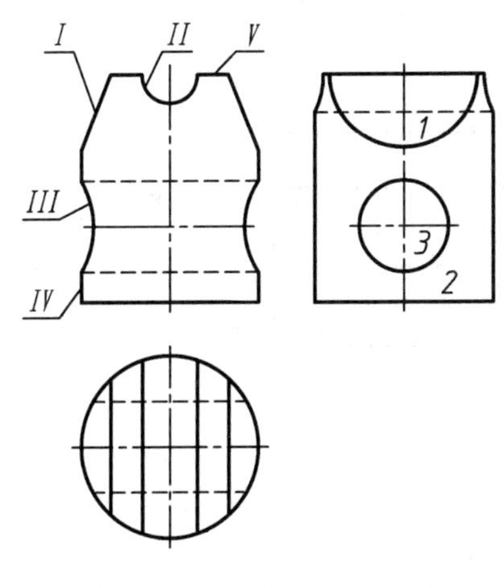

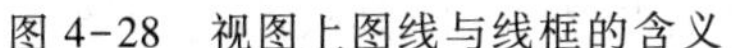

图 4-28　视图上图线与线框的含义

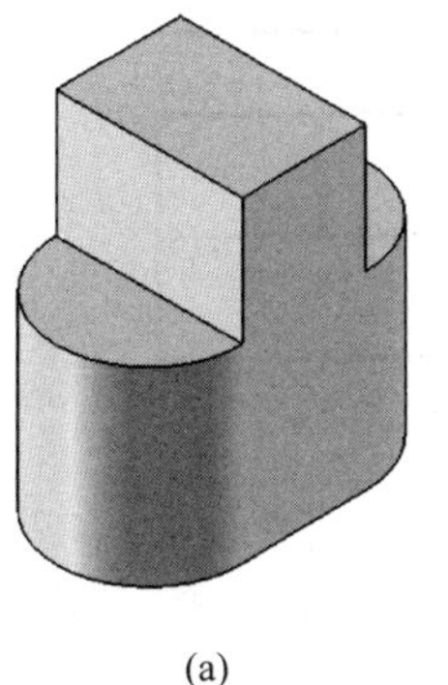

(a)

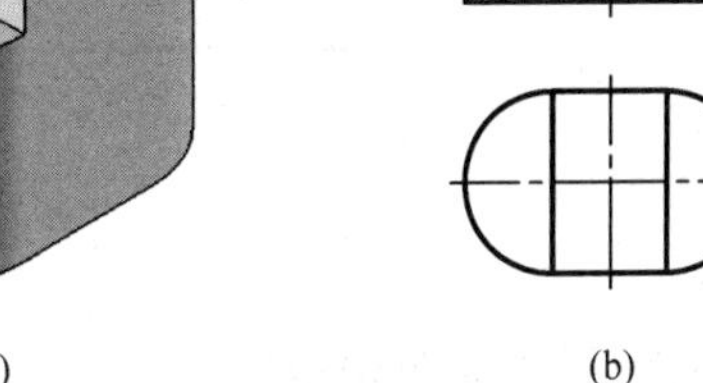

(b)

图 4-29　光滑过渡表面的投影

二、读图的分析要点

空间的任意一个三维形体都具有三个坐标方向上的形体信息。组合体的每一个视图都是空间的三维形体沿某个方向投射所得到的平面图形,而每一个二维的视图上却只能反映两个方向的信息,即在投影的过程中,与投射方向平行的那个方向上的信息丢失掉了。例如主视图上没有 Y 坐标方向的信息;俯视图上没有 Z 坐标方向的信息;左视图上没有 X 坐标方向的信息。所谓读图就是根据已知的视图,在头脑中还原投影时所丢失掉的信息,从而想象出物体的三维形状的过程。

一个视图上所丢失的第三方向的信息,一定可以在另外的视图上得到线索。因此,读图时要从反映形状特征最多的主视图入手,几个视图联系起来进行分析。

检验是否读懂了组合体的视图,往往采用给定两个视图要求补画第三个视图的方式进行。

读图时要注意以下几个方面:

1. 注意层次

读图时要以线框为单位,还原其在投影时所丢失掉的第三方向的信息。选定一个线框后,根据"长对正、高平齐、宽相等"的原则,在其他视图上确定其范围,从而得到第三方向的信息。

视图上两相邻的线框,其分界线两侧必定表示不同的空间状况,可能是两平面平行但"高低"不同;也可能是平面、斜面的差别,或平面、曲面的差别;空的孔洞与实的柱体的差别等。读图时应借助投影关系,利用其他视图,判断它们的空间状况。图 4-30a 中俯视图上的三个线框 *1*、*2*、*3* 分别对应的高度信息要在主视图上去找,根据投影关系,不难看出这三个线框对应着三个平行平面,由高到低的排序为 *1*、*3*、*2*。图 4-30b 的俯视图与图 a 的完全一致,但通过主视图则可判断出 *1*、*2* 为正垂面,*3* 为水平面,与图 a 所示状况不同。

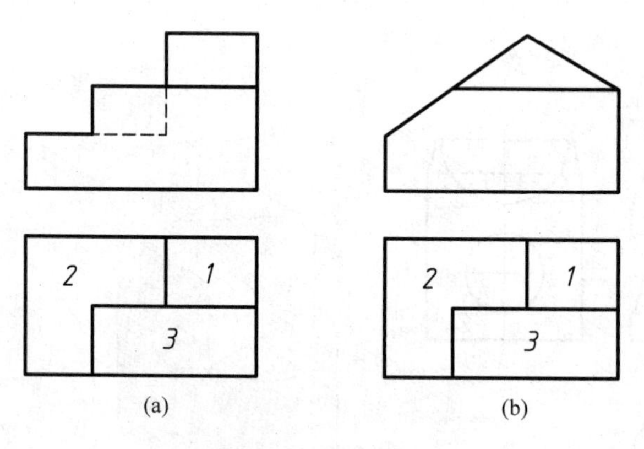

图 4-30　层次关系

2. 注意倾斜平面的相仿性

在平行投影的基本性质中介绍过,平面图形的投影具有相仿性,即其投影的边数相同,凹凸性相同。这一性质可以帮助读图,也可以检验补画的第三个视图是否正确。图 4-31b 补画的俯视图中未能出现与主视图上的线框相仿的多边形,因此是不正确的。

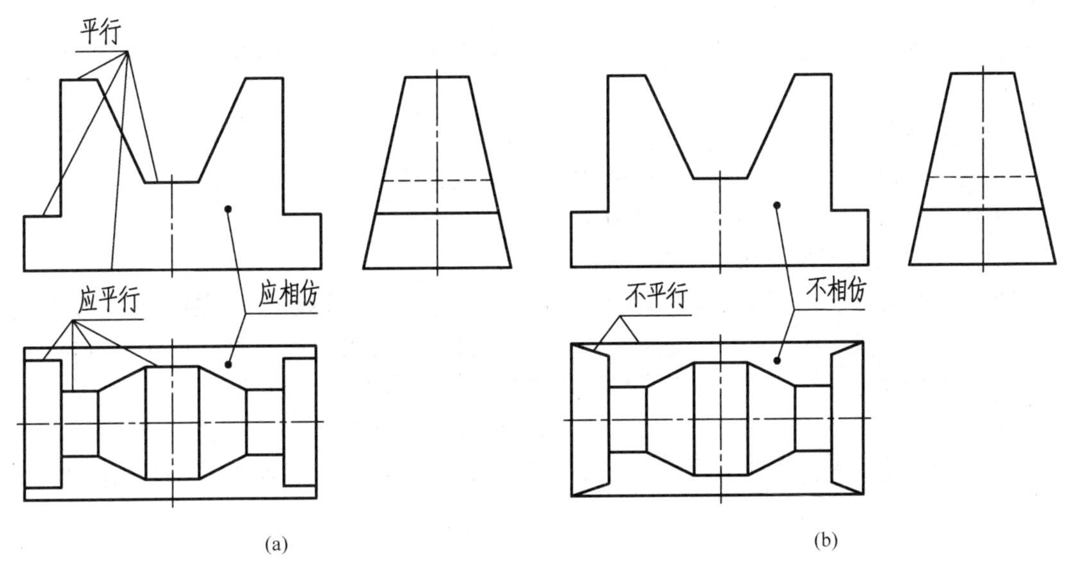

图 4-31　线段的平行关系与相仿性

3. 注意线段的平行关系

在平行投影的基本性质中介绍过,空间平行的两线段其投影一定平行。因此,在某视图上的两平行线段,一般在另外的视图上应当平行。图 4-31a 是根据组合体的主视图和左视图作出的正确的俯视图。图 4-31b 是忽略了线段的平行关系后画出的错误的俯视图。

4. 注意线段的有效交点

视图上线段的有效交点是指空间几何元素实际相交投影后得到的交点,而非两线段投影得到的重影点。一般图形上实线段的交点多为有效交点。视图上线段的有效交点必定是空间三个面或三个以上面的公共点,也可能同时又是空间两平面交线的积聚性投影。无论属于哪种情况,一个视图上线段的有效交点一定可以按照投影关系在其他视图上找到下落。图 4-32 主视图中的标出的线段交点既是三个平面的公共点,又是两平面交线的积聚;图 4-32 俯视图中标出的线段交点则仅仅是三个平面的公共点。

图 4-33a 所示是组合体的两个视图。图 4-33c、d 是忽略了有效的线段交点后画出的错误的

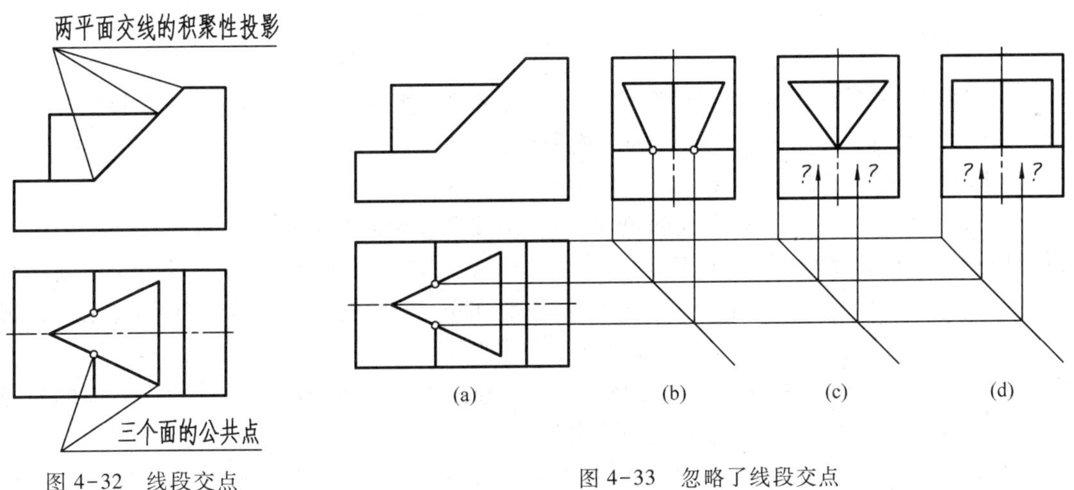

图 4-32　线段交点

图 4-33　忽略了线段交点

左视图,左视图的正确结果如图 4-33b 所示。

有效交点是否能在其他视图中找到下落,是判断画图结果和对图的理解及想象是否正确的有效方法。

5. 注意圆的象限点

视图上的圆往往是孔洞或圆柱的投影,因此圆的象限分界点所在的位置在另外的视图上一般应有界线素线的投影存在,如图 4-34 所示。

6. 注意通孔与板厚的关系

若某个视图上有表示通孔的圆,则在其他视图上一定由细虚线表示。根据细虚线的范围,可以看出有孔的板是哪一块以及板的厚度。以通孔作为线索,可以迅速看懂一些有孔的结构。图 4-35 给出了利用通孔判断板厚的两种情况,请读者自行分析图 a 与图 b 的差别。

以上介绍的读图分析方法的核心是第一点,若能够在一个二维的视图上区别出层次,则基本上已经对该组合体具有一定的空间感觉。此时可以用另外几种方法检验读图理解和补画视图的正确性。

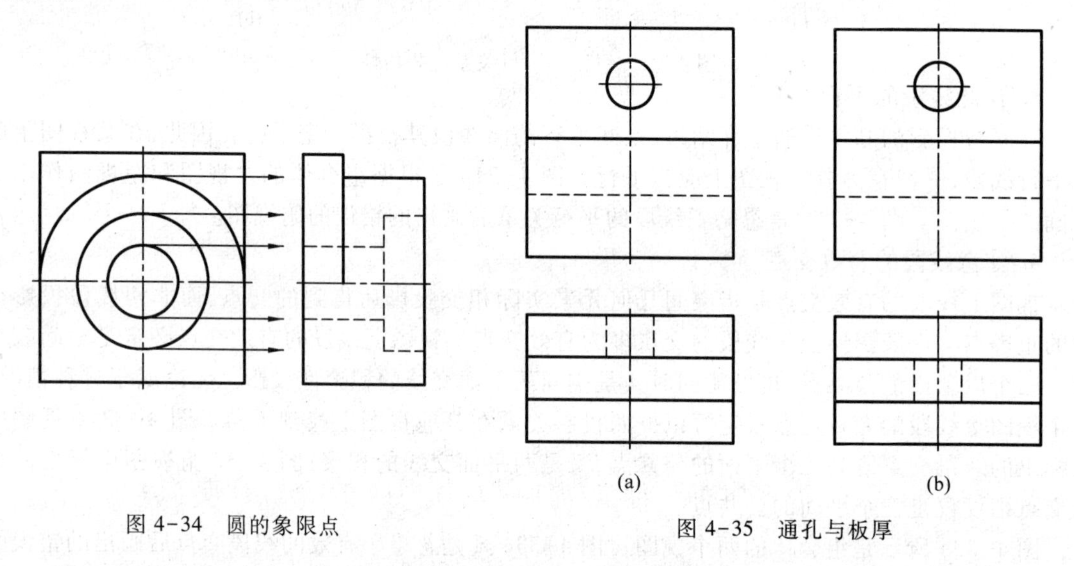

图 4-34 圆的象限点

图 4-35 通孔与板厚

三、读图的方法

读组合体的视图最重要的是想清其形状,采用何种方法分析组合体的形状,要根据其不同的组成方式区别对待。通常采用以下几种方法来进行分析。

1. 形体分析读图法

对于以"堆积"为主要方式形成的组合体,在画图和读图时都采用形体分析法。画图时将组合体进行形体分解,逐个绘制分解后的简单立体的视图,"堆积"成组合体的视图。而读图则是画图的逆过程,也就是在视图上逐一寻找简单立体的过程。首先进行图形分割,即将某一个视图按照轮廓线构成的线框分割成几个平面图形;然后按照投影规律找出它们在其他视图上对应的图形,从而想象出其对应的简单立体的形状。同时根据图形特点分析出各简单立体间的相对位置、组成方式及表面关系,综合想象"堆积"出整体形状。

现以图 4-36 所示的组合体为例介绍形体分析读图并补画第三视图的方法。

主视图上反映了组合体较多的形体特征。根据主视图上的粗实线线框,可以将其分为 *1*、*2*、*3* 三个不同的部分,如图 4-36a 所示,每个部分对应着一种简单立体。只要能够在各个视图上分别找到这三种简单立体的投影,看懂其形状,并且搞清楚他们之间的相对位置及表面关系,就可以想象“堆积”出该组合体的整体形状。

从形体 *1* 主视图上的线框开始,根据投影关系,在俯视图上找到其相应的投影,如图 4-36b 所示的粗实线部分。结合两个视图,可以看出形体 *1* 是一个在上方中部开有半圆柱形槽的长方体,如图 4-37a 所示。

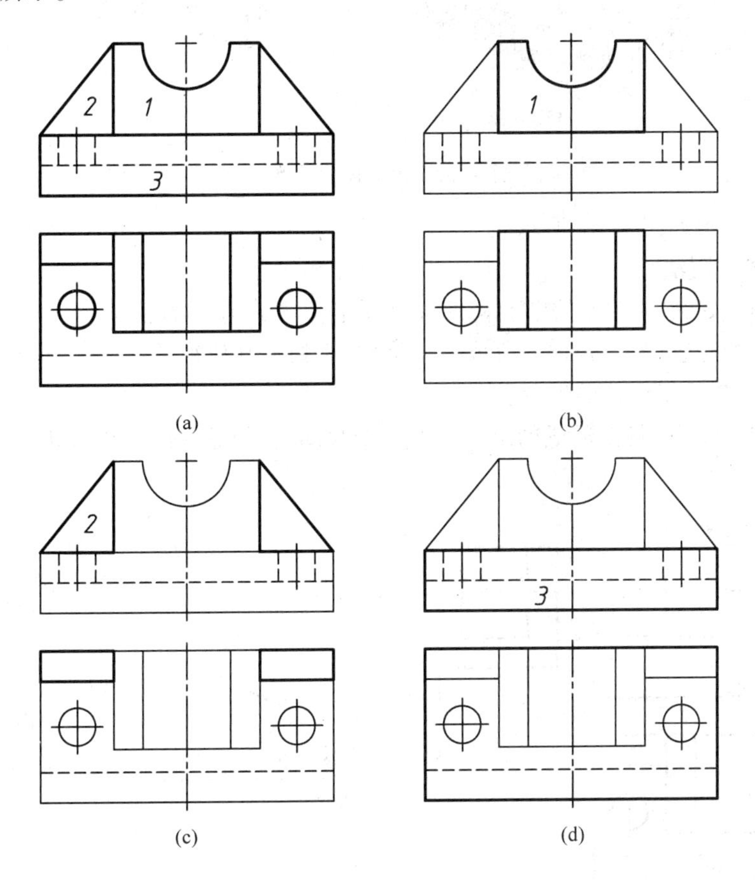

图 4-36 形体分析读图

根据投影关系可以找到形体 2 在俯视图上的投影,如图 4-36c 所示的粗实线部分。结合形体 2 的两个视图,可以看出是两块(左、右各一块)三棱柱板,如图 4-37a 所示。

最后寻找形体 3 的两个投影,如图 4-36d 所示的粗实线部分。结合两个视图,可以看出是一块前部带垂直弯边的长方形板(如仅考虑几何形体,则弯边处有可能是斜角或圆弧,但考虑到该长方形板是组合体的安装板,故将弯边确定为直角),其上有两个通孔,如图 4-37a 所示。此时要注意在主视图上孔的细虚线可以清楚地表示出板的厚度。

看懂构成该组合体的三种简单立体后,还需要分析其相对位置及表面关系。从图 4-36a 的俯视图上可以看出这三种简单立体的相对位置,上部带有半圆柱形槽的长方体 *1* 和两块三棱柱板 *2* 在底板 *3* 的上面,这三种简单立体的后面共面。经过这样的分析,不难“堆积”想出该组合体的整体形状，如图 4-37b 所示。

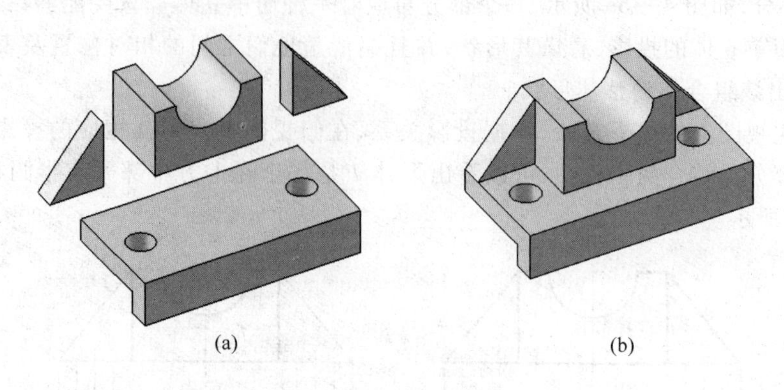

图 4-37　组合体的立体图

补画出的三视图如图 4-38 所示。

2. 切割方式读图法

对于以切割方式为主形成的组合体，多采用分析切割顺序的方法读图。这种方法的思路是先根据某个视图的轮廓，将组合体想象成一个棱柱，再根据其他视图的外轮廓顺序切割成形。在切割过程中，逐渐想清组合体的形状。

图 4-39 给出了一个切割形成的组合体的两个视图，在想象该组合体形状时可以按照以下方式进行。

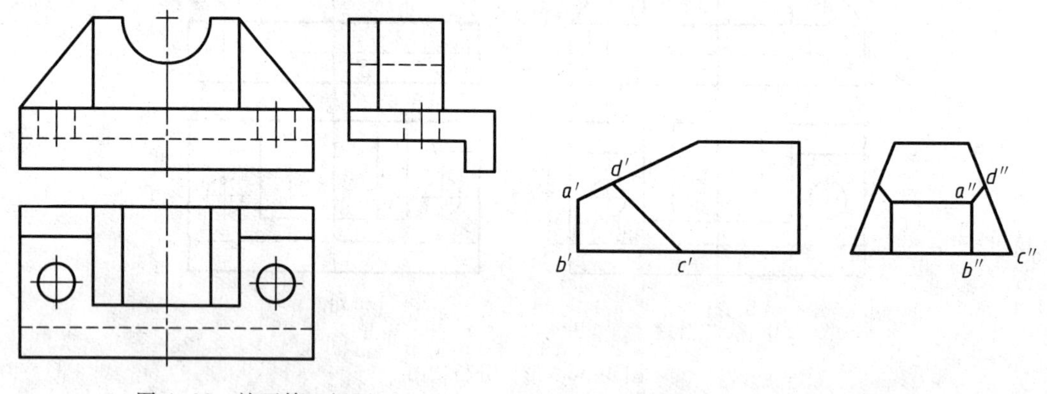

图 4-38　补画第三视图　　图 4-39　切割方式读图法

可先根据主视图的外轮廓，将其想象成为一个水平放置的五棱柱，如图 4-40a 所示；再根据左视图的外轮廓切去左、右两侧，如图 4-40b 所示。

观察图 4-39 中的平面四边形 *ABCD*，由于该平面包含一条铅垂线 *AB*，可知 *ABCD* 为铅垂面，根据 *B* 点的左视图及 *C* 点的主视图，可在俯视图上找到该铅垂面的位置，用两个铅垂面切去左侧前、后两角即可成形，如图 4-40c 所示。图 4-40d 所示为其立体图。

本题也可先根据左视图将其想象成为一个水平放置的四棱柱，如图 4-41a 所示；再根据主视图的外轮廓切去左上角，如图 4-41b 所示；最后用两个铅垂面切去左侧前、后两角即可成形，如图 4-41c 所示。

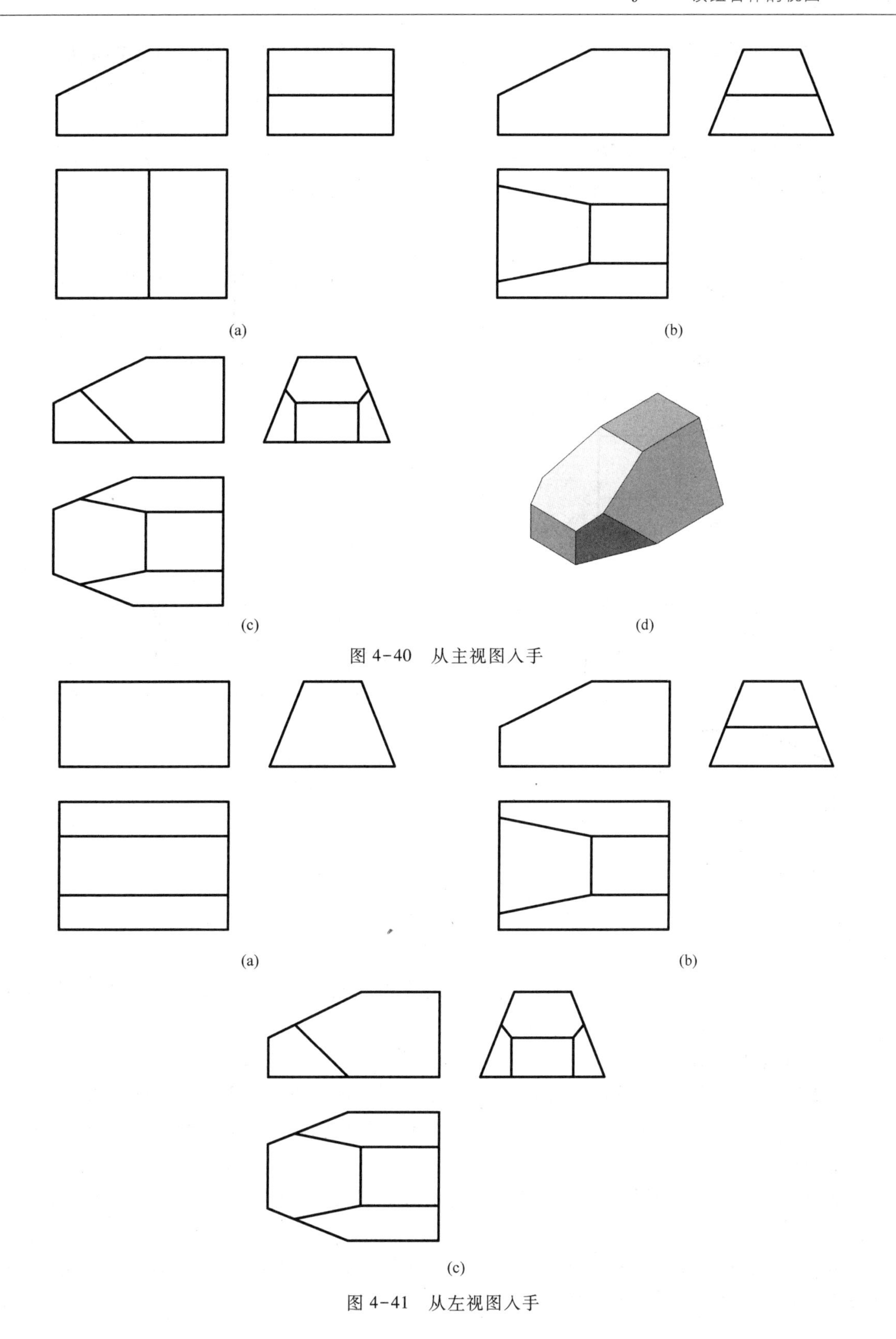

图 4-40 从主视图入手

图 4-41 从左视图入手

若本题给出的是主视图和俯视图如图 4-42a 所示，也可先根据俯视图的外轮廓将其想象成为一个直立放置的六棱柱，如图 4-42b 所示；再根据主视图的外轮廓切去左上角，如图 4-42c 所示。

观察图 4-42a 主视图和俯视图中的平面五边形 *ABCDE*，由于该平面包含一条侧垂线 *AB*，可知该平面为侧垂面，根据 *AB* 的俯视图，可在左视图上找到该侧垂面的位置，用两个侧垂面切去前、后两侧即可成形，如图 4-42d 所示。

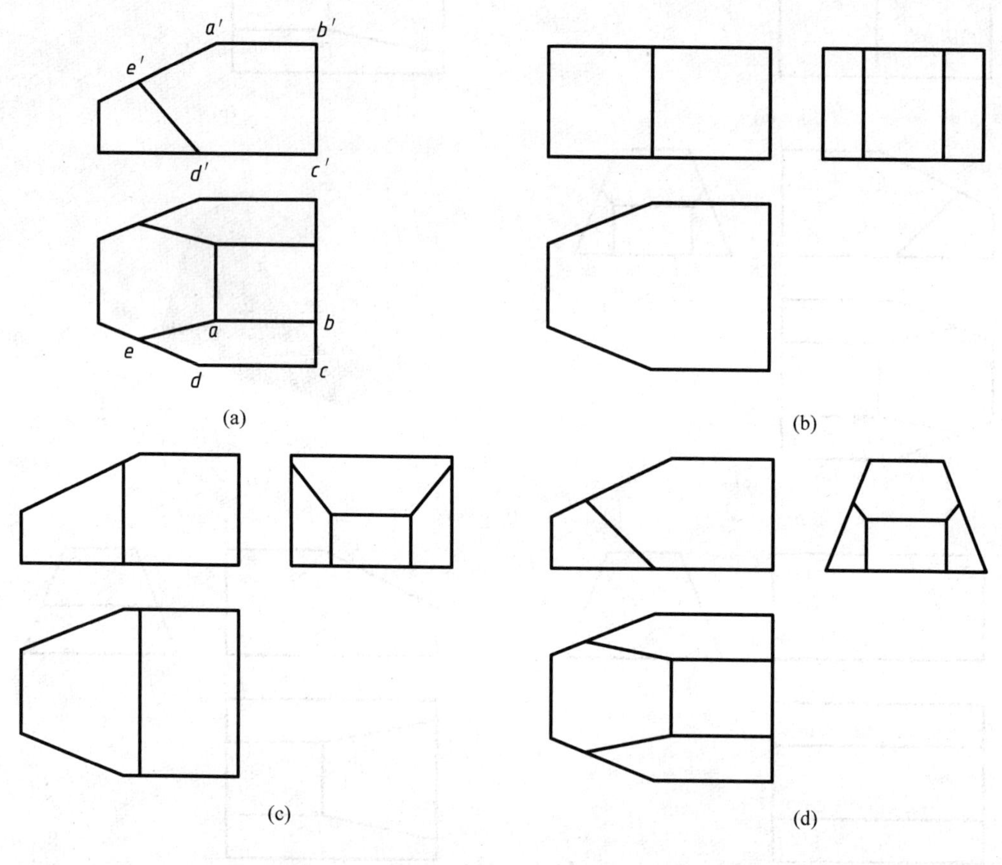

图 4-42 从俯视图入手

上面介绍的是用切割的方式，根据两个视图求第三视图的方法。该方法对于解决以切割为主形成的组合体的补画第三视图的问题十分有效。

3. 线面分析读图法

对于以切割方式为主形成的组合体，也可采用线面分析的方法读图。这种方法的思路是将组合体看作由一些具有特定形状的表面围成的，若能想象出围成组合体的所有表面的形状以及它们之间的位置关系，就可以看懂组合体的视图。

采用这种方法时，通常将立体的平表面分为两大类，一类平行于基本投影面，一类倾斜于基本投影面。

由于平行于基本投影面的平面的投影特征为：在其所平行的投影面上的投影反映实形，而另外两个投影积聚为直线。因此，在寻找这类平面时主要应当关注其层次，也就是说根据实形所在的视图上的范围,由投影关系找到在其他视图上积聚成的直线段,从而得到第三维的信息(深度层次)。

倾斜于基本投影面的平面通常为某个投影面的垂直面。这类平面的投影特征为:在其所垂直的投影面上的投影积聚为直线,而在另外两个投影面上的投影具有相仿性。这一点在根据给定的两个视图补画第三个视图时尤为重要。

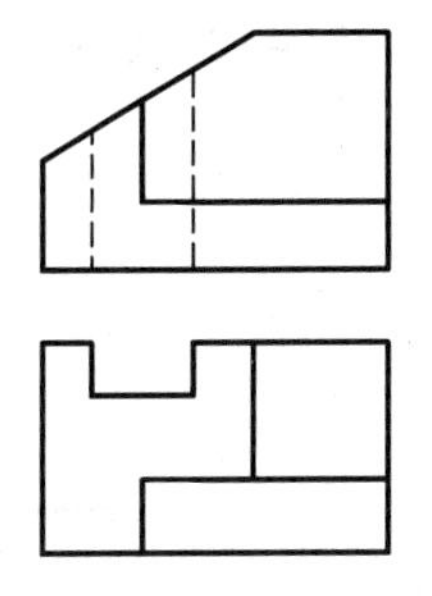

图 4-43 线面分析读图法

现以图 4-43 的组合体为例,介绍线面分析读图并补画第三视图的方法。

从主视图和俯视图的外形轮廓可以看出,该组合体是由一个长方体切割而成。从主视图上可以看出长方体被一个正垂面切去了左上角;结合俯视图上后部的长方形缺口和主视图上对应的两条细虚线,可以看出背面开了一个长方形槽;主视图右上方的五边形对应着俯视图上的一条直线,俯视图上右前方的长方形对应着主视图上的一条直线,说明在右前方切去了一个四棱柱。

该组合体由两类平面围成,分别为投影面平行面和投影面垂直面。其中正垂面在主视图上积聚为一条直线,在俯视图上为一个凹多边形(十边形),该多边形有两组互相平行的边,在补画出的左视图上也应当出现与之相仿的图形。

补画左视图可以按照切割顺序完成,如图 4-44 所示。也可以逐个表面来画,这一方法不再详述,请读者自行分析。

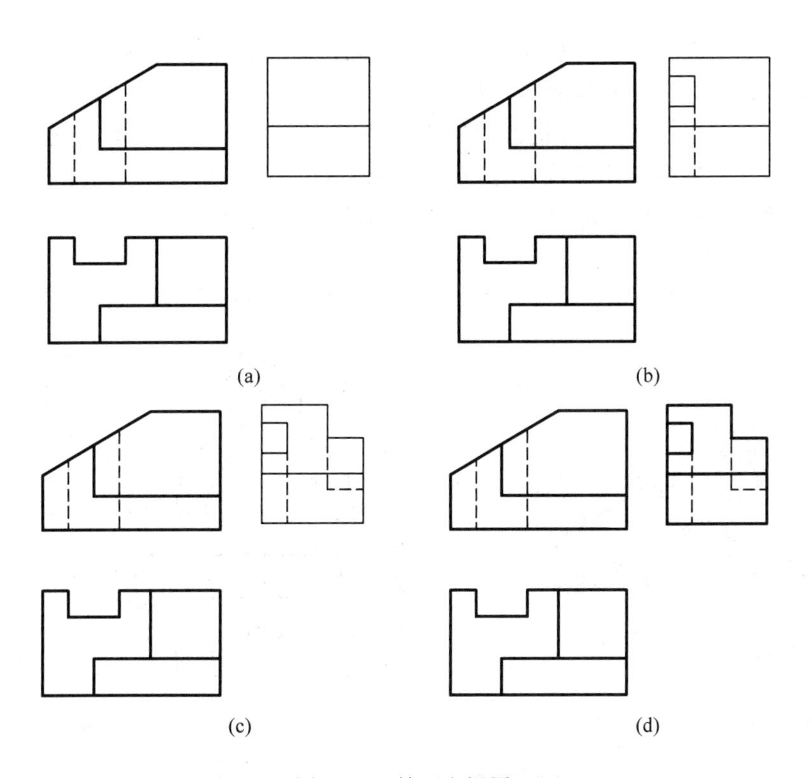

(a) (b) (c) (d)

图 4-44 补画左视图

4. 组合体读图举例

以下通过两个例子进一步介绍上述读图方法的应用。

例 4-2 已知组合体的主、俯视图如图 4-45a 所示，补画左视图。

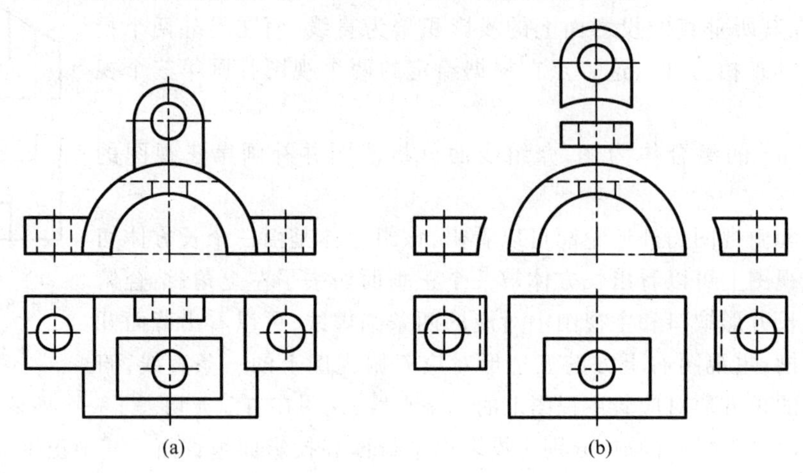

图 4-45 组合体的两个视图

分析 由主、俯视图可以看出，该组合体主要是由堆积方式构成的。此时，应以形体分析法为主想象主体形状。

读图步骤

1）分割图形 主视图上反映组合体的特征较多，通常首先在主视图上作图形分割。可将主视图分割为四个实线框，分别对应着三种简单形体。

2）形体分析 利用投影关系，把俯视图上与主视图中四个实线框对应的投影图形分解出来，然后分别想象各部分的立体形状，如图 4-45b 所示。

3）综合想象 在想出各组成部分的立体形状后，综合出组合体的整体形状，如图 4-46 所示。

4）补画左视图 根据 §4.2 中介绍的组合体视图的画法画出左视图，如图 4-47 所示。

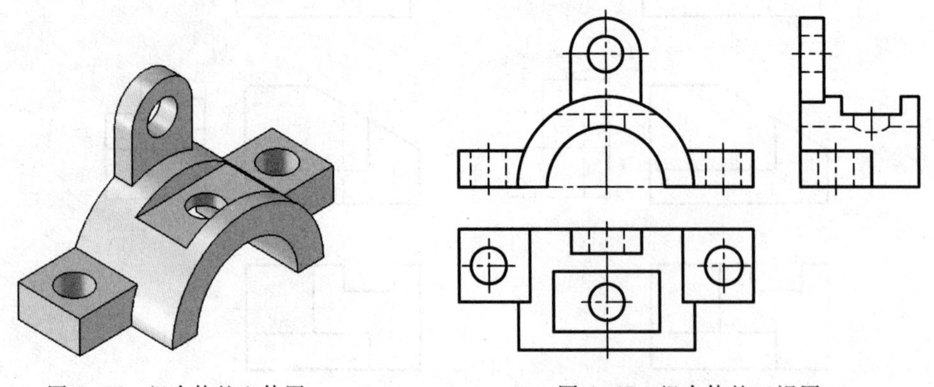

图 4-46 组合体的立体图　　图 4-47 组合体的三视图

例 4-3 已知组合体的主、俯视图如图 4-48a 所示，看懂其形状，并补画左视图。

分析 由主、俯视图不易看出，该组合体主要是由堆积还是由切割方式构成的。此时，最重

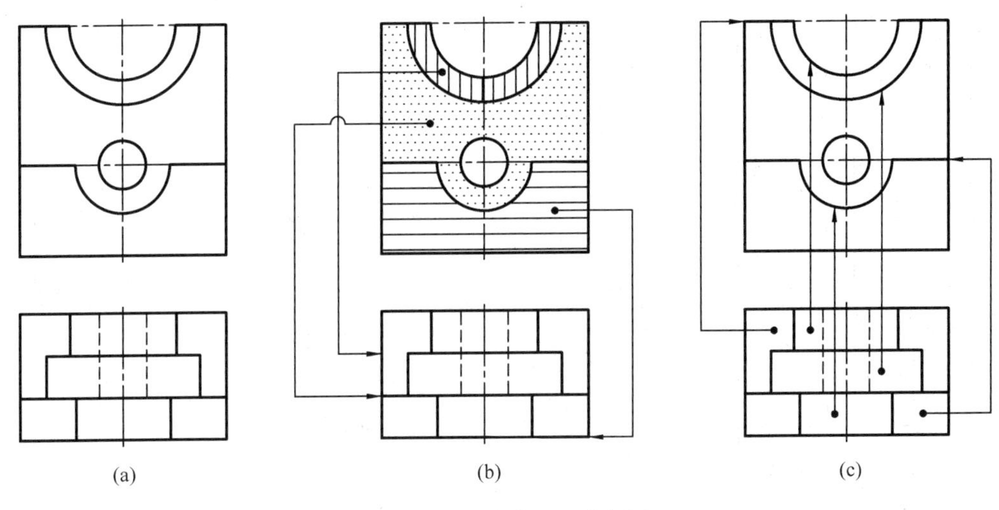

图 4-48　组合体的两个视图

要的是要想象出围成立体的各个表面的形状与位置。应用“线面分析法”求解。由于围成该组合体的表面中没有倾斜平表面，因此在各视图间不存在相仿图形。对于立体上的投影面平行面，要根据其在某视图上的范围及投影关系在另外的视图上找到其第三维的信息，即深度层次，这样才能完全看懂组合体的视图。

读图步骤

1）分割主视图　将主视图分割为三个实线框及一个小圆，分别对应着三个层次的平表面和一个通孔。

2）深度层次分析　利用投影关系，把俯视图上与主视图中三个实线框对应的投影线段找到，从而可以确定这三个平面均为正平面，各自具有不同的深度层次，如图 4-48b 所示。在区分各个表面的层次时，主视图上的小圆对应着俯视图上的细虚线，可以清楚地表示圆所在面的深度。

3）分割俯视图　俯视图上共有七个实线框，由于该组合体左右对称，这七个实线框分别对应着五种表面。

4）高度层次分析　根据投影关系，在主视图上找到与俯视图中间的三个实线框对应的投影线段，可以看出分别是三个半圆柱面。俯视图四个角上的实线框分别对应着主视图上的四条线段，从而可以确定这四个平面均为水平面，各自具有两种不同的高度层次，如图 4-48c 所示。

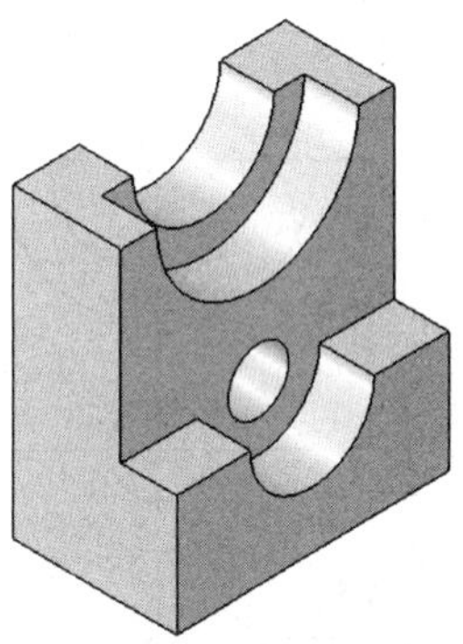

图 4-49　组合体的立体图

5）想象整体形状　在分析清楚主视图上线框的深度层次以及俯视图上线框的高度层次的基础上，不难想象出组合体的整体形状，如图 4-49 所示。

6）补画左视图　根据 §4.2 中介绍的组合体视图的画法画出左视图，如图 4-50 所示。

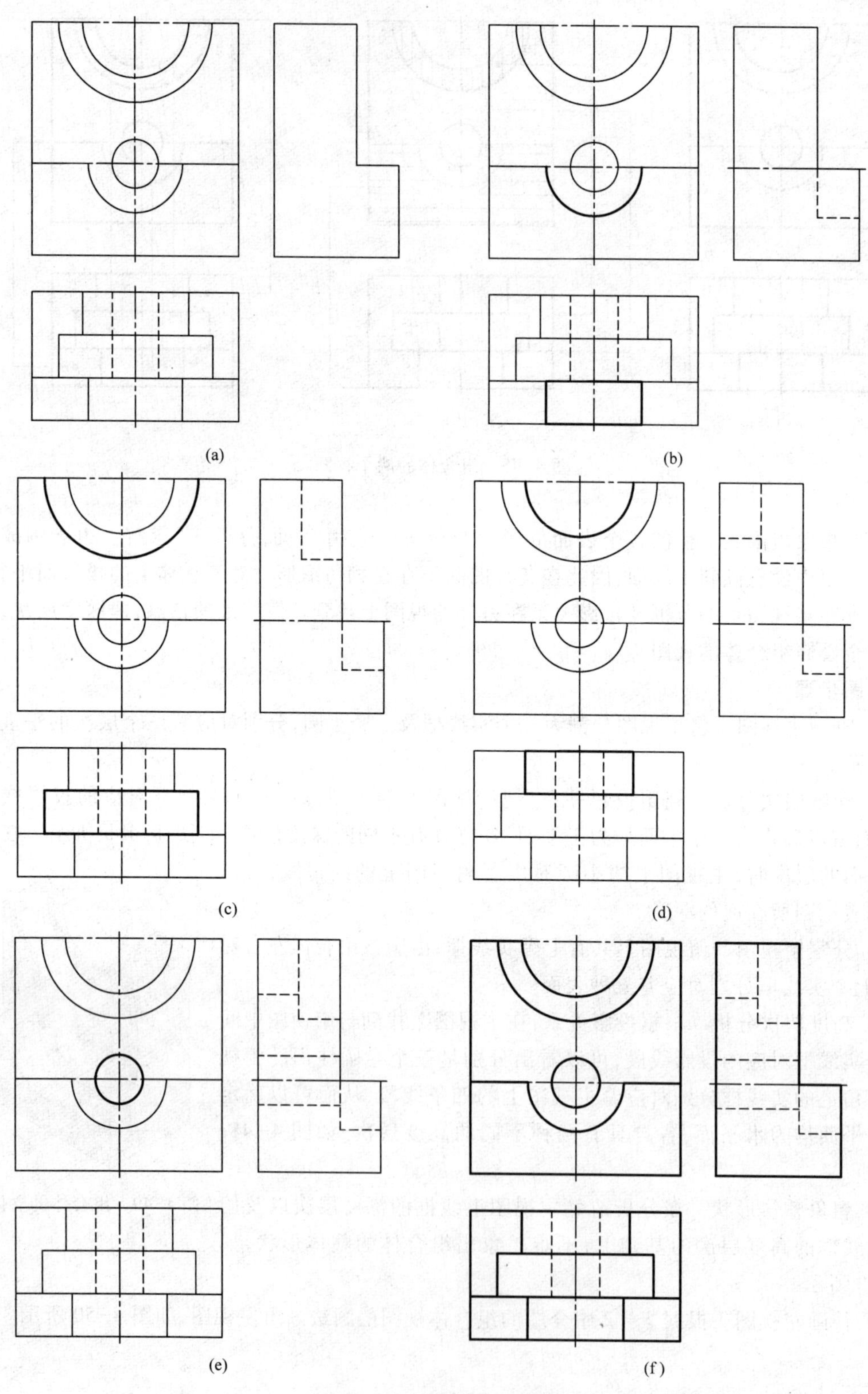

图 4-50　组合体的三视图

本章小结

本章是全书的一个重点,组合体画图和读图是培养形体想象能力的重要环节。

对于以“堆积”为主的方式形成的组合体,在画图和读图时一般都采用形体分析法。画图时将组合体进行形体分解,逐个绘制分解后的简单立体。

而读图则是画图的逆过程,也就是在视图上寻找简单立体的过程。首先进行图形分割,即将一个视图按照轮廓线构成的线框分割成几个平面图形;然后按照投影关系找出它们在其他视图上对应的图形,从而想象出各简单立体的形状。同时根据图形特点分析出各简单立体间的相对位置、组成方式及表面关系,综合想象出整体形状。

对于以切割的方式为主形成的组合体,一般按切割的顺序绘制其视图。读图时,多采用线面分析的方法。这种方法的思路是将组合体看作由一些具有特定形状的表面围成的,若能想象出围成组合体的所有表面的形状以及他们之间的位置关系,就可以看懂组合体的视图。

视图之间保持着“三等”的投影关系,画图和读图都必须从投影关系入手。画图时按一个形体一个形体分别先画反映实形或形状特征的视图,然后再画其他视图,要几个视图同步进行,而不能一个视图全部画完后再画另一个。读图时应几个视图联系起来想,分析相邻线框的凹凸、平斜、空实等差别,建立起立体形象。读图时要几个视图联系起来想象立体,切忌孤立地对着一个视图苦想立体形状。特别是本章中总结的读图时要注意的6个方面更应当认真体会。

标注尺寸也是十分重要的,应掌握按形体分析标注尺寸的方法,和按照切割顺序标注尺寸的方法,以保证标注尺寸的完整、正确。

复习思考题

1. 什么是视图? 三个视图间存在怎样的关系?
2. 组合体常见的组合方式有几种? 分别是什么?
3. 组合体常见的表面结合关系有几种? 分别是什么?
4. 什么是形体分析法?
5. 组合体的视图选择原则是什么?
6. 画组合体的视图时,正确的顺序是什么?
7. 组合体尺寸标注的原则是什么?
8. 标注组合体的尺寸时,什么是定形尺寸? 什么是定位尺寸? 什么是总体尺寸?
9. 以堆积为主形成的组合体,应当以什么方法标注其尺寸?
10. 以切割为主形成的组合体,应当以什么方法标注其尺寸?
11. 组合体视图上的图线有几种可能的含义?
12. 组合体视图上的线框有几种可能的含义?
13. 阅读组合体的视图要注意哪些问题?
14. 阅读组合体的视图并补画第三视图有哪两种基本方法? 分别适用于什么场合?

第五章 轴测投影

本章学习目标

理解轴测投影的作用，能够绘制单个形体的轴测投影。

本章学习内容

1. 轴测投影的基本概念；
2. 轴测投影的基本知识；
3. 轴测投影的种类；
4. 轴测投影的基本作图方法；
5. 正等轴测投影的轴间角和轴向伸缩系数；
6. 正等轴测投影中平行于坐标面的圆的轴测投影；
7. 正等轴测投影的作图方法；
8. 斜二等轴测投影的轴间角和轴向伸缩系数；
9. 斜二等轴测投影的作图方法；
10. 轴测投影中剖视的画法。

§5.1 轴测投影的基本知识

在第四章，我们学习了正投影图的画法，即通过对同一物体的若干方向所作出的几个正投影图来精确呈现其复杂形状。图 5-1a 所示为一立体的三面正投影图，它可以完全确定空间几何形

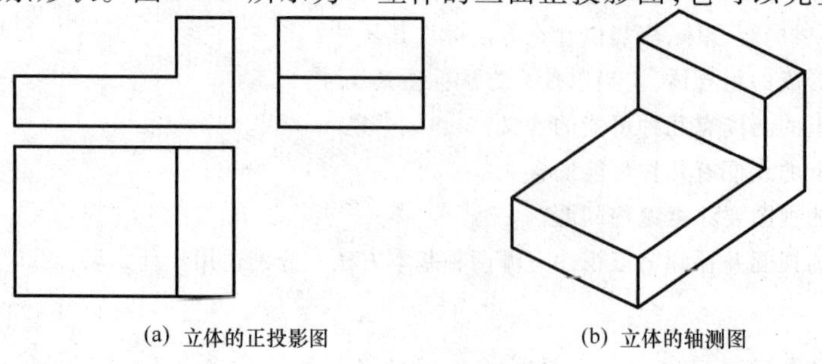

(a) 立体的正投影图　　(b) 立体的轴测图

图 5-1　立体的表达

体的形状与度量。但是,正投影图无法在同一视图上显示长、宽、高三个维度。为了便于交流设计思想,需要有一种相对准确和科学又使人很方便地读懂的图。由于轴测投影看上去比正投影图更像一幅照片,易于较快地宏观理解,所以也常被使用。图 5-1b 所示为该立体的轴测投影(简称轴测图)。轴测图虽然在表现力度和度量方面不如正投影图,但其突出的优点是具有较强的直观性,故在工程设计和工业生产中常用作辅助图样,比如经常用轴测图来表示较复杂的空间机构、传动原理、空间管路的布置和机器设备的外形等。

一、基本知识

如图 5-2 所示,用平行投影法,将物体和确定该物体空间位置的直角坐标系,按不与任一坐标面平行的投射方向 S,一起投射到投影面 P 上,即可得到轴测投影。因为投射方向 S 不与任何坐标面平行,平行于坐标面的直线或平面的投影就不会产生积聚性,所以轴测图具有较好的立体感。

在图 5-2 中,平面 P 称为轴测投影面,S 是投射方向,O_1X_1、O_1Y_1、O_1Z_1 是轴测投影轴,简称轴测轴。轴测轴之间的夹角 $\angle X_1O_1Y_1$、$\angle Y_1O_1Z_1$、$\angle Z_1O_1X_1$ 称为轴间角。

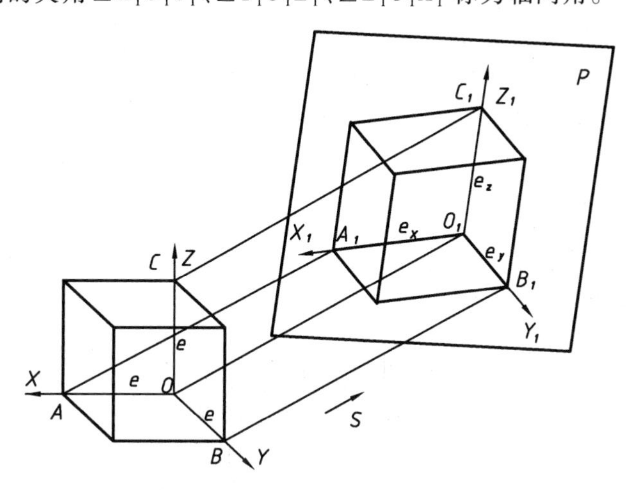

图 5-2　轴测图的形成

在空间三个坐标轴上,截取单位线段 $OA=OB=OC=e$,其轴测投影分别为 $O_1A_1=e_X$,$O_1B_1=e_Y$,$O_1C_1=e_Z$,e_X、e_Y、e_Z 称为相应轴测轴的度量单位。令:

$$\frac{e_X}{e}=p,\frac{e_Y}{e}=q,\frac{e_Z}{e}=r$$

各轴测轴的度量单位与相应空间坐标轴的度量单位之比,称为轴向伸缩系数,p、q、r 分别是沿着 O_1X_1、O_1Y_1、O_1Z_1 轴的轴向伸缩系数。

因轴测图是由平行投影得到的,所以它具有平行投影的全部性质,其中两项对于画轴测图具有特殊意义:

(1) 空间平行的两直线,其轴测投影仍保持平行;

(2) 空间平行于某坐标轴的线段,其轴测投影的长度等于该坐标轴的轴向伸缩系数与该线段长度的乘积。

根据上述性质，若已知各轴向伸缩系数，在轴测图中测量出平行于轴测轴的各线段的尺寸，用测得的尺寸除以轴向伸缩系数，即可得到空间线段的实际长度，这就是轴测投影中“轴测”两字的含义；反之，沿着轴测轴的方向测量出与空间坐标轴平行的线段的长度，也可以很方便地画出物体的轴测图。

按国家标准（GB/T 4458.3—2013）规定，轴测轴 O_1X_1、O_1Y_1、O_1Z_1 简化为 OX、OY、OZ。

二、轴测投影的种类

根据投射方向的不同，轴测投影可分为两大类：

（1）正轴测投影：投射方向垂直于轴测投影面；

（2）斜轴测投影：投射方向倾斜于轴测投影面。

在正轴测投影中，由于确定物体位置的空间坐标系与轴测投影面的相对位置不同，故其轴间角和轴向伸缩系数也不相同。根据轴向伸缩系数的不同，正轴测投影又可分为：

（1）正等轴测图，简称正等测：$p=q=r$；

（2）正二等轴测图，简称正二测：一般采用 $p=r, q=(1/2)p$

（3）正三轴测图，简称正三测：$p \neq q \neq r$。

同理，斜轴测投影也可分为斜等测、斜二测和斜三测三种。

在国家标准《机械制图 轴测图》（GB/T 4458.3—2013）中，推荐了三种轴测图：

（1）正等测（$p=q=r$）；

（2）正二测（$p=r=2q$）；

（3）斜二测（$p=r=2q$）。

三、基本作图方法

只要已知轴间角和轴向伸缩系数，就可画出轴测轴，并能根据正投影图画出其轴测图。基本作图方法是，用平行于某坐标轴的空间线段的长度乘以相应的轴向伸缩系数，即可得到该线段的轴测投影长度。

例 5-1　已知轴测轴 OX、OY、OZ 和轴向伸缩系数 p、q、r，画出点 $A(3,5,7)$ 的轴测图（图 5-3）。

作图步骤

1）沿 OX 轴量取 $Oa_X=3p$；

2）过点 a_X 作 $a_Xa /\!/ OY$，并使 $a_Xa=5q$；

3）过点 a 作 $aA_1 /\!/ OZ$，并使 $aA_1=7r$，即得到点 A 的轴测图 A_1。

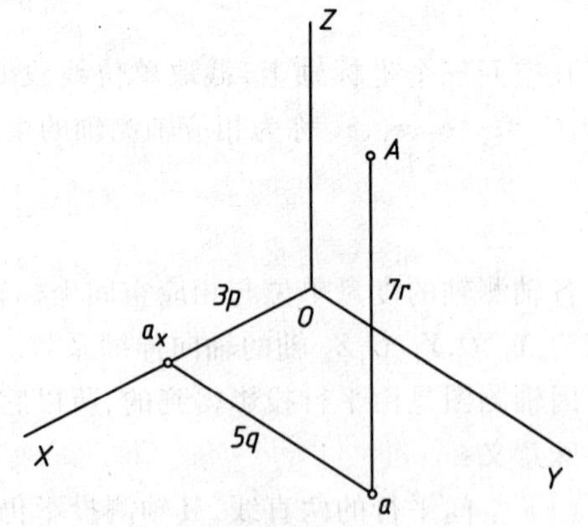

图 5-3　点 A 的轴测图

例 5-2　如图 5-4 所示，已知轴测轴 OX、OY、OZ 和轴向伸缩系数 $p=q=r=0.82$，试画出图 5-4a 所示三棱锥的轴测图。

作图步骤

1）由图 5-4a 所示的三棱锥的正投影图，测量出三棱锥的四个顶点 S、A、B、C 的坐标值；

2）根据已知轴向伸缩系数 $p=q=r=0.82$，计算出各顶点的轴测坐标值；

3）分别画出四个顶点的轴测投影 S、A、B、C；

4）将各点分别连线，并分出可见性，即得到三棱锥的轴测图（图 5-4b）。

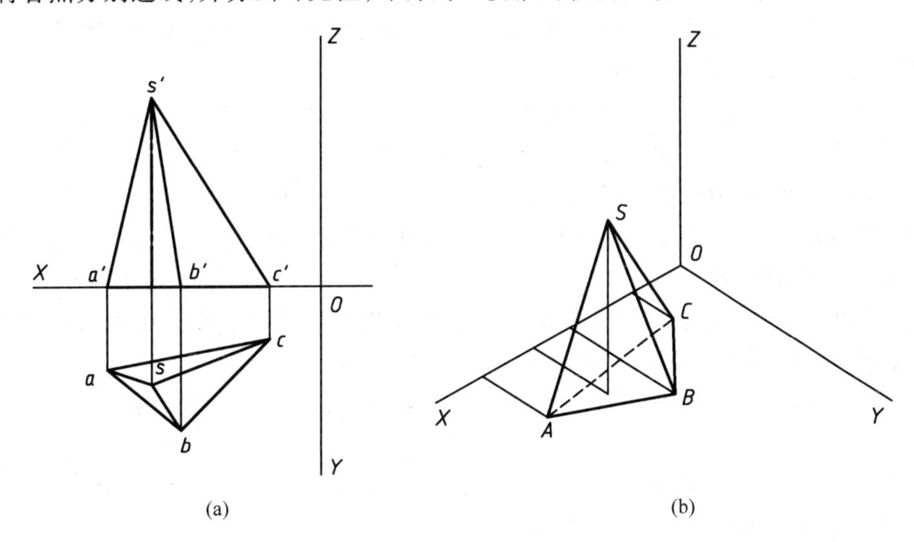

图 5-4 作三棱锥的轴测图

由以上两例可见，画线段的轴测图时，需要先画出线段端点的轴测图。而在画点的轴测图时，一定要根据点的坐标值计算出点的轴测坐标值，再沿轴测轴测量，才能画出点的轴测图。这种沿轴测量定位的方法，是画轴测图最基本的方法。

§5.2 正等轴测图

一、正等轴测图的轴间角和轴向伸缩系数

正等轴测图的投射方向垂直于轴测投影面，且空间三个坐标轴均与轴测投影面倾斜 35°16′，因此三个轴间角均相等，即 $\angle XOY=\angle YOZ=\angle ZOX=120°$。三个轴向伸缩系数也相等，即 $p=q=r=0.82$，如图5-5所示。

在作图时，通常将 OZ 轴画成竖直方向，OX、OY 轴与水平方向成 30°角。为作图方便，国家标准规定用简化的轴向伸缩系数 1 代替理论轴向伸缩系数 0.82，也就是说，凡与各坐标轴平行的尺寸，均按原尺寸画图。这样画出的轴测图，比按理论轴向伸缩系数画出的轴测图放大了约 1.22 倍，但对物体形状的表达没有影响。以后在画正等轴测图时，如不特别指明，均按简化的轴向伸缩系数作图。

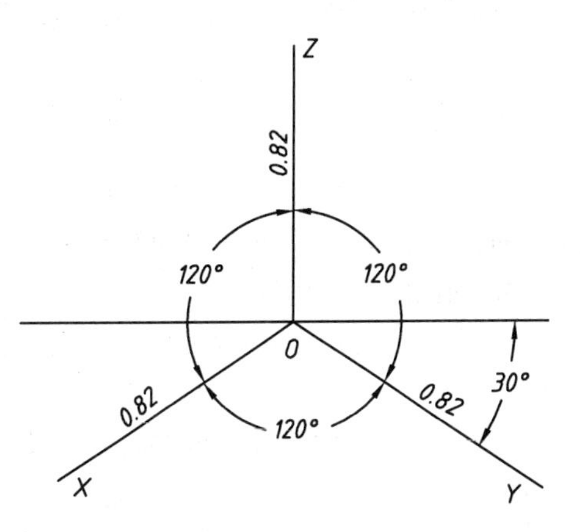

图 5-5 正等轴测图的轴间角及轴向伸缩系数

二、正等轴测图中平行于坐标面的圆的轴测投影

在正等轴测图中，由于空间各坐标面对轴测投影面的位置都是倾斜的，且各坐标面与轴测投影面的倾角均相等。所以平行于各坐标面的圆，其轴测投影均为长、短轴之比相同的椭圆。

1. 椭圆长、短轴的方向（图 5-6）

平行于 XOY 坐标面的圆，其正等测椭圆的长轴垂直于 OZ 轴，短轴平行于 OZ 轴。

平行于 XOZ 坐标面的圆，其正等测椭圆的长轴垂直于 OY 轴，短轴平行于 OY 轴。

平行于 YOZ 坐标面的圆，其正等测椭圆的长轴垂直于 OX 轴，短轴平行于 OX 轴。

综上所述：椭圆的长轴垂直于与圆所平行的坐标面垂直的那个轴测轴，短轴则平行于该轴测轴。

2. 椭圆长、短轴的大小

椭圆的长轴是圆内平行于轴测投影面的直径的轴测投影。因此，在采用轴向伸缩系数 0.82 作图时，椭圆长轴的大小为圆的直径 d，短轴的大小约等于 $0.58d$。

在采用简化轴向伸缩系数作图时，椭圆的长、短轴放大 1.22 倍。长轴约等于 $1.22d$，短轴为 $1.22\times0.58d\approx0.71d$。

在正等测中，椭圆长、短轴端点的连线与长轴约为 30°角，如图 5-7 所示。因此，只要已知长轴的大小，即可求出短轴的大小，反之亦然。

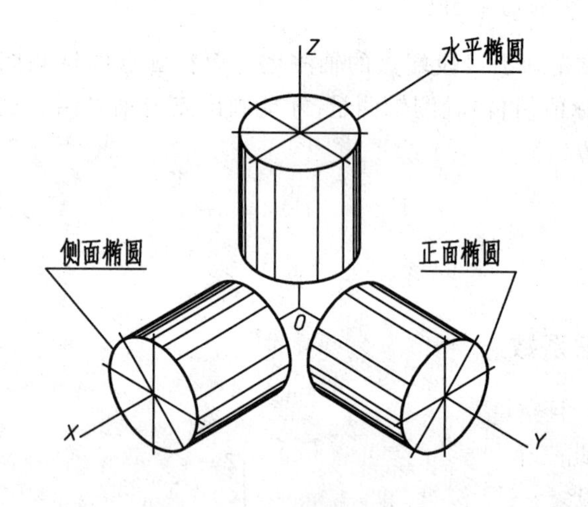

图 5-6　椭圆长、短轴的方向

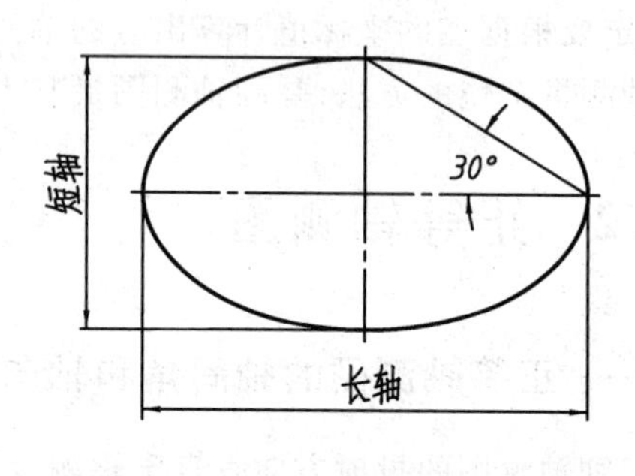

图 5-7　椭圆长、短轴的大小

图 5-8 所示为表面上有内切圆的同一立方体的轴测图。图 a 是采用轴向伸缩系数为 0.82 画出的正等轴测图，图 b 是采用简化的轴向伸缩系数 1 画出的正等轴测图。

3. 椭圆的近似画法

空间圆上一对互相垂直的直径，投影后成为轴测椭圆的两个直径，这样的一对直径称为共轭直径。

在正等测中，常用椭圆的共轭直径或长、短轴近似地画出椭圆。现以水平椭圆为例，分别介绍如下：

（1）以下给出了在正等测中，已知共轭直径绘制椭圆的方法和步骤（用简化的轴向伸缩系数作图）。

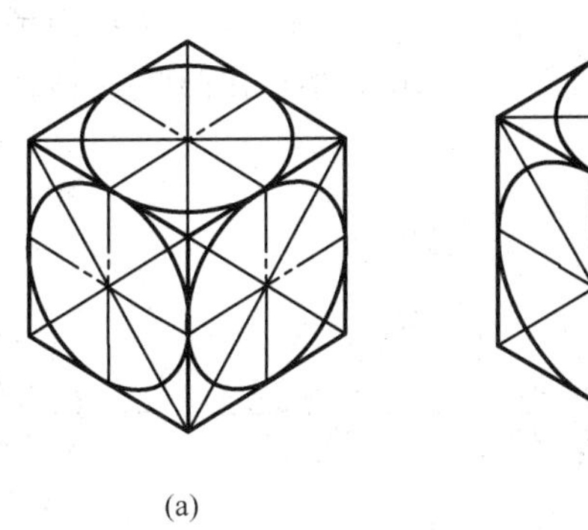

(a)

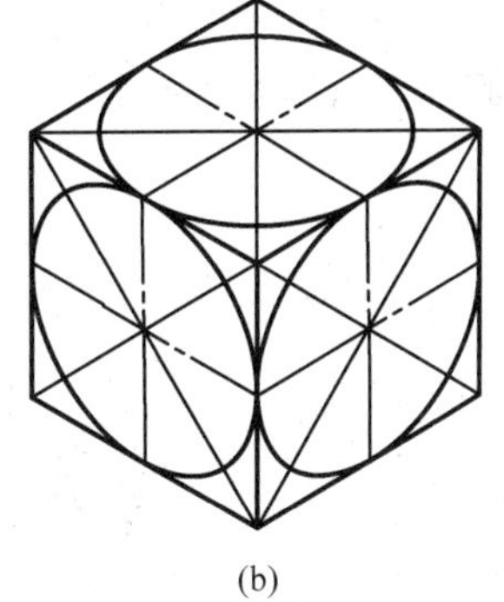

(b)

图 5-8 同一立方体三个表面内切圆的轴测图

① 已知共轭轴 AB、CD,分别过 A、B、C、D 四点作共轭轴的平行线。得到边长等于共轭轴的菱形,作菱形的对角线(图 5-9a)。

② 分别取菱形钝角的两个顶点 1、2,连接 $1C$ 及 $2D$ 并分别交长对角线于两点 3、4(图 5-9b)。

③ 以点 1 为圆心,以 $1C$ 为半径画圆弧 CB;以点 2 为圆心,以 $2D$ 为半径画圆弧 AD(图5-9c)。

④ 以点 3 为圆心,以 $3C$ 为半径画圆弧 AC;以点 4 为圆心,以 $4D$ 为半径画圆弧 BD。四段圆弧组成近似的椭圆(图 5-9d)。

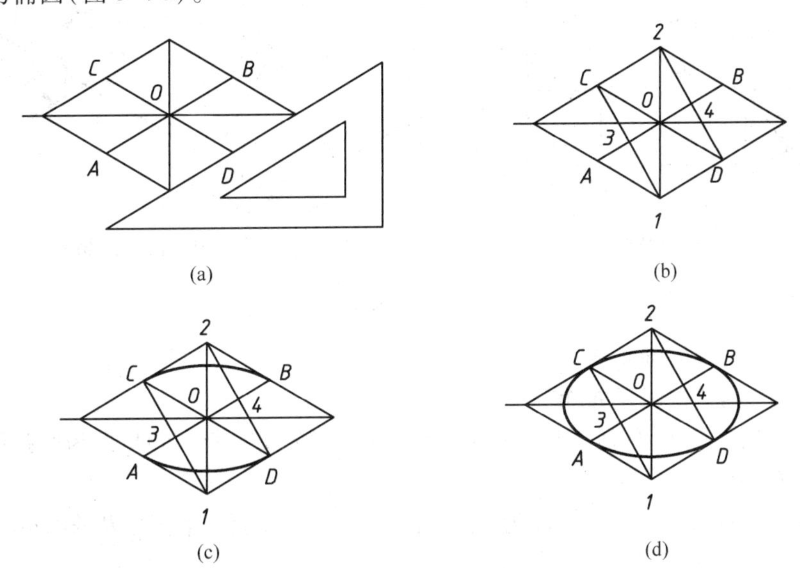

图 5-9 已知共轭直径画椭圆

(2) 以下给出了在正等测中,已知椭圆的长、短轴绘制椭圆的方法和步骤。

① 已知长轴 EF、短轴 GH,采用简化系数法作图时,长轴$\overline{EF}=1.22D$(D 为圆的直径),短轴$\overline{GH}=\overline{EF}\tan 30°$(图 5-10a)。

② 以椭圆中心为圆心,以长半轴为半径画圆,交短轴于 O_1、O_2 两点。以椭圆中心为圆心,以短半轴为半径画圆,交长轴于 O_3、O_4两点。连接 O_1O_3、O_1O_4、O_2O_3 及 O_2O_4(图 5-10b)。

③ 以 O_1 为圆心，以 O_2G 为半径作圆弧 *12*；以 O_2 为圆心，以 O_2H 为半径作圆弧 *34*；以 O_3 为圆心，以 O_3F 为半径作圆弧 *23*；以 O_4 为圆心，以 O_4E 为半径作圆弧 *14*；四段圆弧组成近似的椭圆（图 5-10c）。

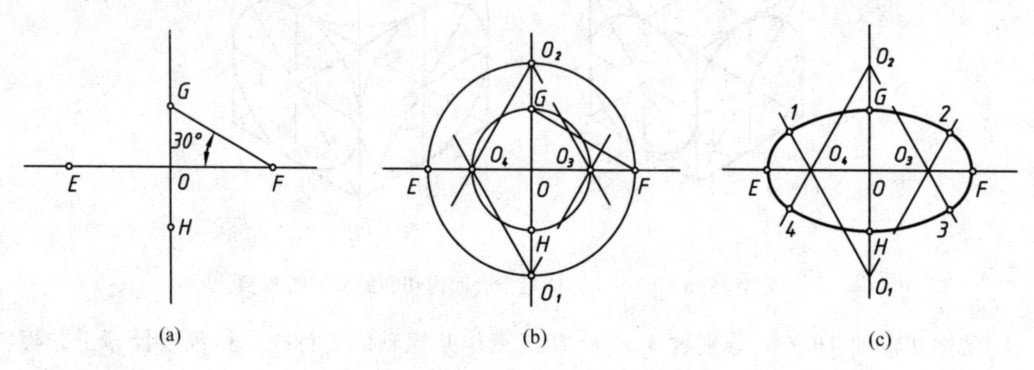

图 5-10 已知长、短轴画椭圆

4. 圆角的画法

两直线成直角的圆弧连接，其正等轴测图的画法是由已知共轭直径画近似椭圆的方法演变而来。现以水平圆角为例，说明其作图方法（图 5-11）：

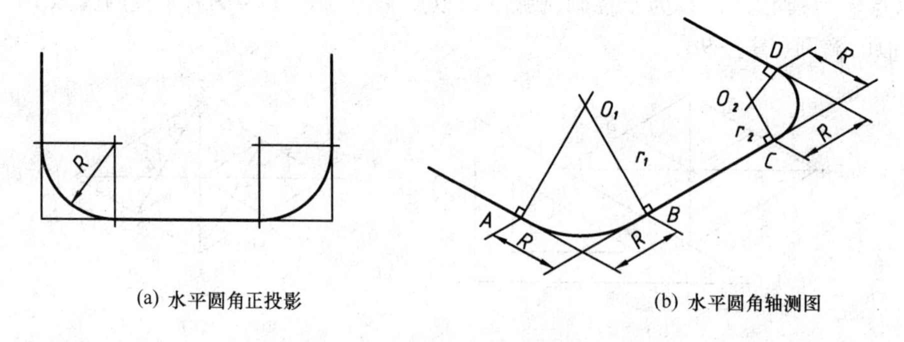

图 5-11 圆角的轴测投影

（1）画出三条直线的轴测图；

（2）沿两边分别量取半径 R，得到切点 A、B、C、D；

（3）过切点 A、B、C、D，分别作相应边的垂线，两垂线的交点 O_1 和 O_2 即为圆弧的圆心，$O_1A=O_1B=r_1$，$O_1C=O_1D=r_2$；

（4）分别以 O_1、O_2 为圆心，以 r_1、r_2 为半径画圆弧 AB、CD，即得到半径为 R 的圆角的正等轴测图。

三、正等轴测图的作图方法

首先在正投影图上选取坐标原点 O，确定 X、Y、Z 轴的方向，得到 OX、OY、OZ 轴在三个投影面上的投影 ox、oy、oz，$o'x'$、$o'y'$、$o'z'$，和 $o''x''$、$o''y''$、$o''z''$。然后，画出轴间角为 120°的正等轴测轴 O_1X_1、O_1Y_1、O_1Z_1，确认三个轴向伸缩系数相等，$p=q=r=1$。最后，根据正投影图上平面立体各顶点的坐标，或曲面立体各特殊点的坐标，依次在轴测图中绘出这些点，并进行连接，即可得到立体的轴测图。立体的不可见轮廓线（细虚线）一般不必画出。

根据物体在正投影图上的坐标，画出物体的轴测图，称为坐标法，这是画轴测图的基本方法。

由于物体的形状不同，除坐标法外，尚有切割法、堆积法、综合法等。这些方法的选用应根据物体的形状特点确定，以使作图最为简便。

例 5-3　根据图 5-12 所示六棱柱的三视图，画出其正等轴测图。

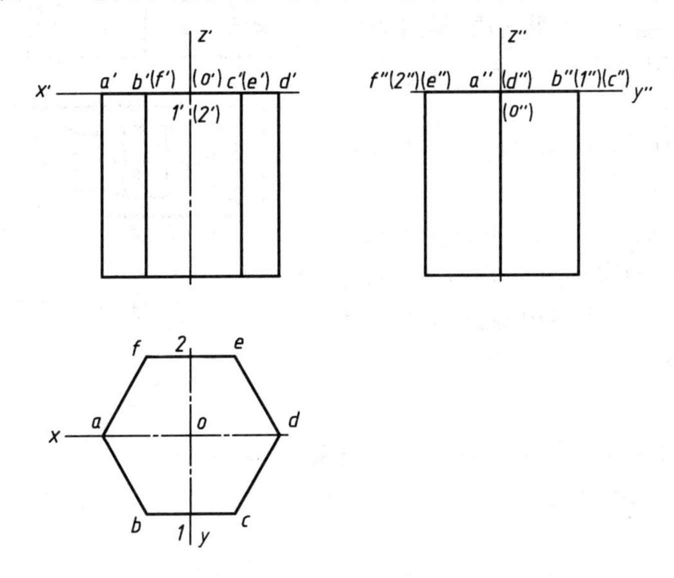

图 5-12　六棱柱的正投影图

分析　六棱柱共有十二个顶点，其上、下底面均为正六边形。只要把各顶点的轴测投影画出，再连接相应顶点，即可画出其轴测图。为作图方便，坐标原点取在上底面中心，使 OZ 轴与六棱柱的轴线重合。

作图步骤

1）在正投影图上选取坐标原点 O，建立坐标系 $OXYZ$（图 5-12）；

2）画出正等轴测图中的轴测轴 O_1X_1、O_1Y_1、O_1Z_1，定出上、下底面的位置（图 5-13a）；

3）沿 X 轴方向截取六边形对角线长度得两点 A、D，在 Y 轴方向截取六边形对边宽度得两点 1、2（图 5-13b）；

4）分别过两点 1、2 作 $BC /\!/ EF /\!/ OX$ 并使 $BC = EF =$ 正六边形的边长，连接 A、B、C、D、E、F 各顶点得六棱柱的顶面（图 5-13c）；

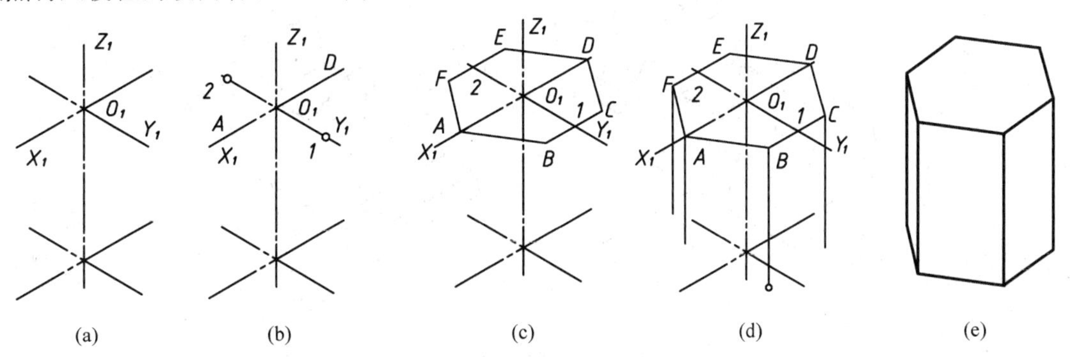

图 5-13　六棱柱轴测图的作图过程

5）自顶面各顶点分别向下作平行于 OZ 轴的六条线，并使其长度皆为六棱柱的高，得底面各顶点（图 5-13d）；

6）连接出底面，擦去不可见线段、轴测轴及其他多余的线，描深可见轮廓线，完成六棱柱的正等轴测图（图 5-13e）。

例 5-4 试画出图 5-14 所示切割立体的正等轴测图。

分析 图 5-14 所示的立体是由长方体切割而成，所以采用切割法画它的轴测图较为方便。为作图简便，将原点取在底面中心上，并将 OZ 轴与对称中心线重合。

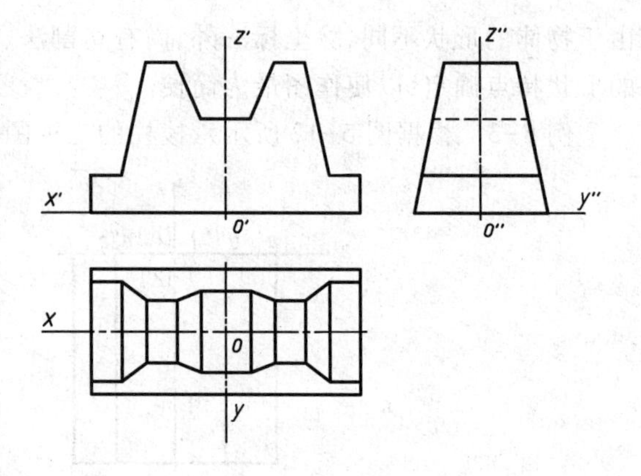

图 5-14 切割立体的三视图

作图步骤

1）在正投影图上选取坐标原点 O，建立坐标系 $OXYZ$（图 5-14）；

2）画出正等轴测图中的轴测轴 O_1X_1、O_1Y_1、O_1Z_1，并按立体的外形尺寸长、宽、高画出长方体（图 5-15a）；

3）沿 Y 轴方向截取顶面的 Y 向宽度尺寸，切去前、后表面的多余部分（图 5-15b）；

4）按尺寸沿 X 轴切去左、右两角和上部中间缺口（图 5-15c）；

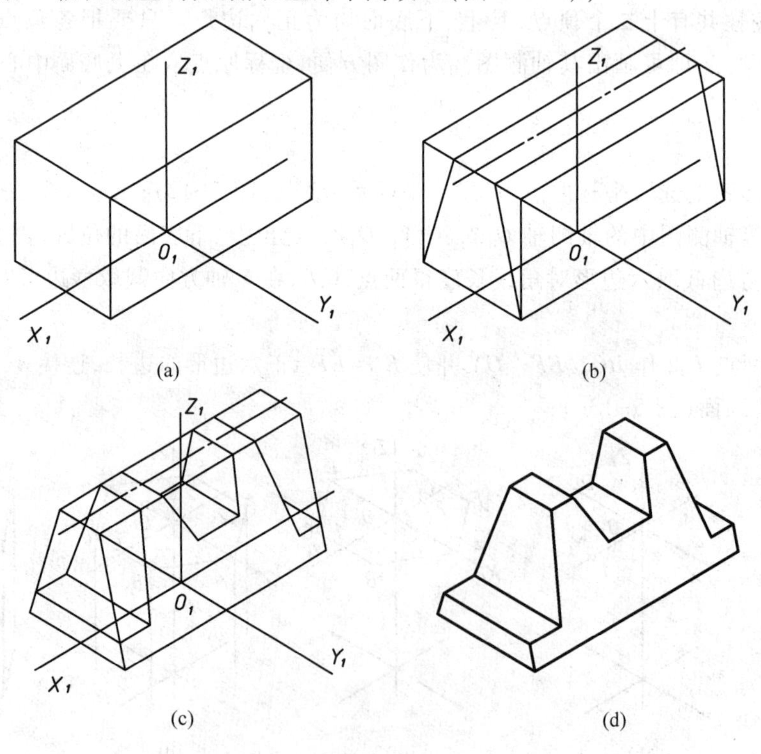

图 5-15 切割立体轴测图的作图过程

5）擦去作图线及不可见的线，加深可见轮廓线，完成轴测图（图 5-15d）。

当学习者对画轴测图掌握得比较熟练时，可不必画出轴测轴而直接画出物体的轴测图。此时物体上平行于坐标轴的方向在轴测图上仍是轴测轴的方向。

例 5-5 画出图 5-16a 所示被截切圆柱的正等轴测图。

分析 该圆柱被侧平面 P 所截，其交线为一矩形；被正垂面 Q 所截，其交线为一段椭圆弧加直线；两截平面相交于直线 CD。

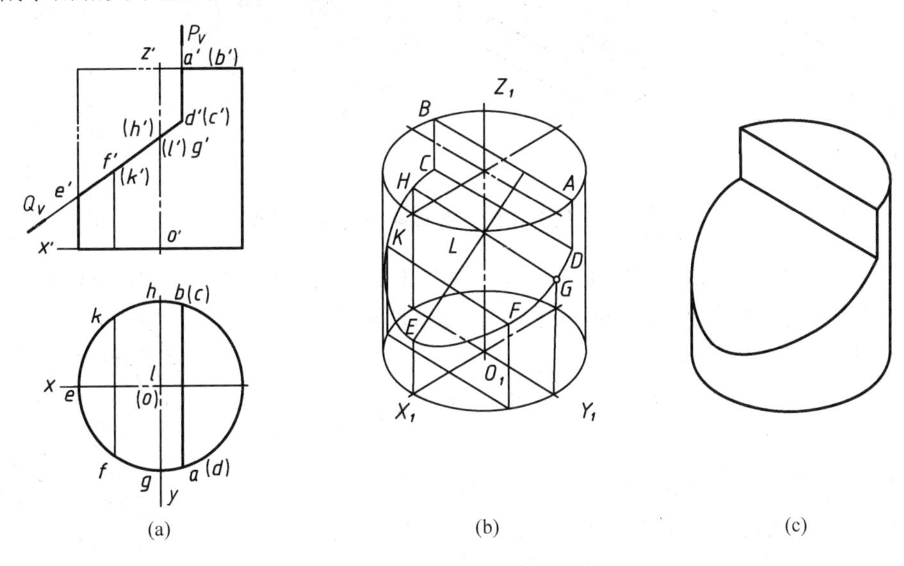

图 5-16 被截切圆柱的正等轴测图

作图步骤

1）在正投影图中选择坐标系，如图5-16a所示。

2）画出正等轴测图中的轴测轴 O_1X_1、O_1Y_1、O_1Z_1，如图 5-16b 所示；

3）由坐标关系，确定平面 P 所截矩形 $ABCD$ 的各顶点，并连出该矩形，如图 5-16b 所示；

4）由坐标关系，确定平面 Q 所截椭圆弧和直线上各点 D、G、F、E、K、H、C，并光滑连接出该椭圆弧，如图 5-16b 所示；

5）擦去作图线及不可见的线，加深可见轮廓线，完成轴测图，如图 5-16c 所示。

例 5-6 画出图 5-17 所示组合体的正等轴测图。

分析 该立体由底板和立板两部分组合而成。底板上有两个轴线为铅垂线的圆孔和两个圆角；立板上半部分为半圆柱，并有一圆孔，半圆柱与圆孔同轴，轴线为正垂线。画该轴测图时，可采用堆积法。

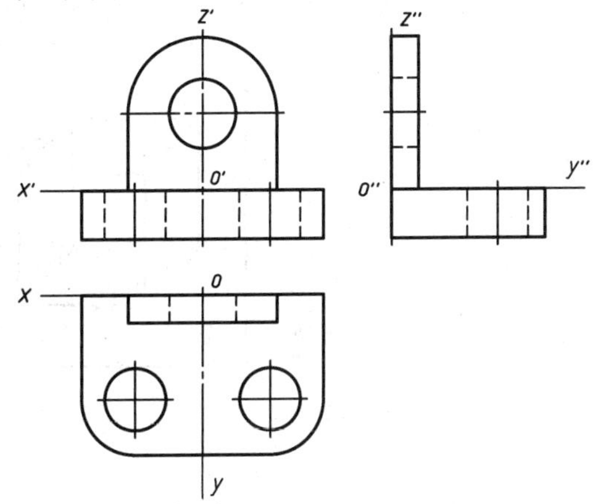

图 5-17 组合体的三视图

作图步骤

1）在正投影图中选择坐标系，如图5-17

所示。

2）画出正等轴测图中的轴测轴，画底板和立板的外切长方体图，如图 5-18a 所示。

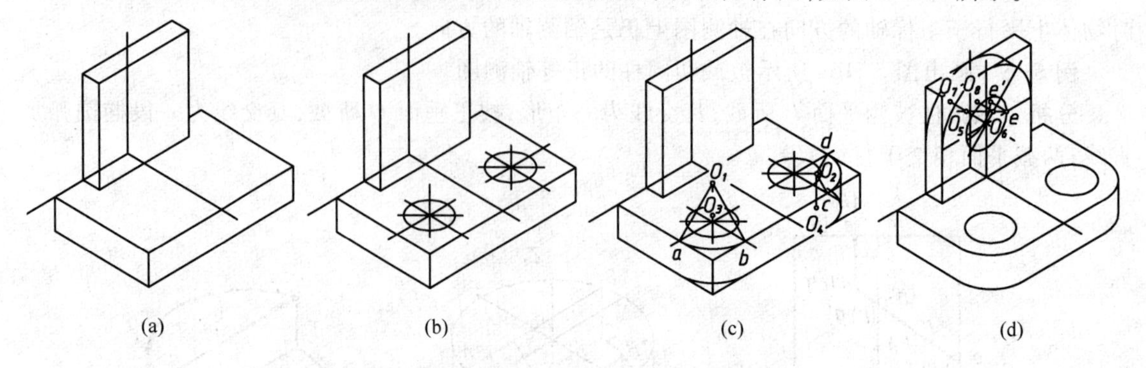

图 5-18　组合体的正等轴测图的作图过程

3）画底板上的两小圆柱孔：作出上表面两椭圆中心，画出两平行于 *XOY* 坐标面的椭圆（具体作图方法可参见前面“椭圆的近似画法”；下表面两椭圆被遮挡，不必作出），如图 5-18b 所示。

4）画底板上的圆角（作图方法参见图 5-11），如图 5-18c 所示。

5）画立板上部的半圆柱和圆孔：作出前表面上的圆心，画出平行于 *XOZ* 坐标面的椭圆和椭圆弧；再画出后表面上的椭圆和椭圆弧，注意立板上部半圆柱的右上角需画出两椭圆的 *Y* 方向公切线，如图 5-18d 所示。

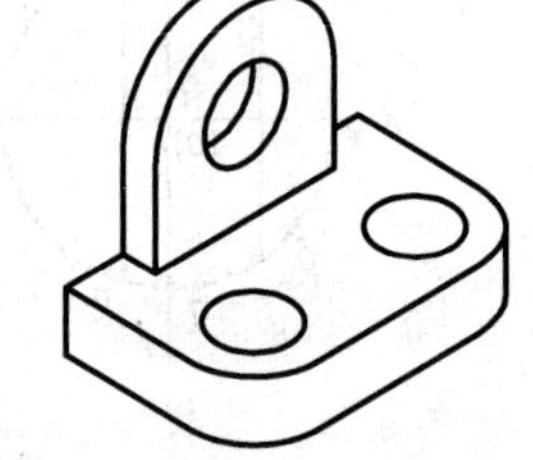

图 5-19　组合体的正等轴测图

6）擦去作图线及不可见的线，加深可见轮廓线，完成轴测图，如图 5-19 所示。

§5.3　斜二等轴测图

用平行斜角投影法得到的轴测投影称为斜轴测投影，如图 5-20 所示。斜轴测投影通常将平

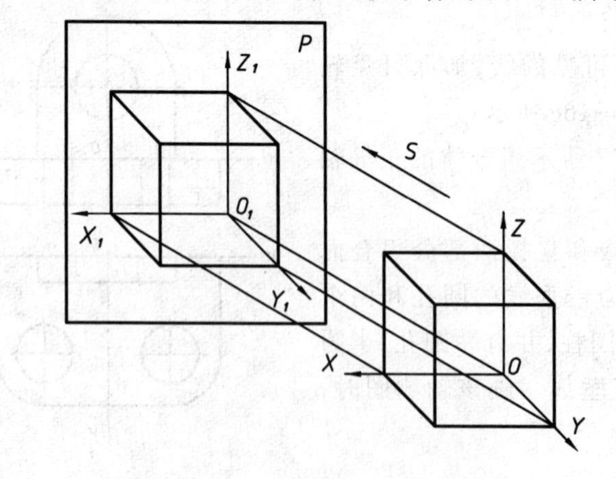

图 5-20　斜轴测投影的形成

行于坐标面 XOZ 的平面选为轴测投影面 P，同时投射方向 S 不得平行于任何坐标面，以确保图形的立体感。

一、斜二等轴测图的轴间角和轴向伸缩系数

本节所讲的斜二等轴测图，就是以平行于 XOZ 坐标面的平面 P 作为轴测投影面的。这样，凡是平行于 XOZ 坐标面的平面图形，在斜二等轴测图上均反映实形。

在图 5-21 中，以平行于 XOZ 的 P 面作为轴测投影面，O_1O 是投射方向，O_1X_1、O_1Y_1、O_1Z_1 是轴测轴。O_1X_1 轴与 O_1Z_1 轴成直角，且 O_1X_1 和 O_1Z_1 的轴向伸缩系数 $p=r=1$。O_1Y_1 轴与 O_1X_1 轴的轴间角为 α，O_1Y_1 的轴向伸缩系数是 O_1Y_1/OY。

在图中不难看出，在平面 P 上移动 O_1 点就可得到另一个新的轴测坐标系。若 O_1 点沿 O_1Y_1 轴移动，其 α 角没有改变，而 O_1Y_1 轴的轴向伸缩系数发生变化；若 O_1 点绕 OY 轴旋转，则 OY 轴的轴向伸缩系数不发生变化，而改变了 α 角。

因此，在正面斜二等轴测图中，可以独立地选择 O_1Y_1 轴方向的轴向伸缩系数 q 和轴间角 $\angle X_1O_1Y_1$ 的大小。

《机械制图 轴测图》国家标准中规定：轴测轴 O_1X_1、O_1Y_1、O_1Z_1 简化为 OX、OY、OZ；并规定了斜二等轴测图的轴向伸缩系数：$p=r=1$，$q=0.5$；轴间角：$\angle XOZ=90°$，$\angle XOY=\angle YOZ=135°$，如图 5-22 所示。

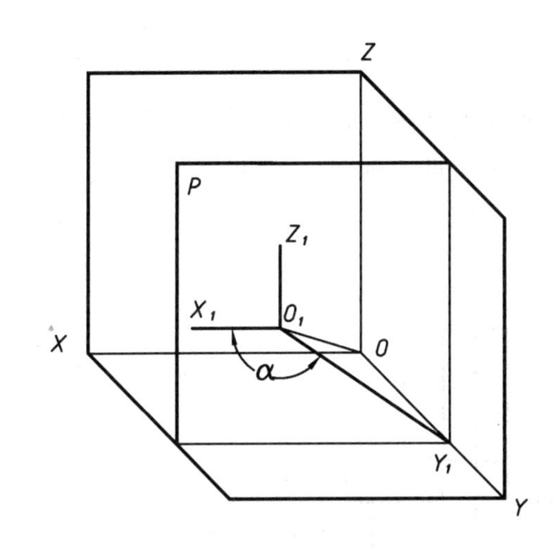

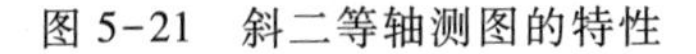

图 5-21 斜二等轴测图的特性

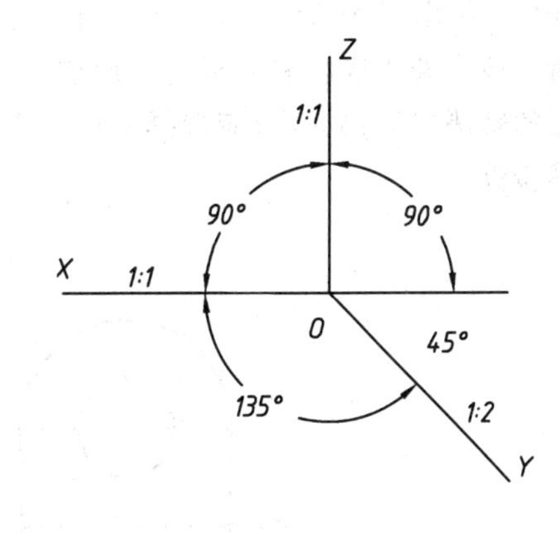

图 5-22 斜二等轴测图的轴间角及轴向伸缩系数

二、斜二等轴测图中平行于坐标面的圆的轴测投影

图 5-23 表示平行于各坐标面的圆的斜二等轴测图。因为轴测投影面平行于 XOZ 坐标面，所以平行于 XOZ 坐标面的圆，其轴测投影仍为原来大小的圆。如果所画物体仅在一个方向上有圆，画斜二测时，把圆放置在平行于 XOZ 面就可以避免画椭圆，这是斜二测的一个优点。

而平行于 XOY 和 YOZ 坐标面的圆，其斜二等轴测投影为长、短轴大小相同的椭圆。椭圆长轴的方向与相应坐标轴方向的夹角约为 7°，偏向于椭圆外切平行四边形的长对角线一边，短轴

垂直于长轴。长轴大小约为 1.06d，短轴大小约为 $d/3$。在图 5-24 中，以水平椭圆为例，说明了椭圆的画法。

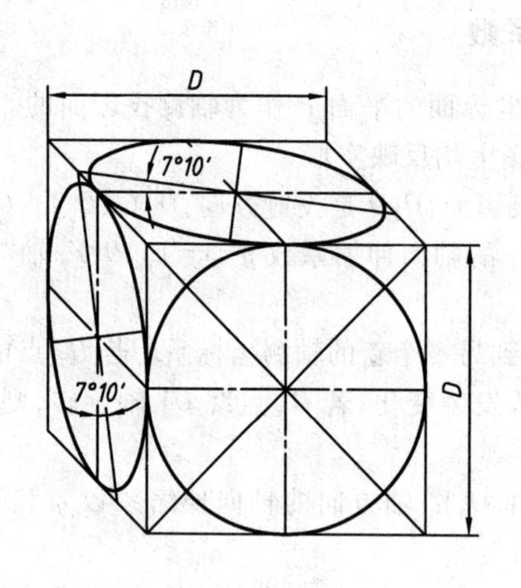

图 5-23　斜二等轴测图中平行于坐标面的圆的轴测投影

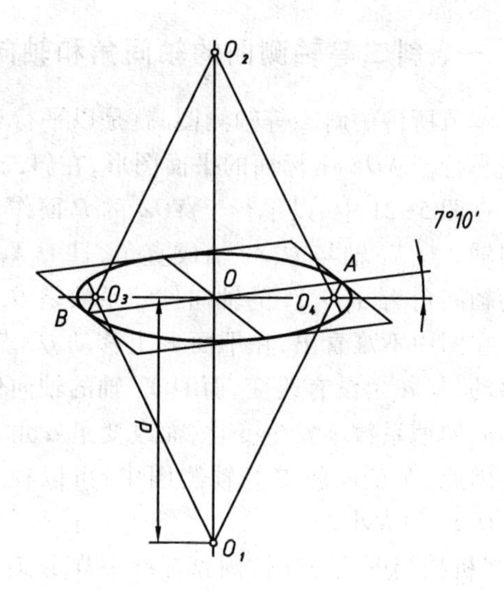

图 5-24　斜二等轴测图中水平椭圆的画法

三、斜二等轴测图的作图方法

例 5-7　画出图 5-25 所示支架的斜二等轴测图。

分析　该支架由底板和立板组合而成，立板上半部分为半圆柱，并有一通孔。为方便作图，使所有圆的轴测投影仍为圆，应选择平行于 XOZ 坐标面的平面为轴测投影面。

作图步骤

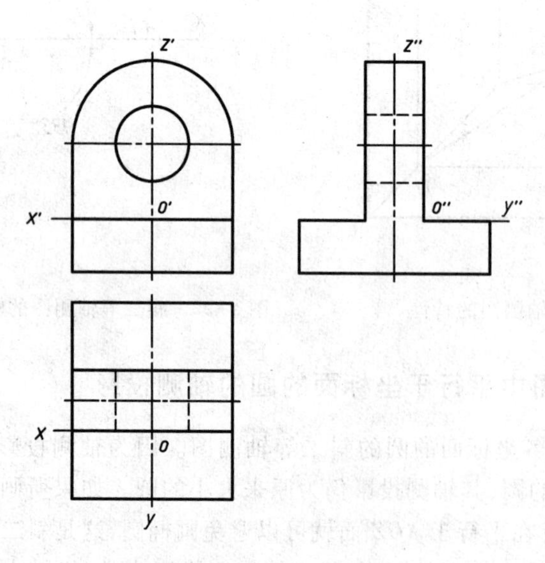

图 5-25　支架的三视图

1）在正投影图中选定坐标系，如图 5-25 所示。

2）画斜二等轴测图的轴测轴（注意 $q=0.5$），如图 5-26a 所示。

3）根据坐标关系确定圆孔的圆心 O_2，并画出立板的前表面，如图 5-26a 所示。

4）由 O_2 沿 Y 轴向后量取 $O_2O_3=1/2$ 板厚，得到圆心 O_3，画出与前表面相同的后表面（被遮挡的部分不必画出）。注意立板半圆柱的右上角需画出两半圆的 Y 方向公切线，如图 5-26a 所示。

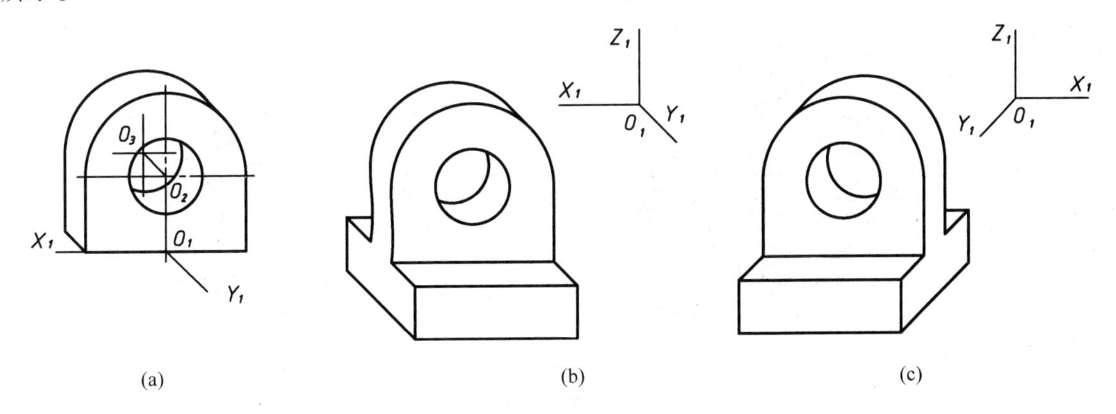

图 5-26 支架斜二等轴测图的作图过程

5）画出底板，擦去作图线及不可见的线，加深可见轮廓线，完成支架的斜二等轴测图，如图 5-26b所示。

该支架的斜二等轴测图也可画成图 5-26c 所示的形式。

例 5-8 试绘制图 5-27 所示轴套的斜二等轴测图。

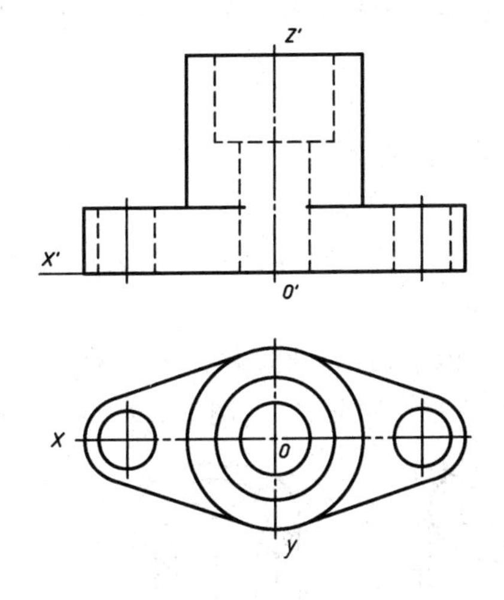

图 5-27 轴套的视图

分析 该立体由圆柱和底板组成，在底板的左、右两端有部分圆柱面和圆孔，沿圆柱的轴线有阶梯孔。所有圆和圆弧都平行于底板表面，在画它的斜二等轴测图时，可将该平面放置于与正平面平行的位置，这样可以避免画椭圆，作图较方便。

作图步骤

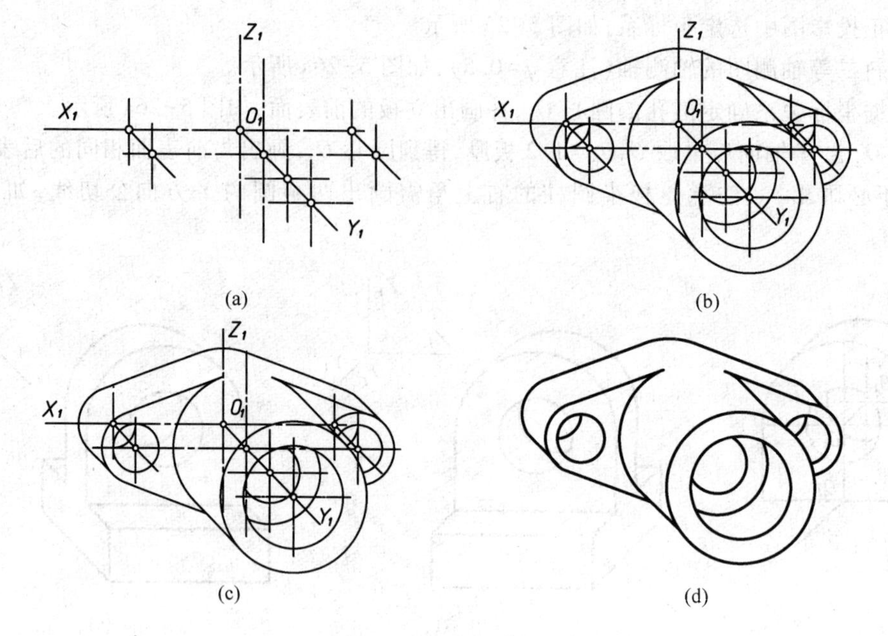

图 5-28　轴套轴测图的作图过程

1）在正投影图中选定坐标系，如图 5-27 所示；

2）画出斜二等轴测图的轴测轴，在 Y 轴方向上定出各圆的圆心位置，如图 5-28a 所示；

3）画出各圆及圆弧，如图 5-28b 所示；

4）画出各圆柱面的界限素线及切线，如图 5-28c 所示；

5）擦去作图线及不可见的线，加深可见轮廓线，完成轴套的斜二等轴测图，如图 5-28d 所示。

§5.4　轴测图的剖切画法

为了在轴测图上表达物体外部形状的同时也能够表达其内部形状，可假想用剖切平面将物体的一部分剖去，再画出它的轴测图。

剖切平面应当平行于空间坐标平面，并通过物体的对称平面或通过内部孔等结构的轴线。一般切去物体的二分之一（图 5-29a）、四分之一（图 5-29b）或八分之一（图 5-29c）。

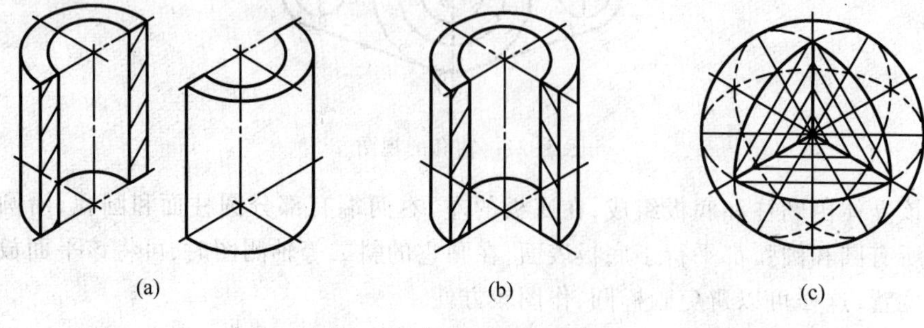

图 5-29　轴测图剖切的画法

被剖切平面切到的部分应画出剖面线，剖切平面平行于不同的坐标面时剖面线的方向是不同的。剖面线与各轴测轴的交点到原点的距离与该轴的轴向伸缩系数相关。图 5-30a 表示了正等轴测图上剖面线的画法，图 5-30b 所示为斜二等轴测图上剖面线的画法。在剖切的轴测图的右上角常画出迹线三角形的角标（图 5-32b）。

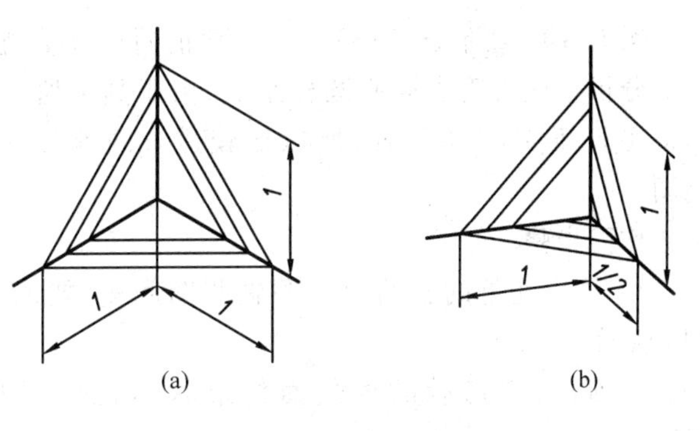

图 5-30　轴测图剖面线的画法

画剖切的轴测图通常有两种方法：

方法一：先画出物体完整的轴测图，然后按选定的剖切位置画出断面轮廓，将被剖切掉的部分擦去，在截断面上画出剖面线（见例 5-9）。

方法二：先画出截断面的轴测投影，然后分别画出其余可见部分的轴测投影（见例 5-10 画法二）。

例 5-9　绘制图 5-31 所示支座的正等轴测图，并剖切去前方四分之一。

分析　该支座由圆柱、底板及两肋板组成。底板上有四个圆孔，中间有一个与圆柱同轴的通孔。在画该支座的剖切的轴测图时，剖切平面会切到肋板。国家标准规定：当剖切平面通过物体的肋板等结构的纵向对称平面时，这些结构不画剖面线，而用粗实线将它们与相邻部分分开。

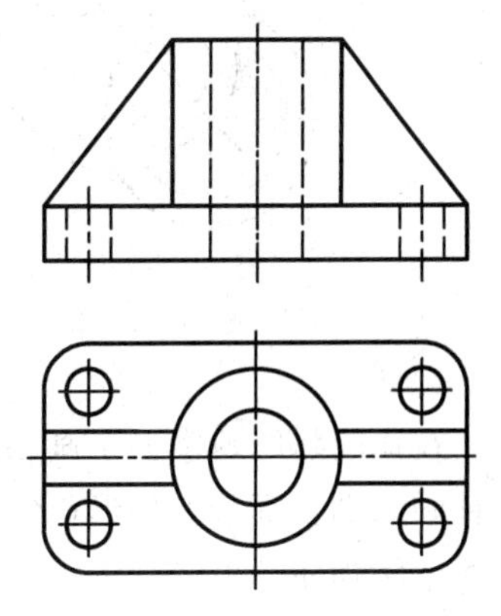

图 5-31　支座的正投影图

作图步骤

1）画出完整的支座正等轴测图底稿，如图 5-32a 所示；

2）剖去四分之一，补画剖切后中间孔下部的可见部分，画剖面线，如图 5-32b 所示；

3）擦去多余的线，描深可见轮廓线，完成支座轴测剖视图，如图 5-32b 所示。

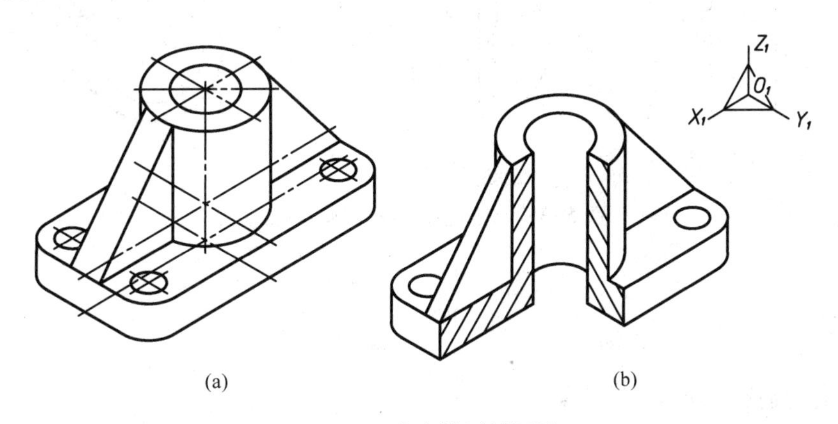

图 5-32　支座轴测剖视图

例 5-10　绘制图 5-33 所示套筒的斜二等轴测图，并剖切去上方四分之一。

分析　该套筒由同心圆柱组成，由于其上所有的圆都平行于 *YOZ* 坐标面，所以比较适合画斜二等轴测图。

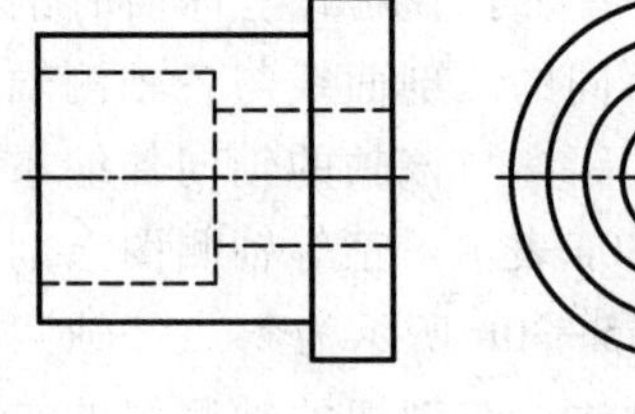

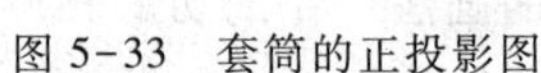

图 5-33　套筒的正投影图

作图步骤

1）画出完整的套筒斜二等轴测图底稿，如图 5-34a 所示；

2）画出剖切后的截断面的形状，如图 5-34b 所示；

3）补画剖切后暴露出的轮廓线，如图 5-34c 所示；

4）画剖面线，擦去多余的线，描深可见轮廓线，完成套筒轴测剖视图，如图 5-34c 所示。

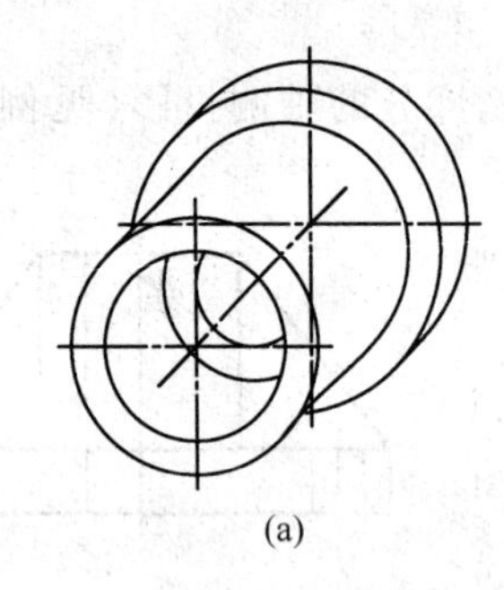

(a)

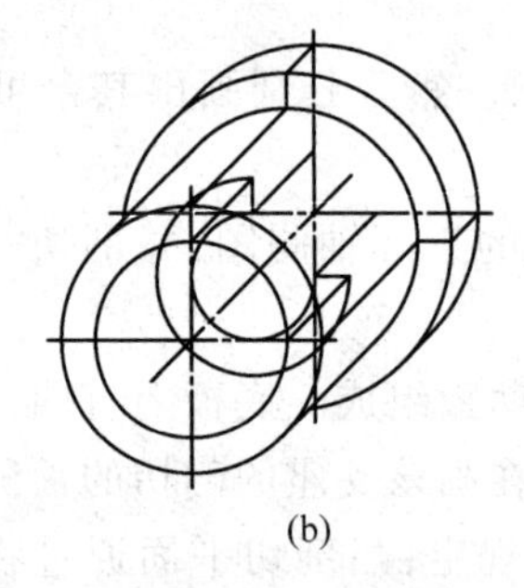

(b)

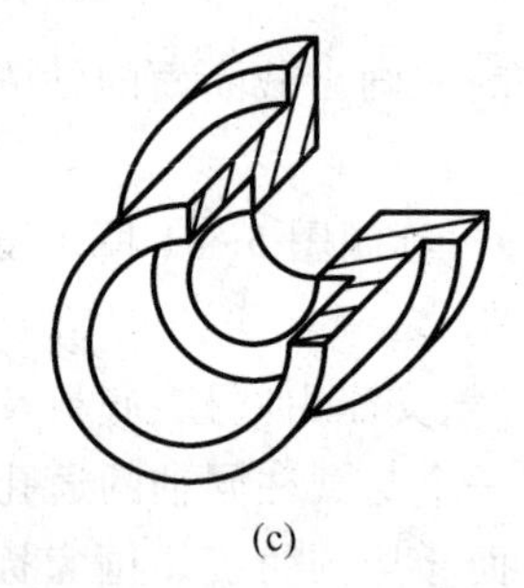

(c)

图 5-34　套筒轴测剖视图画法（一）

在比较熟练地掌握了画轴测图的方法后，可先画出剖切后的截断面的形状（图 5-35a），然后再补画未剖去部分的外形（图 5-35b）。这样的方法可以减少不必要的作图线，加快作图速度，如图 5-35c 所示。

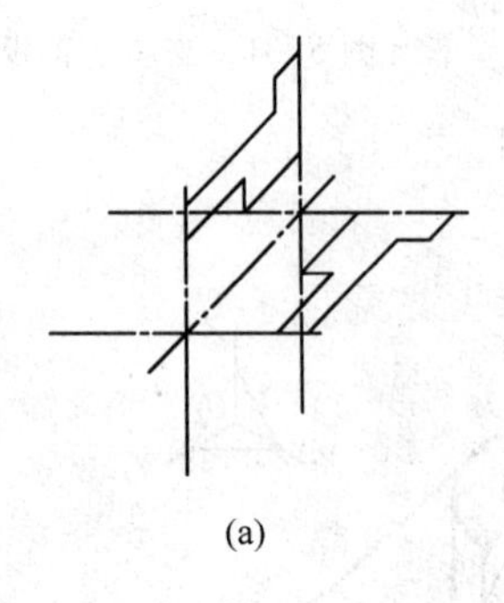

(a)

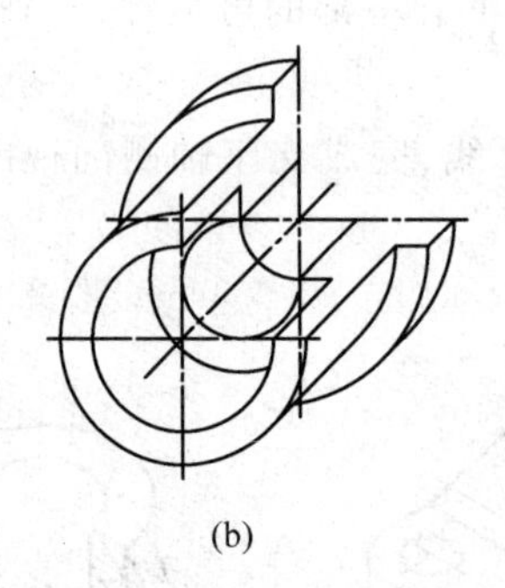

(b)

(c)

图 5-35　套筒轴测剖视图画法（二）

本章小结

1. 轴测投影的基本概念。

2. 轴测投影的种类和基本作图方法。

3. 正等轴测投影的轴间角和轴向伸缩系数。

4. 正等轴测投影中平行于坐标面圆的投影、正等轴测图的作图方法。

5. 斜二等轴测投影的轴间角和轴向伸缩系数。

6. 斜二等轴测图的作图方法。

复习思考题

1. 轴测图的主要优点是__________较强。

2. 轴间角是各__________之间的夹角。

3. 根据投射方向的不同,轴测投影可分为__________、__________两大类。

4. 正等轴测图的轴间角为__________,其理论轴向伸缩系数为__________,简化轴向伸缩系数为__________。

5. 斜二等轴测图的轴间角为______________、______________、______________,轴向伸缩系数为____=____=____、____=____。

6. 斜二等轴测图的主要优点是,如果所画物体仅在一个方向上有圆,把圆放置在平行于__________面的位置上,就可以避免画椭圆。

7. 画剖切的轴测图通常有两种方法:第一种方法是先画出物体__________轴测图,然后按选定的剖切位置画出__________,将__________的部分擦去,在截断面上画出__________;第二种方法是先画出__________的轴测投影,然后分别画出__________的轴测投影。

第六章　图样画法

本章学习目标

1. 掌握基本视图的画法及其配置，掌握向视图、局部视图和斜视图的画法和标注；
2. 掌握剖视图的概念、种类、画法、标注及其剖切平面的种类；
3. 掌握断面图的概念、种类、画法、标注（注意省略标注的情况）；
4. 掌握局部放大图的画法和标注；
5. 了解和掌握常用的简化画法和其他规定画法；
6. 要求初步做到恰当地选择和配置视图。

本章学习内容

1. 基本视图及其配置，向视图、局部视图和斜视图；
2. 剖视图的概念、种类、画法、标注；
3. 剖切平面的种类；
4. 断面图的概念、种类、画法、标注；
5. 局部放大图、常用的简化画法和其他规定画法。

在工程实际中，由于物体的作用不同，物体的结构形状是多种多样的。为了正确、完整、清晰地表达物体内部和外部的结构形状，国家标准《技术制图 图样画法》中规定了绘制图样的基本方法。

本章将介绍国家标准关于视图、剖视图、断面图、局部放大图以及其他规定画法和简化画法的最新规定。

§6.1　视图

用正投影法所绘制出物体的图形称为视图。

视图主要用于表达物体的外部结构和形状。为了便于看图，视图一般只画出物体的可见部分，必要时才用细虚线表达其不可见部分。

视图的种类有基本视图、向视图、局部视图和斜视图。

一、基本视图

为了分别表达物体上、下、左、右、前、后六个基本投射方向的结构形状，国家标准中规定采用与基本投射方向垂直的六个面作为六个投影面，称为基本投影面。物体在各基本投影面上的投影称为基本视图，规定正立投影面不动，其余各基本投影面按图 6-1 所示的方法，展开到正立投影面所在的平面上。六个基本视图的配置关系如图 6-2 所示。在同一张图纸内按图 6-2 所示配置视图时，可不标注视图的名称。

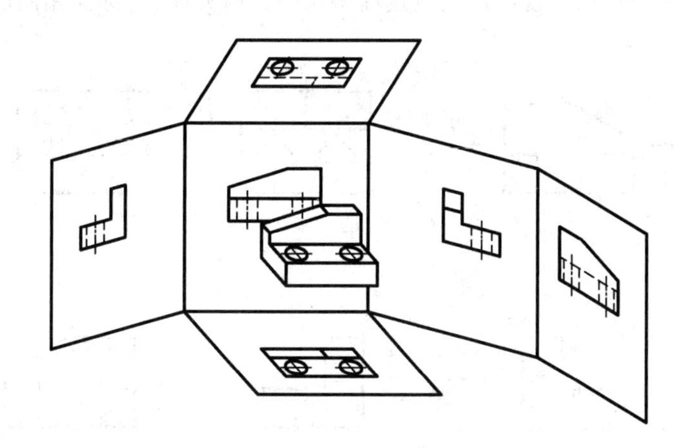

图 6-1 六个基本视图

六个基本视图分别是：

主视图——由物体的前方向后投射得到的视图（A 图）；

俯视图——由物体的上方向下投射得到的视图（B 图）；

左视图——由物体的左方向右投射得到的视图（C 图）；

右视图——由物体的右方向左投射得到的视图（D 图）；

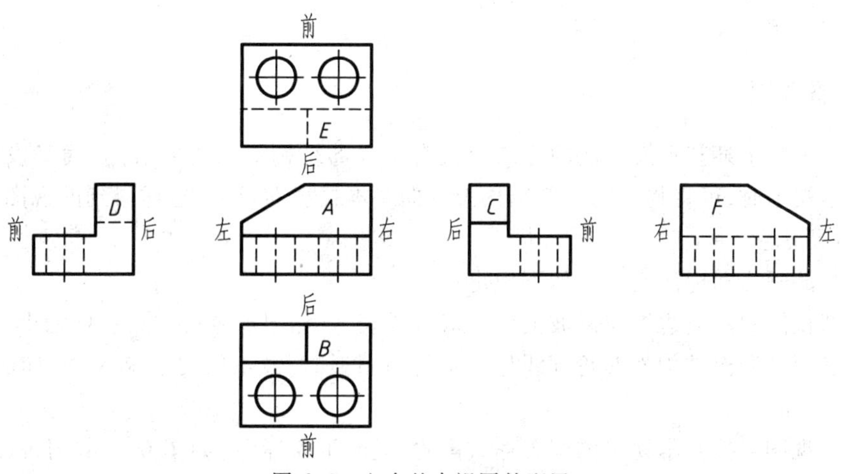

图 6-2 六个基本视图的配置

仰视图——由物体的下方向上投射得到的视图(E 图);

后视图——由物体的后方向前投射得到的视图(F 图)。

六个基本视图的度量关系仍遵守“三等”规律;方位对应关系仍然是:左、右、俯、仰视图靠近主视图的一边代表物体的后面,而远离主视图的一边代表物体的前面,如图 6-2 所示。没有特殊情况,优先选用主、俯和左视图。

二、向视图

向视图是可以自由配置的视图。其表达方式如图 6-3 所示。在向视图的上方标注“×”(“×”为大写拉丁字母);在相应视图的附近用箭头指明投射方向,并标注相同的字母。

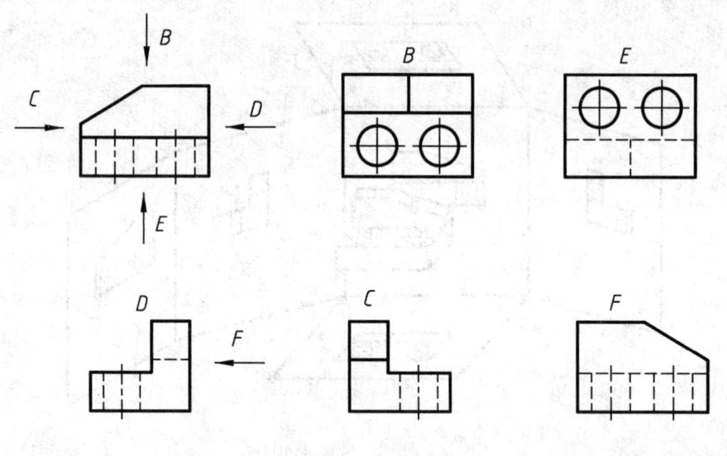

图 6-3　向视图

在实际应用时,要注意以下几点:

(1) 向视图是基本视图的另一种表现形式,它们的主要差别在于视图的配置发生了变化。所以,在向视图中表示投射方向的箭头应尽可能配置在主视图上,以使所获视图与基本视图相一致。而绘制以向视图方式表达的后视图时,应将投射箭头配置在左视图或右视图上。

(2) 向视图的视图名称“×”为大写拉丁字母,无论是在箭头旁的字母还是视图上方的字母,均应与读图方向相一致,以便于识别。

三、局部视图

当物体在平行于某基本投影面的方向上仅有某局部结构形状需要表达,而又没有必要画出其完整的基本视图时,可将物体的局部结构形状向基本投影面投射,这样得到的视图称为局部视图,如图 6-4 所示。

局部视图的画法和标注应符合如下规定:

(1) 局部视图的断裂边界应以波浪线或双折线表示,如图 6-4a、b 中的 *A* 视图。

(2) 当表示的局部结构外形轮廓线呈完整封闭图形时,波浪线可省略不画,如图 6-4a 中的 *B* 视图。

(3) 局部视图可按基本视图的配置形式配置,这时不需标注(如图 6-7 的俯视图)。也可按向视图的配置形式配置并标注,如图 6-4a 所示。

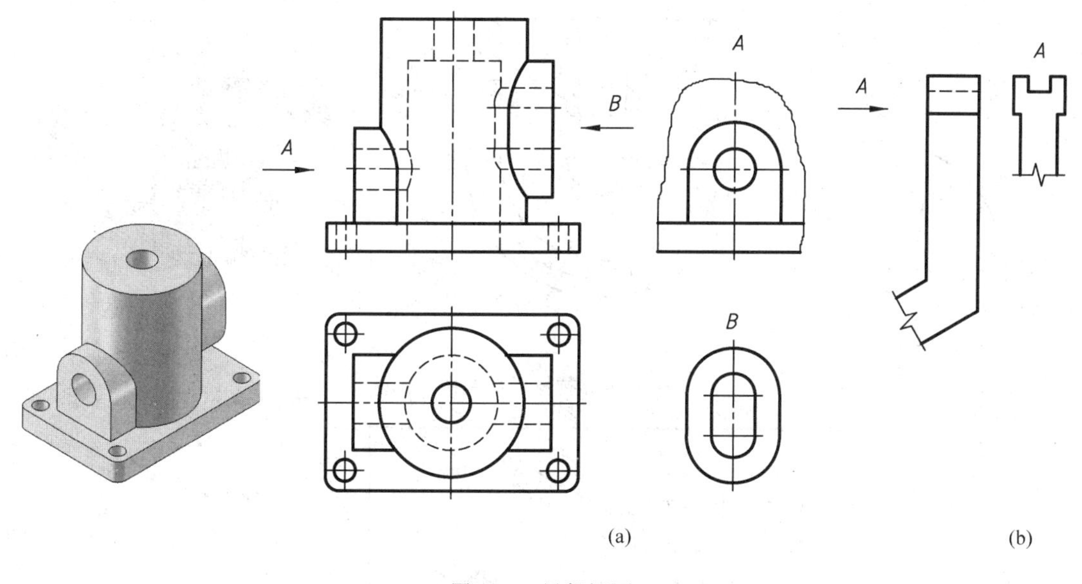

图 6-4 局部视图

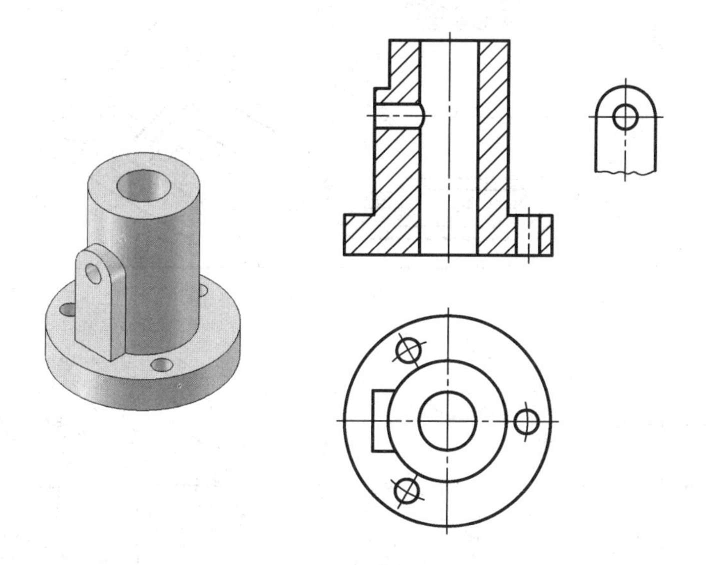

图 6-5 局部视图省略标注

（4）当局部视图按投影关系配置，中间又没有其他图形隔开时，可省略标注，如图 6-5 所示。

（5）为了节省绘图时间和图幅，对称构件或零件的视图可只画一半或四分之一，并在对称中心线的两端画出两条与其垂直的平行细实线，如图 6-6 所示。

四、斜视图

当物体具有倾斜结构时，如图 6-7a 所示，其倾斜表面在基本视图上既不反映实形，又不便于标注尺寸，为了表达倾斜部分的真实形状，可按换面法的原理，选择一个与物体倾斜部分平行并垂直于一个基本投影面的辅助投影面，将该倾斜部分的结构形状向辅助投影面投射，这样得到的

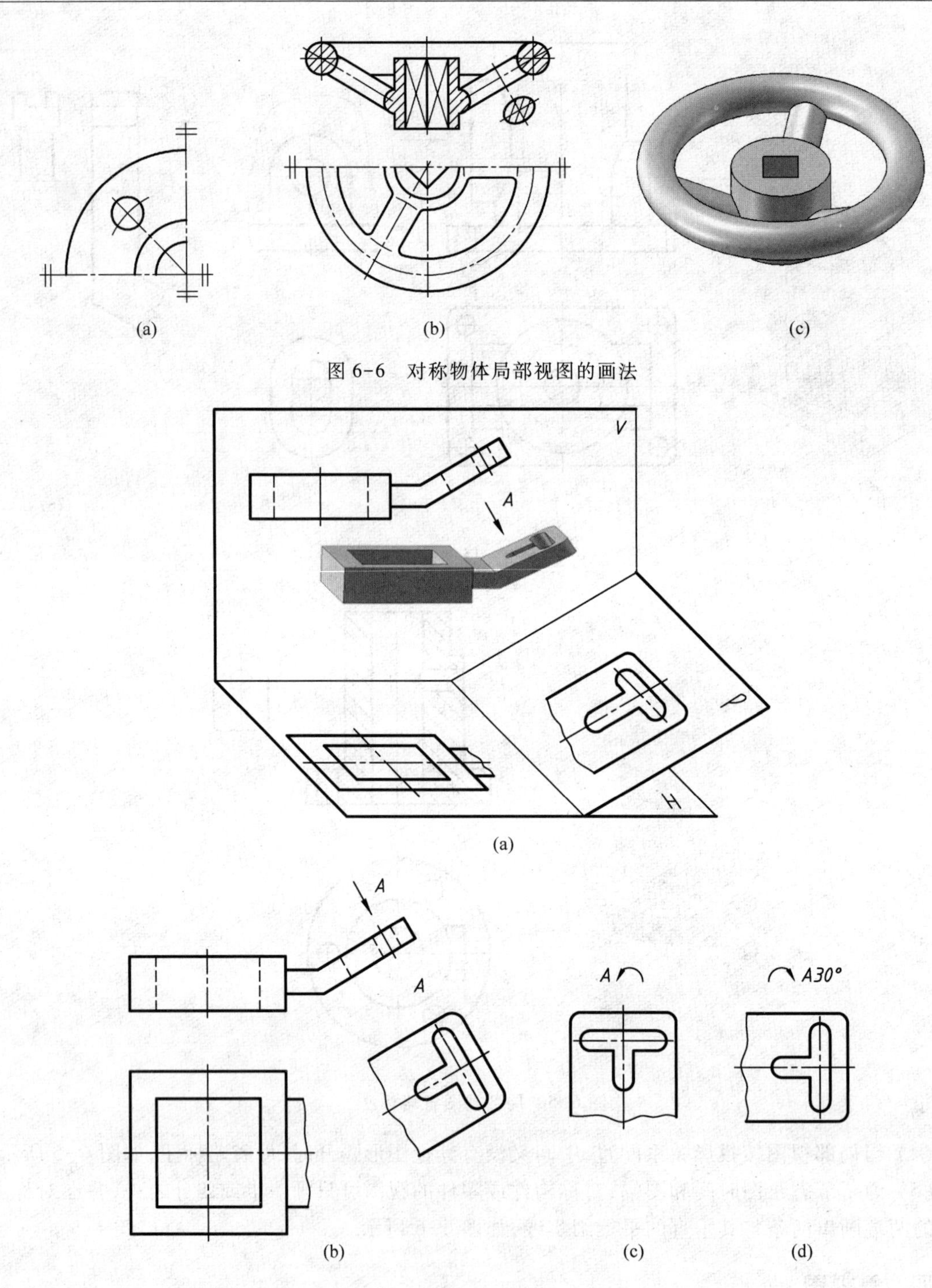

图 6-6　对称物体局部视图的画法

图 6-7　斜视图

视图称为斜视图，如图 6-7b 所示的 *A* 向视图。

斜视图上反映物体倾斜部分的实形而不需表达的部分，可省略不画，用波浪线或双折线断开，如图 6-7b 所示的 *A* 向视图。

斜视图通常按向视图的配置形式配置并标注,如图6-7b所示。必要时允许将斜视图旋转配置。表示该视图名称的大写拉丁字母应靠近旋转符号的箭头端,如图6-7c所示的A ⌒视图。也允许将旋转角度标注在字母之后,如图6-7d所示的⌒ A30°视图。需注意的是:斜视图的旋转角度可根据具体情况确定,为了避免出现图形倒置等而产生读图困难的现象,允许图形旋转的角度超过90°,最终旋转至与基本视图相一致的位置。

§6.2 剖视图

如前所述,物体上不可见的结构形状,规定用细虚线表示,如图6-8a所示。当物体内部形状较复杂时,则视图上细虚线很多,给读图和标注尺寸增加困难,为了清晰地表达物体内部形状,国家标准规定采用剖视图来表达。

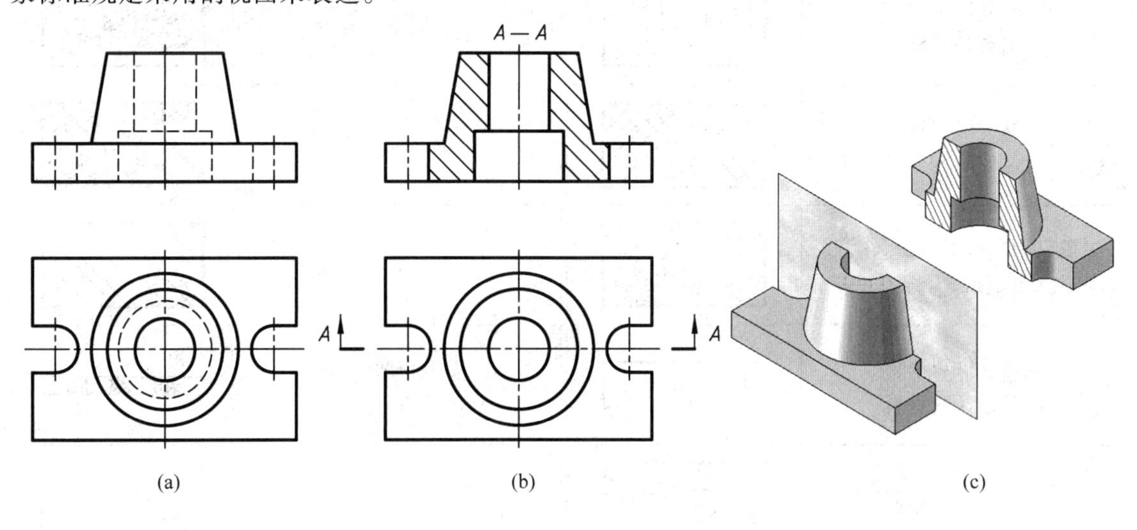

图6-8 剖视图

一、剖视的基本概念和剖视图的画法

如图6-8c所示,假想用剖切面剖开物体,将位于观察者和剖切面之间的部分移去,而将其余部分向投影面投射所得的图形,称为剖视图,如图6-8b所示的主视图。

1. 剖视图的画法

(1) 确定剖切面的位置　一般常用平面作为剖切面(也可用柱面)。画剖视图时,首先要选择恰当的剖切位置。为了表达物体内部的真实形状,剖切平面一般应通过物体内部结构的对称平面或孔的轴线,并平行于相应的投影面,如图6-8c所示,剖切面为正平面且通过物体的前后对称平面。

(2) 画剖视图　剖切平面剖切到的物体断面轮廓和其后面的可见轮廓线,都用粗实线画出,如图6-8b所示。

(3) 画剖面符号　应在剖切面切到的断面轮廓内画出剖面符号。国家标准《技术制图》中规定,当不需要在剖面区域中表示材料的类别时,可采用通用剖面线来表示。通用剖面线应以与主要轮廓或剖面区域的对称线成适当角度(最好采用成45°角)的等距细实线表示。当需要在剖面区域中表示材料的类别时,应按不同的材料画出剖面符号(表6-1)。在同一张图样上,同一物体在各剖视图上剖面线的方向和间隔应保持一致,如图6-11b所示。

表6-1　剖面符号

材料		剖面符号	材料	剖面符号
金属材料(已有规定剖面符号者除外)			木质胶合板(不分层数)	
线圈绕组元件			基础周围的泥土	
转子、电枢、变压器和电抗器等的叠钢片			混凝土	
非金属材料(已有规定剖面符号者除外)			钢筋混凝土	
型砂、填砂、粉末冶金、砂轮、陶瓷刀片、硬质合金刀片等			砖	
玻璃及供观察用的其他透明材料			格网(筛网、过滤网等)	
木材	纵断面		液体	
	横断面			

注:1. 剖面符号仅表示材料的类型,材料的名称和代号另行注明;

2. 叠钢片的剖面线方向,应与束装中叠钢片的方向一致;

3. 液面用细实线绘制。

2. 剖视图的标注

(1) 一般应在剖视图的上方用大写拉丁字母标出剖视图的名称"×—×"。字母必须水平书写,如图6-8b所示。

(2) 在相应的视图上用剖切符号及剖切线表示剖切位置和投射方向,并在剖切符号旁标注和剖视图相同的大写拉丁字母"×",如图6-8b所示。

剖切符号是包含指示剖切面起、讫和转折位置(用粗短画表示)及投射方向(用箭头表示)的符号。

指示剖切面的起、讫、转折位置,尽可能不要与图形的轮廓线相交;投射方向用箭头表示,画在剖切符号的两外端,并与剖切符号末端垂直,如图6-9a所示。

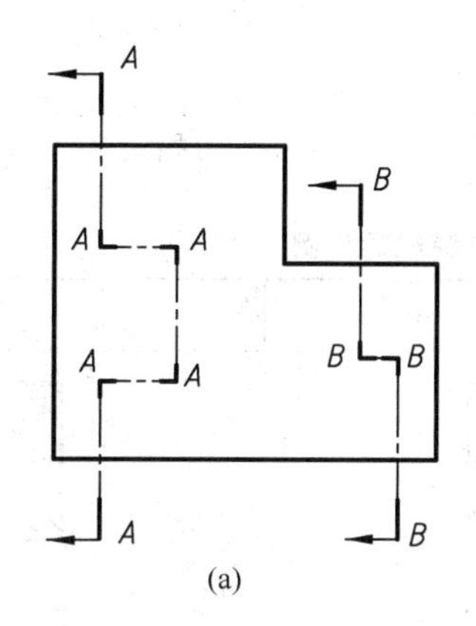

(a)

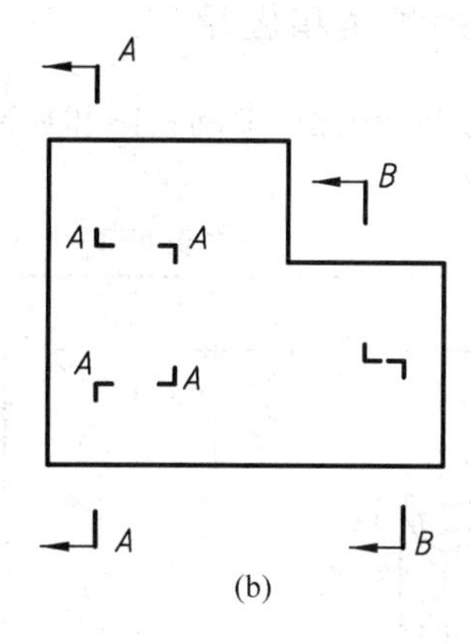

(b)

图 6-9　剖切符号、剖切线和字母的组合标注

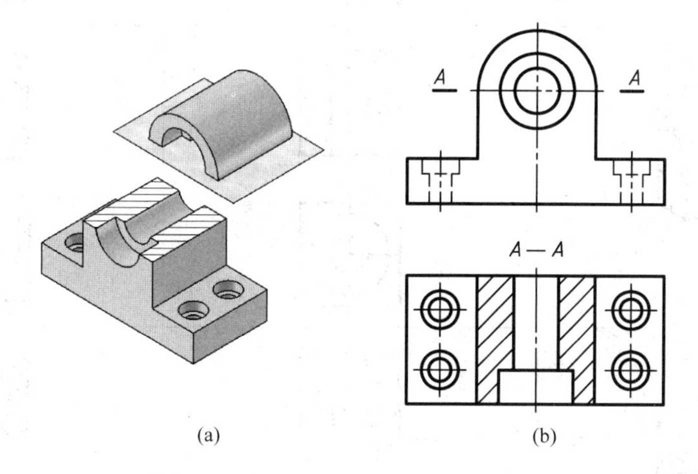

(a)　(b)

图 6-10　全剖视图

剖切线是指示剖切面位置的线(细点画线)。剖切符号、剖切线和字母的组合标注如图6-9a所示。剖切线也可省略不画(图 6-9b)。

(3) 当剖视图按基本视图关系配置且中间没有其他图形隔开时,可省略箭头,如图 6-10b 所示。

(4) 当单一剖切平面通过物体的对称平面或基本对称平面,且剖视图按基本视图关系配置时,可以不加标注,如图 6-12 所示。

3. 画剖视图应注意的问题

(1) 假想剖切。剖视图是假想把物体剖切后画出的投影,目的是清晰地表达物体的内部结构,仅是一种表达手段,其他未取剖视的视图应按完整的物体画出,如图 6-8b 所示的俯视图。

(2) 细虚线处理。为了使剖视图清晰,凡是其他视图上已经表达清楚的结构形状,其细虚线省略不画。

(3) 剖视图中不要漏线,剖切平面后的可见轮廓线应画出,见表 6-2。

二、剖视图的种类和应用

剖视图可分为全剖视图、半剖视图和局部剖视图。

1. 全剖视图

表 6-2 剖视图中容易漏线的示例

立 体 图	正	误
	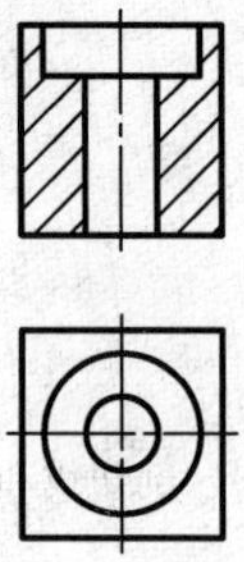	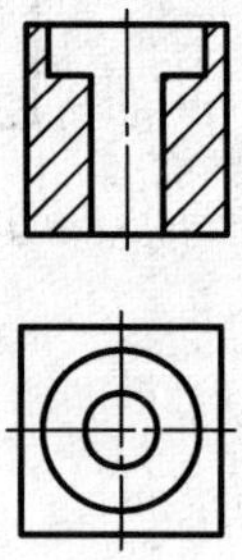
	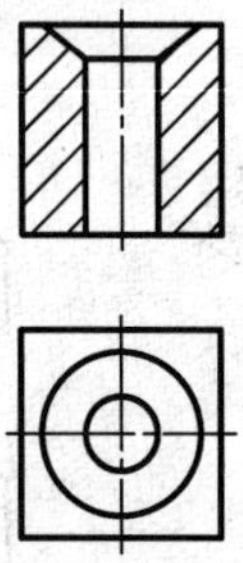	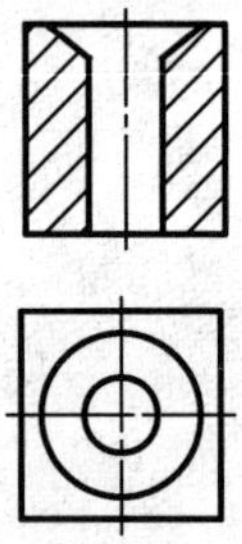
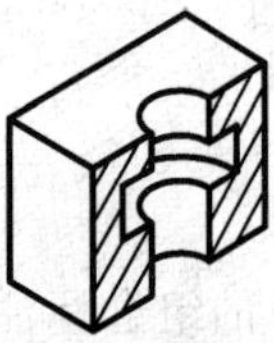	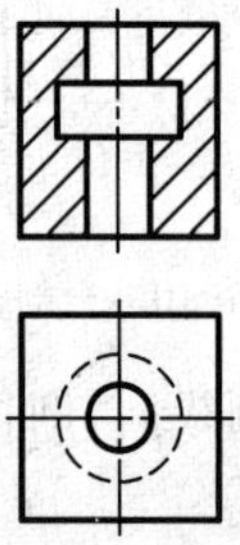	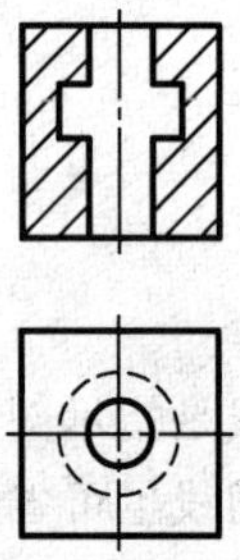
	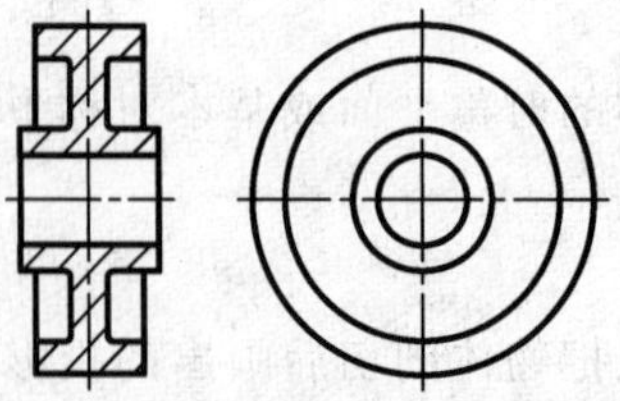	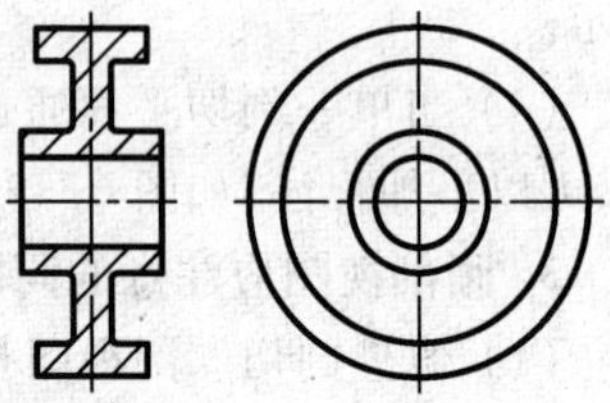

用剖切面将物体完全剖开后所得的剖视图称为全剖视图,如图 6-10 所示。

全剖视图主要用于表达内部形状比较复杂的物体,如图 6-10b 所示的俯视图、图 6-8b 所示的主视图。

全剖视图的标注按前述原则处理。图 6-10b 中,由于剖切平面不通过物体的对称平面,所以应标注剖切符号；又由于剖视图配置在俯视图位置，所以可省略指明投射方向的箭头，故图6-10只标注剖切位置和字母。

2. 半剖视图

当物体具有对称平面时，在垂直于对称平面的投影面上投射所得的图形，可以对称中心线为分界，一半画成剖视图以表达内形，另一半画成视图以表达外形，称为半剖视图，如图 6-11 所示。

半剖视图主要用于内、外形状都需要表示的对称物体。有时，物体的形状接近于对称且不对称部分已另有图形表达清楚时，也可画成半剖视图，以便将物体的内、外形状结构简明地表达出来，如图 6-12 所示。

半剖视图的标注也按前述原则处理，如图 6-11b 所示。图 6-12 中的主视图采用了半剖视图，由于符合省略标注原则，故本图未加标注。图 6-13 中的左视图采用了半剖视图，标注中省略了箭头。

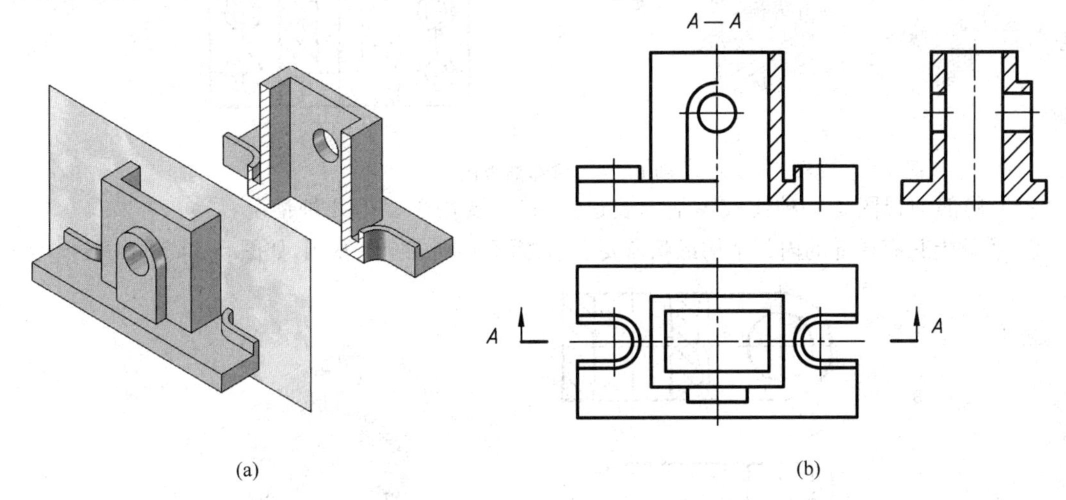

图 6-11 半剖视图的概念

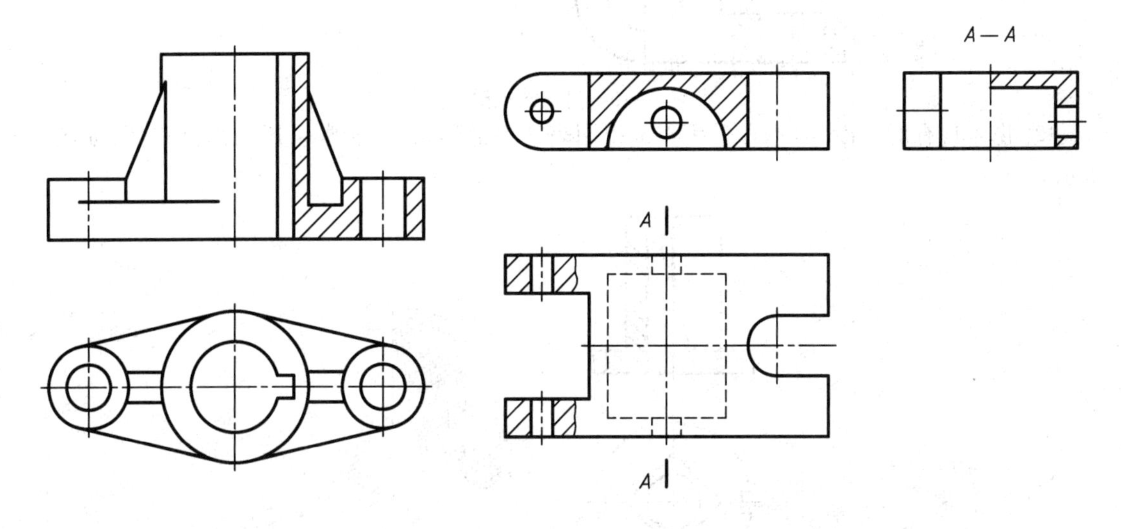

图 6-12 省略标注的半剖视图

图 6-13 省略箭头的半剖视图

3. 局部剖视图

用剖切面将物体局部剖开，并通常用波浪线表示剖切范围，所得的剖视图称为局部剖视图，如图 6-14b 的主视图。

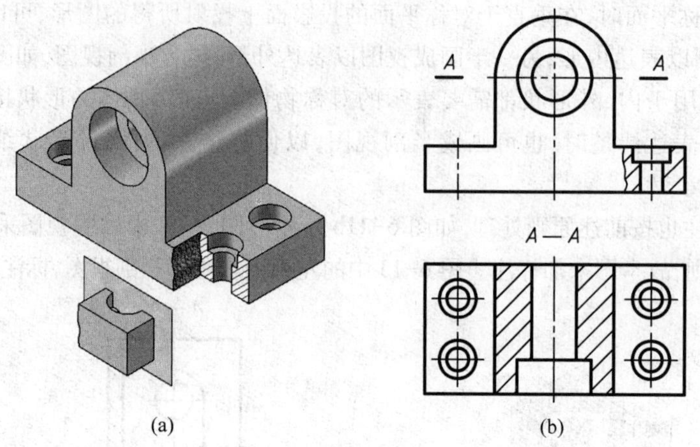

图 6-14　局部剖视图(一)

(1) 局部剖视图是一种比较灵活的表达方法，主要用于以下几种情况：

① 物体上只有局部的内部结构形状需要表达，而不必画成全剖视图，如图 6-14、图 6-15 所示。

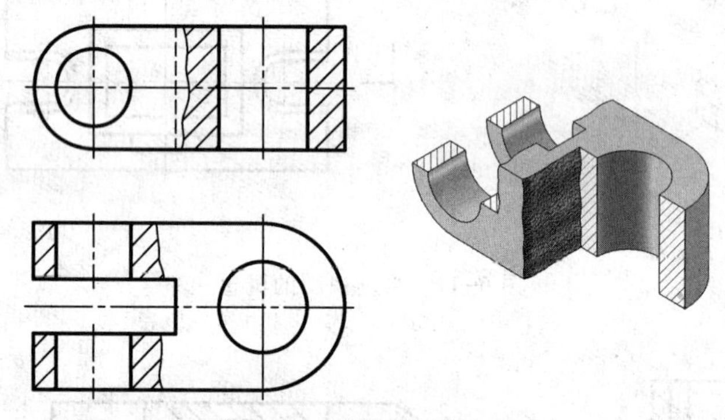

图 6-15　局部剖视图(二)

② 物体具有对称面，但不宜采用半剖视图表达内部形状时，通常采用局部剖视图，如图6-16所示。

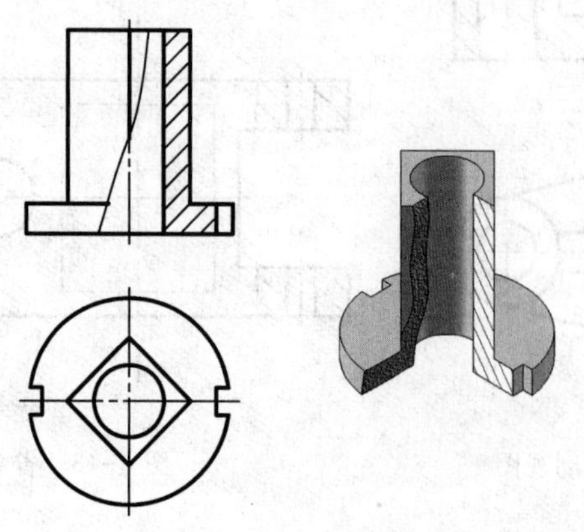

图 6-16　局部剖视图(三)

③ 当不对称物体的内、外部形状都需要表达时，常采用局部剖视图，如图 6-17a 所示。

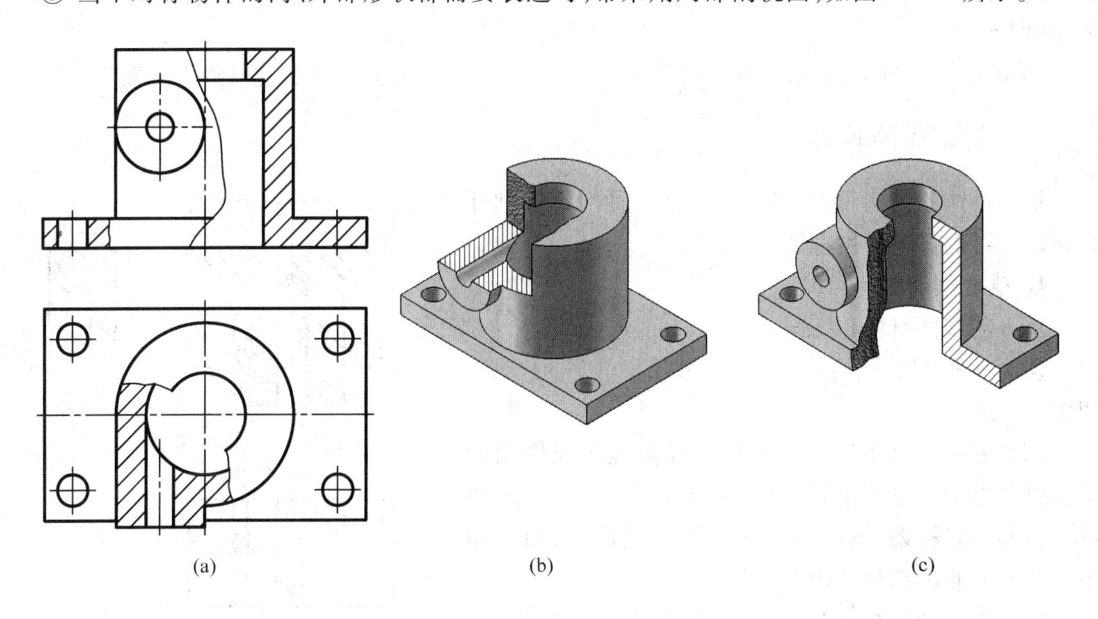

图 6-17　局部剖视图（四）

（2）画局部剖视图应注意的问题：

① 波浪线只能画在物体表面的实体部分，不得穿越孔或槽（应断开），也不能超出视图之外，如图 6-18a 所示。

② 波浪线不应与其他图线重合或画在它们的延长线位置上，如图 6-18b 所示。

③ 当被剖切结构为回转体时，允许将该结构的轴线作为局部剖视图与视图的分界线，如图 6-18c所示。

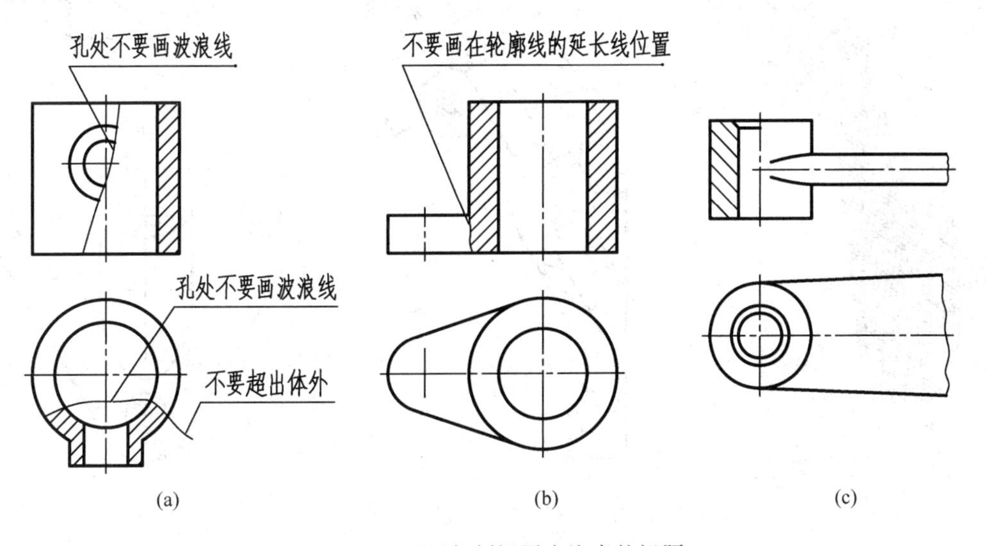

图 6-18　画局部剖视图应注意的问题

④ 当用单一剖切平面剖切且剖切位置明显时，局部剖视图的标注可省略（图 6-15）。当剖

切平面的位置不明显或剖视图不在基本视图位置时,应标注剖切符号、投射方向和局部剖视图的名称(图 6-19)。

⑤ 在一个视图中,采用局部剖视图的部位不宜过多,否则会显得零乱以致影响图形清晰。

三、剖切面的种类

根据物体的结构特点,可选择以下三种剖切面剖开物体以获得上述三种剖视图。

1. 单一剖切面

单一剖切面有两种情况:

(1) 一种是用一个平行于某基本投影面的平面作为剖切面。

(2) 另一种是用一个不平行于任何基本投影面的平面剖开物体,这种剖切方法称为斜剖,如图6-20所示。斜剖与斜视图一样,都是采用换面法原理,斜剖用于表达物体倾斜部分的内部形状。

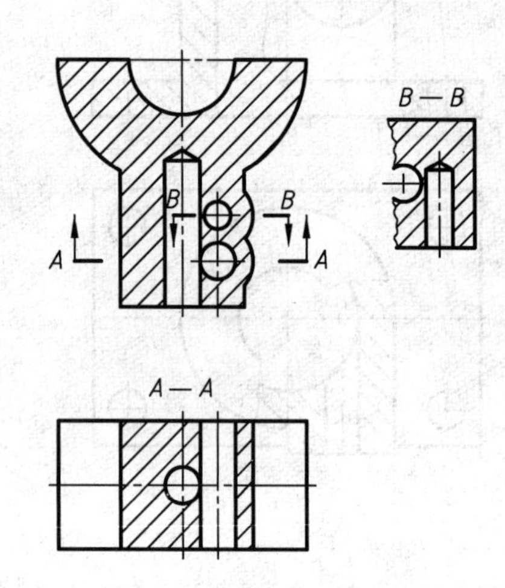

图 6-19 局部剖视图的标注

采用斜剖画剖视图时,标注不能省略。剖视图最好配置在箭头所指的方向,并符合投影关系,但也允许放置在其他位置。在不致引起误解时允许旋转配置,但必须在剖视图上方标注出旋转符号及剖视图名称,如图 6-20b 所示。

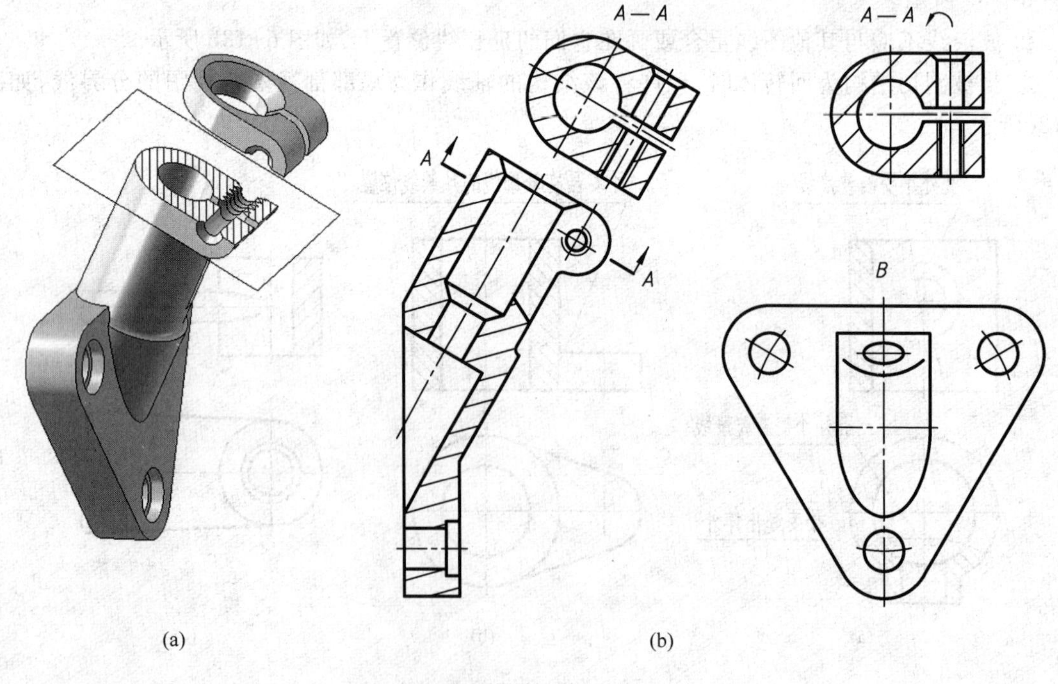

图 6-20 单一斜剖切面

2. 几个平行的剖切平面

几个平行的剖切平面可能是两个或两个以上,各剖切位置符号的转折处必须是直角。用几个平行的剖切平面剖开物体的方法通常称为阶梯剖。

阶梯剖适用于表达物体内形层次较多,用一个剖切平面不能同时剖到几个内形结构的情况。如图 6-21 所示,物体就采用了两个互相平行的剖切平面剖开物体,这样就可把物体的内部结构都表达清楚。

采用阶梯剖画剖视图时,虽然各平行的剖切平面不在一个平面上,但剖切后所得到的剖视图应看作是一个完整的图形,在剖视图中,不能画出各剖切平面的分界线。同时,要正确选择剖切平面的位置,在图形内不应出现不完整的要素。仅当物体上两个要素在图形上具有公共对称中心线或轴线时,才可以各画一半,此时不完整要素应以对称中心线或轴线为界,如图 6-22 所示。

阶梯剖不能省略标注。在剖切平面的起、止和转折处用剖切符号表示剖切位置;并在剖切符号附近注写相同的字母,当空间狭小时,转折处可省略字母,如图 6-21 所示;同时用箭头指明投射方向,如图 6-22 所示。当剖视图的配置符合投影关系且中间又无图形隔开时,可省略箭头,如图6-21b所示。

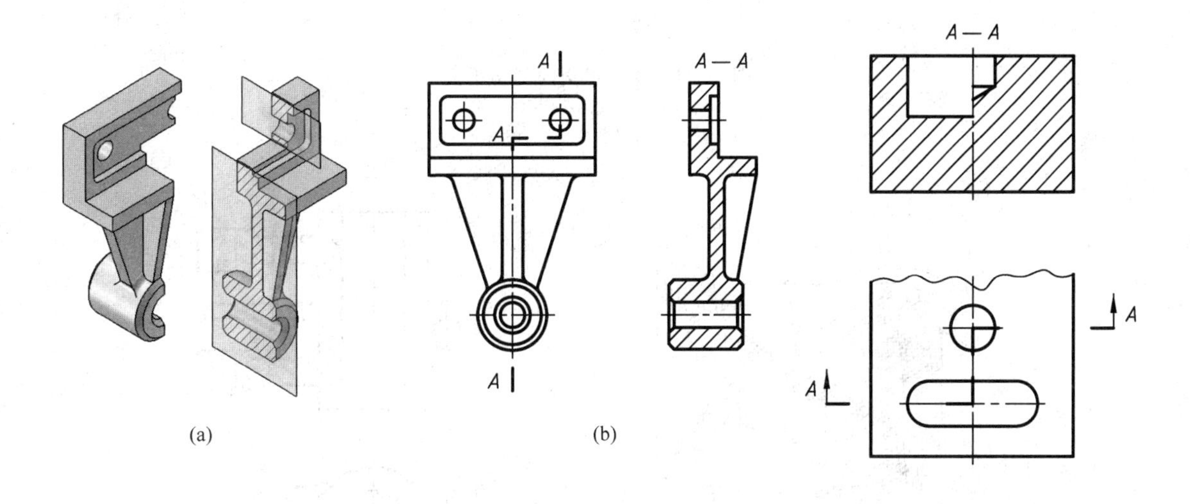

图 6-21 几个平行的剖切平面　　图 6-22 阶梯剖中的不完整要素

3. 几个相交的剖切面

几个相交的剖切面必须保证其交线垂直于某一基本投影面,如图 6-23 所示。

(1) 两个相交的剖切平面。

用两个相交的剖切平面剖开物体的方法通常称之为旋转剖,如图 6-23 所示。

采用这种剖切方法画剖视图时,先假想按剖切位置剖开物体,然后将被剖切平面剖开的结构及有关部分旋转到与选定的投影面平行后再进行投射。在剖切平面后的其他结构一般应按原来的位置投射(如图 6-23 中的油孔)。

当剖切后产生不完整要素时,如图 6-24 所示的臂,应将此部分按不剖绘制。

旋转剖可用于表达轮、盘类物体上的一些孔、槽等结构,也可用于表达具有公共轴线的非回转体,如图 6-23 所示。旋转剖的标注规定与阶梯剖相同。

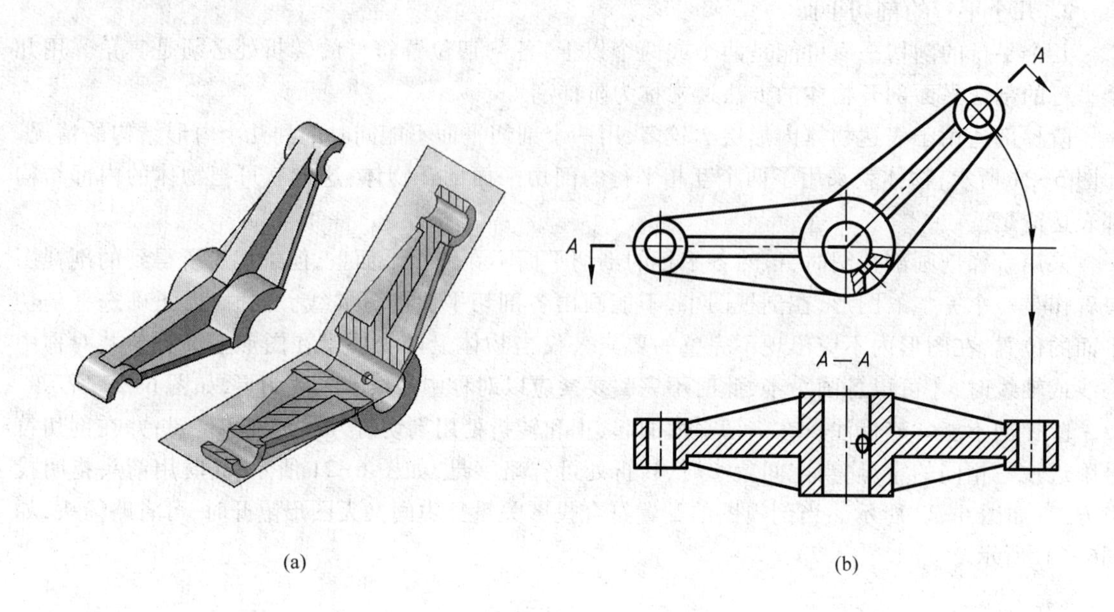

(a) (b)

图 6-23 两个相交的剖切平面

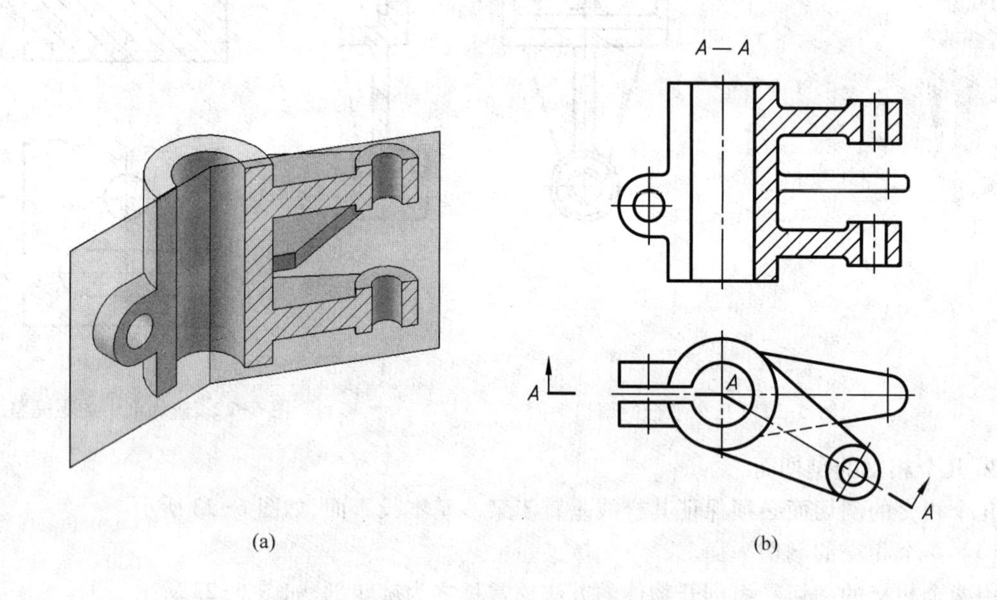

(a) (b)

图 6-24 旋转剖中的不完整要素

(2) 几个相交的剖切平面和柱面。

将用几个相交的剖切平面和柱面剖开物体的方法通常称为复合剖,如图 6-25 所示。

当用以上各种方法都不能简单而集中地表示出物体的内部形状时,可以采用复合剖剖开物体,然后画出剖视图。复合剖的标注规定与阶梯剖相同,如图 6-25 所示。

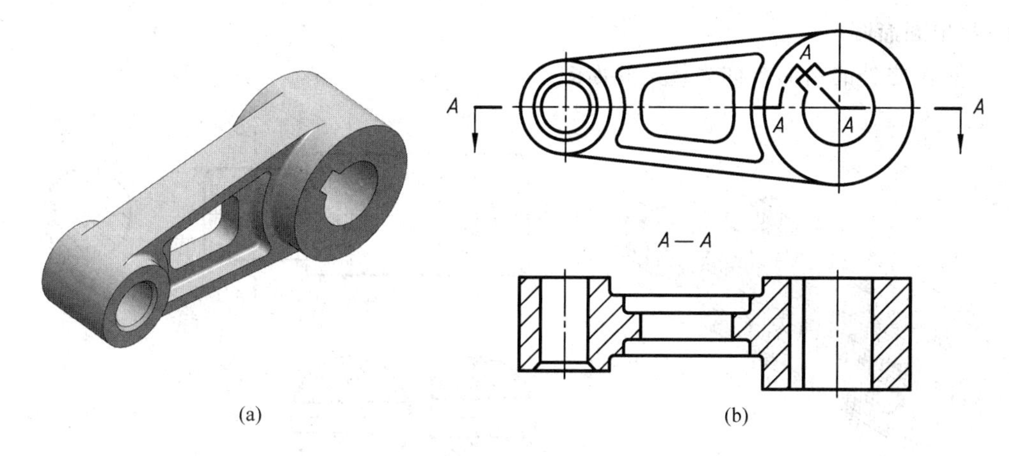

(a) (b)

图 6-25 复合剖

§6.3 断面图

一、断面图的概念

假想用剖切平面将物体的某处切断,仅画出断面的图形,称为断面图,简称断面。

如图 6-26a 所示的小轴,为了将轴上的键槽清晰地表达出来,可假想用一个垂直于轴线的剖切平面在键槽处将轴切断,只画出断面的图形,并画上剖面符号,这样得到的图形就是断面图,如图 6-26b 所示。

剖视图与断面图的区别在于:断面图是面的投影,仅画出断面的形状;而剖视图是体的投影,要将剖切面之后结构的投影画出,如图 6-26c 所示。

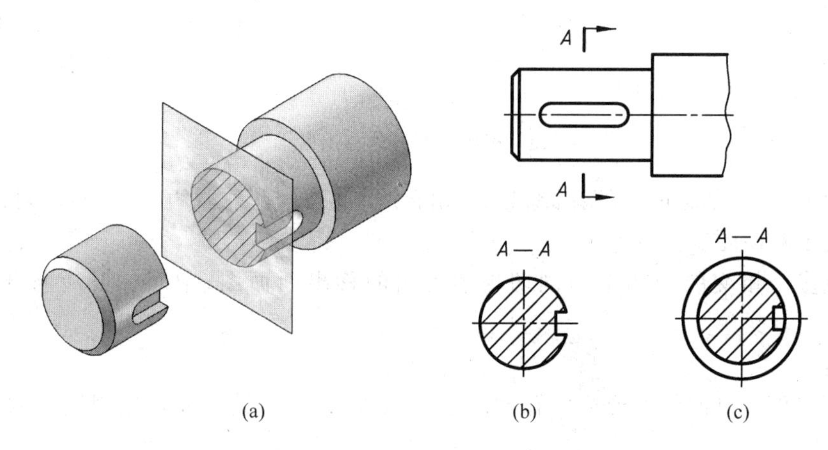

(a) (b) (c)

图 6-26 断面图与剖视图的区别

二、断面图的种类

断面图可分为移出断面图和重合断面图两种。

1. 移出断面图

画在视图之外的断面图称为移出断面图。

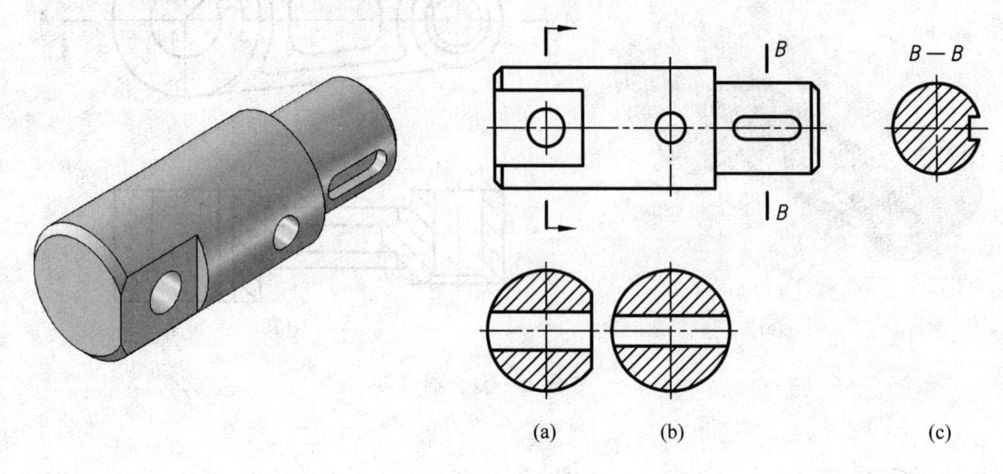

图 6-27　移出断面图

移出断面图应尽量配置在剖切面迹线或剖切符号的延长线上，如图 6-27a、b 所示。也可以配置在其他适当的位置，如图 6-27c 所示。

当断面图形对称时，也可画在视图的中断处，如图 6-28 所示。

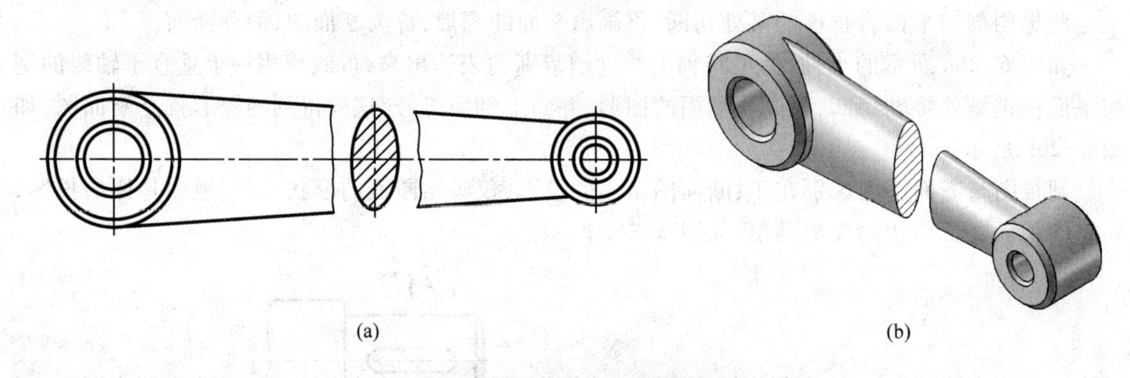

图 6-28　视图中断处的移出断面图

单一剖切面、几个平行的剖切平面和几个相交的剖切面（交线垂直于某一投影面）的概念及功能同样适用于断面图。

由两个或多个相交的剖切平面剖切物体得出的移出断面图，中间一般应断开绘制，如图 6-29 所示。

特殊规定：

（1）当剖切面通过回转面形成的孔或凹坑的轴线时，这些结构应按剖视图绘制，如图 6-30 所示。

（2）当剖切面通过非圆孔而导致出现完全分离的两个断面时，这些结构应按剖视图绘制。在不致引起误解时，允许将图形旋转，如图 6-31 所示。

2. 重合断面图

画在视图之内的断面图称为重合断面图。

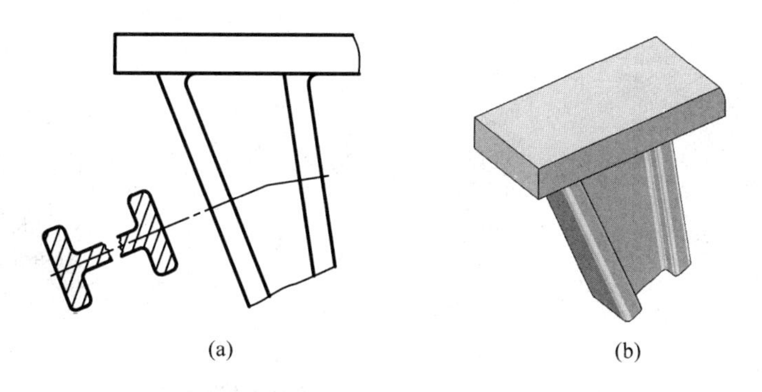

(a) (b)

图 6-29 两相交剖切平面剖切物体得出的移出断面图

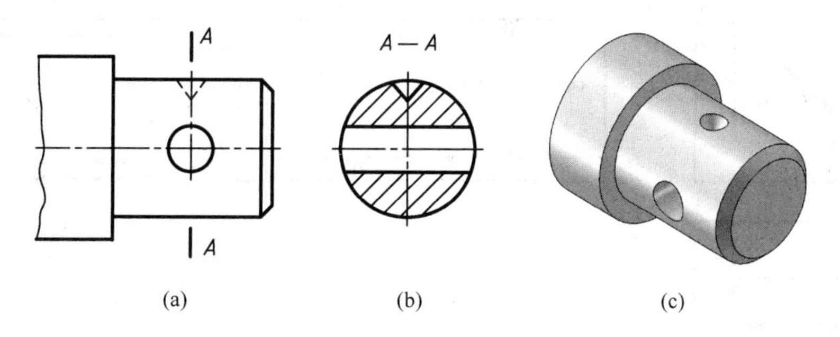

(a) (b) (c)

图 6-30 断面图上按剖视图绘制的回转结构

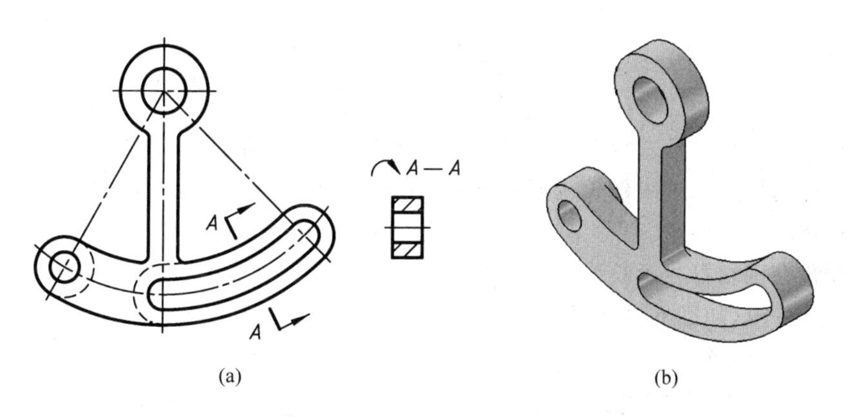

(a) (b)

图 6-31 断面图上按剖视图绘制的两完全分离的断面

重合断面图的轮廓线用细实线绘制。当视图中轮廓线与重合断面图的图形重叠时，视图中的轮廓线仍应连续画出，不可间断，如图 6-32b、c 所示。

为了得到断面的真实形状，剖切平面一般应垂直于零件上被剖切部分的轮廓线，如图6-32a所示。

三、断面图的标注

移出断面图的标注与剖视图的标注一样，一般应标注移出断面图的名称"×—×"(×为大写拉丁字母)；在相应的视图上用剖切符号表示剖切位置，用箭头表示投射方向，并标注相同的字母，如图 6-33b 所示。但移出断面图的标注需根据具体情况采用相应的标注方式：

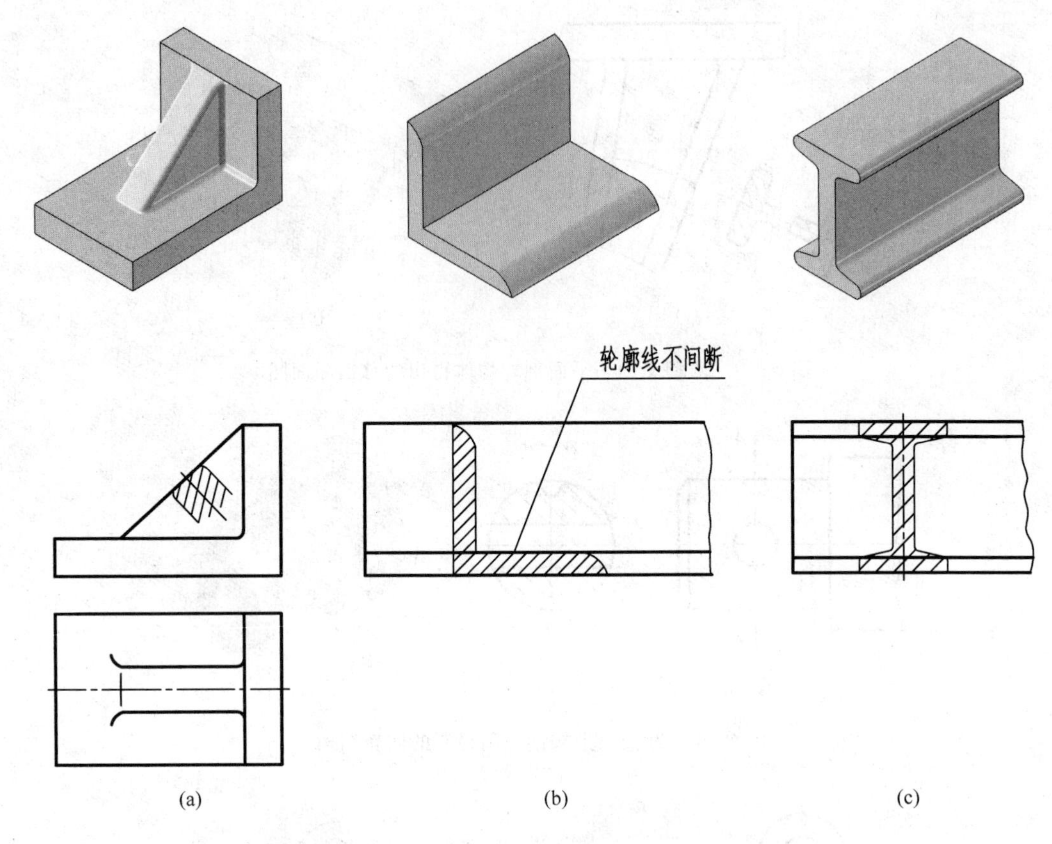

图 6-32　重合断面图

（1）配置在剖切符号延长线上的不对称移出断面图，可省略字母，如图 6-27a 所示。

（2）配置在剖切平面迹线延长线上的对称移出断面图以及配置在视图中断处的对称移出断面图，标注剖切线用细点画线表示，如图 6-27b 及图 6-28 所示。

（3）不配置在剖切符号延长线上的对称移出断面图可省略箭头，如图 6-33a 所示；不对称移出断面图要标注齐全，如图 6-33b 所示。

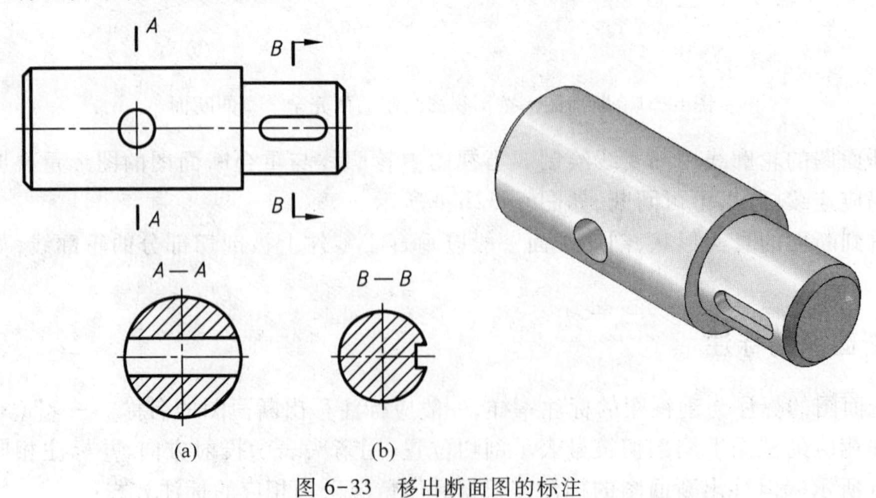

图 6-33　移出断面图的标注

（4）按投影关系配置的不对称移出断面图，可省略箭头，如图 6-27c 所示。

重合断面图省略标注。

§6.4　其他规定画法和简化画法

一、局部放大图

为了把物体上某些结构在视图上表达清楚，可以将这些结构用大于原图形所采用的比例画出，这种图形称为局部放大图，如图 6-34 所示。

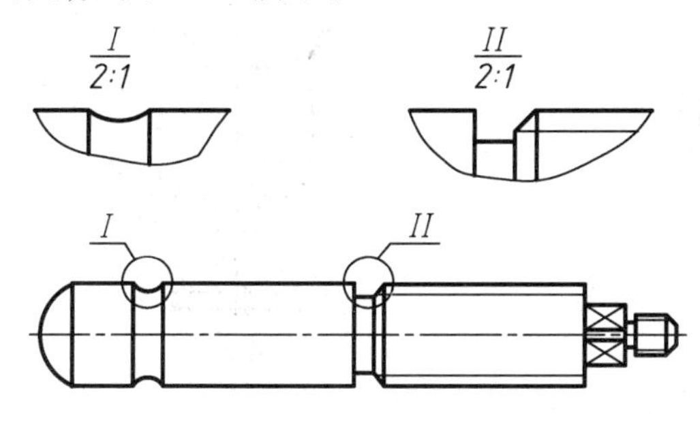

图 6-34　局部放大图

局部放大图可画成视图、剖视图、断面图，它与被放大部分的表达方式无关。当物体上某些细小结构在原图形中表达不清或不便于标注尺寸时，就可采用局部放大图。

绘制局部放大图时，应用细实线圆或长圆圈出被放大的部位，并应尽量把局部放大图配置在被放大部位的附近。当同一物体上有几个被放大的部位时，必须用罗马数字依次标明被放大的部位，并在局部放大图的上方标注出相应的大写罗马数字和采用的比例，如图 6-34 所示。当物体上被放大的部位仅一个时，在局部放大图的上方只需注明所采用的比例。

二、其他规定画法和简化画法

简化画法是在不妨碍将物体的形状和结构表达完整、清晰的前提下，力求制图简便、看图方便而制订的，以减少绘图工作量，提高设计效率及图样的清晰度，加快设计进程。

简化画法的应用比较广泛，现将一些比较常用的介绍如下：

（1）对于物体上的肋、轮辐及薄壁等，如按纵向（剖切平面平行于它们的厚度方向）剖切，这些结构都不画剖面符号，而且用粗实线将它与其相邻部分分开，如图 6-35b 的左视图及图6-36 中主视图上的肋板。

但若按横向（剖切平面垂直于肋、轮辐及薄壁厚度方向）剖切，则这些结构应按规定画出剖面符号，如图 6-35b 的俯视图。

（2）当回转体物体上均匀分布的肋、轮辐和孔等结构不处于剖切平面上时，可将这些结构旋转到剖切平面上按对称形式画出，如图 6-36a 所示。注意：图 6-36b 是错误的。

（3）当物体具有若干相同结构（孔、齿、槽等），并按一定规律分布时，只需画出几个完整的结构，其余用细实线连接，如图 6-37b、c 所示，或用对称中心线表示孔的中心位置，如图 6-37a 及

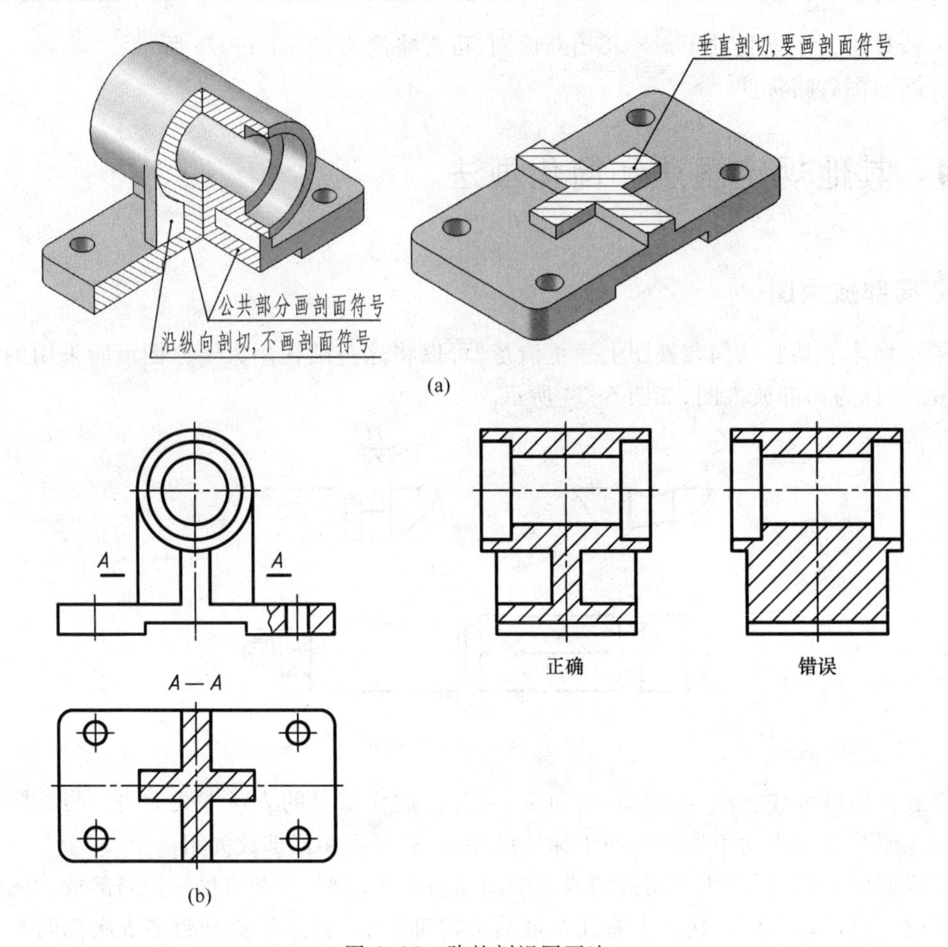

图 6-35 肋的剖视图画法

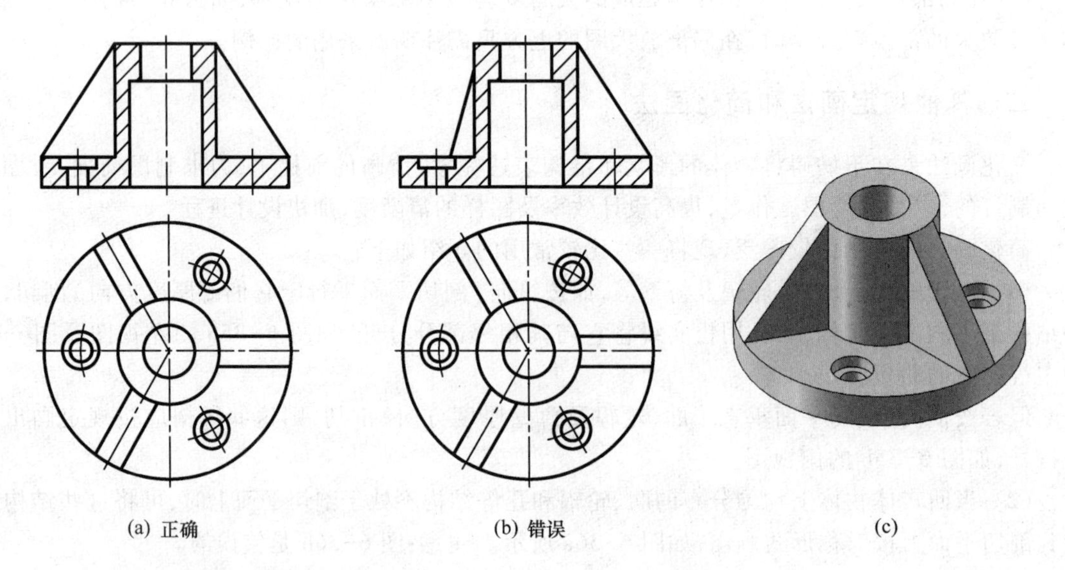

图 6-36 均匀分布的孔、肋的剖视图画法

图 6-36 的主视图中右侧孔，但在图中必须注明该结构的总数，如图 6-37 所示。

注意：画出少量孔要能保证标注孔间或孔组列间的定位尺寸。

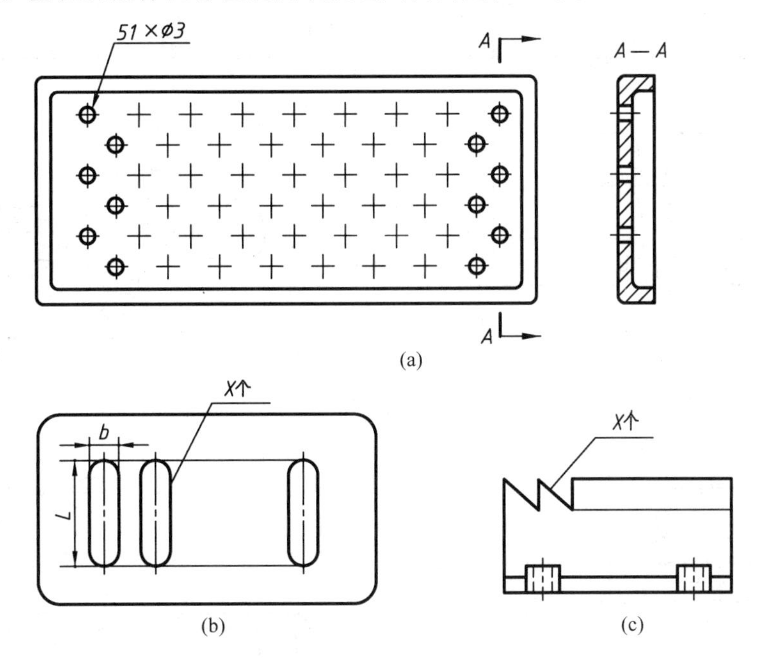

图 6-37　相同要素简化画法

（4）圆柱形法兰和类似物体上均匀分布的孔，可按图 6-38 所示的方法绘制。

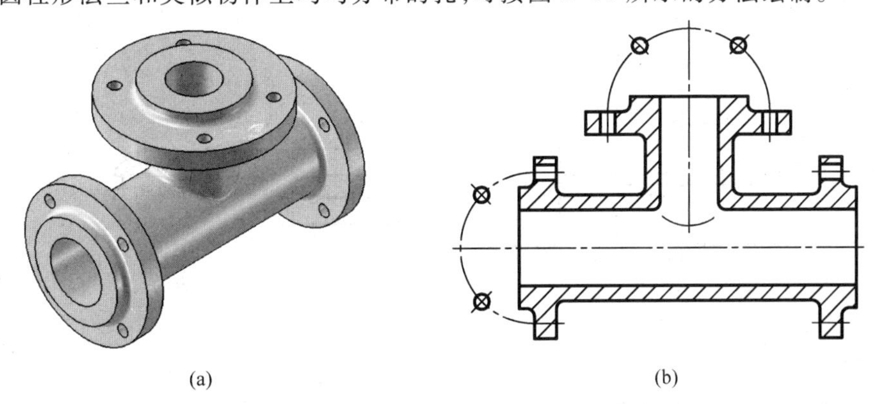

图 6-38　均布孔的简化画法

（5）较长的物体（轴、杆、型材、连杆等）沿长度方向的形状一致或按一定规律变化时，可断开后缩短绘制，断裂处的边界线可采用波浪线、中断线、双折线绘制，但必须按原来实际长度标注尺寸，如图 6-39 所示。

（6）在不致引起误解时，移出断面图允许省略剖面符号，但剖切位置和断面图的标注必须遵照原规定，如图 6-40 所示。

（7）当回转体上某些平面在图形中不能充分表达时，可用平面符号（两条相交的细实线）表示这些平面，如图 6-41 所示。

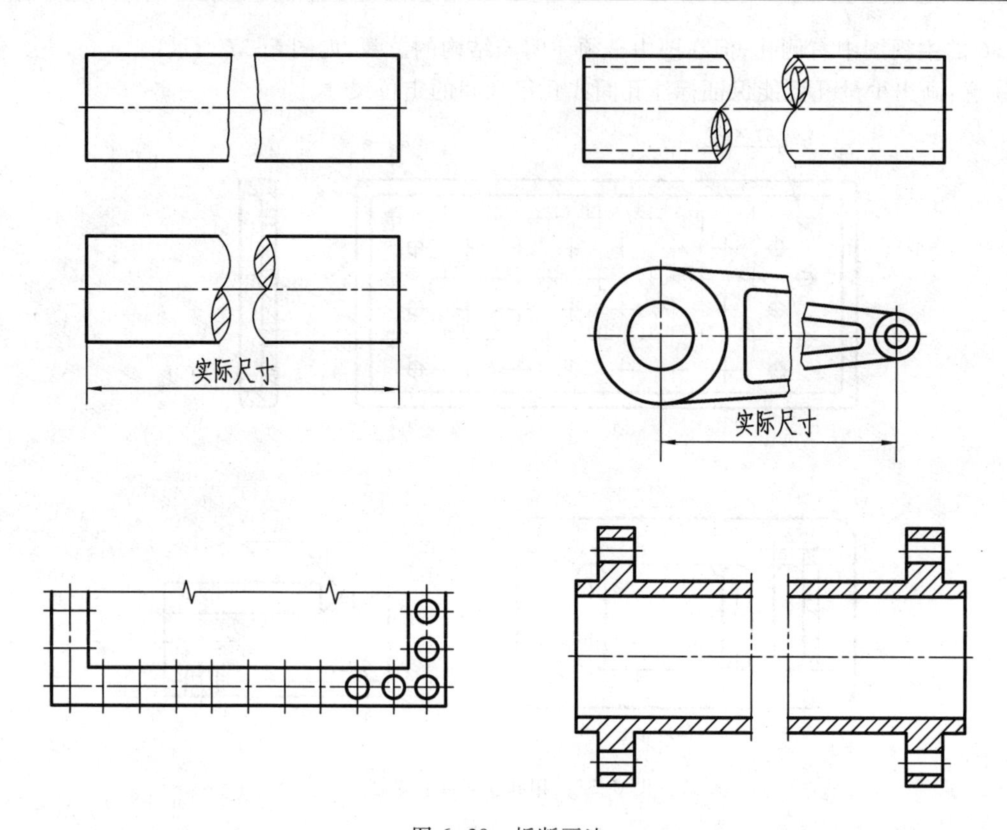

图 6-39　折断画法

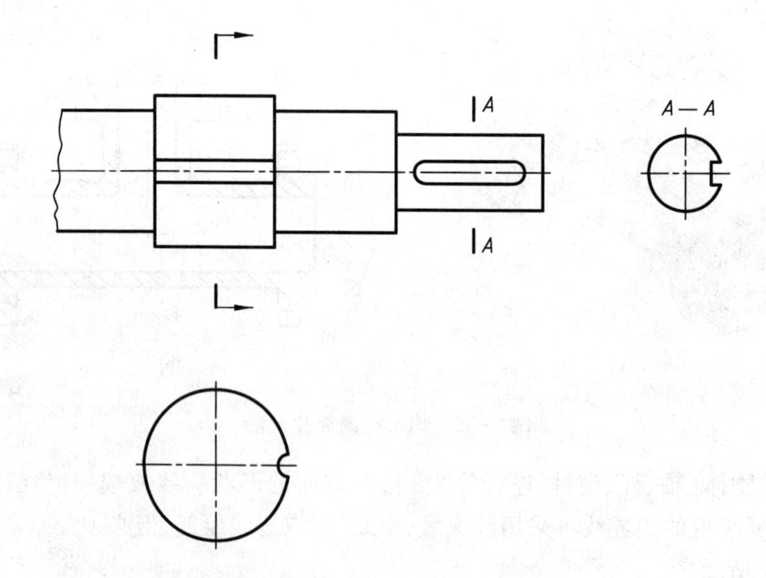

图 6-40　移出断面图的简化画法

（8）类似图 6-42 所示的物体上较小的结构，如在一个图形中已表示清楚，则其他图形可简化或省略。

（9）圆柱形物体上的孔、键槽等较小结构产生的表面交线，其画法允许简化，但必须有一个

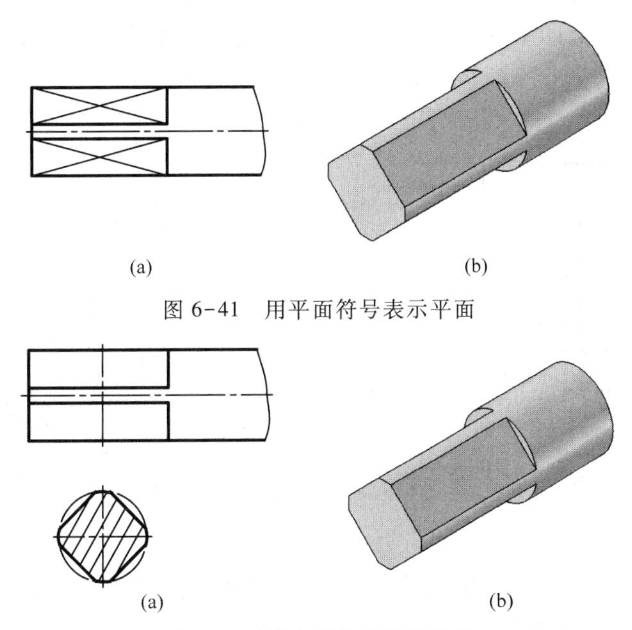

(a) (b)

图 6-41 用平面符号表示平面

(a) (b)

图 6-42 较小结构的简化画法

视图能清楚表达这些结构的形状，如图 6-43 所示。

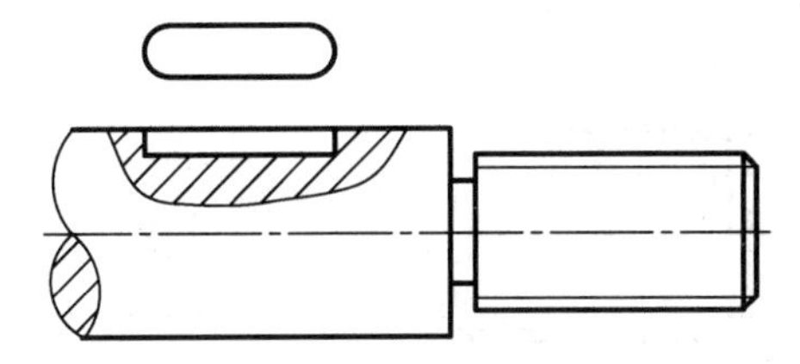

图 6-43 较小结构表面交线的简化

（10）与投影面倾斜角度小于或等于 30°的圆或圆弧，其投影可以用圆或圆弧代替，如图 6-44所示。

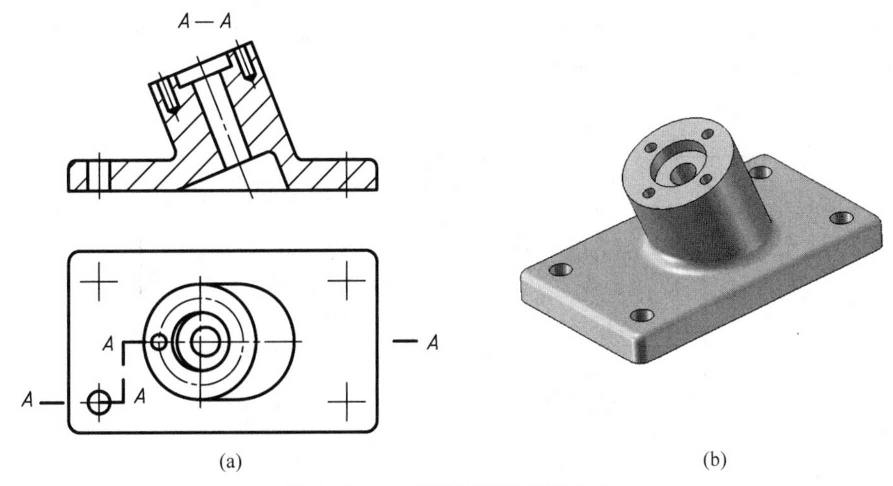

(a) (b)

图 6-44 小倾斜角度的圆弧简化

（11）物体上斜度不大的结构，如在一个视图中已表达清楚时，在其他视图上可按小端画出，如图 6-45 所示。

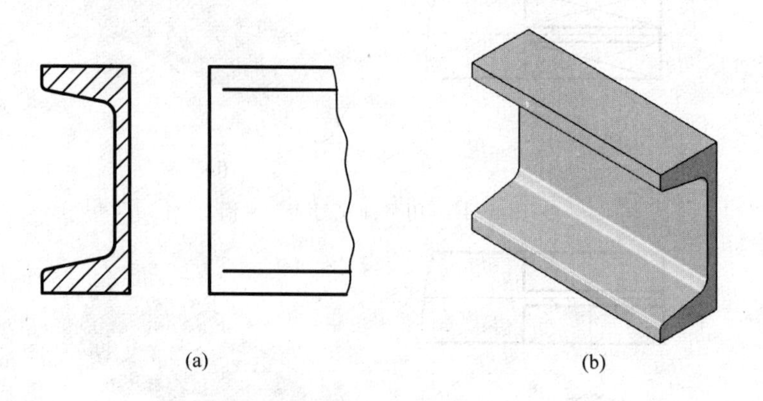

图 6-45　按小端简化画法

（12）网状物、编织物或物体的滚花部分，可在轮廓线附近用细实线示意画出，并在零件图上或技术要求中注明这些结构的具体要求，如图 6-46 所示。

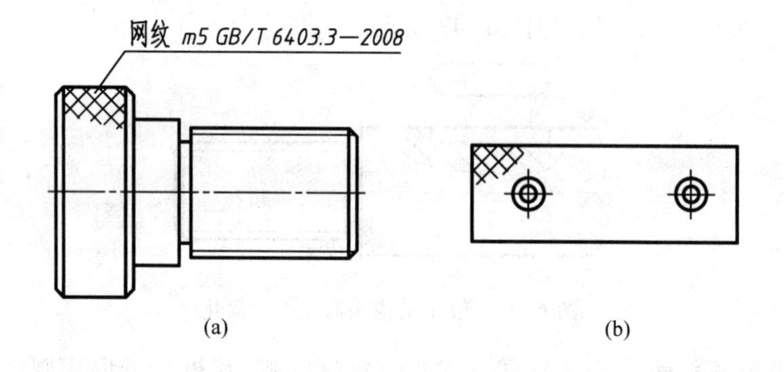

图 6-46　网状物、编织物或物体的滚花

（13）在不致引起误解时，零件图中的小圆角、锐边的小倒圆或 45°小倒角允许省略不画，但必须注明尺寸或在技术要求中加以说明，如图 6-47 所示。

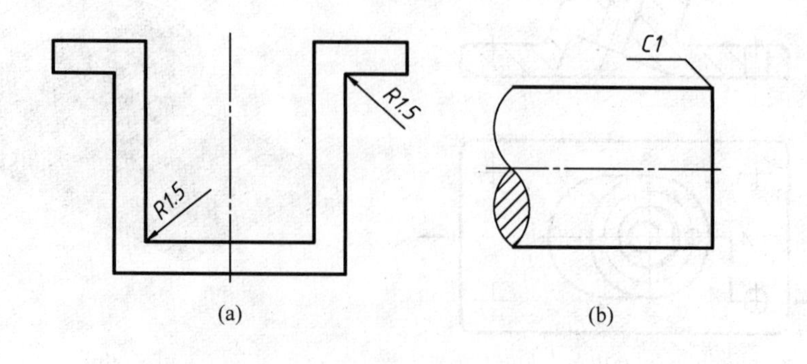

图 6-47　小圆角、锐边的小倒圆或 45°小倒角

本章小结

本章介绍了国家标准中规定的一些表达物体的方法：

1. 视图：分为基本视图、向视图、局部视图和斜视图。视图主要用于表达物体的外部形状。

2. 剖视图：分为全剖视图、半剖视图和局部剖视图。三种剖视图都用于表达物体的内部形状，可以采取不同的剖切方式：单一剖切面、几个平行的剖切平面、几个相交的剖切面（交线垂直于某一基本投影面）。应视物体的结构特点采取不同的剖切方式。

3. 断面图：分为移出断面图、重合断面图。断面图主要用于表达物体的断面形状。应注意剖视图和断面图的区别：剖视图是体的投影，断面图是面的投影。

4. 局部放大图、规定画法和简化画法。

在掌握这些表达方法的基础上，还应学会灵活运用这些表达方法，在表达物体时，首先要分析物体形状的结构特点，即分析物体的内部和外部、整体和局部、正的和斜的等关系，从而根据物体的结构特点选取合适的表达方法，把物体的结构完整、正确地表达出来。

此外，应掌握剖视图和断面图的标注内容和规律。对于断面图的标注要考虑断面图形是否对称、是否画在剖切符号的延长线上等，从而采取相应的标注。对于剖视图的标注应注意的是：在什么情况下可以省略标注，从而避免多余标注。

如何灵活运用上述的表达方法，正确、清楚、简练地表达物体的形状是学习本章的主要目的。

复习思考题

1. 试归纳各种视图的画法、配置、标注和应用场合。
2. 局部视图的作用是什么？画局部视图时应注意什么问题？
3. 试归纳各种剖视图的画法、标注和应用场合。
4. 什么是半剖视图？什么是局部剖视图？两者在画法上有何区别？
5. 什么是旋转剖？什么是阶梯剖？在画法上应注意什么问题？
6. 试用图形表示剖视图和断面图的区别。

第七章　标准件与常用件

本章学习目标

通过本章的学习，掌握标准件和常用件的基本知识、规定标记、规定画法，并能在机械图上正确表达和标注。了解参数计算和查表方法，为以后学习机器或部件中零件的连接、支承、传动等内容及其画法，打下一定的基础。

本章学习内容

1. 螺纹的形成、种类和用途；螺纹及螺纹连接的规定画法和标注方法；螺栓连接、螺柱连接、螺钉连接的画法，以及常用螺纹连接件的标准代号；

2. 键连接和销连接的画法和标注；

3. 齿轮和滚动轴承的画法和标注；

4. 圆柱螺旋弹簧的画法。

结构形状、尺寸、标记和技术要求完全标准化了的零件称为标准件。工程上常见的标准件有螺纹紧固件、轴承、键和销等，为了便于专业化生产、提高生产效率，国家标准将标准件的画法、精度等也均予以规定。常用件有齿轮、弹簧等。

本章主要介绍上述标准件和常用件的基本知识、规定画法、标注方法及连接画法。

§7.1　螺纹

一、螺纹的基本知识

1. 螺纹的形成

螺纹是零件上最常用的结构之一。当一个平面图形（如三角形、梯形、矩形等）绕着圆柱面作螺旋运动时，形成的圆柱螺旋体称为螺纹。

在圆柱外表面上形成的螺纹称为外螺纹；在圆柱内表面上形成的螺纹称为内螺纹。绝大部分情况下内、外螺纹成对使用，可用于连接和传动，如图 7-1 所示。

常用的螺纹的加工方法有车削、辗压以及用丝锥、板牙等工具加工。图 7-2a 所示为外螺纹

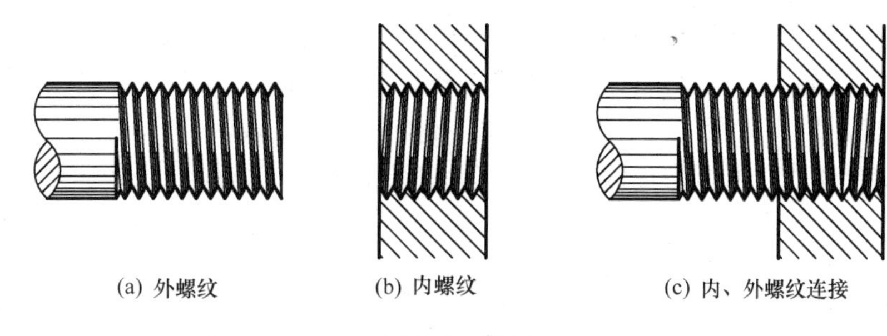

图 7-1　螺纹

车削法，图 7-2b 所示为内螺纹车削法，图 7-2c 所示为辗压外螺纹，图 7-2d 所示为手工加工内、外螺纹的工具——丝锥和板牙，手工加工螺纹常用于直径较小的螺纹。

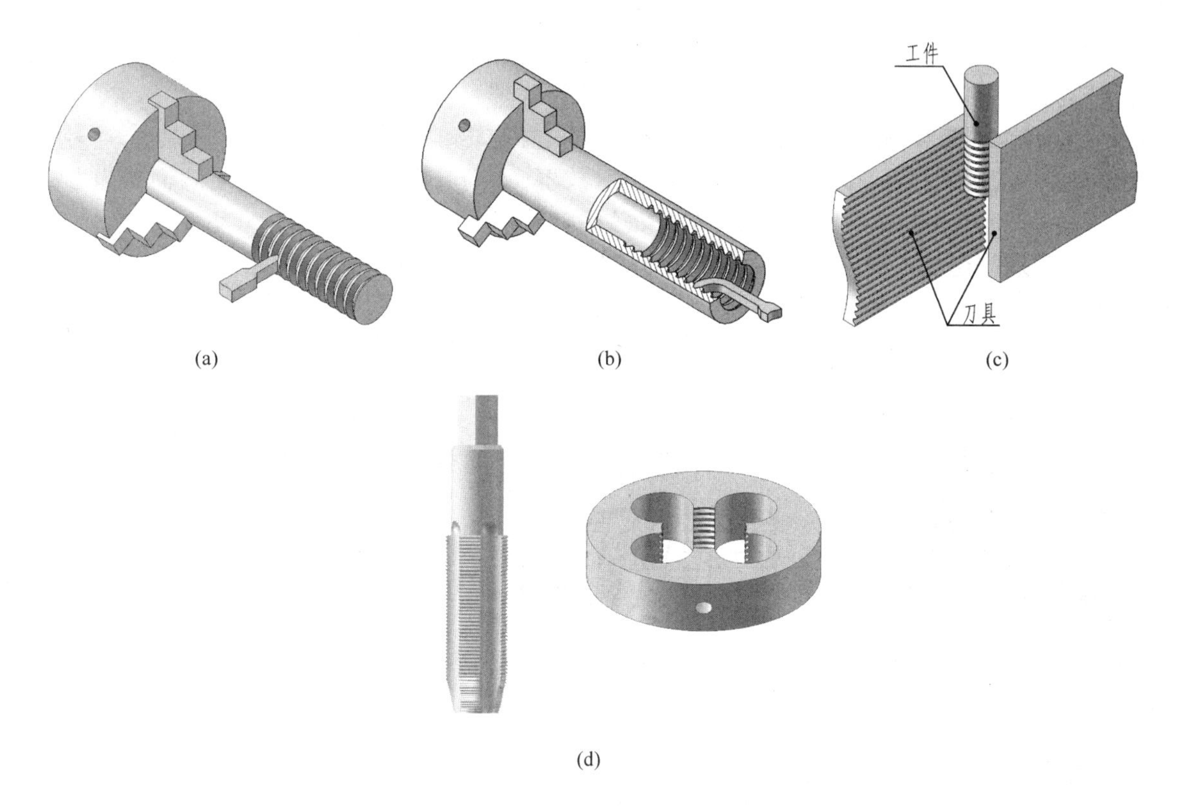

图 7-2　螺纹的部分加工方法和工具

2. 螺纹要素

螺纹由下列五要素确定：

（1）牙型　在通过螺纹轴线的剖切面上，所得到的螺纹断面的形状称为螺纹的牙型。常见的牙型有三角形、梯形、锯齿形等。

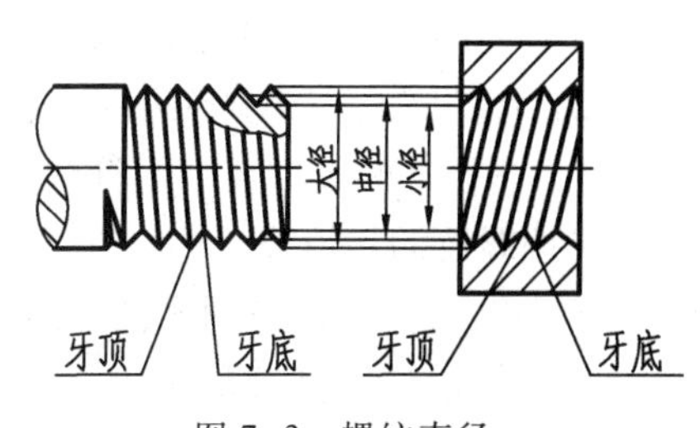

图 7-3　螺纹直径

（2）螺纹直径　螺纹的直径有大径、中径、小径之分，如图 7-3 所示。

大径是指与外螺纹的牙顶或内螺纹牙底相重合的假想圆柱或圆锥面的直径。大径为公称直径。国家标准规定,螺纹(管螺纹除外)的大径为螺纹的公称直径;图样上标注螺纹直径时,一般只标螺纹的公称直径(即大径)。内、外螺纹的大径分别用 D、d 表示。

小径是指与外螺纹牙底或内螺纹牙顶相重合的假想圆柱或圆锥的直径。内、外螺纹的小径分别用 D_1、d_1 表示。

中径是一个假想圆柱或圆锥的直径,其母线通过牙型上的沟槽和凸起宽度相等的地方。内、外螺纹的中径分别用 D_2、d_2 表示。

(3) 线数　螺纹有单线和多线之分。当圆柱面上只有一条螺旋线时,所形成的螺纹称为单线螺纹;当圆柱面上有两条或两条以上在轴向等距离分布的螺旋线时,形成的螺纹称为多线螺纹。螺纹的线数用 n 表示,如图 7-4 所示。

(4) 螺距和导程　相邻两牙在中径线上对应点间的轴向距离称为螺距,用 P 表示;同一条螺旋线上相邻两牙在中径线上对应点间的距离称为导程,用 Ph 表示,如图 7-4 所示。对于单线螺纹,螺距等于导程,多线螺纹的螺距 $P=Ph/n$。

(5) 旋向　螺纹的旋向有右旋和左旋之分,顺时针旋转时旋入的螺纹称为右旋螺纹,逆时针旋转时旋入的螺纹称为左旋螺纹,或把轴线铅垂放置(不剖),螺纹的可见部分右边高者为右旋螺纹,左边高者为左旋螺纹。判断旋向的方法如图 7-5 所示,图 a 为右旋,图 b 为左旋。

内、外螺纹连接的条件是螺纹的五个要素必须完全相同,否则内、外螺纹不能互相旋合使用。

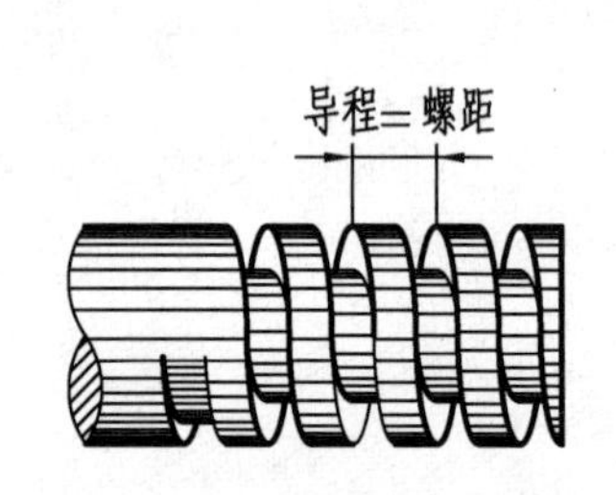

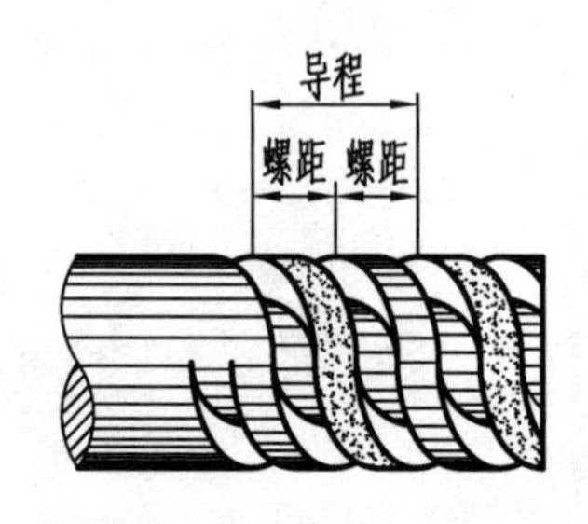

图 7-4　螺纹的线数

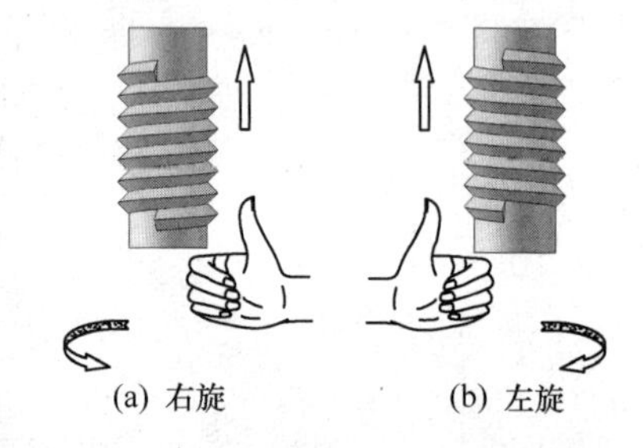

图 7-5　螺纹的旋向

二、螺纹种类

1. 按螺纹要素是否标准分

(1) 标准螺纹　牙型、直径和螺距均符合国家标准的螺纹。

(2) 特殊螺纹　牙型符合国家标准,直径或螺距不符合国家标准的螺纹。

(3) 非标准螺纹　牙型不符合国家标准的螺纹。

2. 按螺纹的用途分

(1) 连接螺纹,如普通螺纹、管螺纹。

(2) 传动螺纹,如梯形螺纹。

其具体分类详见表 7-1。

表 7-1 常用标准螺纹的分类、牙型及其符号

螺纹分类			牙型及牙型角	特征代号	说明
连接螺纹	普通螺纹	粗牙普通螺纹	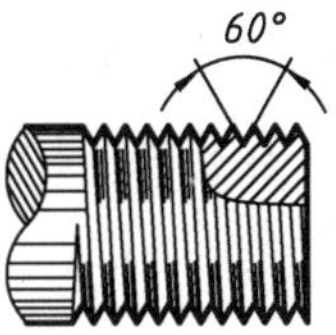 60°	M	用于一般零件的连接
		细牙普通螺纹			与粗牙螺纹大径相同时，细牙螺纹的螺距小，小径大，且强度高，多用于精密零件、薄壁零件或载荷大的零件上，还常用于承受变载、冲击、振动载荷的连接
	管螺纹	55°非密封管螺纹	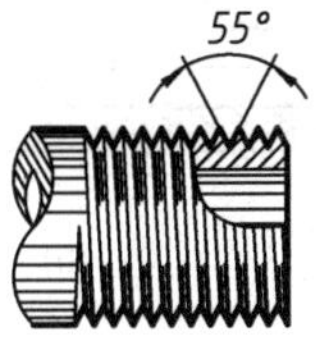 55°	G	用于非螺纹密封的低压管路的连接
		55°密封管螺纹 圆锥外螺纹	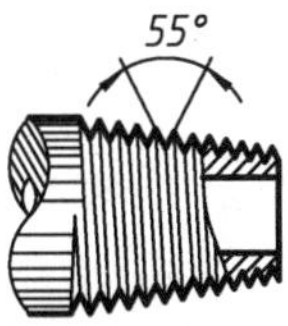 55°	R	用于螺纹密封的中、高压管路的连接
		55°密封管螺纹 圆锥内螺纹	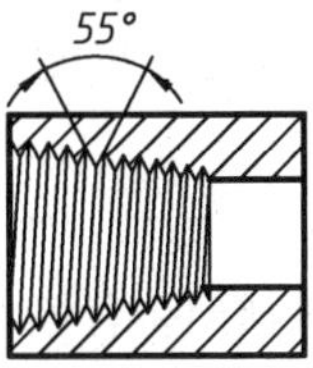 55°	Rc	
		55°密封管螺纹 圆柱内螺纹	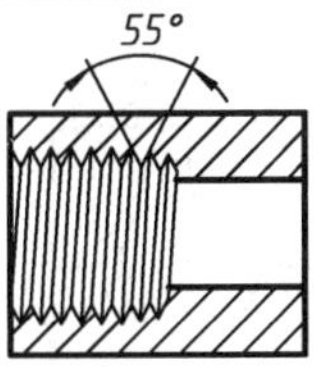 55°	Rp	
传动螺纹	梯形螺纹		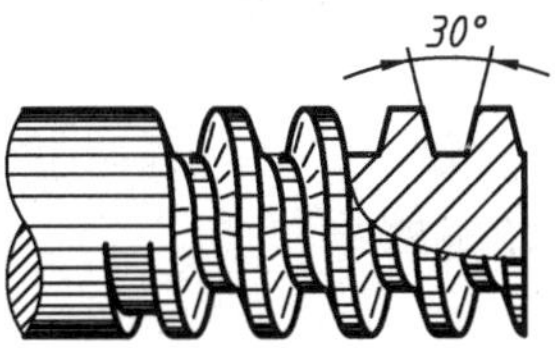 30°	Tr	可双向传递运动及动力，常用于需承受双向力的丝杠传动
	锯齿形螺纹			B	只能传递单向动力，如螺旋压力机的传动丝杠采用这种螺纹

三、螺纹的规定画法

1. 外螺纹的画法

螺纹的牙顶（大径线）和螺纹终止线用粗实线绘制，螺纹的牙底（小径线）用细实线绘制，在倒角或倒圆部分处的细实线也应画出。在投影为圆的视图中，大径画粗实线圆，小径画细实线圆，只画 3/4 圈，倒角圆省略不画，如图 7-6a 所示。在剖视图中，螺纹终止线只画出大径和小径之间的部分，剖面线应画到粗实线处，如图 7-6b 所示。

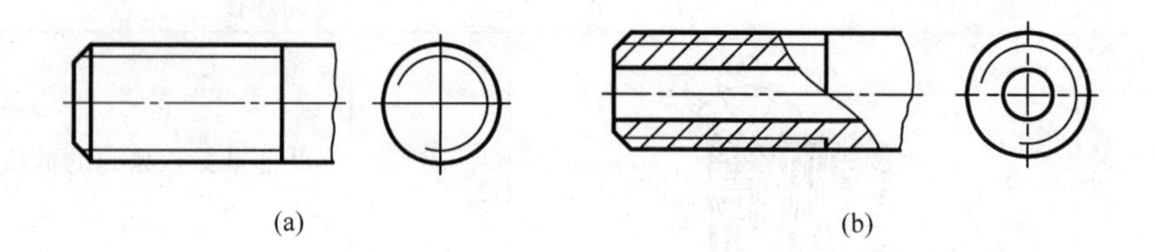

图 7-6　外螺纹的画法

2. 内螺纹的画法

内螺纹（螺孔）一般应画剖视图，画剖视图时，牙顶（小径线）和螺纹终止线用粗实线表示。牙底（大径线）用细实线表示。在投影为圆的视图中，小径圆画粗实线圆，大径圆画细实线圆，只画约 3/4 圈，倒角圆省略不画，如图 7-7a 所示。

内螺纹未取剖视时，大径线、小径线、螺纹终止线均画细虚线，如图 7-7b 所示。

对于不穿通螺孔，应将钻孔深度和螺纹孔深度分别画出。注意钻孔顶端应画成 120°，如图 7-7c所示。

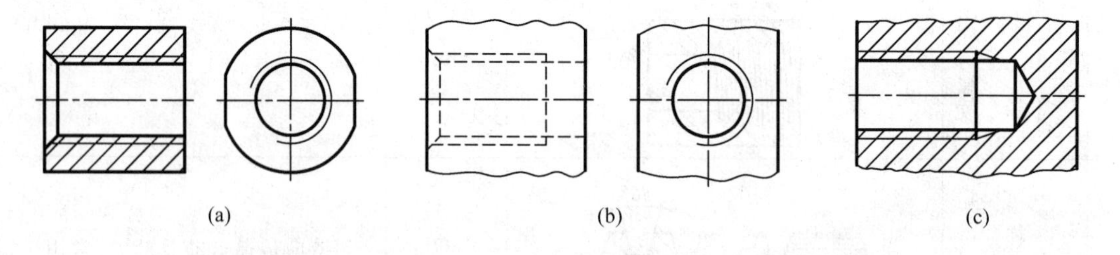

图 7-7　内螺纹的画法

3. 内、外螺纹连接的画法

在绘制螺纹连接的剖视图时，其连接部分应按外螺纹的画法绘制，其余部分仍按各自的画法绘制，如图 7-8 所示。注意内、外螺纹相应的直径线必须对齐。

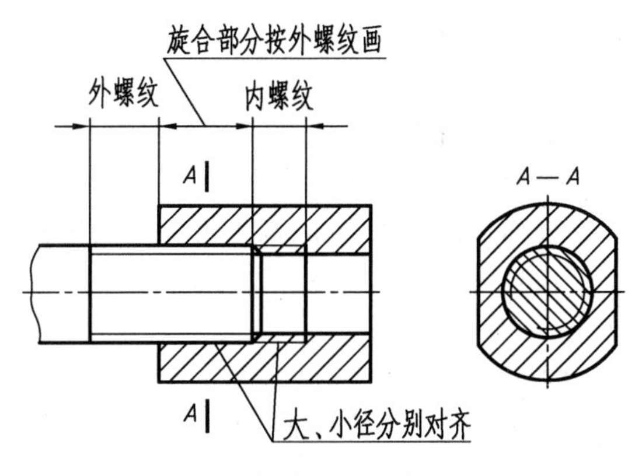

图 7-8 内、外螺纹连接的画法

四、螺纹标注

由于螺纹采用了统一规定的画法，为识别螺纹的种类和要素，对螺纹必须按规定格式进行标注。

1. 普通螺纹的标记

普通螺纹的完整标记由螺纹特征代号、尺寸代号、螺纹公差带代号及其他有必要做进一步说明的个别信息，如旋合长度代号和旋向代号等组成。

螺纹特征代号 尺寸代号 - 螺纹公差带代号 - 旋合长度代号 - 旋向代号

(1) 螺纹特征代号　用字母“M”表示。

(2) 尺寸代号　单线螺纹的尺寸代号为“公称直径×螺距”，单位都是 mm。细牙普通螺纹标注螺距，粗牙普通螺纹不标注螺距。

例如：公称直径为 16 mm、螺距为 1.5 mm 的单线细牙螺纹，其标记为：M16×1.5；

公称直径为 16 mm、螺距为 2 mm 的单线粗牙螺纹，其标记为：M16。

多线螺纹的尺寸代号为“公称直径×Ph 导程 P 螺距”，单位都是 mm。如果要进一步表明螺纹的线数，可在后面增加括号说明（使用英语进行说明。例如双线为 two starts；三线为 three starts；四线为 four starts）。

例如：公称直径为 16 mm、螺距为 1.5 mm、导程为 3 mm 的双线螺纹，其标记为：

M16×Ph3P1.5　或　M16×Ph3P1.5（two starts）

(3) 螺纹公差带代号　由表示其大小的公差等级数字和表示其位置的字母组成，内螺纹用大写字母，外螺纹用小写字母，如 6H、5g 等。

普通螺纹必须标注中径和顶径（顶径指外螺纹的大径和内螺纹的小径）的公差带代号，中径公差带代号在前，顶径公差带代号在后，如 4H5H、5h6h 等。若中径公差带与顶径公差带的代号相同，则应只标注一个公差带代号，如 5H、6h 等。表示内、外螺纹配合时，内螺纹公差带代号在前，外螺纹公差带代号在后，中间用“/”分开，如 6H/5g6g。螺纹尺寸代号与公差带代号间用“-”分开。

(4) 旋合长度代号　是指两个相互旋合的螺纹，沿螺纹轴线方向相互旋合部分的长度（螺纹端倒角不包括在内）。

普通螺纹旋合长度分短(S)、中(N)、长(L)三组。当旋合长度为N时,省略标注。必要时,也可用数值注明旋合长度。

(5) 旋向代号　当为右旋螺纹时,省略标注。左旋螺纹用“LH”表示。旋合长度代号与旋向代号间用“-”分开。

(6) 普通螺纹标记示例　公称直径为20 mm、螺距为2 mm、导程为4 mm的双线左旋螺纹副,其内螺纹中、顶径的公差带代号为5H6H,外螺纹中、顶径公差带代号5g6g,长旋合长度。其标记为:M20×Ph4P2-5H6H/5g6g-L-LH。

2. 梯形螺纹和锯齿形螺纹的标记

梯形螺纹和锯齿形螺纹的完整标记由螺纹特征代号、尺寸代号、旋向代号、螺纹公差带代号、旋合长度代号等组成。

| 螺纹特征代号 | | 尺寸代号 | 旋向代号 | - | 螺纹公差带代号 | - | 旋合长度代号 |

(1) 梯形螺纹特征代号用字母“Tr”表示,锯齿形螺纹特征代号用字母“B”表示。

(2) 尺寸代号　单线螺纹的尺寸代号为“公称直径×螺距”,单位都是mm。多线螺纹的尺寸代号为“公称直径×导程(P螺距)”,单位都是mm。

(3) 螺纹公差带代号　只标注中径的公差带代号。

(4) 标记示例　公称直径为40 mm、螺距为7 mm的双线左旋梯形螺纹,中径的公差带代号为7e,中等旋合长度,其标记为:Tr40×14(P7)LH-7e。

3. 管螺纹的标记

管螺纹分为55°密封管螺纹和55°非密封管螺纹两种。

(1) 55°密封管螺纹的标记由螺纹特征代号、尺寸代号和旋向代号组成。

| 螺纹特征代号 | | 尺寸代号 | 旋向代号 |

螺纹特征代号　圆柱内螺纹特征代号用字母“Rp”表示,与其相配合的圆锥外螺纹用字母“R_1”表示;圆锥内螺纹特征代号用字母“Rc”表示,与其相配合的圆锥外螺纹用字母“R_2”表示。

尺寸代号　管螺纹的尺寸代号是指管子内径(通径)“英寸”的数值,不是螺纹大径,画图时,大、小径的数值应根据尺寸代号查出具体数值,见附表3、附表4。

标记示例　尺寸代号为1/2的左旋圆锥外螺纹的标记为:$R_1$1/2LH。

内、外螺纹装配在一起组成螺纹副时,内、外螺纹的标记用斜线分开,左边表示内螺纹,右边表示外螺纹。例如:Rp/$R_1$1/2、Rc/$R_2$1/2LH。

(2) 55°非密封管螺纹的标记由螺纹特征代号、尺寸代号、螺纹公差等级代号和旋向代号组成。

| 螺纹特征代号 | | 尺寸代号 | - | 螺纹公差等级代号 | - | 旋向代号 |

螺纹特征代号　用字母“G”表示。

螺纹公差等级代号　外螺纹中径的公差等级分为A和B两个等级。内螺纹只规定一种公差带,不标注。

标记示例　尺寸代号为3/4的A级右旋圆柱外螺纹的标记为:G3/4A

当螺纹为左旋时,在公差等级代号后加注“LH”,如G3/4-LH。

内、外螺纹装配在一起组成螺纹副时,仅需标注外螺纹的标记。例如:G1/2A、G1/2A-LH。

4. 螺纹的标记和标注

普通螺纹、梯形螺纹、锯齿形螺纹标注采用尺寸式标注，管螺纹的标注采用指引线形式标注，都从大径线引出标注，见表 7-2。

表 7-2 标准螺纹的标注示例

螺纹种类		标注图例	说明
普通螺纹	粗牙内螺纹	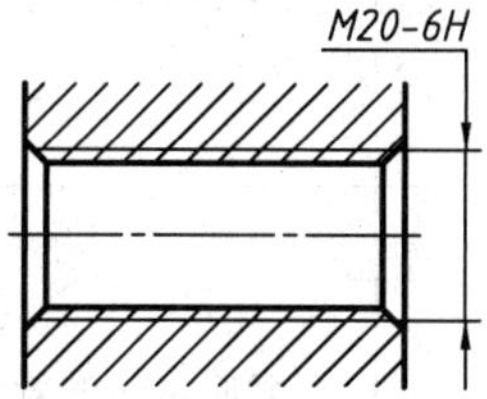 M20-6H	粗牙普通内螺纹，公称直径为 20 mm，单线；中、顶径公差带代号 6H；中等旋合长度；右旋
	细牙外螺纹	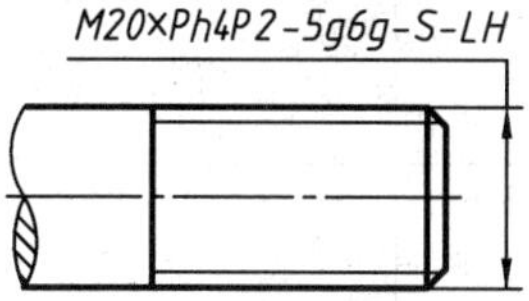 M20×Ph4P2-5g6g-S-LH	细牙普通外螺纹，公称直径为 20 mm，螺距为 2 mm，双线；中、顶径公差带分别为 5g、6g；短旋合长度；左旋
		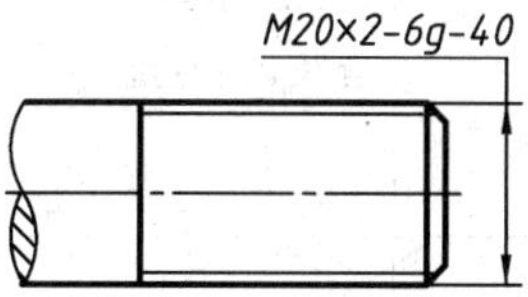 M20×2-6g-40	细牙普通外螺纹，公称直径为 20 mm，螺距为 2 mm，单线；中、顶径公差带代号为 6g；旋合长度 40 mm；右旋
	内、外螺纹旋合标记	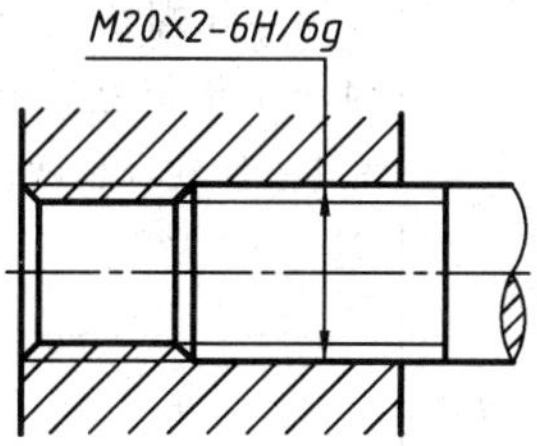 M20×2-6H/6g	细牙普通螺纹副，公称直径为 20 mm，螺距为 2 mm，单线；内螺纹中、顶径公差带代号为 6H，外螺纹中、顶径公差带代号为 6g；中等旋合长度；右旋
55°非密封管螺纹	内螺纹	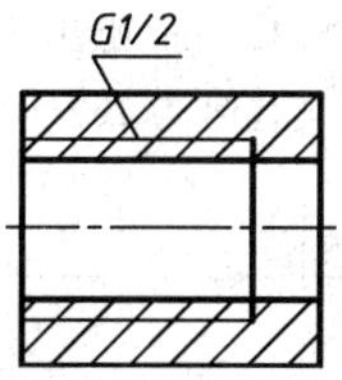 G1/2	55°非密封的圆柱内螺纹，尺寸代号 1/2，右旋
	A 级外螺纹	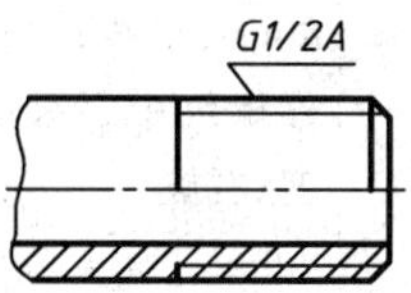 G1/2A	55°非密封的圆柱外螺纹，尺寸代号 1/2；中径的公差等级为 A 级；右旋

续表

螺纹种类		标注图例	说明
55°非密封管螺纹	B级外螺纹	G1/2B-LH	55°非密封的圆柱外螺纹,尺寸代号1/2;中径的公差等级为B级;左旋
	内、外螺纹旋合标记	G1/2/G1/2A-LH	55°非密封的管螺纹副,尺寸代号1/2;圆柱外螺纹中径的公差等级为A级;左旋
梯形螺纹	内螺纹	Tr40×7-7H	梯形内螺纹,公称直径为40 mm,螺距为7 mm,单线;中径公差带代号为7H;中等旋合长度;右旋
	外螺纹	Tr40×14(P7)LH-8e-L	梯形外螺纹,公称直径为40 mm,导程为14 mm,螺距为7 mm,双线;中径公差带代号为8e;长旋合长度;左旋
		Tr40×12(P3)-7e-50	梯形外螺纹,公称直径为40 mm,导程为12 mm,螺距为3 mm,线数为4;中径公差带代号为7e;旋合长度为50 mm;右旋
	内、外螺纹旋合标记	Tr52×8-7H/7e	梯形螺纹副,公称直径为52 mm,螺距为8 mm,单线;内螺纹中径公差带代号为7H,外螺纹中径公差带代号为7e;中等旋合长度;右旋

续表

螺纹种类		标注图例	说明
锯齿形螺纹	内螺纹	B40×7-7A	锯齿形内螺纹，公称直径为 40 mm，螺距为 7 mm，单线；中径公差为 7A；中等旋合长度；右旋
	外螺纹	B40×7-7c	锯齿形外螺纹，公称直径为 40 mm，螺距为 7 mm，单线；中径公差为 7c；中等旋合长度；右旋

5. 特殊螺纹的标注

特殊螺纹的标注应在牙型符号前加注“特”字，并注出大径和螺距，如图 7-9a 所示。

6. 非标准螺纹的标注

应注出螺纹的大径、小径、螺距和牙型的尺寸，如图 7-9b 所示。

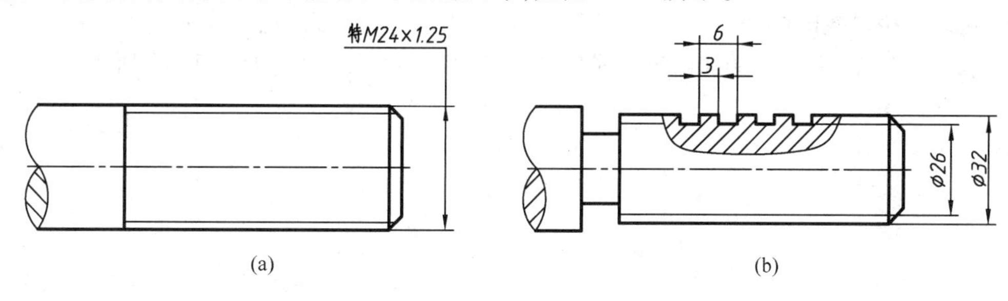

图 7-9 特殊螺纹的标注

五、螺纹的局部结构

1. 螺纹端部的倒角

为了便于内、外螺纹装配和防止端部螺纹损伤，在螺纹端部常加工出倒角，如图 7-10 所示，

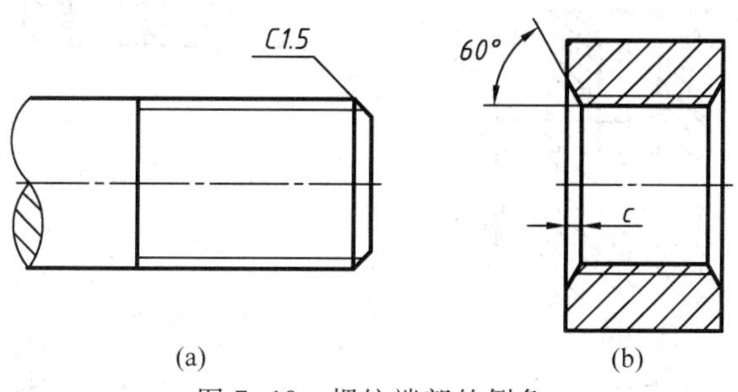

图 7-10 螺纹端部的倒角

倒角尺寸见附表 6。

2. 退刀槽

在加工螺纹时，为了便于退刀，在螺纹终止处，先加工出退刀槽，再加工螺纹，如图 7-11 所示，退刀槽尺寸见附表 5。

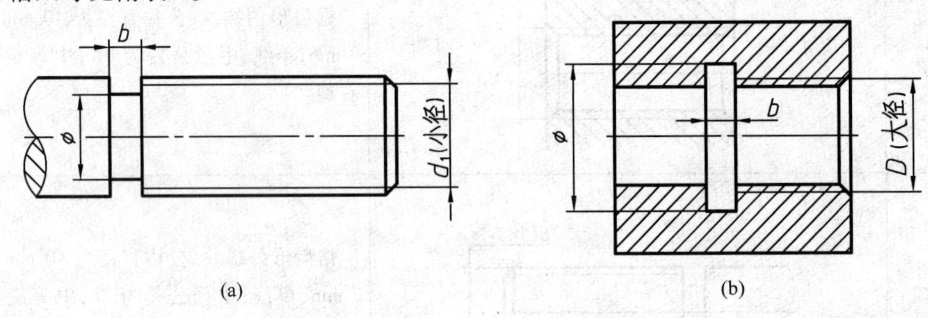

图 7-11　退刀槽

3. 不通的螺纹孔

加工不通的螺纹孔时，先钻孔再攻螺纹，钻头端部的圆锥角约为 118°。为简化作图，钻孔底部的圆锥孔均画成 120°角，如图 7-12a 所示。为了便于攻螺纹，保证螺纹的有效长度，钻孔深度要大于螺纹长度，其多余部分称为钻孔余量。为简化作图，钻孔余量常取为 0.5D（D 为螺纹大径），如图 7-12b 所示。

4. 螺纹孔相贯线的画法

两螺纹孔或螺纹孔与光孔相贯时，其相贯线按螺纹的小径画出，如图 7-13 所示。

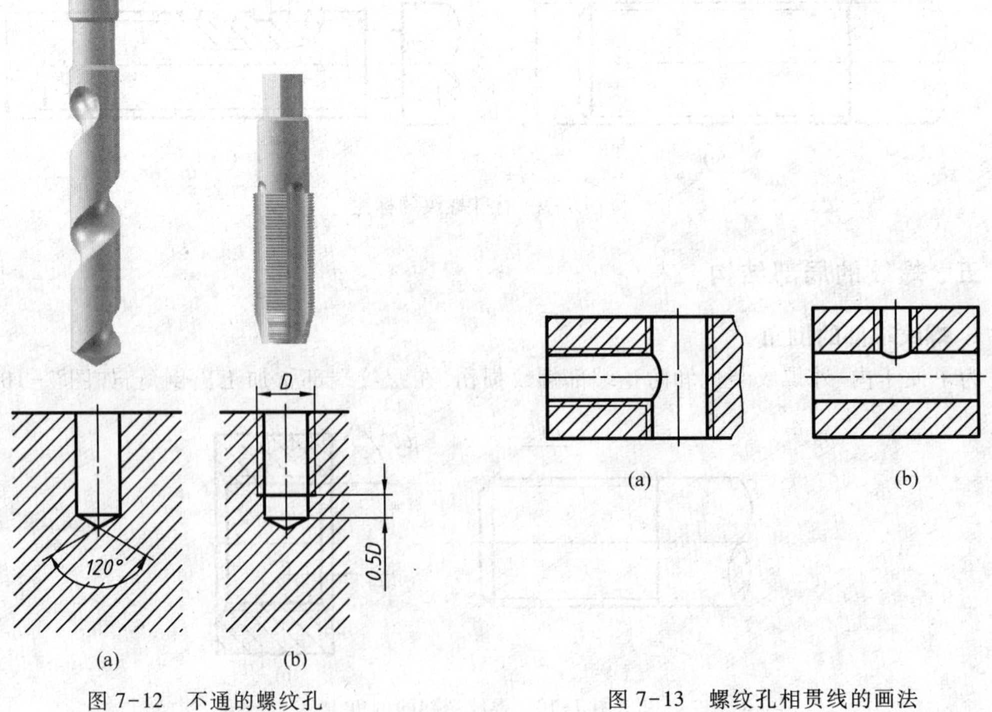

图 7-12　不通的螺纹孔

图 7-13　螺纹孔相贯线的画法

§ 7.2　螺纹紧固件及其连接的画法

一、螺纹紧固件

紧固件为将两个或两个以上零件(或构件)紧固连接成为一件整体时所采用的一类机械零件的总称。用螺纹起连接和紧固作用的零件称为螺纹紧固件。常用的螺纹紧固件有螺栓、双头螺柱、螺钉、螺母、垫圈等,如图 7-14 所示。

图 7-14　螺纹紧固件

1. 螺纹紧固件的标记

螺纹紧固件的结构形式及尺寸均已标准化。各种紧固件均有相应的规定标记,其完整的标记由名称、标准编号、尺寸、产品形式、性能等级或材料等级、产品等级、扳拧形式、表面处理组成,一般主要标注前四项。

常用的一些螺纹紧固件及其规定标记见表 7-3。

表 7-3　常用螺纹紧固件的图例和标记示例

名称及国家标准号	图　　例	标记及说明
六角头螺栓 A 级和 B 级 GB/T 5782—2000	M10 60	螺纹 GB/T 5872 M10×60,表示 A 级六角头螺栓,螺纹规格 d = M10,公称长度 l = 60 mm
双头螺柱 ($b_m = 1.25d$) GB/T 898—1988	M10 10　50	螺纹 GB/T 898 M10×50,表示 B 型双头螺柱,两端均为粗牙普通螺纹,螺纹规格 d = M10,公称长度 l = 50 mm

续表

名称及国家标准号	图　例	标记及说明
开槽沉头螺钉 GB/T 68—2000	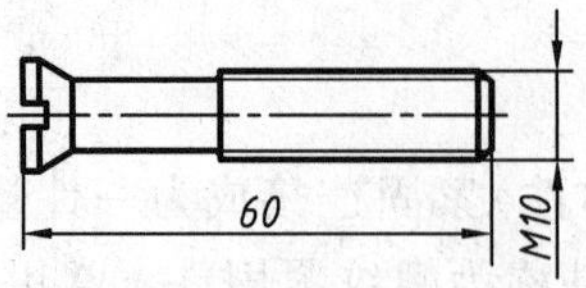 60　M10	螺钉 GB/T 68 M10×60,表示开槽沉头螺钉,螺纹规格 d = M10,公称长度l=60 mm
开槽长圆柱端 紧定螺钉 GB/T 75—1985	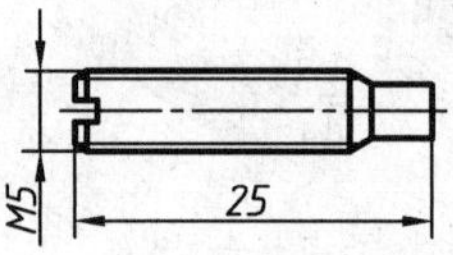 M5　25	螺钉 GB/T 75 M5×25,表示长圆柱端紧定螺钉,螺纹规格 d = M5,公称长度l=25 mm
1型六角螺母 A级和B级 GB/T 6170—2000	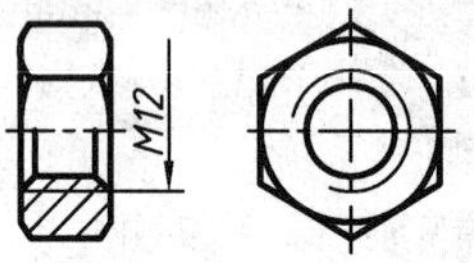 M12	螺母 GB/T 6170 M12,表示 A 级 1 型六角螺母,螺纹规格 D=M12
1型六角开槽螺母 A级和B级 GB/T 6178—1986	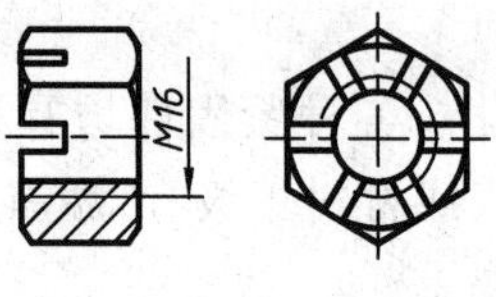 M16	螺母 GB/T 6178 M16,表示 A 级 1 型六角开槽螺母,螺纹规格 D=M16
平垫圈　A级 GB/T 97.1—2002	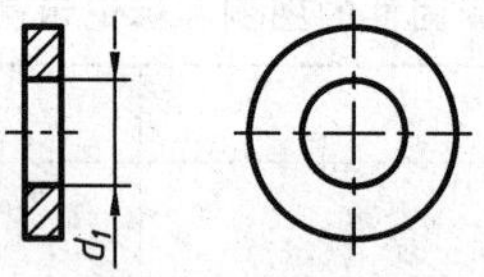 d_1	垫圈 GB/T 97.1 12-140HV,表示 A 级平垫圈,公称尺寸(螺纹规格)d = 12 mm,性能等级为 140HV
标准型弹簧垫圈 GB/T 93—1987	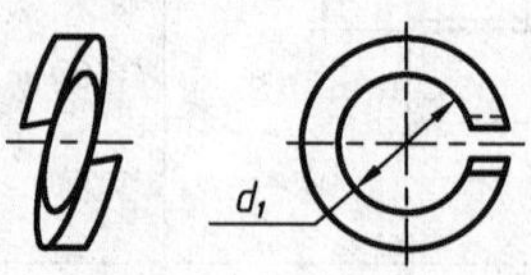 d_1	垫圈 GB/T 93 20,表示标准型弹簧垫圈,规格(螺纹大径)为 20 mm

2. 螺纹紧固件的画法

螺纹紧固件各部分具体尺寸可从相应的国家标准中查出,但在绘图时为了简便和提高效率,通常采用比例画法。

比例画法就是在确定螺纹大径后,除了公称长度需按被紧固件实际情况计算并查表确定外,螺纹紧固件的其他各部分尺寸均取与螺纹大径成一定比例的数值,但不得把按比例关系计算的尺寸作为螺纹紧固件的尺寸进行标注,如表 7-4 所示。

表 7-4　螺栓、螺母、垫圈的比例画法

	图　形	比例尺寸
六角头螺栓	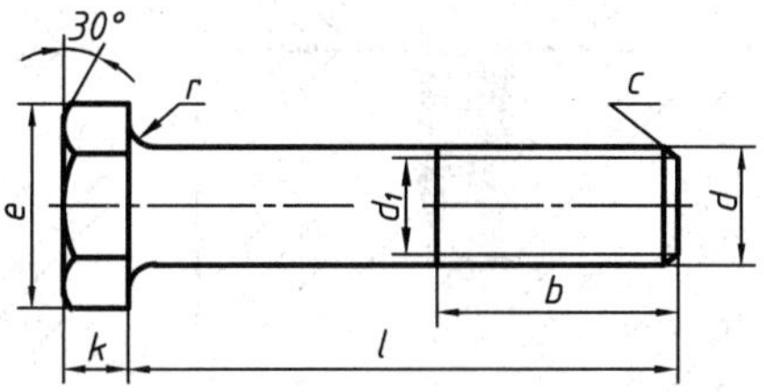	d、l 由结构决定 $b=2d$($l\leqslant 2d$ 时 $b=l$) $e=2d$ $k=0.7d$ $c=0.15d$ $d_1=0.85d$
六角螺母	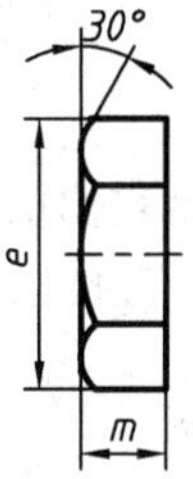	$e=2d$ $m=0.8d$
垫圈	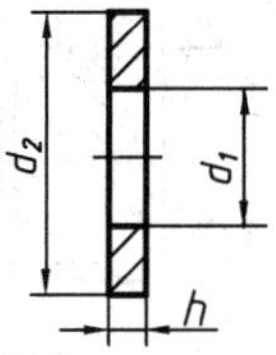	$d_1=1.1d$ $d_2=2.2d$ $h=0.15d$

二、螺纹紧固件连接的画法

螺纹紧固件连接的基本形式有螺栓连接(图 7-15a)、双头螺柱连接(图 7-15b)、螺钉连接(图 7-15c)。画装配图时,应按下列规定:

(1) 两零件的接触面画一条线,不接触面画两条线。

(2) 相邻两零件的剖面线应不同,要方向相反或间隔不等。但同一个零件在各个视图中的剖面线的方向和间隔应一致。

(3) 在剖视图中,当剖切平面通过螺纹紧固件的轴线时,这些紧固件按不剖绘制。

1. 螺栓连接及其连接画法

螺栓连接常用的紧固件有螺栓、螺母、垫圈。它用于被连接件都不太厚、能加工成通孔且要求连接力较大的情况,如图 7-15a 所示。

(1) 螺栓连接的画法步骤

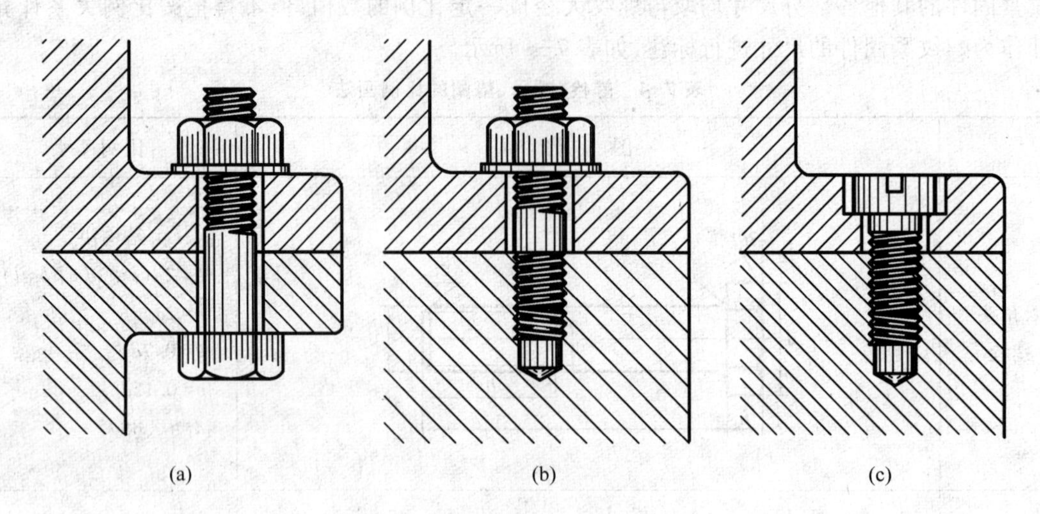

图 7-15　螺纹紧固件连接的基本形式

螺栓连接通常采用比例画法。

1）根据紧固件螺栓、螺母、垫圈的标记，计算出它们的全部比例尺寸。

2）如图 7-16 所示，确定螺栓的公称长度 l 时，可按以下方法计算：

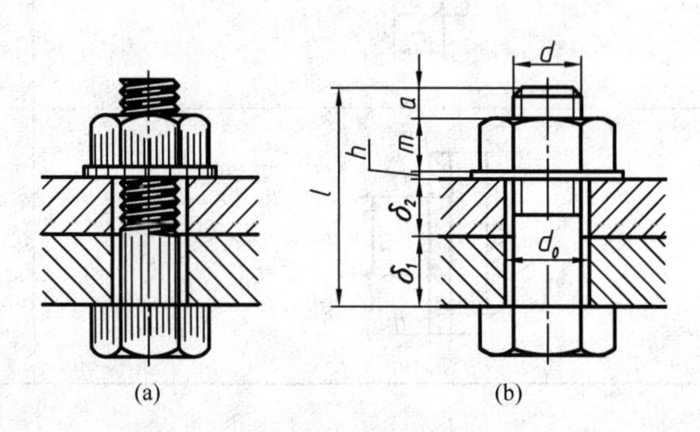

图 7-16　螺栓连接

估算 $l \geqslant \delta_1 + \delta_2 + h + m + a$，式中 a 取$(0.2\sim0.4)d$。

由 l 的初算值，在螺栓标准的 l 公称系列值中，选取一个与之相近的标准值，一般取其大值。

例如，已知螺纹紧固件的标记为：

螺栓　GB/T 5782 M20×l

螺母　GB/T 6170 M20

垫圈　GB/T 97.1 20

被连接件的厚度　$\delta_1 = 25, \delta_2 = 25$。

解：由附表 15 和附表 19 查得 $m = 18, h = 3$；

取 $a = 0.3 \times 20 = 6$。

计算 $l \geqslant 25 + 25 + 3 + 18 + 6 = 77$。

根据 GB/T 5782(参见附表 10)查得最接近的标准长度为 80,即是螺栓的有效长度,同时查得螺栓的螺纹长度 b 为 46。

3) 螺栓连接的画图步骤如图 7-17 所示。

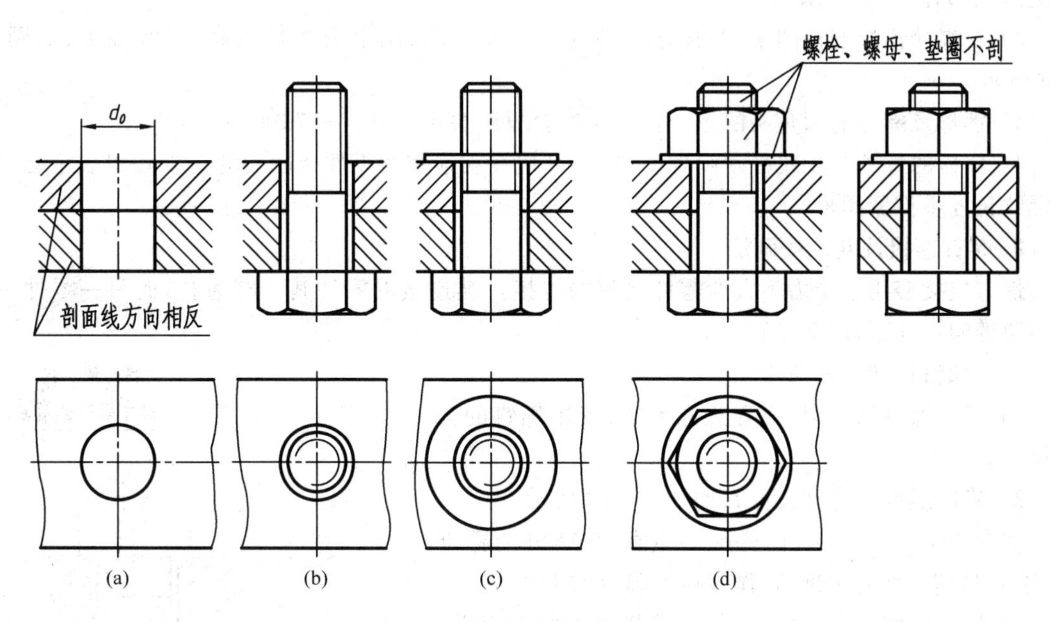

图 7-17　螺栓连接的画图步骤

对六角螺栓头及六角螺母上的交线,可按图 7-18 绘制(用圆弧代替双曲线)。

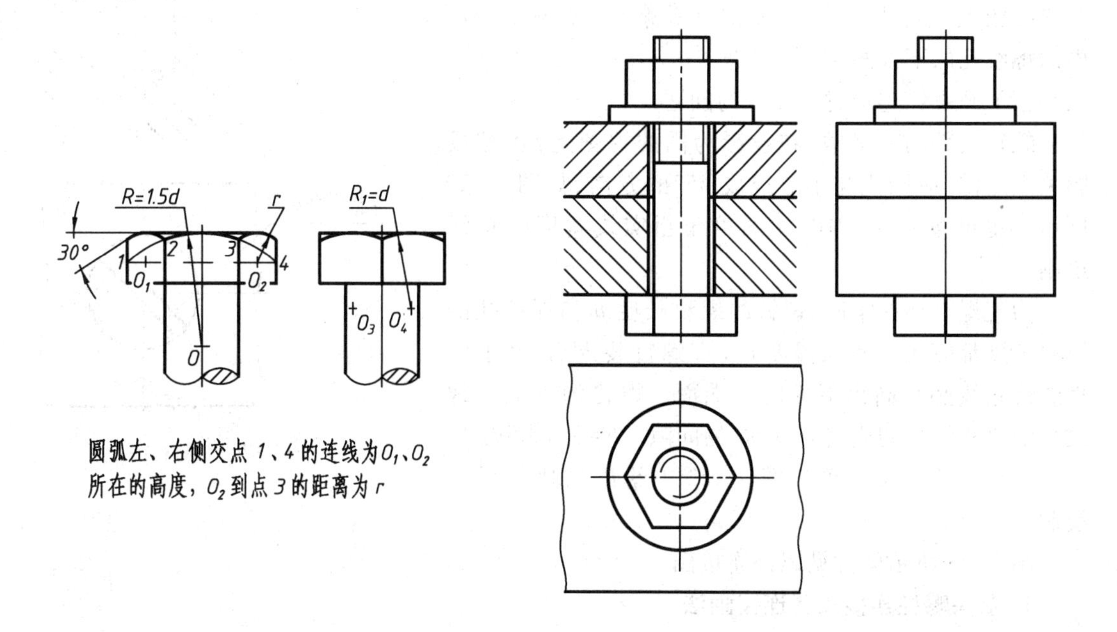

图 7-18　六角螺栓头上的交线图

图 7-19　螺栓连接的简化画法

在部件装配图中，螺栓连接允许按简化画法绘制，如图 7-19 所示。

（2）画螺栓连接时应注意的问题

1）被连接件的孔径必须大于螺栓的大径，$d_0 \approx 1.1d$，以免因为上、下板孔间距误差太大造成装配困难，如图 7-17a 所示。

2）在螺栓连接剖视图中，被连接零件的接触面（投影图上为线）画到螺栓大径处，如图 7-17d 所示。

3）螺母及螺栓的六角头的三个视图应符合投影关系，如图7-17d 所示。

4）螺栓的螺纹终止线必须画到垫圈之下（应在被连接两零件接触面的上方），以表示有足够的螺纹长度供拧紧螺母。

2. 螺钉连接及其连接画法

螺钉连接多用于受力不大的零件之间的连接。被连接的零件其一有通孔，而另一零件一般为不通的螺纹孔，如图 7-20 所示。

（1）螺钉连接的画法步骤

1）根据螺钉的标记，在有关标准中，查出螺钉的全部尺寸。

2）确定螺钉的公称长度 l，如图 7-21d 所示。

初算 $l=\delta_1+b_m$，根据初算出的 l 值，在螺钉的标准中，选取与其近似的标准值，作为最后确定的 l 值。

3）螺钉的旋入端长度 b_m 与被连接件的材料有关，可参照表 7-5 的 b_m 值近似选取。

4）按图 7-21 所示的画图步骤画出螺钉连接图。在连接图上允许不画出 0.5d 的钻孔余量，如图 7-21d 中的螺纹孔的下部画法。

（2）画螺钉连接时应注意的问题

螺钉头部的一字槽（在投影为圆的视图上）不按投影关系绘制，应画成与中心线成 45°的方向，如图 7-20 所示。也可按图 7-21d，用两倍于粗实线宽度的粗线绘制。

为使螺钉连接牢固，螺钉的螺纹长度 b 和螺纹孔的螺纹长度都应大于旋入深度 b_m，即螺钉装入后，其上的螺纹终止线必须高出下板的上端面。螺钉的下端至螺纹孔的终止线之间应留有 0.5d 的间隙。$b=b_m+0.5d$。

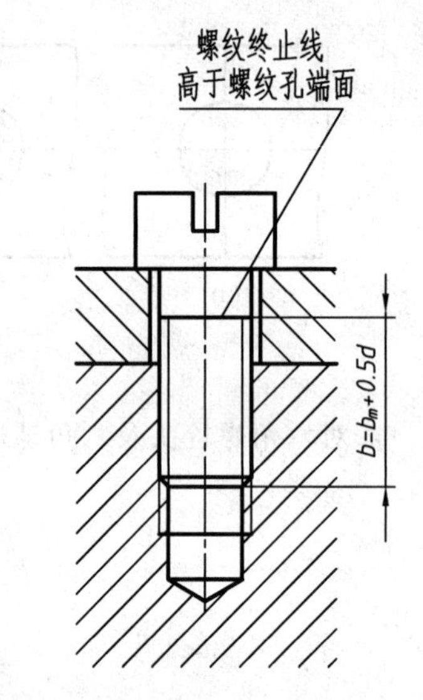

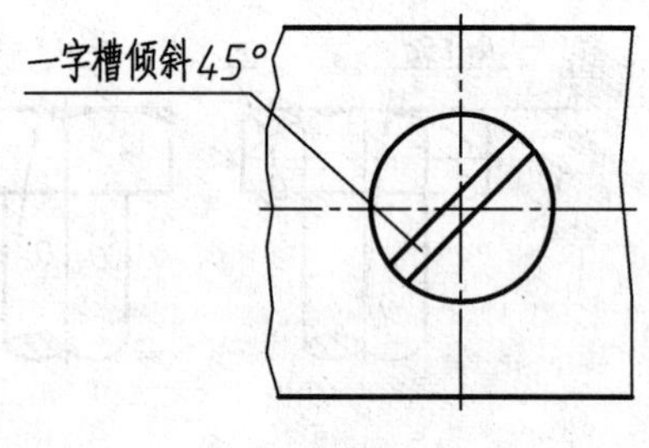

图 7-20　螺钉连接

螺钉头部的尺寸可按图 7-22 中给出的比例尺寸绘制。

图 7-23 所示为常见螺钉连接图。

3. 双头螺柱连接及其连接画法

双头螺柱连接常用的紧固件有双头螺柱、螺母、垫圈。螺柱连接一般用于被连接件之一较厚，不适合加工成通孔，且要求连接力较大的情况，其上部较薄零件加工成通孔，如图 7-24 所示。

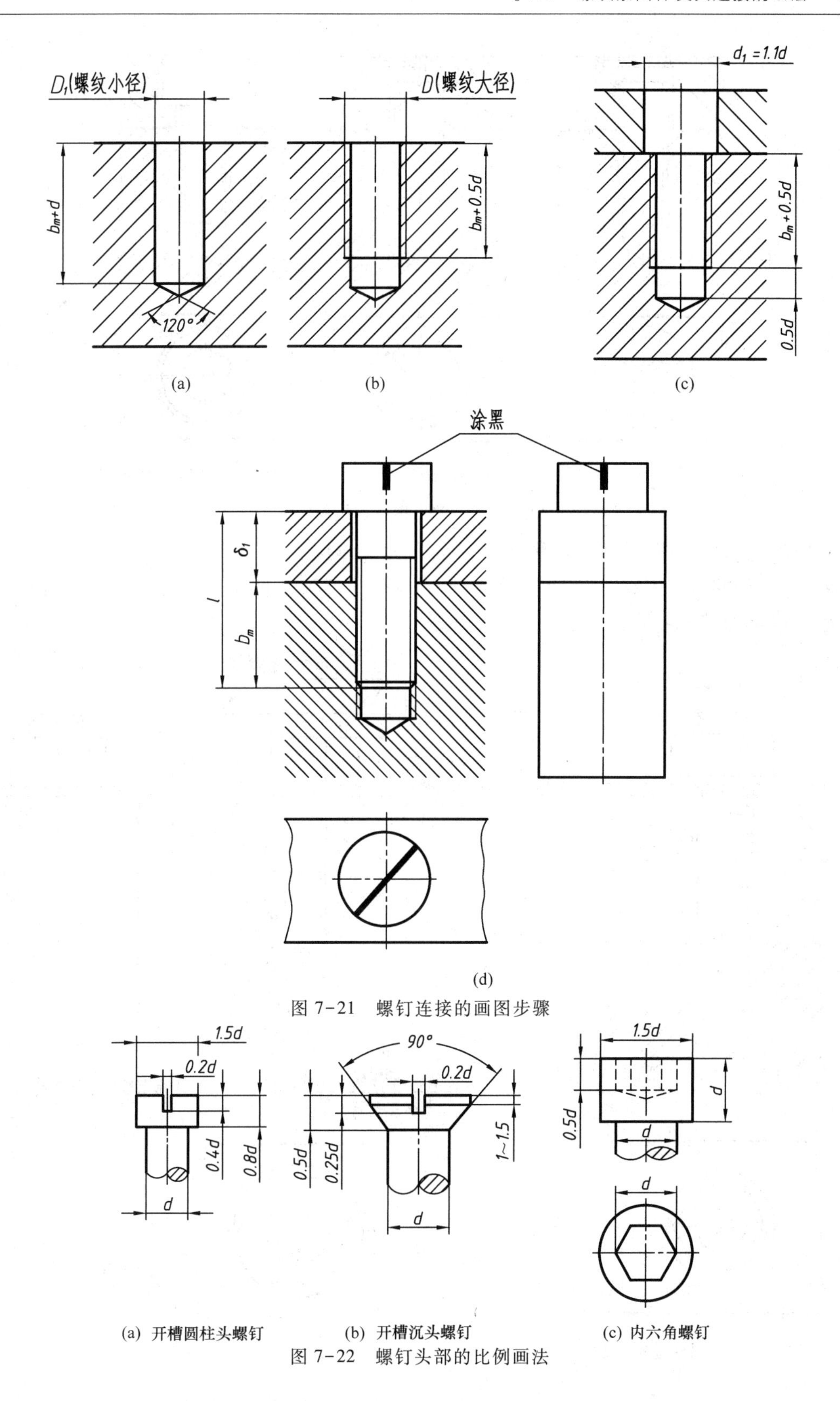

图 7-21　螺钉连接的画图步骤

(a) 开槽圆柱头螺钉　(b) 开槽沉头螺钉　(c) 内六角螺钉

图 7-22　螺钉头部的比例画法

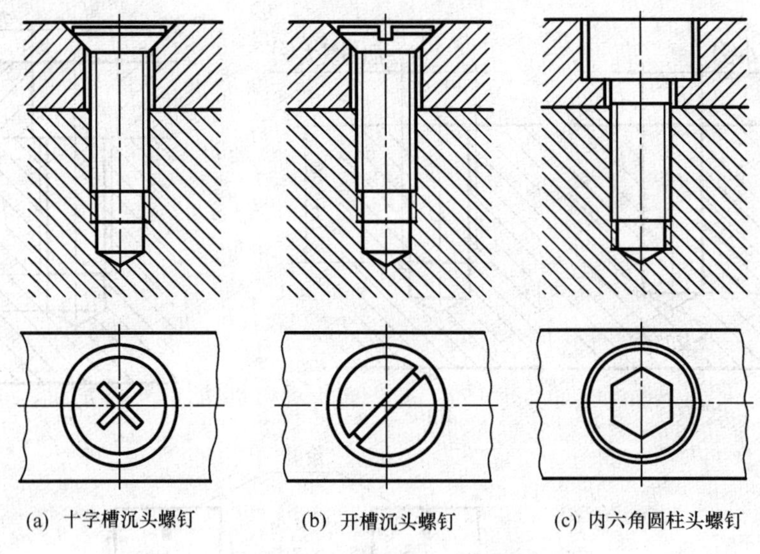

(a) 十字槽沉头螺钉　(b) 开槽沉头螺钉　(c) 内六角圆柱头螺钉

图 7-23　常见螺钉连接图

双头螺柱连接的下部似螺钉连接，而其上部似螺栓连接。

双头螺柱两端带有螺纹，一端称为紧定端，其有效长度为 l，螺纹长度为 b，另一端为旋入端，其长度为 b_m，如图 7-24 所示。

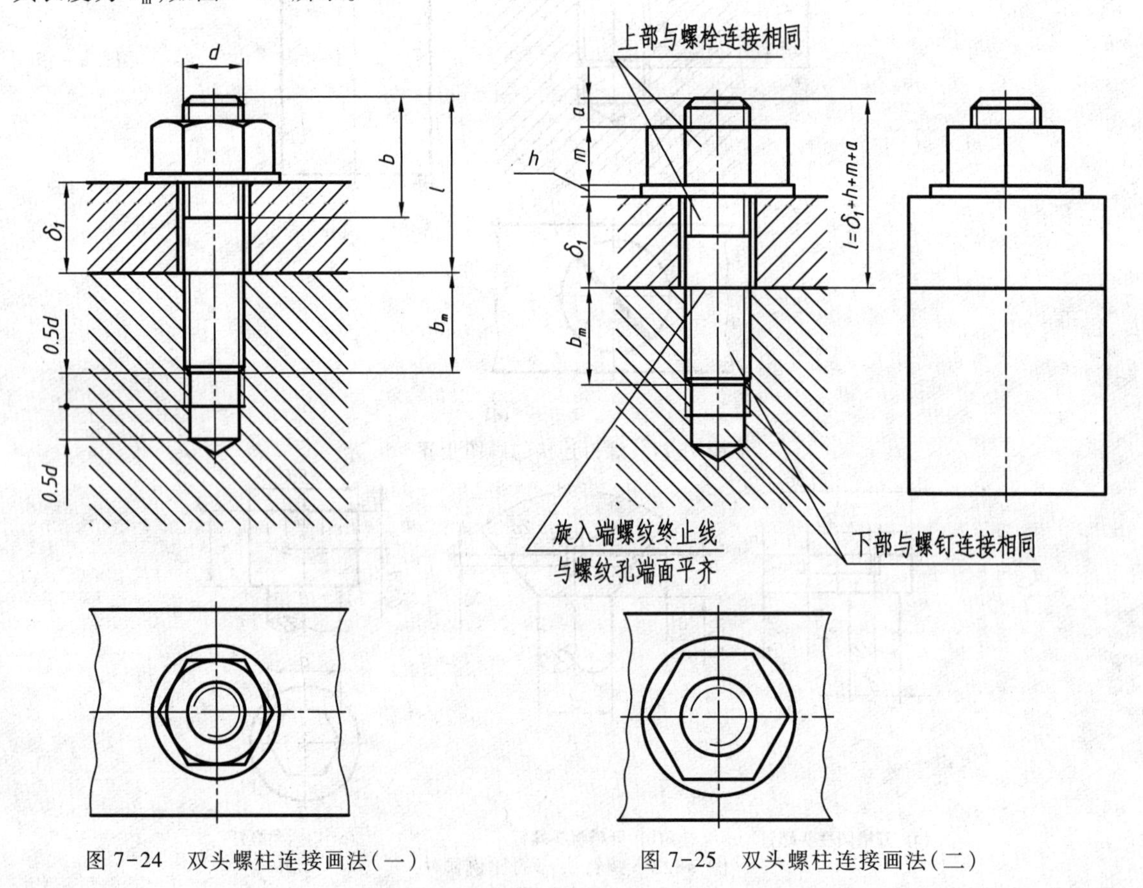

图 7-24　双头螺柱连接画法（一）　图 7-25　双头螺柱连接画法（二）

双头螺柱有效长度的计算与螺栓有效长度的计算类似，l 初算后的数值与相应的标准长度系列核对，如不符，应选取标准值，如图 7-25 所示。

为了保证连接牢固，应使旋入端完全旋入螺纹孔中，即在图上旋入端的终止线应与螺纹孔口的端面平齐，如图 7-25 所示。

旋入端长度 b_m 值参照表 7-5 选取。

表 7-5　双头螺柱及螺钉旋入深度参考值

被旋入零件的材料	旋入端长度 b_m	国家标准号
钢、青铜	$b_m = d$	GB/T 897—1988
铸铁	$b_m = 1.25d$ $b_m = 1.5d$	GB/T 898—1988 GB/T 899—1988
铝	$b_m = 2d$	GB/T 900—1988

§7.3　键及其连接

键用于连接轴和轴上的传动件（如齿轮、带轮等）使轴和传动件不发生相对转动，以传递扭矩或旋转运动，如图 7-26 所示。

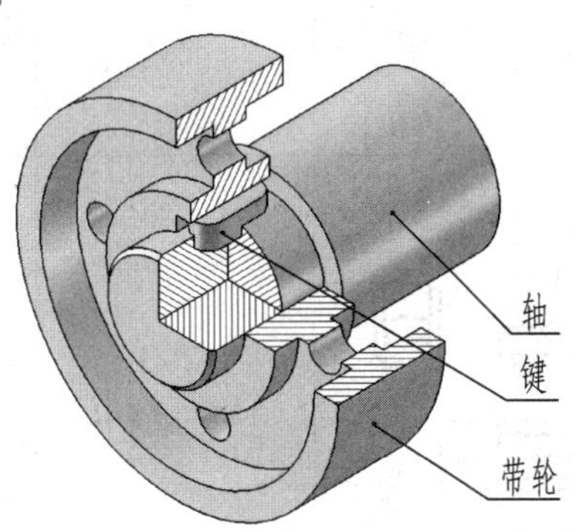

图 7-26　键的作用

常用键的形式有普通平键、半圆键和钩头楔键，普通平键分 A 型、B 型、C 型，如图 7-27 所示。

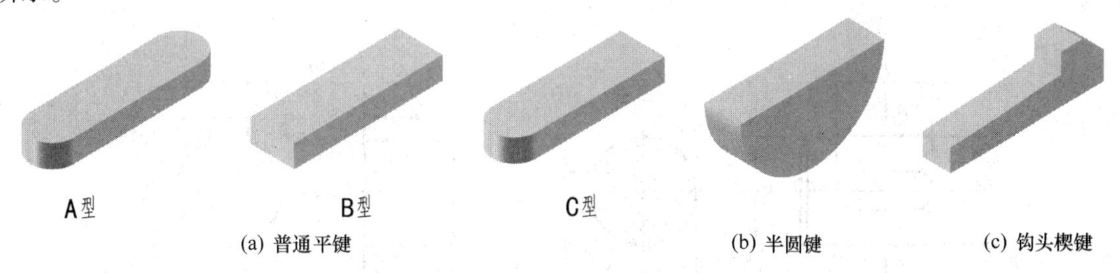

图 7-27　常用键的形式

键是标准件，表 7-6 给出了它们的形式、尺寸标记和连接画法。

键连接图采用剖视表达(轴上采用局部剖),当剖切平面沿键的纵向剖切时,键按不剖绘制;当剖切平面垂直键的纵向剖切时,键应画出剖面线,见表 7-6。

表 7-6　常用键的种类、形式、标记和连接画法

名称及标准	形式及主要尺寸	标记	连接画法
普通平键 A 型 GB/T 1096—2003	h, b, L	GB/T 1096 键 $b\times h\times L$	A—A
半圆键 GB/T 1099.1—2003	D, h, b	GB/T 1099.1 键 $b\times h\times D$	A—A
钩头楔键 GB/T 1565—2003	1:100, h, h_1, b, L	GB/T 1565 键 $b\times L$	A—A

轴和轮毂上键槽的画法和尺寸标注如图 7-28 所示,键和键槽尺寸根据轴的直径可在附录中查得。

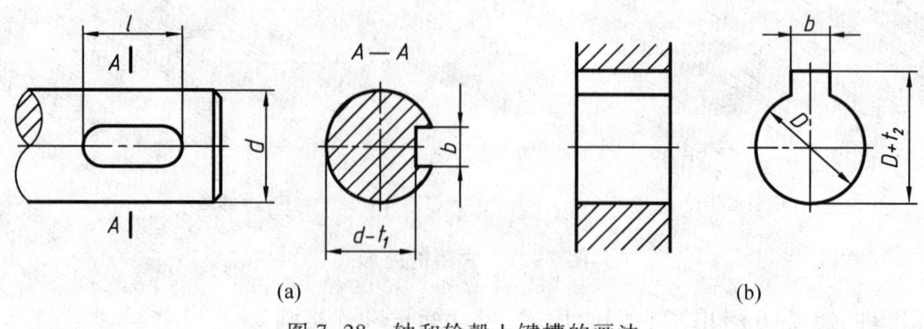

图 7-28　轴和轮毂上键槽的画法

§7.4 销及其连接

销的种类较多,通常用于零件间的连接或定位。常用的销有圆柱销、圆锥销和开口销,开口销常与槽型螺母配合使用,起防松作用。

销是标准件。表 7-7 给出了圆柱销、圆锥销、开口销的主要尺寸、标记和连接画法。

注意:画销连接图时,当剖切平面通过销的轴线时,销按不剖绘制,轴取局部剖,见表 7-7 右边的连接图。

圆锥销的公称直径是小端直径,分 A、B 两种型号。

表 7-7 销的种类、形式、标记和连接画法

名称及标准	形式及主要尺寸	简化标记	连接画法
圆柱销 GB/T 119.1—2000	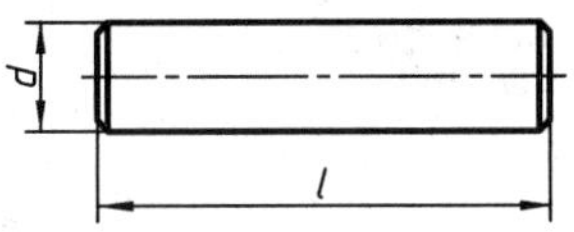 d l	销 GB/T 119.1 $d \times l$	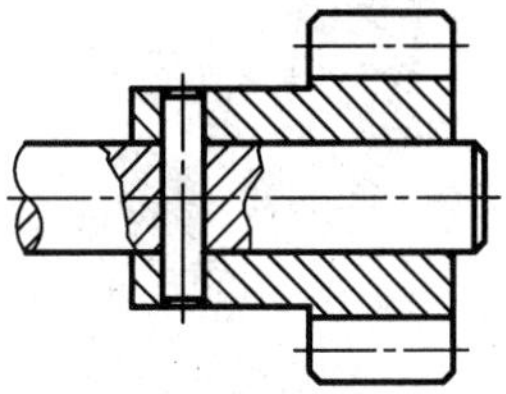
圆锥销 GB/T 117—2000	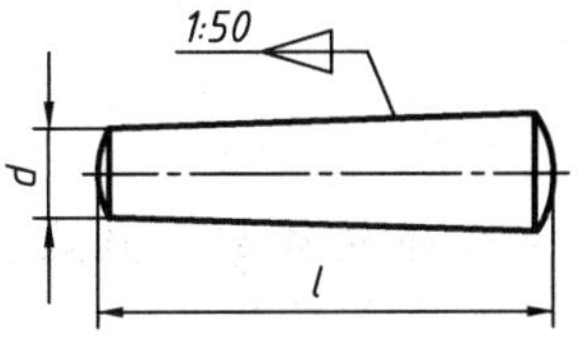 1:50 d l	销 GB/T 117 $d \times l$	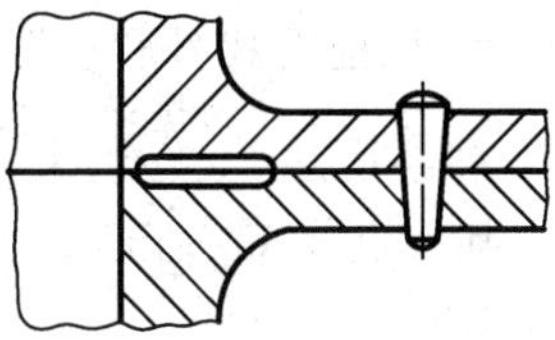
开口销 GB/T 91—2000	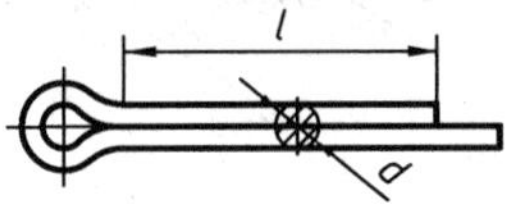 l d	销 GB/T 91 $d \times l$	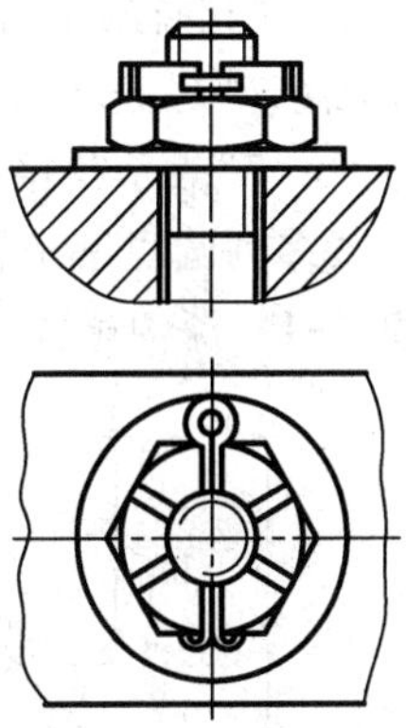

§7.5 滚动轴承

滚动轴承是一种支承旋转轴的组件。由于它具有摩擦力小、结构紧凑等优点，已被广泛采用。滚动轴承也是一种标准件。

一、滚动轴承的结构、分类和代号

滚动轴承的种类很多，但结构大体相同，一般是由外圈、内圈、滚动体和保持架组成，如图7-29所示。其外圈装在机座的孔内，内圈套在轴上，在大多数情况下是外圈固定不动而内圈随轴转动。

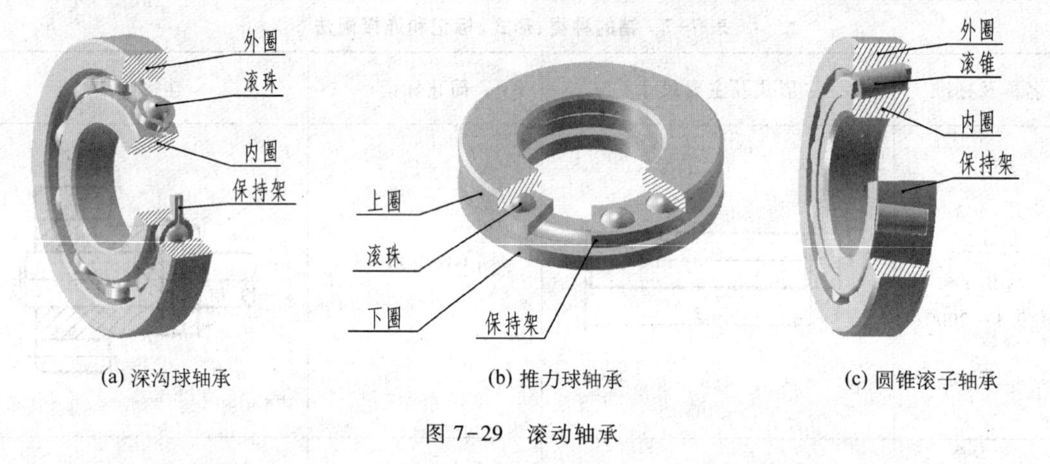

图7-29 滚动轴承

滚动轴承的结构形式、特点、承载能力、类型和内径尺寸等，均采用代号来表示。轴承代号由基本代号、前置代号和后置代号构成，其排列如下：

前置代号	基本代号	后置代号

基本代号是轴承代号的基础，前置、后置代号是补充代号。其含义和标注见GB/T 272—1993。

基本代号由轴承类型代号、尺寸系列代号和内径代号构成[尺寸系列代号由轴承的宽(高)度系列代号和直径系列代号组合而成]，其中类型代号用数字或字母表示，如："0"表示双列角接触球轴承，并且省略不写；"1"表示调心球轴承，有时也可省略；"2"表示调心滚子轴承和推力调心滚子轴承；"3"表示圆锥滚子轴承；"4"表示双列深沟球轴承；"5"表示推力球轴承；"6"表示深沟球轴承；"7"表示角接触球轴承；"8"表示推力圆柱滚子轴承；"N"表示圆柱滚子轴承；"NN"表示双列或多列圆柱滚子轴承；"U"表示外球面球轴承；"QJ"表示四点接触球轴承。

例7-1 深沟球轴承6206

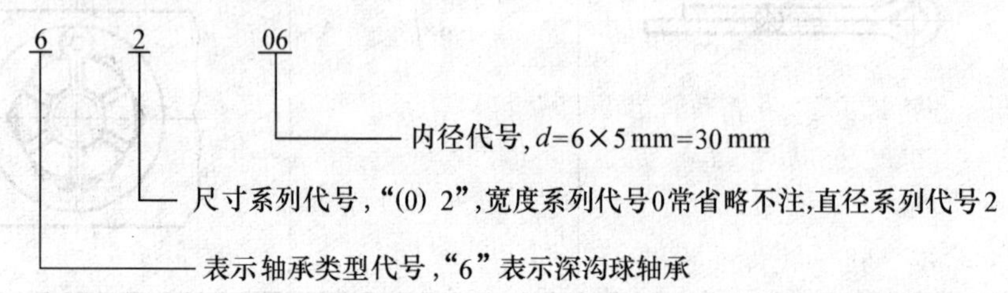

其规定标记为:轴承 6206 GB/T 276—2013。

例 7-2 推力圆柱滚子轴承 81107

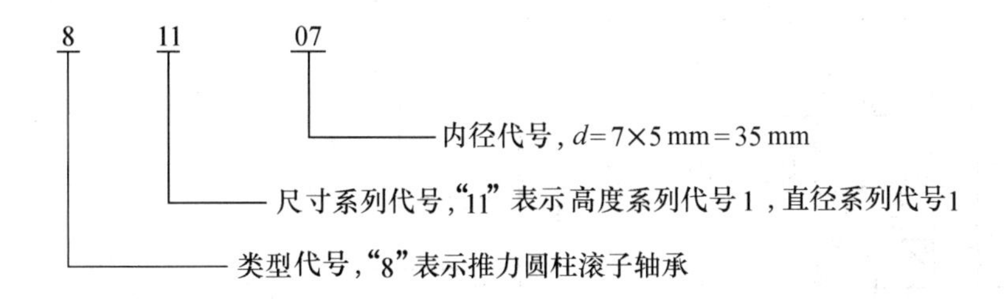

规定标记为:滚动轴承 81107 GB/T 4663—1994。

表 7-8 滚动轴承的内径代号

轴承内径 d/mm	内径代号	示 例
0.6~10(非整数)	用内径毫米数直接表示,前面加“/”	618/2.5 表示其内径是 2.5
1~9(整数) (深沟及角接触球轴承 7、8、9 直径系列)		
22、28、32 及≥500		
1~9(整数) (除深沟及角接触球轴承 7、8、9 直径系列)	用内径毫米数直接表示	625 表示其内径是 5
10,12,15,17	10 用“00”,12 用“01”,15 用“02”,17 用“03”表示	6201 表示其内径是 12
20~480(整数) (22、28、32 除外)	用内径除以 5 的商数表示,从 04~96	6208 表示其内径是 08×5=40

二、滚动轴承的画法(GB/T 4459.7—1998)

滚动轴承是标准件,不需画零件图。在画装配图时,可根据国家标准所规定的简化画法或示意画法表示。画图时,应先根据轴承代号由国家标准中查出轴承的外径 D、内径 d、宽度 B 等几个主要尺寸,然后将其他部分的尺寸,按与主要尺寸的比例关系画出。

在装配图中采用简化画法(含通用画法和特征画法)及规定画法。常用滚动轴承的简化画法和规定画法如表 7-9 所示。

表 7-9　常用滚动轴承的简化画法和规定画法

名称	规定画法	简化画法	
		特征画法	通用画法
深沟球轴承	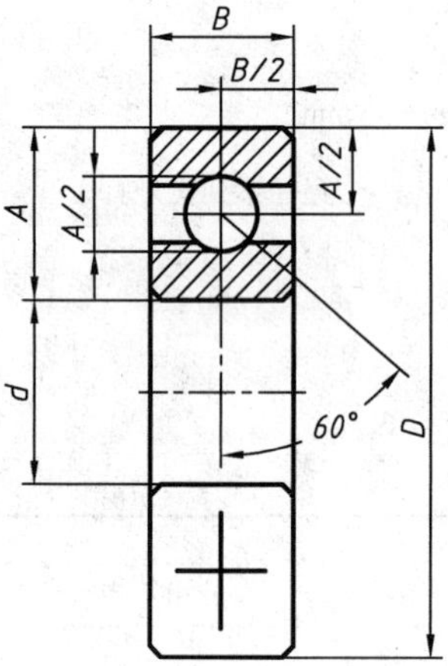 B B/2 A A/2 A/2 d 60° D	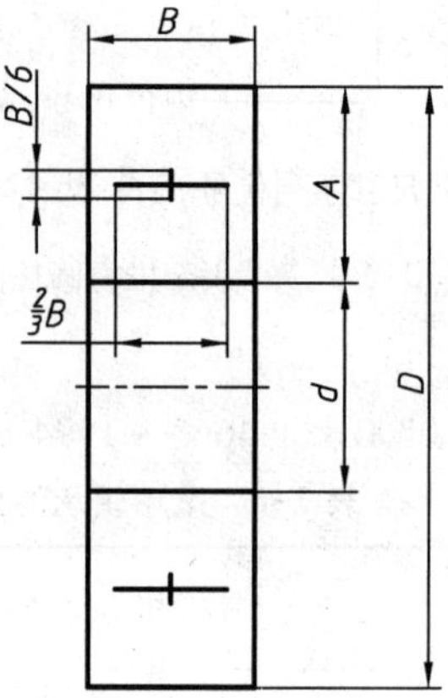 B B/6 A $\frac{2}{3}B$ d D	
推力球轴承	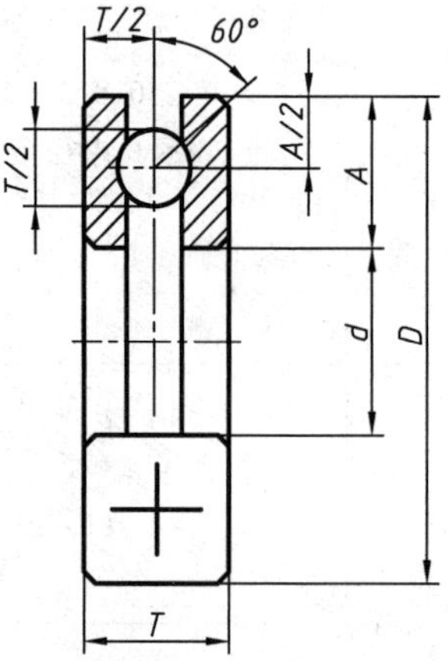 T/2 60° T/2 A/2 A d D T	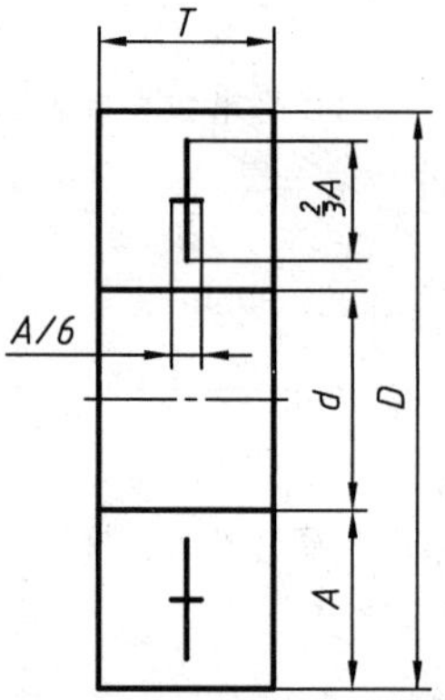 T $\frac{2}{3}A$ A/6 d D A	当不需要确切地表示外形轮廓、载荷特征、结构特征时 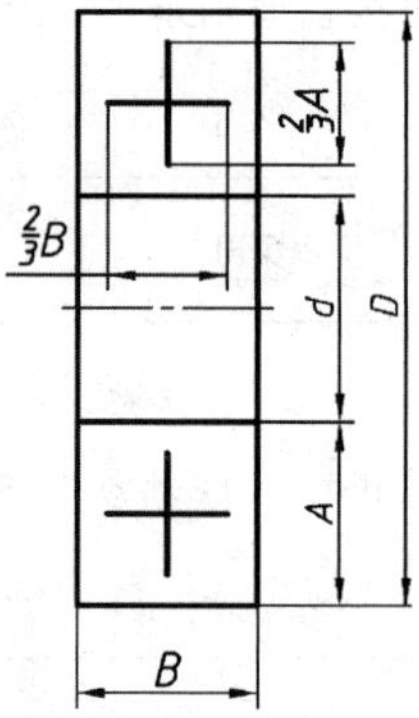 $\frac{2}{3}A$ $\frac{2}{3}B$ d D A B
圆锥滚子轴承	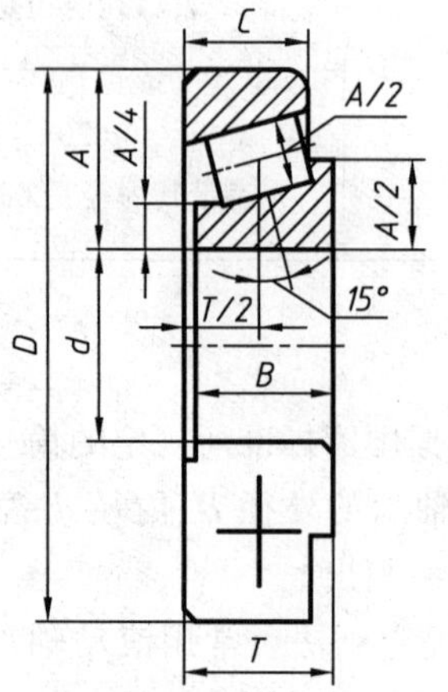 C A/2 A A/4 A/2 T/2 15° D d B T	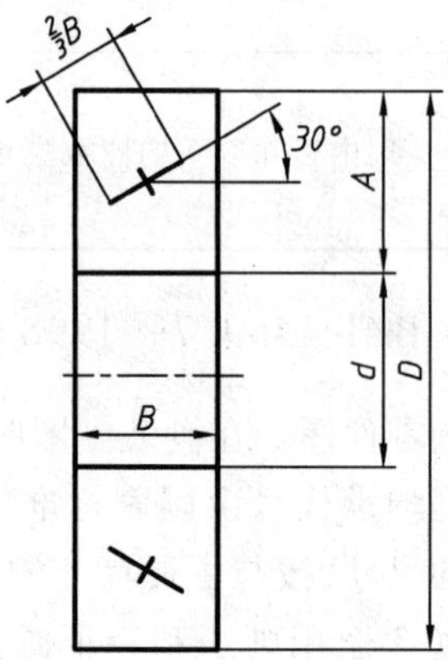 $\frac{2}{3}B$ 30° A d D B	

§7.6 齿轮

齿轮是机械中常用的零件。本节介绍它们的基本知识和规定画法。

齿轮是机器中的传动零件，它用来将主动轴的转动传送到从动轴上，以完成传递功率、变速及换向等功能。

按两轴的相对位置不同，齿轮可分为三大类（图 7-30）：

圆柱齿轮（图 7-30a），用于传递两平行轴的运动；

锥齿轮（图 7-30b），用于传递两相交轴的运动；

蜗轮蜗杆（图 7-30c），用于传递两相错且垂直轴的运动。

按齿轮轮齿方向的不同可分为直齿、斜齿、人字齿等。图 7-30a 所示的圆柱齿轮就分别表示了这三种不同的轮齿方向。锥齿轮也有直齿、斜齿等形式。

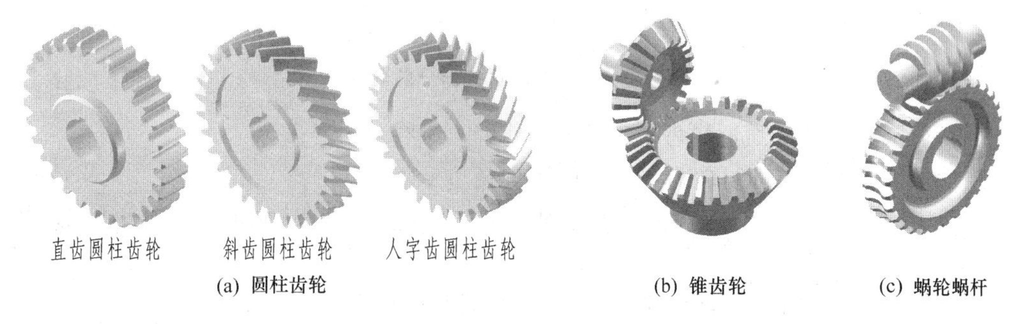

(a) 圆柱齿轮　　(b) 锥齿轮　　(c) 蜗轮蜗杆

图 7-30 齿轮

齿形轮廓曲线有渐开线、摆线及圆弧等，通常采用渐开线齿廓。

常见的齿轮一般包含轮齿、轮缘、轮毂、轮辐（或辐板）、轴孔和键槽这六部分（图 7-31）。轮齿是齿轮的主要结构，它的形状和尺寸已标准化，加工齿轮时，只需根据几个主要参数选用合适的齿轮刀具即可，因此画图时不需详细画出齿形。齿轮的画法应遵守国家标准（GB/T 4459.2—2003）中的有关规定。

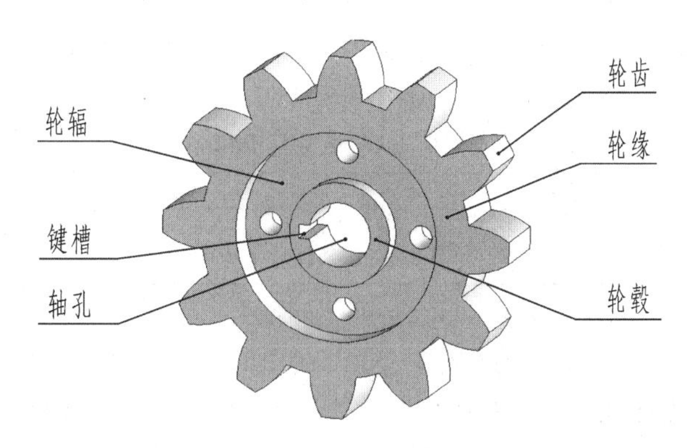

图 7-31 齿轮的结构

一、圆柱齿轮

1. 标准直齿圆柱齿轮各部分的名称和尺寸关系(图 7-32)

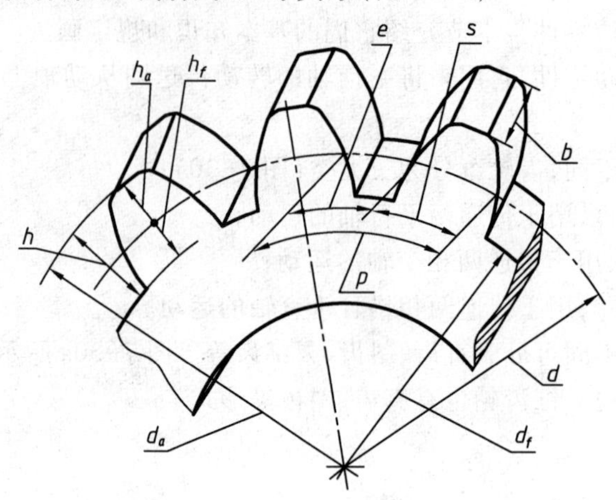

图 7-32　圆柱齿轮各部分的名称

(1) 齿顶圆直径 d_a　通过轮齿顶部的圆周直径。

(2) 齿根圆直径 d_f　通过轮齿根部的圆周直径。

(3) 分度圆直径 d　齿顶圆和齿根圆之间的一个圆的直径,在该圆的圆周上齿厚(s)和齿槽宽(e)相等(对标准齿轮而言)。

(4) 齿距 p　分度圆上两个相邻齿对应点间的弧长。标准齿轮 $s=e, p=s+e$。

(5) 齿高 h　从齿顶到齿根的径向距离,$h=h_a+h_f$。

齿顶高 h_a　从齿顶圆到分度圆的径向距离。

齿根高 h_f　从分度圆到齿根圆的径向距离。

(6) 模数 m　如果齿轮的齿数为 z,则有

$$d=(p/\pi)z$$

令 $p/\pi=m$,则

$$d=mz$$

显然,模数 m 是反映轮齿大小的一个参数,模数愈大,齿厚、齿高就愈大,即轮齿愈大。模数的单位是毫米,它是设计和制造齿轮的重要参数。为了设计和制造的方便,已将模数标准化,模数的标准值(GB/T 1357—2008),见表 7-10。

表 7-10　圆柱齿轮标准模数

第Ⅰ系列	1　1.25　1.5　2　2.5　3　4　5　6　8　10　12　16　20　25　32　40　50
第Ⅱ系列	1.125　1.375　1.75　2.25　2.75　3.5　4.5　5.5　(6.5)　7　9　11　14　18　22　28　35　45

注:本表适用于渐开线直齿和斜齿圆柱齿轮。对斜齿轮是指法向模数,选用时应避免采用第Ⅱ系列中的法向模数 6.5。

(7) 节圆(d')　当两齿轮啮合时(图 7-33),在中心的连线上,两齿廓的接触点,称为节点(P)。以 O_1、O_2 为圆心,分别过节点 P 所作的两个圆称为节圆,两节圆相切,其直径分别用 d'_1、d'_2 表示。

当标准齿轮按理论位置安装时,节圆和分度圆是重合的,即

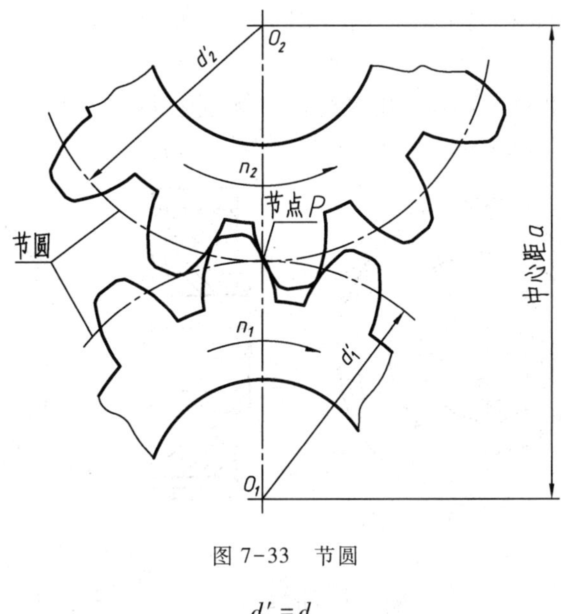

图 7-33 节圆

$$d_1' = d_1$$
$$d_2' = d_2$$

设计齿轮时，需先确定模数、齿数（基本参数），其他各部分尺寸均可根据模数和齿数计算求出。标准直齿圆柱齿轮的计算公式见表 7-11。

表 7-11 直齿圆柱齿轮各部分计算公式

名称	代号	计算公式
模数	m	根据设计或测绘定出（应选用标准数值）
齿数	z	根据运动要求选定。z_1 为主动齿轮齿数，z_2 为从动齿轮齿数
分度圆直径	d	$d_1 = mz_1, d_2 = mz_2$
齿顶高	h_a	$h_a = m$
齿根高	h_f	$h_f = 1.25m$
齿高	h	$h = 2.25m$
齿顶圆直径	d_a	$d_{a1} = m(z_1+2)$，$d_{a2} = m(z_2+2)$
齿根圆直径	d_f	$d_{f1} = m(z_1-2.5)$，$d_{f2} = m(z_2-2.5)$
齿距	p	$p = \pi m$
中心距	a	$a = 1/2(d_1+d_2) = m/2(z_1+z_2)$
压力角	α	20°（国家标准规定 α 角为 20°）
传动比	i	$i = n_1/n_2 = d_2/d_1 = z_2/z_1$ n_1 为主动齿轮的每分钟转数，n_2 为从动齿轮的每分钟转数

2. 圆柱齿轮的规定画法

（1）单个圆柱齿轮画法

表示轴孔有键槽的齿轮可采用两个视图（图 7-34），也可以用一个视图和一个局部视图（即左视图中只画键槽口）。

在这两个视图中，齿顶圆和齿顶线用粗实线绘制；分度圆和分度线用细点画线绘制；齿根圆和齿根线用细实线绘制，但也可省略不画，如图 7-34 所示。

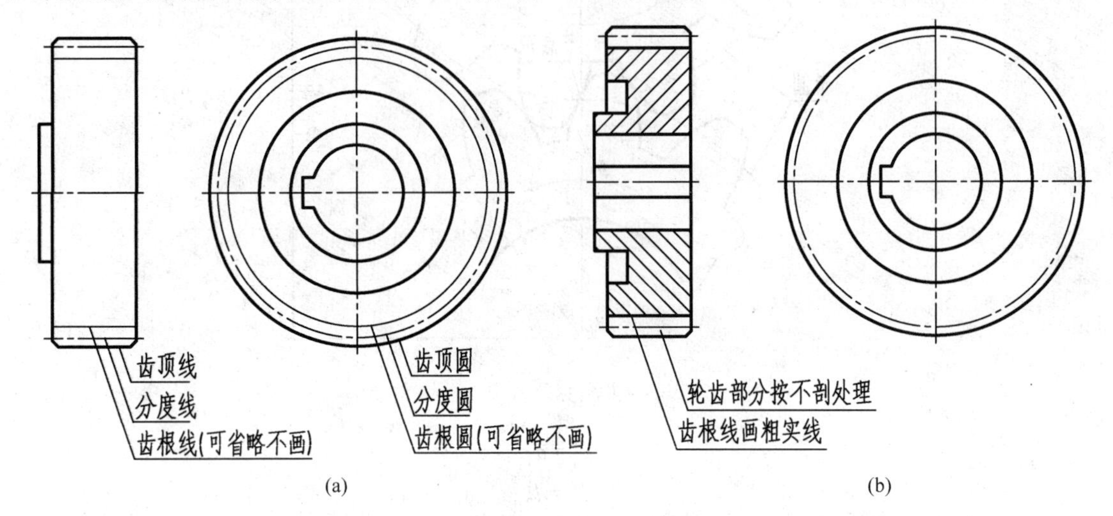

图 7-34　圆柱齿轮的规定画法

齿轮可采用半剖视图或全剖视图，这时齿根线用粗实线绘制，轮齿一律按不剖处理，如图 7-34b 所示。

当需要表示轮齿（斜齿、人字齿）的方向时，可用三条与轮齿方向一致的细实线表示（图 7-35）。

图 7-36 给出了圆柱齿轮的图样格式，图形按前面所述的规定画。

轮齿部分的三个直径尺寸，只需注出分度圆直径和齿顶圆直径。

必须有参数表，一般放在图样的右上角。表中应列出模数、齿数、齿形角等基本参数，其他项目可根据需要增加。

图样中的技术要求一般放在该图样的右下角。图 7-36 中未写尺寸数字和粗糙度参数数字。

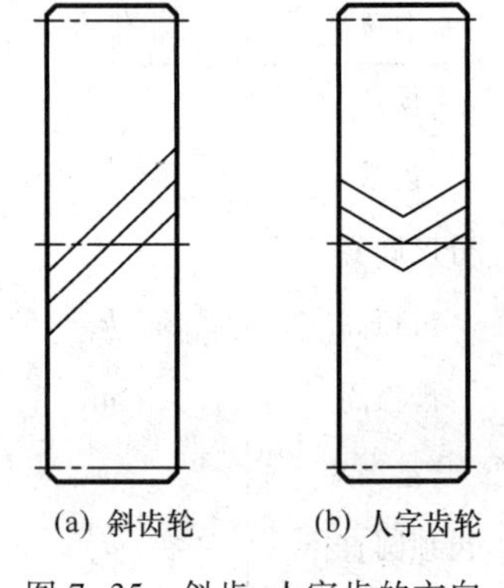

图 7-35　斜齿、人字齿的方向

（2）圆柱齿轮啮合画法

在垂直于圆柱齿轮轴线的投影面上的视图中，啮合区内的齿顶圆均用粗实线绘制（图 7-37b），其省略画法如图 7-37c 所示。

在平行于齿轮轴线的投影面上的外形视图中，啮合区只用粗实线画出节线，齿顶线和齿根线均不画。在两齿轮其他处的节线仍用细点画线绘制（图 7-38a）。当需表示轮齿的方向时，画法与单个齿轮相同（图 7-38b、c）。

画剖视图时，若剖切面通过两啮合齿轮的轴线，规定在啮合区内将一个齿轮的轮齿用粗实线绘制；另一个齿轮被遮挡的齿顶线用细虚线绘制，也可省略不画；两齿的节线重合，用细点画线绘制（图 7-37a）。

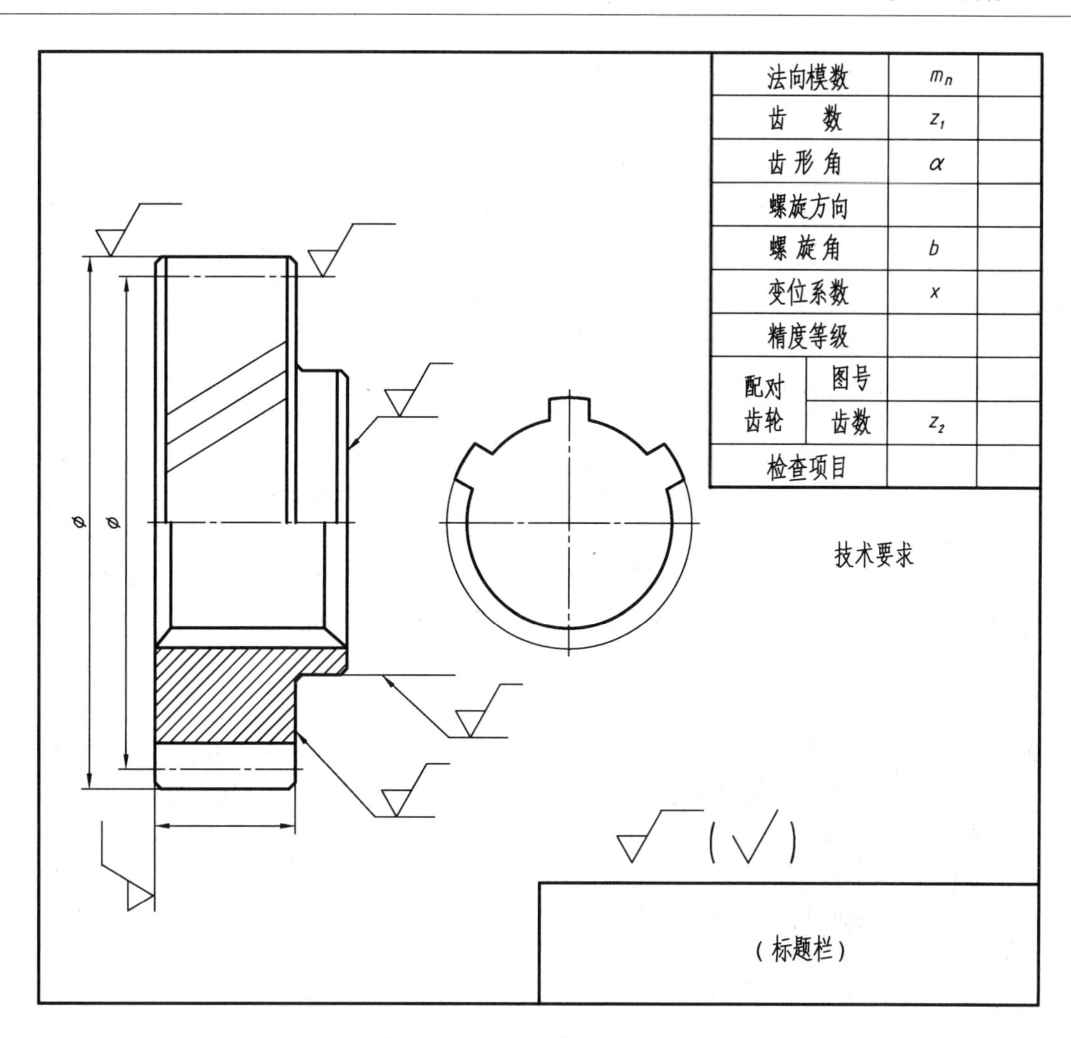

图 7-36 圆柱齿轮的图样格式

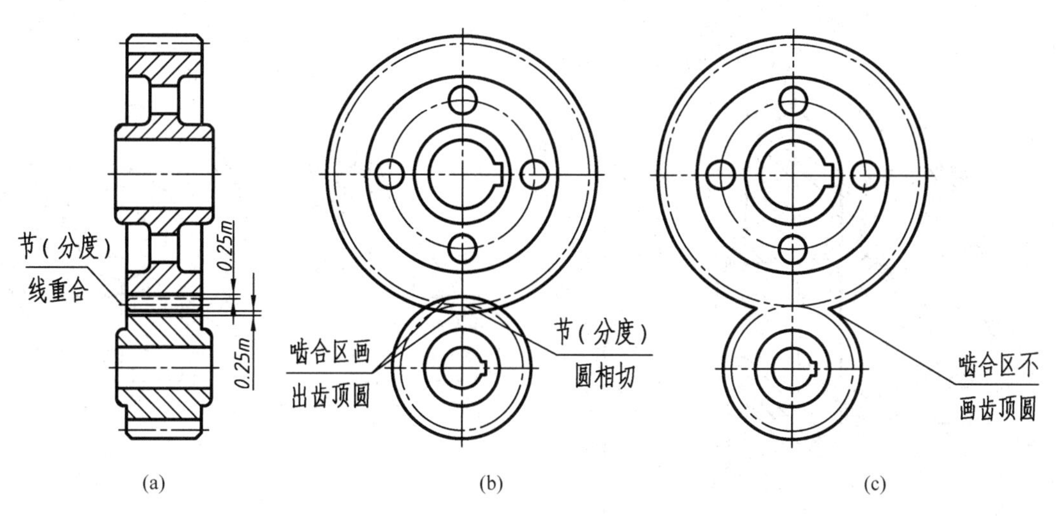

图 7-37 圆柱齿轮啮合画法(一)

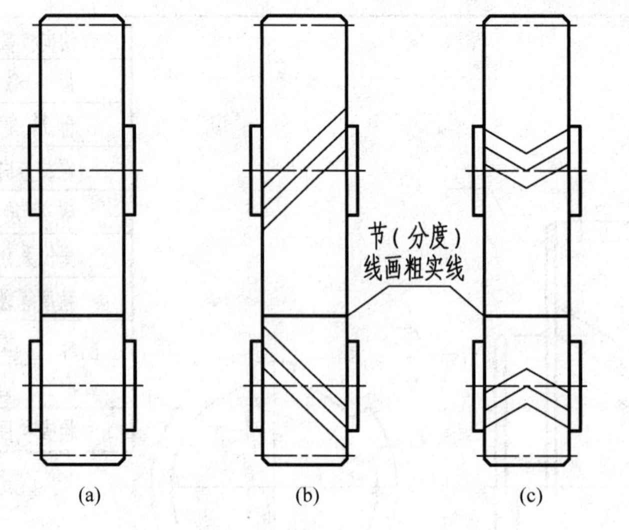

图 7-38 圆柱齿轮啮合画法(二)

当剖切面不通过轴线时,按不剖绘制。

二、锥齿轮

锥齿轮用于两相交轴之间的传动,以两轴相交成直角的锥齿轮传动应用最广泛。由于锥齿轮的轮齿位于锥面上,所以轮齿的齿厚从大端到小端逐渐变小,模数和分度圆也随之变化。为了设计和制造的方便,规定几何尺寸的计算以大端为准,因此以大端模数为标准模数来计算大端轮齿的各部分尺寸。

在画单个锥齿轮时,可用一个视图,如图 7-39 所示;或者用一个视图和一个局部视图。

锥齿轮啮合图的画法如图 7-40 所示。图中两齿轮的轴线垂直相交,两齿轮分度圆锥相切,锥顶交于一点。啮合区的画法与两圆柱齿轮的啮合画法相同。

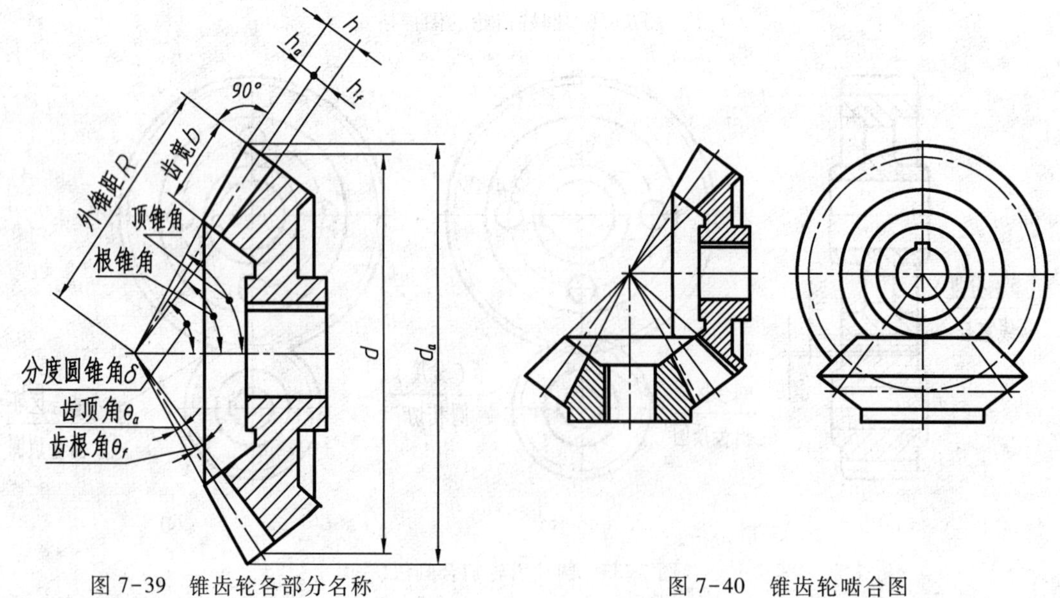

图 7-39 锥齿轮各部分名称

图 7-40 锥齿轮啮合图

三、蜗杆蜗轮

蜗杆蜗轮用于传递空间交叉两轴间的回转运动，最常见的是两轴交叉成直角。工作时，蜗杆为主动件，蜗轮为从动件，其传动过程犹如螺杆推动螺母（即蜗轮相当于部分螺母）。蜗杆的齿数 z_1 称为头数，相当于螺杆上螺纹的线数。

蜗杆常用单头或双头，也就是蜗杆旋转一圈，蜗轮只转过一个齿或两个齿。因此，用蜗杆和蜗轮传动，可得到较大的速比（$i=z_2/z_1$，z_2 为蜗轮齿数）。一般对圆柱齿轮或锥齿轮来说，传动比愈大，齿轮所占的空间也就相对愈大，而蜗杆蜗轮没有这个缺点，因此被广泛地应用于传动比较大的机械传动中。蜗杆蜗轮传动的缺点是摩擦大，发热多，效率低。

一对啮合的蜗杆和蜗轮必须有相同的模数和齿形角。规定在通过蜗杆轴线并垂直于蜗轮轴线的主平面内，蜗杆、蜗轮的模数、齿形角为标准值，其啮合关系相当于齿条与齿轮的啮合。蜗轮的齿形主要决定于蜗杆的齿形，一般蜗轮是用形状和尺寸与蜗杆相同的蜗轮滚刀来加工的。

蜗杆的画法与梯形螺杆相似，主要不同点是蜗杆需用细点画线画出分度线。根据需要，可画出轴向和法向齿形的局部放大图（图 7-41）。

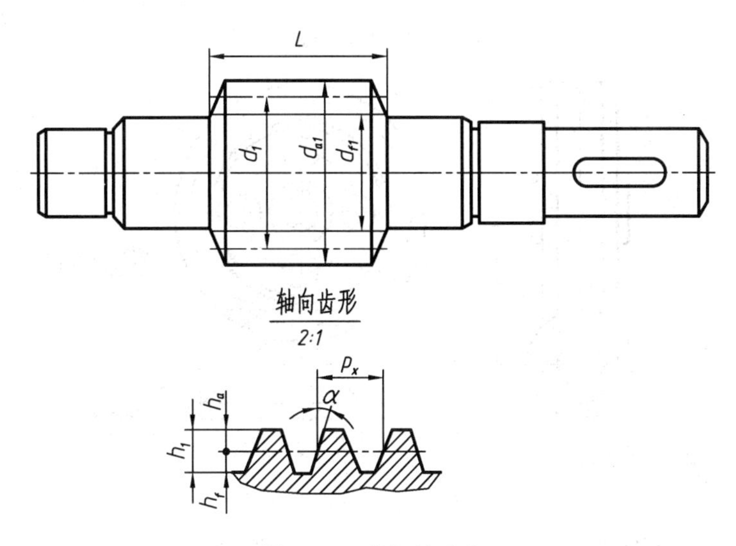

图 7-41 蜗杆的画法

蜗轮一般用两个视图或者用一个视图及一个局部视图表示（图 7-42）。因蜗轮的齿顶加工成凹弧形（半径为 R），以增加与蜗杆的接触面积，同样齿根部分也相应地下凹，喉圆和分度圆的直径规定在过蜗杆轴线并垂直于蜗轮轴线的主平面内。此外，还有一个最大的圆称为外圆，以 d_{e2} 表示。

在与蜗杆轴线垂直的投影面上所得的视图中，蜗轮被蜗杆遮住的部分不必画出（图 7-43 的主视图）；当改用剖视图表示时，在啮合区中，蜗杆齿顶圆用粗实线绘制，蜗轮的齿顶用细虚线绘制或省略不画（图 7-43 的主视图）。

在与蜗杆轴线平行的投影面上所得的视图中，啮合区只画蜗轮的外圆和蜗杆的齿顶线，节圆与节线相切（图 7-43 的左视图）；而用局部剖视图表示时，啮合区的画法见图 7-44 的左视图。

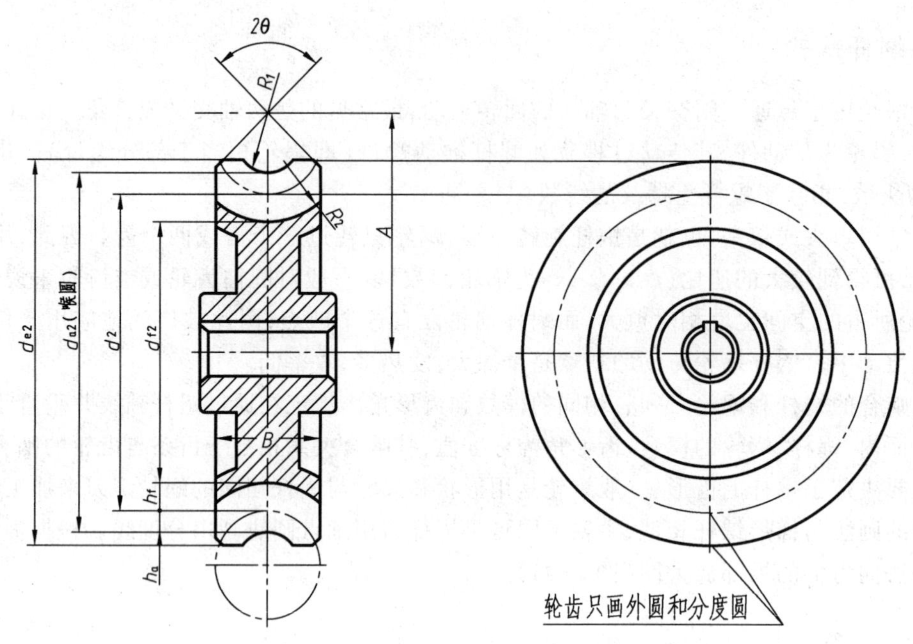

图 7-42 蜗轮的画法

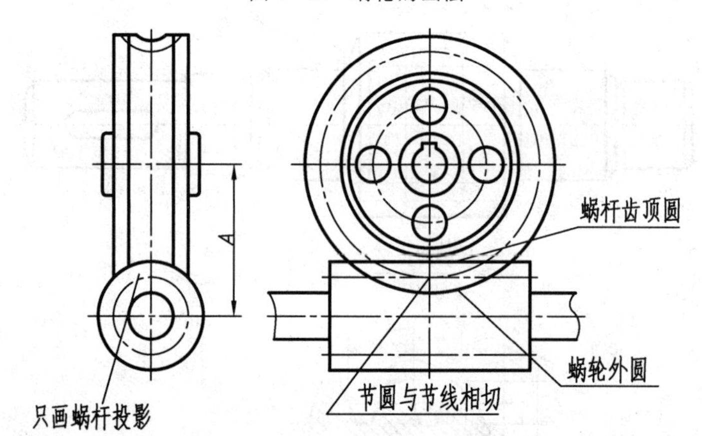

图 7-43 蜗轮蜗杆啮合外形图

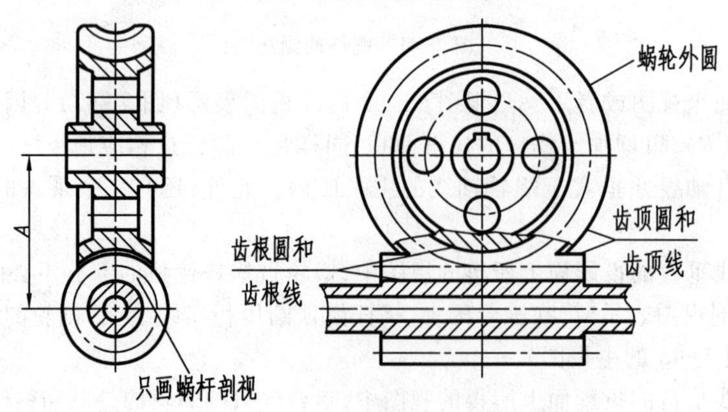

图 7-44 蜗轮蜗杆啮合剖视图

§7.7 弹簧

一、弹簧的用途和类型

弹簧也是一种常用件,可用来减振、夹紧、储能和测力等。

弹簧的种类很多,常见的弹簧有螺旋弹簧(图 7-45)、涡卷弹簧(图 7-46)、板弹簧(图 7-47)、碟形弹簧(图 7-48)等。

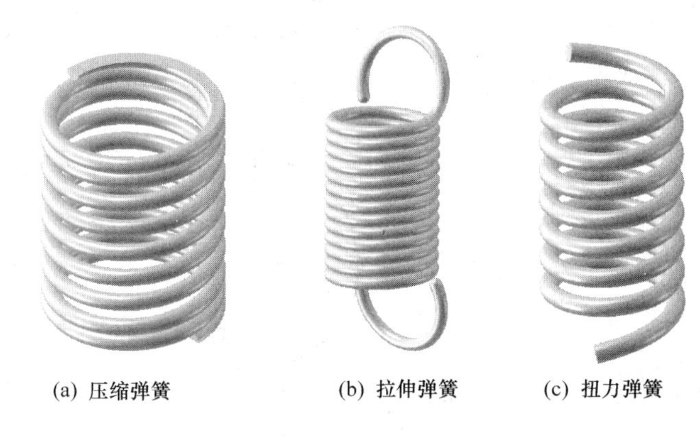

(a) 压缩弹簧　(b) 拉伸弹簧　(c) 扭力弹簧

图 7-45　螺旋弹簧

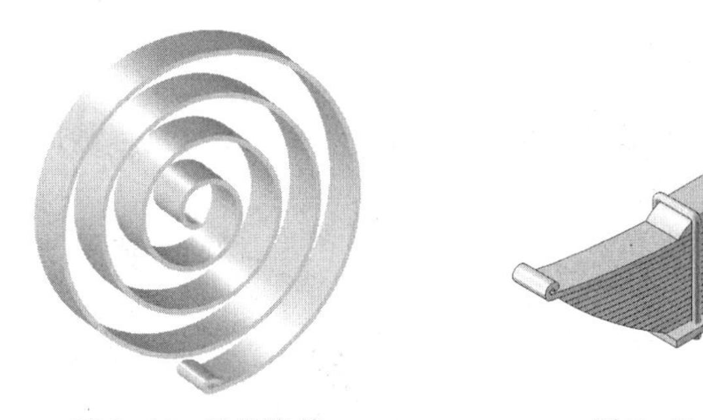

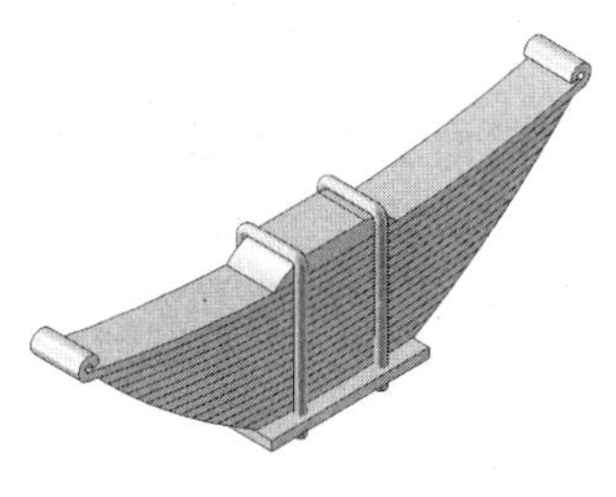

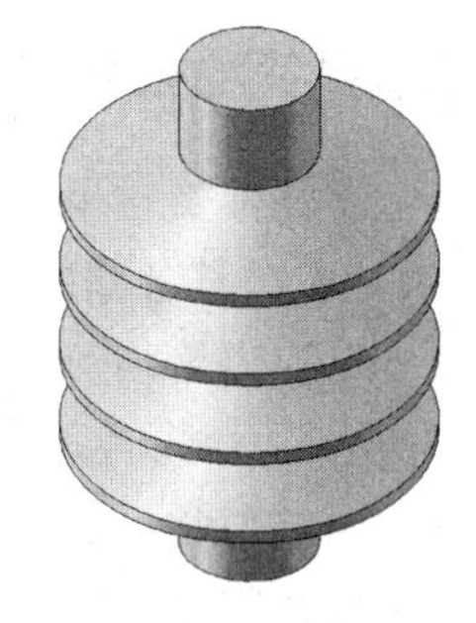

图 7-46　涡卷弹簧　　图 7-47　板弹簧　　图 7-48　碟形弹簧

螺旋弹簧根据外形不同分为圆柱螺旋弹簧和圆锥螺旋弹簧,而根据工作时承受外力的不同,还可分为压缩弹簧、拉伸弹簧和扭转弹簧(图 7-45)。

弹簧虽不是标准件,但它的某些内容也有标准,如螺旋压缩弹簧的端部结构及代号、尺寸系列,技术要求以及画法和图样示例等均有标准。本节重点介绍应用最广的圆柱螺旋压缩弹簧的画法。其他种类弹簧的画法可参照相关国家标准。

二、圆柱螺旋压缩弹簧的术语和尺寸关系(GB/T 2089—2009)

圆柱螺旋压缩弹簧由钢丝绕成,一般将两端并紧后磨平,使其端面与轴线垂直,便于支承(图 7-49)。并紧磨平的若干圈不产生弹性变形,称为支承圈。通常支承圈圈数有 1.5、2、2.5 三种。

弹簧中参加弹性变形进行有效工作的圈数,称为有效圈数。

弹簧并紧磨平后在不受外力情况下的全部高度,称为自由高度。

圆柱螺旋压缩弹簧的形状和尺寸由以下参数决定(图 7-49):

(1) 材料直径 d

(2) 弹簧外径 D_2

(3) 弹簧内径 D_1 $D_1=D_2-2d$

(4) 弹簧中径 D $D=D_2-d$

(5) 节距 t

(6) 有效圈数 n

(7) 支承圈数 n_2

(8) 总圈数 n_1 $n_1=n+n_2$

(9) 自由高度 H_0

支承圈为 2.5 时,$H_0=nt+2d$

支承圈为 2 时,$H_0=nt+1.5d$

支承圈为 1.5 时,$H_0=nt+d$

(10) 旋向 分右旋和左旋,常用右旋。

(11) 弹簧丝展开长度 L

$$L=n_1\sqrt{(\pi D_2)^2+t^2}\approx n_1\pi D$$

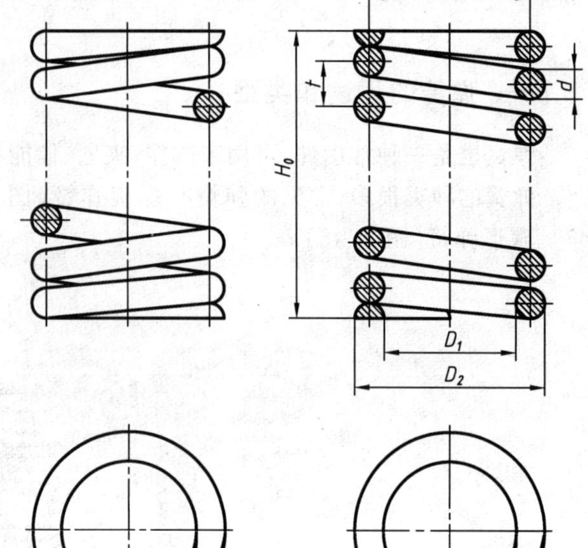

图 7-49 圆柱螺旋压缩弹簧

三、弹簧的规定画法(GB/T 4459.4—2003)

(1) 螺旋弹簧在平行于轴线的投影面上所得的图形,可画成视图(图 7-49a),也可画成剖视图(图 7-49b),其各圈的轮廓线应画成直线。

(2) 螺旋弹簧均可画成右旋,但对左旋的螺旋弹簧,不论画成左旋还是右旋,一律要注出旋向“左”字。

(3) 螺旋弹簧有效圈数多于四圈时,中间各圈可省略不画(图 7-50)。当中间各圈省略后,可适当缩短弹簧的长度,并将两端用细点画线连起来。

(4) 弹簧画法实际上只起一个符号的作用,因此不论支承圈的圈数多少和并紧情况如何,均按图 7-50 的形式绘制(支承圈为 2.5 圈)。

必要时也可按支承圈的实际结构绘制。

(5) 在装配图中,被弹簧遮挡的结构一般不画出,可见部分应从弹簧的外轮廓线或从弹簧钢丝剖面的中心线画起(图 7-51a)。

当弹簧被剖切时,断面直径或厚度在图形上等于或小于 2 mm,也可用涂黑表示(图 7-51b)。但如果弹簧内部还有零件,为了便于表达,则可按图 7-51c 的示意图形式绘制。

已知一圆柱螺旋压缩弹簧的 H_0、d、D、n_1、n_2,其画图步骤见图 7-50。

圆柱螺旋压缩弹簧的零件图如图 7-52 所示。其图形一般采用两个或一个视图表示。弹簧的参数应直接注在图形上,当直接标注有困难时,可在“技术要求”中说明;当需要表明弹簧的力

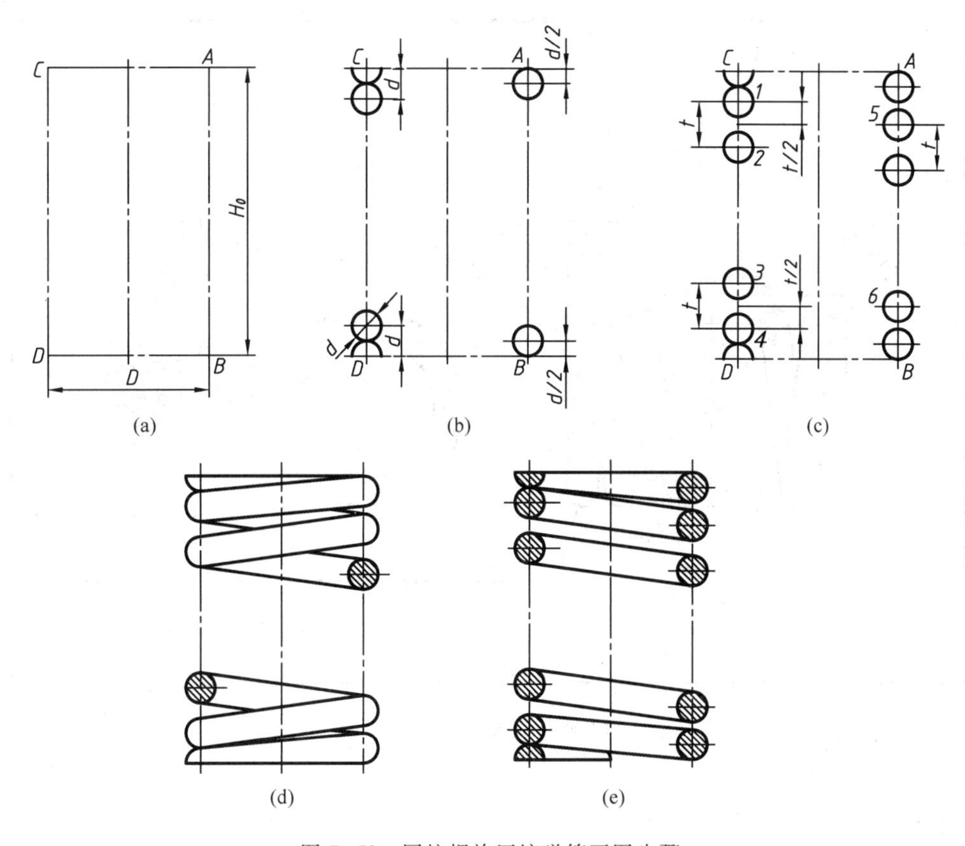

图 7-50 圆柱螺旋压缩弹簧画图步骤

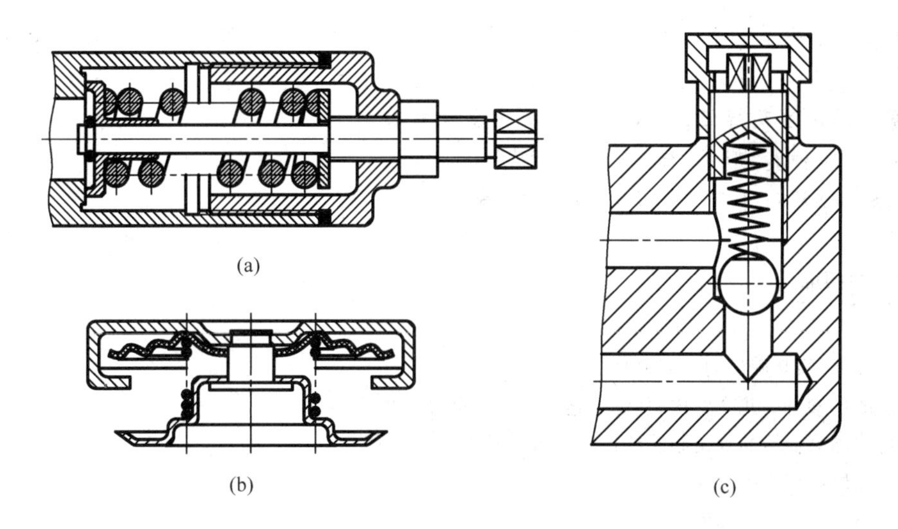

图 7-51 装配图中的弹簧

学性能时,必须用图解表示。图 7-52 中直角三角形的斜边,反映外力与弹簧变形之间的关系,代号 F_1、F_2 为工作载荷,F_j 为工作极限载荷。

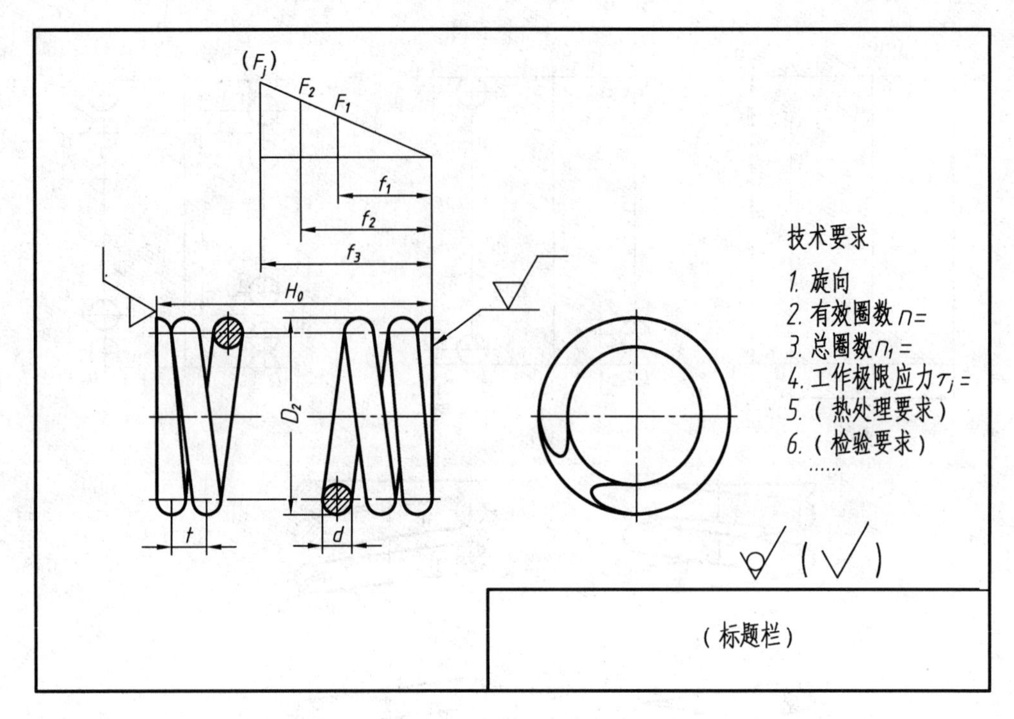

图 7-52 圆柱螺旋压缩弹簧的零件图

本章小结

本章主要介绍了标准件和常用件。学习时,应围绕标准件和常用件的规定画法及标准件的标注来展开。

1. 螺纹的画法及标记,螺纹紧固件及其连接画法;
2. 键、销的种类、形式、标记和连接画法;
3. 齿轮、弹簧和轴承的结构尺寸、画法、相应标记。

复习思考题

1. 各种标准件、常用件的作用是什么?
2. 螺纹的要素有哪几个? 内、外螺纹连接要具备什么条件?
3. 如何按国家标准的规定画法绘制螺纹及其连接图?
4. 螺纹标注有哪两种常用注法?
5. 常用的螺纹连接件如何标注? 如何查表?
6. 如何按国家标准的规定画法绘制常用的连接件及其连接图?
7. 直齿圆柱齿轮的基本参数是什么? 怎样计算其他参数?
8. 如何绘制直齿圆柱齿轮及其啮合图?
9. 键、销、滚动轴承、弹簧如何标注? 如何绘制?

第八章　零　件　图

本章学习目标

学习零件图的绘制和阅读。

本章学习内容

1. 零件图的内容和特点；
2. 零件的结构分析；
3. 零件表达方案的选择；
4. 零件图的尺寸标注；
5. 零件的技术要求；
6. 零件测绘；
7. 零件图的阅读。

零件是组成机器和部件的基本单元，任何机器都是由各种零件装配而成。表达单个零件形状结构、大小、材料和技术要求的图样称为零件图，它是制造和检验零件是否合格的主要依据，是设计和生产过程中重要的技术文件。

本章主要介绍绘制和阅读零件图的相关内容，包括零件图的内容、零件结构分析、表达方法、尺寸标注及技术要求。

§8.1　零件图的内容和特点

图 8-1 所示为油杯滑动轴承，它主要由油杯、轴衬固定套、螺母、上轴衬、轴承盖、下轴衬、方头螺栓、轴承底座组成。图 8-2 所示为轴承底座的零件图，轴承底座在轴承中的位置见图 8-1。

从图 8-2 中可见，零件图一般包括下列内容：

（1）一组图形（包括视图、剖视图、断面图等）——用来正确、完整、清晰地表达出零件各部分的内、外结构形状。

（2）完整的尺寸标注——用以确定零件各部分结构形状的大小和相对位置。

（3）技术要求——标注或说明零件在制造和检验时应达到的技术规范。如零件表面粗糙度、尺寸公差、形状和位置公差、材料的热处理、表面处理等要求。

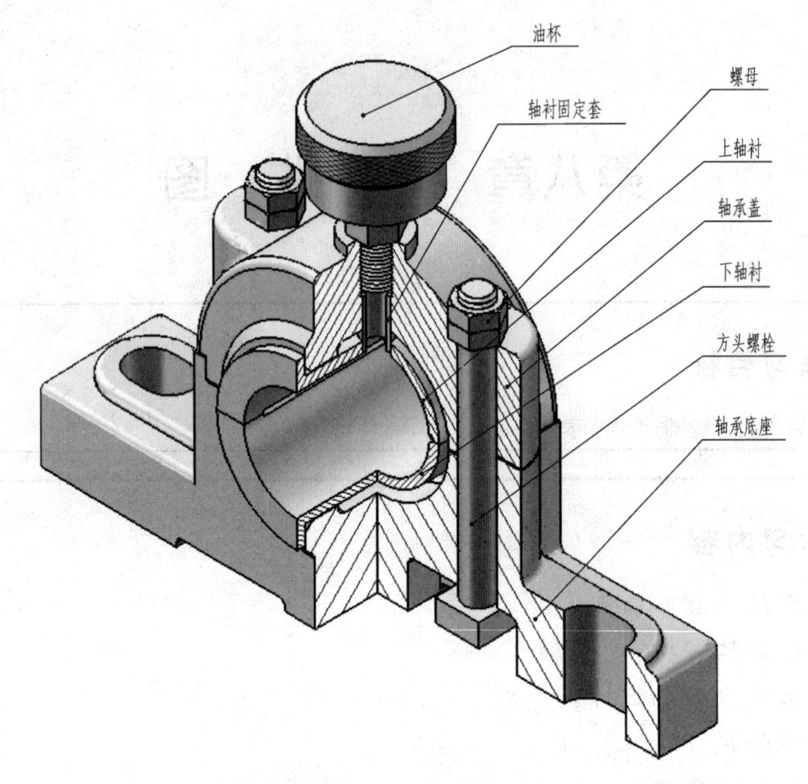

图 8-1 油杯滑动轴承

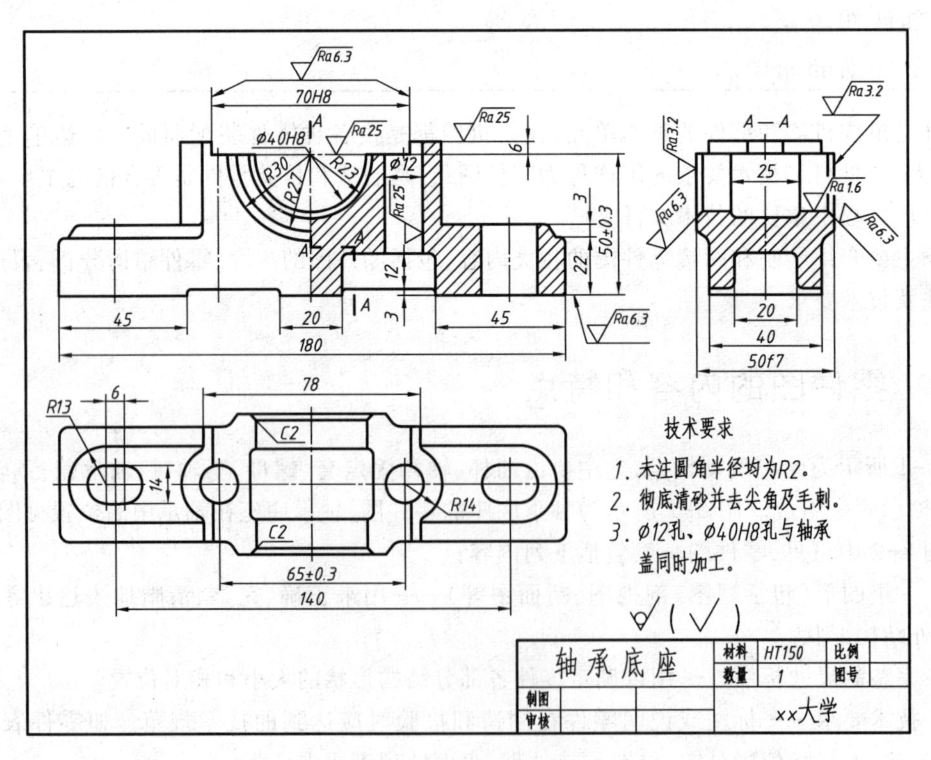

图 8-2 轴承底座零件图

(4) 标题栏——标题栏画在图框的右下角，填写零件名称、材料、数量、比例、图号及责任签署等。

§ 8.2 零件的结构分析

绘制零件图一般按以下过程进行：零件结构分析、选择表达方案、标注尺寸、注写技术要求、填写标题栏。

一、零件的结构分析方法

在表达零件之前，必须先了解零件的结构形状，零件的结构形状是根据零件在机器中的作用和制造工艺上的要求确定的。

机器或部件有其确定的功能和性能指标，而零件是组成机器或部件的基本单元，所以每个零件均有一定的作用，例如具有支承、传动、连接、定位、密封等一项或几项功能。

机器或部件中各零件间按确定的方式结合起来，应结合可靠、装配方便。零件间的结合可能是相对固结，也可能是相对运动的；相邻零件的某些部位要求紧密接触，而某些部位则必须留有空隙。要满足以上要求，零件必须具备相应的结构。

零件的结构必须与设计要求相适应，且有利于加工和装配。由功能要求确定主体结构，由工艺要求确定局部结构。零件的内形和外形以及各相邻结构间都应是相互协调的。

零件结构分析的目的是为了更深刻地了解零件，使画出的零件图既表达完整、正确、清晰，又符合生产实际的要求。

二、零件结构分析举例

图 8-1 所示为油杯滑动轴承。一般用两个油杯滑动轴承支承一根轴作旋转运动。轴承底座位于油杯滑动轴承的下面，它与轴承盖用两个螺栓连接在一起。

现以图 8-3 所示的轴承底座为例，说明零件的结构分析方法。轴承底座各部分结构的作用如下：

(1) 半圆孔 Ⅰ：用于支承下轴衬。

(2) 半圆孔 Ⅱ：减少接触面和加工面。

(3) 凹槽 Ⅰ：保证轴承盖与底座的正确定位。

(4) 螺栓孔：用以穿入螺栓。

(5) 部分圆柱：使螺栓孔壁厚均匀。

(6) 圆锥台：保证轴衬沿半圆孔的轴向定位。

(7) 倒角：保证下轴衬与半圆孔 Ⅰ 配合良好。

(8) 底板：主要用来安装轴承。

(9) 凹槽 Ⅱ：保证安装面接触良好并减少加工面。

(10) 凹槽 Ⅲ：容纳螺栓头并防止其旋转。

(11) 长圆孔：安装时放置螺栓，便于调节轴承位置。

(12) 凸台：起着减少加工面和加强底板连接强度的作用。

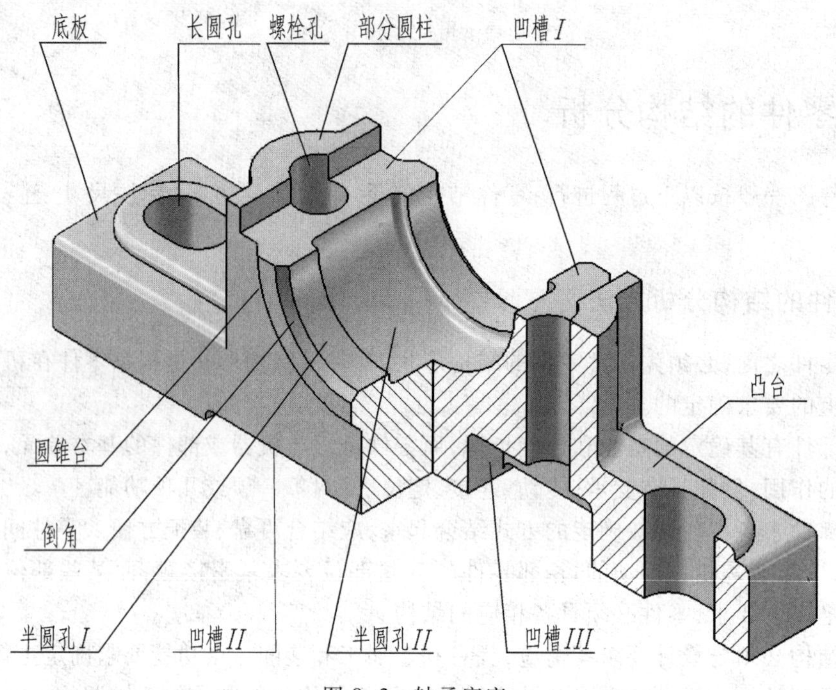

图 8-3 轴承底座

三、零件上常见的工艺结构

零件的结构形状不但要满足设计要求和功能需求,还必须充分考虑生产制造的工艺要求,即零件的各部分结构要通过一定的加工方法来实现。因此,在零件结构分析和设计时,主要考虑两方面问题:既要满足功能设计要求,又要符合制造工艺。下面介绍零件上常见的一些工艺结构。

1. 零件的铸造工艺结构

(1) 铸造圆角 铸件在铸造过程中,为了避免尖角处型砂落砂,防止铸件冷却时产生裂纹,在铸造表面相交处均以圆角过渡(图 8-4)。当铸件两相交表面之一经过切削加工后,则应画成尖角。

(2) 起模斜度 在铸造工艺过程中,为了便于取模,铸件内外壁沿起模方向应设计出起模斜度。斜度不大的结构,通常可按小端尺寸简化画出图形(图 8-5)。

(3) 铸件壁厚要均匀 为了避免铸件冷却时由于冷却速度不一致而产生裂纹或缩孔,在设计铸件时,其壁厚尽量均匀一致,不同壁厚间应均匀过渡(图 8-6)。

2. 零件上的机械加工工艺结构

(1) 倒角 为了便于零件的装配,且保护零件表面不受损伤,一般在轴端、孔口处加工出倒角(图 8-7)。

(2) 退刀槽和砂轮越程槽 为了在加工时便于退刀,且在装配时与相邻零件保证靠紧,在台肩处应加工出退刀槽或砂轮越程槽,如图 8-8、图 8-9 所示。

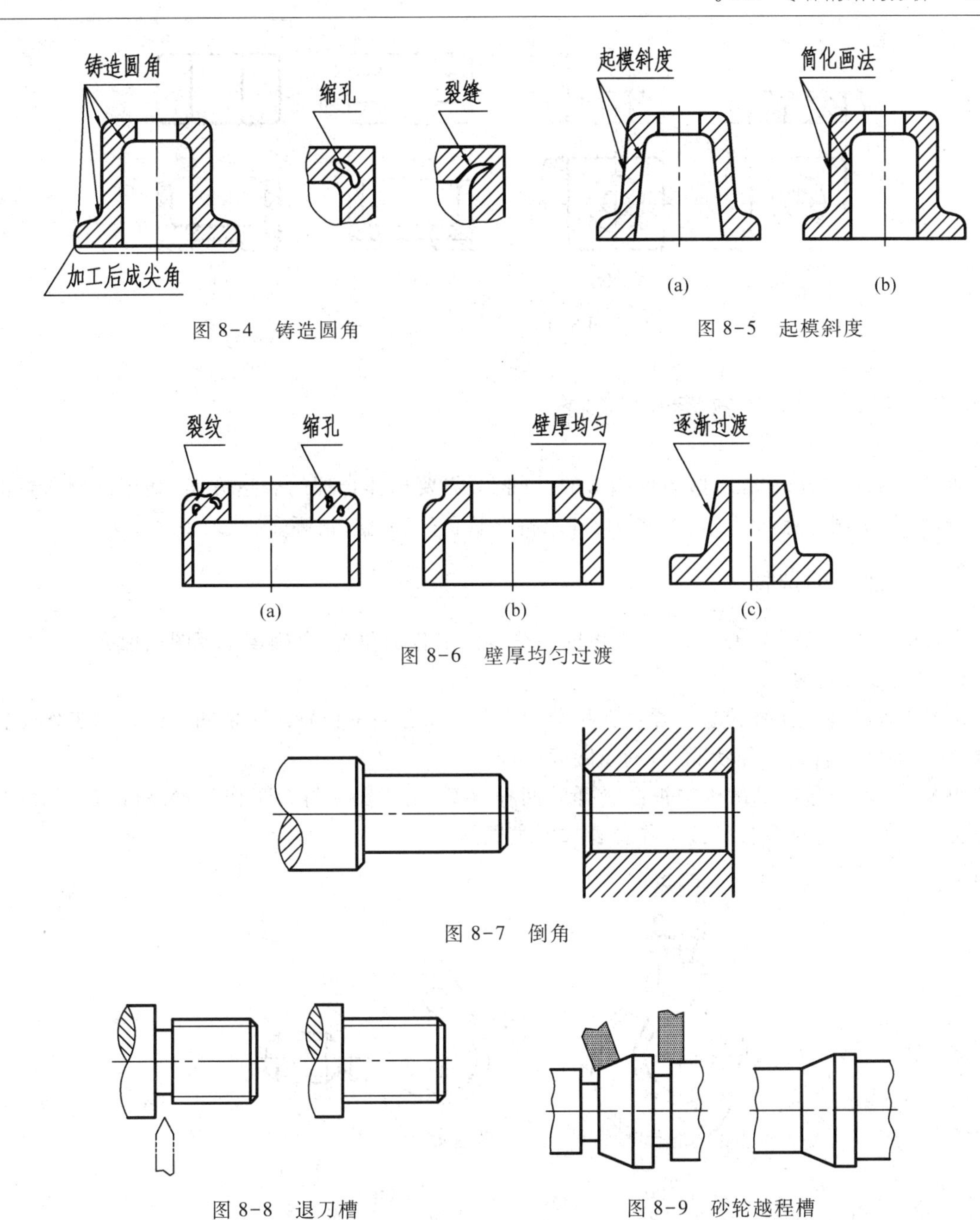

图 8-4 铸造圆角

图 8-5 起模斜度

图 8-6 壁厚均匀过渡

图 8-7 倒角

图 8-8 退刀槽

图 8-9 砂轮越程槽

(3) 凸台和凹坑 零件上凡与其他零件接触的表面一般都要加工，为了保证两零件表面的良好接触，同时减少接触面的加工面积，降低制造费用，在零件的接触表面常设计出凸台和凹坑(图 8-10)。

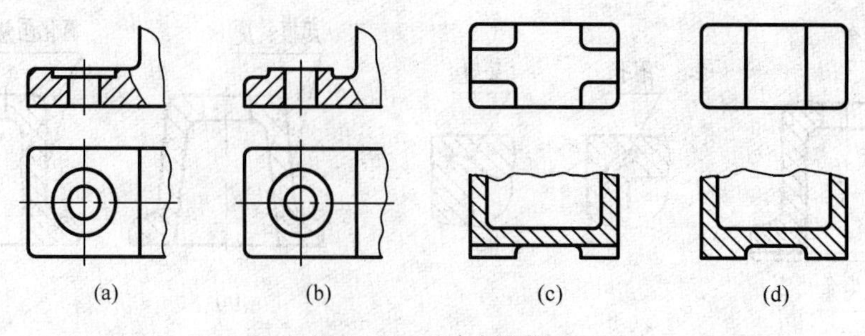

图 8-10　凸台与凹坑

§8.3　零件表达方案的选择

通过零件结构分析,在了解零件构形的基础上,需要选择合理的表达方案,利用前面所学的“图样画法”,采用一组图形将零件的内、外结构形状正确、完整、清晰、简捷地表达出来。

一、主视图的选择

主视图是零件图的核心,选择主视图时应先确定零件的位置,再确定主视图投射方向。

1. 确定零件位置

(1) 工作位置　工作位置是零件在机器中安装和工作时的位置。主视图的位置和工作位置一致,便于想象零件的工作状况,有利于阅读图样。

图 8-11 表示起重机吊钩主视图选择的两种方案,由于图 a 符合工作位置,所以是正确的。一般对于支架、箱体类零件常按工作位置选择主视图。

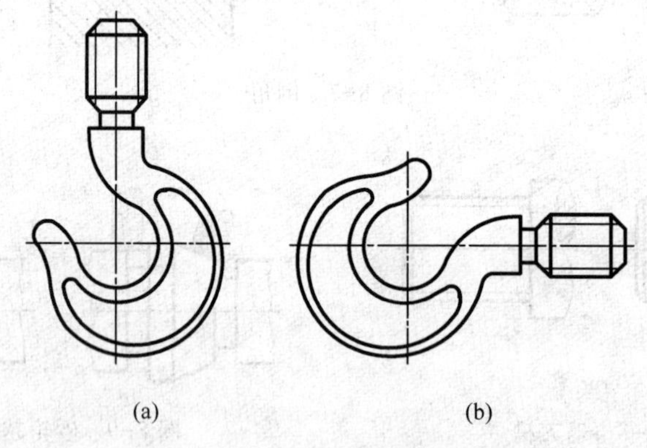

图 8-11　按工作位置选择主视图

(2) 加工位置　加工位置是零件加工时在机床上的装夹位置。回转体类零件不论其工作位置如何,一般均将轴线水平放置画主视图。如图 8-12 所示的轴和盘,因主要在车床和磨床上加工,其主视图应选加工位置,便于在加工时图物直接对照。

2. 确定零件主视图的投射方向

选择投射方向时,应使主视图最能反映零件的形状特征,即在主视图上尽量多地反映出零件内、外结构形状及各形状特征间的相对位置关系。

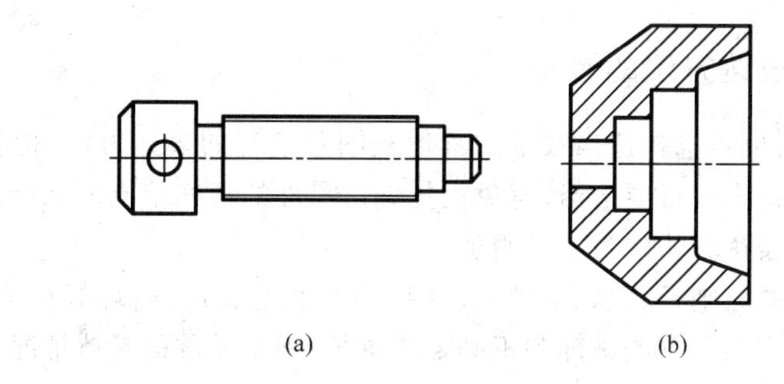

图 8-12　按加工位置选择主视图

如图 8-13 所示的轴承底座，有 *A*、*B* 两个投射方向可供选择。因 *A* 方向能较多地反映零件的形状特征和相对位置，所以选择 *A* 方向为主视图的投射方向合理，而 *B* 方向则不合理，如图 8-14 所示。

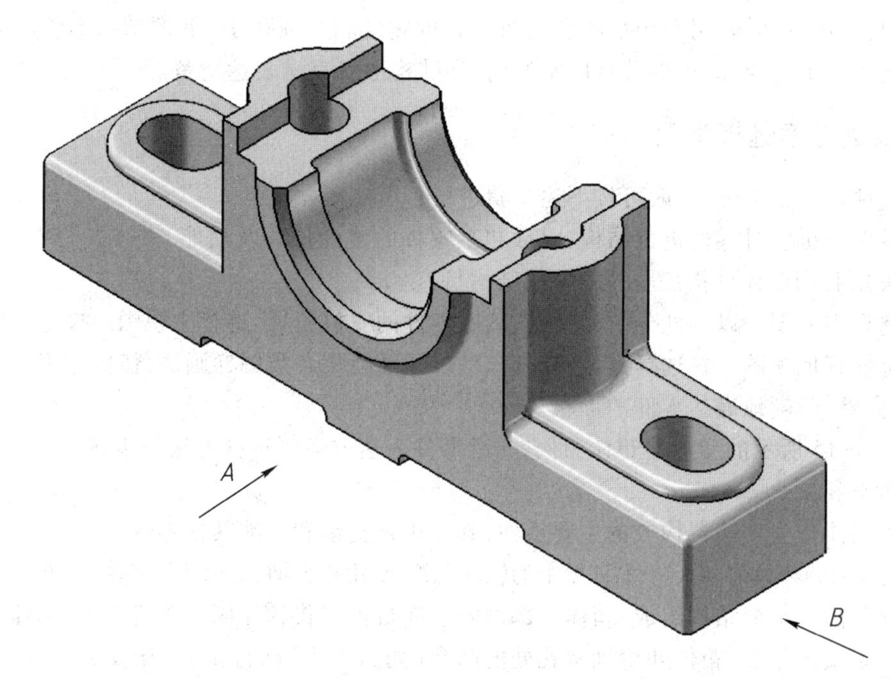

图 8-13　轴承底座的投射方向选择

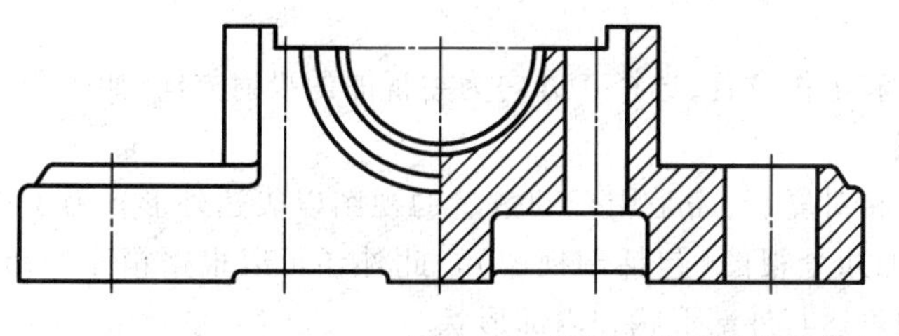

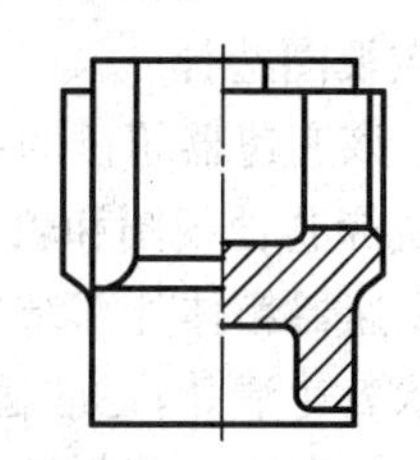

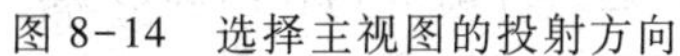

图 8-14　选择主视图的投射方向

二、其他视图和表达方法的选择

主视图确定后,还需要再选择适当数量的其他视图和恰当的表达方法,把零件的内、外结构形状表达清楚。选择的视图数目要恰当,避免重复表达零件的某些结构形状;选择的表达方法应正确、合理,每个视图和表达方法的目的要明确。

确定合理表达方案的原则是:兼顾零件内、外结构形状的表达;处理好集中与分散表达的问题;在选择表达方法时,应避免支离破碎和不必要的重复;根据零件的具体情况,设想几个表达方案,通过分析比较最后选择出最佳方案。

现以轴承底座为例,说明如何选择它的表达方案(图 8-2,图 8-3)。

主视图:表达轴承底座的形体特征和各组成部分的相对位置。采用半剖视图表达螺栓孔、长圆孔(通孔)及凹槽 *Ⅲ* 的长度和深度。

俯视图:表达底板、螺栓孔、长圆孔、凸台和部分圆柱的形状。

左视图:采用阶梯剖,用全剖视图表达凹槽 *Ⅲ* 的宽度和半圆孔 *Ⅰ*、*Ⅱ* 的结构形状。

采用上述三个视图,即可将轴承底座的内、外结构形状完全表达清楚。

三、表达方案选择举例

选择零件表达方案时,一般可按下述步骤进行:

(1) 零件分析　对零件进行结构分析(包括零件的装配位置及功能)和工艺分析(零件的制造加工方法),利用形体分析法获得零件的结构特点。

(2) 选择主视图　以零件分析为基础,确定零件的安放位置,选择主视图的投射方向。

(3) 选择其他视图　在选择其他视图时,可以灵活运用各类图样画法,使所选视图与主视图相互配合,完整、清晰地表达零件的形状。

现以图 8-15 所示的变速器箱体为例,介绍零件表达方案的选择方法与步骤。

1. 零件分析

变速器箱体作为变速器构成的主要零件,其作用是支承和容纳其他零件。

主体结构由箱体及前、后、左、右四壁上的轴承孔组成,用于容纳、支承其他零件,属于工作部分。

安装部分由三部分结构组成:箱体底部的安装底板可以将箱体固定于机架上;箱体上端的四个螺纹孔用于安装箱盖;箱体外壁轴承孔处的凸台(如凸台 *Ⅰ*、凸台 *Ⅱ*)用于安装端盖。

箱体内壁轴承孔处的凸台 *Ⅲ* 则是起支承加强的作用。箱体外壁上的沉孔和螺纹孔,是为了安装油标和螺塞,这些都属于局部功能结构。

2. 主视图选择

根据该变速器箱体的结构点和工作位置,选择 *A* 方向为主视图的投射方向,如图 8-15 所示。

3. 选择其他视图和表达方案

该变速器箱体外部结构形状相对复杂,需采用合理数量的视图以表达外形。为了将其内部结构形状表达清楚,还应适当增加几个视图(包括剖视图)。此外还可以根据箱体的结构形状,采用半剖视图或局部剖视图兼顾表达其外部形状和内部形状。

图 8-16 给出了该箱体的两种表达方案,并作比较说明。

方案一如图 8-16a 所示,采用了七个视图。主视图表达了箱体前表面的外形,并用两个局部

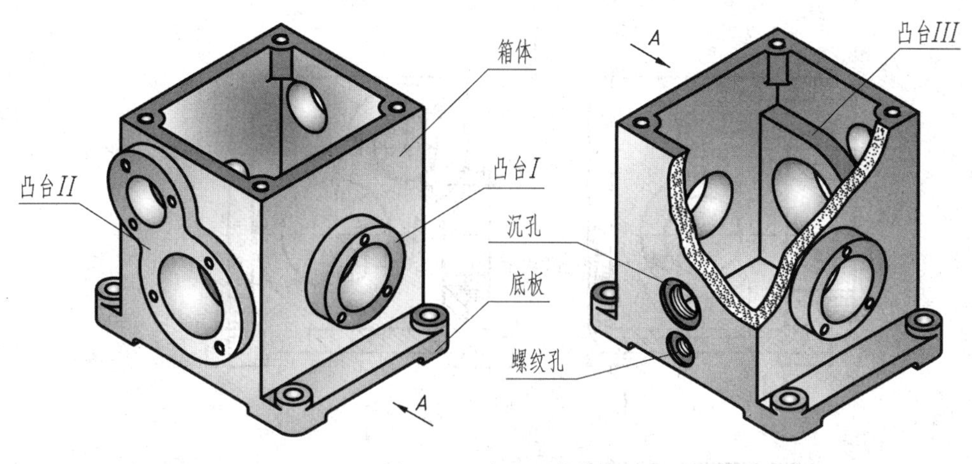

图 8-15 变速器箱体

剖视图表示两个轴承孔,用虚线表达内腔和右壁的螺纹孔;俯视图主要表达外形,用局部剖视图表达轴承孔,左视图是 *B*—*B* 全剖视图,表达内形;*D* 向视图表达左壁外侧的凸台;*C*—*C* 局部剖视图表达左壁内侧凸台;*E* 向局部视图表达右壁上两个螺纹孔;*F* 向局部视图表达底面凸台。

方案二如图 8-16b 所示,和方案一不同之处是:主视图上用局部剖视图表达右壁螺纹孔,省去了 *E* 向局部视图;左视图采用局部剖视图,既表达左侧面凸台,又表达了腔体内形,省去了 *D* 向局部视图;俯

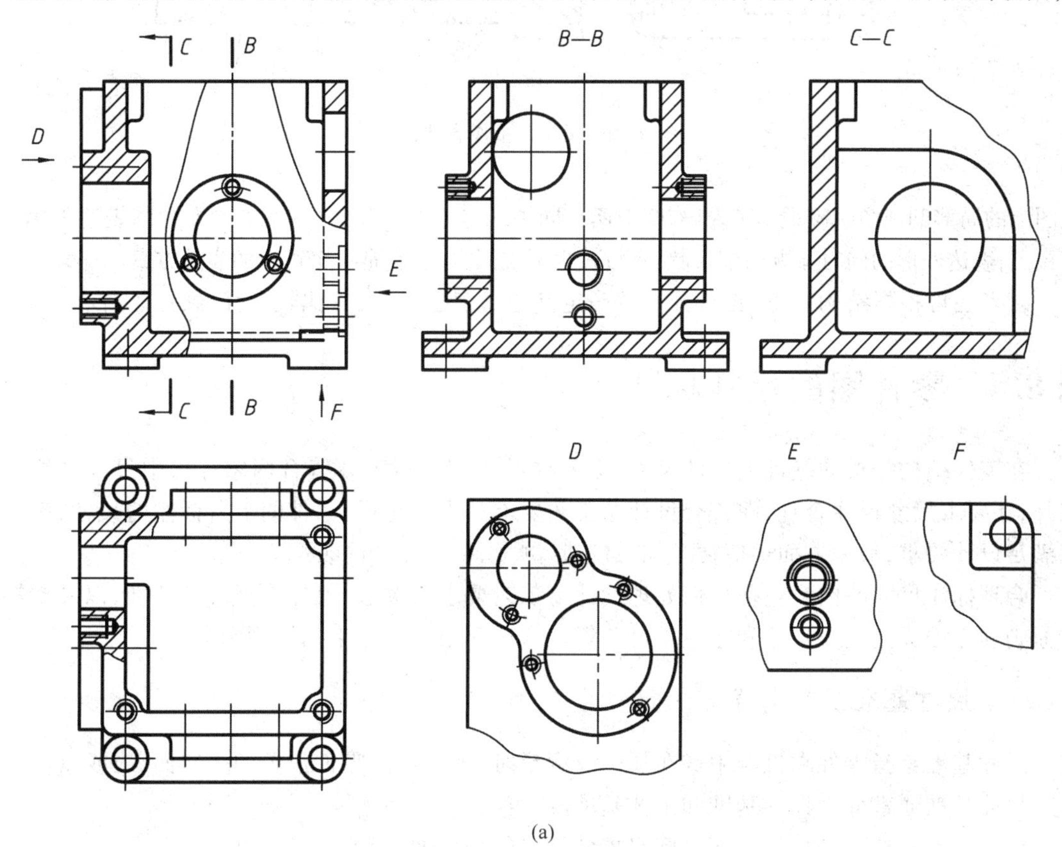

(a)

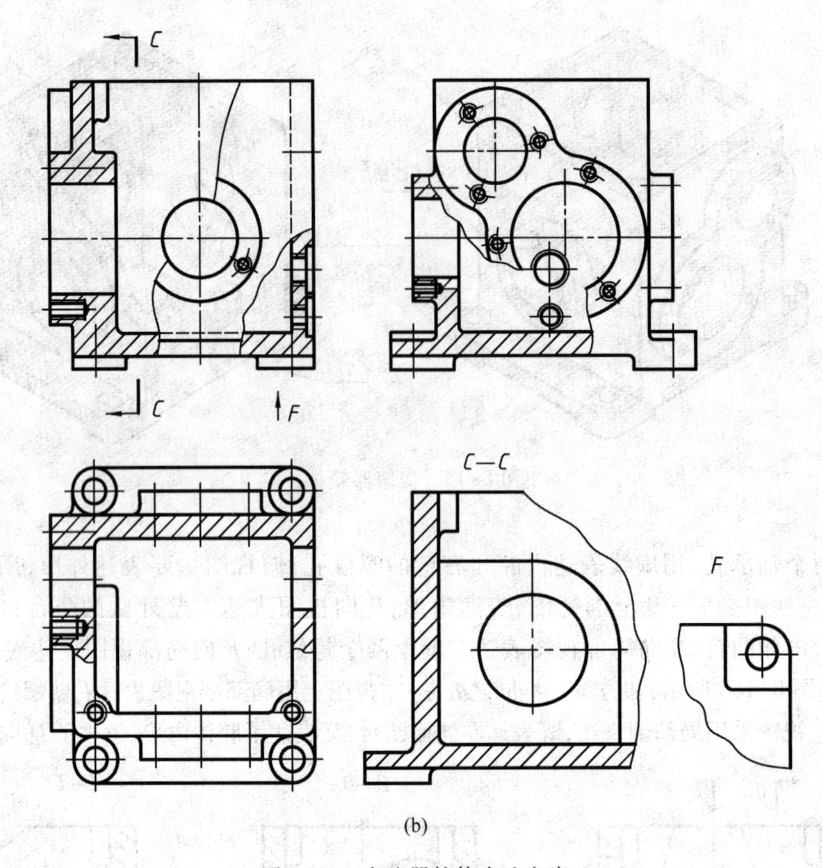

(b)

图 8-16 变速器箱体表达方案

视图上的局部剖视图明确说明了左、右壁上两孔同轴。与方案一相比,方案二的左视图表达采用局部剖视图,表达外形的同时兼顾内部形状,有效减少了视图数量,也是一个可行的表达方案。

读者还可根据结构特点,自行分析并确定其余的表达方案,并比较其优、缺点。

§8.4 零件图的尺寸标注

在零件结构分析的基础上标注尺寸,除要求尺寸齐全清晰并符合国家标准中尺寸注法的规定外,还要求尺寸标注合理,即符合设计及工艺要求。也就是说,零件图上所标注的尺寸,一方面应满足设计要求,另一方面还应便于加工制造、测量、检验和产品装配。

合理标注尺寸的内容包括如何处理设计与工艺要求的关系,怎样选择尺寸基准,以及按照什么原则和方法标注主要尺寸和非主要尺寸等。这里介绍一些基本的原则和方法。

一、尺寸基准及其选择

尺寸基准是指零件在机器中或在加工及测量时,用来确定零件位置的一些面、线或点。

尺寸基准通常分为设计基准和工艺基准两大类:

(1) 设计基准 是机器工作时确定零件位置的一些面、线或点。

（2）工艺基准　是在加工或测量时确定零件位置的一些面、线或点。

在标注尺寸时，最好能把设计基准和工艺基准统一起来，这样既能满足设计要求，又能满足工艺要求。当这两者不能统一时，主要尺寸应从设计基准出发标注。

如何正确地选择尺寸基准，是合理标注尺寸的重要问题。任何零件都有长、宽、高三个方向的尺寸，根据设计、加工、测量上的要求，每个方向上只能有一个主要基准；根据需要，还可以有若干个辅助基准。主要基准和辅助基准间一定要有一个联系尺寸。

现以轴承底座和齿轮轴为例说明如何选择尺寸基准。

图 8-2 所示为轴承底座的零件图，它是油杯滑动轴承的主要零件，与其他零件有连接及配合关系，图 8-17 所示是选择轴承底座尺寸基准的分析情况。

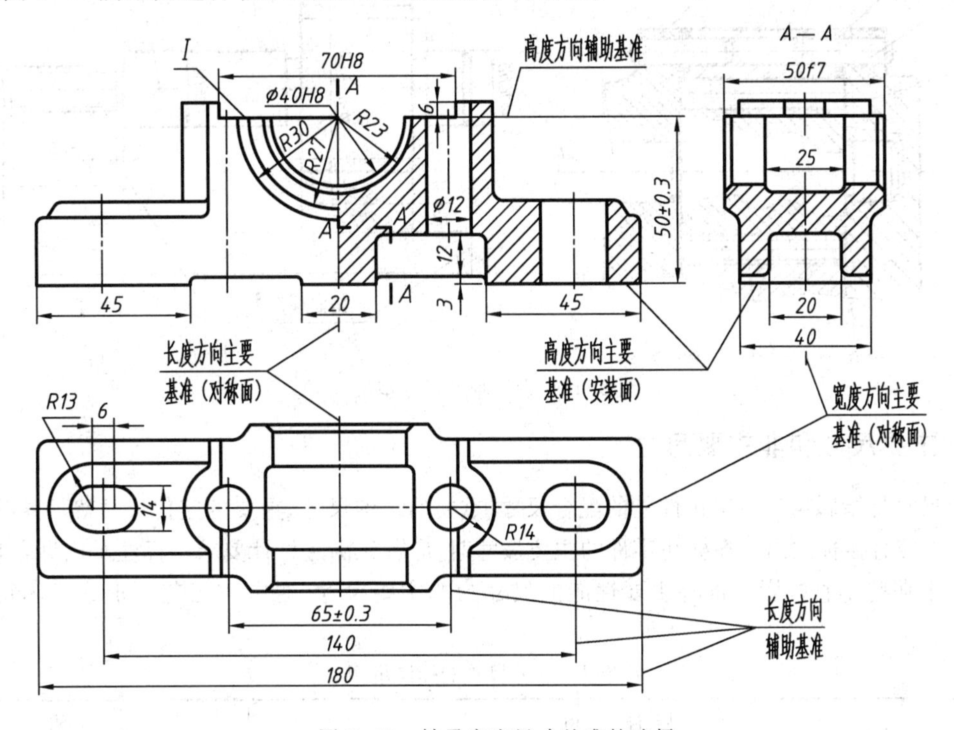

图 8-17　轴承底座尺寸基准的选择

底座长度方向的尺寸基准：底座在长度方向上具有对称平面，因此在长度方向上的结构尺寸（如螺栓孔、长圆孔的定位尺寸 65、140，凹槽 *I* 的配合尺寸 70H8 以及 180、20 等），都选择零件长度方向的对称平面（对称中心线）为基准，该对称平面（对称中心线）是底座长度方向的主要基准。这一方向上的辅助基准为两螺栓孔的轴线，长圆孔的对称中心线，底板的左、右端面等。尺寸 $\phi12$、$R14$、45、6 等是分别从这些辅助基准出发标注的。

底座高度方向的尺寸基准：根据底座的设计要求，底座半圆孔的轴线到底面距离的尺寸 50±0.3 为重要的性能尺寸。底面又是底座的安装面，因此选择底面作为底座高度方向的主要基准。高度方向的辅助基准为凹槽 *I* 的底面，用它来定出凹槽 *I* 的深度尺寸 6。

底座宽度方向的尺寸基准：底座宽度方向具有对称平面，选择该对称平面作为宽度方向的主要基准。宽度方向的结构尺寸 50f7、40、20、25 均以此为基准进行标注。

图 8-18b 所示为齿轮轴的主视图。由于齿轮轴为回转体，所以其径向尺寸的基准是它的轴

线，以轴线为基准注出 φ34.5f7、φ16h6、M14-6g 等尺寸。齿轮的左端面是确定齿轮轴在泵体中轴向位置的重要接合面，如图 8-18a 所示，所以齿轮的左端面是轴向尺寸的主要基准，以此为基准注出 2、12 和 25f7。齿轮轴的左端面为第一个辅助基准，由此为基准注出轴的总长 112，它与主要基准之间注有联系尺寸 12。右端面是轴向的第二个辅助基准，由此注出了尺寸 30。右端退刀槽尺寸 1.5 是从第三个辅助基准注出的。

根据上述分析可以看出，在标注尺寸时，首先要考虑零件的工作性能和加工方法，在此基础上，才能确定出比较合理的尺寸基准。

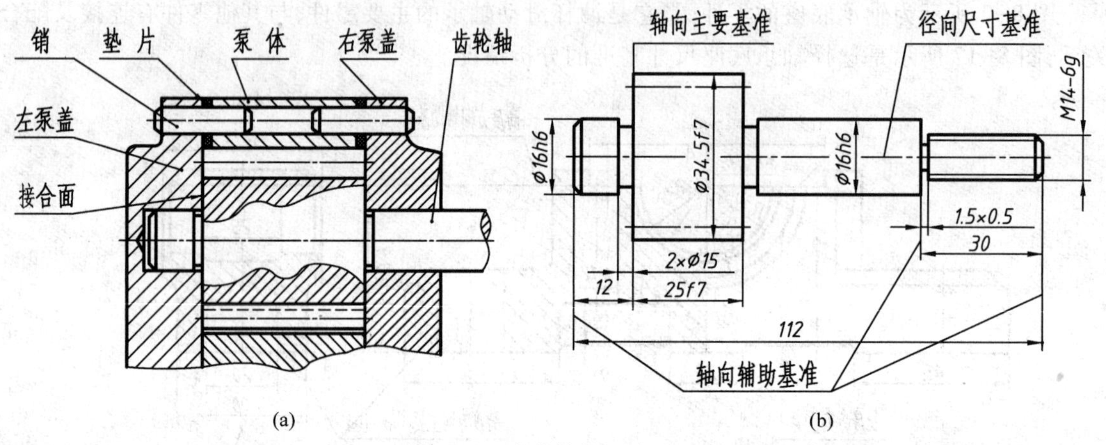

图 8-18　齿轮轴的尺寸基准

二、主要尺寸和非主要尺寸

主要尺寸是指影响产品工作性能的配合尺寸、重要的结构尺寸、重要的定位尺寸等。这些尺寸在零件图上应直接标注出。在标注零件的主要尺寸时，应首先满足设计要求。标注示例见表 8-1。

零件上那些不直接影响部件主要性能的尺寸为非主要尺寸，通常按工艺要求或形体特征进行标注。

表 8-1　主要尺寸的标注示例

名称	标注示例	说　明
配合尺寸	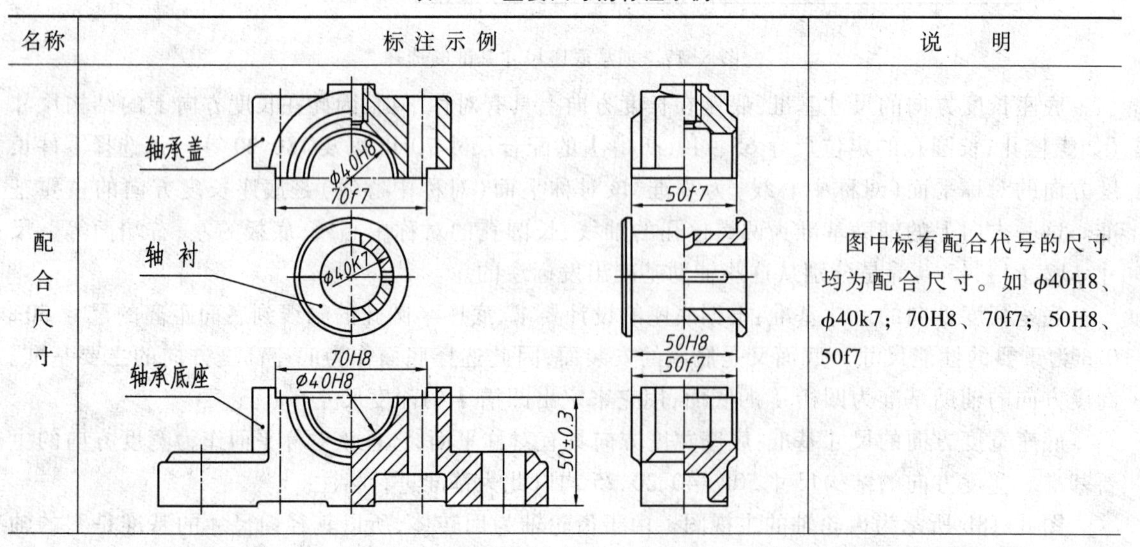	图中标有配合代号的尺寸均为配合尺寸。如 φ40H8、φ40k7；70H8、70f7；50H8、50f7

续表

名称	标注示例	说　明
重要的结构尺寸		为了使齿轮在泵体内能自由转动，侧面间隙不致过大，应保证 $L<L_1+L_2$，图中尺寸 L、L_1、L_2 即齿轮、泵体、垫片的重要结构尺寸
重要的定位尺寸		图中尺寸 $87^{+0.1}_{0}$、$67.5^{+0.1}_{0}$、$39^{+0.03}_{0}$ 直接影响油泵的工作性能和结构关系，所以是三个重要的定位尺寸

三、合理标注尺寸的一些原则

1. 避免注成封闭的尺寸链

零件图上一组相关的尺寸构成零件尺寸链，如图 8-19a 所示轴的尺寸 A_1、A_2、A_3 和 A_4。标注尺寸时，如果将这四个尺寸都标注出来，就构成一个封闭的尺寸链，这种标注方法应当避免，否则会因误差积累而造成尺寸超差。

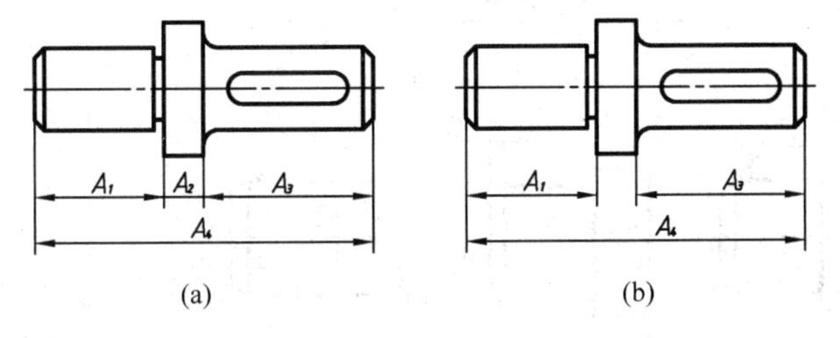

图 8-19　避免标注封闭的尺寸链

当几个尺寸构成封闭的尺寸链时，应当在尺寸链中挑选一个不重要的尺寸不标注（如图 8-19a 中的尺寸 A_2）。这样可以使其他尺寸的误差都积累在 A_2 处，从而避免因尺寸误差的积累而造成尺寸超差，产生废品。

2. 符合加工顺序

零件在加工时,都有一定的加工顺序。标注的尺寸应尽量与加工工序一致,方便加工时看图、测量,且易于保证加工精度。

图 8-20 给出了轴套的两种尺寸注法:图 a 中内孔的轴向尺寸是按加工工序标注的,便于加工时看图、测量,因而是合理的;而图 b 中尺寸 2 和 31 的注法不符合加工工序,也不易直接测量,因而不合理。

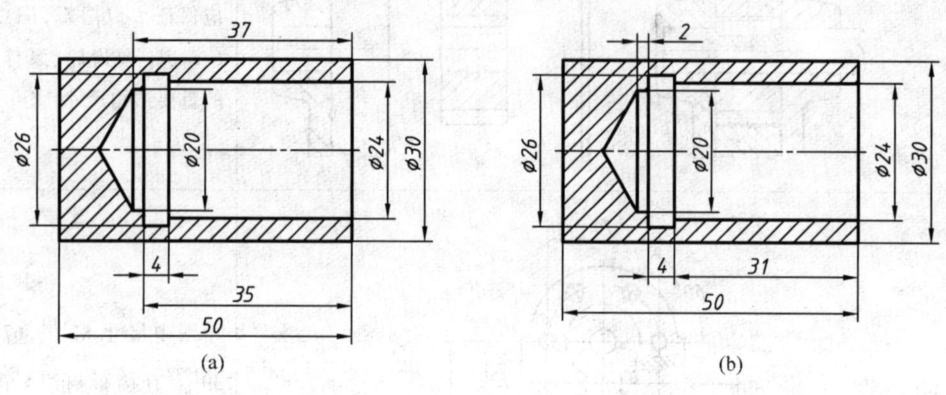

图 8-20 按加工顺序标注尺寸

3. 便于测量

图 8-21 给出了套筒轴向尺寸的两种注法:图 a 的注法不便于测量,所以不合理;而图 b 的注法便于测量,是合理的。

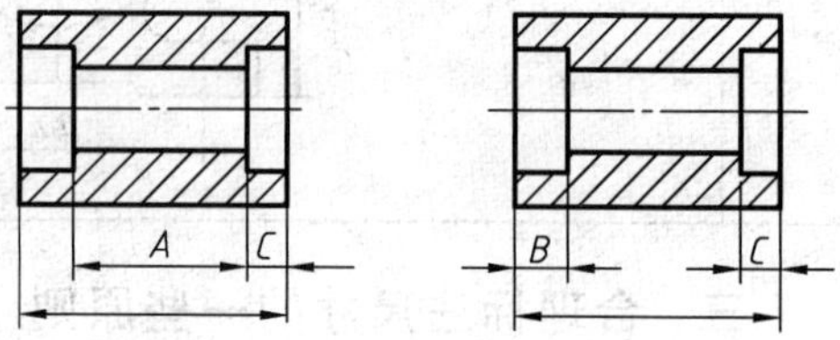

(a) (b)

图 8-21 标注尺寸便于测量

四、零件上常见典型结构的尺寸注法

倒角、退刀槽的尺寸标注方法见表 8-2。

表 8-2 倒角、退刀槽的尺寸标注方法

结构名称	尺寸标注方法	说明
倒角	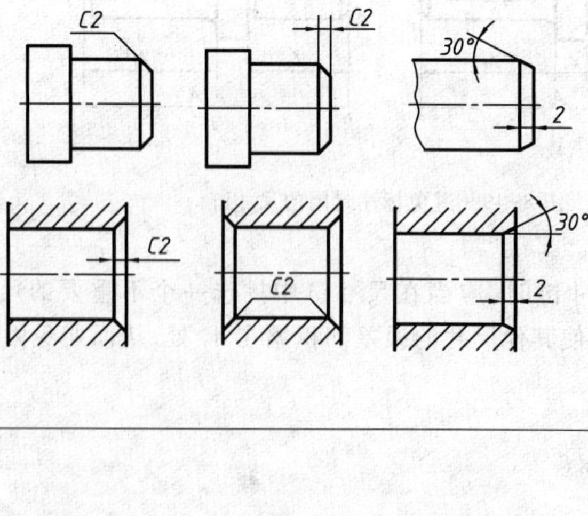 C2 C2 30° 2 C2 C2 30° 2	一般 45°倒角按"C 宽度"注出。30°或 60°倒角,应分别注出宽度和角度

续表

结构名称	尺寸标注方法	说明
退刀槽	2×Ø8　2×1　2×1	一般按“槽宽×槽深”或“槽宽×直径”注出

光孔、螺纹孔、沉孔的尺寸标注方法见表 8-3。

表 8-3　各种孔的尺寸标注方法

序号	类型	旁注法		普通注法	说明
1	光孔	4×Ø4↧10	4×Ø4↧10	4×Ø4　10	四个直径为 4、均匀分布的孔，孔深为 10
2	光孔	4×Ø4H7↧10 ↧12	4×Ø4H7↧10 ↧12	4×Ø4H7　10　12	四个直径为 4，均匀分布的孔。深度为 10 的部分公差为 H7，孔全深为 12
3	螺纹孔	3×M6-7H	3×M6-7H	3×M6-7H	三个螺纹孔，大径为 M6，螺纹公差等级为 7H，均匀分布
4	螺纹孔	3×M6-7H ↧10	3×M6-7H ↧10	3×M6-7H　10	三个螺纹孔，大径为 M6，螺纹公差等级为 7H，螺孔深度为 10，均匀分布
5	螺纹孔	3×M6-7H ↧10 ↧12	3×M6-7H ↧10 ↧12	3×M6-7H　10　12	三个螺纹孔，大径为 M6，螺纹公差等级为 7H，螺孔深度为 10，光孔深为 12，均匀分布

续表

序号	类型	旁注法		普通注法	说明
6	沉孔	6×Ø7 ⌴Ø13×90°	6×Ø7 ⌴Ø13×90°	90° Ø13 6×Ø7	锥形沉孔的直径 ϕ13 及锥角 90°均需标注
7		4×Ø6.4 ⌴Ø12↧4.5	4×Ø6.4 ⌴Ø12↧4.5	Ø12 4.5 4×Ø6.4	柱形沉孔的直径 ϕ12 及深度 4.5 均需标注
8		4×Ø9 ⌴Ø20	4×Ø9 ⌴Ø20	⌴Ø20 4×Ø9	锪平 ϕ20 的深度不需标注,一般锪平到光面为止

§8.5　零件图的技术要求

零件图上除了要表达零件的形状和尺寸外,还要注明零件在制造和检验时应达到的一些技术要求。技术要求一般包括:表面结构、极限与配合、几何公差、材料、热处理和表面镀涂等。上述要求应依照有关国家标准规定正确书写。本节主要介绍表面结构及尺寸公差的基本概念和标注方法。

一、表面结构(GB/T 131—2006)

1. 表面结构概念

零件表面无论加工得多么光滑,微观上都是起伏不平的,如图 8-22 所示。表面结构是在有限区域上的表面粗糙度、表面波纹度、纹理方向、表面几何形状及表面缺陷等表面特性的总称。

表面结构是衡量零件表面质量的一项重要技术指标。它对零件的配合、耐磨性、耐蚀性、密封性和外观等都有影响。所以,在保证机器性能的前提下,应根据零件不同的作用,合理选择零件的表面结构数值。

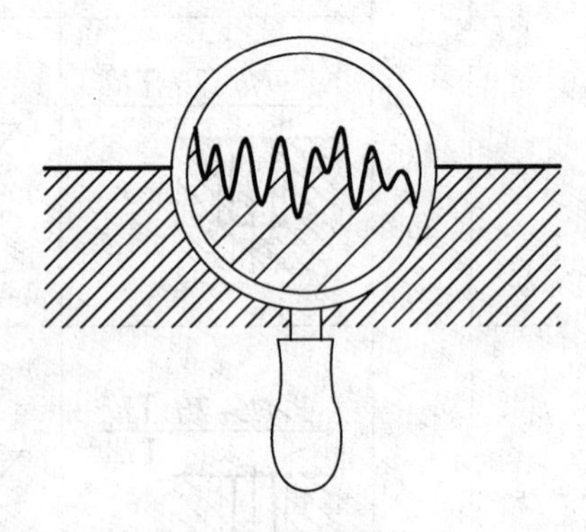

图 8-22　表面结构

2. 表面结构的参数及其数值

评定零件表面结构的主要参数有三组:轮廓参数、图形参数和支承率曲线参数,此处主要介绍常用的粗糙度轮廓参数,它主要有轮廓算术平均偏差 *Ra*、

轮廓最大高度 Rz。使用时应优先选用 Ra。Ra 是在取样长度 L 内，轮廓偏距 z（表面轮廓上的点到基准线的距离）的绝对值的算术平均值，如图 8-23 所示。

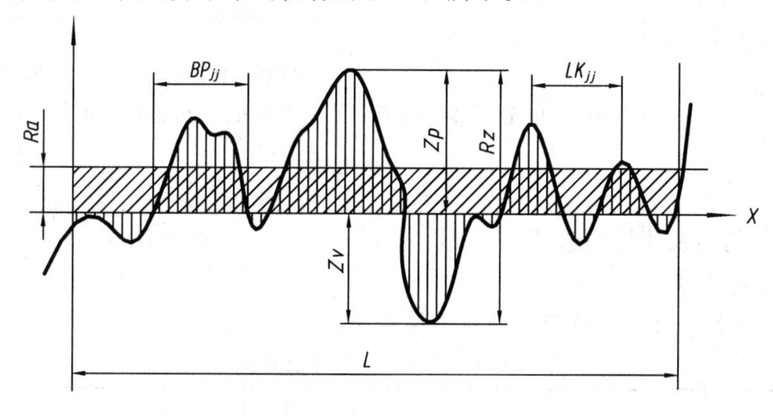

图 8-23　表面结构评定参数

其计算公式为

$$Ra=\frac{1}{L}\int_{0}^{L}|z(x)|\,\mathrm{d}x$$

或近似表示为

$$Ra=\frac{1}{n}\sum_{i=1}^{n}|z_i|$$

表 8-4 给出了常用 Ra 数值不同的表面情况及相应的加工方法和应用举例。

表 8-4　表面结构数值与应用

Ra/μm	表面特征	主要加工方法	应用举例
50	明显可见刀痕	粗车、粗铣、粗刨、钻孔、粗纹锉刀和粗砂轮加工等	粗糙度最低的加工面，一般很少使用
25	可见刀痕		
12.5	微见刀痕	粗车、刨、立铣、平铣、钻等	不接触表面、不重要接触面，如螺纹孔、倒角、机座表面等
6.3	可见加工痕迹	精车、精铣、精刨、铰、钻、粗磨等	没有相对运动的零件接触面，如箱、盖、套筒要求紧贴的表面，键和键槽工作表面；相对运动速度不高的接触面，如支架孔、衬套、带轮轴孔的工作表面等
3.2	微见加工痕迹		
1.6	看不见加工痕迹		
0.8	可辨加工痕迹方向	精车、精铰、精拉、精铣、精磨等	要求很好密合的接触面，如与滚动轴承配合的表面、锥销孔等；相对运动速度较高的接触面，如支架孔、衬套、带轮轴孔的工作表面等
0.4	微辨加工痕迹方向		
0.2	不可辨加工痕迹方向		

续表

$Ra/\mu m$	表面特征	主要加工方法	应用举例
0.1	暗光泽面	研磨、抛光、精细研磨等	精密量具的表面，极重要零件的摩擦面，如气缸的内表面、精密机床的主轴颈、坐标镗床的主轴颈等
0.05	亮光泽面		
0.025	镜状光泽面		
0.012	雾状镜面		

3. 表面结构符号及代号的意义

(1) 表面结构符号

图样中表示零件表面结构的符号及意义见表 8-5。

表 8-5 表面结构符号及意义

符号	意义及说明
	基本图形符号，对表面结构有要求的图形符号，简称基本符号。没有补充说明时不能单独使用
	扩展图形符号，基本符号上加一短横，表示指定表面是用去除材料的方法获得。例如：车、铣、钻、磨、剪切、抛光、腐蚀、电火花加工、气割等
	扩展图形符号，基本符号上加一小圆，表示表面是用不去除材料的方法获得。例如：铸、锻、冲压变形、热轧、冷轧、粉末冶金等。 或者是用于保持原供应状况的表面（包括保持上道工序形成的表面）
	完整图形符号，当要求标注表面结构特征的补充信息时，在允许任何工艺图形符号的长边上加一横线。在文本中用文字 APA 表示
	完整图形符号，当要求标注表面结构特征的补充信息时，在去除材料图形符号的长边上加一横线。在文本中用文字 MRR 表示
	完整图形符号，当要求标注表面结构特征的补充信息时，在不去除材料图形符号的长边上加一横线。在文本中用文字 NMR 表示

(2) 表面结构符号画法

表面结构符号的画法如图 8-24 所示。

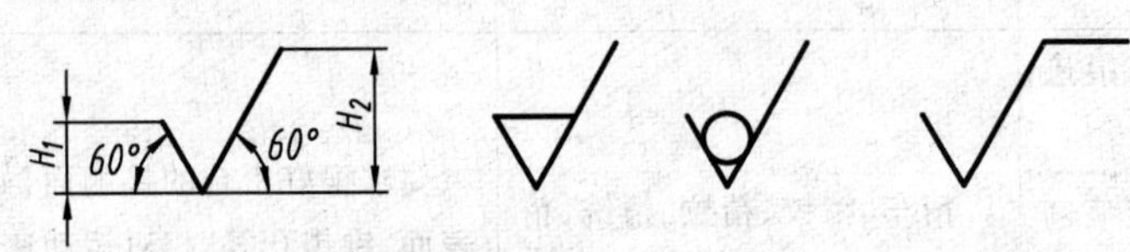

图 8-24 表面结构符号画法

表面结构符号和附加标注的尺寸见表 8-6。

表 8-6 表面结构符号和附加标注的尺寸 mm

数字和字母高度 h	2.5	3.5	5	7	10	14	20
符号线宽 d' 字母线宽	0.25	0.35	0.5	0.7	1	1.4	2
高度 H_1	3.5	5	7	10	14	20	28
高度 H_2(最小值)[a]	7.5	10.5	15	21	30	42	60

a H_2 取决于标注内容。

(3) 表面结构代号

在表面结构符号中,按功能要求加注一项或几项有关规定后,称为表面结构代号。

国家标准规定,当在符号中标注一个参数值时,为该表面结构的上限值;当标注两个参数值时,一个为上限值,另一个为下限值;当要表示最大允许值或最小允许值时,应在表面结构符号后加注符号“max”或“min”,见表 8-7。

表 8-7 *Ra* 的代号及意义

代　　号	意　　义	代　　号	意　　义
Ra 3.2	任何方法获得的表面结构,*Ra* 的上限值为 3.2 μm,在文本中表示为 APA *Ra*3.2	Ra 3.2	用去除材料方法获得的表面结构,*Ra* 的上限值为 3.2 μm,在文本中表示为 MRR *Ra*3.2
Ra 3.2	用不去除材料方法获得的表面结构,*Ra* 的上限值为 3.2 μm,在文本中表示为 NMR *Ra*3.2	Ra 3.2 Ra1 1.6	用去除材料方法获得的表面结构,*Ra* 的上限值为 3.2 μm,*Ra* 的下限值为 1.6 μm,在文本中表示为 MRR *Ra* 3.2;*Ra*1 1.6

表面结构参数 *Rz* 值的代号见表 8-8。参数值前加上相应的参数代号 *Rz*,单位为 μm。

表 8-8 *Rz* 的代号及意义

代　　号	意　　义	代　　号	意　　义
Rz 3.2	用任何方法获得的表面,*Rz* 的上限值为 3.2 μm,在文本中表示为 APA *Rz*3.2	Ra 3.2 Rz1 12.5	用去除材料方法获得的表面,*Ra* 的上限值为 3.2 μm,*Rz* 的上限值为 12.5 μm,在文本中表示为 MRR *Ra* 3.2;*Rz*1 12.5
Rz 3.2 Rz1 1.6	用去除材料方法获得的表面,*Rz* 的上限值为 3.2 μm,下限值为 1.6 μm,在文本中表示为 MRR *Rz*3.2;*Rz*11.6	Ramax 3.2 Rz1max 12.5	用去除材料方法获得的表面,*Ra* 的最大值为 3.2 μm,*Rz* 的最大值为 12.5 μm,在文本中表示为 MRR *Ra*max 3.2;*Rz*1max 12.5

（4）表面结构有关内容注写位置

表面结构数值及其有关的规定在符号中注写位置如图8-25所示。图中位置a~e分别注写以下内容：

位置a——注写表面结构的单一要求；

位置a和b——标注两个或多个表面结构要求；

位置c——注写加工方法；

位置d——注写表面纹理和方向；

位置e——注写加工余量，mm。

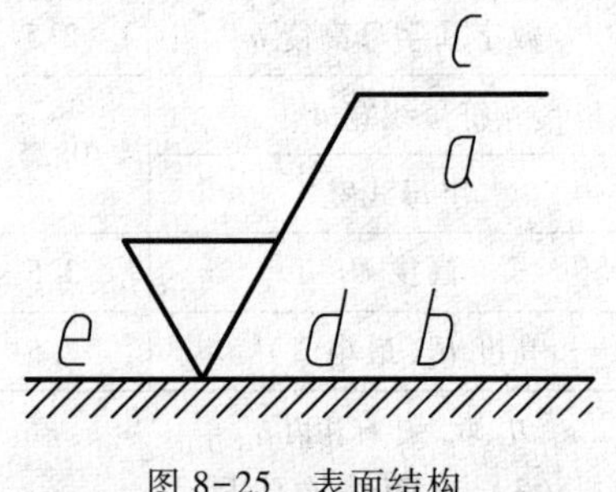

图8-25　表面结构参数的注写形式

（5）表面结构标注方法

表面结构的标注规则主要有：

1）在同一张图样上，每一表面一般只标注一次代（符）号，并按规定分别注在可见轮廓线、尺寸界线、尺寸线和其延长线上。

2）符号尖端必须从材料外指向加工表面。

3）表面结构参数值的大小、方向与尺寸数字的大小、方向一致。

其他一些规定和标注方法见表8-9。

表8-9　表面结构标注图例

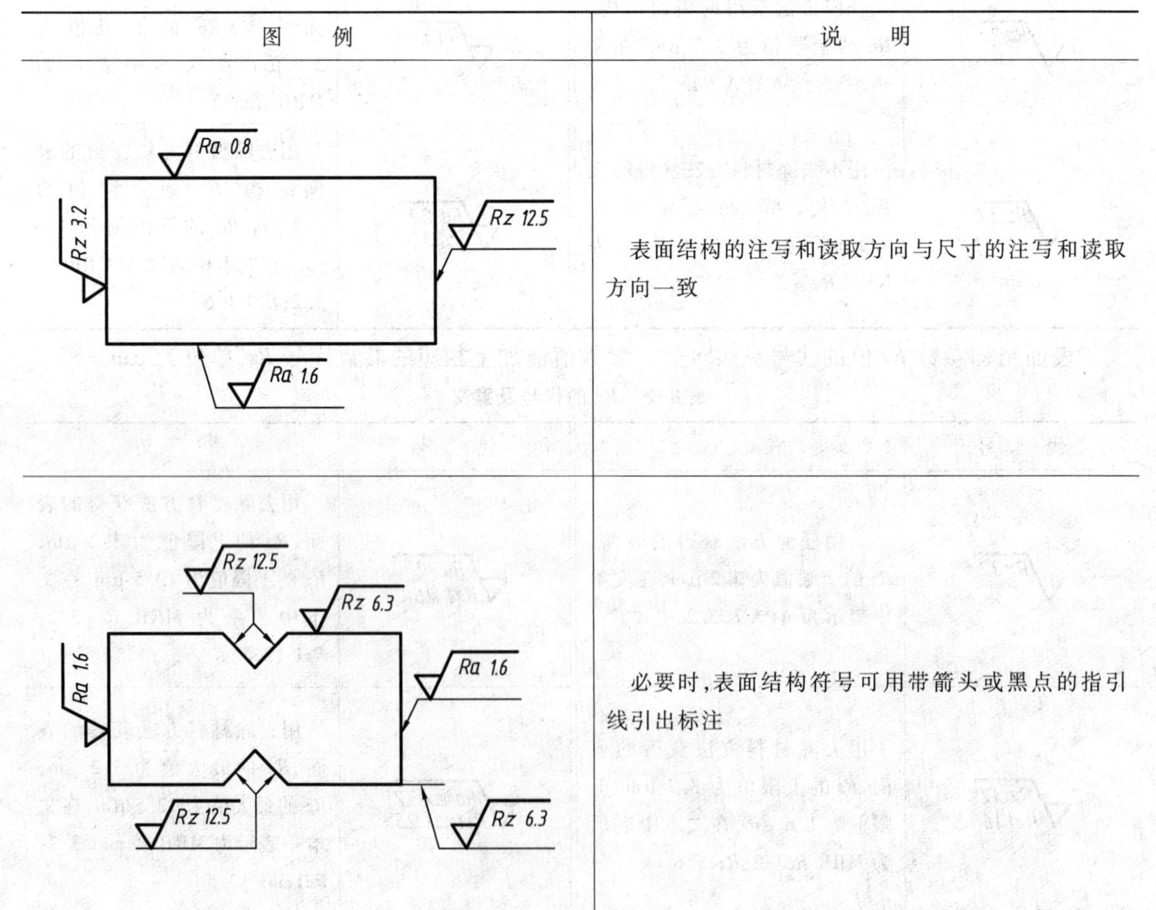

图　例	说　明
	表面结构的注写和读取方向与尺寸的注写和读取方向一致
	必要时，表面结构符号可用带箭头或黑点的指引线引出标注

续表

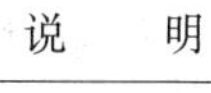

图例	说明
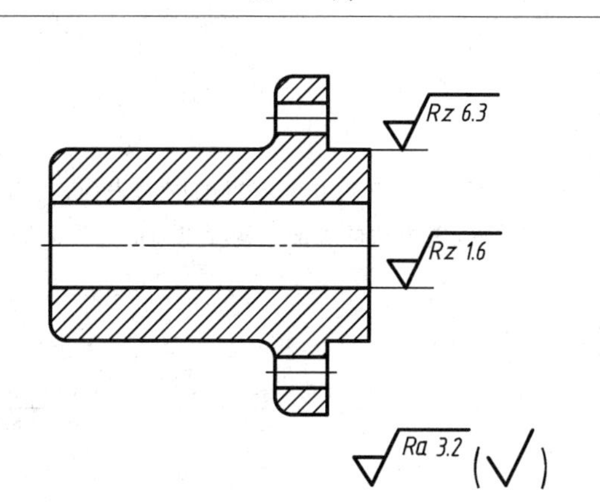	如果零件的多数(包括全部)表面有统一的表面结构要求,则其表面结构要求可统一标注在图样的标题栏附近。此时(除全部表面有相同要求的情况外),表面结构要求的符号后面应有: ——在圆括号内给出无任何其他标注的基本符号 ——在圆括号内给出不同的表面结构要求 不同的表面结构要求应直接标注在图形中
Rz 6.3 Rz 1.6 Ra 3.2 (Rz 1.6 Rz 6.3)	
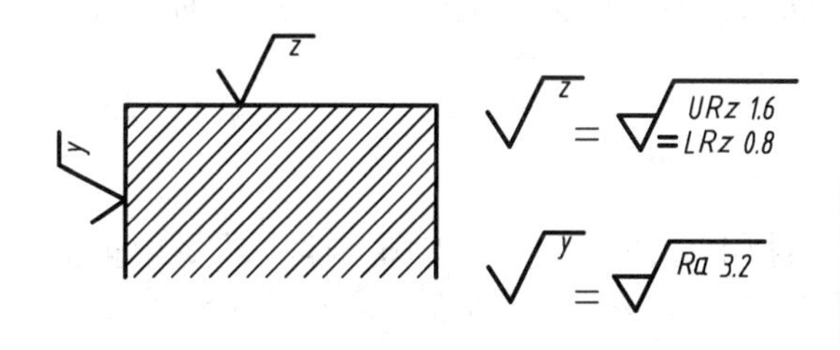	当多个表面具有相同的表面结构要求或图纸空间有限时,可以采用简化注法。用带字母的完整符号,以等式的形式,在图形或标题栏的附近,对有相同表面结构要求的表面进行简化标注
= Ra 3.2 = Ra 3.2 = Ra 3.2	还可用右图的表面结构符号,以等式的形式给出多个表面共同的表面结构要求

续表

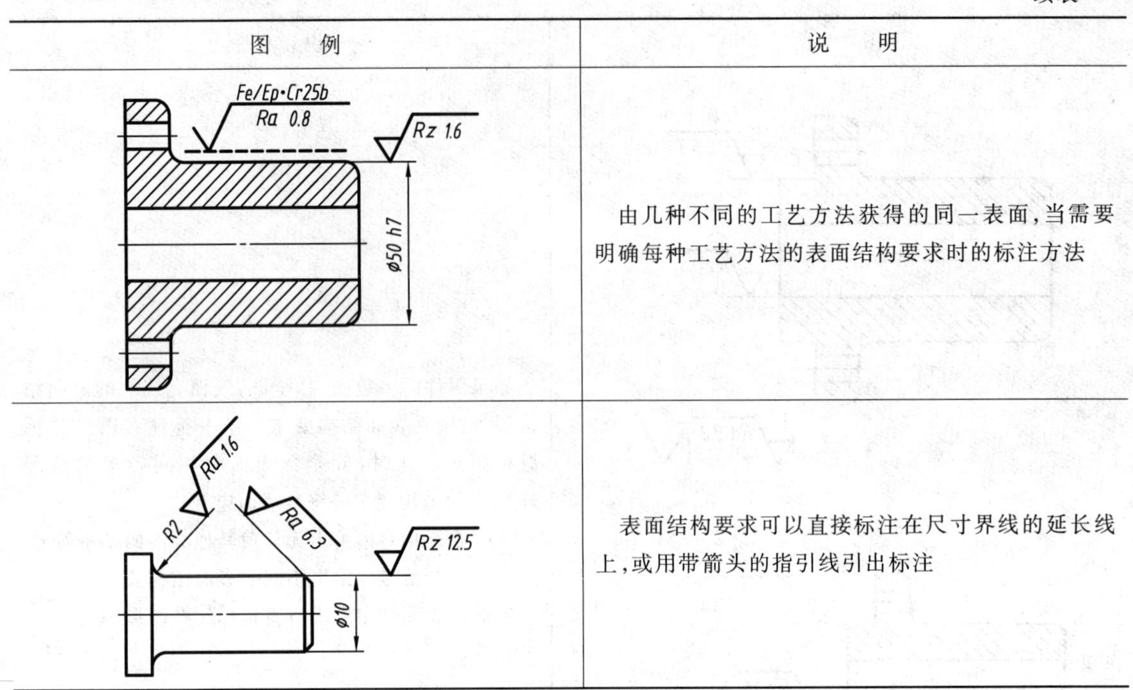

图　　例	说　　明
	由几种不同的工艺方法获得的同一表面，当需要明确每种工艺方法的表面结构要求时的标注方法
	表面结构要求可以直接标注在尺寸界线的延长线上，或用带箭头的指引线引出标注

二、极限与配合（GB/T 1800.1—2009）

在批量或大量生产中，要求零件具有互换性，所谓互换性，就是把相同规格的零、部件中的任意一个，不需挑选和修配就能顺利装配到机器上，并能保证产品的工作性能要求。由于零件在加工制造过程中尺寸不可能做得绝对准确，在满足零件性能要求的条件下允许尺寸的变动范围即极限。

为了保持互换性和制造零件的需要，国家标准化管理委员会制定了极限与配合的国家标准GB/T 1800.1—2009。

1. 相关术语及定义

以图8-26销轴为例说明相关术语及定义。

(1) 公称尺寸。它是设计中给定的尺寸，即图样上标注的尺寸。如图8-26a所示的销轴直径ϕ20，长度40。

(2) 实际尺寸。实际测量时所得的尺寸。

(3) 极限尺寸。允许尺寸变化的极限值。两个极限值中，大的一个称上极限尺寸，小的一个称下极限尺寸，如图8-26b所示，销轴的上极限尺寸为ϕ20.023，下极限尺寸为ϕ20.002。

(4) 尺寸偏差（简称偏差）。某一尺寸（实际尺寸、极限尺寸等）减去其公称尺寸所得的代数差。尺寸偏差有上极限偏差和下极限偏差，其中

$$上极限偏差=上极限尺寸-公称尺寸$$

$$下极限偏差=下极限尺寸-公称尺寸$$

上、下极限偏差统称为极限偏差，可以是正值、负值或零。上极限偏差代号：孔为ES，轴为es；下极限偏差代号：孔为EI，轴为ei。如图8-26所示，销轴直径的上、下极限偏差分别为：

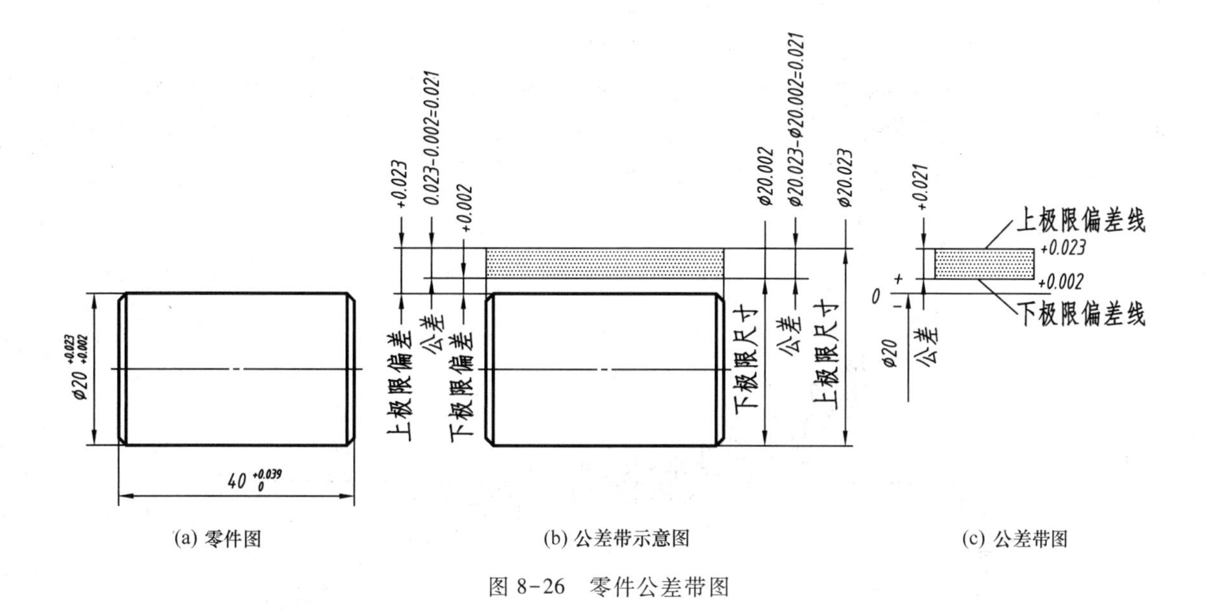

(a) 零件图　(b) 公差带示意图　(c) 公差带图

图 8-26　零件公差带图

上极限偏差 es = 20.023-20 = +0.023,

下极限偏差 ei = 20.002-20 = +0.002。

(5) 尺寸公差(简称公差)。允许尺寸的变动量。

尺寸公差 = 上极限尺寸-下极限尺寸 = 上极限偏差-下极限偏差。

尺寸公差是一个没有符号的绝对值。图 8-26 中销轴直径的尺寸公差 = ϕ20.023-ϕ20.002 = 0.021。

(6) 标准公差(IT)。标准公差是国家标准规定的用来确定公差带大小的标准化数值。本书附录列出了不同等级的标准公差数值。

国家标准规定的标准公差等级是确定尺寸精确程度的等级。它分为 20 个级别,即 IT01、IT0、IT1、IT2 至 IT18。随着 IT 值的增大,尺寸的精确程度依次降低,公差值则依次增大,其中 IT01 级精度最高,IT18 级最低,IT01 ~ IT11 用于配合尺寸,IT12 ~ IT18 用于非配合尺寸。

需要指出:对一定的公称尺寸而言,公差等级越高,公差数值越小,尺寸精度越高。属于同一公差等级的公差数值,公称尺寸越大,对应的公差数值越大,但被认为具有同等的精确程度。

(7) 零线。在极限与配合图解中,表示公称尺寸的一条直线,它的偏差为零,因此称其为零线。用它作为确定偏差的基准线。当零线沿水平方向绘制时,正偏差在其上方,负偏差在其下方。

(8) 尺寸公差带。在公差带图解中,由代表上、下极限偏差的两条直线所确定的一个区域称为尺寸公差带,简称公差带。它可以表示尺寸公差的大小和公差带相对于零线的位置。

(9) 基本偏差。用以确定公差带相对零线位置的上极限偏差或下极限偏差。一般指靠近零线的那个偏差。若公差带位于零线之上,则下极限偏差为基本偏差;若公差带位于零线之下,则上极限偏差为基本偏差,如图 8-27 所示。

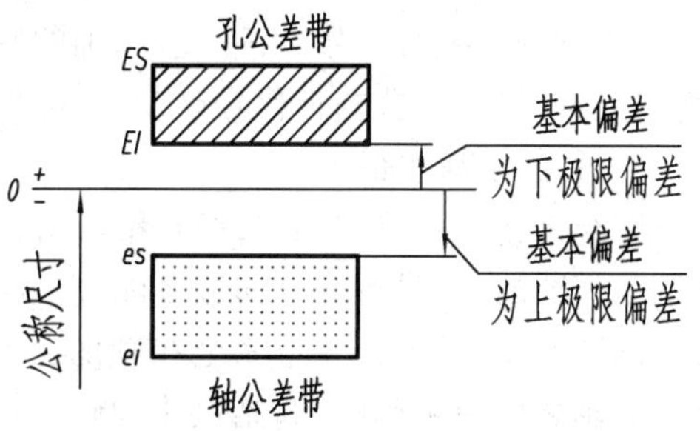

图 8-27　尺寸偏差

国家标准规定了孔和轴各有 28 个基本偏差,用拉丁字母表示。大写字母代表孔,小写字母代表轴。

图 8-28 所示为基本偏差系列图。从中可以看出:轴的基本偏差 a~h 为上极限偏差,j~zc 为下极限偏差,js 对称于零线,其基本偏差为(+IT/2)或(-IT/2);孔的基本偏差 A~H 为下极限偏差,J~ZC 为上极限偏差,JS 对称于零线,其基本偏差为(+IT/2)或(-IT/2)。

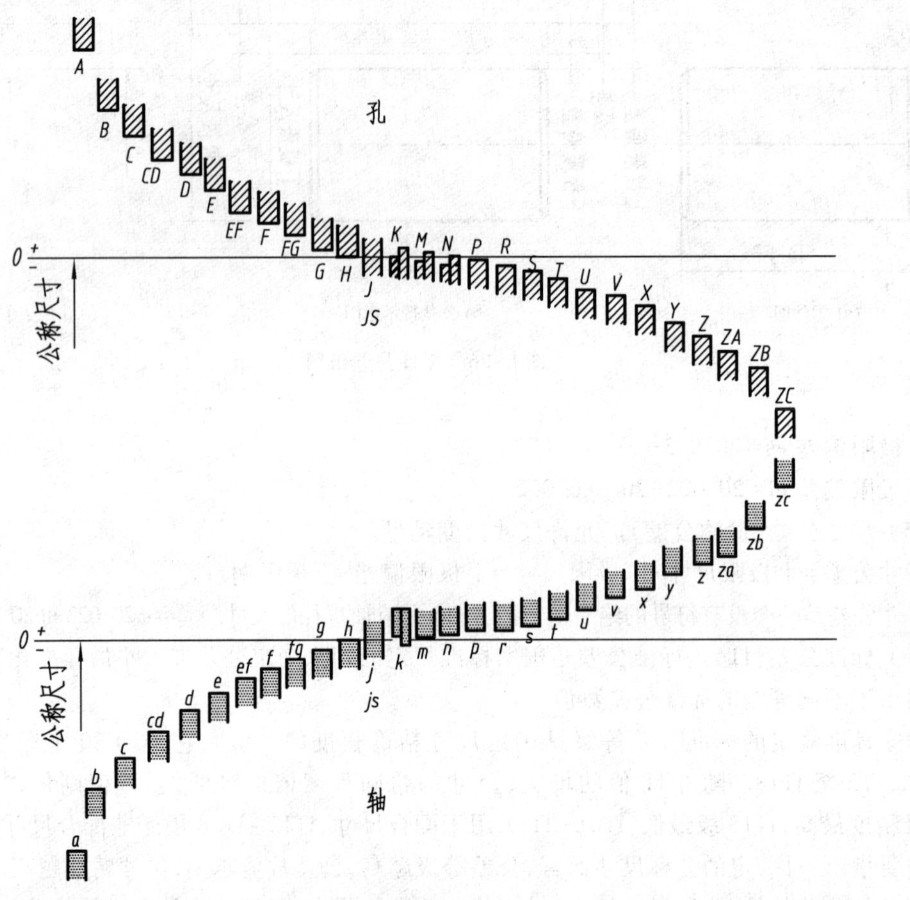

图 8-28　基本偏差系列图

(10) 公差带代号。公差带代号由基本偏差代号和公差等级组成。

如:孔的公差带代号 H8——表示孔的基本偏差代号为 H,公差等级为 8 级。

　　轴的公差带代号 f7——表示轴的基本偏差代号为 f,公差等级为 7 级。

当公称尺寸和公差带代号确定时,可根据附表 34 和附表 35 查得极限偏差值。

2. 配合与基准制

配合是指公称尺寸相同,相互结合的孔和轴公差带之间的关系。国家标准将配合分为三类,分别是间隙配合、过盈配合和过渡配合。

间隙配合:孔的公差带完全在轴的公差带之上,任取其中一对公称尺寸相同的轴和孔相配合,孔、轴之间总有间隙(包括最小间隙为零),如图 8-29 所示。

过盈配合:孔的公差带完全在轴的公差带之下,任取一对公称尺寸相同的轴和孔相配合,孔、

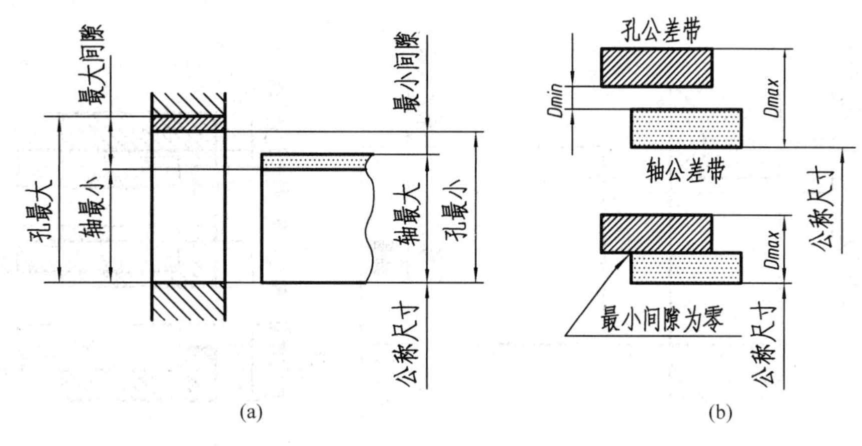

图 8-29 间隙配合

轴之间总有过盈(包括最小过盈为零),如图 8-30 所示。

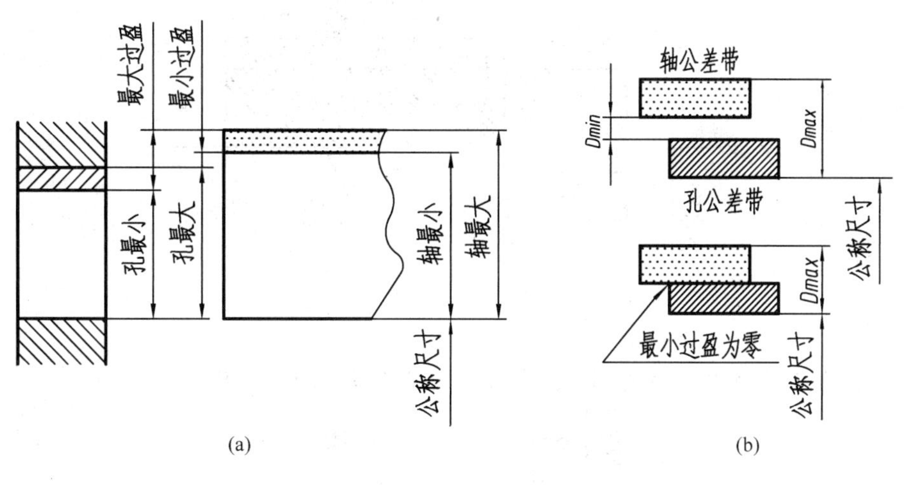

图 8-30 过盈配合

过渡配合:孔和轴的公差带相互交叠,任取一对公称尺寸相同的轴和孔相配合,孔、轴之间可能有间隙,也可能有过盈,如图 8-31 所示。

配合的代号由孔和轴的公差带代号组成,写成分数形式。分子为孔的公差带代号,分母为轴的公差带代号。如:$\frac{\mathrm{H8}}{\mathrm{f8}}$或 H8/f8;$\frac{\mathrm{G7}}{\mathrm{h7}}$或 G7/h7。

3. 配合的基准制

国家标准规定配合的两种基准制:基孔制和基轴制。

基孔制:基本偏差为一定的孔公差带与不同基本偏差的轴公差带构成的各种配合。基孔制配合中的孔称为基准孔,以基本偏差代号“H”表示,其下极限偏差为零,如图 8-32 所示。

基轴制:基本偏差为一定的轴公差带与不同基本偏差的孔公差带构成的各种配合。基轴制

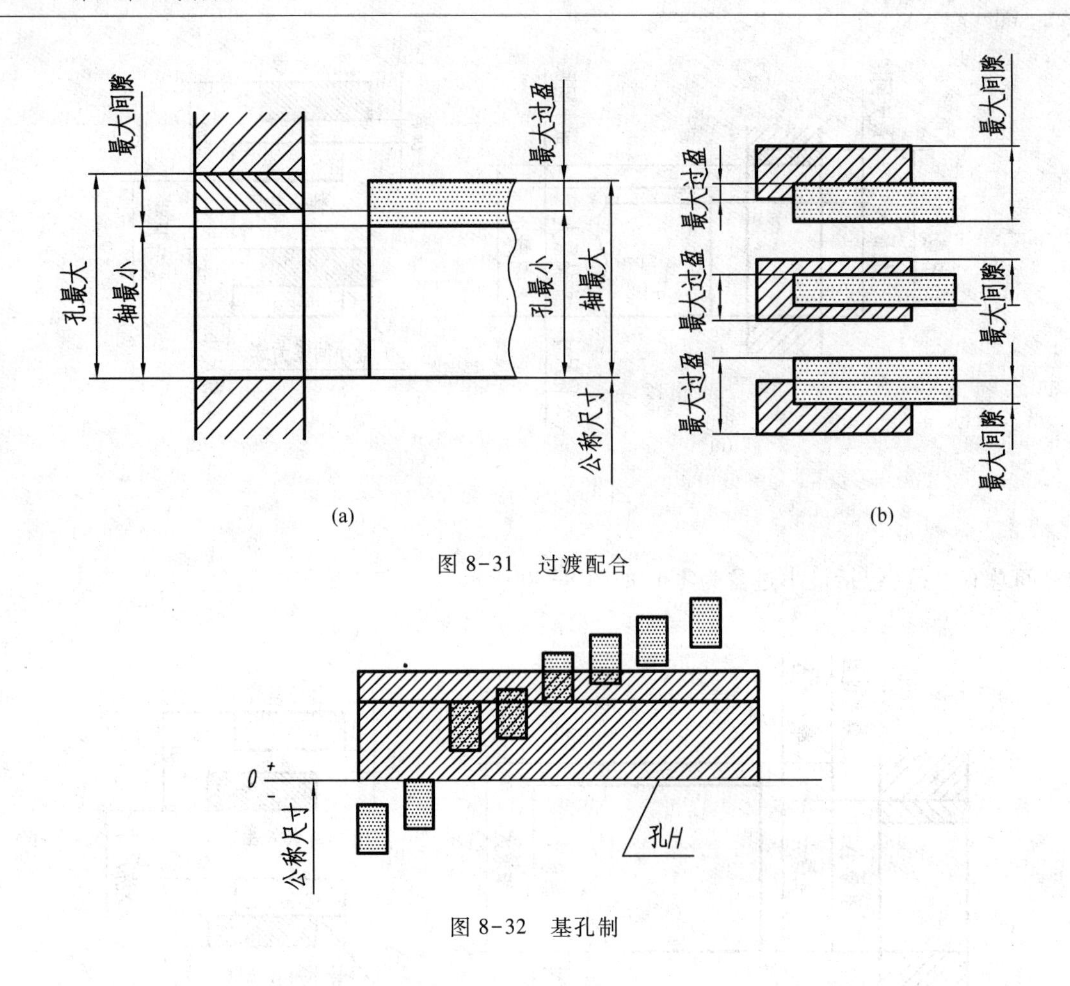

图 8-31 过渡配合

图 8-32 基孔制

的轴称为基准轴,以基本偏差代号“h”表示,其上极限偏差为零,如图 8-33 所示。

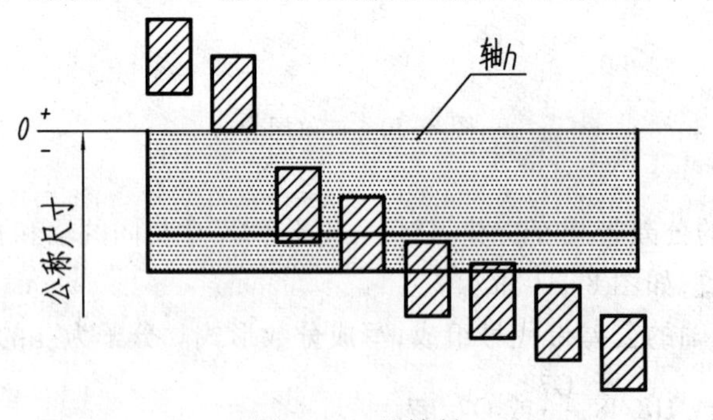

图 8-33 基轴制

从图 8-28 中可以看出:基孔制中的轴,a~h 用于间隙配合,j~zc 用于过渡配合和过盈配合;基轴制中的孔 A~H 用于间隙配合,J~ZC 用于过渡配合和过盈配合。

4. 极限与配合的标注方法

(1) 在零件图上的标注方法

在零件图上标注公差,按下列三种形式之一标注:在公称尺寸后面注出公差带代号;在公称尺寸后面注出极限偏差数值;或两者同时注出,如图 8-34 所示。

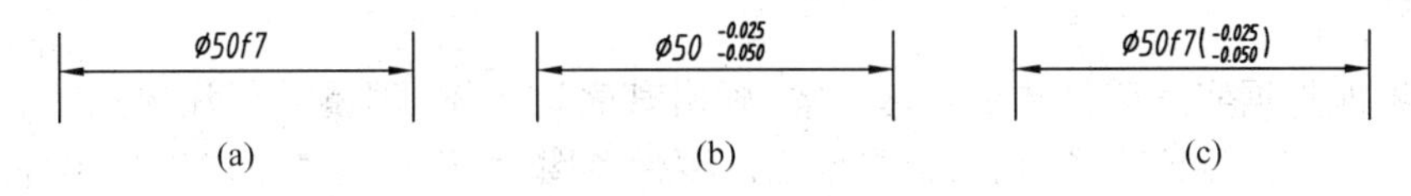

图 8-34 零件图上公差的标注

需要指出:

1)当采用极限偏差标注时,偏差数值的数字比公称尺寸数字小一号,下极限偏差与公称尺寸注在同一底线上,且上、下极限偏差的小数点必须对齐。

2)若上、下极限偏差相同,偏差只注写一次,并在偏差与公称尺寸之间注出符号“±”,偏差数值与公称尺寸数字高度相同,如 50±0.012。

3)若一个偏差数值为零,仍应注出零,零前无“±”号,并与下极限偏差或上极限偏差小数点前的个位数对齐,如 $\phi15^{+0.025}_{0}$。

(2)在装配图上的标注方法

在装配图中标注配合代号时,必须在公称尺寸后面以分数形式注出,如 $\frac{H8}{f7}$ 或 H8/f7,分子表示孔的公差带代号,分母表示轴的公差带代号。

其一般形式如下:

1)基孔制配合的标注方法如下:

$$公称尺寸\frac{基准孔代号(H)公差等级}{轴的基本偏差代号公差等级}$$

图 8-35 所示为基孔制配合的标注。

2)基轴制配合的标注方式如下:

$$公称尺寸\frac{孔的基本偏差代号公差等级}{基准轴代号(h)公差等级}$$

图 8-36 所示为基轴制配合的标注。

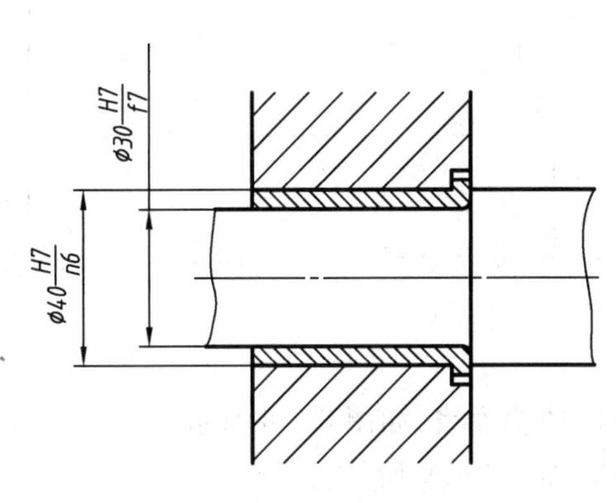

图 8-35 基孔制配合的标注

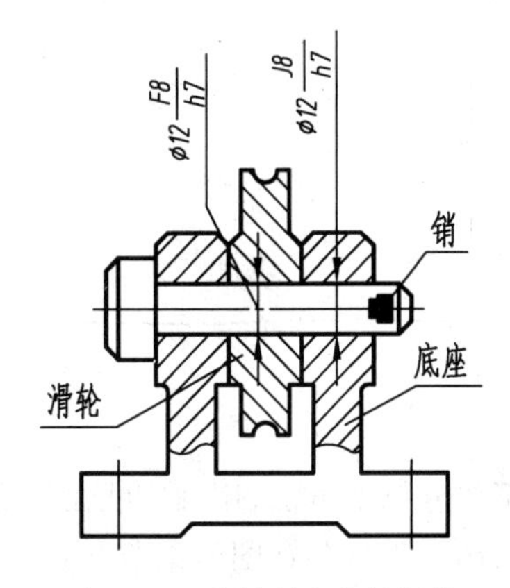

图 8-36 基轴制配合的标注

§ 8.6 零件测绘

零件测绘即根据实际零件选定表达方案，画出其表达视图，测量并标注出尺寸，制订并标出合理的技术要求等。测绘零件时，通常先要画出零件草图，再根据零件草图画出零件工作图。零件草图就是徒手绘制的零件图。在实际生产中，设计人员可先画出零件草图，然后整理成零件工作图。在某些特殊情况下，可将零件草图直接交付生产使用。

一、绘制零件草图的方法和步骤

现以图 8-3 所示的轴承底座为例，说明绘制零件草图的方法和步骤。

（1）认真分析零件。了解零件的用途、性能要求、结构特点、零件的主要加工方法等，为零件测绘做好准备。

（2）确定表达方案。选择主视图及其他视图，确定各个视图的表达方案。

（3）画草图。画草图应按以下顺序进行：根据零件大小、视图数量多少，选择图纸幅面，布置各视图的位置。画出中心线、轴线及其他定位基准线，如图 8-37 所示。

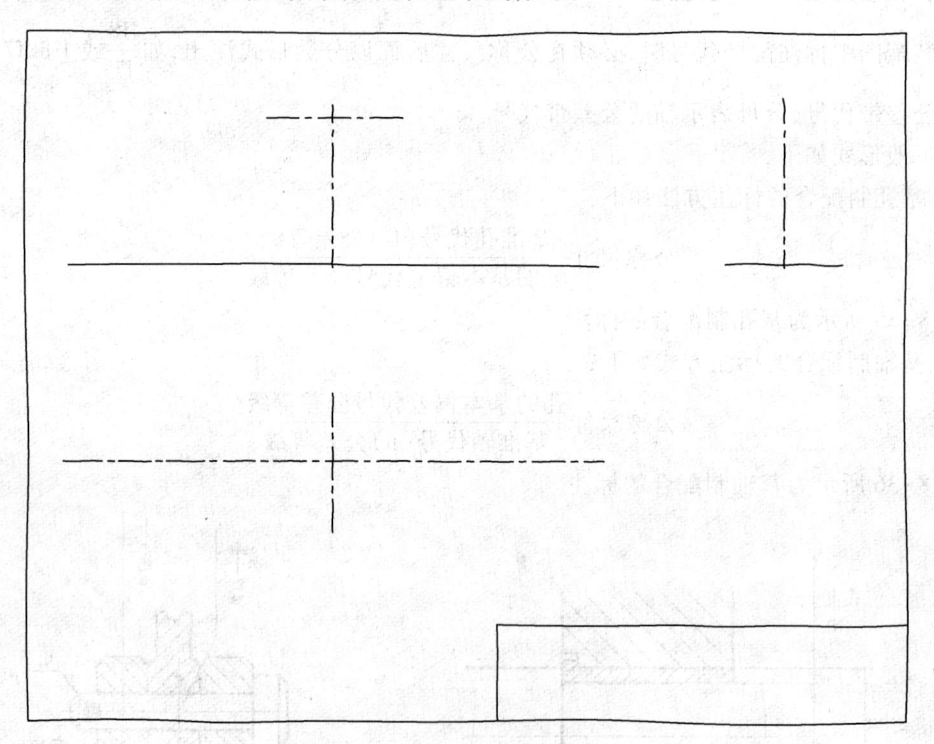

图 8-37　选择图纸幅面、布图

按形体分析的方法，用细实线画出零件各视图的轮廓线，如图 8-38 所示。

然后画出零件各视图的细节和各个局部结构，如图 8-39 所示。

标注尺寸、画出剖面线。先画出全部尺寸线，再逐个测量尺寸并填写尺寸数字，切忌边画尺

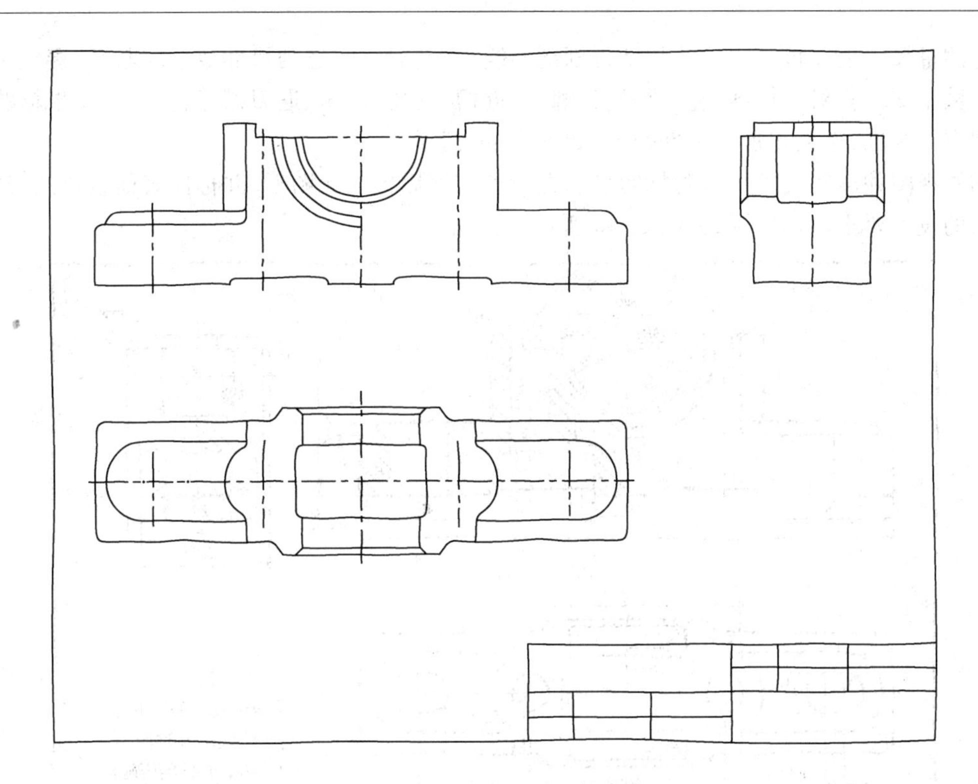

图 8-38 画出各视图的轮廓线

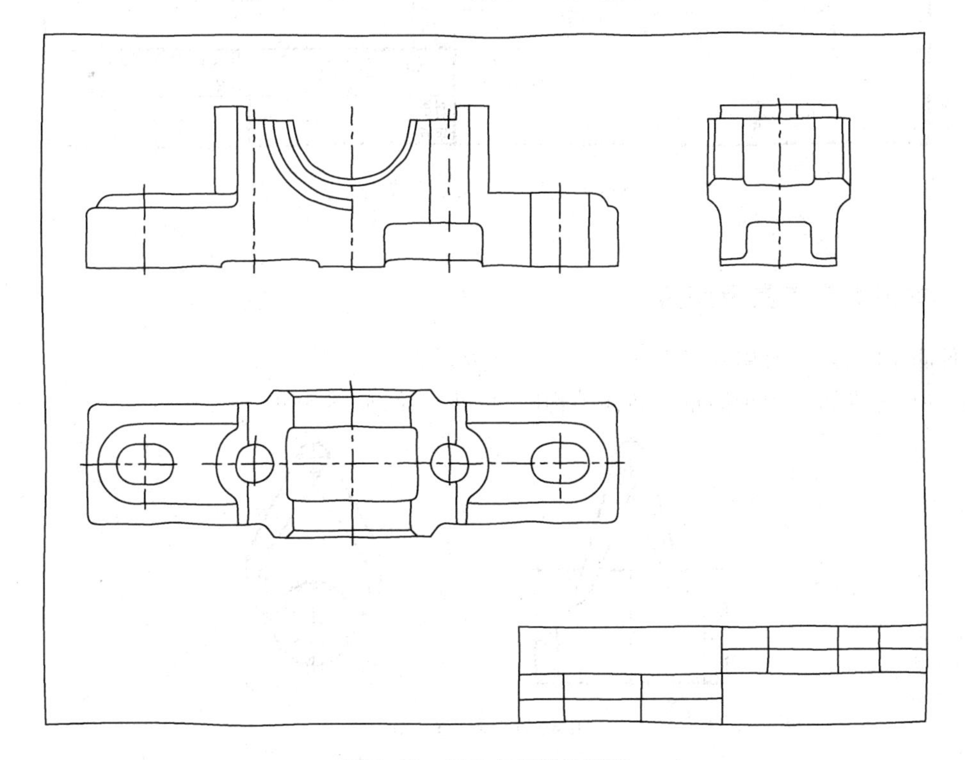

图 8-39 画出各视图的细节

寸线边测量尺寸值。填写完尺寸数字再画剖面线,画剖面线时遇到尺寸数字应断开,避免剖面线与尺寸数字交叉。对于标准结构要素,如螺纹、键槽、销孔、倒角、退刀槽等,测量后要根据测量数据查阅有关标准,选取相近的标准数据,如图 8-40 所示。

加深视图并填写技术要求和标题栏。在检查无误后再加深图形,并标注表面粗糙度,注写文字说明的技术要求和标题栏,如图 8-40 所示。

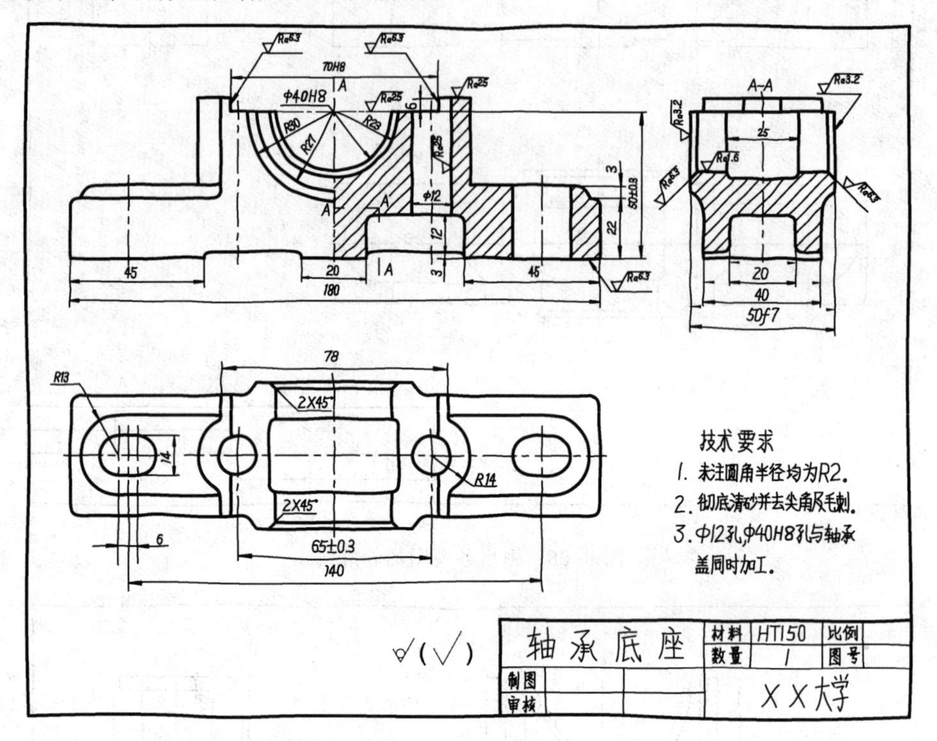

图 8-40　标注尺寸,加深完成全图

二、常用测量工具及测量方法

零件测绘时,经常要用到以下测量工具及测量方法。

(1) 内、外卡钳。用于测量回转体结构的内、外直径,如图 8-41 所示。

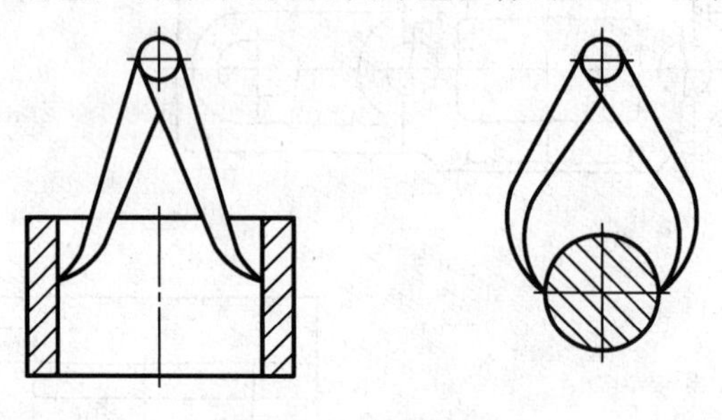

图 8-41　内、外卡钳

（2）游标卡尺。用于测量外圆柱面直径、内孔直径和孔深等，如图 8-42 所示。

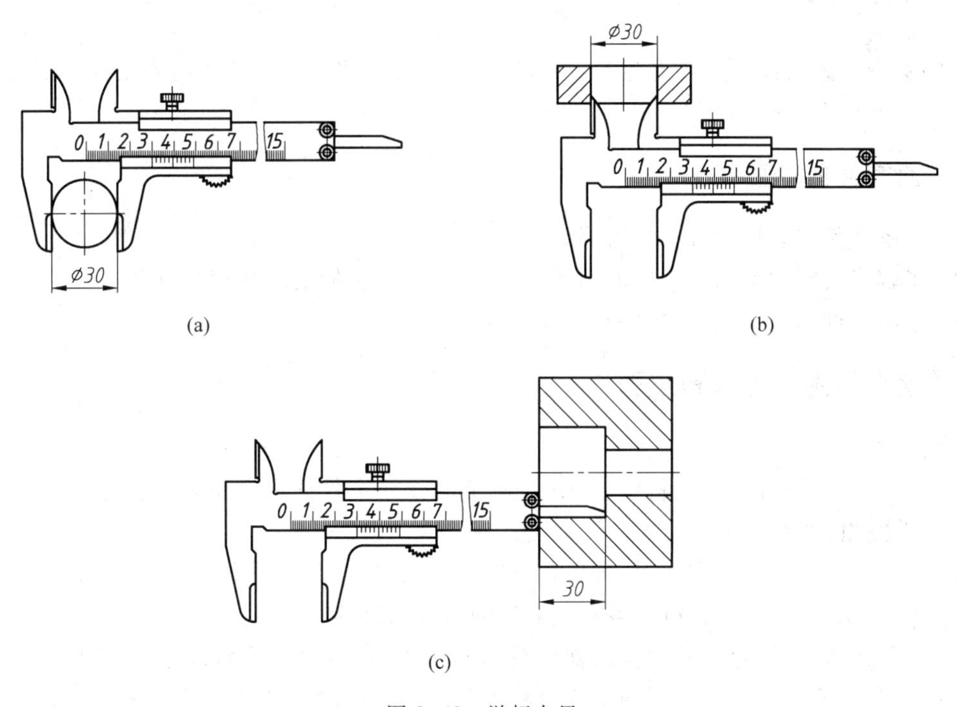

图 8-42　游标卡尺

（3）螺纹的测量方法。测量螺纹需要测出螺纹的直径和螺距，螺纹的旋向和线数可以直接观察。外螺纹需测量大径和螺距，内螺纹需测量小径和螺距，然后从手册中查出并选取与之相近的螺纹大径和螺距的标准值。测量螺距可用螺纹规，如图 8-43a 所示；亦可在纸上压出螺纹的印痕，在印痕上量取 5 个或 10 个螺距的长度，算出螺距的平均数值，然后再查螺纹标准核对，选取与其相近的标准值，如图 8-43b 所示。

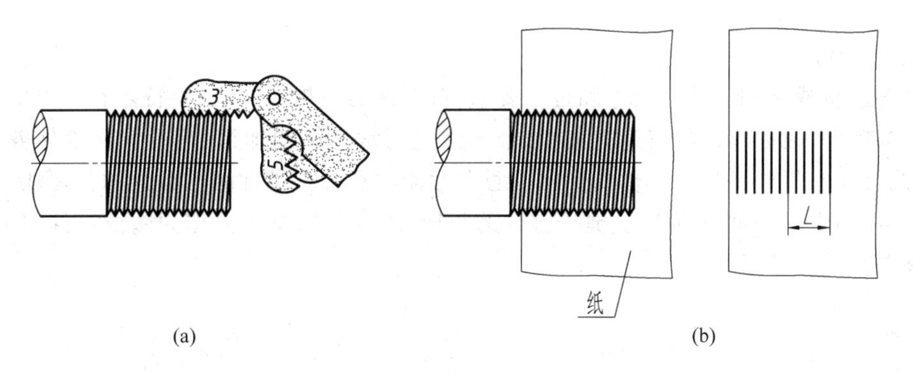

图 8-43

§8.7 零件图的阅读

零件图是交流设计信息、指导生产、检验零件的重要技术文件。读图能力是每位工程技术人员必备的专业技能。

一、读零件图的要求

(1) 了解零件的名称、用途、材料等。

(2) 了解组成零件各部分结构的形状、特点和功能及它们之间的相对位置。

(3) 了解零件的大小、制造方法和技术要求。

二、读零件图的方法和步骤

1. 概括了解

从标题栏了解零件的名称、材料、绘图比例,粗略了解零件的用途和加工方法。

2. 分析视图,想象形体

(1) 视图分析。从主视图入手,分析各视图间的关系,了解所采用的表达方法,确定剖视图的剖切位置、局部视图的投射方向、各视图表达的信息和目的等。

(2) 形体分析。采用形体分析法,辅以线面分析法,根据投影关系,以先看整体、后看局部,先看简单形状、后看复杂组合关系的步骤分析零件的内、外结构,想象出零件的整体结构形状以及各部分的相对位置关系。

3. 了解基准,分析尺寸

根据零件的结构特点和加工方法找出尺寸基准,确定零件的定形、定位和总体尺寸,并对零件的功能性尺寸和非功能性尺寸有所了解。同时需注意尺寸标注的基本原则:正确、完整、清晰、合理。

4. 阅读技术要求

阅读零件图中注写的技术要求,了解表面粗糙度、尺寸公差、几何公差和其他技术要求,对其加工难易程度有所了解。

5. 综合分析

通过上述步骤,分析视图、尺寸和技术要求,对零件的结构形状、功能特点和加工要求全面了解。在此基础上,根据零件的表达方案,结合零件上的常见结构知识,逐一看懂零件各部分的形状,最后综合起来想象出整个零件的形状。看图时需注意分析零件结构设计的合理性。

图 8-44~图 8-47 所示为四类典型零件的图样,读者可以将它们作为阅读零件图的练习,也可作为画图时的参考图例。

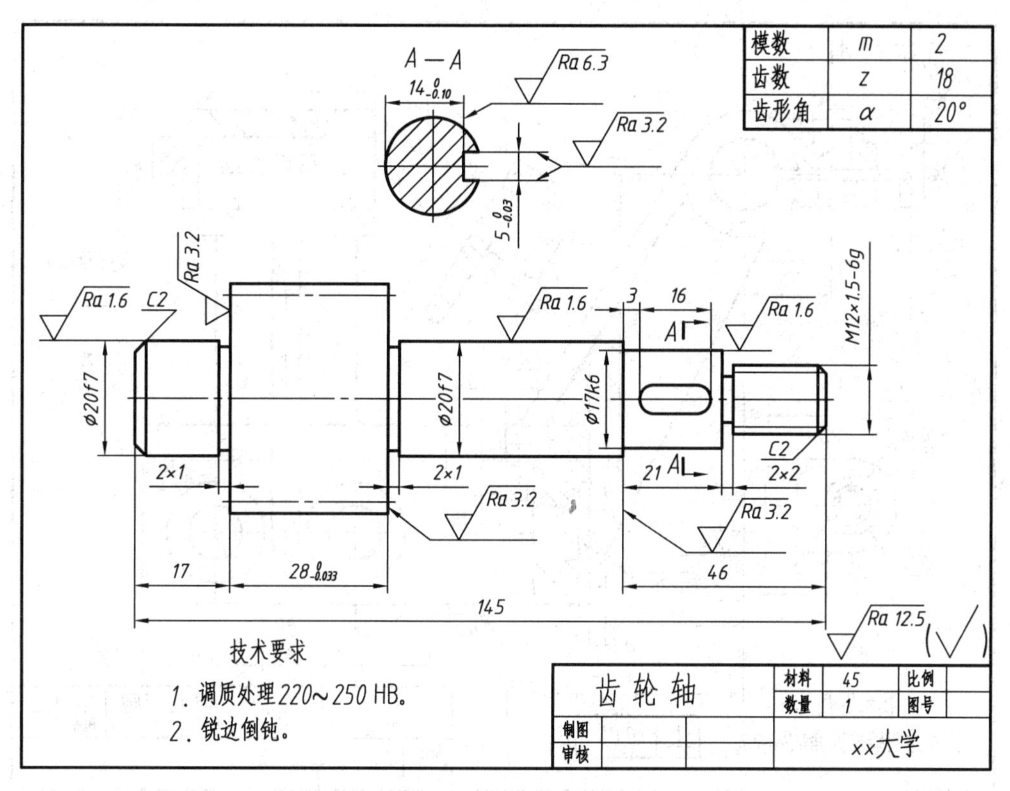

图 8-44 齿轮轴零件图

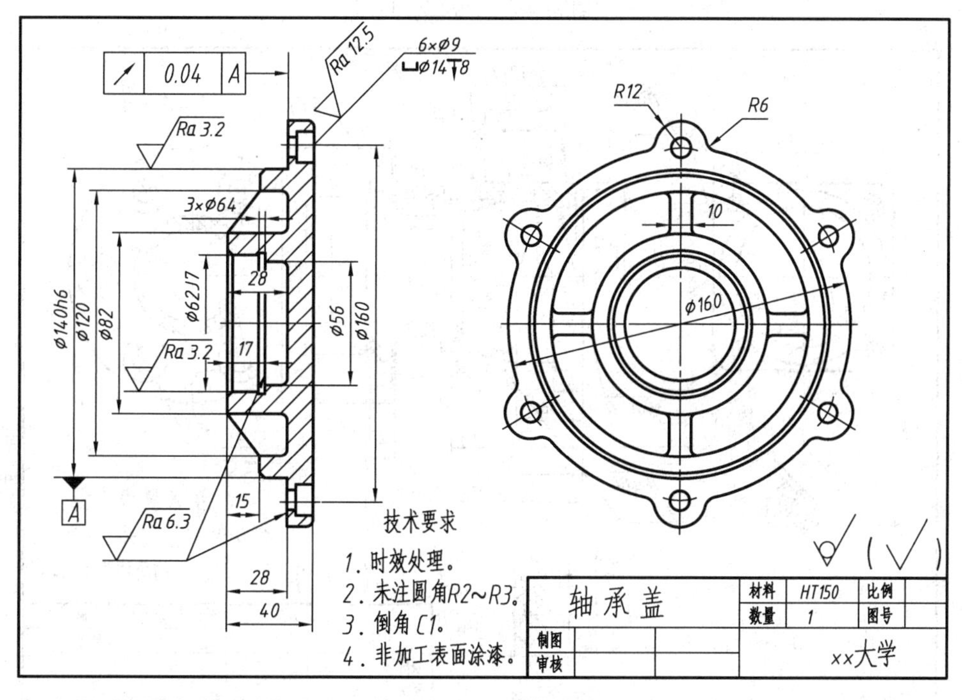

图 8-45 轴承盖零件图

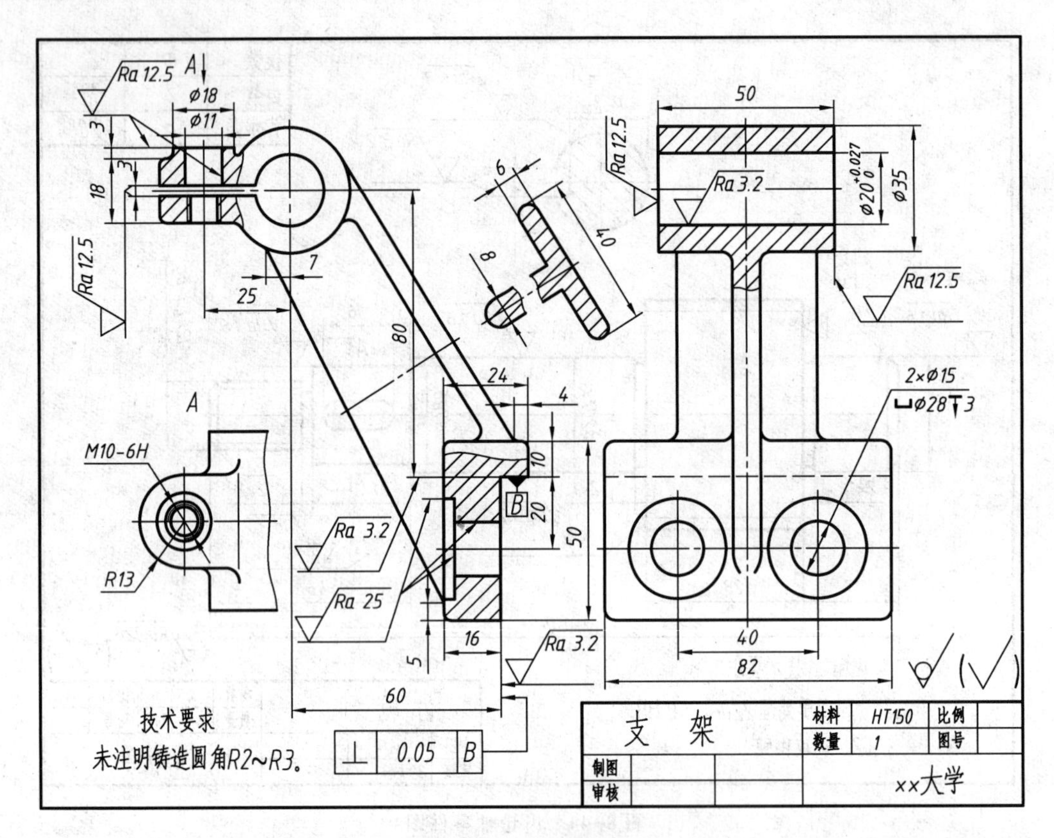

图 8-46 支架零件图

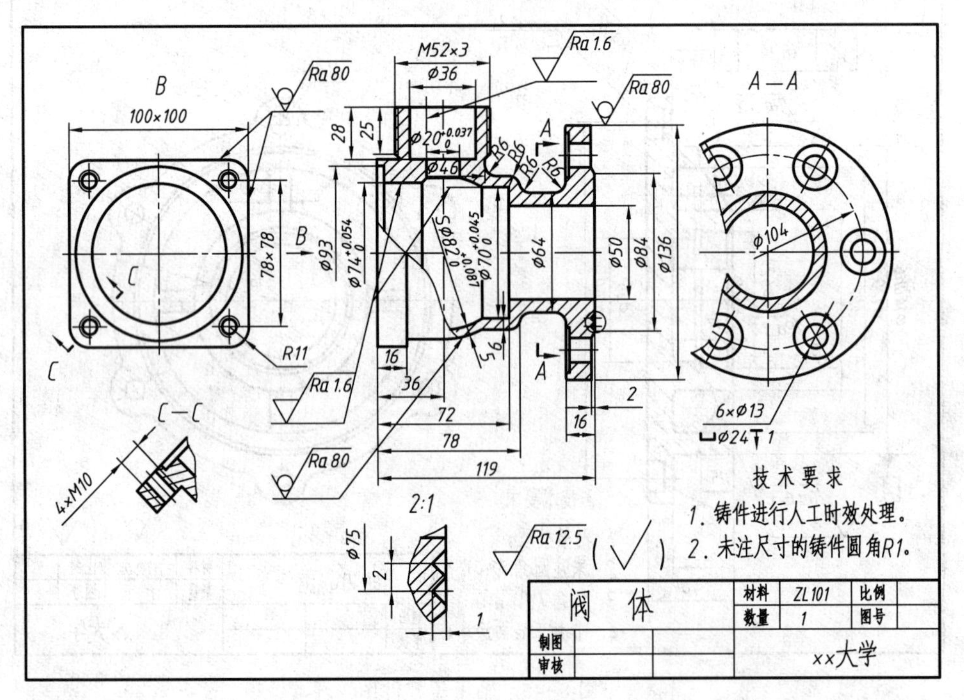

图 8-47 阀体零件图

本章小结

零件图是生产中必需的技术资料，其内容较多，和生产实践联系密切。在学习时不要急于求成，应分清主次和弄清要求，在画图的实践中逐步掌握。本章主要介绍了零件的视图选择；零件图上合理标注尺寸；零件图上的技术要求和零件图的读图方法和步骤。

在视图选择上，首先应选择主视图，根据零件在机器中的作用和制造工艺上的要求进行零件的形体分析和结构分析，从而了解零件的形状特征，按照零件的工作位置、加工位置和形状特征来选择主视图。然后选取其他视图，经过分析比较最后确定零件的最佳表达方案。

在零件图上合理标注尺寸时，只有正确地选择尺寸基准，才能保证零件的工作性能和设计要求。一般选择零件的对称面、底面、端面、轴线等作为主要尺寸基准，选定基准后，应注出零件图上三个方向的定形、定位和总体尺寸。

在零件图上标注技术要求时，如表面粗糙度和尺寸公差，要做到标注方法正确，符合国家标准规定。

在零件图阅读时，掌握正确的读图方法和步骤：①概括了解；②分析视图，想象形体；③了解基准，分析尺寸；④阅读技术要求；⑤综合分析，提高零件图的识读能力。

复习思考题

1. 选择题

(1) 回转体类零件的主视图________。

a. 应选择工作位置　　　　b. 应选择加工位置(轴线横放)

(2) 选择投射方向时，应使主视图________。

a. 最能反映零件的特征　　b. 最容易绘制

(3) 表达一个零件的视图的数目________。

a. 一般选三个视图，尽可能利用三个视图表达内、外结构

b. 应在完整、清晰地表达零件内外结构的前提下，选最少的图形

(4) 同一零件的内形与外形，两个相邻零件的形状________。

a. 应当协调和呼应　　　　b. 相互无关

(5) 零件的结构形式________。

a. 与零件的功能和选用的材料密切相关

b. 不管是否满足功能要求，必须选型美观

2. 判断题(对的画“✓”，错的画“×”)

(1) 零件图的主视图应选择稳定放置的位置。(　　)

(2) 在零件图的视图中，不可见部分一般用虚线表示。(　　)

(3) 表达一个零件，必须画出主视图，其余视图和图形按需要选用。(　　)

(4) 铸造零件应当壁厚均匀。(　　)

(5) 上极限偏差、下极限偏差可以是正值、负值或零。(　　)

(6) 对同一公称尺寸而言，IT8 比 IT20 的标准公差值小。(　　)

(7) 基本偏差代号可以用大写字母，也可用小写字母表示。(　　)

(8) 尺寸公差的公差带代号必须将基本偏差代号写在左方,公差等级写在右方,如 H8。(　　)

3. 读零件图(图 8-48)并回答问题。

(1) 该零件的名称是________,比例是________,材料是________。

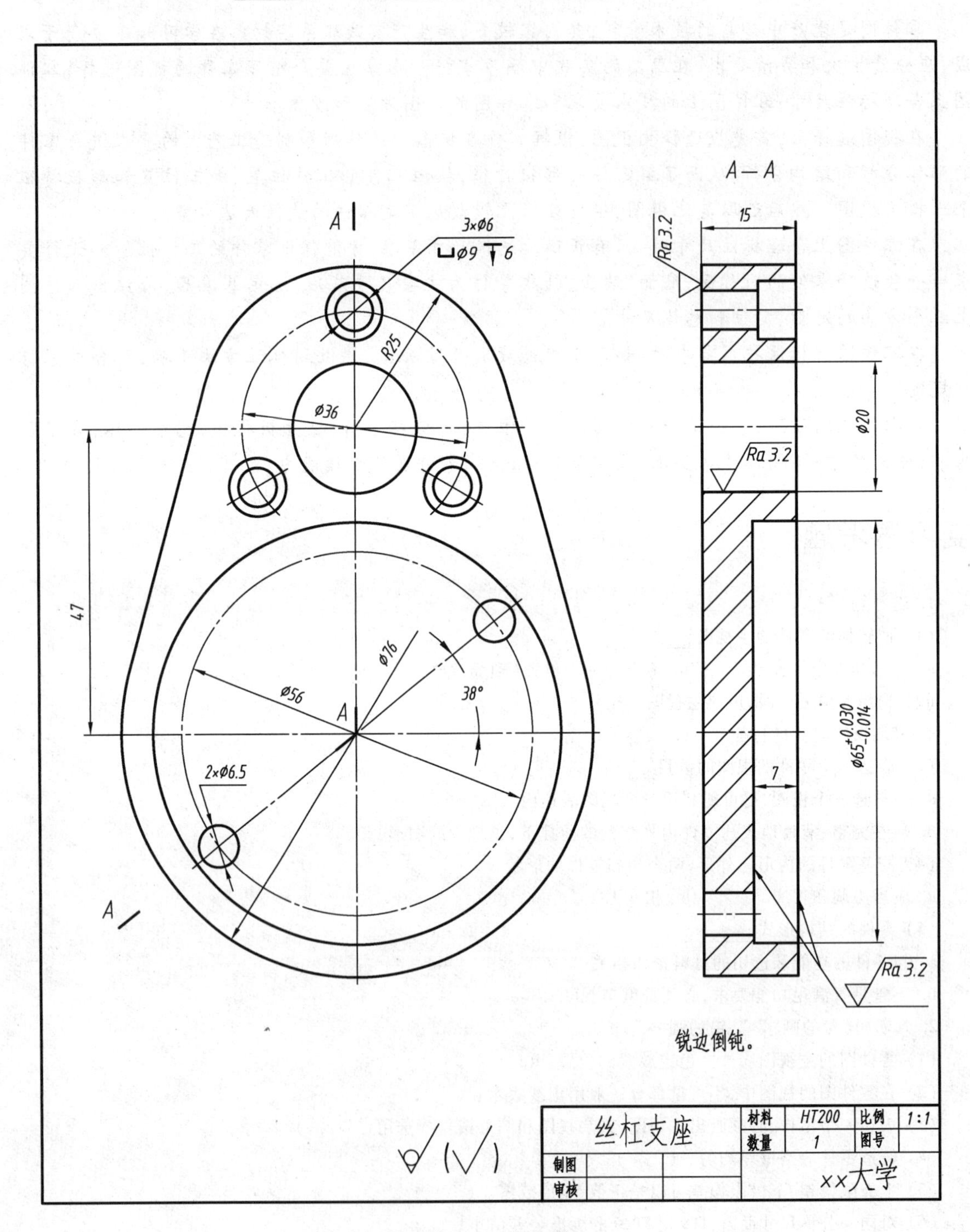

图 8-48　题 3 图

（2）该零件采用了________个基本视图来表达，其中 *A*—*A* 是________剖的________视图。

（3）尺寸 2×ϕ6. 5 表示有________个公称尺寸是________的孔，其定位尺寸是________和________。

（4）图中有 3 个沉孔，其大孔直径是________，深度是________，小孔直径是________，其定位尺寸是________。

（5）尺寸 $\phi65^{+0.030}_{-0.014}$ 的公称尺寸是________，上极限尺寸是________，下极限尺寸是________，上极限偏差是________，下极限偏差是________，公差值是________。

（6）该零件加工表面的粗糙度 *Ra* 值要求最小的是________，最大的是________，零件共有________种表面粗糙度要求。

（7）ϕ20 孔的定位尺寸是________，表面粗糙度 *Ra* 值是________。

第九章 装 配 图

本章学习目标

能看懂不太复杂的、常见的装配图；能绘制比较简单的装配图。

本章学习内容

1. 装配图的作用和内容；
2. 装配图的规定画法、特殊画法和简化画法；
3. 装配图的尺寸标注方法，配合代号等技术要求的标注与识读；
4. 部件测绘和画装配图的方法和步骤；
5. 读装配图及拆画零件图的方法、步骤和技能。

§9.1 装配图的作用和内容

装配图是用来表达机器、部件或组件的图样。表达机器中某个部件或组件的装配图，称为部件装配图或组件装配图。表达一台完整机器的装配图，称为总装配图。在产品设计中，一般先画出装配图，然后根据装配图拆画零件图，因此要求在装配图中，充分反映设计的意图，表达出部件或机器的工作原理、性能结构、零件之间的装配关系，以及必要的技术数据。现以油杯轴承的装配图(图 9-1)为例说明装配图一般应包括的内容：

(1) 一组图形　采用各种表达方法，正确、清楚地表达出机器或部件的工作原理与结构、零件之间的装配关系、连接关系、传动关系和主要零件的主要结构形状等。

(2) 必要的尺寸　主要是指与部件或机器有关的性能、规格、装配、安装、外形等方面的尺寸。

(3) 技术要求　提出与部件或机器有关的性能、装配、检验、试验、验收、使用等方面的要求。

(4) 零件的序号和明细栏　说明部件或机器的组成情况，如零件的代号、名称、数量和材料等。序号的另一个作用是将明细栏与图样联系起来，便于看图。

(5) 标题栏　填写图名、图号、设计单位、制图、审核、日期和比例等。

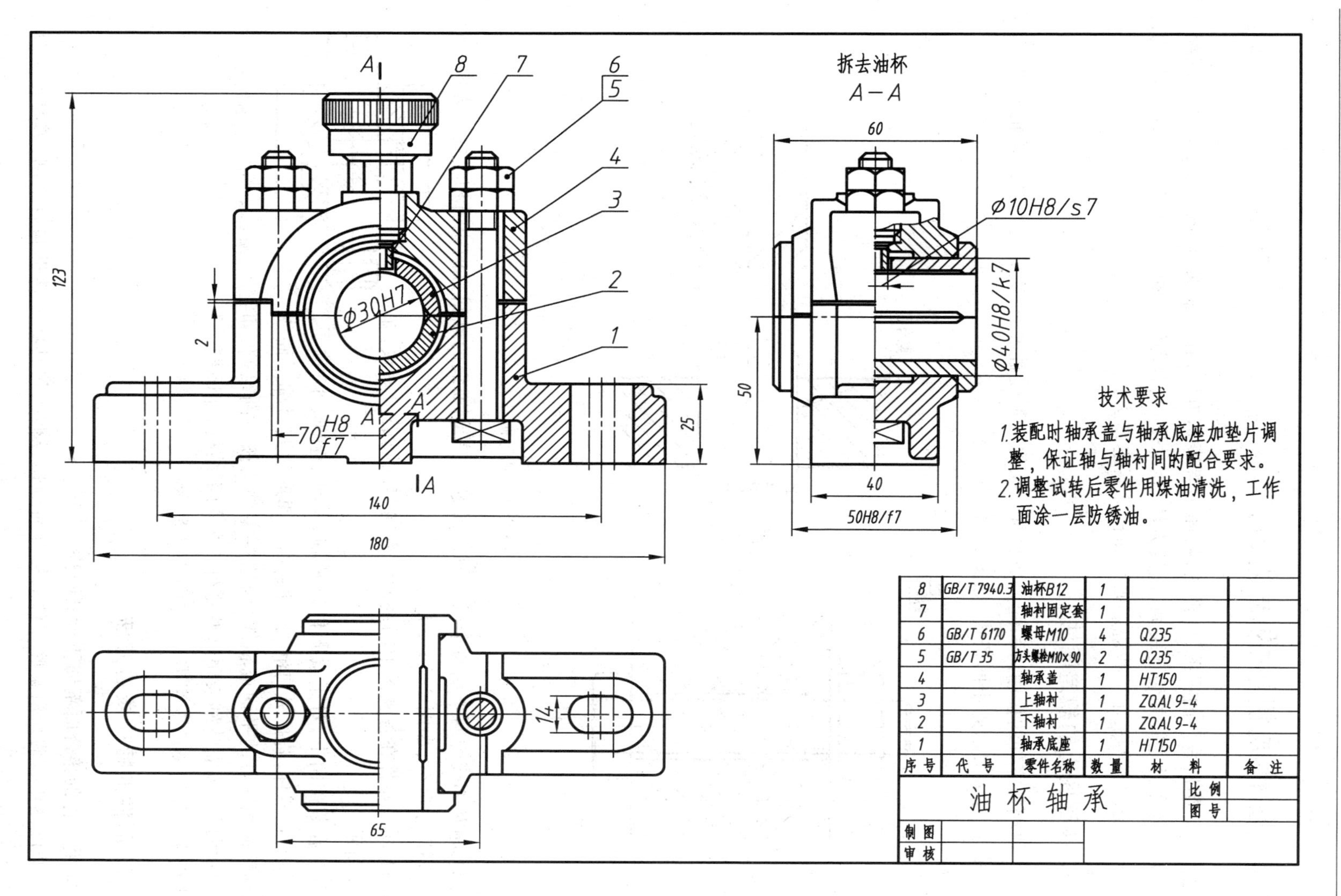
A
8
7
6
5
4
3
2
1
123
2
Φ30H7
70H8/f7
A
A
140
180
25
拆去油杯
A—A
60
Φ10H8/s7
Φ40H8/k7
50
40
50H8/f7
14
65
技术要求
1.装配时轴承盖与轴承底座加垫片调整，保证轴与轴衬间的配合要求。
2.调整试转后零件用煤油清洗，工作面涂一层防锈油。
8 GB/T 7940.3 油杯B12 1
7 轴衬固定套 1
6 GB/T 6170 螺母M10 4 Q235
5 GB/T 35 方头螺栓M10×90 2 Q235
4 轴承盖 1 HT150
3 上轴衬 1 ZQAl9-4
2 下轴衬 1 ZQAl9-4
1 轴承底座 1 HT150
序号 代号 零件名称 数量 材料 备注
油杯轴承
比例
图号
制图
审核

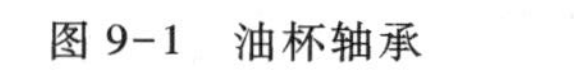
图 9-1 油杯轴承

§9.2　部件或机器的表达方法

绘制零件图所采用的视图、剖视图、断面图等表达方法，在绘制装配图时仍可使用。装配图主要是表达各零件之间的装配关系、连接方法、相对位置、运动情况和零件的主要结构形状，为此在绘制装配图时还需采用一些规定画法和特殊表达方法。

一、装配图上的规定画法

（1）两相邻零件的接触面和配合面只画一条线。不接触表面，应分别画出两条轮廓线，当间隙很小时，应夸大表示画出两条线，如图 9-2a、b 所示。

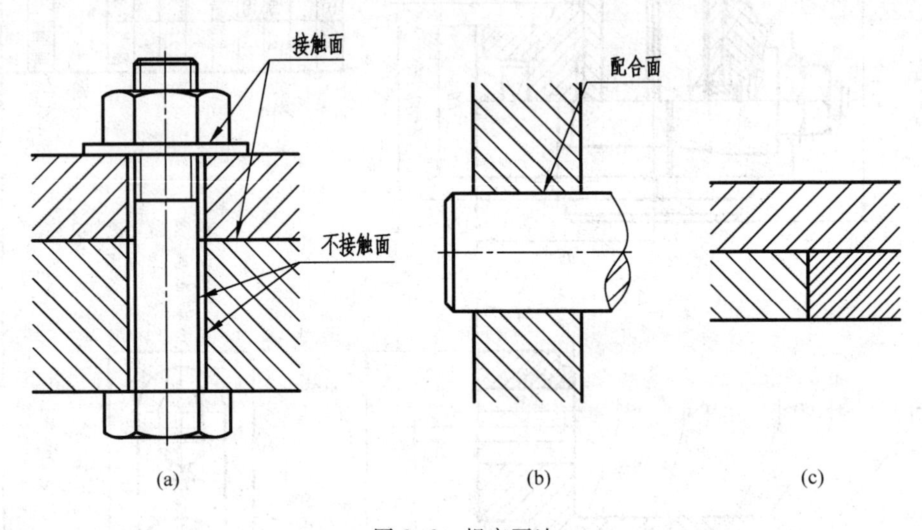

图 9-2　规定画法

（2）相互邻接的两个或两个以上的金属零件，其剖面线的倾斜方向应当相反或者方向一致、间隔不同以示区分，如图 9-2a、c 所示。

（3）同一零件在各视图中的剖面线方向和间隔必须一致，如图 9-1 所示。

（4）在装配图中，对于紧固件以及轴、手柄、连杆、球、钩子、键、销等实心零件，若按纵向剖切，且剖切平面通过其对称平面或与对称平面相平行的平面或轴线，则这些零件均按不剖绘制，如图 9-2a 所示。如需特别表明这些零件上的局部结构，如凹槽、键槽、销孔等则可用局部剖视表示，如图 9-3 所示。

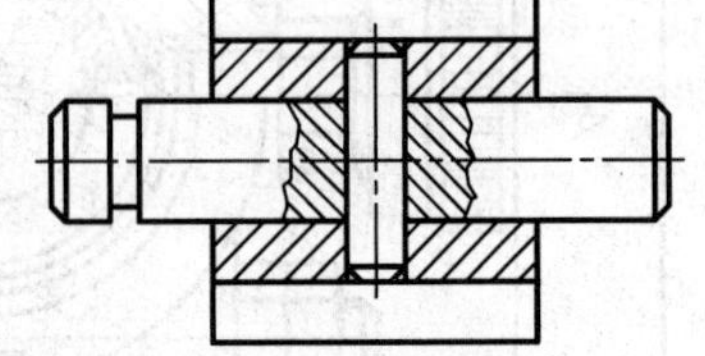

图 9-3　用局部剖视表示零件的结构

二、部件的特殊表达方法

1. 沿零件的接合面剖切和拆卸画法

在装配图中可假想沿某些零件的接合面剖切或假想将某些零件拆卸后绘制，需要说明时可加标注“拆去××等”。

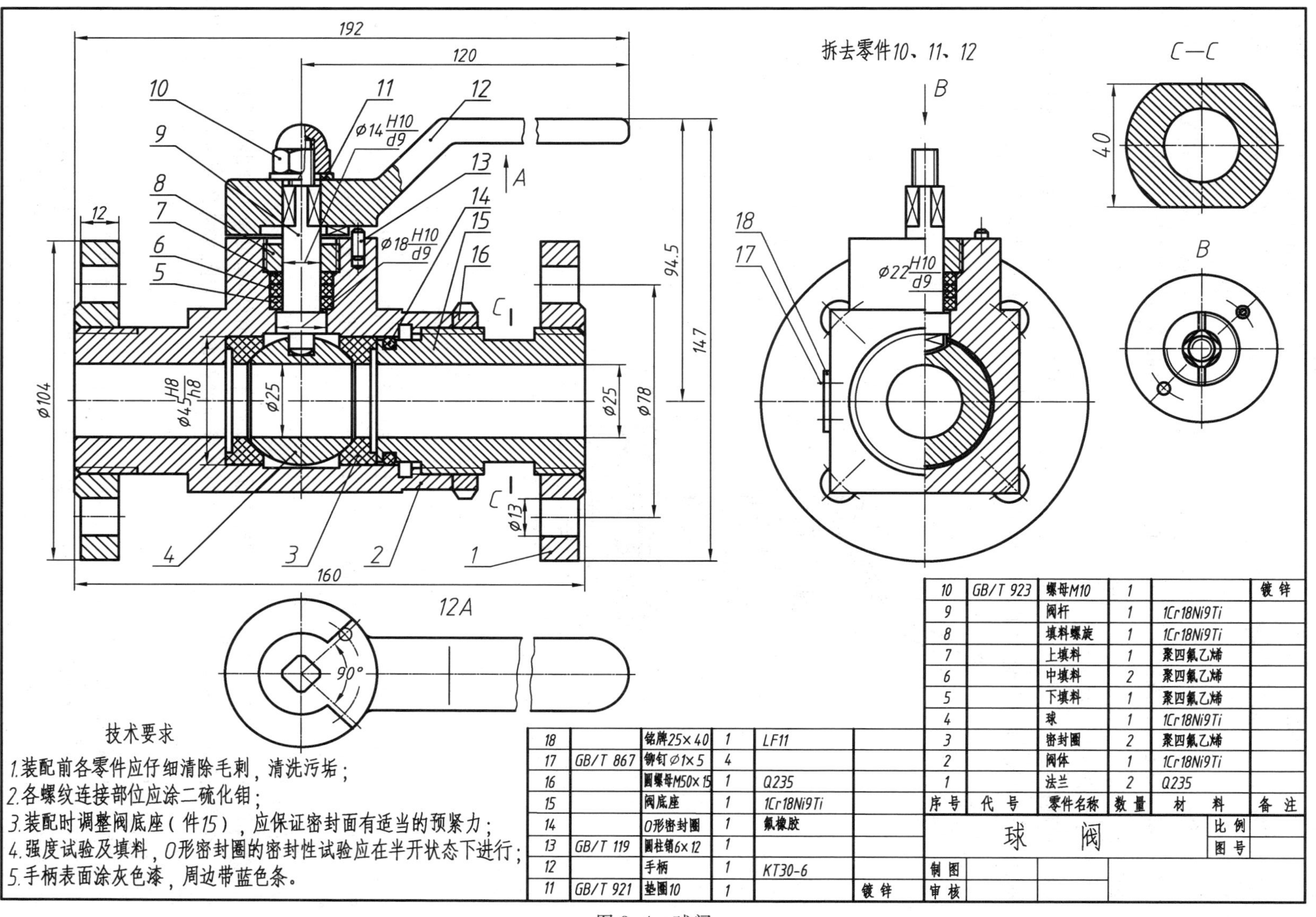

192
120
94.5
147
160
12
ϕ104
ϕ45 H8/h8
ϕ25
ϕ25
ϕ78
ϕ13
ϕ14 H10/d9
ϕ18 H10/d9
ϕ22 H10/d9
A
C
C
1
2
3
4
5
6
7
8
9
10
11
12
13
14
15
16
17
18
拆去零件10、11、12
B
C—C
40
B
12A
90°
技术要求
1.装配前各零件应仔细清除毛刺，清洗污垢；
2.各螺纹连接部位应涂二硫化钼；
3.装配时调整阀底座（件15），应保证密封面有适当的预紧力；
4.强度试验及填料，O形密封圈的密封性试验应在半开状态下进行；
5.手柄表面涂灰色漆，周边带蓝色条。
18 铭牌25×40 1 LF11
17 GB/T 867 铆钉ϕ1×5 4
16 圆螺母M50×15 1 Q235
15 阀底座 1 1Cr18Ni9Ti
14 O形密封圈 1 氟橡胶
13 GB/T 119 圆柱销6×12 1
12 手柄 1 KT30-6
11 GB/T 921 垫圈10 1 镀锌
10 GB/T 923 螺母M10 1 镀锌
9 阀杆 1 1Cr18Ni9Ti
8 填料螺旋 1 1Cr18Ni9Ti
7 上填料 1 聚四氟乙烯
6 中填料 2 聚四氟乙烯
5 下填料 1 聚四氟乙烯
4 球 1 1Cr18Ni9Ti
3 密封圈 2 聚四氟乙烯
2 阀体 1 1Cr18Ni9Ti
1 法兰 2 Q235
序号 代号 零件名称 数量 材料 备注
球阀
比例
图号
制图
审核

图 9-4 球阀

(1) 拆卸与剖切结合。如图 9-1 所示的油杯轴承的俯视图是假想用剖切平面沿轴承盖和轴承底座的空隙及上、下轴衬的接触面剖切，由于剖切平面垂直于螺栓轴线，故在螺栓被切断处画上剖面线。

(2) 部分拆卸。有时为了在某个视图上把装配关系或某个零件的形状表达清楚，或为了简化图形，可将某些零件在该视图上拆去不画，如图 9-4 所示的球阀的左视图，是拆去件 10、11、12 后画出的。

2. 假想画法

为表达部件或零件与相邻的其他辅助零件、部件的关系，可用细双点画线画出这些辅助零件、部件的轮廓线。如图 9-5 所示，与车床尾架相邻的车床导轨就是用细双点画线画出的。

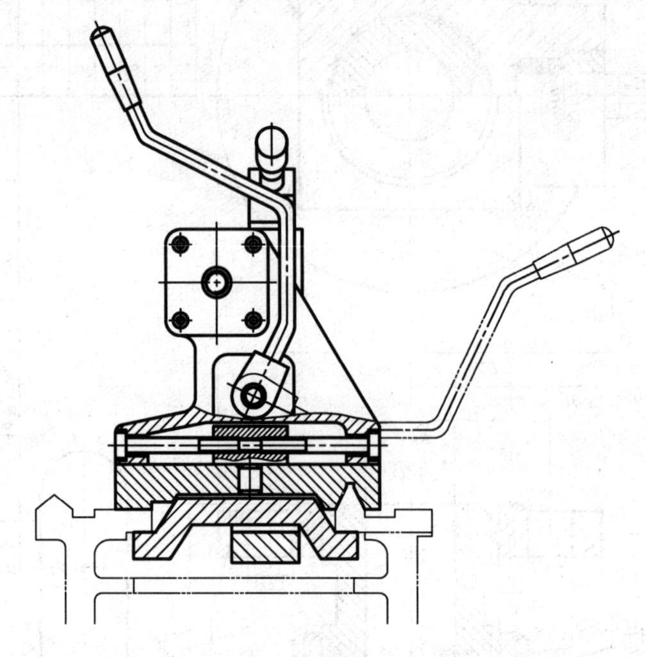

图 9-5　用细双点画线表示假想画法

对于运动的零件，当需要表明其运动范围或运动的极限位置时，也用细双点画线表示，如图 9-5所示的手柄，在一个极限位置处画出该零件，又在另一个极限位置处用细双点画线画出其外形轮廓。

3. 移出画法

在装配图中，当某零件的结构形状需要表示而又未能表示清楚时，可单独画出该零件的一个视图或几个视图，并在该视图的上方注出零件的序号和投射方向，如图 9-4 所示的球阀中的“件 12*A*”视图。

4. 简化画法

在装配图中，零件的工艺结构如小圆角、倒角、退刀槽等可省略不画。

对于装配图中若干相同的零件组，如螺栓连接等，可仅详细地画出一组或几组，其余只需用细点画线表示装配位置，如图 9-6 所示。

装配图中的滚动轴承可以一半画成剖视图，另一半用粗实线十字表示，如图 9-6 所示。

当剖切平面通过的某个部件为标准化产品或该部件已由其他图形表示清楚时，可按不剖绘制，如图 9-1 所示的油杯。

5. 夸大画法

在装配图中，对薄片零件、细丝弹簧或较小间隙等，允许适当夸大画出，如图 9-6 所示的垫片。

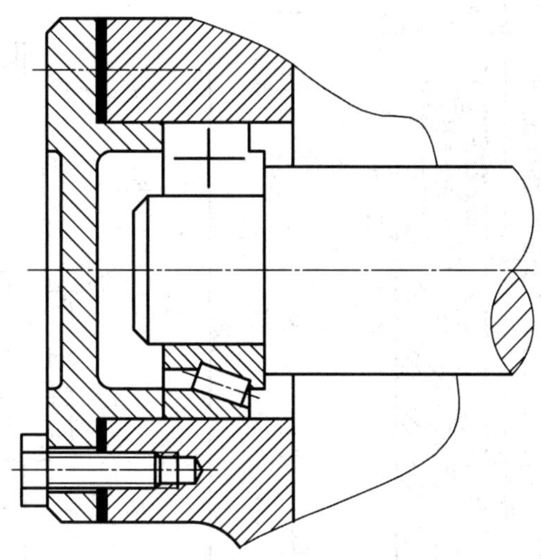

图 9-6 螺栓、滚动轴承等在装配图中的画法

三、部件的表达分析

画装配图时，首先要分析部件的工作情况和装配结构特征，然后选择一组图形，把部件的工作原理、装配关系和零件的主要结构形状表达清楚。

（1）主视图的选择。选择主视图的原则是：一般按部件的工作位置放置，在此基础上，将最能反映部件的装配关系工作原理和主要零件的主要结构方向作为主视图的投射方向。

（2）其他视图的选择。在选择主视图时，还应选用适当的其他视图及相应的表达方法，来补充主视图中未能表达清楚的有关工作原理、装配关系和主要零件的结构形状等内容。选择每个视图或每种表达方法，都应有明确的目的性。整个表达方案应力求简练、清晰、正确。要考虑合理地布置视图位置，使图样清晰并有利于图幅的充分利用。

下面以图 9-7 所示的手压阀装配图为例说明其视图方案的选择。

手压阀是安装在管道上，用以控制液体流量的装置。

手压阀的主视图是按工作位置绘制的，主视图取全剖视以表示沿件 5 阀杆轴线的主要装配干线。在这条装配上，表示了压盖螺母（件 7）、填料（件 6）、阀体（件 3）上的阀座孔与阀杆上的阀瓣、弹簧（件 4）/弹簧座（件 1）等零件的结构形状和它们的装配关系。

选取左视图。左视图取局部剖视以表示阀体与托架（件 12）的形状、连接和定位关系。它们是用四个螺钉和销钉连接定位的。并选用 *A* 向视图表示螺钉、销钉的位置。同时在左视图上也用局部剖视表达了手柄是由小轴（件 9）、开口销（件 10）连接的。

选择俯视图，是为了表达阀体的主体形状。选定这样的表达方案，即可将手动阀的装配关系和主要零件的结构形状表达清楚。

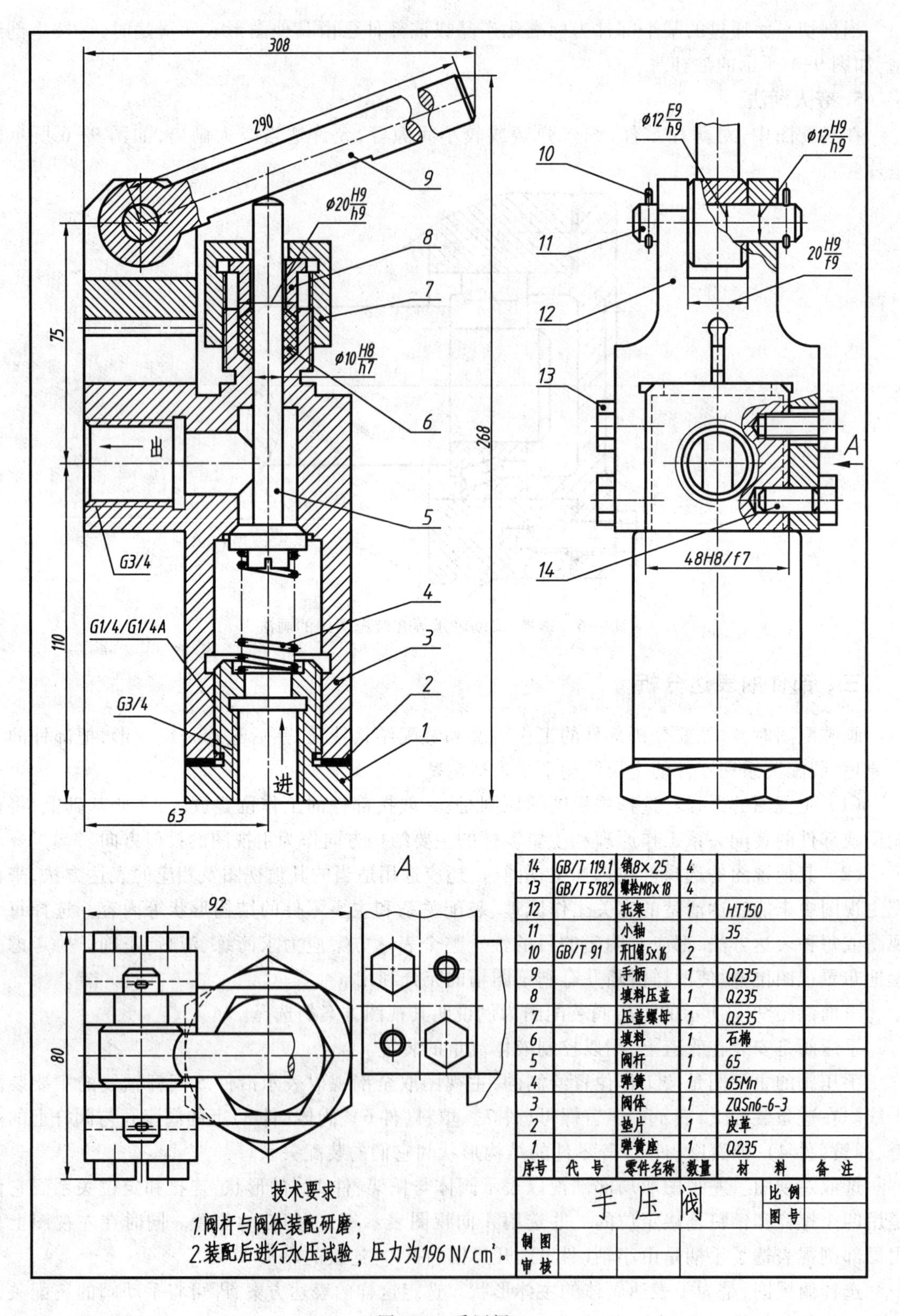
308
290
9
Φ20 H9/h9
8
7
Φ10 H8/h7
6
5
4
3
2
1
75
268
110
出
进
G3/4
G1/4/G1/4A
G3/4
63
Φ12 F9/h9
Φ12 H9/h9
10
11
20 H9/f9
12
13
A
14
48H8/f7
A
92
80
14 GB/T 119.1 销8×25 4
13 GB/T 5782 螺栓M8×18 4
12 托架 1 HT150
11 小轴 1 35
10 GB/T 91 开口销5×16 2
9 手柄 1 Q235
8 填料压盖 1 Q235
7 压盖螺母 1 Q235
6 填料 1 石棉
5 阀杆 1 65
4 弹簧 1 65Mn
3 阀体 1 ZQSn6-6-3
2 垫片 1 皮革
1 弹簧座 1 Q235
序号 代号 零件名称 数量 材料 备注
手压阀
比例
图号
制图
审核
技术要求
1.阀杆与阀体装配研磨；
2.装配后进行水压试验，压力为196 N/cm²。

图 9-7 手压阀

§9.3　零件结构的装配合理性

零件结构除了考虑工作和加工要求外，还必须考虑装配工艺要求，否则会使装拆困难，甚至达不到设计要求。这里介绍一些常见的合理装配结构。

一、接触面的合理结构

两零件应避免在同一方向上有两对表面同时接触，见表 9-1。

表 9-1　接触面合理结构

结构合理	结构不合理	
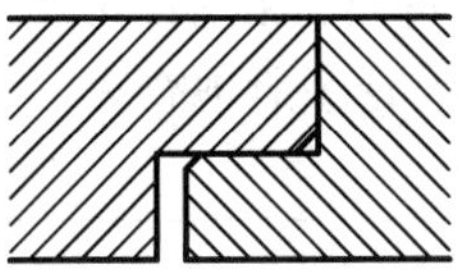		由于尺寸 L 的加工误差，不能保证两对平面同时接触
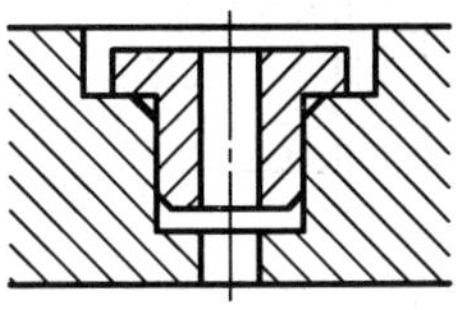	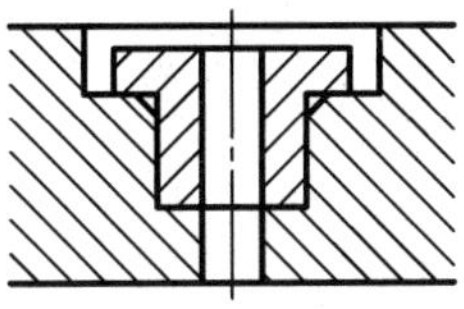	在轴向，不能有两对水平端面同时接触
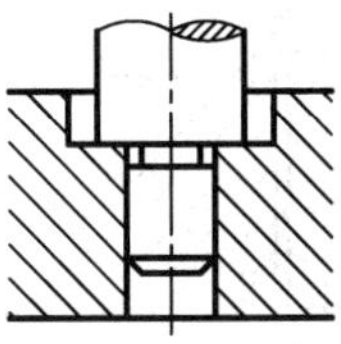	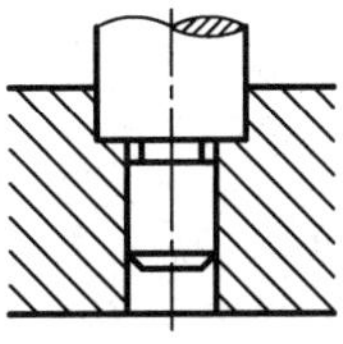	在径向，不能有两对圆柱面同时接触

二、接触面转折处的合理结构

两配合件接触面的转折处，要求零件上的孔具有倒角或圆角，而轴肩处具有退刀槽或圆角，装配时才能保证接触良好，见表 9-2。

表 9-2　接触面转折处的结构

结构合理		结构不合理

三、减少接触面的合理结构

为了保证接触良好,接触面需经机械加工。因此,合理地减少加工面积,不但可以降低成本,而且可以改善接触情况。

如表 9-3 所示,为了保证连接件(螺栓、螺母、垫圈)与被连接件间的良好接触,在被连接件上加工出凸台、沉孔等结构。沉孔的尺寸,可根据连接件的尺寸从机械设计手册中查取。

表 9-3　减少接触面的结构

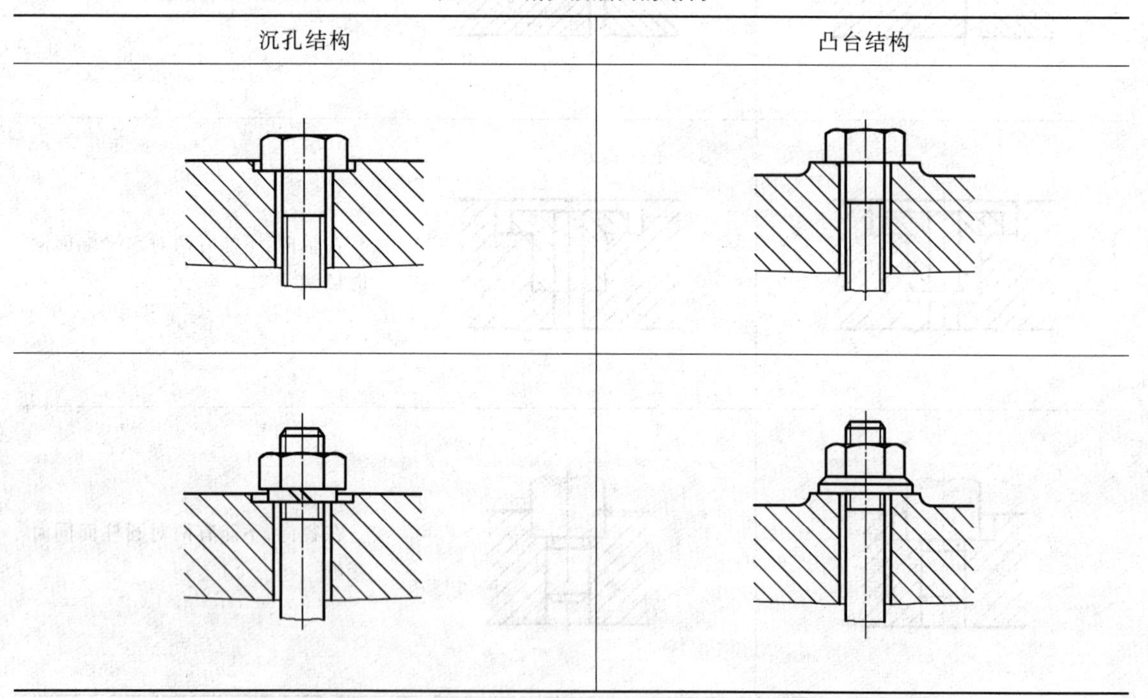

四、螺纹防松装置

由于机器的振动,有些紧固件常会逐渐松动,为避免松动而常采用的各种防松锁紧装置见表 9-4。

表 9-4　锁 紧 装 置

双螺母锁紧	弹簧垫圈锁紧
止推垫圈锁紧	开口销锁紧

五、便于装拆的合理结构

要考虑装拆有足够的空间和装配的可能性,见表 9-5。

表 9-5　装拆合理结构

结构合理	结构不合理

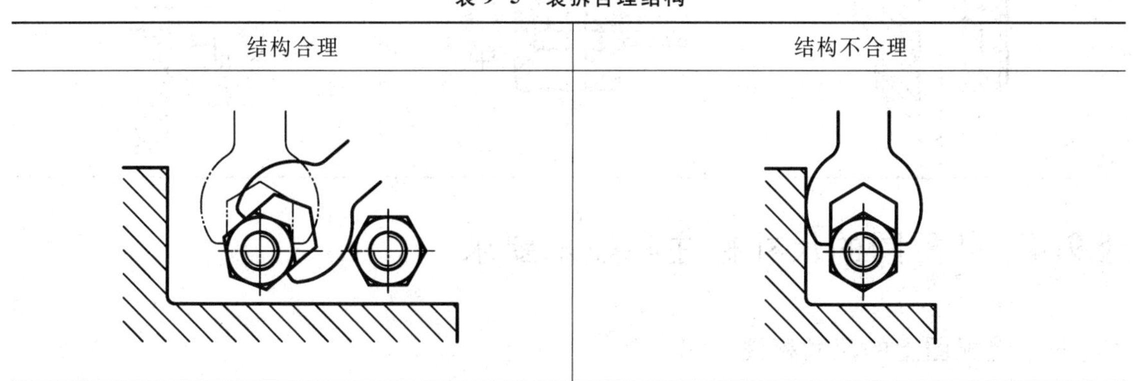

续表

结构合理	结构不合理

六、密封装置

为了防止机器内部的液体或气体向外渗漏和防止外面的灰尘等杂物侵入机器内部，常使用密封装置，见表 9-6。

表 9-6 密 封 装 置

填料箱密封	矩形橡胶圈密封	O 形橡胶圈密封

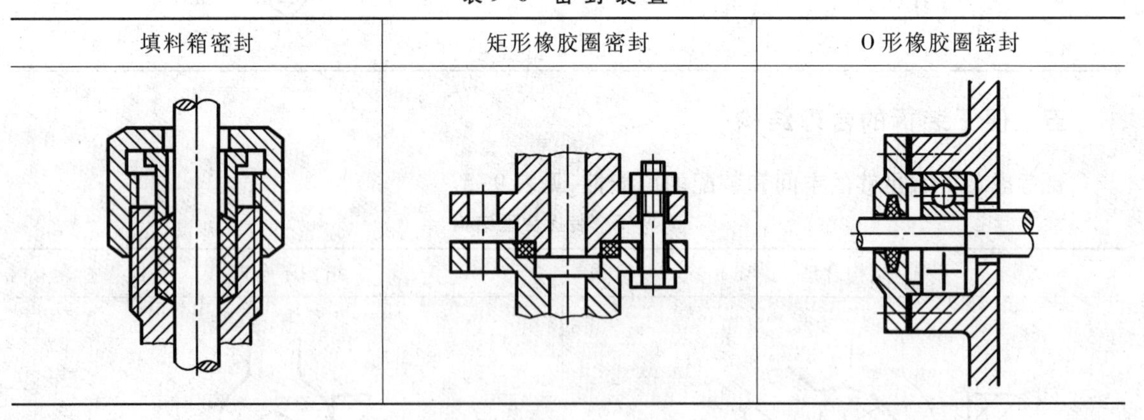

§ 9.4 装配图的尺寸标注和技术要求

一、装配图上的尺寸标注

由于装配图与零件图的作用不同，所以在装配图上并不需要注出全部结构尺寸，一般只需标注以下几类尺寸：

1. 规格尺寸

表示部件或机器的规格和工作性能的尺寸，是设计该部件的依据，如图 9-1 所示的油杯轴承的轴孔直径 ϕ30H7。

2. 装配尺寸

表示零件间的装配关系和重要的相对位置，用以保证部件或机器的工作精度和性能要求的尺寸，一般有以下几种：

（1）配合尺寸　表示零件间有配合要求的一些重要尺寸，如图 9-7 所示手压阀中的 ϕ20H9/h9、ϕ10H8/h7、ϕ12F9/h9、ϕ12H9/h9、20H9/f9、48H8/f7 是表示装配关系的配合尺寸。

（2）相对位置尺寸　表示装配时需要保证的零件间较重要的距离、间隙等，如图 9-7 所示的手压阀中尺寸 110。

（3）装配时加工尺寸　有些零件要装配在一起后才能进行加工，装配图上要标注装配时加工尺寸。

3. 外形尺寸

表示该部件或机器的总长、总宽和总高，以便于装箱运输和安装时掌握其总体大小，如图 9-7所示的手压阀中的外形尺寸为 308（长）、80（宽）、268（高）。

4. 安装尺寸

将部件或机器安装到其他部件、机器或地基上所需要的尺寸。如图 9-1 所示的油杯轴承中的两安装孔的尺寸 14、140、25。

5. 其他重要尺寸

在设计过程中，经计算或选定的重要尺寸。如齿轮油泵（图 9-22）中的两个齿轮中心距（42 ±0.016）mm。

上述五类尺寸，并非在每张装配图上全都具备，且有时同一尺寸往往可能有几种含义，因此标注哪些尺寸应根据具体的情况确定。

二、装配图上的技术要求

装配图上一般应注写以下几方面的技术要求：

（1）装配过程中的注意事项和装配后应满足的要求。如保证间隙、精度要求、润滑方法、密封要求等。

（2）检验、试验的条件和规范以及操作要求。

（3）部件或机器的性能规格参数（非尺寸形式的）以及运输使用时的注意事项和涂饰要求等。

装配图上的技术要求一般用文字注写在图纸下方空白处，也可以另编写技术文件，附于图纸后。

§9.5　装配图中零、部件序号和明细栏

为了便于图样管理、生产准备、进行装配和看懂装配图，必须对其组成部分（零件或部件）编

注序号或代号,并且在标题栏的上方编制相应的明细栏或另附明细表。

一、零、部件序号

序号是装配图中对各零件或部件按一定顺序的编号。代号是按照零件或部件在整个产品中的隶属关系编制的号码。读者在学习期间一般使用序号即可。

编号时应遵守以下各项国家标准的规定:

(1) 相同的零件、部件用一个序号,一般只标注一次。

(2) 指引线(细实线)应自所指零件的可见轮廓内引出,并在末端画一圆点,如图 9-8 所示。若所指部分(很薄的零件或涂黑的剖面)内不宜画圆点时,可在指引线的末端画出箭头,并指向该部分的轮廓,如图 9-8d 所示。

(3) 序号写在横线(细实线)上方或圆(细实线)内,如图 9-8 所示;序号字高比图中尺寸数字高度大一号或两号。

序号也可直接写在指引线附近,如图 9-8 所示,其字高则比尺寸数字大两号。

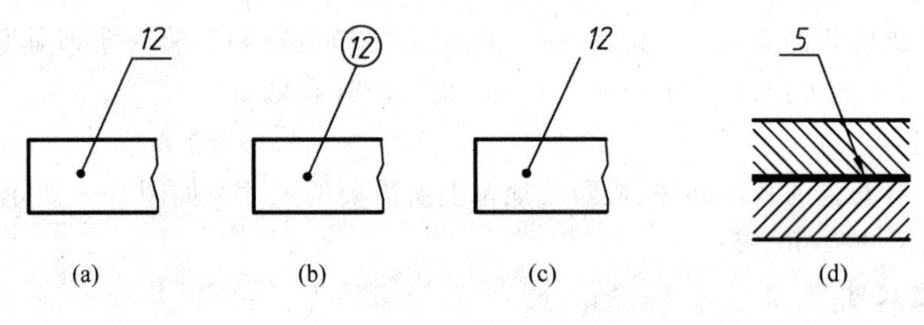

图 9-8 序号的形式

同一装配图中,编号的形式应一致。

(4) 各指引线不允许相交。当通过有剖面线的区域时,指引线不应与剖面线平行。指引线可画成折线,但只可曲折一次。

(5) 一组紧固件或装配关系清楚的零件组可采用公共指引线,如图 9-9 所示。

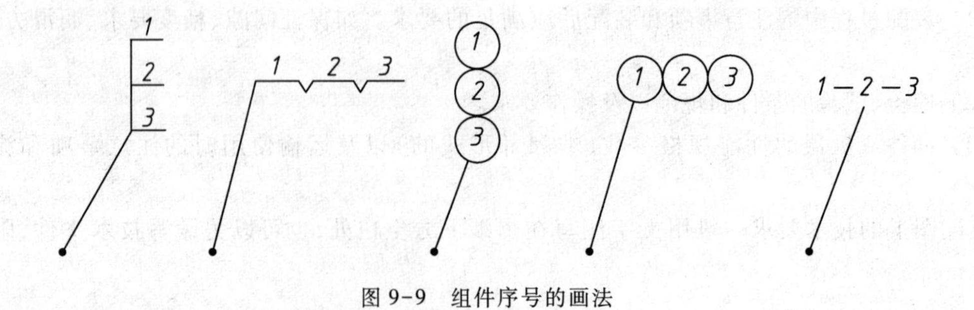

图 9-9 组件序号的画法

(6) 编写序号时要排列整齐、顺序明确,因此规定按水平或垂直方向排列在直线上,并依顺时针或逆时针方向顺序排列,如图 9-1 所示。

二、明细栏

明细栏是机器或部件中全部零件、部件的详细目录，是组织生产的重要资料。其内容一般有序号、代号、名称、数量、材料以及备注等项目。应注意明细栏中序号必须与图中所注的序号一致。

在装配图中，明细栏一般直接画在标题栏上方，明细栏左边外框线和内格竖线为粗实线，内格横线和顶格线画细实线，按自下而上的顺序填写，如图 9-1 所示。当由下而上延伸位置不够时，可紧靠在标题栏的左边再由下向上延续，注意必须要有表头。

特殊情况下，明细栏不画在图上时，可作为装配图的续页按 A4 幅面单独给出。

备注项内，可填写有关的工艺说明，如发蓝、渗碳等，也可注明该零件、部件的来源如外购件、借用件等；对齿轮一类的零件，还可注明必要的参数，如模数、齿数等。

明细栏的各部分参考尺寸与格式见图 1-4。

§ 9.6 画装配图的方法和步骤

以图 9-7 所示的手压阀为例，简述画装配图的方法和步骤。

一、做好准备工作

（1）画装配图之前，必须先了解所画部件的用途、工作原理、结构特征、装配关系、主要零件的装配工艺和工作性能要求等。

（2）确定表达方案。根据装配图的视图选择原则选好主视图，并同时选定其他图形和表达方法。经过分析比较，确定出合理的表达方案。如图 9-7 所示的手压阀主视图取全剖视图，清楚表达了阀的工作原理和主要装配干线，左视图取局部剖视图表达螺钉的连接关系，俯视图和 A 向局部视图表达外形。

（3）确定比例和图幅。根据部件（手压阀）的大小和视图数量，决定用 1∶2 的比例，全面考虑图形、尺寸、编号、明细栏及标题栏等所需面积的大小，决定选用 A3 图纸。

二、画装配图的步骤

（1）布置图面。根据选定的视图方案，画出各视图的对称中心线和主要基准线，同时画出标题栏和明细栏的位置，如图 9-10 所示。

（2）画出主体零件或重要零件的轮廓形状。画出阀体的三视图，如图 9-11 所示。

（3）画其他零件。按装配关系，逐个画出装配干线上零件的轮廓形状，如图 9-12 所示。画图时，要注意零件间的位置关系和遮挡的虚实关系。

（4）完成各个视图的底稿。画出各个视图的细节，如图 9-13 所示。

（5）完成全图。画好剖面线，标注尺寸，编零件序号，填写标题栏、明细栏及技术要求等，经过检查、修改，最后描深，完成的手压阀装配图如图 9-7 所示。

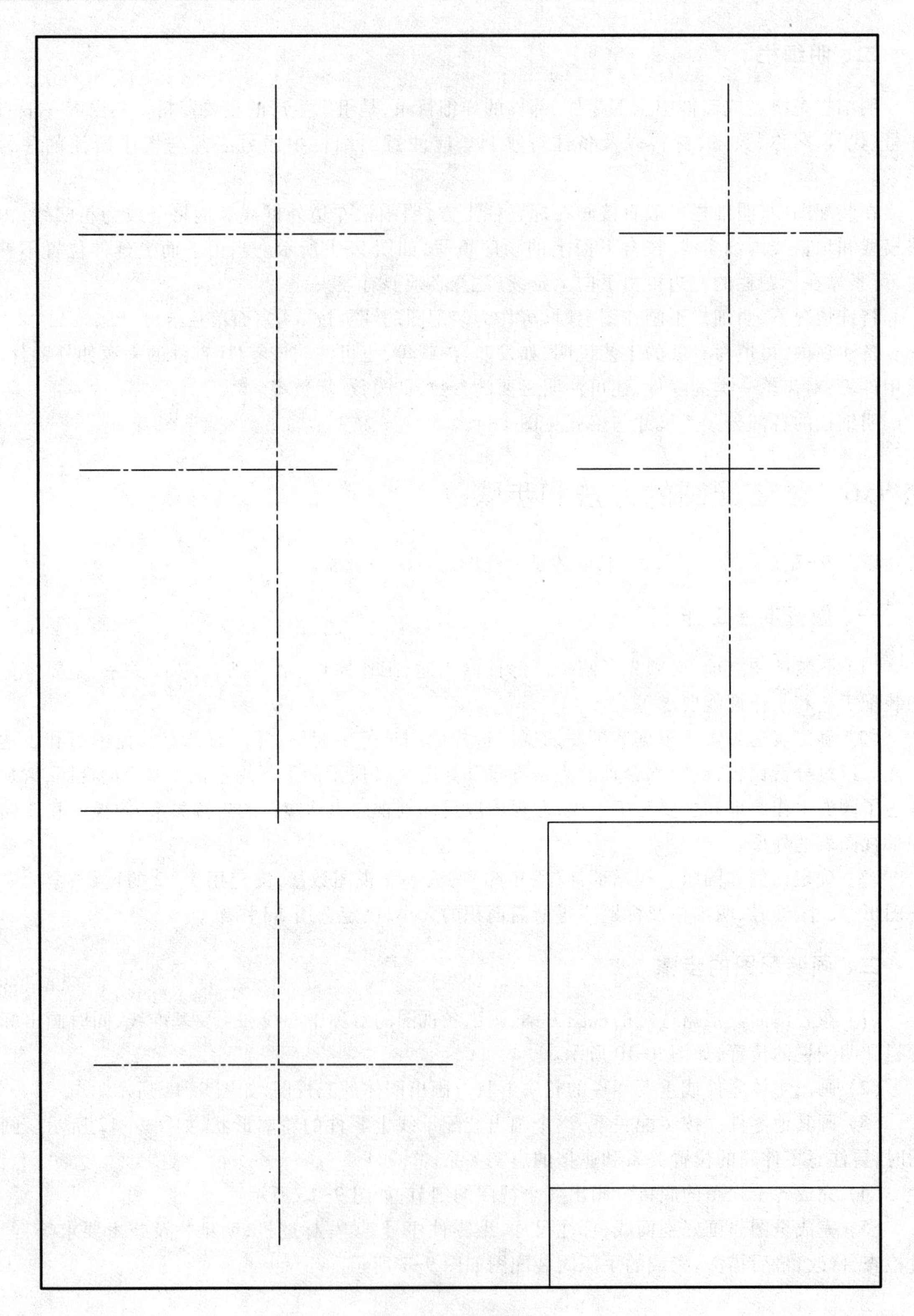

图 9-10 布置图幅

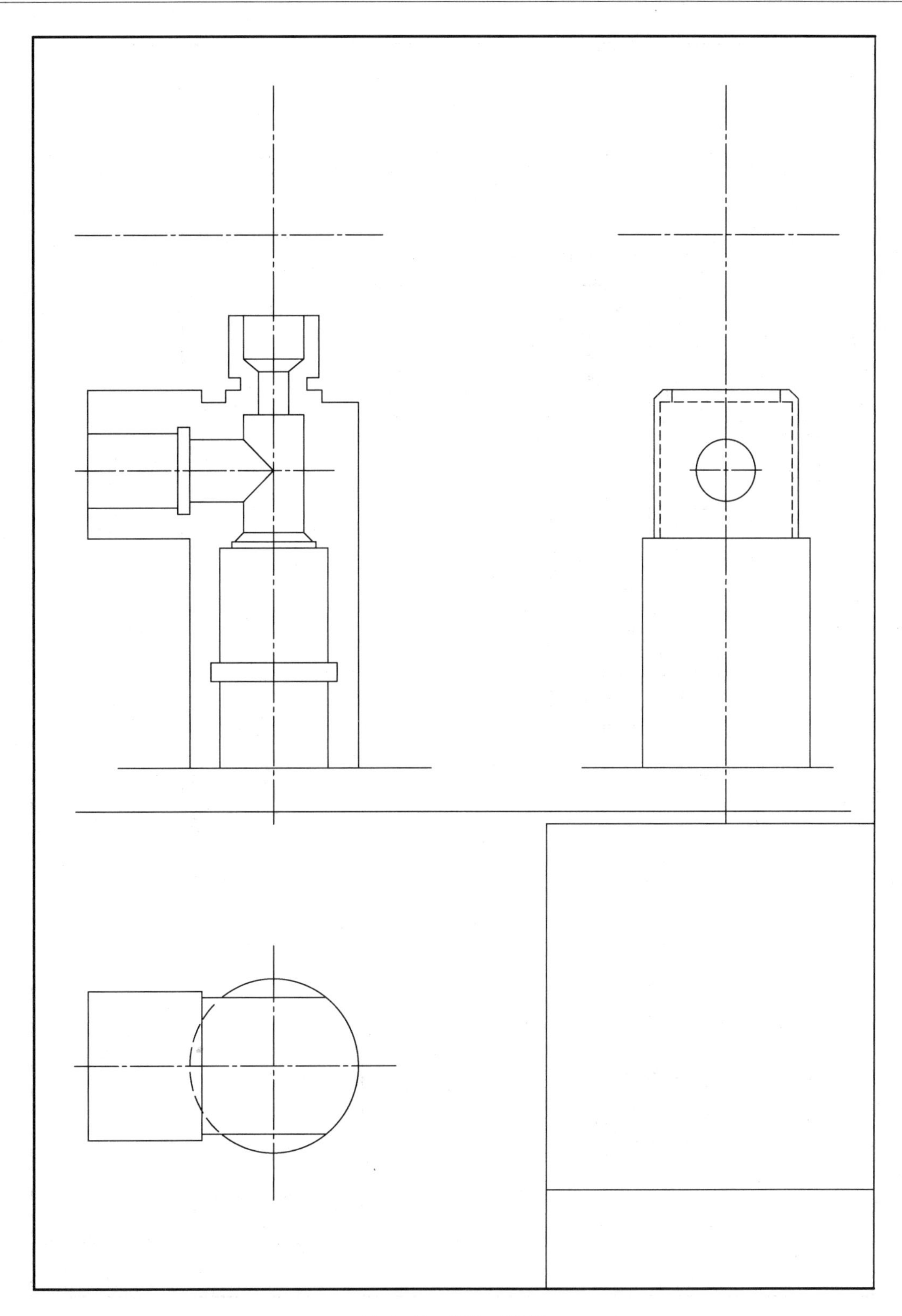

图 9-11　阀体三视图

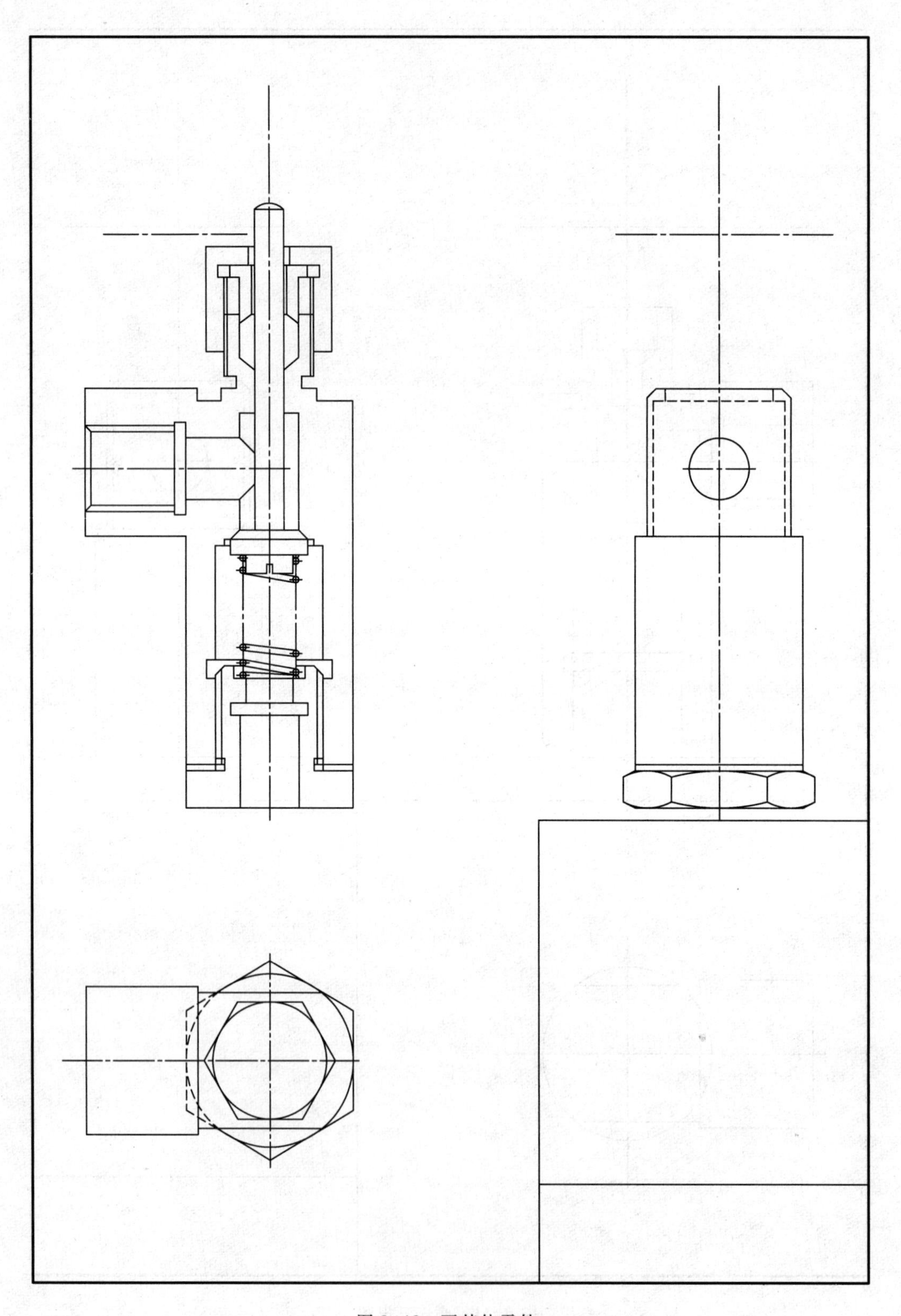

图 9-12　画其他零件

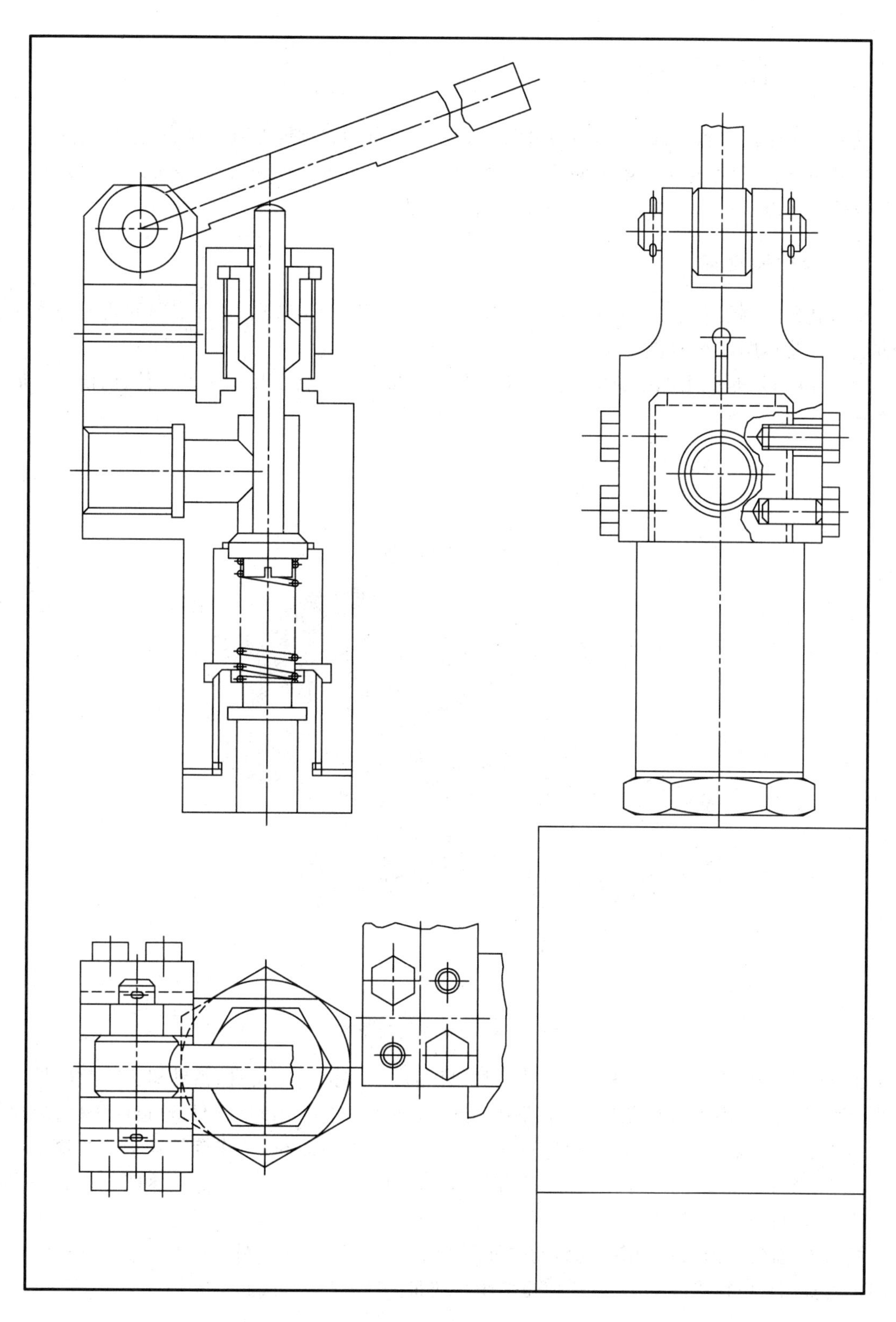

图 9-13 完成各视图的底稿

§9.7 装配体测绘

徒手画出组成机器或部件的零件草图,然后由零件草图整理绘制装配图,再由装配图拆绘出全套零件图,这一过程称为装配体测绘。在教学过程中进行装配体测绘,是培养绘图能力的一种有效方法。现以机用虎钳为例说明装配体测绘的方法和步骤。

一、分析装配体

要认真分析测绘对象,了解该装配体的用途、工作原理、结构特点、零件之间的装配关系和连接方法以及装拆顺序和拆装方法等。

图 9-14 所示是机用虎钳的轴测图。虎钳是装在机床工作台上用来夹紧零件,以便进行加工的夹具。

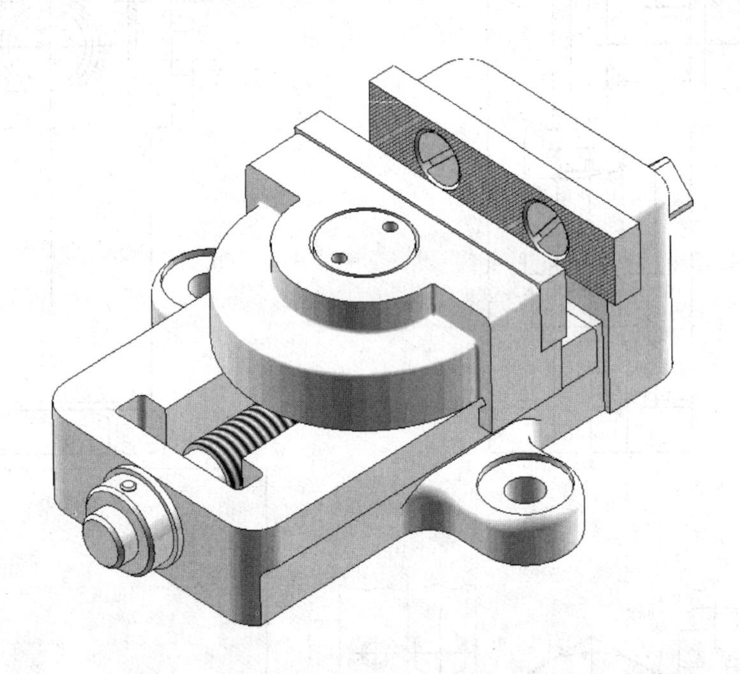

图 9-14 机用虎钳轴测图

图 9-15 是机用虎钳的分解图。由图可见,机用虎钳是由固定钳身、活动钳身、螺杆、螺母等 11 种零件组成。如图 9-16 所示,螺母(件 9)与活动钳身(件 4)用螺钉(件 3)连成一体,螺母下方凸出的台阶与固定钳身接触,当螺杆转动时,螺母只作直线运动,不作旋转运动。两块钳口板(件 2)是用螺钉(件 10)分别固定在活动钳身(件 4)和固定钳身(件 1)上。螺杆左端有一个环(件 7)用销(件 6)与螺杆固定。

机用虎钳的工作原理是用手柄转动螺杆(件 8),螺杆带动螺母(件 9),使活动钳身(件 4)沿着固定钳身(件 1)作直线运动,这样使钳口闭合或张开,即可夹紧或卸下零件。

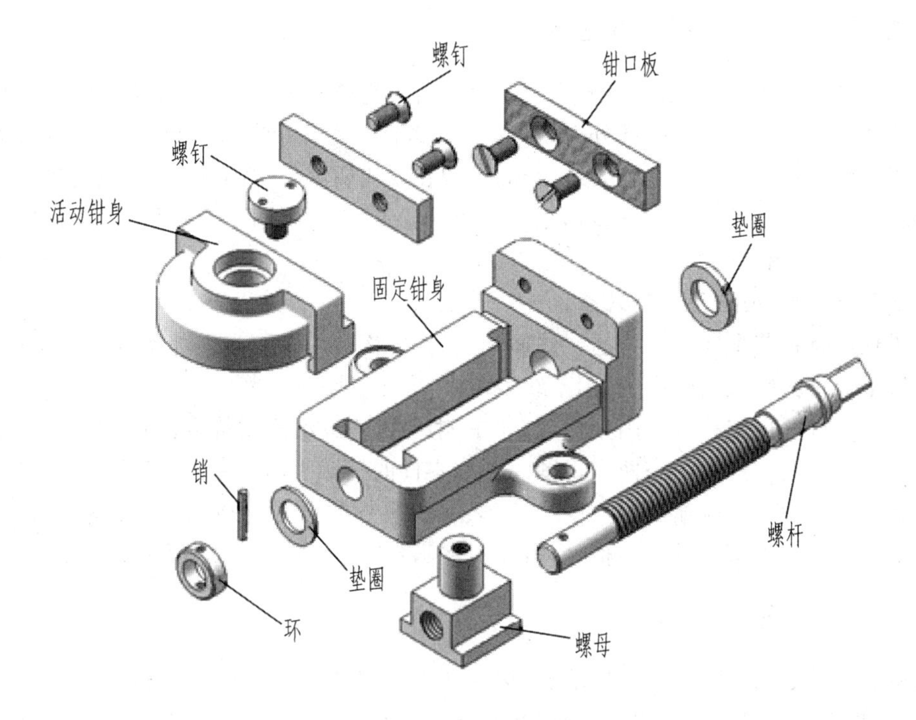

图 9-15 机用虎钳的分解图

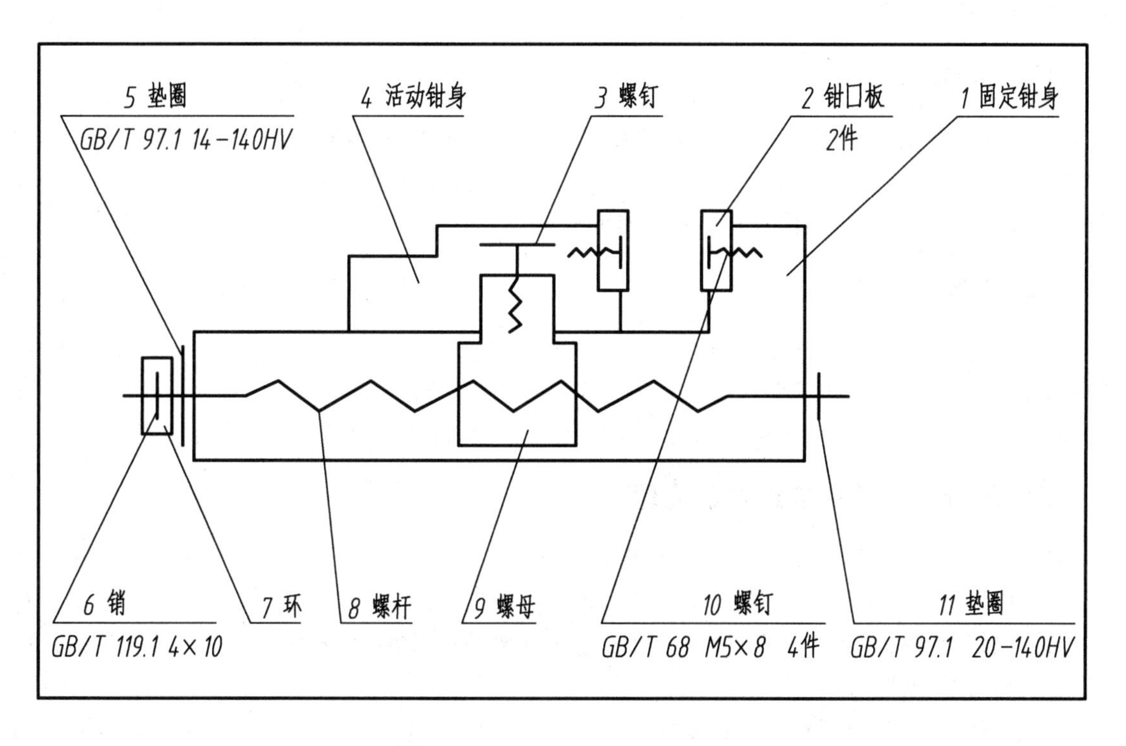

图 9-16 机用虎钳装配示意图

二、拆卸部件和画装配示意图

拆卸部件必须按顺序进行,也可先将部件分为若干组成部分,再依次拆卸。如拆卸螺钉将虎钳分解成活动钳身和固定钳身两部分,再拆卸这两部分中的各个零件。装配示意图只用规定符号和简单图线画出装配体各零件的大致轮廓,关键在于说明零件之间的装配关系和相对位置,以及传动情况和工作原理等,如图 9-16 所示。测绘中绘制装配示意图可使拆散的零件便于装配复原,也可作为画装配图时的参考。

画装配示意图时,应注意下列几点:

(1) 示意图是将装配体假设为透明体而画出的,因而外形轮廓和内部构造均可反映出来。

(2) 每个零件只画大致轮廓,或用单线表示。

(3) 常用零件的规定符号见国家标准《机械制图 机构运动简图符号》(GB/T 4460—2013)。

(4) 装配示意图一般只画一两个视图。两个零件的接触表面要留出空隙,以便区分零件。

(5) 装配示意图一般应编出零件序号,列表写出零件的名称、数量、材料等项目。简单装配体的装配示意图也可直接把零件名称、序号注写在示意图上,如图 9-16 所示。

三、画零件草图

对所有非标准零件均应画出零件草图,以便于绘制其零件工作图。对标准件一般不画零件草图,只需测量出规格尺寸并定出其标准代号,画出标准件的表格或者注写在示意图上。

画零件草图的要求和方法步骤在 §8.6 中已有详细阐述,这里不再赘述。图 9-17 所示为机用虎钳活动钳身的零件草图。

四、画装配图

根据零件草图、装配示意图和标准件画出装配图。画装配图的方法和步骤在 §9.6 中已有详细叙述。图 9-18 所示是机用虎钳的装配图。在画装配图的过程中,如发现零件草图的结构形状或尺寸有问题,应对照零件实物进行核对并改正。

五、画零件工作图

根据零件草图绘制零件工作图。零件工作图是测绘中最后完成的技术图样,对零件草图中的视图选择、尺寸标注、技术要求的制订等方面不合理的部分都要进行认真修改。画完后要进行检查,要求整套零件工作图无错误。图 9-19~图 9-21 是机用虎钳的部分零件工作图。

六、装配体测绘中应注意的问题

(1) 有关装配体的拆装问题。为了保证安全和不损坏机件,拆装要按一定的方法、步骤进行,因此应先研究好装拆顺序,再动手拆装。在测绘过程中,要注意保护零件的加工面和配合面。零件拆散后,可按拆装顺序把零件编上号码,小零件要妥善保管,以防丢失或发生混乱现象,测绘完成后,要将装配体装好。

(2) 有关尺寸测量问题。测量零件的尺寸,要根据零件的精度要求选用相应的量具。对非主要尺寸,应将测得的带小数的尺寸化为整数,如 49.7 mm 可化为 50 mm。对精度要求较高的主

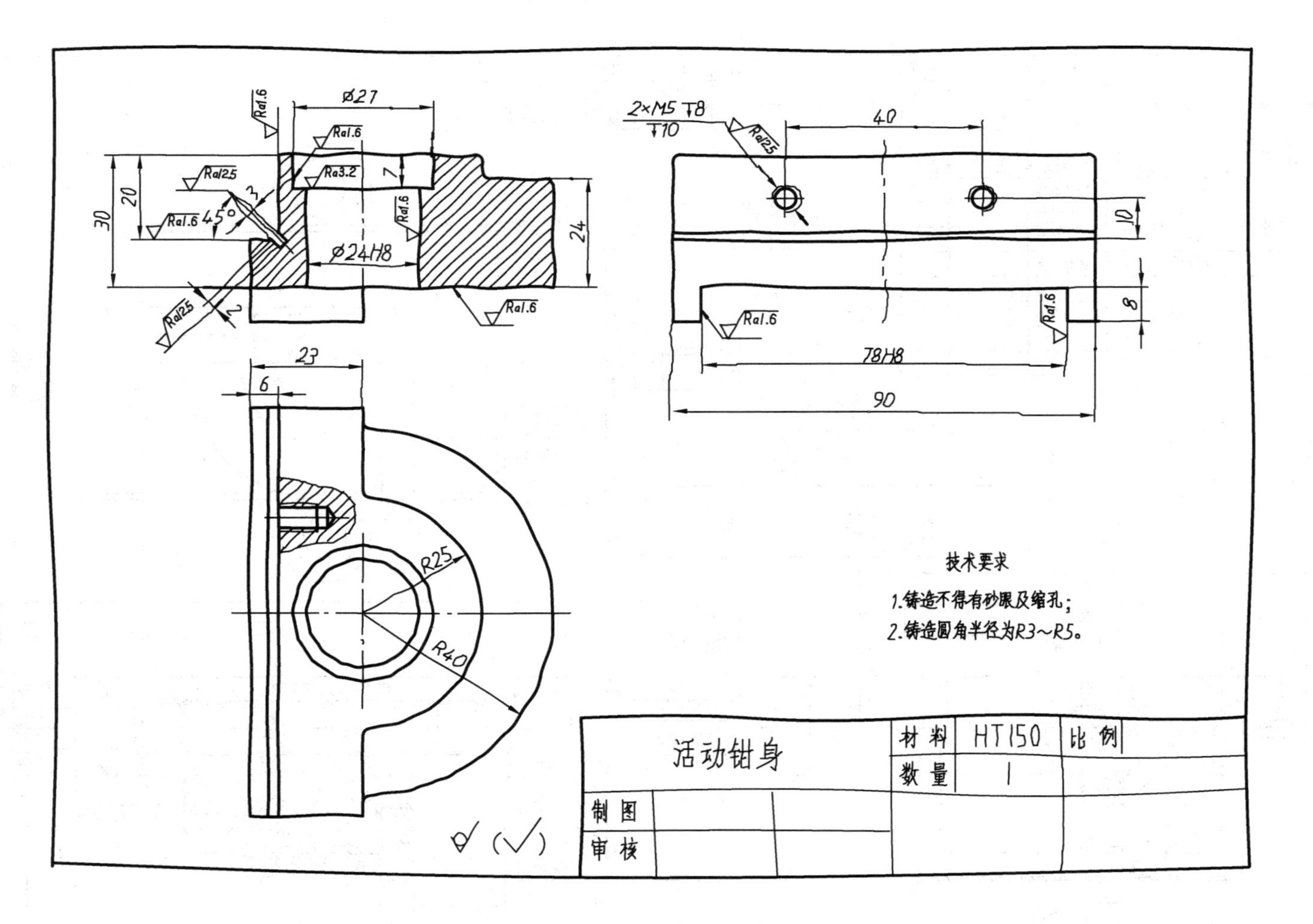
2×M5↧8
↧10
Ra12.5
Ra1.6
Ra3.2
Ra25
ø27
ø24H8
7
20
30
24
45°
3
2
40
10
8
78H8
90
23
6
R25
R40
技术要求
1.铸造不得有砂眼及缩孔；
2.铸造圆角半径为R3~R5。
活动钳身
材料
HT150
比例
数量
1
制图
审核

图9-17 活动钳身

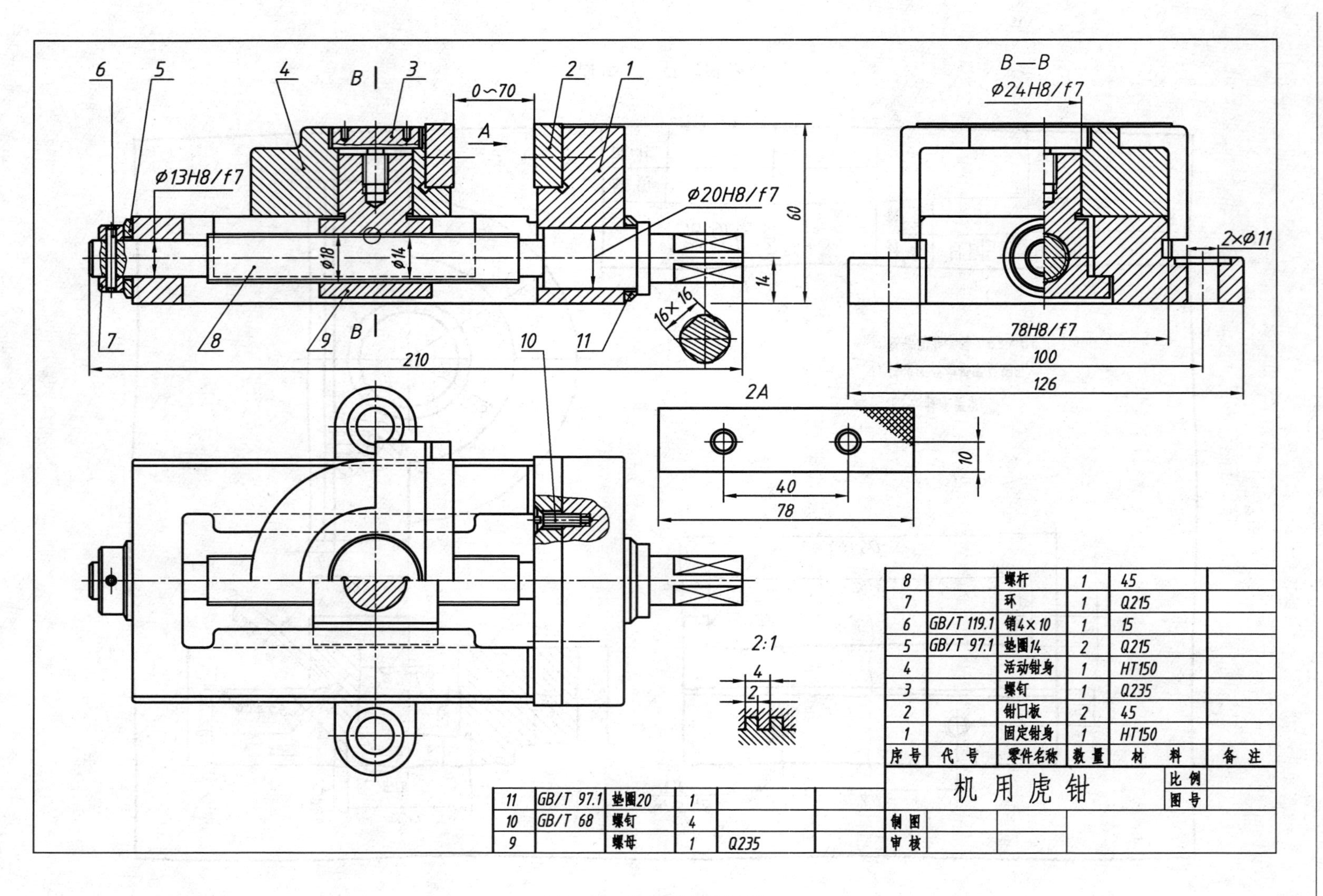

序号	代号	零件名称	数量	材料	备注
11	GB/T 97.1	垫圈20	1		
10	GB/T 68	螺钉	4		
9		螺母	1	Q235	
8		螺杆	1	45	
7		环	1	Q215	
6	GB/T 119.1	销4×10	1	15	
5	GB/T 97.1	垫圈14	2	Q215	
4		活动钳身	1	HT150	
3		螺钉	1	Q235	
2		钳口板	2	45	
1		固定钳身	1	HT150	

机用虎钳	比例	
	图号	
制图		
审核		

图 9-18 机用虎钳装配图

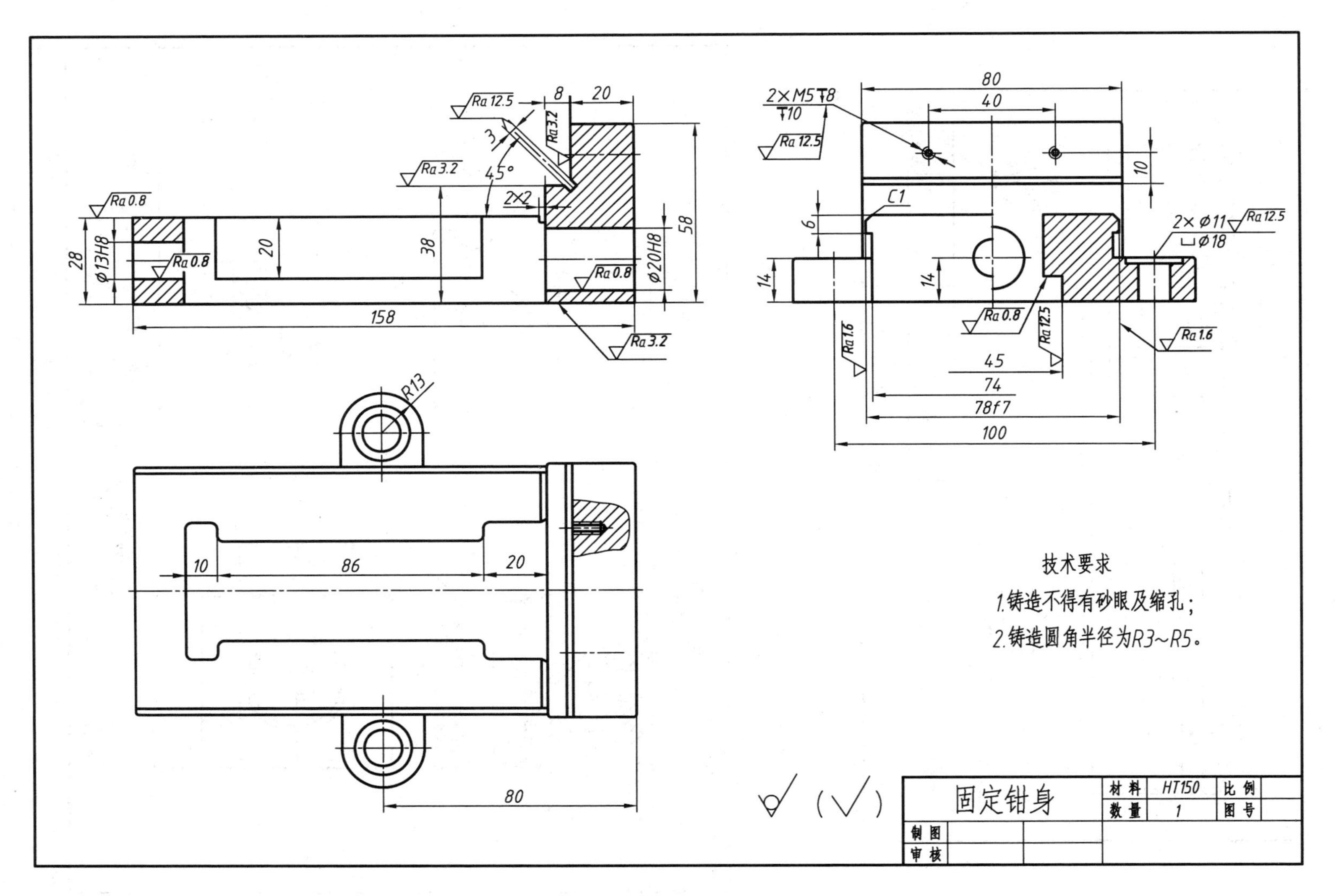
技术要求
1.铸造不得有砂眼及缩孔；
2.铸造圆角半径为R3~R5。
固定钳身
材料 HT150
数量 1
比例
图号
制图
审核
2×M5T8
T10
2×ϕ11
⊔ϕ18
ϕ20H8
ϕ13H8
78f7
C1
2×2
45°
R13

图 9-19 固定钳身

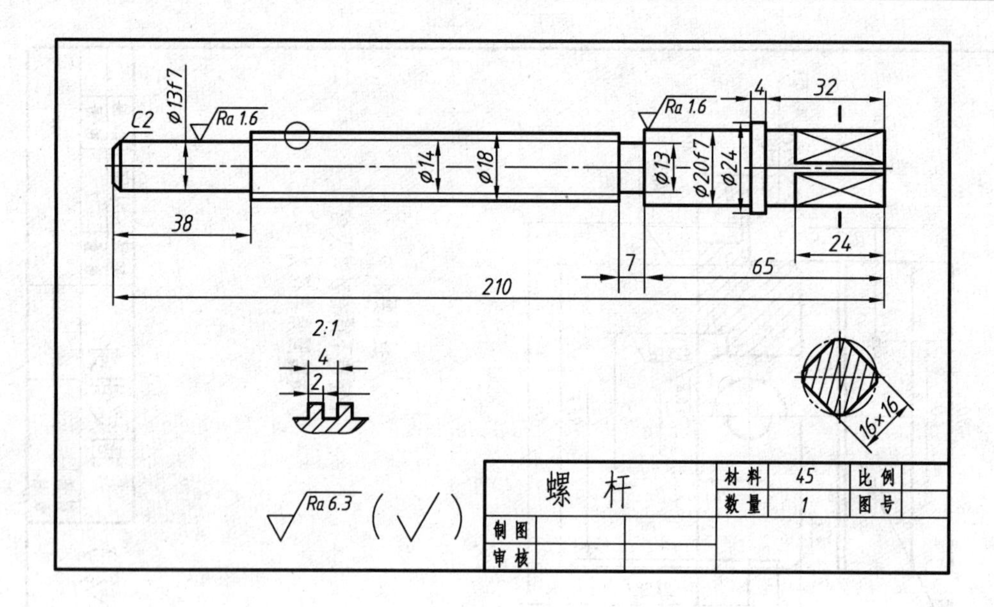

图 9-20 螺杆

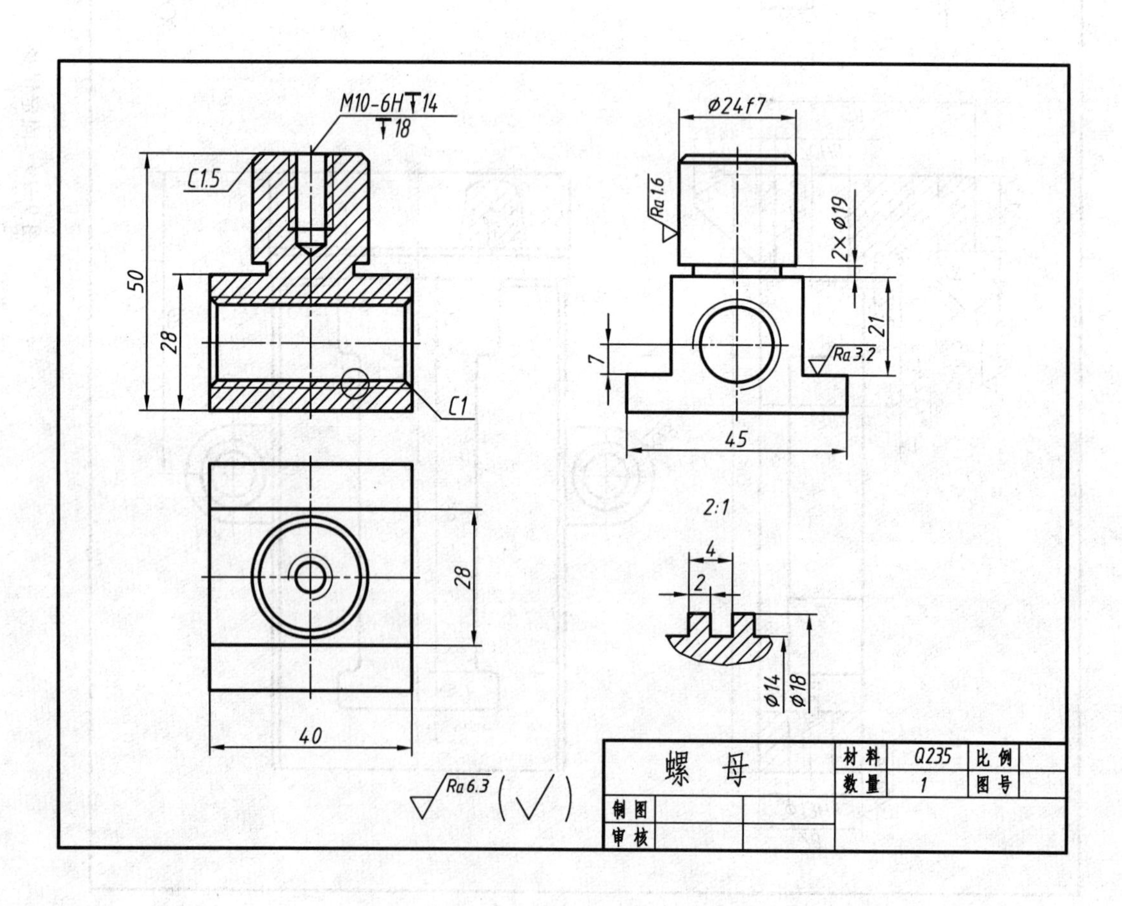

图 9-21 螺母

要尺寸和数值比较小的尺寸,不能任意改变尺寸的小数值,而应经过认真推敲,采用合理的数值。对配合尺寸,一般只测出其公称尺寸,再根据具体条件选用配合类型、确立其基本偏差代号和公差等级。

(3) 有关零件材料的确定问题。确定零件材料,一般可先从外观判定是钢、铸铁、铸钢、有色金属等大的类别,再根据零件的作用和工作条件、对比同类型产品选定材料的型号。

§ 9.8 读装配图和拆画零件图

在设计、制造、检验、使用、维修及技术交流中,经常要遇到读装配图的问题。因此,熟练地读懂装配图,是工程技术人员必备的能力。

一、读装配图的方法和步骤

现以图 9-22 所示的齿轮油泵为例,说明读装配图的方法和步骤。

1. 概括了解

读装配图时,首先看标题栏,了解机器或部件的名称;其次阅读明细栏,从中了解零件的名称、数量、材料等;再次大致浏览一下装配图采用了哪些表达方法,各视图配置及其相互间的投影关系、尺寸注法、技术要求等内容;最后参考、查阅有关资料及其使用说明书,从中了解机器或部件的性能、作用和工作原理。

从图 9-22 所示的装配图中可知,齿轮油泵共由 17 种零件装配而成。图中采用了两个视图表达,其中主视图为全剖视图,主要表达了齿轮油泵中各个零件间的装配关系。左视图是采用沿左端盖 1 和泵体 6 接合面 *B—B* 的位置剖切后移去了垫片 5 的半剖视图,主要表达了该油泵齿轮的啮合情况、吸油和压油的工作原理,以及油泵的外形情况。

2. 分析装配关系和工作原理

从主视图入手,根据各装配干线,对照零件在各个视图中的投影,分析各零件间的配合性质、连接方法及相互关系,再进一步分析各零件的功用与运动状态,了解其工作原理。通常先从主动件开始按照连接关系分析传动路线,也可以从被动件反序进行分析,从而弄清部件的装配关系和工作原理。

齿轮油泵是机器中用于输送润滑油的一个部件,其工作原理如图 9-23 所示。当主动齿轮按逆时针方向旋转时,带动从动齿轮按顺时针方向旋转。啮合区内右边的压力降低而产生局部真空,油池中的油在大气压力的作用下,由进油孔进入油泵的吸油口(低压区),随着齿轮的传动,齿轮中的油不断沿箭头方向被带至左边的压油口(高压区)把油压出,送至机器中需要润滑的部位。图9-22所示的主视图较完整地表达了零件间的装配关系:泵体 6 是齿轮油泵中的主要零件之一,它的内腔正好容纳一对齿轮;左端盖 1 和右端盖 7 支承齿轮轴 2 和传动齿轮轴 3 的旋转运动;两端盖与泵体先由销 4 定位后,再由螺钉 15 连成整体;垫片 5、密封圈 8、填料压盖 9 和压紧螺母 10,都是为了防止油泵漏油所采用的零件或密封装置。

3. 分析零件

分析零件的主要目的是弄清楚组成部分的所有零件的类型、作用及其主要的结构形状。一般先从主要零件着手,然后是其他零件。

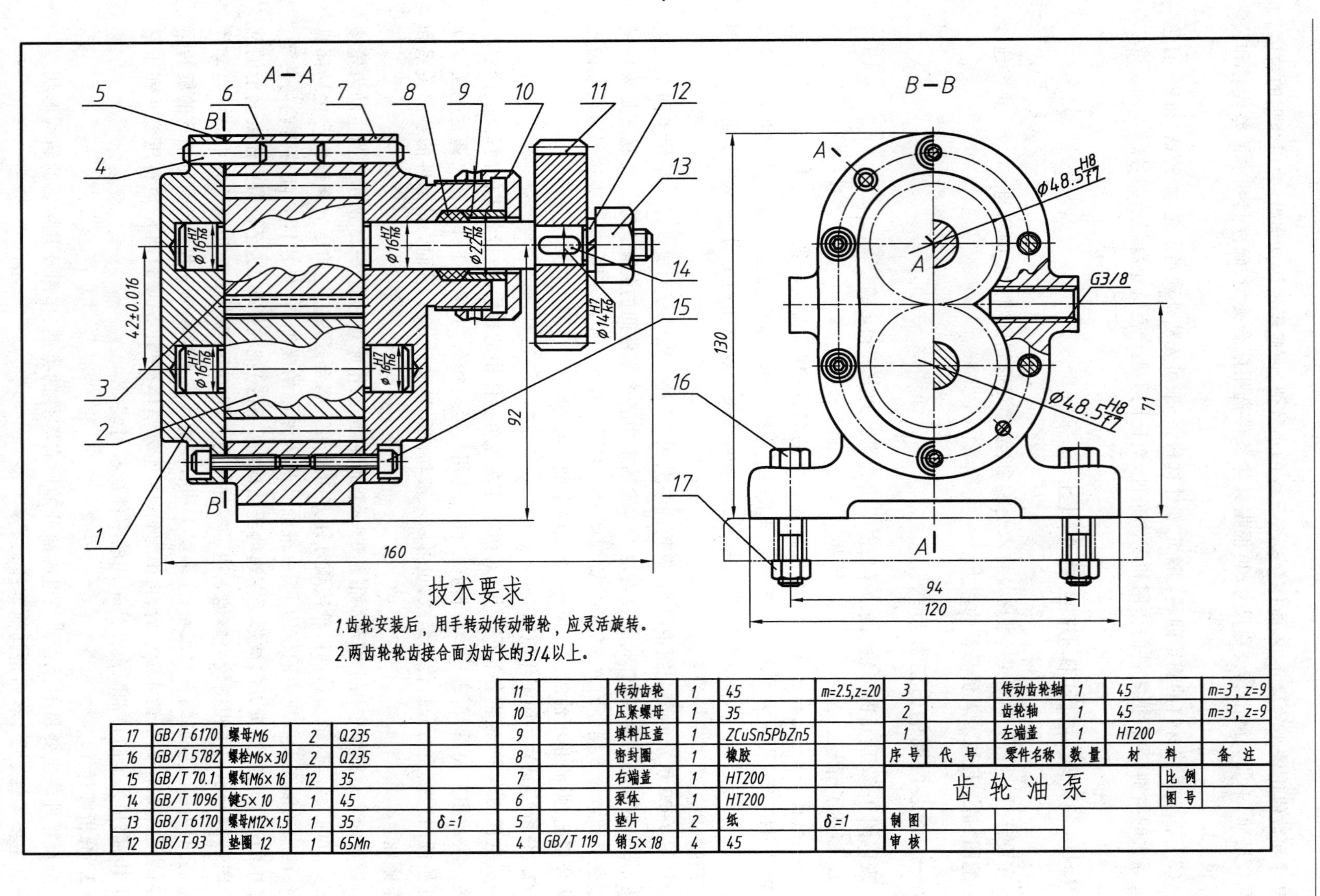

技术要求

1.齿轮安装后，用手转动传动带轮，应灵活旋转。

2.两齿轮轮齿接合面为齿长的3/4以上。

序号	代号	零件名称	数量	材料	备注
17	GB/T 6170	螺母M6	2	Q235	
16	GB/T 5782	螺栓M6×30	2	Q235	
15	GB/T 70.1	螺钉M6×16	12	35	
14	GB/T 1096	键5×10	1	45	
13	GB/T 6170	螺母M12×1.5	1	35	δ=1
12	GB/T 93	垫圈 12	1	65Mn	
11		传动齿轮	1	45	m=2.5,z=20
10		压紧螺母	1	35	
9		填料压盖	1	ZCuSn5PbZn5	
8		密封圈	1	橡胶	
7		右端盖	1	HT200	
6		泵体	1	HT200	
5		垫片	2	纸	δ=1
4	GB/T 119	销5×18	4	45	
3		传动齿轮轴	1	45	m=3，z=9
2		齿轮轴	1	45	m=3，z=9
1		左端盖	1	HT200	

齿轮油泵		比例	
		图号	
制图			
审核			

图 9-22 齿轮油泵装配图

分析零件的主要方法是将零件的有关视图从装配图中分离出来，再用看零件图的方法弄懂零件的结构形状。具体步骤是：

（1）看零件图的序号和明细栏，不同序号代表不同的零件。

（2）看剖面线的方向和间隔，依据相邻两零件剖面线的方向、间隔不同来区分零件。

（3）对剖视图中未画剖面线的部分，应区分是实心杆件或零件的孔槽与未剖切部分，其方法是按装配图对实心件和紧固件的规定画法来判断。

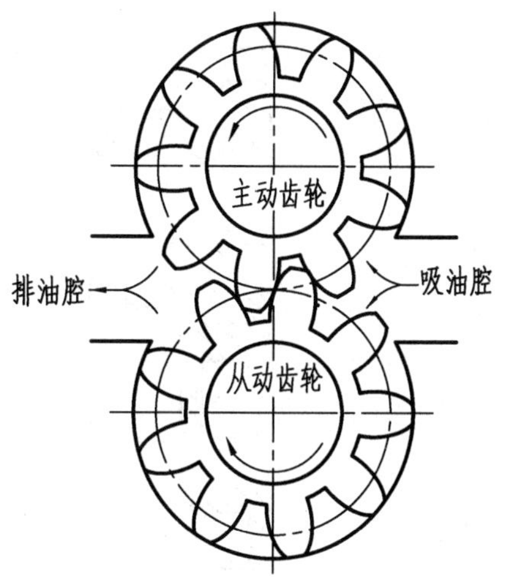

图 9-23 齿轮油泵工作原理图

4. 综合归纳，想象装配体的总体形状

在看懂每个零件的结构形状以及装配关系和了解了每条装配干线之后，还要对全部尺寸和技术要求进行分析研究，并系统地对部件的组成、用途、工作原理、装拆顺序进行总结，加深对部件设计意图的理解，从而对部件有一个完整的概念。

二、由装配图拆画零件图

根据装配图拆画零件图的过程，简称拆图。由装配图拆画零件图是产品设计过程中的一项重要环节。应在读懂装配图的基础上进行。下面以图 9-22 所示的齿轮油泵的右端盖为例，说明拆画零件图的方法和步骤。

拆画零件图的步骤：

1. 确定视图表达方案

由装配图拆画零件图，其视图表达不应机械地从装配图上照抄，应对所拆零件的作用及结构形状做全面的分析，根据零件图的表达方法，重新选择表达方案。对零件在装配图中未表达清楚的结构，应根据零件在部件中的作用进行补充。对装配图上省略的工艺结构，例如倒角、倒圆、退刀槽等，都应在零件图上详细画出。

现以拆画齿轮油泵中的右端盖（件 7）为例进行分析。由主视图可见：右端盖上部有传动齿轮轴 3 穿过，下部有齿轮轴 2 轴颈的支承孔，在右部凸缘的外圆柱面上有外螺纹，用压紧螺母 10 通过填料压盖 9 将密封圈 8 压紧在轴的四周；由左视图可见：右端盖的外形为长圆形，沿周围分布有六个螺钉沉孔和两个圆柱销孔。

首先，从主视图上区分出右端盖的视图轮廓。由于在装配图的主视图上，右端盖的一部分可见投影被其他零件所遮，因而它是一幅不完整的图形，如图 9-24 所示。

其次补全右端盖中被遮挡部分的图形。在装配图中并没有完整地表达出右端盖的形状，尤其在装配图的左视图中，其螺栓、销孔、轴孔都被泵体挡住而不能完整地表达出来，这些缺少的结构可以通过对装配整体的理解和工作情况进行补充表达和设计，补充表达后的右端盖主视图如图 9-25 所示。

最后，画出完整的零件图。这样的盘盖类零件一般可用两个视图表达，从装配图的主视图中拆画右端盖的图形，显示了右端盖各部分的结构，仍可作为零件图的主视图，再加左视图。为了使左视图能显示较多的可见轮廓，还应将外螺纹凸缘部分向左布置。图 9-26 所示为右端盖的完

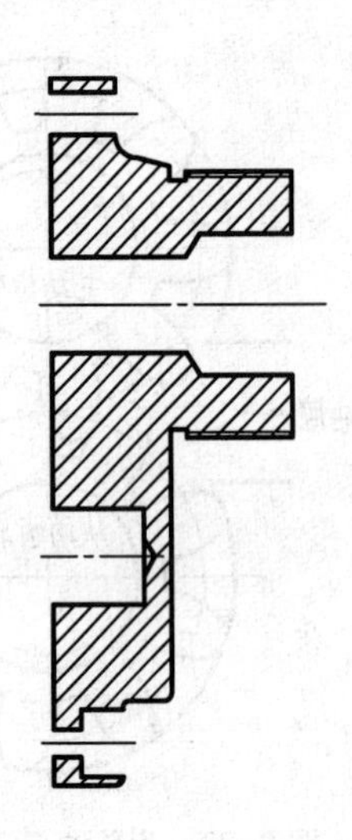

图 9-24 右端盖分离图

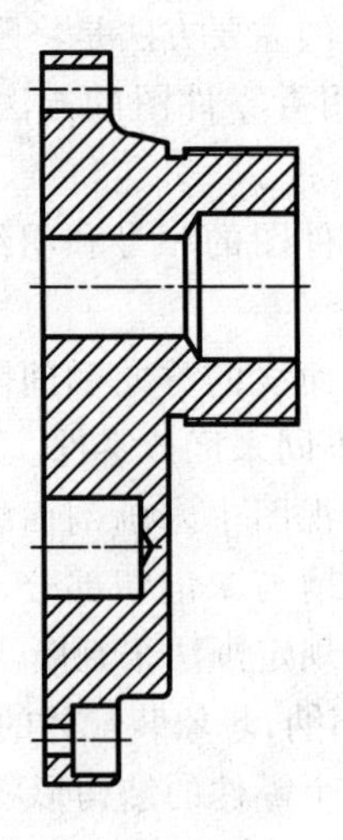

图 9-25 右端盖补全图

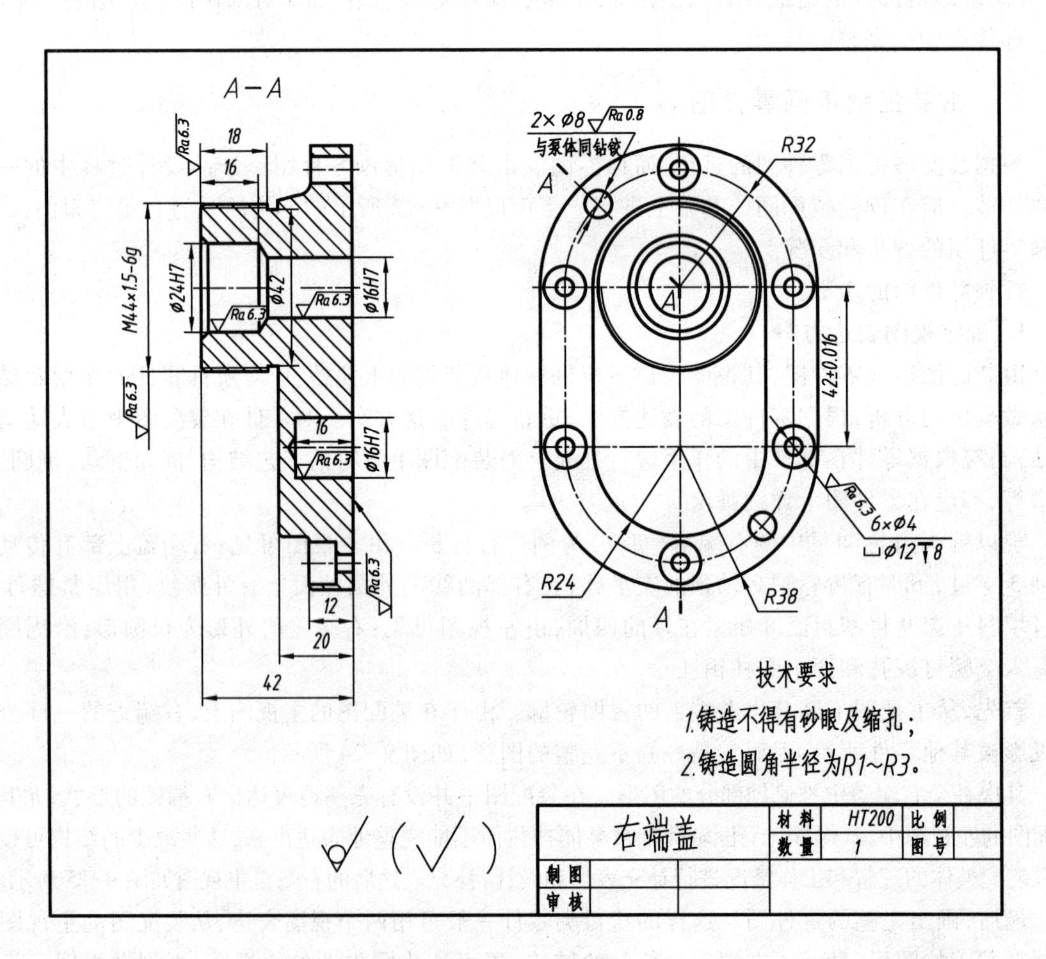

图 9-26 右端盖

整零件图。

根据装配体的工作位置不同,装配体中的轴套类零件在装配图中可能有各种位置。如图9-4中的阀杆9是垂直位置,但是在画阀杆的零件图时,应以轴线水平放置为画主视图的方向,以便符合其加工位置,方便看图。

2. 零件的尺寸处理

零件图的尺寸一般应从装配图上直接量取。测量尺寸时,应注意装配图的比例。零件上的标准结构或与标准件连接配合的尺寸,例如螺纹尺寸、键槽、销孔直径等,应从有关标准中查出。需要计算确定的尺寸应计算后标出。

3. 技术要求和填写标题栏

零件上的技术要求是根据零件的作用与装配要求确定的。可参考有关资料和相近产品图样注写。标题栏应填写零件的名称、材料、数量、图号等。

本章小结

由于装配图和零件图在设计、制造过程中起着不同的作用,因而决定了它们不同的内容和各自的特点。表9-7列出了一些主要项目内容上的异同之处。

表9-7 零件图与装配图的比较

图的种类 / 项目内容	零件图	装配图
视图方案选择	表达零件的结构形状	以表达工作原理、装配关系为主
尺寸标注	标注全部尺寸	标注与装配、安装等有关的尺寸
表面粗糙度	需注出	不需注出
尺寸公差	注偏差值或公差带代号	注配合代号
形位公差	需注出	不需注出
序号和明细栏	无	有
技术要求	标注制造和检验的一些要求	标注性能、装配、调整等要求

画装配图和读装配图是从不同途径培养形体表达能力和分析想象能力,同时也是一种综合运用制图知识、投影理论和制图技能的训练,应当结合自己的认识和经验,在实践中总结出行之有效的绘图方法。

复习思考题

1. 装配图在作用上和零件图有何不同?
2. 装配图有哪些规定画法?
3. 装配图有哪些特殊画法?
4. 装配图中标注哪几类尺寸?各类尺寸的含义如何?
5. 装配图中明细栏的填写和零件的编号要注意哪些事项?
6. 试说明看装配图的方法和步骤。
7. 试说明由装配图拆画零件图的方法和步骤。

第十章　计算机绘图及三维造型基础

本章学习目标

初步掌握用 AutoCAD 绘制二维图样的方法；了解用 Inventor 构造三维形体的方法。

本章学习内容

1. AutoCAD 基本概念及操作；
2. AutoCAD 的基本命令；
3. 图层及尺寸标注；
4. 块定义及使用；
5. Inventor 基本造型方法。

§10.1　AutoCAD 软件应用简介

AutoCAD 是美国 Autodesk 公司 1982 年推出的计算机辅助绘图软件，它是一个通用的交互式绘图软件包。全世界已有上千多所大学和教育机构使用 AutoCAD 进行教学。世界上很多专业设计师(包括建筑师、机构师等)、设计单位的科研人员以及大公司都在使用 AutoCAD，其用户网不断扩大。该软件也日益受到我国广大用户的青睐，是当前工程设计、绘图中最流行的一种软件。

本节以 AutoCAD 2012 为例，简要介绍了 AutoCAD 的内容，重点介绍如何运用 AutoCAD 软件画工程图的方法，以培养运用某种软件进行设计绘图的能力。

一、AutoCAD 基本概念及操作

1. AutoCAD 基本概念

(1) 坐标系统

AutoCAD 采用笛卡儿(直角)坐标系统，称为通用坐标系，以“WCS”表示。

X 表示屏幕水平坐标，*Y* 表示屏幕垂直坐标，原点(0,0)位于屏幕左下角，*Z* 坐标垂直于屏幕平面。

用户还可定义一个任意的坐标系，称为用户坐标系，以“UCS”表示，其原点可在 WCS 内的任

意位置上，其坐标轴可随用户的选择任意旋转和倾斜。定义用户坐标系用 UCS 命令。

(2) 绘图单位

两个坐标点之间的距离以绘图单位来度量，它本身是量纲为一的。用户的图形可取任何长度单位，如 mm、in、m 或 km 等。在作图时可定义比例因子，以使图形按需要的单位输出。

定义绘图单位用 UNITS 命令；定义比例因子用 SCALE 命令。

(3) 窗口

窗口规定为一个矩形区域，可将图形屏幕作为窗口使用。通过窗口可看到图形的全部或一部分，并能作任意的缩放和平移等变换。

用 ZOOM 命令进行窗口操作。

值得注意的是：窗口操作只能使屏幕显示的图形缩放，而不改变图形的实际尺寸。

(4) 实体

实体是 AutoCAD 系统预定的图形单元。点、直线、圆与弧、文本等是最常用的基本实体；多义线、实心圆环、阴影线图案、尺寸标注等是常用的复杂实体。

当复杂实体被解散成基本实体后方能单独进行处理，如：尺寸标注中的某一尺寸未解散时，作为基本实体来编辑，解散后，成为三段直线、两个箭头和一个文本来单独进行编辑。

AutoCAD 绘图实质上就是对这些实体的操作。

2. AutoCAD 基本操作

(1) AutoCAD 的启动和菜单

在 Windows 环境中，运行“开始→程序→Autodesk→AutoCAD 2012→AutoCAD 2012”或直接双击 AutoCAD 2012 的快捷方式，即可进入 AutoCAD 绘图环境。主界面如图 10-1 所示。

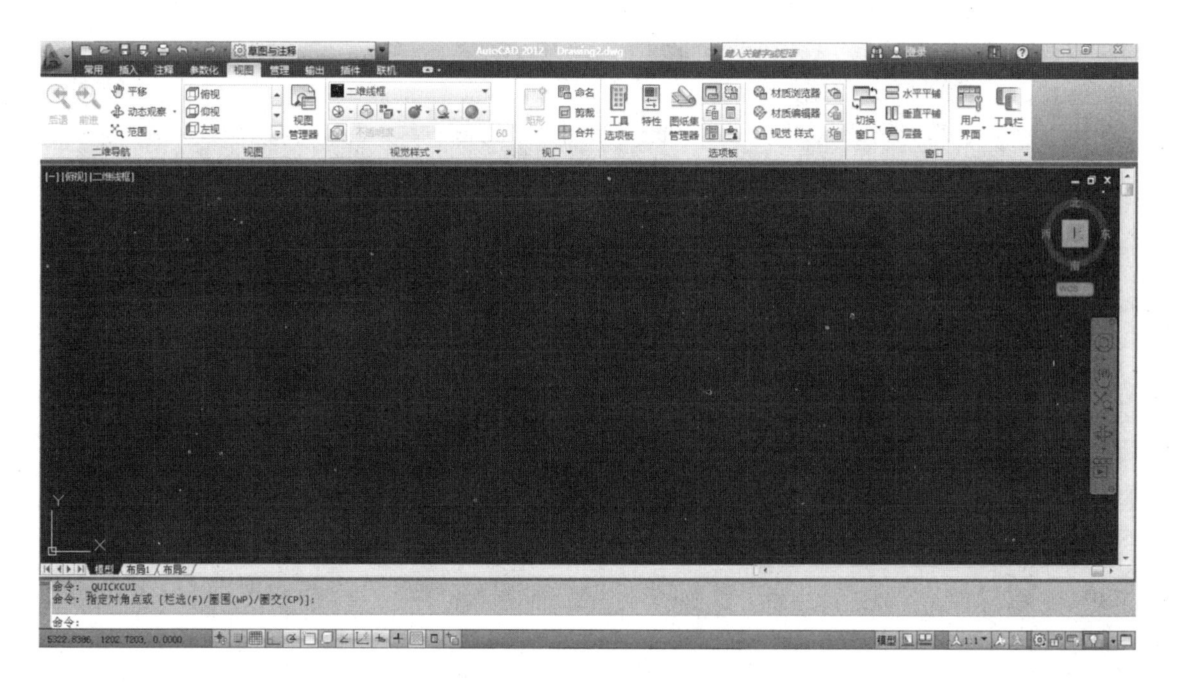

图 10-1 AutoCAD 主界面

主界面划分成三个部分：

1）顶部是菜单区（功能区）和标准工具栏区。

2）底部是命令提示区和状态行区。

3）中间部分为绘图区。

（2）命令的输入

命令的输入可有如下几种方式：

1）用键盘输入

出现“命令：”提示时，可从键盘上输入命令名，按回车键完成输入。

[操作格式]（以画圆为例）

命令：CIRCLE（输入画圆命令并回车）

指定圆的圆心或[三点(3P)/两点(2P)/切点、切点、半径(T)]:5,5（输入圆心坐标并回车）

指定圆的半径或[直径(D)]:5（输入半径值）

回车后，绘出半径为5、圆心为(5,5)的圆。

说明：

① 命令名或参数输入均需用回车键或点击鼠标右键确认。

② 方括号“[ ]”中是指可选择的选项，斜杠“/”是命令选项的分隔符。

③ “三点(3P)/两点(2P)/切点、切点、半径(T)”中“三点”为以三点画圆、“两点”为以直径的两端点画圆，“切点、切点、半径”为以两正切点和半径画圆，即画与两圆相切的圆。

2）下拉菜单选项输入

AutoCAD菜单系统是树结构，如图10-2所示。

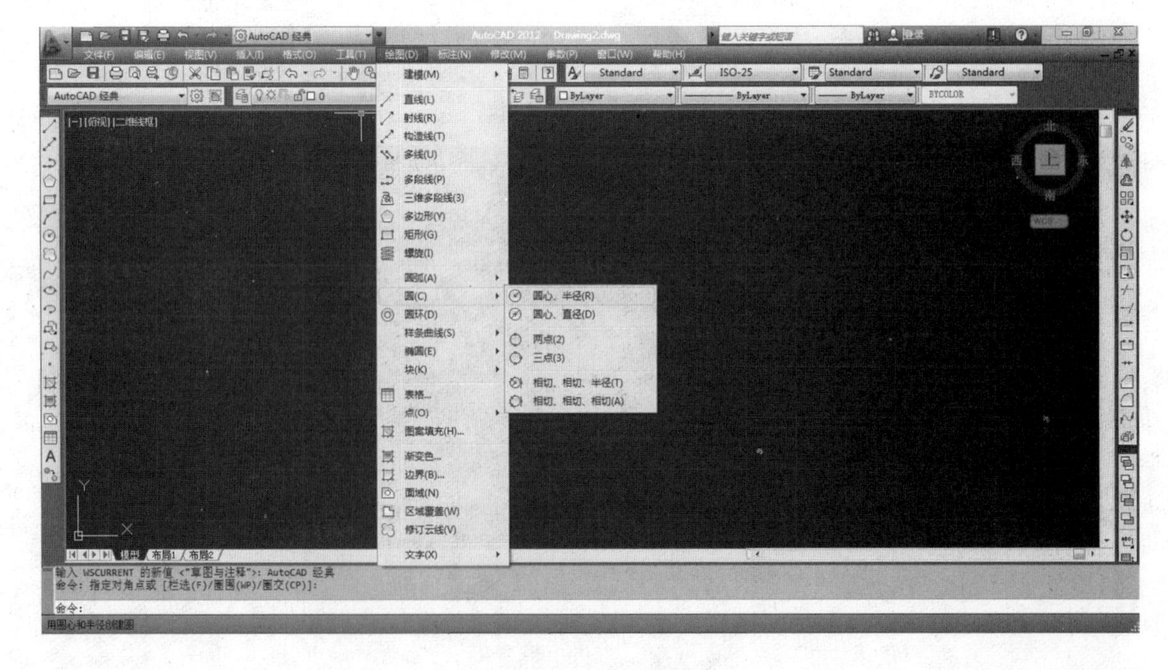

图10-2 树结构菜单

[操作格式]

① 通过光标控制键或鼠标将光标移动到下拉菜单的所选项上,如移到“绘图”选项上;

② 然后按下回车键或单击,则出现“绘图”选项的下拉菜单,如图 10-2 所示;

③ 再通过移动光标到所选项上,如移动到“圆”菜单项上,并按下回车键或单击;

④ 按提示输入参数,即可完成命令输入。

3) 用工具栏按钮输入

工具栏可以非常方便、有效地执行各种操作。

[操作格式]

① 打开工具栏:将鼠标移至屏幕中任一工具栏上并点击鼠标右键,在出现的快捷菜单(图 10-3)中可选取相应的工具栏,如选取“绘图”;

② 单击“绘图”,则其前方出现“√”号,表示该工具栏被打开,在界面上出现“绘图”工具栏,如图 10-4 所示;

③ 单击“绘图”工具栏上的“圆”按钮;

④ 按提示输入参数,即可完成命令输入。

4) 用快捷菜单输入

在快捷菜单中选取相应命令,即可实现该操作。

CAD 标准
UCS
UCS II
Web
三维导航
修改
修改 II
光源
几何约束
动态观察
参数化
参照
参照编辑
图层
图层 II
多重引线
实体编辑
对象捕捉
工作空间
布局
平滑网格
平滑网格图元
建模
插入
文字
曲面创建
曲面创建 II
曲面编辑
查找文字

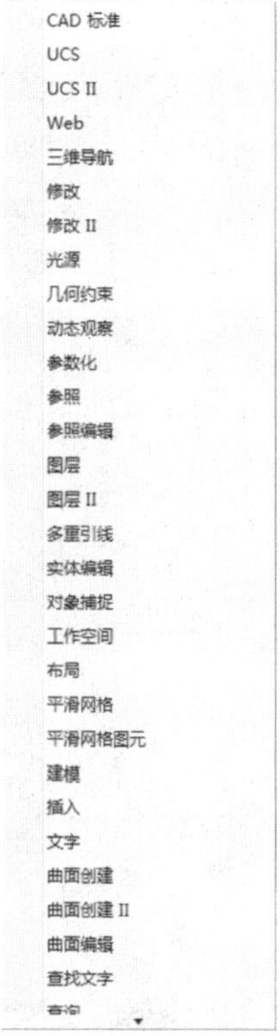

图 10-3 工具栏快捷菜单

[操作格式]

在绘图区点击鼠标右键,弹出快捷菜单,如图 10-5 所示,选取相应的命令,如选取命令的其他输入方法可参考有关资料。

图 10-4 “绘图”工具栏

(3) 初始化设置

1) 设置图形界限

执行 LIMITS 命令(下拉菜单“格式→图形界限”),按系统提示输入参数,即可实现图形界限的设置。

执行 ZOOM 命令(下拉菜单“视图→缩放”),系统提示:

指定窗口的角点,输入比例因子 (nX 或 nXP),或者

[全部(A)/中心(C)/动态(D)/范围(E)/上一个(P)/比例(S)/窗口(W)/对象(O)]<实时>:

输入“a”按回车键后,即可显示该图形界限。

2) 设置文字样式

执行 STYLE 命令(下拉菜单“格式→文字样式”),打开“文字样式”对话框,如图 10-6 所示。在对话框中设置文字样式,设置字体。

机械 CAD 绘图中文字字高的有关标准如表 10-1 所示。

图 10-5 快捷菜单

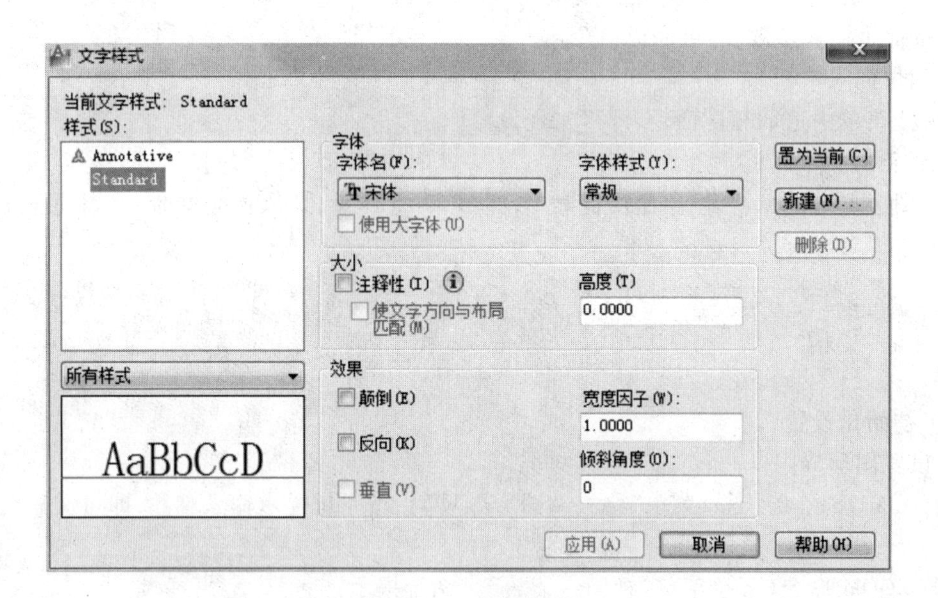

图 10-6 “文字样式”对话框

表 10-1 字高标准

图幅 字体	A0	A1	A2	A3	A4
字母数字	3.5				
汉字	5				

机械 CAD 绘图中文字字体的有关标准如表 10-2 所示。

表 10-2 字体标准

汉字字型	字体文件名	应用范围
长仿宋体	HZCF. *	图中标注及说明的汉字、标题栏
单线宋体	HZDX. *	大标题、小标题、图册、封面、目录清单、标题栏中设计单位名称、图样名称、工程名称、地形图等
宋体	HZST. *	
仿宋体	HZFS. *	
楷体	HZKT. *	
黑体	HZHT. *	

3）设置线型

执行 LINETYPE(下拉菜单“格式→线型”)，打开“线型管理器”对话框，如图 10-7 所示。在对话框中加载线型或调整线型比例。

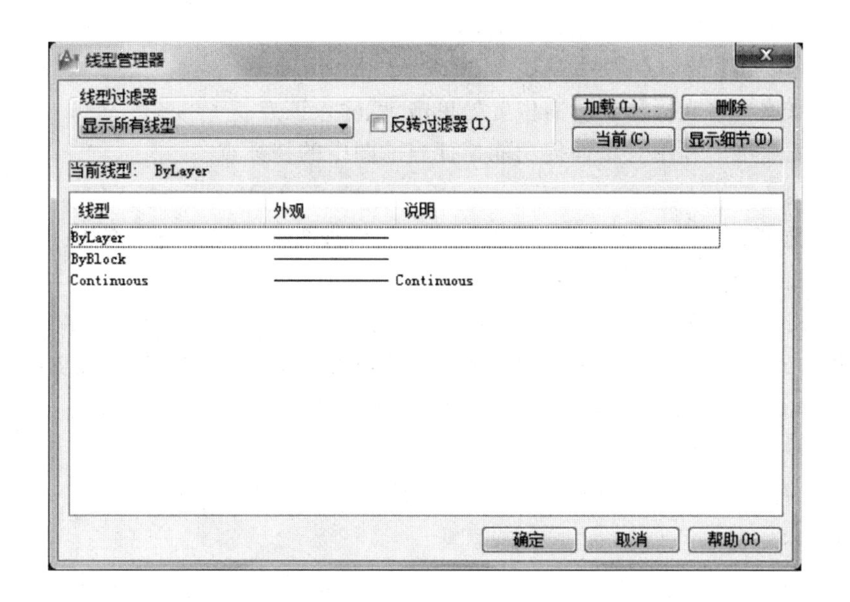

图 10-7 “线型管理器”对话框

机械 CAD 绘图中图线颜色设置的有关标准如表 10-3 所示。

表 10-3 图线颜色设置标准

图线类型	屏幕上的颜色	图线类型	屏幕上的颜色
粗实线	白色	虚线	黄色
细实线	绿色	细点画线	红色
波浪线		粗点画线	棕色
双折线		双点画线	粉红色

机械 CAD 绘图中图线线宽度设置的有关标准如表 10-4 所示。

表 10-4 图线宽度设置标准

组别	1	2	3	4	5	一般用途
	2.0	1.4	1.0	0.7	0.5	粗实线、粗点画线
	1.0	0.7	0.5	0.35	0.25	细实线、波浪线、双折线、细虚线、细点画线、双点画线

注：一般优先采用第 4 组。

(4) 参数的输入

1) 点的输入

点的输入有以下方法：

① 绝对坐标输入法　指定点：x,y

② 相对坐标输入法　指定点：@ $\Delta x,\Delta y$

“@”表示某点的相对坐标，例如，当前点的坐标为(12,8)，若输入相对坐标为(@3,-5)，则所指点为(15,3)。

③ 相对极坐标输入法　指定点：@距离<角度

如：@4<30.5，指距前一点为 4，角度为 30.5°。

④ 鼠标拾取法　将光标移到所需位置处单击，就输入该点。

⑤ 捕捉特征点法　利用对象捕捉功能捕捉当前图中的特征点。

2) 距离的输入

包括高度、宽度、半径、直径、列距/行距等。它们均有两种不同的输入方法：

① 数值方式　指定圆的半径：整数或实数。

② 位移方式　指定圆的半径：移动光标到某点。

采用位移方式输入距离时，AutoCAD 会在屏幕上显示一条由基点出发的橡皮筋，使输入距离直观地显现出来；若没有明显的基点时，将要求输入第二点。

3) 角度的输入

角度以度为单位，且以正 x 轴为基准零度，以逆时针方向为正方向。

输入格式为：

角度：60(度数)

或角度：用光标指定第一、第二点

数值采用十进制数，如输入 60 表示 60°角。采用指定点方式输入角度时，角度值由这两点的连接与正 x 轴之间夹角确定。

(5) 文本和特殊字符的输入

在尺寸标注和写文本操作时，需输入尺寸值和字符串，如：

输入标注文字：15(尺寸数值)

输入文字：ABCabc(字符串)

键盘上没有的字符称特殊字符，如：

%%d——度数符号“°”

%%P——正/负公差符号“±”

%%C——直径尺寸符号“ϕ”等。

当输入的命令或数据出错时,可用如下两种方法校正:

1）按 BackSpace 键一次删除一个字符。

2）按 Esc 键取消当前命令,重新输入命令或参数。

(6）对象的选取与捕捉

1）对象选取

在绘图或编辑图形时,常需选取对象,常用的方法有:

① 点选。用鼠标直接单击对象,对象被选中,之后可以继续进行点选,直至选中所有要选择的对象。

② W(Window)窗口方式。利用矩形窗口选取对象,在“选择对象”提示下输入“W”并回车,确定矩形窗口后,窗口内的对象被选中,窗口外和被窗口压住的对象均不能被选中。

③ C(Crossing)交叉窗口方式。也是利用矩形窗口选取对象,在“选择对象”提示下输入“C”并回车,确定矩形窗口后,窗口内以及被窗口压住的对象均被选中。

④ 全部(ALL)方式。在“选择对象”提示下输入“ALL”并回车,则全部对象均被选中。

2）对象捕捉

用户在绘图和编辑图形时,常需准确地找到某些特殊点(如直线的端点、圆心、垂足、切点等),利用 AutoCAD 提供的对象捕捉功能,可迅速、准确地捕捉这些点。

开启对象捕捉功能,可以利用“草图设置”对话框(下拉菜单“工具→草图设置”)设置隐含对象捕捉,如图 10-8 所示,还可利用“对象捕捉”工具栏(图 10-9)按钮执行对象的单点捕捉。例如要捕捉直线的端点,可点取“对象捕捉”工具栏中的“捕捉端点”按钮,然后将光标移到该直线附近,系统可自动捕捉到直线的端点。

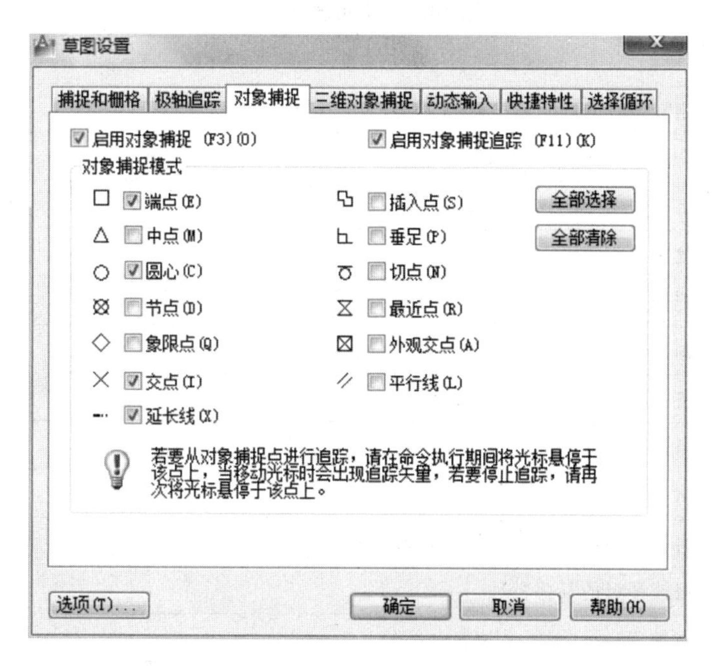

图 10-8　“草图设置”对话框

图 10-9 “对象捕捉”工具栏

二、AutoCAD 基本命令

1. 基本绘图命令

AutoCAD 常用的绘图命令如表 10-5 所示。

表 10-5 常用绘图命令

命令名	功能	菜单位置	命令名	功能	菜单位置
LINE	画直线命令	绘图	DONUT	画圆环命令	绘图
CIRCLE	画整圆命令	绘图	SOLID	画实心体命令	绘图
ARC	画圆弧命令	绘图	TRACE	画加宽线命令	绘图
PLINE	画多义线命令	绘图	HATCH	画剖面线命令	绘图
POINT	画点命令	绘图	BHATCH	动态写文本命令	绘图
DDPTYPE	设置点的大小和式样命令	格式	DTEXT	写文本命令	绘图
ELLIPSE	画椭圆命令	绘图	QTEXT	快显文本命令	绘图
POLYGON	画正多边形命令	绘图	STYLE	文本字样命令	格式

2. 基本编辑命令

AutoCAD 常用的编辑命令如表 10-6 所示。

表 10-6 常用编辑命令

命令名	功能	菜单位置
ERASE	删除画好的部分或全部图形	修改
OOPS	恢复前一次删除的图形	修改
MOVE	将选定图形位移	修改
COPY	复制选定图形	修改
ROTATE	旋转选定图形	修改
MIRROR	画出与原图对称的镜像图形	修改
SCALE	将图形按给定比例放大或缩小	修改
STRETCH	将图形的选定部分进行拉伸或变形	修改
EXTEND	将直线或弧线延伸到指定边界	修改
ARRAY	将指定图形复制成矩形或环形阵列	修改
CHANGE	修改图形的某些特性	—
TRIM	对图形进行剪切,去掉多余部分	修改

续表

命令名	功　　能	菜单位置
BREAK	将直线或圆、圆弧断开	修改
FILLET	按给定半径对图形倒圆角	修改
CHAMFER	对不平行两直线倒斜角	修改
PEDIT	编辑多义线	—
EXPLODE	将复杂实体部分分解成单一实体	编辑
U	取消刚执行过的命令	编辑
UNDO	取消一个或多个刚做过的命令	—
REDO	取消刚执行过的“U”或“UNDO”命令	编辑

三、图层

在 AutoCAD 中绘制的对象都具有图层、线型和颜色三个基本特征，AutoCAD 允许用户建立和选用不同的图层来绘图，也允许选用不同的线型和颜色绘图。对图层的操作主要在“图层特性管理器”对话框中进行。

执行 LAYER(下拉菜单“格式→图层”)命令，即可打开“图层特性管理器”对话框，如图10-10所示。

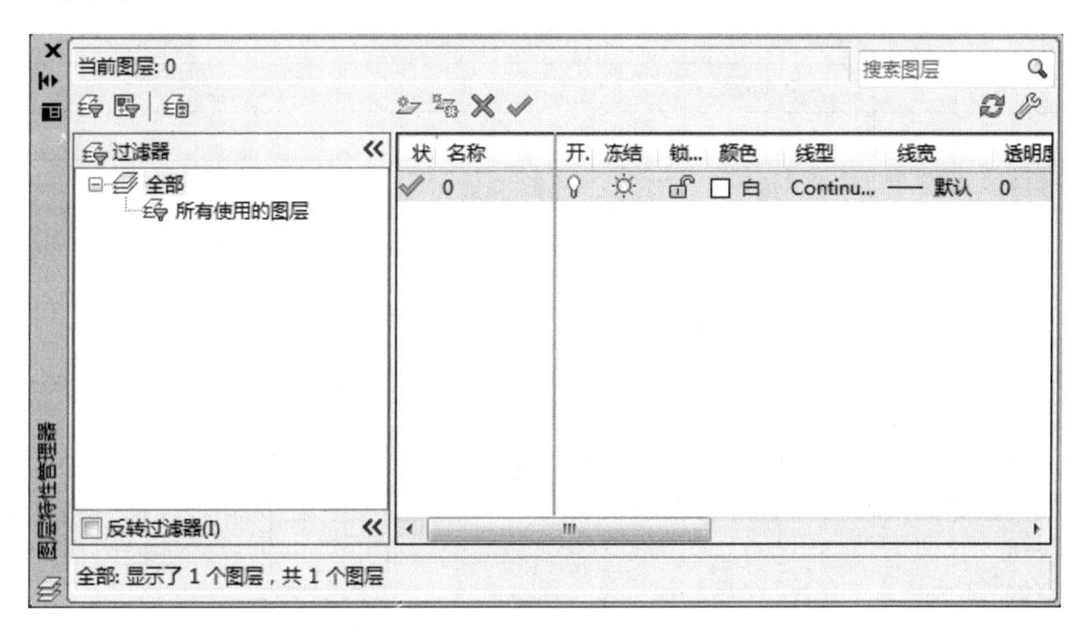

图 10-10 “图层特性管理器”对话框

1. 创建新图层

在“图层特性管理器”对话框中单击“新建图层”按钮。新图层将用临时名字“图层 1” 显示在图层列表中，输入新的图层名。要创建多个图层，可接着单击“新建图层”按钮，并输入新的图层名。

2. 图层状态设置

在“图层特性管理器”对话框或从“图层”工具栏的“图层控制”框中，即可对新创建图层的各种状态进行设置。图层具有当前、关闭（打开）、冻结（解冻）、锁定（解锁）等特性。

机械 CAD 绘图中图层设置的有关标准如表 10-7 所示。

表 10-7　图层设置标准

层号	描　述
01	粗实线、剖切面的粗剖切线
02	细实线、细波浪线、细双折线
03	粗虚线
04	细虚线
05	细点画线、剖切面的剖切线
06	粗点画线
07	细双点画线
08	尺寸线、投影连线、尺寸终端与符号细实线
09	参考圆，包括引出线和终端（如箭头）
10	剖面符号
11	文本、细实线
12	尺寸值和公差
13	文本、粗实线
14,15,16	用户自选

例 10-1　用 AutoCAD 绘制如图 10-11 所示的图形。

作图步骤

(1) 用 LIMITS、ZOOM 命令设置绘图范围。

命令:LIMITS（设置图形界限）

重新设置模型空间界限:

指定左下角点或［开（ON）/关（OFF）］<0.0000,0.0000>:回车（左下角坐标取(0,0)）

指定右上角点 <420.0000,297.0000>:100,80（根据图形大小确定右上角坐标）

命令:ZOOM

指定窗口的角点，输入比例因子（nX 或 nXP），或者

［全部(A)/中心(C)/动态(D)/范围(E)/上一个(P)/比例(S)/窗口(W)/对象(O)］<实

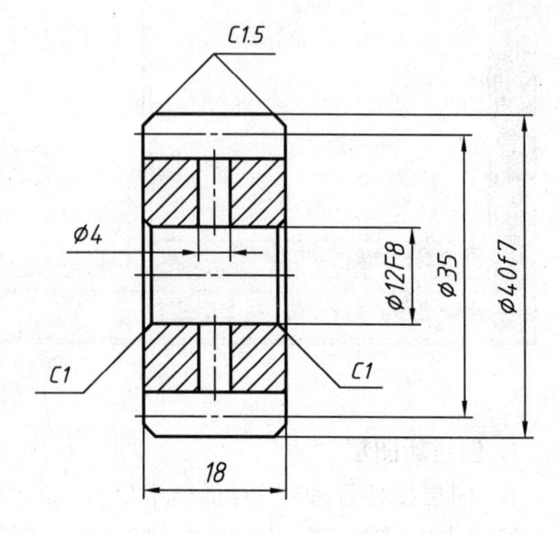

图 10-11　抄画图形

时>:A(全屏幕显示,屏幕上方状态行中将按已选取的图形界限显示 x、y 值)

(2) 为方便绘图以及图形的输出,用 LAYER 命令设置图层,如图 10-10 所示。

(3) 由图可知:所绘图形是上下、左右对称的,只要绘制出其中四分之一(如左上方)图形,即可用镜像的方法绘出整个图形。将图层"点画线"设为当前,用 LINE 命令画水平中心对称线与其上侧垂直点画线(可利用辅助功能 GRID、SNAP、ORTHO 画出垂直和水平线)。

命令:LINE(画水平中心对称线)

指定第一点:(单击一点作为起始点)

指定下一点或[放弃(U)]:(单击一点作为终止点)

指定下一点或 [放弃(U)]:回车(结束画线命令)

以相同过程画垂直点画线。

命令:OFFSET(用偏移命令画中心对称线上方点画线)

指定偏移距离或[通过(T)/删除(E)/图层(L)]<1.0000>:17.5(输入偏移的距离值)

选择要偏移的对象,或[退出(E)/放弃(U)]<退出>:(用鼠标选取中心对称线)

指定要偏移的那一侧上的点,或[退出(E)/多个(M)/放弃(U)]<退出>:(单击中心对称线上方任一点)

选择要偏移的对象,或[退出(E)/放弃(U)]<退出>:回车(结束偏移命令)

(4) 将图层"粗实线"设为当前,用 LINE 命令分别画中心线左上方粗实线轮廓,作图过程同步骤(3)。用 CHAMFER 命令进行倒角。

命令:CHAMFER

("修剪"模式)当前倒角距离 1=0.0000,距离 2=0.0000

选择第一条直线或[放弃(U)/多段线(P)/距离(D)/角度(A)/修剪(T)/方式(E)/多个(M)]:D(设置倒角距离)

指定第一个倒角距离<0.0000>:1.5

指定第二个倒角距离<1.5000>:回车(倒角的两个距离相等)

选择第一条直线或[放弃(U)/多段线(P)/距离(D)/角度(A)/修剪(T)/方式(E)/多个(M)]:(用鼠标选取欲进行倒角的第一条直线)

选择第二条直线,或按住 Shift 键选择要应用角点的直线以应用角点或[距离(D)/角度(A)/方法(M)]:(用鼠标选取欲进行倒角的第一条直线)

(5) 利用 MIRROR(镜像)命令画出右上侧。

命令:MIRROR

选择对象:(选取所画线,孔中心线除外):找到 8 个

选择对象:回车(结束对象选择)

指定镜像线的第一点:(用鼠标在垂直点画线上点取一点)

指定镜像线的第二点:(用鼠标在垂直点画线上点取另一点)

要删除源对象吗? [是(Y)/否(N)]<N>:回车(不删除源对象)

用相同过程作出水平对称中心线下方图形。

(6) 用 BHATCH 命令绘制剖面线。完成图形,如图 10-12 所示。

从本例中可以看出,除具备基本的作图知识外,同时还应灵活地运用

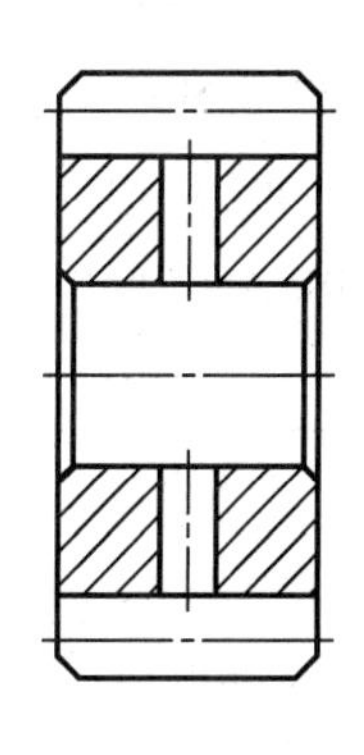

图 10-12 绘制图形

AutoCAD 系统所提供的各种辅助功能,才能高质量地绘制出图形。

四、尺寸标注

图形的主要作用是表达物体的形状,物体的各部分的真实大小和它们之间的相对位置只能通过尺寸确定,因此尺寸标注在工程图样中是重要的一个组成部分。

1. 尺寸样式

执行 DIMSTYLE 命令(下拉菜单“标注→标注样式”或“格式→标注样式”),弹出“标注样式管理器”对话框,如图 10-13 所示。在该对话框中,即可创建、修改标注样式。

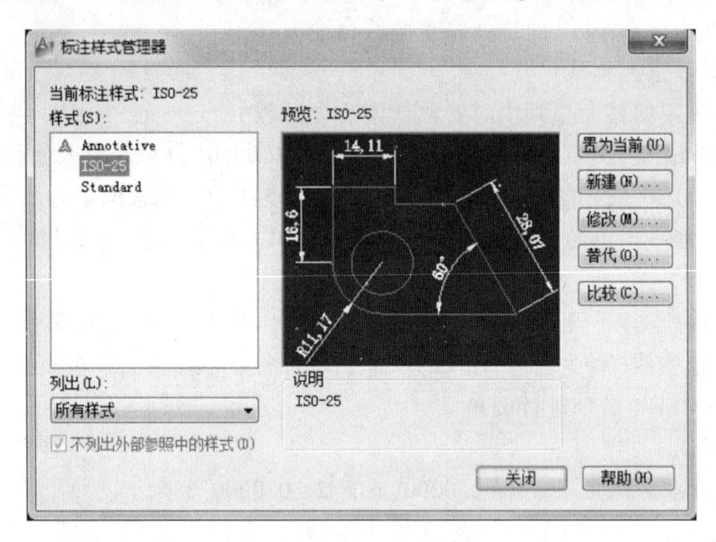

图 10-13 “标注样式管理器”对话框

2. 常用尺寸标注类型

AutoCAD 常用的尺寸标注命令如表 10-8 所示。

表 10-8 尺寸标注命令

命令名	功　能	菜单位置
DIMLINEAR	线性标注	标注
DIMALIGNED	对齐标注	标注
DIMBASELINE	基线标注	标注
DIMCONTINUE	连续标注	标注
DIMANGULAR	标注角度尺寸	标注
DIMDIAMETER	标注直径	标注
DIMRADIUS	标注半径	标注
MLEADER	引线标注	标注
DIMORDINATE	坐标标注	标注
TOLERANCE	标注形位公差	标注

3. 编辑尺寸标注

编辑尺寸标注包括修改尺寸的标注样式，改变尺寸文本的位置、数值、属性等。常用的方法有以下几种：

（1）利用夹点编辑尺寸位置。利用夹点编辑尺寸，可以改变尺寸线和尺寸文本的位置。

（2）利用“标注”工具栏按钮编辑尺寸。利用该工具栏中的“编辑标注”、“编辑标注文字”和“标注样式”按钮，可以修改尺寸文本数值、位置以及尺寸的标注样式。

（3）利用“特性”对话框编辑尺寸。利用该对话框，可以修改尺寸的颜色、图层、线型、尺寸文本数值、标注样式等。

例 10-2 对图 10-12 所示的图形进行尺寸标注。

作图步骤

（1）用 DIMSTYLE 命令创建一“线性”尺寸样式，如图 10-13 所示。

（2）用命令标注线性尺寸。

命令：DIMLINEAR（标注尺寸 ϕ12F8）

指定第一条尺寸界线原点或<选择对象>：确定第一条尺寸界线位置

指定第二条尺寸界线原点：确定第一条尺寸界线位置

指定尺寸线位置或

[多行文字(M)/文字(T)/角度(A)/水平(H)/垂直(V)/旋转(R)]：M（在尺寸数字前加入直径符号）

指定尺寸线位置或

[多行文字(M)/文字(T)/角度(A)/水平(H)/垂直(V)/旋转(R)]：确定尺寸线位置

标注文字 = 12

相同的过程标注尺寸 ϕ35、ϕ40f7、ϕ4、18。

（3）用 MLEADER 命令标注倒角尺寸。

命令：MLEADER

指定引线箭头的位置或[引线基线优先(L)/内容优先(C)/选项(O)]<选项>：（回车对引线进行设置）

指定引线箭头的位置或[引线基线优先(L)/内容优先(C)/选项(O)]<选项>：（确定引线的起始点）

选择最后一点：（确定引线的终点）

指定文字宽度<40.8779>：

（在多行文字编辑器中输入倒角大小“*C*1”）

以相同的过程标注倒角尺寸 *C*1.5。

标注完毕后的图形如图 10-11 所示。

五、块

块是绘制在几个图层上的不同颜色、线型和线宽特性的对象的组合，是 AutoCAD 为用户提供的管理对象的重要功能之一。块是一个单一的对象，通过拾取块中的任一条线段，就可以对块进行编辑。

AutoCAD 常用的块命令如表 10-9 所示。

表 10-9　常用块命令

命令名	功　能	菜单位置
BLOCK	将所选图形定义成块	绘图
WBLOCK	将指定对象或已定义过的块存储为图形文件	—
INSERT	将块或图形插入当前图形中	插入
ATTDEF	定义块属性	绘图
ATTEDIT	更改属性特性	修改
BATTMAN	管理当前图形中块的属性定义	修改

例 10-3　将粗糙度符号定义为块,插入到图 10-11 所示的图形中。

作图步骤

(1) 绘制块图形如图 10-14 所示。

(2) 为便于在插入块的同时加入表面粗糙度数值,实现图形与文本的结合,可执行 ATTDEF 命令(下拉菜单"绘图→块→定义属性"),在"属性定义"对话框中给表面粗糙度符号添加块属性,设置情况如图 10-15 所示,其中文字的高度最好与图样中的字体高度保持一致。

图 10-14　表面粗糙度符号

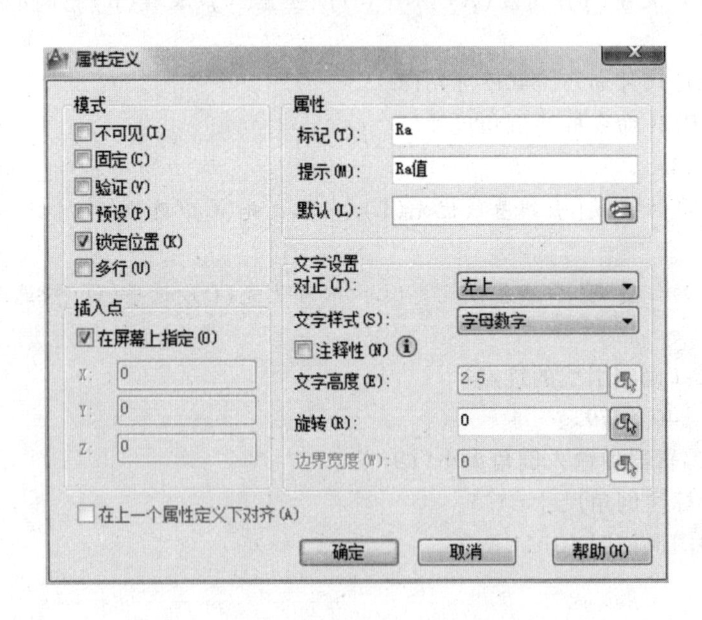

图 10-15　"属性定义"对话框

(3) 执行 BLOCK 命令(下拉菜单"绘图→块→创建"),利用"块定义"对话框将第一个表面粗糙度符号连同所定义的块属性定义成块,设置情况如图 10-16 所示。

图 10-16　“块定义”对话框

(4) 执行 WBLOCK 命令,会弹出“写块”对话框,在该对话框中将所定义的块“粗糙度符号1”存储为图形文件,使之可插入其他图形文件。设置情况如图 10-17 所示。

图 10-17　“写块”对话框

(5) 利用 INSERT 命令(下拉菜单“插入→块”),在“插入”对话框中将所要插入的块调入,设置情况如图 10-18 所示,其中“缩放比例”与“旋转”两项也可根据实际绘图情况选择“在屏幕

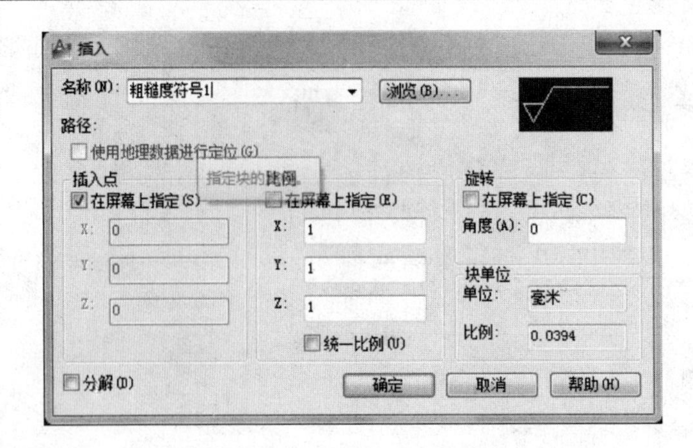

图 10-18　"插入"对话框

上指定"。标注表面粗糙度符号后的图形如图 10-19 所示。

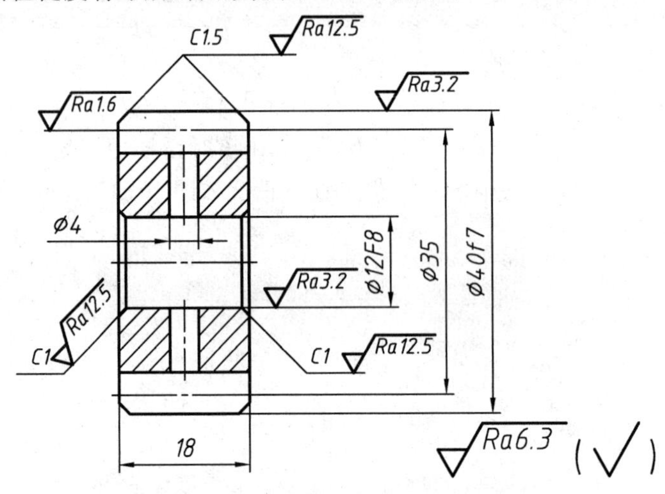

图 10-19　插入表面粗糙度符号后的图形

§ 10.2　三维造型基础

在生产和设计实践中,基于三维造型的参数化设计所占的比例越来越大。一方面,设计思想所表达的大多是三维立体,借助二维工程图形表达三维立体本来就是一定技术手段条件下的方法,计算机技术为三维设计技术的发展和普及提供了条件;另一方面,和传统设计方法不同,现代设计需要对设计对象进行仿真和优化分析,而仿真分析必须在设计对象的三维数字模型上进行。

Inventor 软件是 Autodesk 公司 1999 年 10 月推出的三维造型软件。该软件易学易用,是初学者的首选软件。

本书以 Inventor 2012 为例,简要介绍 Inventor 的内容,重点介绍如何运用 Inventor 软件进行零件造型的思路和方法。有关 Inventor 的详尽讲解,需查阅 Inventor 操作手册和有关参考书。

在具体介绍软件的使用之前,先介绍三维造型的思路、Inventor 设计中的几个概念和 Inventor

零件设计的流程。

一、三维造型的基本思路

三维造型的相关软件很多,虽然设计风格、核心算法各有不同,但是三维造型的思路和方法却基本相同。复杂立体的三维造型实质上是采用工程制图中组合体读、画图所采用的形体分析(分解)的方法,把复杂立体分解为简单的部分,按照每部分各自的特点采用不同的特征造型方法完成,进而完成整个零件。有了形体分析的基础,掌握了三维造型软件基本的特征工具(如拉伸、旋转、扫掠、放样)和工作平面的概念,就掌握了三维造型设计的基本思路。

二、Inventor 设计中的几个概念

1. 特征

特征是零件造型的基本单元。在组合体的形体分析中,对复杂的组合体利用形体分析的方法,将它分解为若干熟悉的平面和曲面立体。分解的目的就是使分解后的每一部分都是熟悉的,都有现有的方法画出它们的视图,把每个部分的视图画出后,再按投影和国家标准的相关规定解决各部分之间的相贯线即可。

零件造型中的特征概念和此相似。复杂的零件不可能一次完成其造型,可以使用类似形体分析的方法将其分解为若干部分,其中每一部分都可以使用 Inventor 的一个造型命令完成。这每一次完成的部分就相应地称之为一个特征,如一个拉伸特征、一个旋转特征等。需要说明的是,除圆角、倒角等附加特征以外,拉伸、旋转、扫掠和放样等基本特征必须基于一个草图,而要绘制草图就必须先给出绘制草图的平面。

2. 草图

拉伸、旋转、扫掠和放样等基本特征,实质上使用或近似地使用了工程制图中的特征视图的概念。草图的绘制就类似特征视图的绘制,然后对该草图进行一定的操作形成一个特征。在工程制图中读图的时候首先抓特征视图,在三维造型中主要特征总是基于绘制的草图。三维造型的实质就是在特定的工作平面上一系列草图的绘制和特征的使用。

Inventor 中的草图绘制和 AutoCAD 中的二维工程图绘制的概念稍有差别。Inventor 草图在初始绘制阶段不要求严格按设计的形状和大小进行,而是在基本雏形完成以后施加相应的形状、位置约束和相应的尺寸驱动。不仅在草图绘制阶段可以对其尺寸驱动,即便是草图绘制结束,完成基于这个草图的特征以后,还可以在特征浏览器中双击草图进行编辑,重新修改尺寸进行驱动,草图修改结束后,特征也随之改变。

草图的绘制必须在一个平面上进行,在刚开始造型阶段,系统默认在 *XOY* 平面上建立第一个草图。在有了第一个特征以后,可以以现有特征的平面表面作为新建草图的平面。当现有特征的平面表面不能满足草图位置要求时,就需要在特定位置建立工作平面。

3. 工作平面、工作轴、工作点

不仅有些草图需要在特定的位置先建立工作平面,在特征造型的过程中也需要一些辅助平面作为特征中止面、镜像特征的镜像面等。

所以在特征造型中,除了草图绘制以外,还需要建立相应的工作点、工作轴和工作平面,它们在特征造型中可以作为特征的对称面、中止面、旋转轴等辅助手段。

工作点、轴、平面的生成原理很简单：利用原始坐标系和现有特征上的已有点、线、面、曲面轴线等，所有可以确定一个平面位置的手段都可以使用。在建立工作平面时，工作平面和已有平面之间的位置关系也可以尺寸驱动。

三、Inventor 基本界面与操作

从桌面快捷方式或程序栏启动 Inventor，在“如何开始”选项下单击“新建”按钮后，打开图10-20所示的“新建文件”模板选择界面。

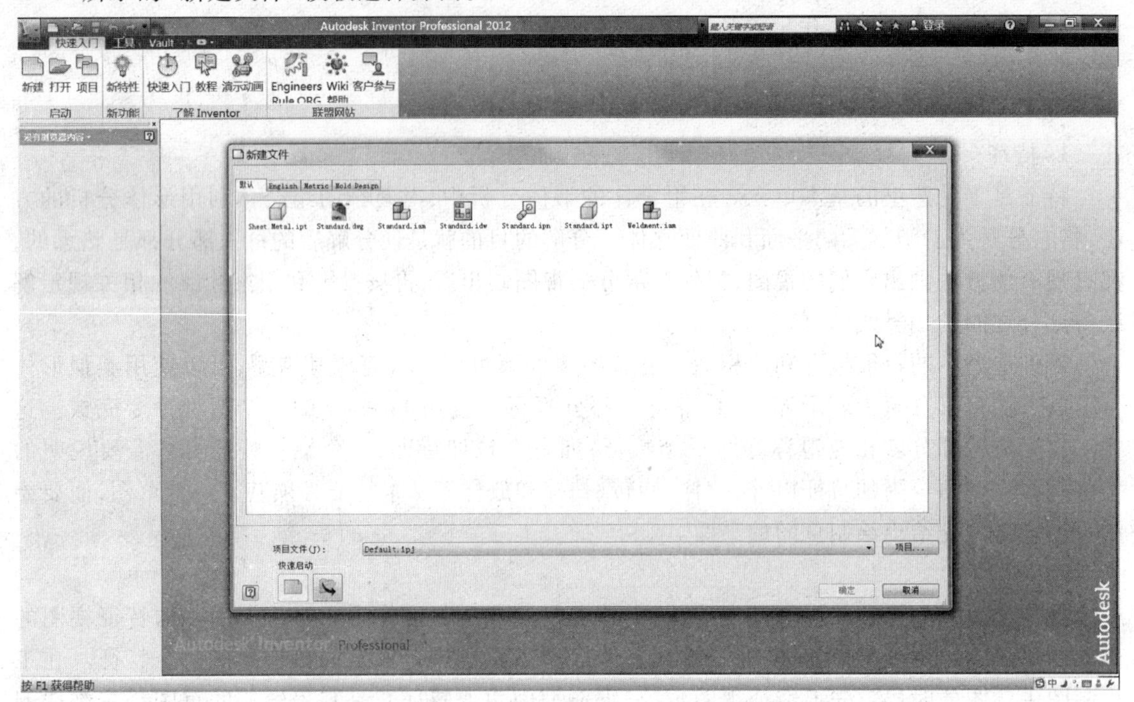

图 10-20　“新建文件”模板选择界面

“新建文件”模板选择界面显示默认的绘图标准模板，包括零件、部件、工程图、钣金零件、表达视图、焊接等。选择零件模板(standard.ipt)即可进入零件造型设计。

四、Inventor 零件设计流程

1. Inventor 零件设计流程

Inventor 零件设计过程可以用图 10-21 所示的流程表示。

在从无到有创建零件时，零件的创建总是从一个基于草图的零件创建，所以在“新建零件”模板选择界面单击零件模板(standard.ipt)进入零件设计时，系统自动进入图 10-22 所示的草图绘制模式。

Inventor 用户界面由面向任务的浏览器和工具面板、工具栏、系统菜单和在线的设计支持系统等构成。具有 Windows 风格的多文档界面允许同时打开一个或多个文档，同时用户界面也会因当前激活的文档不同而不同。

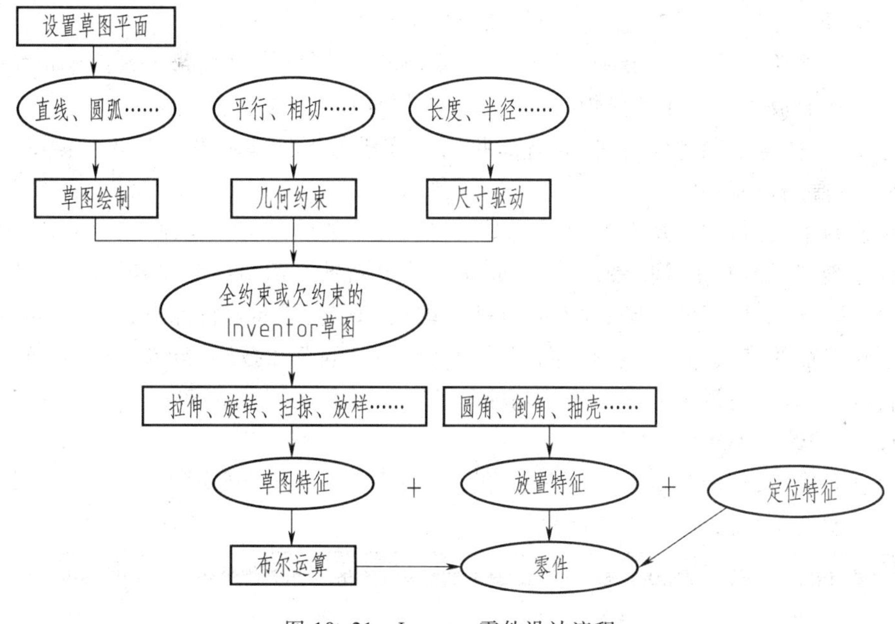

图 10-21　Inventor 零件设计流程

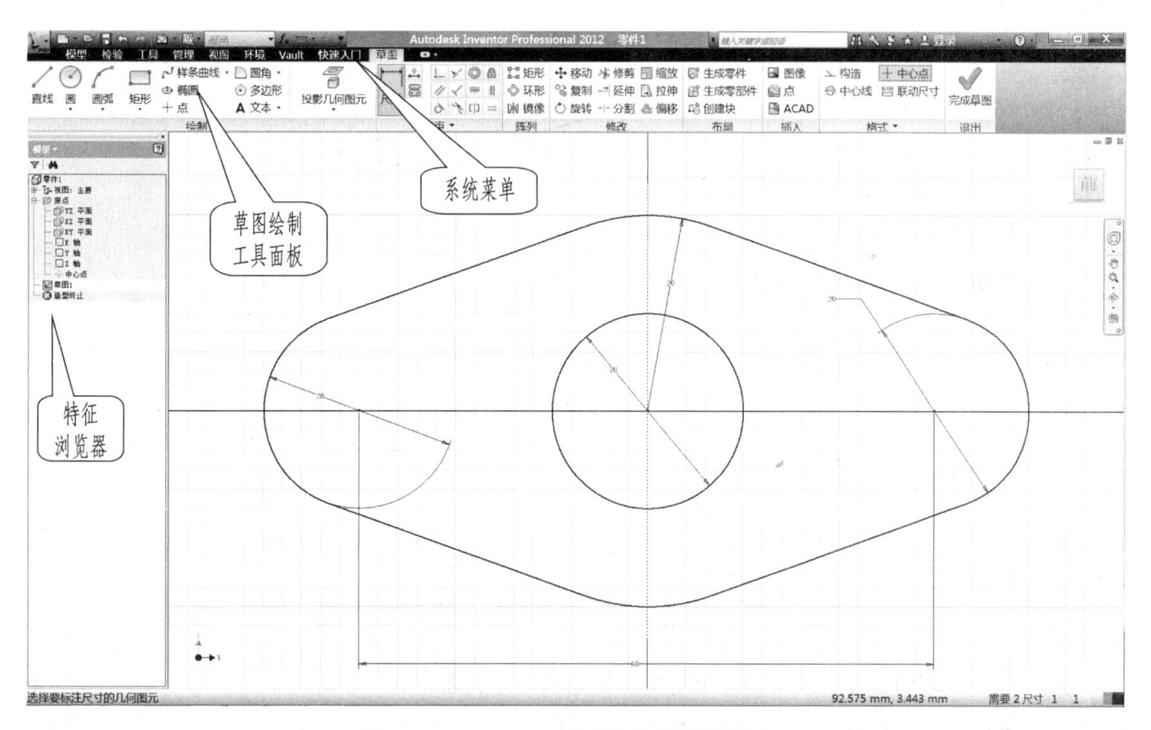

图 10-22　Inventor 零件设计草图绘制界面

面向任务的浏览器和工具面板是指：当任务不同时，该浏览器和工具面板也随之改变。例如，现在是在零件造型下的草图绘制模式，浏览器显示的就是零件造型下的特征浏览器；工具面板就是绘制草图的一系列工具。草图绘制结束后，仍然是在零件造型任务下，浏览器不变，仍然是特征浏览器，但是工具面板随之切换为特征造型工具面板。

如果是在部件任务下，浏览器随之切换为组成该部件的零件浏览器，工具面板也切换为施加装配约束的工具面板。其他任务如焊接、工程图等，同样如此。

也就是说，在执行不同的任务时，只有那些用于该任务下该环境的工具才被激活显示，这样可简化界面，方便用户使用。

在草图绘制工具面板中，从左往右是绘图、编辑、尺寸和约束等相关命令，尺寸和约束等部分命令也可以在绘图区域右键菜单弹出。Inventor 使用了先进的草图导航器，可以自适应地进行草图设计，包括动态感应鼠标的运动、动态智能捕捉端点、中点、圆心等特殊点，自动添加草图约束，支持用于创建特征的多截面、跨截面草图、共享草图、关联的草图投影、绘制多边形、阵列草图、对称草图进行设计、方便灵活的草图编辑等功能。鉴于该软件的易用性和前面 AutoCAD 的二维绘图基础，对草图的绘制不再详述。

草图绘制完成后，绘图区域右键关联菜单击选择“结束草图”进入特征造型，工具面板自动切换到特征造型的工具面板，如图 10-23 所示。

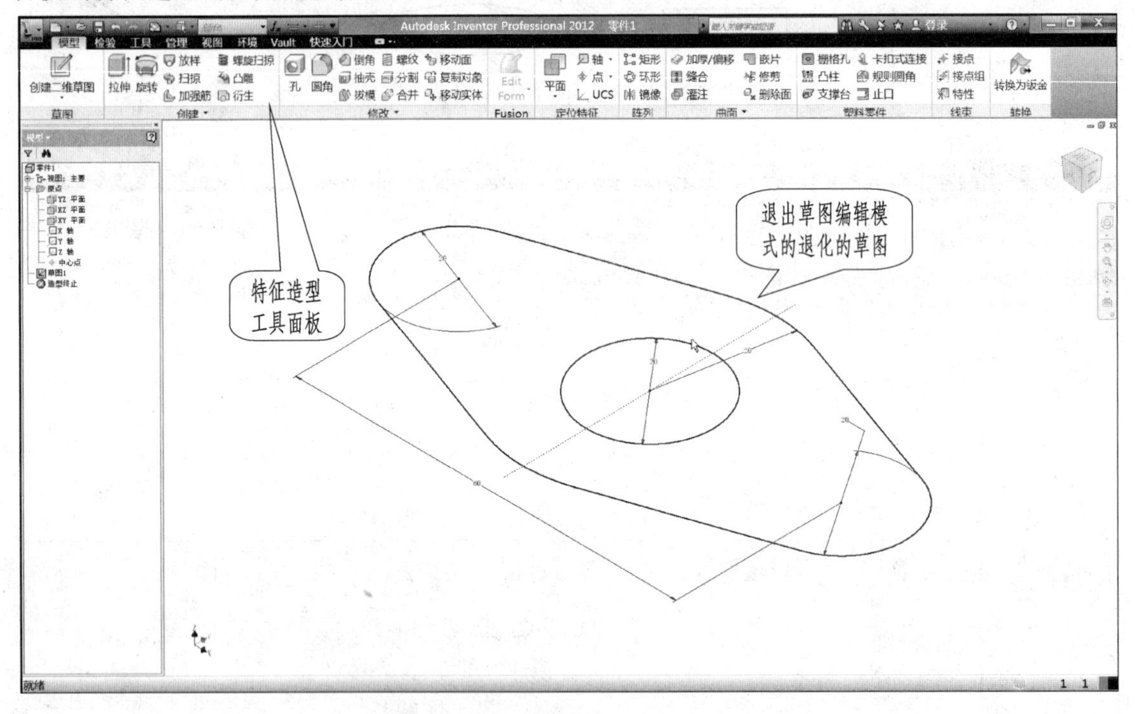

图 10-23　Inventor 零件设计特征造型界面

特征造型工具面板从左往右分别列出了基础特征、放置特征、特征工具等一系列工具，单击相应的工具会出现与之对应的对话框，根据该特征需要的交互条件，对话框提示相应的选择和参数输入，图 10-24 是拉伸特征的弹出对话框。

2. Inventor 帮助的使用

Inventor 提供了完美的在线帮助，单击弹出菜单上的问号按钮或者在下拉菜单中选“帮助”，输入相关命令检索，将获得图文并茂的详细的帮助。图 10-25 是关于拉伸特征的中止方式的帮助。

图 10-24 拉伸特征的弹出对话框

图 10-25 关于拉伸特征的中止方式的帮助

帮助对选项卡上每个选项、参数都有详尽的说明，部分说明还配有图例，相关联问题通过超链接可以快捷访问。参考帮助比阅读图书更方便，所以下面通过一个具体的实例说明 Inventor 软件的造型设计思路和方法，而不对命令进行逐个的具体的讲解。

五、Inventor 造型设计实例

图 10-26 是根据本书习题集 4-21 中的二维视图所做的三维立体，通过这个立体的造型过程可以对 Inventor 软件的设计思路有基本的了解。

1. 零件构型分析

首先对要设计造型的形体进行分析，该组合体底板上有四个圆角和孔，这些放置或次要特征不要在底板的草图中出现，而是在等底板部分特征完成之后再加上这些特征。

中间的结构可以通过拉伸完成，但是圆角特征不建议在草图上出现，而是在特征完成后放置圆角特征。

其余的特征可以分别通过增加或去除材料的拉伸完成，只不过需要在相应的平面上绘制草图。

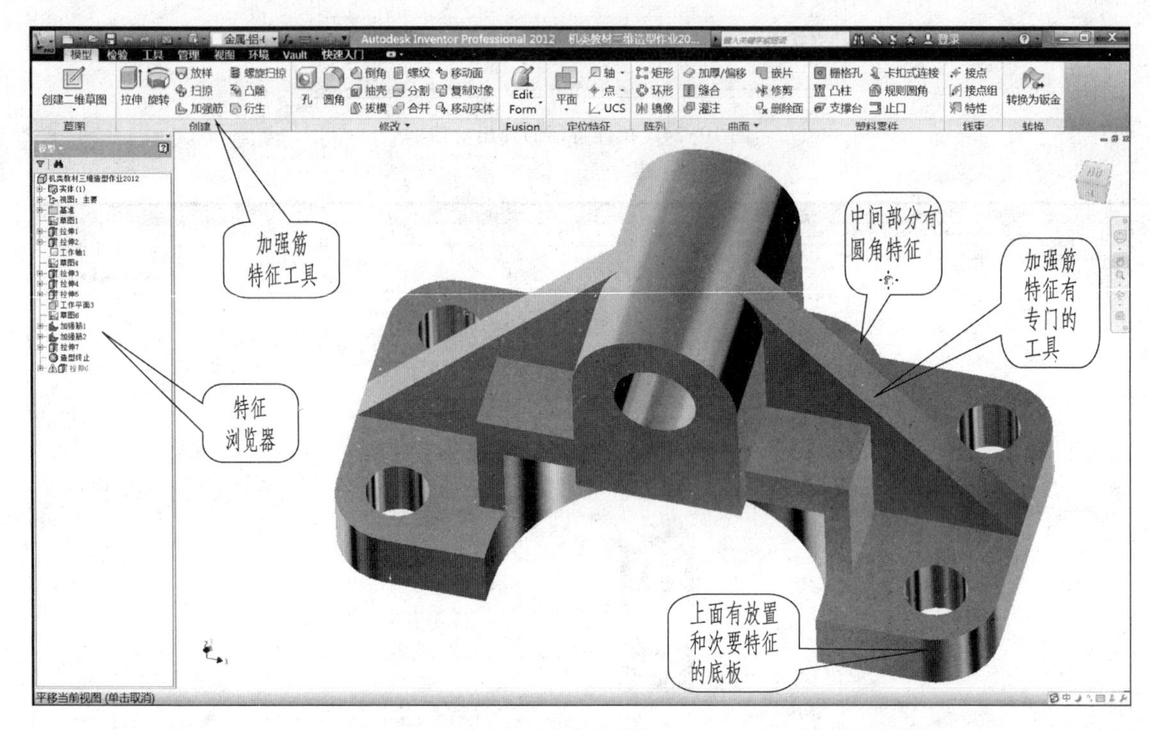

图 10-26 零件构型分析

2. 零件造型过程

以下是该零件的造型过程：

(1) 底板的造型

新建零件，因为该零件目前没有任何特征，而新建的特征要基于草图，系统自动进入以 *XOY* 为绘图平面的草图模式，并显示草图工具面板。

单击“矩形”绘制工具，绘制矩形。绘图区点击鼠标右键，弹出快捷菜单，选择“添加尺寸”，或者直接在草图绘制工具面板点选“通用尺寸”添加尺寸 80 和 160，草图被该尺寸驱动。

对绘制矩形的一条竖直边中点施加水平约束，使其和坐标原点在草图投影平面中的投影点水平，对其一条水平边的中点施加竖直约束，使其和坐标原点在草图投影平面中的投影点竖直，这样矩形的中心就和坐标原点的投影重合，这样的约束有利于后续的操作，这一点可在镜像加强筋特征的时候体会。

绘图区点击鼠标右键，在打开的快捷菜单中选择“结束草图”或在工具栏单击“返回”结束草图，系统切换到特征造型环境，工具面板自动切换到特征造型工具面板。

在特征造型工具面板点选“拉伸”，系统自动选择草图中唯一的封闭区域（如果不唯一，需要手动选择，要选择多个区域，需要按住 Ctrl 键）。在距离栏中输入拉伸距离“15”，绘图区出现拉伸预览，如图 10-27 所示。

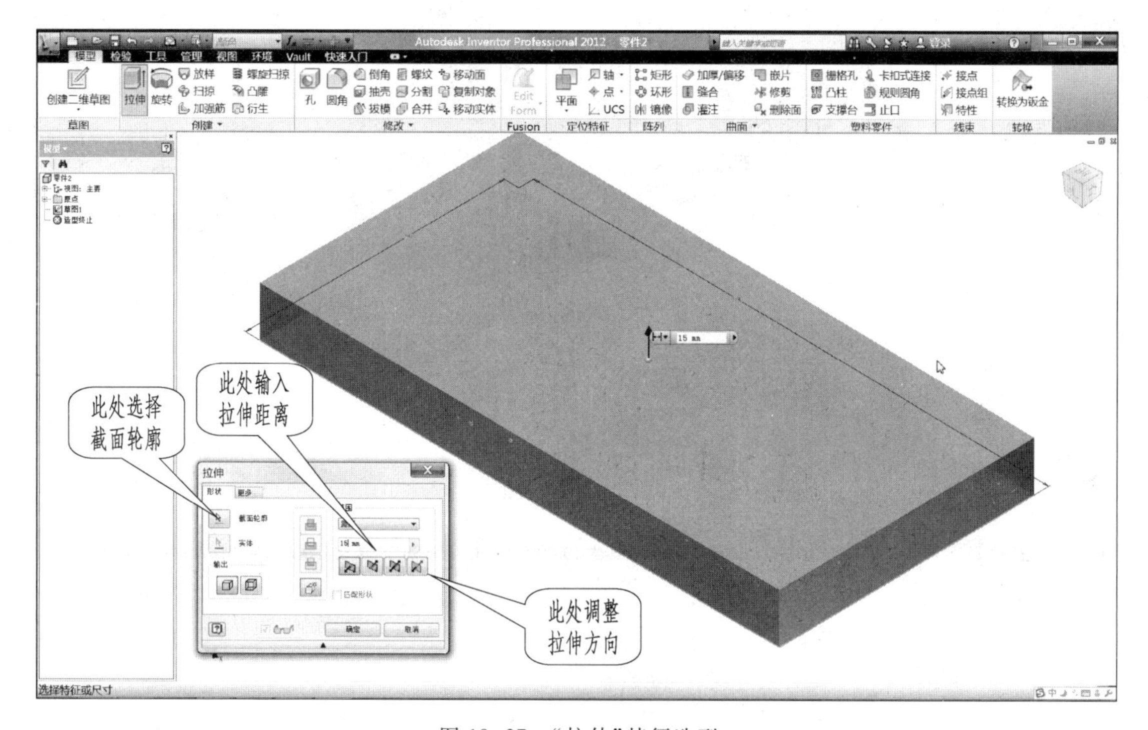

图 10-27　“拉伸”特征造型

底板拉伸特征形成后，在特征工具面板选择圆角特征工具，输入圆角半径“15”，选择底板的 4 条需要加圆角的边，如图 10-28 所示。

圆角特征不需要草图，但是要在底板上加孔特征，需要在底板上绘制草图，定位孔心。在绘图区点击鼠标右键，在打开的快捷菜单中选择“新建草图”，点选底板的上表面，此时底板的上表面就作为此草图的绘制平面。

在草图工具面板点选“点、孔中心点”，以四个圆角的圆心为定位，画出四个中心点（如果孔中心点和四个圆角的圆心不重合，需要施加相应的位置和尺寸约束）。

草图绘制结束，在特征工具面板选择“打孔”，选择孔的形式、输入孔径、孔深或选择相应的终止方式，然后单击“确定”按钮，如图 10-29 所示。

（2）中间部位的拉伸和圆角特征

以同样的方式在底板上表面绘制草图，此时的草图需要相对于底板轮廓前后尺寸约束定位和左右居中定位，对两条平行线中点施加水平或竖直约束可以施加居中的位置约束定位。如图 10-30 所示，拉伸出中间部分，并添加圆角。

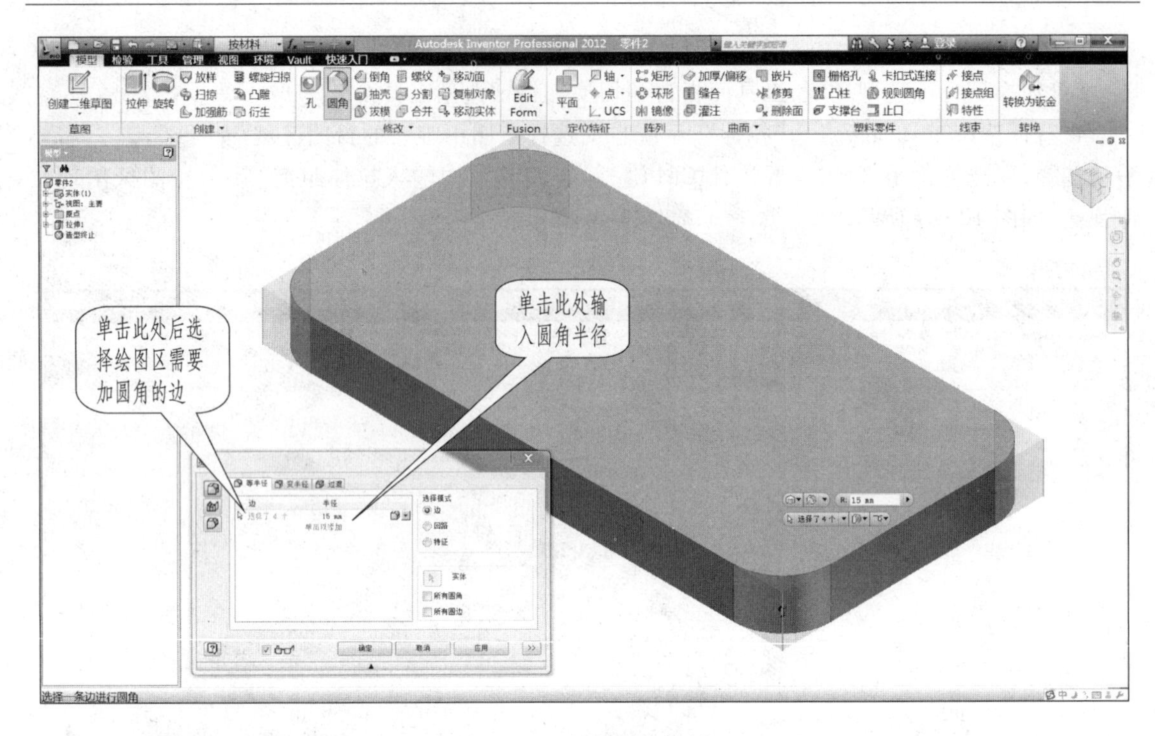

图 10-28　添加圆角特征

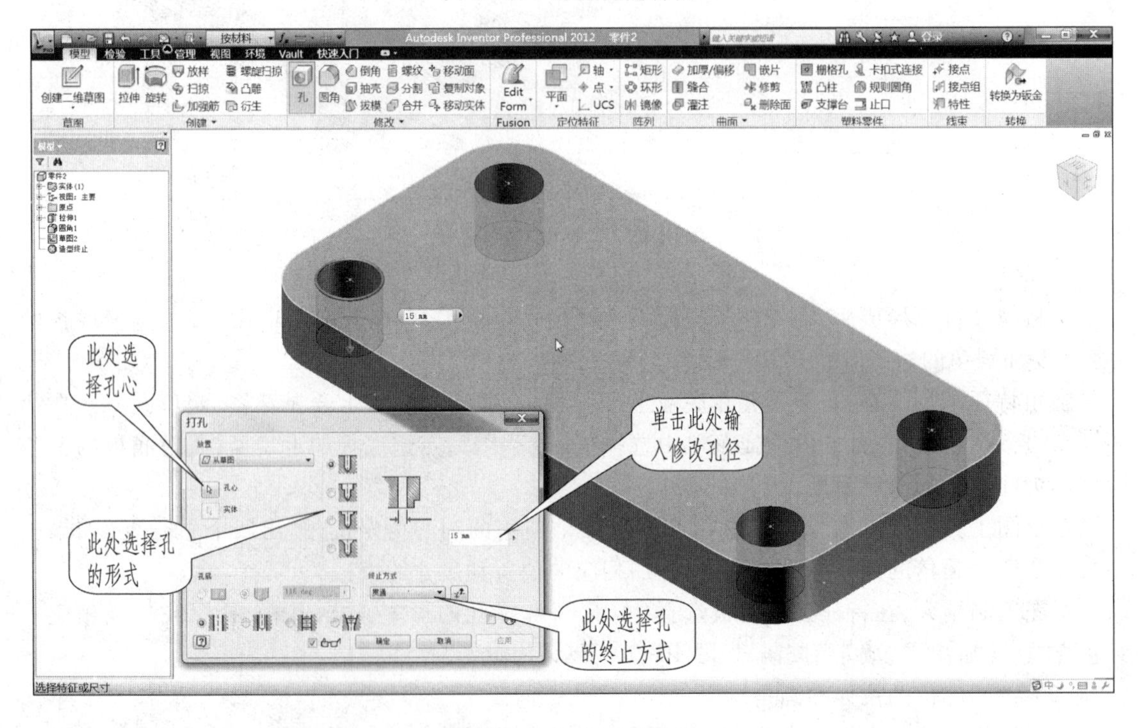

图 10-29　添加打孔特征

上面的半圆柱和长方体部分需要从前往后的拉伸，而且其前端面和现有特征的表面不相平齐，需要在前端面位置建立工作平面。

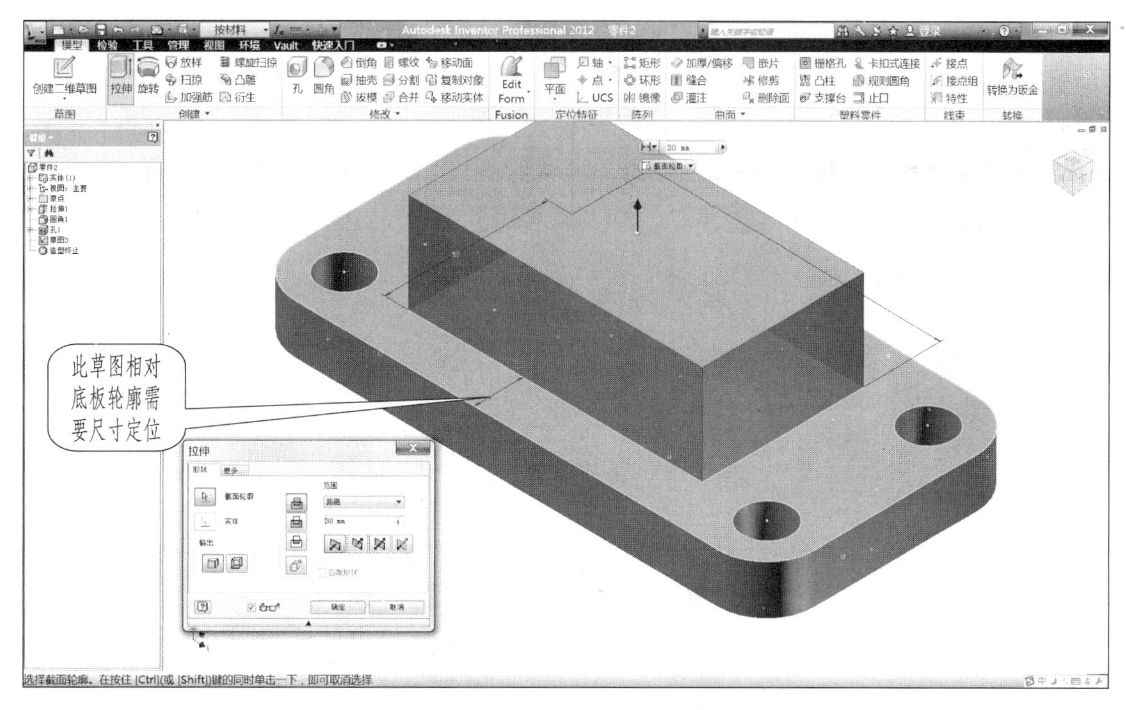

图 10-30　草图相对原有特征边精确定位

(3) 工作平面的建立和使用

在特征工具面板单击“工作平面”,单击底板前表面,拖动此表面上出现的工作平面(点取角点拖动),绘图区出现尺寸输入窗口,如图 10-31 所示。输入精确定位尺寸,完成工作平面的建立。

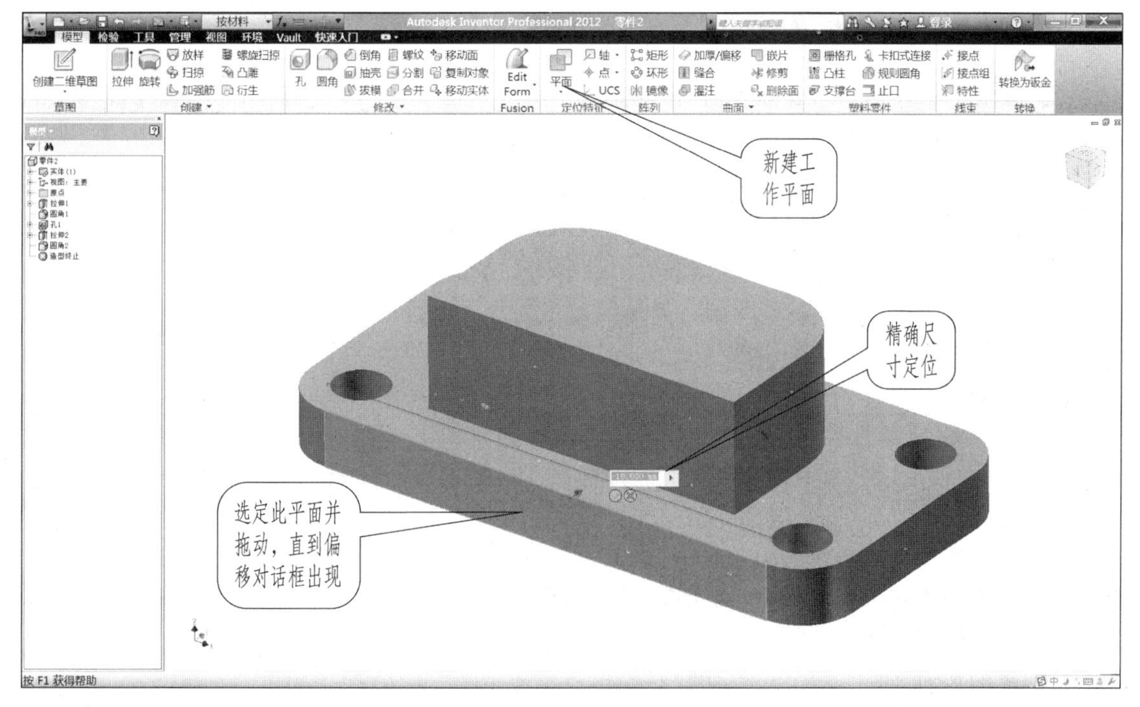

图 10-31　精确定位工作平面位置

新建草图,选择新建的工作平面,则此工作平面作为草图的绘制平面。因为工作平面和已有特征表面不相平齐,需要投影已有特征边到草图绘制平面作为精确定位草图的基准,如图 10-32 所示。

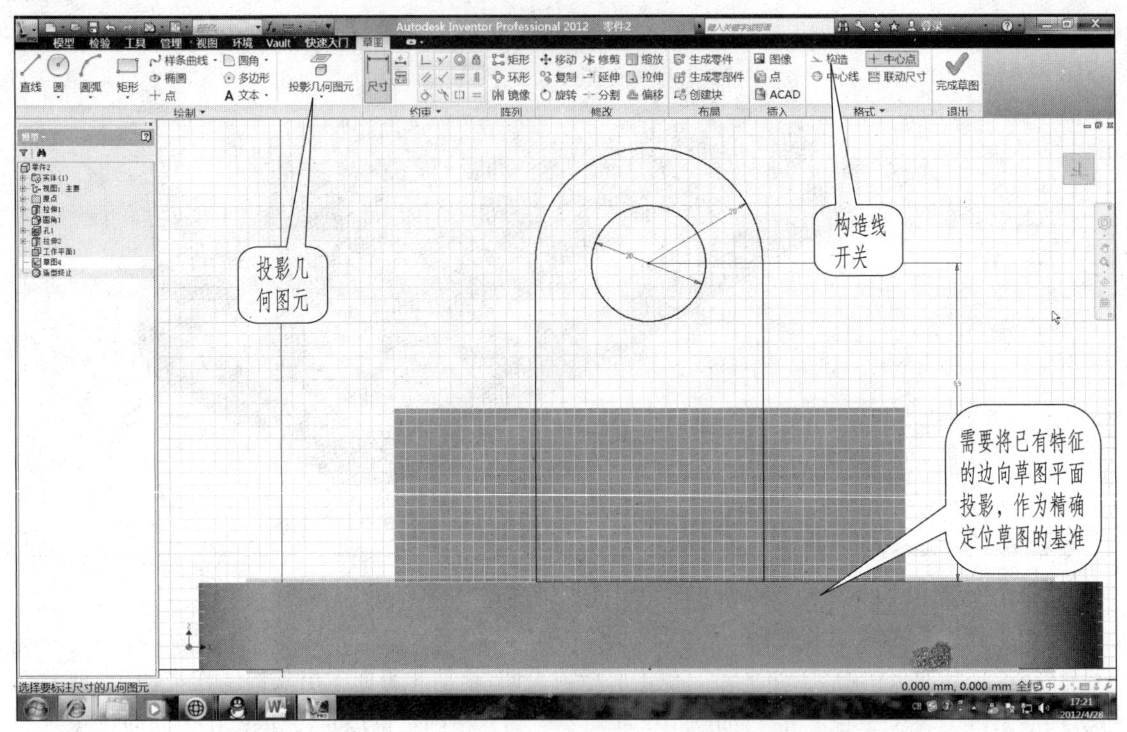

图 10-32 投影已有特征边到草图绘制平面作为精确定位草图的基准

在投影特征边作为定位基准之前,打开构造性开关并在投影之后画草图线之前关闭。本例中草图的左右居中定位可以通过在构造线中点和草图圆心之间施加竖直约束获得。

(4) 加强筋特征

加强筋草图的平面需要绘制在底板的前后对称平面上,因为底板草图中心和坐标原点重合,所以原始坐标平面中的 *XOZ* 平面就是底板的前后对称平面。在特征浏览器中展开原始坐标系,选中 *XOZ* 平面,在其上新建二维草图。加强筋的草图为一条直线,在绘制此草图的同时,也需要投影现有特征的边作为定位和直线端点捕捉的基准。图 10-33 所示为添加“加强筋”特征。

如果不使用原始坐标平面作为加强筋的草图平面,则需要在底板的前后对称平面位置新建工作平面。Inventor 软件提供了过两个平行平面对称面建工作平面的方法,请自行参考帮助。需要注意的是,如果采用平面偏移一定距离的方法建立这个工作平面,虽然在某一尺寸建立的工作平面是底板的前后对称平面,但是并不是严格意义上的对称平面概念,请自行思考为什么。

因为两边的加强筋形成方向相互干扰,两边的加强筋需要两次生成。两次生成可以使用在同一个草图中的不同轮廓,不需要画两次草图,只需要把草图共享,每次生成加强筋时选不同的轮廓即可。草图共享的方法:第一个加强筋特征形成后,在特征浏览器中单击展开加强筋特征,选中该特征的草图,点击鼠标右键,在打开的快捷菜单中选“共享草图”即可。

当然更便捷的方式是使用镜像特征,镜像平面可以是特征表面、工作平面、原始坐标平面,在

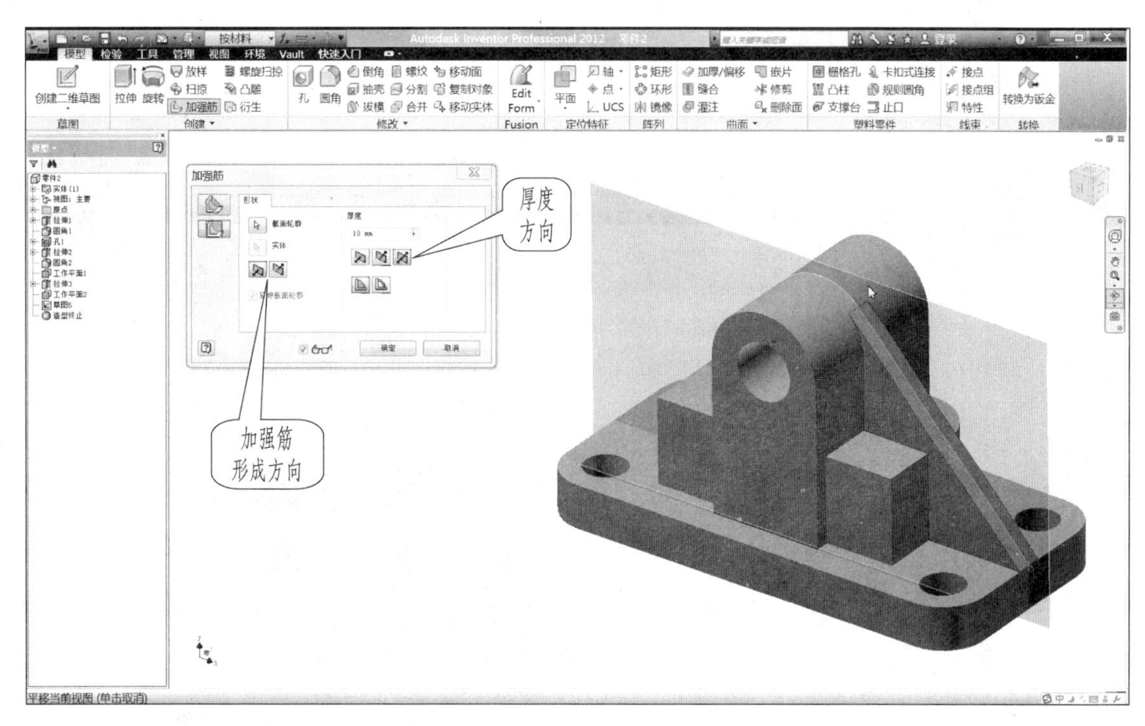

图 10-33　添加“加强筋”特征

本例中，因为底板草图中心和坐标原点的投影重合，可以以 *YOZ* 坐标平面为镜像平面而不需要为镜像特征新建工作平面。镜像生成另一边加强筋如图 10-34 所示。

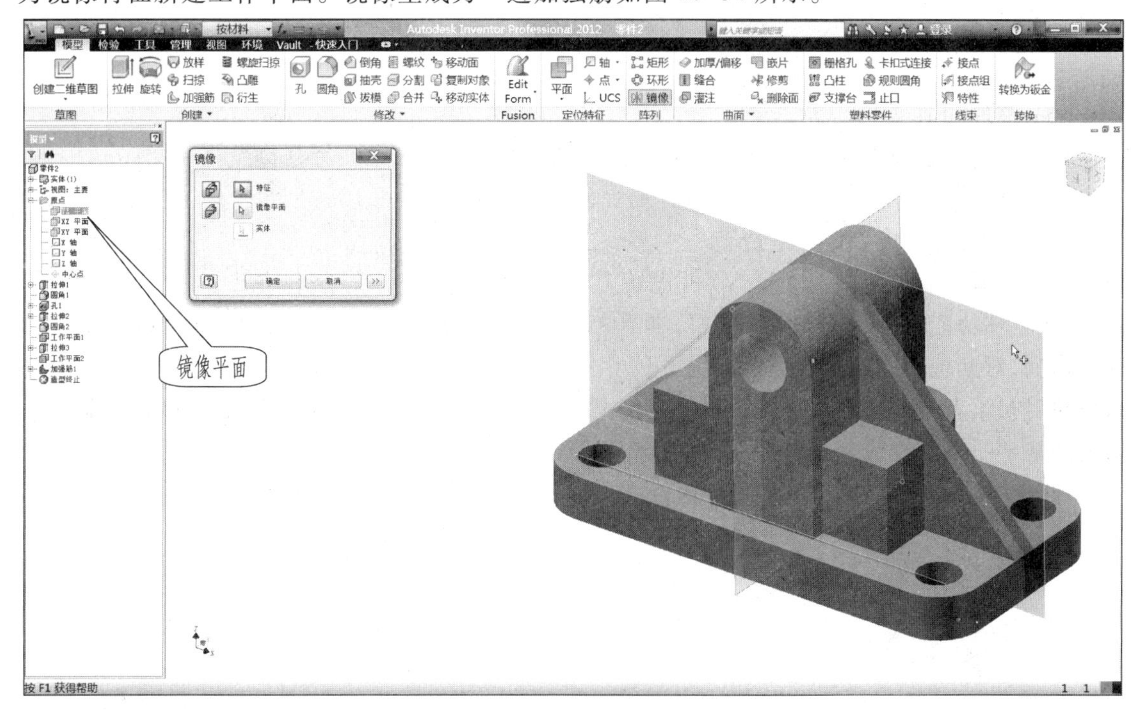

图 10-34　镜像生成另一边加强筋

(5) 去除材料的拉伸特征

以底板的下表面为草图平面绘制草图,以去除材料的方式拉伸去除底板中间部分,如图10-35所示。

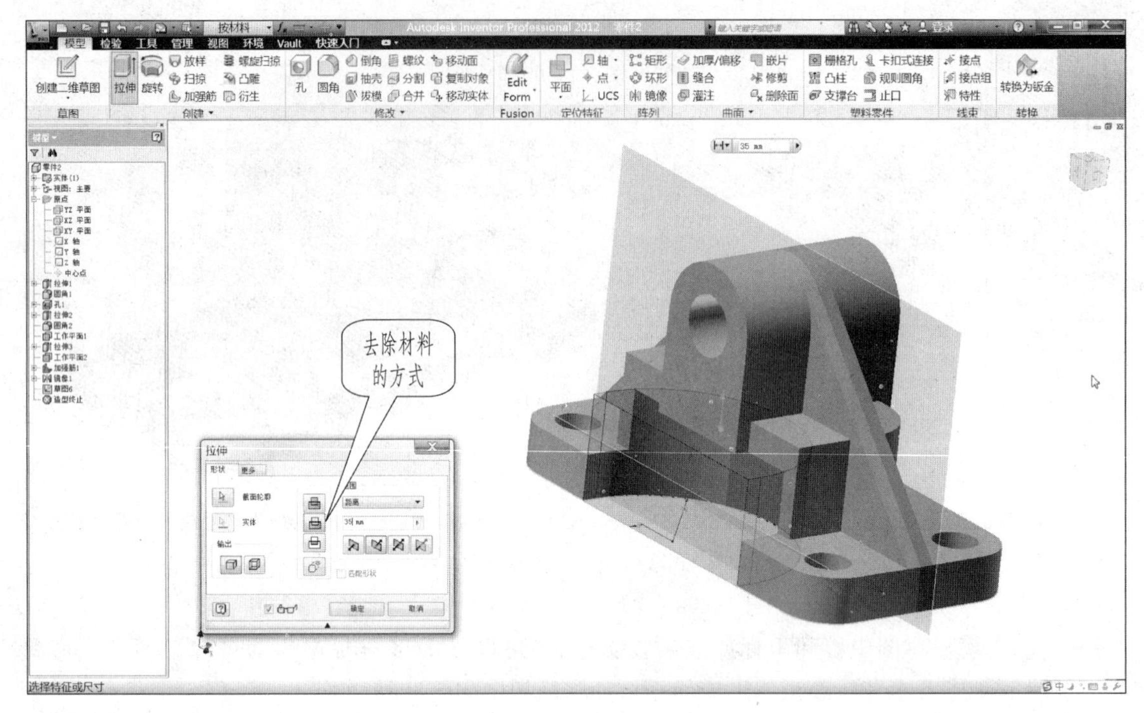

图 10-35　去除材料拉伸特征

(6) 整理和渲染

在特征浏览器中去除共享草图、工作平面等的可见性(方法是在特征浏览器中单击选中,点击鼠标右键,在打开的菜单中取消“可见”前面的选中符号),如图 10-36 所示。在工具栏中选择合适的渲染方式,完成该零件的造型。

至此本节介绍了使用 Inventor 软件进行零件造型设计的基本思路和方法。需要说明的是,Inventor 软件功能很多、很强,限于篇幅,本节介绍的只是很少的一部分。由于 Inventor 完美的帮助和范例,对其他功能的了解和学习也不是十分困难的事情。除了使用帮助外,通过范例学习造型思路对初学者也是十分快捷的手段。范例在系统的安装目录下,打开范例,在特征浏览器里可以清楚地学习该零件或部件的造型过程。

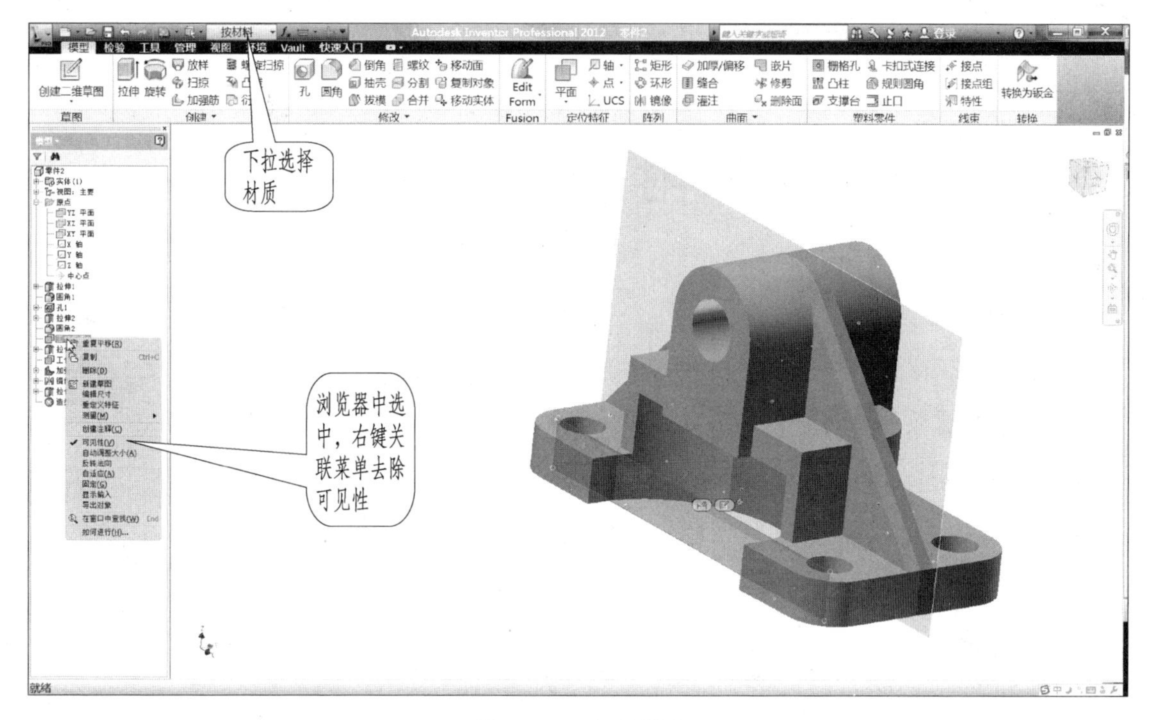

图 10-36 整理模型

本章小结

本章简要介绍了计算机绘图及三维造型的基本理论知识，介绍了其应用软件 AutoCAD、Inventor 的基本概念、基本操作方法和部分命令。是应用 AutoCAD 画工程图、使用 Inventor 进行三维零件设计和进一步深入掌握计算机绘图及三维造型的基础。

复习思考题

1. AutoCAD 采用的坐标系统是什么？

2. AutoCAD 中实现命令输入的途径有哪些？

3. AutoCAD 中如何实现各种初始化设置？

4. 本章三维造型例题中，底板的造型是否可以和圆角、孔一次拉伸成形？这样做和例题中的步骤区别在哪里？

5. 本章三维造型例题中，加强筋造型是否可以使用草图拉伸的方式创建？为什么？

附　录

§1　螺纹

一、普通螺纹基本尺寸(GB/T 193—2003)

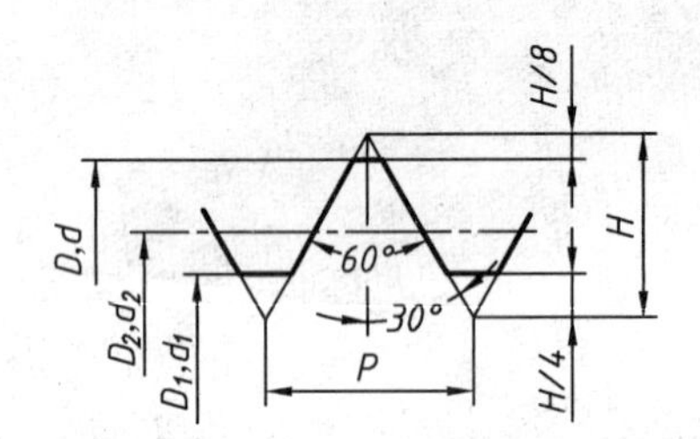

$H=\dfrac{\sqrt{3}}{2}P=0.866\ 025\ 404P$

代号示例:公称直径 24 mm,螺距 1.5 mm,M24×1.5

左旋时:M24×1.5-LH

附　表　1

mm

公称直径 D、d			螺距 P	中径 D_2 或 d_2	小径 D_1 或 d_1
第一系列	第二系列	第三系列			
1			0.25	0.838	0.729
			0.2	0.870	0.783
	1.1		0.25	0.938	0.829
			0.2	0.970	0.883
1.2			0.25	1.038	0.929
			0.2	1.070	0.983
	1.4		0.3	1.205	1.075
			0.2	1.270	1.183
1.6			0.35	1.373	1.221
			0.2	1.470	1.383
1.8			0.35	1.573	1.421
			0.2	1.670	1.583
2			0.4	1.740	1.567
			0.25	1.838	1.729
	2.2		0.45	1.908	1.712
			0.25	2.038	1.929
2.5			0.45	2.208	2.013
			0.35	2.273	2.121

公称直径 D、d			螺距 P	中径 D_2 或 d_2	小径 D_1 或 d_1
第一系列	第二系列	第三系列			
3			0.5	2.675	2.459
			0.35	2.773	2.621
	3.5		(0.6)	3.110	2.850
			0.35	3.273	3.121
4			0.7	3.545	3.242
			0.5	3.675	3.459
	4.5		(0.75)	4.013	3.688
			0.5	4.176	3.959
5			0.8	4.280	4.134
			0.5	4.675	4.459
		5.5	0.5	5.175	4.959
6			1	5.350	4.917
			0.75	5.513	5.188
			(0.5)	5.676	5.459
		7	1	6.350	5.917
			0.75	6.513	6.188
			0.5	6.675	6.459

注:本附录中的附表均为标准摘录。

续表

公称直径 D、d			螺距 P	中径 D_2 或 d_2	小径 D_1 或 d_1
第一系列	第二系列	第三系列			
8			1.25	7.188	6.647
			1	7.350	6.917
			0.75	7.513	7.188
			(0.5)	7.675	7.459
		9	(1.25)	8.188	7.647
			1	8.350	7.917
			0.75	8.513	8.188
			0.5	8.675	8.459
10			1.5	9.026	8.376
			1.25	9.188	8.647
			1	9.360	8.917
			0.75	9.513	9.188
			(0.5)	9.675	9.459
		11	(1.5)	10.026	9.376
			1	10.350	9.917
			0.75	10.513	10.188
			0.5	10.675	10.459
12			1.75	10.863	10.106
			1.5	11.026	10.376
			1.25	11.188	10.647
			1	11.350	10.917
			(0.75)	11.513	11.188
			(0.5)	11.675	11.459
	14		2	12.701	11.835
			1.5	13.026	12.376
			(1.25)	13.188	12.647
			1	13.350	12.917
			(0.75)	13.513	13.188
			(0.5)	13.675	13.459
		15	1.5	14.026	13.376
			(1)	14.350	13.917
16			2	14.701	13.835
			1.5	16.026	14.376
			1	16.350	14.917
			(0.75)	15.513	15.188
			(0.5)	15.675	15.459
		17	1.5	16.026	15.376
			(1)	16.350	15.917
	18		2.5	16.310	15.294
			2	16.701	15.835
			1.5	17.026	16.376
			1	17.350	16.917
			(0.75)	17.513	11.188
			(0.5)	17.675	17.459
20			2.5	18.376	17.294
			2	18.701	17.835
			1.5	19.020	18.376
			1	19.350	18.917
			(0.75)	19.513	19.188
			(0.5)	19.675	19.459
	22		2.5	20.376	19.294
			2	20.701	19.835
			1.5	21.026	20.376
			1	21.350	20.917
			(0.75)	21.513	21.188
			(0.5)	21.675	21.459

注:1. 直径优先选用第一系列,其次第二系列,第三系列尽可能不采用。

2. 第一、二系列中螺距 P 的第一行为粗牙,其余为细牙,第三系列中螺距是细牙。

二、梯形螺纹的基本尺寸(GB/T 5796.2—2005、GB/T 5796.3—2005)

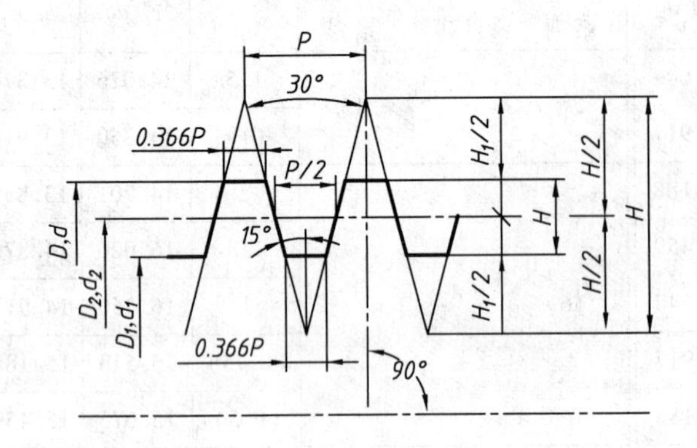

代号示例：

公称直径 40 mm，导程 14 mm，螺距为 7 mm 的双线左旋梯形螺纹

Tr40×14(*P*7)LH

附　表　2　　mm

公称直径 d 第一系列	公称直径 d 第二系列	螺距 P	中径 $d_2=D_2$	大径 D_4	小径 d_3	小径 D_1
8		1.5	7.25	8.30	6.20	6.50
	9	1.5	8.25	9.30	7.20	7.50
		2	8.00	9.50	6.50	7.00
10		1.5	9.25	10.30	8.20	8.50
		2	9.00	10.50	7.50	8.00
	11	2	10.00	11.50	8.50	9.00
		3	9.50	11.50	7.50	8.00
12		2	11.00	12.50	9.50	10.00
		3	10.50	12.50	8.50	9.00
	14	2	13.00	14.50	11.50	12.00
		3	12.50	14.50	10.50	11.00
16		2	15.00	16.50	13.50	14.00
		4	14.00	16.50	11.50	12.00
	18	2	17.00	18.50	15.50	16.00
		4	16.00	18.50	13.50	14.00
20		2	19.00	20.50	17.50	18.00
		4	18.00	20.50	15.50	16.00
	22	3	20.00	22.50	18.50	19.00
		5	19.50	22.50	16.50	17.00
		8	18.00	23.00	13.00	4.00
24		3	22.50	24.50	20.50	21.00
		5	21.50	24.50	18.50	19.00
		8	20.00	25.00	15.00	16.00

公称直径 d 第一系列	公称直径 d 第二系列	螺距 P	中径 $d_2=D_2$	大径 D_4	小径 d_3	小径 D_1
	26	3	24.50	26.50	22.50	23.00
		5	23.50	26.50	20.50	21.00
		8	22.00	27.00	17.00	18.00
28		3	26.50	28.50	24.50	25.00
		5	25.50	28.50	22.50	23.00
		8	24.00	29.00	19.00	20.00
	30	3	28.50	30.50	26.50	29.00
		6	27.00	31.00	23.00	24.00
		10	25.00	31.00	19.00	20.00
32		3	30.50	32.50	28.50	29.00
		6	29.00	33.00	25.00	26.00
		10	27.00	33.00	21.00	22.00
	34	3	32.50	34.50	30.50	31.00
		6	31.00	35.00	27.00	28.00
		10	29.00	35.00	23.00	24.00
36		3	34.50	36.50	32.50	33.00
		6	33.00	37.00	29.00	30.00
		10	31.00	37.00	25.00	26.00
	38	3	36.50	38.50	34.50	35.00
		7	34.50	39.00	30.00	31.00
		10	33.00	39.00	27.00	28.00
40		3	38.50	40.50	36.50	37.00
		7	36.50	41.00	32.00	33.00
		10	35.00	41.00	29.00	30.00

三、55°非密封管螺纹(GB/T 7307—2001)

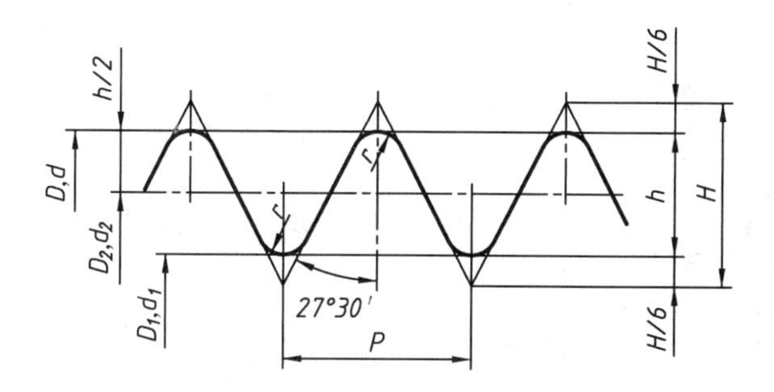

$P=\dfrac{25.4}{n}$

$H=0.960491P$

标记示例:内螺纹　G1½

A 级外螺纹　G1½A

B 级外螺纹　G1½B

左旋　G1½B-LH

附　表　3

mm

尺寸代号	每 25.4 mm 内的牙数 n	螺距 P	牙高 h	圆弧半径 r~	基本直径		
					大径 $d=D$	中径 $d_2=D_2$	小径 $d_1=D_1$
1/16	28	0.907	0.581	0.125	7.723	7.142	6.561
1/8	28	0.907	0.581	0.125	9.728	9.147	8.566
1/4	19	1.337	0.856	0.184	13.157	12.301	11.445
3/8	19	1.337	0.856	0.184	16.662	15.806	14.950
1/2	14	1.814	1.162	0.249	20.955	19.793	18.631
5/8	14	1.814	1.162	0.249	22.911	21.749	20.587
3/4	14	1.814	1.162	0.249	26.441	25.279	24.117
7/8	14	1.814	1.162	0.249	30.201	29.039	27.877
1	11	2.309	1.479	0.317	33.249	31.770	30.291
1⅛	11	2.309	1.479	0.317	37.897	36.418	34.939
1¼	11	2.309	1.479	0.317	41.910	40.431	38.952
1½	11	2.309	1.479	0.317	47.803	46.324	44.845
1¾	11	2.309	1.479	0.317	53.746	52.267	50.788
2	11	2.309	1.479	0.317	59.614	58.135	56.656
2¼	11	2.309	1.479	0.317	65.710	64.231	62.752
2½	11	2.309	1.479	0.317	75.184	73.705	72.226
2¾	11	2.309	1.479	0.317	81.534	80.055	78.576
3	11	2.309	1.479	0.317	87.884	86.405	84.926
3½	11	2.309	1.479	0.317	100.330	98.851	97.372
4	11	2.309	1.479	0.317	113.030	111.551	110.072
4½	11	2.309	1.479	0.317	125.730	124.251	122.772
5	11	2.309	1.479	0.317	138.430	136.951	135.472
5½	11	2.309	1.479	0.317	151.130	149.651	148.172
6	11	2.309	1.479	0.317	163.830	162.351	160.872

四、55°密封管螺纹(GB/T 7306—2000)

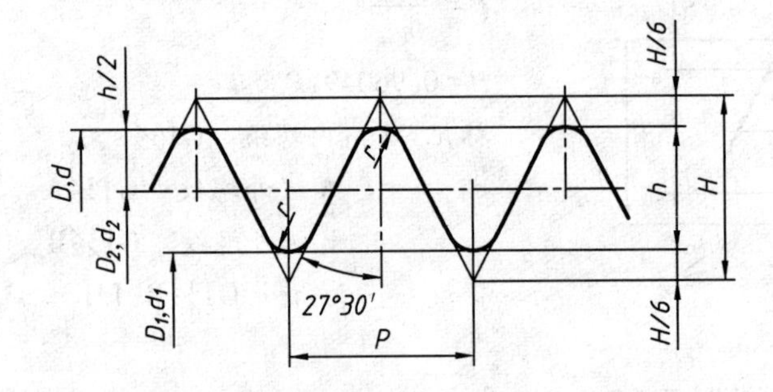

$P=\frac{25.4}{n}$

$H=0.960237P$

标记示例:

圆柱内螺纹 Rp1½

左旋时 Rp1½LH

附 表 4

mm

尺寸代号	每25.4 mm内的牙数 n	螺距 P	牙高 h	圆弧半径 $r\approx$	基面上的基本直径		
					大径(基准直径)$d=D$	中径 $d_2=D_2$	小径 $d_1=D_1$
1/16	28	0.907	0.581	0.125	7.723	7.142	6.561
1/8	28	0.907	0.581	0.125	9.728	9.147	8.566
1/4	19	1.337	0.856	0.184	13.157	12.301	11.445
3/8	19	1.337	0.856	0.184	16.662	15.806	14.950
1/2	14	1.814	1.162	0.249	20.955	19.793	18.631
3/4	14	1.814	1.162	0.249	26.441	25.279	24.117
1	11	2.309	1.479	0.317	33.249	31.770	30.291
1¼	11	2.309	1.479	0.317	41.910	40.431	38.952
1½	11	2.309	1.479	0.317	47.803	46.324	44.845
2	11	2.309	1.479	0.317	59.614	58.135	56.656
2½	11	2.309	1.479	0.317	75.184	73.705	72.226
3	11	2.309	1.479	0.317	87.884	86.405	84.926
3½*	11	2.309	1.479	0.317	100.330	98.851	97.372
4	11	2.309	1.479	0.317	113.030	111.551	110.072
5	11	2.309	1.479	0.317	138.430	136.951	135.472
6	11	2.309	1.479	0.317	163.830	162.351	160.872

§2 倒圆、倒角、退刀槽、螺栓通孔

一、螺纹收尾、肩距、退刀槽、倒角(GB/T 3—1997)

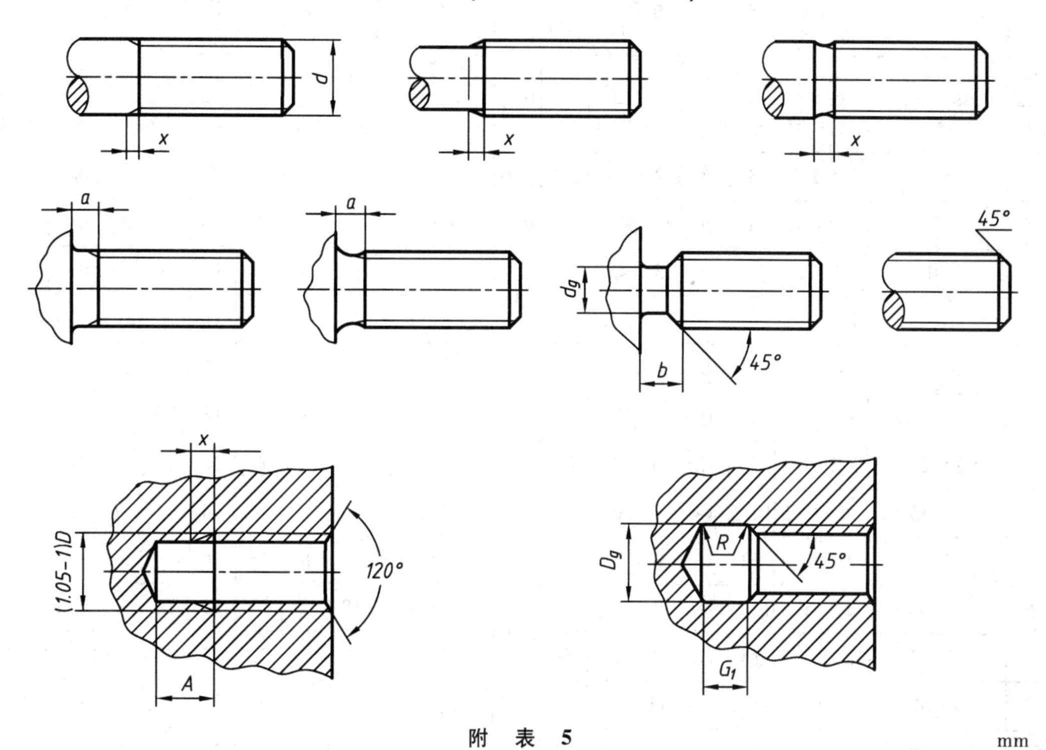

附 表 5

mm

螺距 P	粗牙螺纹大径 d	外螺纹 收尾 x max 一般	外螺纹 收尾 x max 短的	外螺纹 肩距 a max 一般	外螺纹 肩距 a max 长的	外螺纹 肩距 a max 短的	外螺纹 退刀槽 g_2 max	外螺纹 退刀槽 g_1 min	外螺纹 退刀槽 r ≈	外螺纹 退刀槽 d_g	内螺纹 收尾 x max 一般	内螺纹 收尾 x max 短的	内螺纹 肩距 A 一般	内螺纹 肩距 A 长的	内螺纹 退刀槽 G_1 一般	内螺纹 退刀槽 G_1 短的	内螺纹 退刀槽 R≈	内螺纹 退刀槽 D_g
0.2	—	0.5	0.25	0.6	0.8	0.4					0.8	0.4	1.2	1.6				
0.25	1,1.2	0.6	0.3	0.75	1	0.5	0.75	0.4		$d-0.4$	1	0.5	1.5	2				
0.3	1.4	0.75	0.4	0.9	1.2	0.6	0.9	0.5		$d-0.4$	1.2	0.6	1.8	2.4				
0.35	1.6,1.8	0.9	0.45	1.05	1.4	0.7	1.05	0.6		$d-0.6$	1.4	0.7	2.2	2.8				
0.4	2	1	0.5	1.2	1.6	0.8	1.2	1.6		$d-0.7$	1.6	0.8	2.5	3.2				
0.45	2.2,2.5	1.1	0.6	1.35	1.8	0.9	1.35	0.7		$d-0.7$	1.8	0.9	2.8	7.6				
0.5	3	1.25	0.7	1.5	2	1	1.5	0.8	0.2	$d-0.8$	2	1	3	4	2	1	0.2	$D+0.3$
0.6	3.5	1.5	0.75	1.8	2.4	1.62	1.8	0.9	0.4	$d-1$	2.4	1.2	3.2	4.8	2.4	1.2	0.3	
0.7	4	1.75	0.9	2.1	2.8	1.4	2.1	1.1		$d-1.1$	2.8	1.4	3.5	5.6	2.8	1.4	0.4	

续表

螺距 P	粗牙螺纹大径 d	外螺纹 收尾 x max 一般	外螺纹 收尾 x max 短的	外螺纹 肩距 a max 一般	外螺纹 肩距 a max 长的	外螺纹 肩距 a max 短的	外螺纹 退刀槽 g_2 max	外螺纹 退刀槽 g_1 min	外螺纹 退刀槽 $r\approx$	外螺纹 退刀槽 d_g	内螺纹 收尾 x max 一般	内螺纹 收尾 x max 短的	内螺纹 肩距 A 一般	内螺纹 肩距 A 长的	内螺纹 退刀槽 G_1 一般	内螺纹 退刀槽 G_1 短的	内螺纹 退刀槽 $R\approx$	内螺纹 退刀槽 D_g
0.75	4.5	1.9	1	2.25	3	1.5	2.25	1.2	0.4	$d-1.2$	3	1.5	3.8	6	3	1.5	0.4	$D+0.3$
0.8	5	2	1	2.4	3.2	1.6	2.4	1.3		$d-1.3$	3.2	1.6	4	6.4	3.2	1.6	0.4	
1	6,7	2.5	1.25	3	4	2	3	1.6	0.6	$d-1.6$	4	2	5	8	4	2	0.5	
1.25	8	3.2	1.6	4	5	2.5	3.75	2	0.8	$d-2$	5	2.5	6	10	5	2.5	0.6	$D+0.5$
1.5	10	3.8	1.9	4.5	6	3	4.5	2.5	1	$d-2.3$	6	3	7	12	6	3	0.8	
1.75	12	4.3	2.2	5.3	7	3.5	5.25	3		$d-2.6$	7	3.5	9	14	7	3.5	0.9	
2	14,16	5	2.5	6	8	4	6	3.4	1.2	$d-3$	8	4	10	16	8	4	1	
2.5	18,20,22	6.3	3.2	7.5	10	5	7.5	4.4	1.6	$d-3.6$	10	5	12	18	10	5	1.2	
3	24,27	7.5	3.8	9	12	6	9	5.2		$d-4.4$	12	6	14	22	12	6	1.5	
3.5	30,33	9	4.5	10.5	14	7	10.5	6.2	2	$d-5$	14	7	16	24	14	7	1.8	
4	36,39	10	5	12	16	8	12	7	2.5	$d-5.7$	16	8	18	26	16	8	2	
4.5	42,45	11	5.5	13.5	18	9	13.5	8		$d-6.4$	18	9	21	29	18	9	2.2	
5	48,52	12.5	6.3	15	20	10	15	9	3.2	$d-7$	20	10	23	32	20	10	2.5	
5.5	56,60	14	7	16.5	22	11	17.5	11		$d-7.7$	22	11	25	35	22	11	2.8	
6	64,68	15	7.5	18	24	12	18	11		$d-8.3$	24	12	28	38	24	12	3	

二、零件倒圆与倒角(GB/T 6403.4—2008)

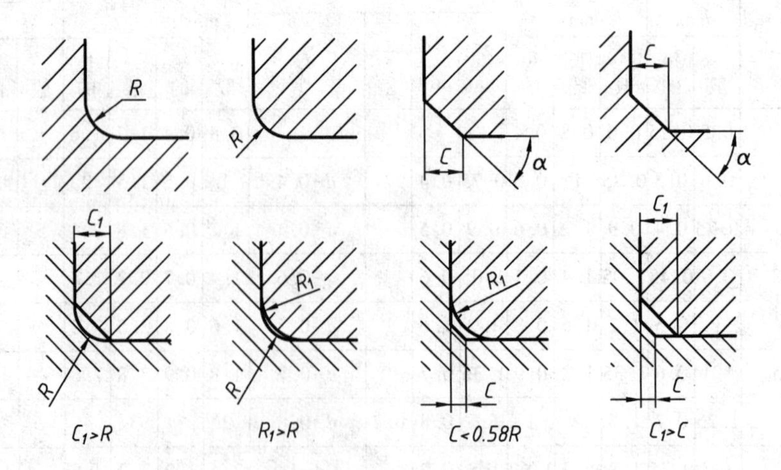

附 表 6

mm

直径 D	~3		>3~6		>6~10		>10~18	>18~30	>30~50		>50~80
R_1	0.1	0.2	0.3	0.4	0.5	0.6	0.8	1.0	1.2	1.6	2.0
C_{max} ($C<0.58R_1$)	—	0.1	0.1	0.2	0.2	0.3	0.4	0.5	0.6	0.8	1.0
直径 D	>80~120	>120~180	>180~250	>250~320	>320~400	>400~500	>500~630	>630~800	>800~1000	>1000~1250	>1250~1600
R_1	2.5	3.0	4.0	5.0	6.0	8.0	10	12	16	20	25
C_{max} ($C<0.58R_1$)	1.2	1.6	2.0	2.5	3.0	4.0	5.0	6.0	8.0	10	12

注：α 一般采用 45°，也可采用 30°或 60°。

三、相配的倒角和倒圆（参考）

附 表 7

mm

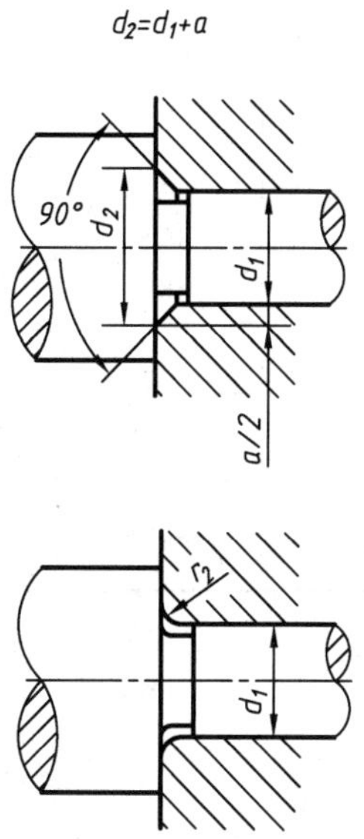

退刀槽尺寸	倒角最小值 a		倒圆最小值 r_2	
$r_1 \times l_1$	A 型	B 型	A 型	B 型
0.6×0.2	0.8	0.2	1	0.3
0.6×0.3	0.6	0	0.8	0
1×0.2	1.6	0.8	2	1
1×0.4	1.2	0	1.5	0
1.6×0.3	2.6	1.1	3.2	1.4
2.5×0.4	4.2	1.9	5.2	2.4
4×0.5	7	4.0	8.8	5

注：$r_1 \times l_1$ 为槽宽×槽深。

四、螺栓和螺栓通孔(GB/T 5277—1985)

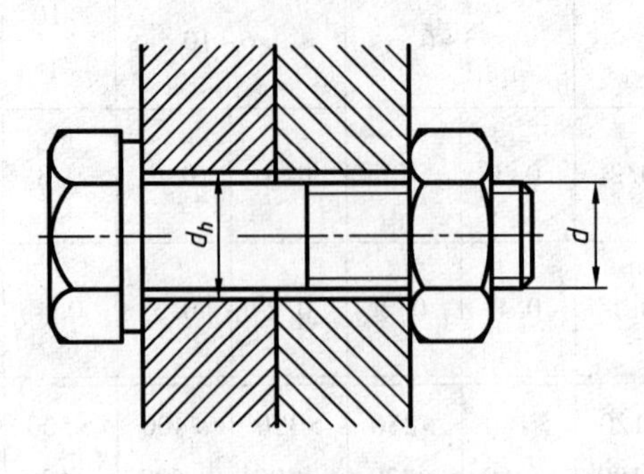

附 表 8

mm

螺纹规格 d	通孔 d_h 系列 精装配	中等装配	粗装配	螺纹规格 d	通孔 d_h 系列 精装配	中等装配	粗装配
M1	1.1	1.2	1.3	M10	10.5	11	12
M1.2	1.3	1.4	1.5	M12	13	13.5	14.5
M1.4	1.5	1.6	1.8	M14	15	15.6	16.5
M1.6	1.7	1.8	2	M16	17	17.5	18.5
M1.8	2	2.1	2.2	M18	19	20	21
M2	2.2	2.4	2.6	M20	21	22	24
M2.5	2.7	2.9	3.1	M22	23	24	26
M3	3.2	3.4	3.6	M24	25	26	28
M3.5	3.7	3.9	4.2	M27	28	30	32
M4	4.3	4.5	4.8	M30	31	33	35
M4.5	4.8	5	5.3	M33	34	36	38
M5	5.3	5.5	6.8	M36	37	39	42
				M39	40	42	45
M6	6.4	6.6	7	M42	43	45	48
M7	7.4	7.6	8	M45	46	48	52
M8	8.4	9	10	M48	50	52	56

§3 螺纹紧固件

一、螺栓

1. 六角头螺栓　C级(GB/T 5780—2000),六角头螺栓　全螺纹　C级(GB/T 5781—2000)

标记示例：

螺纹规格 d=M12，公称长度 l=80 mm，C 级的六角头螺栓：

螺栓 GB/T 5780 M12×80

螺栓 GB/T 5781 M12×80

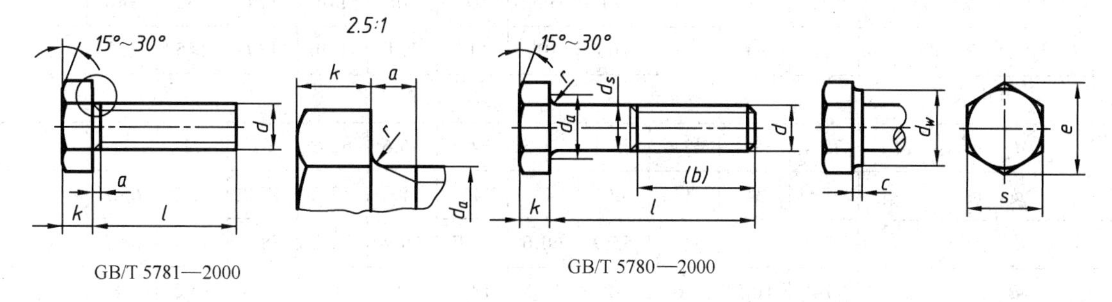

GB/T 5781—2000　　GB/T 5780—2000

附 表 9

mm

螺纹规格 d		M5	M6	M8	M10	M12	(M14)	M16	(M18)	M20	(M22)	M24	(M27)
b 参考	l≤125	16	18	22	26	30	34	38	42	40	50	54	60
	125<l≤200	—	—	28	32	36	40	44	48	52	56	60	66
	l>200	—	—	—	—	—	53	57	61	65	69	73	79
c max		0.5		0.6				0.8					
d_a max		6	7.2	10.2	12.2	14.7	16.7	18.7	21.2	24.4	26.4	28.4	32.4
d_s max		5.48	6.48	8.58	10.58	12.7	14.7	16.7	18.7	20.8	22.84	24.84	27.84
d_w min		6.7	8.7	11.4	14.4	16.4	19.2	22	24.9	27.7	31.4	33.2	38
a max		3.2	4	5	6	7	6	8	7.5	10	7.5	12	9
e min		8.63	10.89	14.2	17.59	19.85	22.78	26.17	29.50	32.95	37.20	39.55	45.2
k 公称		3.5	4	5.3	6.4	7.5	8.8	10	11.5	12.5	14	15	17
r min		0.2	0.25	0.4	0.4	0.6	0.6	0.6	0.6	0.8	1	0.8	1
s max		8	10	13	16	18	21	24	27	30	34	36	41
l 范围	GB/T 5780—2000	25~50	30~60	35~80	40~100	45~120	60~140	55~160	80~180	65~200	90~220	80~240	100~260
	GB/T 5781—2000	10~40	12~50	16~65	20~80	25~100	30~140	35~100	35~180	10~100	15~220	50~100	55~280

续表

螺纹规格 d		M30	(M33)	M36	(M39)	M42	(M45)	M48	(M52)	M56	(M60)	M64
b 参考	$l=125$	66	72	78	84	—	—	—	—	—	—	—
	$125<l\leqslant200$	72	78	84	90	96	102	108	116	124	132	140
	$l>200$	85	91	97	103	109	115	121	129	137	145	153
c max		1										
d_a max		35.4	38.4	42.4	45.4	48.6	52.6	56.6	62.6	67	71	75
d_s max		30.84	34	37	40	43	46	49	53.2	57.2	61.2	65.2
d_w max		42.7	46.5	51.1	55.9	60.6	64.7	69.4	74.2	78.7	83.4	88.2
a max		14	10.5	16	12	13.5	13.5	15	15	16.5	16.5	18
e max		50.85	55.37	60.79	66.44	72.02	76.95	82.6	88.25	93.56	99.21	104.86
k 公称		18.7	21	22.5	25	26	28	30	33	35	38	40
r min		1	1	1	1	1.2	1.2	1.6	1.6	2	2	2
s max		46	50	55	60	65	70	75	80	85	90	95
l 范围	GB/T 5780—2000	90~300	130~320	110~300	150~400	160~420	180~440	180~480	200~500	220~500	240~500	260~600
	GB/T 5781—2000	60~100	65~360	70~100	80~400	80~420	90~440	90~480	100~500	110~500	120~500	120~500
l 系列		10、12、16、20~50(5 进位)、(55)、60、(65)、70~160(10 进位)、180、220、240、260、280、300、320、340、360、380、400、420、440、460、480、500										

注：尽可能不采用括号内的规格。C 级为产品等级。钢材螺栓力学性能 $d\leqslant39$：4.6，4.8；$d>39$：按协议。

2. 六角头螺栓(GB/T 5782—2000)

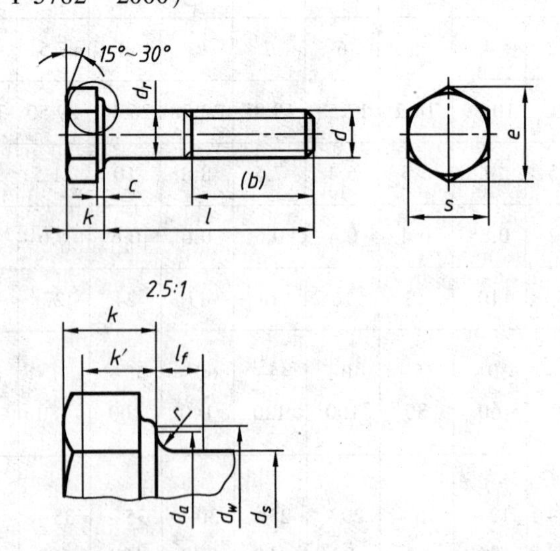

标记示例：

螺纹规格 d=M12，公称长度 l=80mm，A 级的六角头螺栓：螺栓 GB/T 5782 M12×80

附 表 10

mm

螺纹规格 d			M3	M4	M5	M6	M8	M10	M12	M16	M20	M24	M30	M36	M42	M48	M56	M64
b 参考	$l\leqslant125$		12	14	16	18	22	26	30	38	46	54	66	78	—	—	—	—
	$125<l\leqslant200$		—	—	—	—	28	32	36	44	52	60	72	84	96	108	124	140
	$l>200$		—	—	—	—	—	—	—	57	65	73	85	97	109	121	137	153
c	min		0.15	0.15	0.15	0.15	0.15	0.15	0.15	0.2	0.2	0.2	0.2	0.2	0.3	0.3	0.3	0.3
	max		0.4	0.4	0.5	0.5	0.6	0.6	0.6	0.8	0.8	0.8	0.8	0.8	1	1	1	1
d_a	max		3.6	4.7	5.7	6.8	9.2	11.2	13.7	17.7	22.4	26.4	33.4	39.4	45.6	52.6	63	71
d_s	max		3	4	5	6	8	10	12	16	20	24	30	36	42	48	56	64
	min 产品等级	A	2.86	3.82	4.82	5.82	7.78	9.78	11.73	15.73	19.67	23.67	—	—	—	—	—	—
		B	—	—	4.70	5.70	7.64	9.64	11.57	15.57	19.48	23.48	29.48	35.38	41.38	47.38	55.26	63.26
d_w	min 产品等级	A	4.6	5.9	6.9	8.9	11.6	14.6	16.6	22.5	28.2	33.6	—	—	—	—	—	—
		B	—	—	6.7	8.7	11.4	14.4	16.4	22	27.7	33.2	42.7	51.1	60.6	69.4	78.7	88.2
e	min 产品等级	A	6.07	7.66	8.79	11.05	14.38	17.77	20.03	26.75	33.53	39.98	—	—	—	—	—	—
		B	—	—	8.63	10.89	14.20	17.59	19.85	26.17	32.95	39.55	50.85	60.79	72.02	82.6	93.56	104.86
l_f	max		1	1.2	1.2	1.4	2	2	3	3	4	4	6	6	8	10	12	13
k	公称		2	2.8	3.5	4	5.3	6.4	7.5	10	12.5	15	18.7	22.5	26	30	35	40
	产品等级 A	min	1.88	2.68	3.35	3.85	5.15	6.22	7.32	9.82	12.28	14.78	—	—	—	—	—	—
		max	2.12	2.92	3.65	4.15	5.45	6.58	7.68	10.18	12.72	15.22	—	—	—	—	—	—
	产品等级 B	min	—	—	3.26	3.76	5.06	6.11	7.21	9.71	12.15	14.65	18.28	22.08	25.58	29.58	34.6	39.5
		max	—	—	3.74	4.24	5.54	6.69	7.79	10.29	12.85	15.35	19.12	22.92	26.42	30.42	35.5	40.5
k	min 产品等级	A	1.3	1.9	2.3	2.7	3.6	4.4	5.1	6.9	8.6	10.3	—	—	—	—	—	—
		B	—	—	2.3	2.6	3.5	4.3	5	6.8	8.5	10.2	12.8	15.5	17.9	20.9	24.2	27.6
r	min		0.1	0.2	0.2	0.25	0.4	0.4	0.6	0.6	0.8	0.8	1	1	1.2	1.6	2	2
s	max=公称		5.5	7	8	10	13	16	18	24	30	36	46	55	65	75	85	95
	min 产品等级	A	5.32	6.78	7.78	9.78	12.73	15.73	17.73	23.67	29.67	35.38	—	—	—	—	—	—
		B	—	—	7.64	9.64	12.57	15.57	17.57	23.16	29.16	35	45	53.8	63.8	73.1	82.8	92.8
l(商品规格范围及通用规格)			20~30	25~40	25~50	30~60	40~80	45~100	50~120	65~160	80~200	90~240	110~300	140~360	160~440	180~480	220~500	260~500
l系列			20、25、30、35、40、45、50、(55)、60、(65)、70、80、90、100、110、120、130、140、150、160、180、200、220、240、260、280、300、320、340、360、380、400、420、440、460、480、500															

注:A 和 B 为产品等级,A 级用于 $d\leqslant24$ 和 $l\leqslant10d$ 或 $\leqslant150$mm(按较小值)的螺栓,B 级用于 $d>24$ 或 $l>10d$ 或 >150mm(按较小值)的螺栓。

二、螺钉

1. 开槽圆柱头螺钉(GB/T 65—2000)、开槽盘头螺钉(GB/T 67—2008)、开槽沉头螺钉(GB/T 68—2000)、开槽半沉头螺钉(GB/T 69—2000)

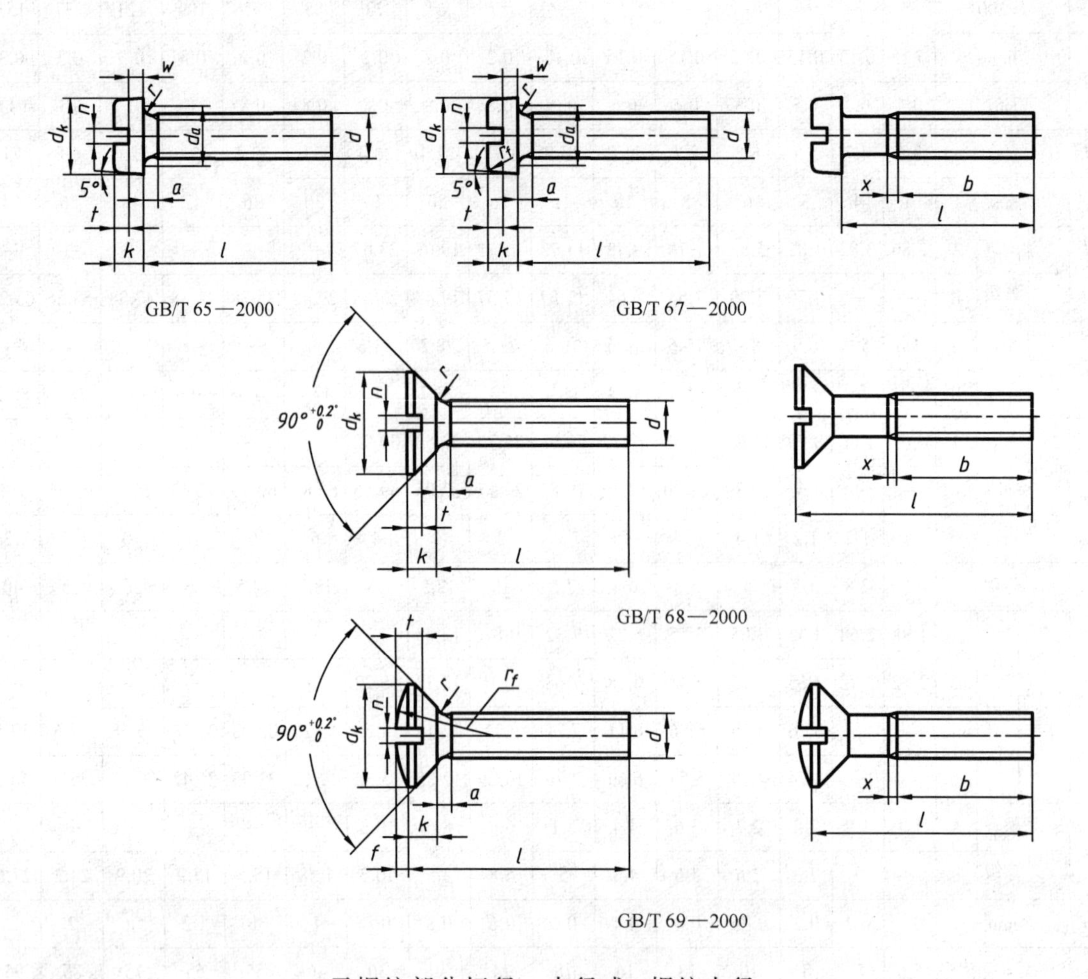

GB/T 65—2000

GB/T 67—2000

GB/T 68—2000

GB/T 69—2000

无螺纹部分杆径≈中径或=螺纹大径

标记示例:

螺纹规格 d=M5,公称长度 l=20 mm 的开槽圆柱头螺钉:

螺钉 GB/T 65 M5×20

螺纹规格 d=M5,公称长度 l=20 mm 的开槽盘头螺钉:

螺钉 GB/T 67 M5×20

螺纹规格 d=M5,公称长度 l=20 mm 的开槽沉头螺钉:

螺钉 GB/T 68 M5×20

螺纹规格 d=M5,公称长度 l=20 mm 的开槽半沉头螺钉:

螺钉 GB/T 69 M5×20

附　表　11

mm

螺纹规格 d		M1.6	M2	M2.5	M3	M4	M5	M6	M8	M10
P		0.35	0.4	0.45	0.5	0.7	0.8	1	1.25	1.5
a　max		0.7	0.8	0.9	1	1.4	1.6	2	2.5	3
b　min		25				38				
n　公称		0.4	0.5	0.6	0.8	1.2		1.6	2	2.5
d_a　max		2.1	2.6	3.1	3.6	4.7	5.7	6.8	9.2	11.2
x　max		0.9	1	1.1	1.25	1.75	2	2.5	3.2	3.8
GB/T 65—2000	d_k　max	3	3.8	4.5	5.5	7	8.5	10	13	16
	k　max	1.10	1.4	1.8	2	2.6	3.3	3.9	5	6
	t　min	0.45	0.6	0.7	0.85	1.1	1.3	1.6	2	2.4
	r　min	0.1				0.2		0.25	0.4	
	l 范围公称	2~16	3~20	3~25	4~30	5~40	6~50	8~60	10~80	12~80
	全螺纹时最大长度	30				40				
GB/T 67—2000	d_k　max	3.2	4	6	5.6	8	9.5	12	16	20
	k　max	1	1.3	1.5	1.8	2.4	3	3.6	4.8	6
	l　min	0.35	0.5	0.6	0.7	1	1.2	1.4	1.9	2.4
	r　min	0.1				0.2		0.25	0.4	
	r_f　参考	0.5	0.6	0.8	0.9	1.2	1.5	1.8	2.4	3
	l 范围公称	2~16	2.5~20	3~25	4~30	5~40	6~50	8~60	10~80	12~80
	全螺纹时最大长度	30				40				
GB/T 68—2000	d_h　max	3	3.8	4.7	5.5	8.4	9.3	11.3	15.8	18.3
	k　max	1	1.2	1.5	1.65	2.7	2.7	3.3	4.65	5
	t　min　GB/T 68—2000	0.32	0.4	0.5	0.6	1	1.1	1.2	1.8	2
	t　min　GB/T 69—2000	0.64	0.8	1	1.2	1.6	2	2.4	3.2	3.8
	r　max	0.4	0.5	0.6	0.8	1	1.3	1.5	2	2.5
	r_f	3	4	5	6	9.5	9.5	12	16.5	19.5
	f	0.4	0.5	0.6	0.7	1	1.2	1.4	2	2.3
	l 范围　公称	2.5~16	3~20	4~25	5~30	6~40	8~50	8~60	10~80	12~80
	全螺纹时最大长度	30				45				
l 系列　公称		2、2.5、3、4、5、6、8、10、12、(14)、16、20、25、30、35、40、45、50、(55)、60、(65)、70、(75)、80								

注：1. b 不包括螺尾。

2. 本表所列规格均为商品规格。

3. 括号内规格尽可能不采用。

2. 开槽锥端紧定螺钉(GB/T 71—1985)、开槽平端紧定螺钉(GB/T 73—1985)、开槽长圆柱端紧定螺钉(GB/T 75—1985)

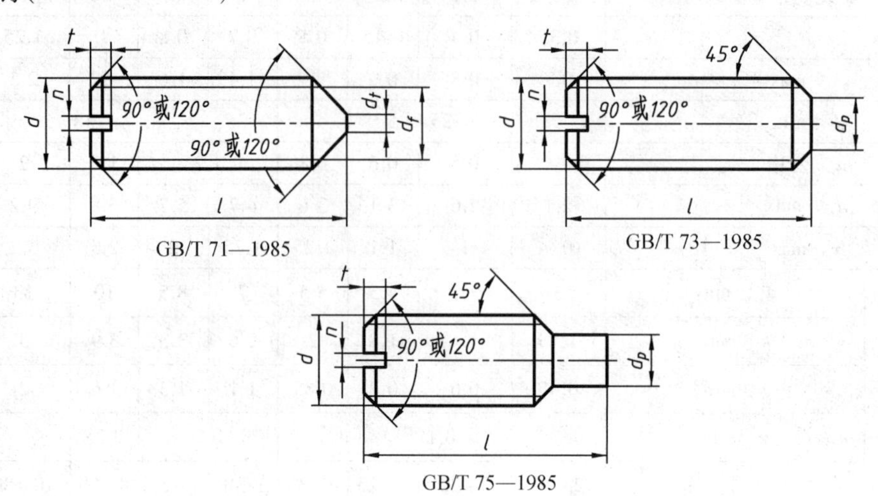

标记示例:

螺纹规格 d=M5,公称长度 l=12 mm 的开槽锥端紧定螺钉、开槽平端紧定螺钉、开槽长圆柱端紧定螺钉:

螺钉　GB/T 71—1985　M5×12　螺钉　GB/T 73—1985　M5×12

螺钉　GB/T 75—1985　M5×12

附　表　12　　mm

<table>
<tr><td colspan="2">螺纹规格 d</td><td>M1.2</td><td>M1.6</td><td>M2</td><td>M2.5</td><td>M3</td><td>M4</td><td>M5</td><td>M6</td><td>M8</td><td>M10</td><td>M12</td></tr>
<tr><td colspan="2">d_p max</td><td>0.6</td><td>0.8</td><td>1</td><td>1.5</td><td>2</td><td>2.5</td><td>3.5</td><td>4</td><td>5.5</td><td>7</td><td>8.5</td></tr>
<tr><td colspan="2">n 公称</td><td>0.2</td><td>0.25</td><td>0.25</td><td>0.4</td><td>0.4</td><td>0.6</td><td>0.8</td><td>1</td><td>1.2</td><td>1.6</td><td>2</td></tr>
<tr><td colspan="2">t max</td><td>0.52</td><td>0.74</td><td>0.84</td><td>0.95</td><td>1.05</td><td>1.42</td><td>1.63</td><td>2</td><td>2.5</td><td>3</td><td>3.6</td></tr>
<tr><td colspan="2">d_t max</td><td>0.12</td><td>0.16</td><td>0.2</td><td>0.25</td><td>0.3</td><td>0.4</td><td>0.5</td><td>1.5</td><td>2</td><td>2.5</td><td>3</td></tr>
<tr><td colspan="2">z max</td><td>—</td><td>1.05</td><td>1.25</td><td>1.5</td><td>1.75</td><td>2.25</td><td>2.75</td><td>3.25</td><td>4.3</td><td>5.3</td><td>6.3</td></tr>
<tr><td rowspan="3">l 范围</td><td>GB/T 71—1985</td><td>2~6</td><td>2~8</td><td>3~10</td><td>3~12</td><td>4~16</td><td>6~20</td><td>8~25</td><td>8~30</td><td>10~40</td><td>12~50</td><td>14~60</td></tr>
<tr><td>GB/T 73—1985</td><td>2~6</td><td>2~8</td><td>2~10</td><td>2.5~12</td><td>3~16</td><td>4~20</td><td>5~25</td><td>6~30</td><td>8~40</td><td>10~50</td><td>12~60</td></tr>
<tr><td>GB/T 75—1985</td><td>—</td><td>2.5~8</td><td>3~10</td><td>4~12</td><td>5~16</td><td>6~20</td><td>8~25</td><td>8~30</td><td>10~40</td><td>12~50</td><td>14~60</td></tr>
<tr><td rowspan="3">公称长度 l≤表内值时制成 120°
l>表内值时制成 90°</td><td>GB/T 71—1985</td><td>2</td><td colspan="2">2.5</td><td colspan="2">3</td><td>4</td><td>5</td><td>6</td><td>8</td><td>10</td><td>12</td></tr>
<tr><td>GB/T 73—1985</td><td>—</td><td>2</td><td>2.5</td><td colspan="2">3</td><td>4</td><td>5</td><td colspan="2">6</td><td>8</td><td>10</td></tr>
<tr><td>GB/T 75—1985</td><td>—</td><td>2.5</td><td>3</td><td>4</td><td>5</td><td>6</td><td>8</td><td>10</td><td>14</td><td>16</td><td>20</td></tr>
<tr><td colspan="2">l 系列 公称</td><td colspan="11">2,2.5,3,4,5,6,8,10,12,(14),16,20,25,30,35,40,45,50,(55),60</td></tr>
</table>

注:1. 本表所列规格均为商品规格。

2. 尽可能不采用括号内规格。

3. 开槽锥端定位螺钉(GB/T 72—1988)

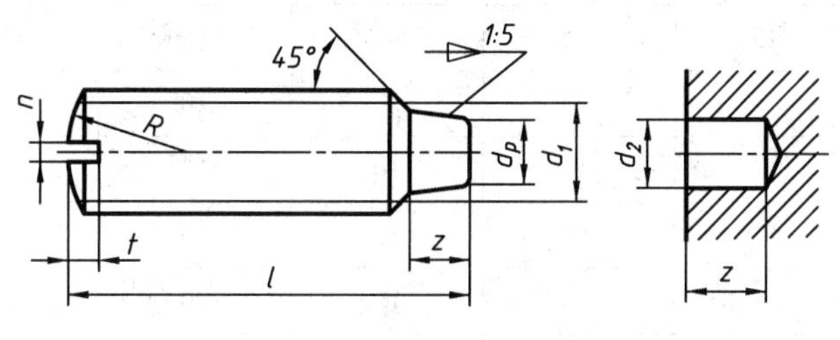

GB/T 72—1988

标记示例：

螺纹规格 d=M10,公称长度 l=20 mm 的开槽锥端定位螺钉：

螺钉　GB/T 72—1988　M10×20

附　表　13　　mm

螺纹规格 d	M3	M4	M5	M6	M8	M10	M12
d_p　max	2	2.5	3.5	4	5.5	7	8.5
n　公称	0.4	0.6	0.8	1.0	1.2	1.6	2.0
t　max	1.05	1.42	1.63	2	2.5	3	3.6
d_1　~	1.7	2.1	2.5	3.4	4.7	6	7.3
z	1.5	2.0	2.5	3.0	4.0	5.0	6.0
R　~	3	4	5	6	8	10	12
d_2(推荐)	1.8	2.2	2.6	3.5	5	6.5	8.0
l　范围	4~16	4~20	5~20	6~25	8~35	10~45	12~50
l系列　公称	4,5,6,8,10,12,(14),16,20,25,30,35,40,45,50						

注：括号内的尺寸尽可能不采用。

三、双头螺柱

双头螺柱　$b_m=1d$(GB/T 897—1988)、双头螺柱　$b_m=1.25d$(GB/T 898—1988)、双头螺柱　$b_m=1.5d$(GB/T 899—1988)、双头螺柱　$b_m=2d$(GB/T 900—1988)

A 型

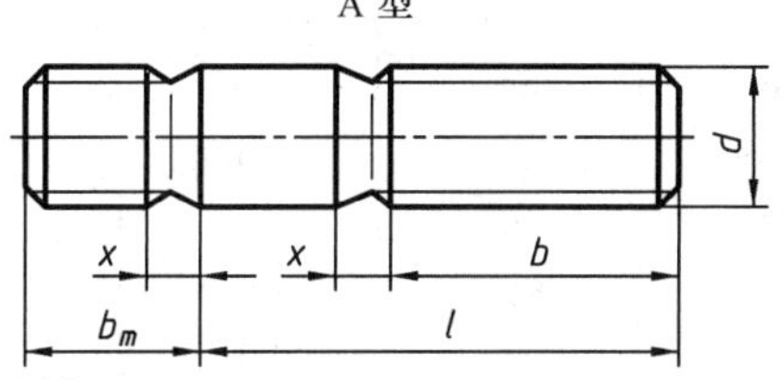

B型

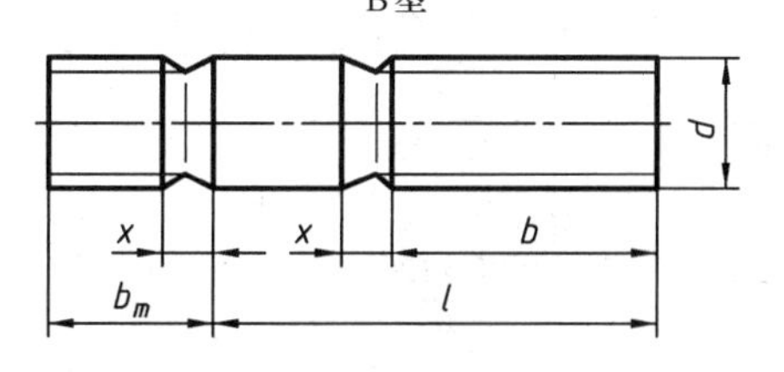

标记示例：

两端均为粗牙普通螺纹,d=10 mm,l=50 mm,B 型,$b_m=1d$ 的双头螺柱：

螺柱　GB/T 897—1988　M10×50

旋入一端为粗牙普通螺纹,旋螺母一端为螺距 P=1 mm 的细牙普通螺纹,d=10 mm,l=50 mm,A 型,$b_m=1d$ 的双头螺柱：

螺纹　GB/T 897—1988　AM10-M10×1×50

旋入一端为过渡配合的第一种配合,旋螺母一端为粗牙普通螺纹,d=10 mm,l=50 mm,B 型,$b_m=1d$ 的双头螺柱：

螺柱　GB/T 897—1988　GM10-M10×50

附 表 14

mm

螺纹规格 d		M5	M6	M8	M10	M12	M16
b_m	GB/T 897—1988	5	6	8	10	12	16
	GB/T 898—1988	6	8	10	12	15	20
	GB/T 899—1988	8	10	12	15	18	24
	GB/T 900—1988	10	12	16	20	24	32
d		5	6	8	10	12	16
x		1.5P	1.5P	1.5P	1.5P	1.5P	1.5P
$\frac{l}{b}$		$\frac{16\sim22}{10}$、$\frac{25\sim50}{16}$	$\frac{20\sim22}{10}$、$\frac{25\sim30}{14}$、$\frac{32\sim75}{18}$	$\frac{20\sim22}{12}$、$\frac{25\sim30}{16}$、$\frac{32\sim90}{22}$	$\frac{25\sim28}{14}$、$\frac{30\sim38}{16}$、$\frac{40\sim120}{26}$、$\frac{130}{32}$	$\frac{25\sim30}{16}$、$\frac{32\sim40}{20}$、$\frac{45\sim120}{30}$、$\frac{130\sim180}{36}$	$\frac{30\sim38}{20}$、$\frac{40\sim55}{30}$、$\frac{60\sim120}{38}$、$\frac{130\sim200}{44}$
螺纹规格 d		M20	M24	M30	M36	M42	M48
b_m	GB/T 897—1988	20	24	30	36	42	48
	GB/T 898—1988	25	30	38	45	52	60
	GB/T 899—1988	30	36	45	54	65	72
	GB/T 900—1988	40	48	60	72	84	96
d		20	24	30	36	42	48
x		1.5P	1.5P	1.5P	1.5P	1.5P	1.5P
$\frac{l}{b}$		$\frac{35\sim40}{25}$、$\frac{45\sim65}{35}$、$\frac{70\sim120}{46}$、$\frac{130\sim200}{52}$	$\frac{45\sim50}{30}$、$\frac{55\sim75}{45}$、$\frac{80\sim120}{54}$、$\frac{130\sim200}{60}$	$\frac{60\sim65}{40}$、$\frac{70\sim90}{50}$、$\frac{95\sim120}{60}$、$\frac{130\sim200}{72}$、$\frac{210\sim250}{85}$	$\frac{60\sim75}{45}$、$\frac{80\sim110}{60}$、$\frac{120}{78}$、$\frac{130\sim200}{84}$、$\frac{210\sim300}{91}$	$\frac{60\sim80}{50}$、$\frac{85\sim110}{70}$、$\frac{120}{90}$、$\frac{130\sim200}{96}$、$\frac{210\sim300}{109}$	$\frac{80\sim90}{60}$、$\frac{95\sim110}{80}$、$\frac{120}{102}$、$\frac{130\sim200}{108}$、$\frac{210\sim300}{121}$
l(系列)		16、(18)、20、(22)、25、(28)、30、(32)、35、(38)、40、45、50、(55)、60、(65)、70、(75)、80、(85)、90、(95)、100、110、120、130、140、150、160、170、180、190、200、210、220、230、240、250、260、280、300					

注:括号内的规格尽可能不采用。$b_m=d$,一般用于钢对钢;$b_m=(1.25\sim1.5)d$,一般用于钢对铸铁;$b_m=2d$,一般用于钢对铝合金。

四、螺母

1. 1 型六角螺母(GB/T 6170—2000)

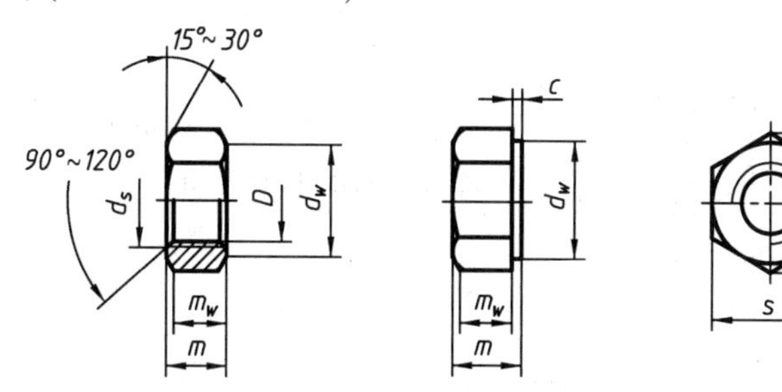

标记示例：

螺纹规格 D=M12,A 级的 1 型六角螺母：

螺母　GB/T 6170　M12

附　表　15

mm

螺纹规格 D		M1.6	M2	M2.5	M3	M4	M5	M6	M8	M10	M12
c	max	0.2	0.2	0.3	0.4	0.4	0.5	0.5	0.6	0.6	0.6
d_s	max	1.84	2.3	2.9	3.45	4.6	5.75	6.75	8.75	10.8	13
	min	1.6	2	2.5	3	4	5	6	8	10	12
d_w	min	2.4	3.1	4.1	4.6	5.9	6.9	8.9	11.6	14.6	16.6
e	min	3.41	4.32	5.45	6.01	7.66	8.79	11.05	14.38	17.77	20.03
m	max	1.3	1.6	2	2.4	3.2	4.7	9.2	6.8	8.4	10.8
	min	1.05	1.35	1.75	2.15	2.9	4.4	4.9	6.44	8.04	10.37
m'	min	0.8	1.1	1.4	1.7	2.3	3.5	3.9	5.1	6.4	8.3
m''	min	0.7	0.9	1.2	1.5	2	3.1	3.4	4.5	5.6	7.3
s	max	3.2	4	5	5.5	7	8	10	13	16	18
	min	3.02	3.82	4.82	5.32	6.78	7.78	9.78	12.73	15.73	17.73

螺纹规格 D		M16	M20	M24	M30	M36	M42	M48	M56	M64
c	max	0.8	0.8	0.8	0.8	0.8	1	1	1	1.2
d_s	max	17.3	21.6	25.9	32.4	38.9	45.4	51.8	60.5	69.1
	min	16	20	24	30	36	42	48	56	64
d_w	min	22.5	27.7	33.2	42.7	51.1	60.6	69.4	78.7	88.2
e	min	26.75	32.95	39.55	50.85	60.79	72.02	62.6	93.56	104.86
m	max	14.8	18	21.5	25.6	31	34	38	45	51
	min	14.1	16.9	20.2	24.3	29.4	32.4	36.4	43.4	49.1
m'	min	11.3	13.5	16.2	19.4	23.5	25.9	29.1	34.7	39.3
m''	min	9.9	11.8	14.1	17	20.6	22.7	25.5	30.4	34.4
s	max	24	30	36	45	55	65	75	85	95
	min	23.67	29.16	35	45	53.8	63.8	74.1	82.8	92.8

注：A 级用于 $D \leqslant 16$ mm 的螺母；B 级用于 $D>16$ mm 的螺母。本表仅按商品规格和通用规格列出。

2. 1 型六角螺母　C 级(GB/T 41—2000)

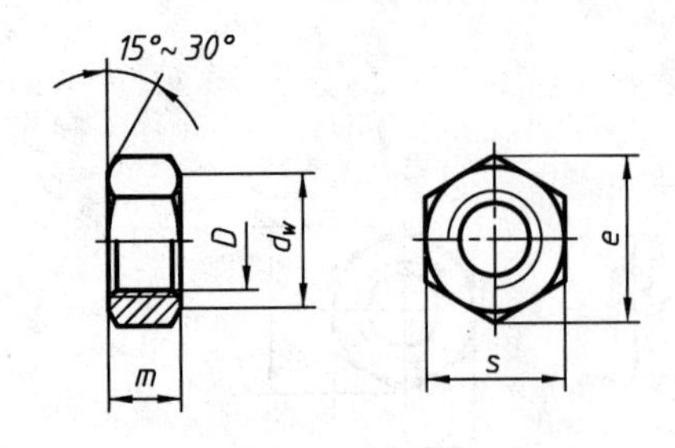

标记示例：

螺纹规格 D=M12、C 级的 1 型六角螺母：

螺母　GB/T 41　M12

附　表　16

mm

螺纹规格 D	M5	M6	M8	M10	M12	(M14)	M16	(M18)	M20	(M22)	M24	(M27)
d_w　min	6.9	8.7	11.5	14.5	16.5	19.2	22	24.8	27.7	31.4	33.2	38
e　min	8.63	10.89	14.2	17.59	19.85	22.78	26.17	29.56	32.95	37.29	39.55	45.2
m　max	5.6	6.1	7.9	9.5	12.2	13.3	15.9	14.9	18.7	20.2	22.3	24.7
s　max	8	10	13	16	18	21	24	27	30	34	36	41

螺纹规格 D	M30	(M33)	M36	(M39)	M42	(M45)	M48	(M52)	M56	(M60)	M64
d_w　min	42.7	46.6	51.1	55.9	60.6	64.7	69.4	74.2	78.7	83.4	88.2
e　min	50.85	55.37	60.79	66.44	72.02	76.95	82.6	88.25	93.56	99.21	104.86
m　max	26.4	29.5	31.5	34.3	34.9	36.9	38.9	42.9	45.9	48.9	52.4
s　max	46	50	55	60	65	70	75	80	85	90	95

注：括号内规格为尽量不采用规格，M42、M48、M56、M64 为通用规格，其余为商品规格。

3. 六角薄螺母(GB/T 6172. 1—2000)

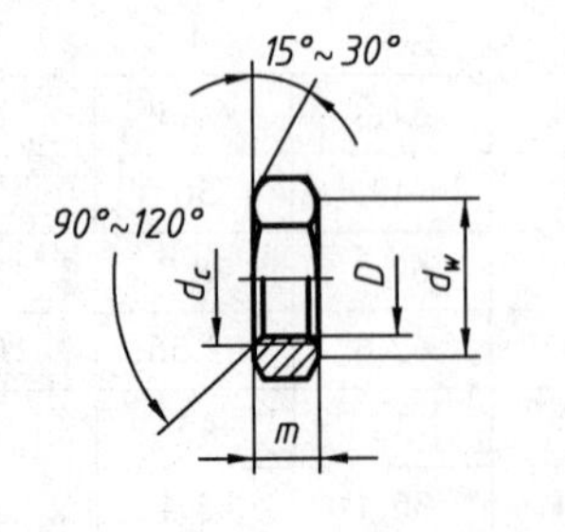

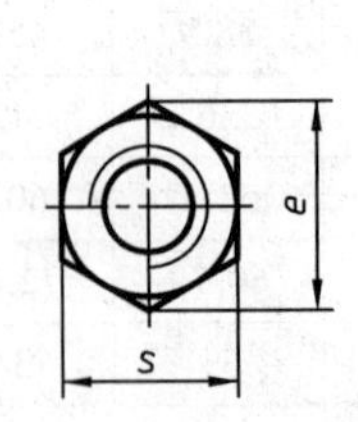

标记示例：

螺纹规格 D=M20 的六角薄螺母：

螺母　GB/T 6172. 1　M20

附　表　17

mm

螺纹规格		M1.6	M2	M2.5	M3	M4	M5	M6	M8
	D	M1.6	M2	M2.5	M3	M4	M5	M6	M8
	$D \times P$								M8×1
d_c	min	1.6	2	2.5	3	4	5	6	8

续表

螺纹规格	D	M1.6	M2	M2.5	M3	M4	M5	M6	M8
	D×P								M8×1
d_w	min	2.4	3.1	4.1	4.0	5.9	6.9	8.9	11.6
e	min	3.41	4.32	5.45	6.01	7.66	8.79	11.05	14.28
m	max	1	1.2	1.6	1.8	2.2	2.7	3.1	4
s	max	3.2	4	5	5.5	7	8	10	13

螺纹规格	D	M10	M12	(M14)	M10	(M18)	M20	(M22)
	D×P	M10×1	M12×1.5	(M14×1.5)	M16×1.5	(M18×1.5)	M20×2	(M22×1.5)
d_e	min	10	12	14	16	18	20	22
d_w	min	14.6	16.6	19.6	22.5	24.8	27.7	31.4
e	min	17.77	20.03	23.35	26.75	29.56	32.95	37.29
m	max	5	6	7	8	9	10	11
s	max	16	18	21	24	27	30	32

注:1. 括号内规格为尽量不采用的规格。

2. P 为螺距。

4. 1 型六角开槽螺母 A 和 B 级(GB/T 6178—1986)

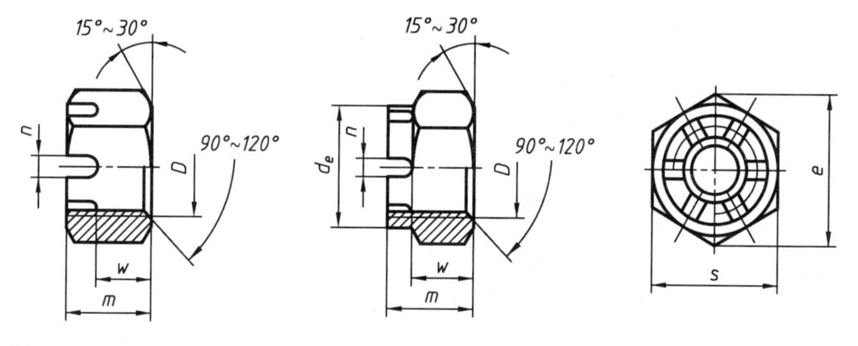

标记示例:

螺纹规格 D=M5,A 级的 1 型六角开槽螺母:

螺母 GB/T 6178 M5

附 表 18

mm

螺纹规格 D	M4	M5	M6	M8	M10	M12	M(14)	M16	M20	M24	M30	M36
d_e									28	34	42	50
e	7.66	8.79	11.05	14.38	17.77	20.03	23.35	26.75	32.95	39.55	50.85	60.79
m	5	6.7	7.7	9.8	12.4	15.8	17.8	20.8	24	29.5	34.6	40
n	1.2	1.4	2	2.5	2.8	3.5	3.5	4.5	4.5	5.5	7	7

续表

螺纹规格 D	M4	M5	M6	M8	M10	M12	M(14)	M16	M20	M24	M30	M36
s	7	8	10	13	16	18	21	24	30	36	46	55
w	3.2	4.7	5.2	6.8	8.4	10.8	12.8	14.8	18	21.5	25.6	31
开口销	1×10	1.2×12	1.6×14	2×16	2.5×20	3.2×22	3.2×25	4×28	4×36	5×40	6.3×50	6.3×63

注:1. 括号内规格为尽可能不采用。

2. A 级用于 $D \leqslant 16$ mm;B 级用于 $D>16$ mm。

五、垫圈

1. 小垫圈 A 级(GB/T 848—2002)、平垫圈 A 级(GB/T 97.1—2002)、平垫圈倒角型 A 级(GB/T 97.2—2002)、平垫圈 C 级(GB/T 95—2002)、特大垫圈 C 级(GB/T 5287—2002)、大垫圈 A 和 C 级(GB/T 96—2002)

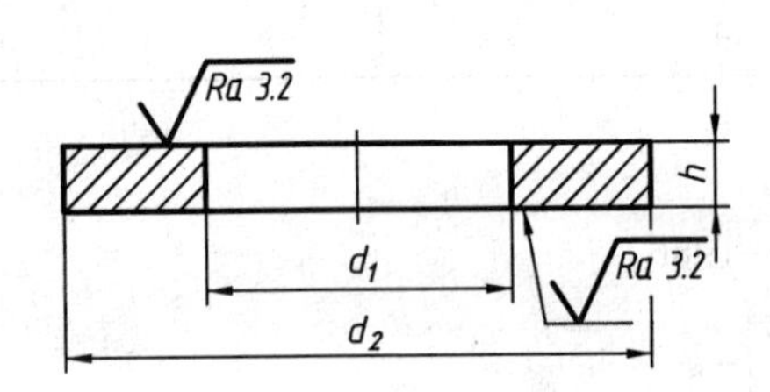

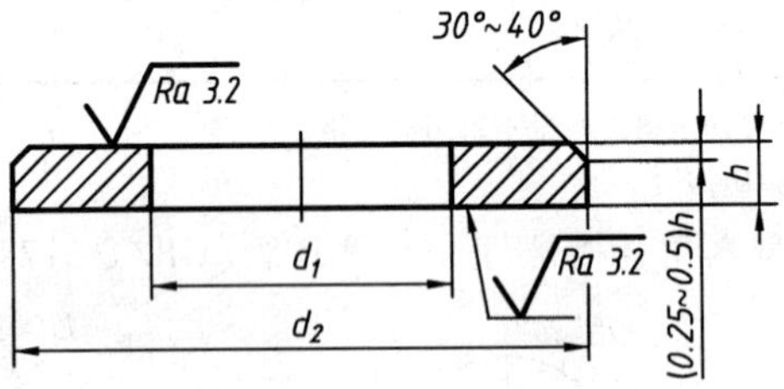

标记示例:

标准系列、公称尺寸 $d=8$ mm,性能等级为 100HV 级的平垫圈:

垫圈 GB/T 95—2002 8-100HV

标记示例:

标准系列,公称尺寸 $d=8$ mm、性能等级为 140HV 级,倒角型的平垫圈:

垫圈 GB/T 97.2—2002 8-140HV

附 表 19

mm

公称尺寸 d	GB/T 95—2002			GB/T 97.1—2002			GB/T 97.2—2002			GB/T 5287—2002			GB/T 96—2002			GB/T 848—2002		
	d_1	d_2	h	d_1	d_2	h	d_1	d_2	h	d_1	d_2	h	d_1	d_2	h	d_1	d_2	h
1.6	—	—	—	—	—	—	—	—	—	—	—	—	—	—	—	1.7	3.5	0.3
2	—	—	—	—	—	—	—	—	—	—	—	—	—	—	—	2.2	4.5	0.3
2.5	—	—	—	—	—	—	—	—	—	—	—	—	—	—	—	2.7	5	0.5
3	—	—	—	—	—	—	—	—	—	—	—	—	3.2	9	0.8	3.2	6	0.5
4	—	—	—	—	—	—	—	—	—	—	—	—	4.3	12	1	4.3	8	0.5
5	5.5	10	1	5.3	10	1	5.3	10	1	5.5	18	2	5.3	15	1.2	5.3	9	1
6	6.6	12	1.6	6.4	12	1.6	6.4	12	1.6	6.6	22	2	6.4	18	1.6	6.4	11	1.6
8	9	16	1.6	8.4	16	1.6	8.4	16	1.6	9	28	3	8.4	24	2	8.4	15	1.6

续表

公称尺寸 d	GB/T 95—2002			GB/T 97.1—2002			GB/T 97.2—2002			GB/T 5287—2002			GB/T 96—2002			GB/T 848—2002		
	d_1	d_2	h	d_1	d_2	h	d_1	d_2	h	d_1	d_2	h	d_1	d_2	h	d_1	d_2	h
10	11	20	2	10.5	20	2	10.5	20	2	11	34	3	10.5	30	2.5	10.5	18	1.6
12	13.5	24	2.5	13	24	2.5	13	24	2.5	13.5	44	4	13	37	3	13	20	2
14	15.5	28	2.5	15	28	2.5	15	28	2.5	15.5	50	4	15	44	3	15	24	2.5
16	17.5	30	3	17	30	3	17	30	3	17.5	56	5	17	50	3	17	28	2.5
20	22	37	3	21	37	3	21	37	3	22	72	6	22	60	4	21	34	3
24	26	44	4	25	44	4	25	44	4	26	85	6	26	72	5	25	39	4
30	33	56	4	31	56	4	31	55	4	33	105	6	33	92	6	31	50	4
36	39	66	5	37	66	5	37	66	5	39	125	8	36	110	8	37	60	5

力学性能	材　料	钢			奥氏体不锈钢			
	GB/T 848—2002 GB/T 97.1—2002 GB/T 97.2—2002	等级	140 HV	200 HV	300 HV	A140	A200	A350
		硬度/HV	≥140	200~300	300~400	≥140	200~300	350~400
	GB/T 95—2002 GB/T 5287—2002	等级	100 HV					
		硬度/HV	≥100					
	GB/T 96—2002	等级	A 级:140 HV;C 级:100 HV			A140		
		硬度/HV	A 级:≥140;C 级:≥100			≥140		

注:1. A 级、C 级为产品等级;A 级适用于精装配系列,C 级适用于中等装配系列,C 级垫圈没有 $Ra3.2$ μm 和去毛刺的要求。

2. GB/T 848—2002 主要用于圆柱头螺钉,其他用于标准六角头螺栓、螺钉和螺母。

2. 标准弹簧垫圈(GB/T 93—1987)、轻型弹簧垫圈(GB/T 859—1987)、重型弹簧垫圈(GB/T 7244—1987)

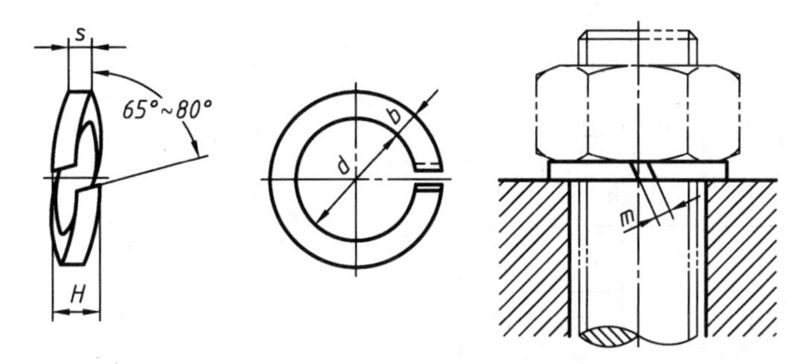

标记示例:

规格 16 mm,材料为 64Mn,标准型弹簧垫圈:

垫圈　GB/T 93—1987　16

附 表 20

mm

规格螺纹大径	d_1 min	GB/T 93—1987				GB/T 859—1987				GB/T 7244—1987			
		s 公称	b 公称	H max	m ≤	s 公称	b 公称	H max	m ≤	s 公称	b 公称	H max	m ≤
2	2.1	0.5	0.5	1.25	0.25	—	—	—	—	—	—	—	—
2.5	2.6	0.65	0.65	1.63	0.33	—	—	—	—	—	—	—	—
3	3.1	0.8	0.8	2	0.4	0.6	1	1.5	0.3	—	—	—	—
4	4.1	1.1	1.1	2.75	0.55	0.8	1.2	2	0.4	—	—	—	—
5	5.1	1.3	1.3	3.25	0.65	1.1	1.5	2.75	0.55	—	—	—	—
6	6.1	1.6	1.6	4	0.8	1.3	2	3.25	0.65	1.8	2.6	4.5	0.9
8	8.1	2.1	2.1	5.25	1.05	1.6	2.5	4	0.8	2.4	3.2	6	1.2
10	10.2	2.6	2.6	6.5	1.3	2	3	5	1	3	3.8	7.5	1.5
12	12.2	3.1	3.1	7.75	1.55	2.5	3.5	6.25	1.25	3.5	4.3	8.75	1.75
(14)	14.2	3.6	3.6	9	1.8	3	4	7.5	1.5	4.1	4.8	10.25	2.05
16	16.2	4.1	4.1	10.25	2.05	3.2	4.5	8	1.6	4.8	5.3	12	2.4
(18)	18.2	4.5	4.5	11.25	2.25	3.6	5	9	1.8	5.3	5.8	13.25	2.65
20	20.2	5	5	12.5	2.5	4	5.5	10	2	6	6.4	15	3
(22)	22.5	5.5	5.5	13.75	2.75	4.5	6	11.25	2.25	6.6	7.2	16.5	3.3
24	24.5	6	6	15	3	5	7	12.25	2.5	7.1	7.5	17.75	3.55
(27)	27.5	6.8	6.8	17	3.4	5.5	8	13.75	2.75	8	8.5	20	4
30	30.5	7.5	7.5	18.75	3.75	6	9	15	3	9	9.3	22.5	4.5
(33)	33.5	8.5	8.5	21.25	4.25	—	—	—	—	9.9	10.2	24.75	4.95
36	36.5	9	9	22.5	4.5	—	—	—	—	10.8	11.1	27	5.4
(39)	39.5	10	10	25	5	—	—	—	—	—	—	—	—
42	42.5	10.5	10.5	26.25	5.25	—	—	—	—	—	—	—	—
(45)	45.5	11	11	27.5	5.5	—	—	—	—	—	—	—	—
48	48.5	12	12	30	6	—	—	—	—	—	—	—	—

注:1. 尽可能不采用括号内的规格。

2. m 应大于零。

§4 键、销

一、键

1. 平键的剖面及键槽(GB/T 1095—2003)

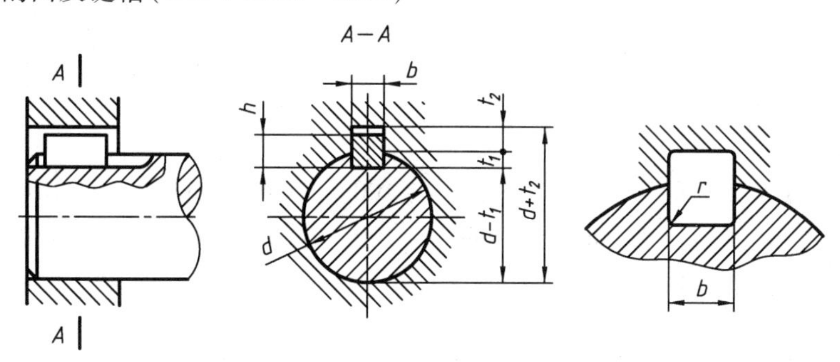

附 表 21

mm

轴	键	键槽										
		宽度 b						深度				半径 r
			极限偏差					轴 t_1		毂 t_2		
公称直径 d	公称尺寸 $b\times h$	公称尺寸 b	较松键连接		一般键连接		较紧键连接					
			轴 H9	毂 D10	轴 N9	毂 JS9	轴和毂 P9	公称尺寸	极限偏差	公称尺寸	极限偏差	最小	最大
自 6~8	2×2	2	+0.025 0	+0.060 +0.020	-0.004 -0.029	±0.0125	-0.006 -0.031	1.2	+0.1 0	1	+0.1 0	0.08	0.16
<8~10	3×3	3						1.8		1.4			
<10~12	4×4	4	+0.030 0	+0.078 +0.030	0 -0.030	±0.015	-0.012 -0.042	2.5		1.8			
<12~17	5×5	5						3.0		2.3		0.16	0.2
<17~22	6×6	6						3.5		2.8			
<22~30	8×7	8	+0.036 0	+0.098 +0.040	0 -0.036	±0.018	-0.015 -0.051	4.0	+0.2 0	3.3	+0.2 0		
<30~38	10×8	10						5.0		3.3		0.25	0.40
<38~44	12×8	12	+0.043 0	+0.120 +0.050	0 -0.043	±0.0115	-0.018 -0.061	5.5		3.3			
<44~50	14×9	14						5.5		3.8			
<50~58	16×10	16						6.0		4.3			
<58~65	18×11	18						7.0		4.4			
<65~75	20×12	20	+0.052 0	+0.149 +0.065	0 -0.052	±0.026	-0.022 -0.074	7.5		4.9		0.40	0.60
<75~85	22×14	22						9.0		5.4			
<85~95	25×14	25						9.0		5.4			
<95~110	28×16	28						10.0		6.4			
<110~130	32×18	32	+0.062 0	+0.180 +0.080	0 -0.067	±0.031		11.0		7.4			
<130~150	36×20	36						12.0	+0.3 0	8.4	+0.3 0	0.06	1.0
<150~170	40×22	40						13.0		9.4			
<170~200	45×25	45						15.0		10.4			
<200~230	50×28	50						17.0		11.4			

注:1. 在工作图中,轴槽深用 t 或($d-t_1$)标注,轮毂槽深用($d+t_2$)标注。

2. ($d-t_1$)和($d+t_2$)两组组合尺寸的偏差按相应的 t_1 和 t_2 的偏差选取,但($d-t_1$)偏差值应取负号(-)。

2. 普通平键形式尺寸(GB/T 1096—2003)

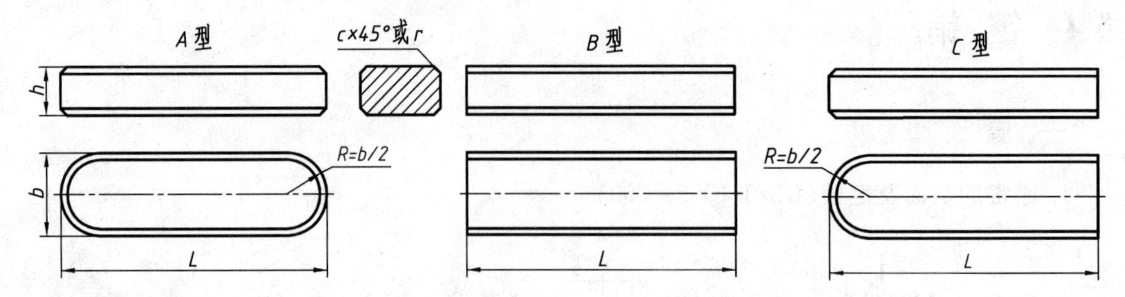

标记示例：

圆头普通平键(A 型),$b=16$mm,$h=10$mm,$L=100$mm:GB/T 1096 键 16×10×100

平头普通平键(B 型),$b=16$mm,$h=10$mm,$L=100$mm:GB/T 1096 键 B16×10×100

单圆头普通平键(C 型),$b=16$mm,$h=10$mm,$L=100$mm:GB/T 1096 键 C16×10×100

附 表 22 mm

b	公称尺寸	2	3	4	5	6	8	10	12	14	16
	偏差 h8	0 -0.014		0 -0.018			0 -0.022		0 -0.027		
h	公称尺寸	2	3	4	5	6	7	8	8	9	10
	偏差(h11)*	[0* -0.014]		[0* -0.018]			0 -0.090				
倒角 *c* 或倒圆 *s*		0.16~0.25			0.25~0.40			0.40~0.60			
L		6~20	6~36	8~45	10~56	14~70	18~90	22~110	28~140	36~160	45~180
b	公称尺寸	18	20	22	25	28	32	36	40	45	50
	偏差 h8	0 -0.027	0 -0.033				0 -0.039				
h	公称尺寸	11	12	14	14	16	18	20	22	25	28
	偏差(h11)*	0 -0.110						0 -0.130			
倒角 *c* 或倒圆 *s*		0.40~0.60	0.60~0.80					1.0~1.2			
L		50~200	56~220	63~250	70~280	80~320	90~360	100~400	100~400	110~450	125~500

* 括号内的数值为 h8,适用于 B 型键。

二、销

1. 圆柱销(GB/T 119.1—2000)

标记示例：

公称直径 $d=8$ mm,长度 $l=30$ mm,材料为 35 钢,热处理硬度 28~38 HRC,表面氧化处理的 A 型圆柱销：

销 GB/T 119.1 8×30

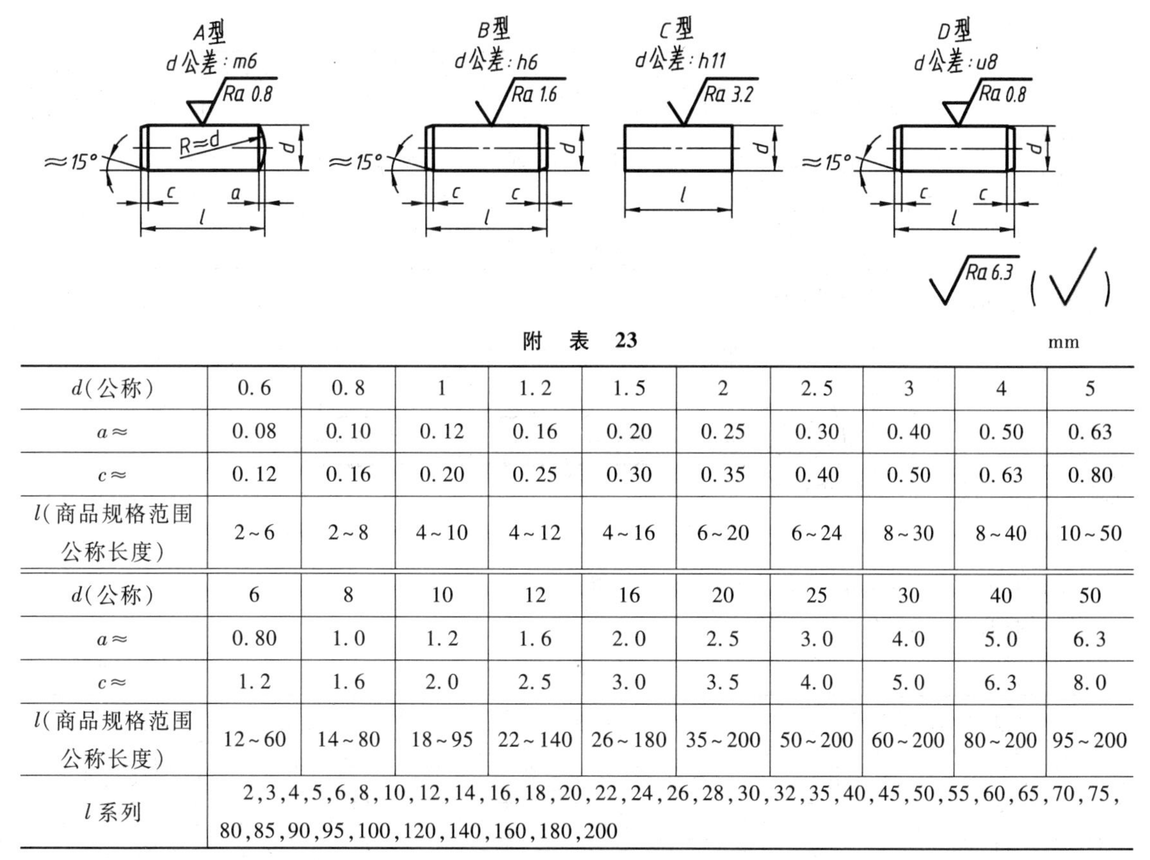

附 表 23

mm

d(公称)	0.6	0.8	1	1.2	1.5	2	2.5	3	4	5
a≈	0.08	0.10	0.12	0.16	0.20	0.25	0.30	0.40	0.50	0.63
c≈	0.12	0.16	0.20	0.25	0.30	0.35	0.40	0.50	0.63	0.80
l(商品规格范围公称长度)	2~6	2~8	4~10	4~12	4~16	6~20	6~24	8~30	8~40	10~50
d(公称)	6	8	10	12	16	20	25	30	40	50
a≈	0.80	1.0	1.2	1.6	2.0	2.5	3.0	4.0	5.0	6.3
c≈	1.2	1.6	2.0	2.5	3.0	3.5	4.0	5.0	6.3	8.0
l(商品规格范围公称长度)	12~60	14~80	18~95	22~140	26~180	35~200	50~200	60~200	80~200	95~200
l系列	2,3,4,5,6,8,10,12,14,16,18,20,22,24,26,28,30,32,35,40,45,50,55,60,65,70,75,80,85,90,95,100,120,140,160,180,200									

2. 圆锥销(GB/T 117—2000)

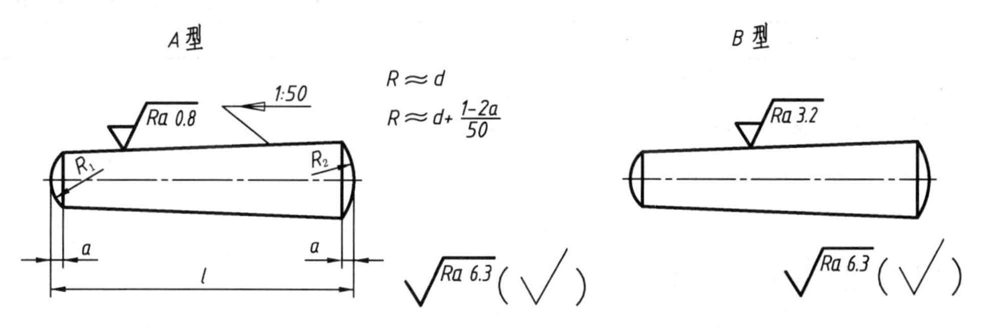

标记示例：

公称直径 d=10 mm，长度 l=60 mm，材料 35 钢，热处理硬度 HRC 28~38，表面氧化处理的 A 型圆锥销

销 GB/T 117 10×60

附 表 24

mm

d(公称)	0.6	0.8	1	1.2	1.5	2	2.5	3	4	5
a≈	0.08	0.1	0.12	0.16	0.2	0.25	0.3	0.4	0.5	0.63
l(商品规格范围公称长度)	4~8	5~12	6~16	6~20	8~24	10~35	10~35	12~45	14~55	18~60

续表

d(公称)	6	8	10	12	16	20	25	30	40	50
a≈	0.8	1	1.2	1.6	2	2.5	3	4	5	6.3
l(商品规格范围公称长度)	22~90	22~120	26~160	32~180	40~200	45~200	50~200	55~200	60~200	65~200
l系列	2,3,4,5,6,8,10,12,14,16,18,20,22,24,26,28,30,32,35,40,45,50,55,60,65,70,75,80,85,90,95,100,120,140,160,180,200									

3. 开口销(GB/T 91—2000)

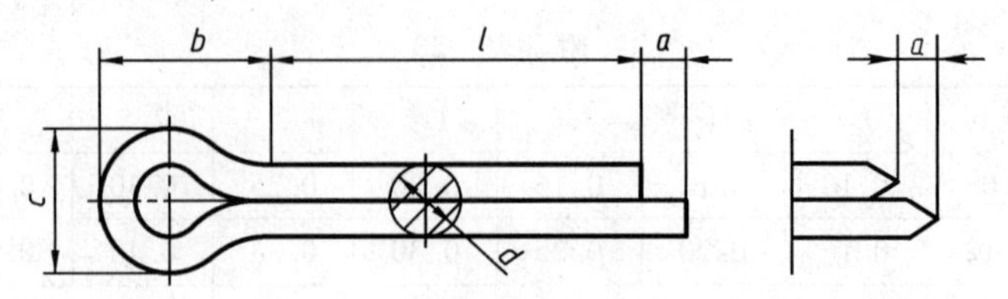

标记示例:

公称直径 $d=5$ mm,长度 $l=5$ mm 的开口销:

销 GB/T 91 5×50

附 表 25 mm

d	公称	0.6	0.8	1	1.2	1.6	2	2.5	3.2	4	5	6.3	8	10	12
	min	0.4	0.6	0.8	0.9	1.3	1.7	2.1	2.7	3.5	4.4	5.7	7.3	9.3	11.1
	max	0.5	0.7	0.9	1	1.4	1.8	2.3	2.9	3.7	4.6	5.9	7.5	9.5	11.4
c	max	1	1.4	1.8	2	2.8	3.6	4.6	5.8	7.4	9.2	11.8	15	19	24.8
	min	0.9	1.2	1.6	1.7	2.4	3.2	4	5.1	6.5	8	10.3	13.1	16.6	21.7
b≈		2	2.4	3	3	3.2	4	5	6.4	8	10	12.6	16	20	26
a	max	1.6			2.5				3.2	4				6.3	

注:1. 销孔的公称直径等于 $d_{公称}$。

2. 根据使用需要,由供需双方协议,可采用 $d_{公称}=3.6$ mm 的规格。

3. $a_{min}=\frac{1}{2}a_{max}$。

§5 滚动轴承和钢球

一、轴承类型代号

附 表 26

代号	轴承类型	代号	轴承类型
0	双列角接触球轴承	6	深沟球轴承
1	调心球轴承	7	角接触球轴承
2	调心滚子轴承和推力调心滚子轴承	8	推力圆柱滚子轴承
3	圆锥滚子轴承	N	圆柱滚子轴承双列或多列用字母 NN 表示
4	双列深沟球轴承	U	外球面球轴承
5	推力球轴承	QJ	四点接触球轴承

二、深沟球轴承(GB/T 276—2013)

附　表　27

60000 型

轴承型号	尺寸/mm		
	d	D	B
10 系列			
606	6	17	6
607	7	19	6
608	8	22	7
609	9	24	7
6000	10	26	8
6001	12	28	8
6002	15	32	9
6003	17	35	10
6004	20	42	12
60/22	22	44	12
6005	25	47	12
60/28	28	52	12
6006	30	55	13
60/32	32	58	13
6007	35	62	14
6008	40	68	15
6009	45	75	16
6010	50	80	16
6011	55	90	18
6012	60	95	18
02 系列			
623	3	10	4
624	4	13	5
625	5	16	5
626	6	19	6
627	7	22	7
628	8	24	8
629	9	26	8
6200	10	30	9
6201	12	32	10
6202	15	35	11
6203	17	40	12
6204	20	47	14
62/22	22	50	14
6205	25	52	15
62/28	28	58	16
6206	30	62	16
62/32	32	65	17
6207	35	72	17
6208	40	80	18
6209	45	85	19
6210	50	90	20
6211	55	100	21
6212	60	110	22
03 系列			
633	3	13	5
634	4	16	5
635	5	19	6
6300	10	35	11
6301	12	37	12
6302	15	42	13
6303	17	47	14
6304	20	52	15
63/22	22	56	16
6305	25	62	17
63/28	28	68	18
6306	30	72	19
63/32	32	75	20
6307	35	80	21
6308	40	90	23
6309	45	100	25
6310	50	110	27
6311	55	120	29
6312	60	130	31
6313	65	140	33
6314	70	150	35
6315	75	160	37
6316	80	170	39
6317	85	180	41
6318	90	190	43
04 系列			
6403	17	62	17
6404	20	72	19
6405	25	80	21
6406	30	90	23
6407	35	100	25
6408	40	110	27
6409	45	120	29
6410	50	130	31
6411	55	140	33
6412	60	150	35
6413	65	160	37
6414	70	180	42
6415	75	190	45
6416	80	200	48
6417	85	210	52
6418	90	225	54
6419	95	240	55
6420	100	250	58
6422	110	280	65

三、圆锥滚子轴承(GB/T 297—1994)

附 表 28

30000 型

轴承代号	尺寸/mm				
	d	D	T	B	C
02 系列					
30202	15	35	11.75	11	10
30203	17	40	13.25	12	11
30204	20	47	15.25	14	12
30205	25	52	16.25	15	13
30206	30	62	17.25	16	14
302/32	32	65	18.25	17	15
30207	35	72	18.25	17	15
30208	40	80	19.75	18	16
30209	45	85	20.75	19	16
30210	50	90	21.75	20	17
30211	55	100	22.75	21	18
30212	60	110	23.75	22	19
30213	65	120	24.75	23	20
30214	70	125	26.25	24	21
30215	75	130	27.25	25	22
03 系列					
30302	15	42	14.25	13	11
30303	17	47	15.25	14	12
30304	20	52	16.25	15	13
30305	25	62	18.25	17	15
30306	30	72	20.75	19	16
30307	35	80	22.75	21	18
30308	40	90	25.75	23	20
30309	45	100	27.25	25	22
30310	50	110	29.25	27	23
30311	55	120	31.5	29	25
30312	60	130	33.5	31	26
30313	65	140	36	33	28
30314	70	150	38	35	30
30315	75	160	40	37	31

轴承代号	尺寸/mm				
	d	D	T	B	C
13 系列					
31305	25	62	18.25	17	13
31306	30	72	20.75	19	14
31307	35	80	22.75	21	15
31308	40	90	25.25	23	17
31309	45	100	27.25	25	18
31310	50	110	29.25	27	19
31311	55	120	31.5	29	21
31312	60	130	33.5	31	22
31313	65	140	36	33	23
31314	70	150	38	35	25
31315	75	160	40	37	26
20 系列					
32004	20	42	15	15	12
320/22	22	44	15	15	11.5
32005	25	47	15	15	11.5
320/28	28	52	16	16	12
32006	30	55	17	17	13
320/32	32	58	17	17	13
32007	35	62	18	18	14
32008	40	68	19	19	14.5
32009	45	75	20	20	15.5
32010	50	80	20	20	15.5
32011	55	90	23	23	17.5
32012	60	95	23	23	17.5
32013	65	100	23	23	17.5
32014	70	110	25	25	19
32015	75	115	25	25	19
22 系列					
32203	17	40	17.25	16	14
32204	20	47	19.25	18	15
32205	25	52	19.25	18	16
32206	30	62	21.25	20	17
32207	35	72	24.25	23	19
32208	40	80	24.75	23	19
32209	45	85	24.75	23	19
32210	50	90	24.75	23	19
32211	55	100	26.75	25	21
32212	60	110	26.75	28	24
32213	65	120	29.75	31	27
32214	70	125	33.25	31	27
32215	75	130	33.25	31	27

续表

轴承代号	尺寸/mm				
	d	D	T	B	C
23 系列					
32303	17	47	20.25	19	16
32304	20	52	22.25	21	18
32305	25	62	25.25	24	20
32306	30	72	28.75	27	23
32307	35	80	32.75	31	25
32308	40	90	35.25	33	27
32309	45	100	38.25	36	30
32310	50	110	42.25	40	33
32311	55	120	45.5	43	35
32312	60	130	48.5	46	37
32313	65	140	51	48	39
32314	70	150	54	51	42
32315	75	160	58	55	45
29 系列					
32904	20	37	12	12	9
329/22	22	40	12	12	9
32905	25	42	12	12	9
329/28	28	45	12	12	9
32906	30	47	12	12	9
329/32	32	52	14	14	10
32907	35	55	14	14	11.5
32908	40	62	15	15	12
32909	45	68	15	15	12
32910	50	72	15	15	12
32911	55	80	17	17	14
32912	60	85	17	17	14
32913	65	90	17	17	14
32914	70	100	20	20	16
32915	75	105	20	20	16

轴承代号	尺寸/mm				
	d	D	T	B	C
30 系列					
33005	25	47	17	17	14
33006	30	55	20	20	16
33007	35	62	21	21	17
33008	40	68	22	22	18
33009	45	75	24	24	19
33010	50	85	24	24	19
33011	55	90	24	24	21
33012	60	95	27	27	21
33013	65	100	27	27	21
33014	70	110	31	31	25.5
33015	75	115	31	31	25.5
31 系列					
33108	40	75	26	26	20.5
33109	45	80	26	26	20.5
33110	50	85	26	26	20
33111	55	95	30	30	23
33112	60	100	30	30	23
33113	65	110	34	34	26.5
33114	70	120	37	37	29
33115	75	125	37	37	29
32 系列					
33205	25	52	22	22	18
332/28	28	58	24	24	19
33206	30	62	25	25	19.5
332/32	32	65	26	26	20.5
33207	35	72	28	28	22
33208	40	80	32	32	25
33209	45	85	32	32	25
33210	50	90	32	32	24.5
33211	55	100	35	35	27
33212	60	110	38	38	29
33213	65	120	41	41	32
33214	70	125	41	41	32
33215	75	130	41	41	31

四、推力球轴承(GB/T 301—1995)

附 表 29

51000 型

轴承代号	尺寸/mm			
	d	d_1 最小	D	T
11 系列				
51100	10	11	24	9
51101	12	13	26	9
51102	15	16	28	9
51103	17	18	30	9
51104	20	21	35	10
51105	25	26	42	11
51106	30	32	47	11
51107	35	37	52	12
51108	40	42	60	13
51109	45	47	65	14
51110	50	52	70	14
51111	55	57	78	16
51112	60	62	85	17
51113	65	67	90	18
51114	70	72	95	18
51115	75	77	100	19
51116	80	82	105	19
51117	85	87	110	19
51118	90	92	120	22
51120	100	102	135	25
12 系列				
51200	10	12	26	11
51201	12	14	28	11
51202	15	17	32	12
51203	17	19	35	12
51204	20	22	40	14
51205	25	27	47	15
51206	30	32	52	16
51207	35	37	62	18
51208	40	42	68	19
51209	45	47	73	20
51210	50	52	78	22
51211	55	57	90	25
51212	60	62	95	26
51213	65	67	100	27
51214	70	72	105	27
51215	75	77	110	27
51216	80	82	115	28
51217	85	88	125	31
51218	90	93	135	35
51220	100	103	150	38
13 系列				
51304	20	22	47	18
51305	25	27	52	18
51306	30	32	60	21
51307	35	37	68	24
51308	40	42	78	26
51309	45	47	85	28
51310	50	52	95	31
51311	55	57	105	35
51312	60	62	110	35
51313	65	67	115	36
51314	70	72	125	40
51315	75	77	135	44
51316	80	82	140	44
51317	85	88	150	49
51318	90	93	155	50
51320	100	103	170	55
14 系列				
51405	25	27	60	24
51406	30	32	70	28
51407	35	37	80	32
51408	40	42	90	36
51409	45	47	100	39
51410	50	52	110	43
51411	55	57	120	48
51412	60	62	130	51
51413	65	67	140	56
51414	70	72	150	60
51415	75	77	160	65
51416	80	82	170	68
51417	85	88	180	72
51418	90	93	190	77
51420	100	103	210	85

五、滚动轴承钢球（GB/T 308.1—2013）

标记示例：材料为高碳铬轴承钢 $D_{\mathrm{W}}=45$，等级 100，不按批直径变动量、规值、分规值提供：45.000 G100b GB/T 308.1—2013。

附　表　30

公称直径 D_{W} /mm(in)	规值、分规值为 0 的直径 /mm	公称直径 D_{W} /mm(in)	规值、分规值为 0 的直径 /mm	公称直径 D_{W} /mm(in)	规值、分规值为 0 的直径 /mm	公称直径 D_{W} /mm(in)	规值、分规值为 0 的直径 /mm
0.3	0.300 0	7.5	7.500 0	23/32	18.256 2	(1½)	(38.100 0)
0.4	0.400 0	(5/16)	(7.937 5)	19	19.000 0	40	40.000 0
0.5	0.500 0	8	8.000 0	(3/4)	(19.050 0)	1⅝	41.275 0
0.6	0.600 0	8.5	8.500 0	25/32	19.843 8	42	42.000 0
0.7	0.700 0	11/32	8.731 2	20	20.000 0	$1^{11}/_{16}$	42.862 5
(1/32)	(0.793 8)	9	9.000 0	13/16	20.637 5	1¾	44.450 0
0.8	0.800 0	9.5	9.500 0	21	21.000 0	45	45.000 0
1	1.000 0	(3/8)	(9.525 0)	22	22.000 0	1⅞	47.625 0
1.2	1.200 0	10	10.000 0	7/8	22.225 0	48	48.000 0
1.5	1.500 0	13. 32	10.318 8	23	23.000 0	50	50.000 0
(1/16)	(1.587 5)	11	11.000 0	(29/32)	(23.018 8)	2	50.800 0
2	2.000 0	7/16	11.112 5	15/16	23.812 5	55	55.000 0
3/32	2.381 2	11.5	11.500 0	24	24.000 0	60	60.000 0
2.5	2.500 0	(29/64)	(11.509 4)	25	25.000 0	65	65.000 0
3	3.000 0	15/32	11.906 2	1	25.400 0	70	70.000 0
1/8	3.175 0	12	12.000 0	26	26.000 0	75	75.000 0
3.5	3.500 0	31/64	12.303 1	$1^{1}/_{16}$	26.987 5	80	80.000 0
(5/32)	(3.968 8)	1/2	12.700 0	28	28.000 0	85	85.000 0
4	4.000 0	13	13.000 0	1⅛	28.575 0	90	90.000 0
4.5	4.500 0	17/32	13.493 8	30	30.000 0	95	95.000 0
3/16	4.762 5	14	14.000 0	$1^{3}/_{16}$	30.162 5	100	100.000 0
5	5.000 0	9/16	14.287 5	$1^{1}/_{14}$	31.750 0	110	110.000 0
5.5	5.500 0	15	15.000 0	32	32.000 0	120	120.000 0
(7/32)	(5.556 2)	(19/32)	(15.081 2)	$1^{5}/_{16}$	33.337 5		
(15/64)	(5.953 1)	5/8	15.875 0	34	34.000 0		
6	6.000 0	16	16.000 0	(1⅜)	(34.925 0)		
1/4	6.350 0	21/32	16.668 8	35	35.000 0		
6.5	6.500 0	17	17.000 0	36	36.000 0		
7	7.000 0	11/16	17.462 5	$1^{7}/_{16}$	36.512 5		
9/32	7.143 8	18	18.000 0	38	38.000 0		

注：加括号的英制钢球属过渡尺寸规格，新设计中不许选用。

§6 表面粗糙度参数

一、轮廓算术平均偏差 *Ra* 的数值

附 表 31

μm

第1系列	第2系列	第1系列	第2系列	第1系列	第2系列	第1系列	第2系列
	0.008						
	0.010						
0.012			0.125		1.25	12.5	
	0.016		0.160	1.60			16.0
	0.020	0.20			2.0		20
0.025			0.25		2.5	25	
	0.032		0.32	3.2			32
	0.040	0.40			4.0		40
0.050			0.50		5.0	50	
	0.063		0.63	6.3			63
0.100	0.080				8.0		80
		0.80	1.00		10.0	100	

二、轮廓最大高度 *Rz* 的数值

附 表 32

μm

第1系列	第2系列	第1系列	第2系列	第1系列	第2系列
			1.25		125
		1.60			16.0
			2.0	200	
0.025			2.5		250
	0.032	3.2			320
	0.040		4.0	400	
0.050			5.0		500
	0.063	6.3			630
	0.080		8.0	800	
0.100			10.0		1 000
	0.125	12.5			1 250
	0.160		16.0	1 600	
0.20			20		
	0.25	25			
	0.32		32		
0.40			40		
	0.50	50			
	0.63		63		
0.80			80		
	1.00	100			

§7 极限与配合

一、标准公差数值

附 表 33

公称尺寸/mm		公差等级																			
		IT01	IT0	IT1	IT2	IT3	IT4	IT5	IT6	IT7	IT8	IT9	IT10	IT11	IT12	IT13	IT14	IT15	IT16	IT17	IT18
大于	至	μm													mm						
—	3	0.3	0.5	0.8	1.2	2	3	4	6	10	14	25	40	60	0.1	0.14	0.25	0.40	0.60	1.0	1.4
3	6	0.4	0.6	1	1.5	2.5	4	5	8	12	18	30	48	75	0.12	0.18	0.30	0.48	0.75	1.2	1.8
6	10	0.4	0.6	1	1.5	2.5	4	6	9	15	22	36	50	90	0.15	0.22	0.36	0.58	0.90	1.5	2.2
10	18	0.5	0.8	1.2	2	3	5	8	11	18	27	43	70	110	0.18	0.27	0.43	0.70	1.10	1.8	2.7
18	30	0.6	1	1.5	2.5	4	6	9	13	21	33	52	84	130	0.21	0.33	0.52	0.84	1.30	2.1	3.3
30	50	0.6	1	1.5	2.5	4	7	11	16	25	39	62	100	160	0.25	0.39	0.62	1.00	1.60	2.5	3.9
50	80	0.8	1.2	2	3	5	8	13	19	30	46	74	120	190	0.30	0.46	0.74	1.20	1.90	3.0	4.6
80	120	1	1.5	2.5	4	6	10	15	22	35	54	87	140	220	0.35	0.54	0.87	1.40	2.20	3.5	5.4
120	180	1.2	2	3.5	5	8	12	18	25	40	63	100	160	250	0.40	0.63	1.00	1.60	2.50	4.0	6.3
180	250	2	3	4.5	7	10	14	20	29	46	72	115	185	290	0.46	0.72	1.15	1.85	2.90	4.6	7.2
250	315	2.5	4	6	8	12	16	23	32	52	81	136	210	320	0.52	0.81	1.30	2.10	3.20	5.2	8.1
315	400	3	5	7	9	13	18	25	36	57	89	140	230	360	0.57	0.89	1.40	2.30	3.60	5.7	8.9

注：公称尺寸小于 1 mm 时，无 IT14 至 IT18。

二、轴的极限偏差(GB/T 1800.2—2009)

附 表 34

μm

公称尺寸/mm		常用公差带												
		a*	b*		c			d				e		
大于	至	11	11	12	9	10	11	8	9	10	11	7	8	9
—	3	-270	-140	-140	-60	-60	-60	-20	-20	-20	-20	-14	-14	-14
		-330	-200	-240	-85	-100	-120	-34	-45	-60	-80	-24	-28	-39
3	6	-270	-140	-140	-70	-70	-70	-30	-30	-30	-30	-20	-20	-20
		-345	-215	-260	-100	-118	-145	-48	-60	-78	-105	-32	-38	-50
6	10	-280	-150	-150	-80	-80	-80	-40	-40	-40	-40	-25	-25	-25
		-370	-240	-300	-116	-138	-170	-62	-76	-98	-130	-40	-47	-61
10	14	-290	-150	-150	-95	-95	-95	-50	-50	-50	-50	-32	-32	-32
14	18	-400	-260	-330	-165	-165	-205	-77	-93	-120	-160	-50	-59	-75
18	24	-300	-160	-160	-110	-110	-110	-65	-65	-65	-65	-40	-40	-40
24	30	-430	-290	-370	-162	-194	-240	-98	-117	-149	-195	-61	-73	-92
30	40	-310	-170	-170	-120	-120	-120							
		-470	-330	-420	-182	-220	-280	-80	-80	-80	-80	-50	-50	-50
40	50	-320	-180	-180	-130	-130	-130	-119	-142	-180	-240	-75	-89	-112
		-480	-340	-430	-192	-230	-290							
50	65	-340	-190	-190	-140	-140	-140							
		-530	-380	-490	-214	-260	-330	-100	-100	-100	-100	-60	-60	-60
65	80	-360	-200	-200	-150	-150	-150	-146	-174	-220	-290	-90	-106	-134
		-550	-390	-500	-224	-270	-340							
80	100	-380	-220	-220	-170	-170	-170							
		-600	-440	-570	-257	-310	-399	-120	-120	-120	-120	-72	-72	-72
100	120	-410	-240	-240	-180	-180	-180	-174	-207	-260	-340	-107	-126	-159
		-630	-460	-590	-267	-320	-400							
120	140	-520	-260	-260	-200	-200	-200							
		-710	-510	-660	-300	-360	-450							
140	160	-460	-280	-280	-210	-210	-210	-145	-145	-145	-145	-85	-85	-85
		-770	-530	-680	-310	-370	-460	-208	-245	-305	-395	-125	-148	-185
160	180	-580	-100	-310	-230	-230	-230							
		-830	-560	-710	-330	-390	-480							
180	200	-660	-340	-340	-240	-240	-240							
		-950	-630	-800	-355	-425	-530							
200	225	-740	-380	-380	-260	-260	-260	-170	-170	-170	-170	-100	-100	-100
		-1030	-670	-840	-375	-445	-550	-242	-285	-355	-460	-146	-172	-215
225	250	-820	-420	-420	-280	-280	-280							
		-1110	-710	-880	-395	-465	-570							
250	280	-920	-480	-480	-300	-300	-300							
		-1240	-800	-1000	-430	-510	-620	-190	-190	-190	-190	-110	-110	-110
280	315	-1050	-540	-540	-330	-330	-330	-271	-320	-400	-510	-162	-191	-240
		-1370	-860	-1060	-460	-540	-650							
315	355	-1200	-600	-800	-360	-360	-360							
		-1560	-960	-1170	-500	-590	-720	-210	-210	-210	-210	-125	-125	-125
355	400	-1350	-680	-680	-400	-400	-400	-299	-350	-440	-570	-182	-214	-265
		-1710	-1040	-1250	-540	-630	-760							

续表

公称尺寸/mm		常用公差带															
		f					g			h							
大于	至	5	6	7	8	9	5	6	7	5	6	7	8	9	10	11	12
—	3	-6 -10	-6 -12	-6 -16	-6 -20	-6 -31	-2 -6	-2 -8	-2 -12	0 -4	0 -6	0 -10	0 -14	0 -25	0 -40	0 -60	0 -100
3	6	-10 -15	-10 -18	-10 -22	-10 -28	-10 -40	-4 -9	-4 -12	-4 -16	0 -5	0 -8	0 -12	0 -18	0 -30	0 -48	0 -75	0 -120
6	10	-13 -19	-13 -22	-13 -28	-13 -35	-13 -49	-5 -11	-5 -14	-5 -20	0 -6	0 -9	0 -15	0 -22	0 -36	0 -58	0 -90	0 -150
10 14	14 18	-16 -24	-16 -27	-16 -34	-16 -43	-16 -59	-6 -14	-6 -17	-6 -24	0 -8	0 -11	0 -18	0 -27	0 -43	0 -70	0 -110	0 -180
18 24	24 30	-20 -29	-20 -33	-20 -41	-20 -53	-20 -72	-7 -16	-7 -20	-7 -28	0 -9	0 -13	0 -21	0 -33	0 -52	0 -84	0 -130	0 -210
30 40	40 50	-25 -36	-25 -41	-25 -50	-25 -64	-25 -87	-9 -20	-9 -25	-9 -34	0 -11	0 -16	0 -25	0 -39	0 -62	0 -100	0 -160	0 -300
50 65	65 80	-30 -43	-30 -49	-30 -60	-30 -76	-30 -104	-10 -23	-10 -29	-10 -40	0 -13	0 -19	0 -30	0 -46	0 -74	0 -120	0 -190	0 -300
80 100	100 120	-36 -51	-36 -58	-36 -71	-36 -90	-36 -123	-12 -27	-12 -34	-12 -47	0 -15	0 -22	0 -35	0 -54	0 -87	0 -140	0 -220	0 -350
120 140 160	140 160 180	-43 -61	-43 -68	-43 -83	-43 -106	-43 -143	-14 -32	-14 -39	-14 -54	0 -18	0 -25	0 -40	0 -63	0 -100	0 -160	0 -250	0 -400
180 200 225	200 225 250	-50 -70	-50 -79	-50 -96	-50 -122	-50 -165	-15 -35	-15 -44	-15 -61	0 -20	0 -29	0 -46	0 -72	0 -115	0 -185	0 -290	0 -460
250 280	280 315	-56 -79	-56 -88	-56 -108	-56 -137	-56 -186	-17 -40	-17 -49	-17 -69	0 -23	0 -32	0 -52	0 -81	0 -130	0 -210	0 -320	0 -520
315 355	355 400	-62 -87	-62 -98	-62 -119	-62 -151	-62 -202	-18 -43	-18 -54	-18 -75	0 -25	0 -36	0 -57	0 -89	0 -140	0 -230	0 230	0 -570

续表

公称尺寸/mm		常用公差带														
		js			k			m			n			p		
大于	至	5	6	7	5	6	7	5	6	7	5	6	7	5	6	7
—	3	±2	±3	±5	+4 0	+6 0	+10 0	+6 +2	+8 +2	+12 +2	+8 +4	+10 +4	+14 +4	+10 +6	+12 +6	+16 +6
3	6	±2.5	±4	±6	+6 +1	+9 +1	+13 +1	+9 +4	+12 +4	+16 +4	+13 +8	+16 +8	+20 +8	+17 +12	+20 +12	+24 +12
6	10	±3	±4.5	±7	+7 +1	+10 +1	+16 +1	+12 +6	+15 +6	+21 +6	+16 +10	+19 +10	+25 +10	+21 +15	+24 +15	+30 +15
10	14	±4	±5.5	±9	+9 +1	+12 +1	+19 +1	+15 +7	+18 +7	+25 +7	+20 +12	+23 +12	+30 +12	+26 +18	+29 +18	+36 +18
14	18															
18	24	±4.5	±6.5	±10	+11 +2	+15 +2	+23 +2	+17 +8	+21 +8	+29 +8	+24 +15	+28 +15	+36 +15	+31 +22	+35 +22	+43 +22
24	30															
30	40	±5.5	±8	±12	+13 +2	+18 +2	+27 +2	+20 +9	+25 +9	+34 +9	+28 +17	+33 +17	+42 +17	+37 +26	+42 +26	+51 +26
40	50															
50	65	±6.5	±9.5	±15	+15 +2	+21 +2	+32 +2	+24 +11	+30 +11	+41 +11	+33 +20	+39 +20	+50 +20	+45 +32	+51 +32	+62 +32
65	80															
80	100	±7.5	±11	±17	+18 +3	+25 +3	+38 +3	+28 +13	+35 +13	+48 +13	+38 +23	+45 +23	+58 +23	+52 +37	+59 +37	+72 +37
100	120															
120	140	±9	±12.5	±20	+21 +3	+28 +3	+43 +3	+33 +15	+40 +15	+55 +15	+45 +27	+52 +27	+67 +27	+61 +43	+68 +43	+83 +43
140	160															
160	180															
180	200	±10	±14.5	±23	+24 +4	+33 +4	+50 +4	+37 +17	+46 +17	+63 +17	+51 +31	+60 +31	+77 +31	+70 +50	+79 +50	+96 +50
200	225															
225	250															
250	280	±11.5	±16	±26	+27 +4	+36 +4	+56 +4	+43 +20	+52 +20	+72 +20	+57 +34	+66 +34	+86 +34	+79 +56	+88 +56	+108 +56
280	315															
315	355	±12.5	±18	±28	+29 +4	+40 +4	+61 +4	+46 +21	+57 +21	+78 +21	+62 +37	+73 +37	+94 +37	+87 +62	+98 +62	+119 +62
355	400															

续表

公称尺寸/mm		常用公差带														
		r			s			t			u		v	x	y	z
大于	至	5	6	7	5	6	7	5	6	7	6	7	6	6	6	6
—	3	+14 +10	+16 +10	+20 +10	+18 +14	+20 +14	+24 +14	—	—	—	+24 +18	+28 +18	—	+26 +20	—	+32 +26
3	6	+20 +15	+23 +15	+27 +15	+24 +19	+27 +19	+31 +19	—	—	—	+31 +23	+35 +23	—	+36 +28	—	+43 +35
6	10	+25 +19	+28 +19	+34 +19	+29 +23	+32 +23	+38 +23	—	—	—	+37 +28	+43 +28	—	+43 +34	—	+51 +42
10	14	+31 +23	+34 +23	+41 +23	+36 +28	+39 +28	+46 +28	—	—	—	+44 +33	+51 +33	—	+51 +40	—	+61 +50
14	18							—	—	—			+50 +39	+56 +45	—	+71 +60
18	24	+37 +28	+41 +28	+49 +28	+44 +35	+48 +35	+56 +35	—	—	—	+54 +41	+62 +41	+60 +47	+67 +54	+76 +63	+86 +73
24	30							+50 +41	+54 +41	+62 +41	+61 +48	+69 +48	+68 +55	+77 +64	+88 +75	+101 +88
30	40	+45 +34	+50 +34	+59 +34	+54 +43	+59 +43	+68 +43	+59 +48	+64 +48	+73 +48	+76 +60	+85 +60	+84 +68	+96 +80	+110 +94	+128 +112
40	50							+65 +54	+70 +54	+79 +54	+86 +70	+95 +70	+97 +81	+113 +97	+130 +114	+152 +136
50	65	+54 +41	+60 +41	+71 +41	+66 +53	+72 +53	+83 +53	+79 +66	+85 +66	+96 +66	+106 +87	+117 +87	+121 +102	+141 +122	+163 +144	+191 +172
65	80	+56 +43	+62 +43	+73 +43	+72 +59	+78 +59	+89 +59	+88 +75	+94 +75	+105 +75	+121 +102	+132 +102	+139 +120	+165 +146	+193 +174	+229 +210
80	100	+66 +51	+73 +51	+86 +51	+86 +71	+93 +71	+106 +91	+106 +91	+113 +91	+126 +91	+146 +124	+159 +124	+168 +146	+200 +178	+236 +214	+280 +258
100	120	+69 +54	+76 +54	+89 +54	+94 +79	+101 +79	114 79	+110 +104	+126 +104	+136 +104	+166 +144	+179 +144	+194 +172	+232 +210	+276 +254	+332 +310
120	140	+81 +63	+88 +63	+103 +63	+110 +92	+117 +92	+132 +92	+140 +122	+147 +122	+162 +122	+195 +170	+210 +170	+227 +202	+273 +248	+325 +300	+390 +365
140	160	+83 +65	+90 +65	+105 +65	+118 +100	+125 +100	+140 +100	+152 +134	+159 +134	+174 +134	+215 +190	+230 +190	+253 +228	+305 +280	+365 +340	+440 +415
160	180	+86 +68	+93 +68	+108 +68	+126 +108	+133 +108	+148 +108	+164 +146	+171 +146	+186 +146	+235 +210	+250 +210	+277 +252	+335 +310	+405 +380	+490 +465
180	200	+97 +77	+106 +77	+123 +77	+142 +122	+151 +122	+168 +122	+185 +166	+195 +166	+212 +166	+265 +236	+282 +236	+313 +284	+379 +350	+454 +425	+549 +520
200	225	+100 +80	+109 +80	+126 +80	+150 +130	+159 +130	+176 +130	+200 +180	+209 +180	+226 +180	+287 +258	+304 +258	+339 +310	+414 +385	+499 +470	+604 +575
225	250	+104 +84	+113 +84	+130 +84	+160 +140	+169 +140	+186 +140	+216 +196	+225 +196	+242 +196	+313 +284	+330 +284	+369 +340	+454 +425	+549 +520	+669 +640
250	280	+117 +94	+126 +94	+146 +94	+181 +158	+290 +158	+210 +158	+241 +218	+250 +218	+270 +218	+347 +315	+367 +315	+417 +385	+507 +475	+612 +680	+742 +710
280	315	+121 +98	+130 +98	+150 +98	+193 +170	+202 +170	+222 +170	+263 +240	+272 +240	+292 +240	+382 +350	+402 +350	+457 +425	+557 +525	+682 +650	+822 +790
315	355	+133 +108	+144 +108	+165 +108	+215 +190	+226 +190	+247 +190	+293 +268	+304 +268	+325 +268	+426 +390	+447 +390	+511 +475	+626 +590	+766 +730	+936 +900
355	400	+139 +114	+150 +114	+171 +114	+233 +208	+244 +208	+265 +208	+319 +294	+330 +294	+351 +294	+471 +435	+492 +435	+566 +530	+696 +660	+856 +820	+1 036 +1 000

* 公称尺寸<1 mm 时，各级的 a 和 b 均不采用。

三、孔的极限偏差(GB/T 1800.2—2009)

附 表 35

μm

公称尺寸/mm		常用公差带													
		A*	B*		C	D				E		F			
大于	至	11	11	12	11	8	9	10	11	8	9	6	7	8	9
—	3	+330 +270	+200 +140	+240 +140	+120 +60	+34 +20	+45 +20	+60 +20	+80 +20	+28 +14	+39 +14	+12 +6	+16 +6	+20 +6	+31 +6
3	6	+345 +270	+215 +140	+260 +140	+145 +70	+48 +30	+60 +30	+78 +30	+105 +30	+38 +20	+50 +20	+18 +10	+22 +10	+28 +10	+40 +10
6	10	+370 +280	+240 +150	+300 +150	+170 +80	+62 +40	+76 +40	+98 +40	+170 +40	+47 +25	+61 +25	+22 +13	+28 +13	+35 +13	+49 +13
10	14	+400	+260	+330	+205	+77	+93	+120	+160	+59	+75	+27	+34	+43	+59
14	18	+290	+150	+150	+95	+50	+50	+50	+50	+32	+32	+46	+16	+16	+16
18	24	+430	+290	+370	+240	+98	+117	+149	+195	+73	+92	+33	+41	+53	+72
24	30	+300	+160	+160	+110	+65	+65	+65	+65	+40	+40	+20	+20	+20	+20
30	40	+470 +310	+330 +170	+420 +170	+280 +170	+119 +80	+142 +80	+180 +80	+240 +80	+89 +50	+112 +50	+41 +25	+50 +25	+64 +25	+87 +25
40	50	+480 +320	+340 +180	+430 +180	+290 +180										
50	65	+530 +340	+389 +190	+490 +190	+330 +140	+146 +100	+170 +100	+220 +100	+290 +100	+106 +60	+134 +80	+49 +30	+60 +30	+76 +30	+104 +30
65	80	+550 +360	+330 +200	+500 +200	+340 +150										
80	100	+600 +380	+440 +220	+570 +220	+390 +170	+174 +120	+207 +120	+260 +120	+340 +120	+126 +72	+159 +72	+58 +36	+71 +36	+90 +36	+123 +36
100	120	+630 +410	+460 +240	+590 +240	+400 +180										
120	140	+710 +460	+510 +260	+660 +260	+450 +200	+208 +145	+245 +145	+305 +145	+395 +145	+148 +85	+135 +85	+68 +43	+83 +43	+106 +43	+143 +43
140	160	+770 +520	+530 +280	+680 +280	+460 +210										
160	180	+830 +580	+560 +310	+710 +310	+480 +230										
180	200	+950 +660	+630 +340	+800 +340	+530 +240	+242 +170	+285 +170	+355 +170	+460 +170	+172 +100	+215 +100	+79 +50	+96 +50	+122 +50	+165 +50
200	225	+1 030 +740	+670 +380	+840 +380	+550 +260										
225	250	+1 110 +820	+710 +420	+880 +420	+570 +280										
250	280	+1 240 +320	+800 +480	+1 000 +480	+620 +300	+271 +190	+320 +190	+400 +190	+510 +190	+191 +110	+240 +110	+88 +56	+108 +56	+137 +56	+186 +56
280	315	+1 370 +1 050	+860 +540	+1 060 +540	+650 +330										
315	355	+1 560 +1 200	+960 +600	+1 170 +600	+720 +360	+299 +210	+350 +210	+440 +210	+570 +210	+214 +125	+265 +125	+98 +62	+119 +62	+151 +62	+202 +62
355	400	+1 710 +1 350	+1 040 +680	+1 250 +680	+760 +400										

续表

<table>
<tr><th colspan="2" rowspan="2">公称尺寸/mm</th><th colspan="18">常用公差带</th></tr>
<tr><th colspan="2">G</th><th colspan="7">H</th><th colspan="3">JS</th><th colspan="3">K</th><th colspan="3">M</th></tr>
<tr><th>大于</th><th>至</th><th>6</th><th>7</th><th>6</th><th>7</th><th>8</th><th>9</th><th>10</th><th>11</th><th>12</th><th>6</th><th>7</th><th>8</th><th>6</th><th>7</th><th>8</th><th>6</th><th>7</th><th>8</th></tr>
<tr><td>—</td><td>3</td><td>+8
+2</td><td>+12
+2</td><td>+6
+0</td><td>+10
0</td><td>+14
0</td><td>+25
0</td><td>+40
0</td><td>+60
0</td><td>+100
0</td><td>±3</td><td>±5</td><td>±7</td><td>0
−6</td><td>0
−10</td><td>0
−11</td><td>−2
−8</td><td>−2
−12</td><td>−2
−16</td></tr>
<tr><td>3</td><td>6</td><td>+12
+4</td><td>−16
−4</td><td>+8
0</td><td>+12
0</td><td>+18
0</td><td>+30
0</td><td>+48
0</td><td>+75
0</td><td>+120
0</td><td>±4</td><td>±6</td><td>±9</td><td>+2
−6</td><td>+3
−9</td><td>+5
−13</td><td>−1
−9</td><td>0
−12</td><td>+2
−16</td></tr>
<tr><td>6</td><td>10</td><td>+14
+5</td><td>+20
+5</td><td>+9
0</td><td>+15
0</td><td>+22
0</td><td>+36
0</td><td>+58
0</td><td>+90
0</td><td>+150
0</td><td>±4.5</td><td>±7</td><td>±11</td><td>+2
−7</td><td>+5
−10</td><td>+6
−16</td><td>−3
−12</td><td>0
−15</td><td>+1
−21</td></tr>
<tr><td>10
14</td><td>14
18</td><td>+17
+6</td><td>+24
+6</td><td>+11
0</td><td>+18
0</td><td>+27
0</td><td>+43
0</td><td>+70
0</td><td>+110
0</td><td>+180
0</td><td>±5.5</td><td>±9</td><td>±13</td><td>+2
−9</td><td>+6
−12</td><td>+8
−19</td><td>−4
−15</td><td>0
−18</td><td>+2
−25</td></tr>
<tr><td>18
24</td><td>24
30</td><td>+20
+7</td><td>+28
+7</td><td>+13
0</td><td>+21
0</td><td>+33
0</td><td>+52
0</td><td>+84
0</td><td>+130
0</td><td>+210
0</td><td>±6.5</td><td>±10</td><td>±16</td><td>+2
−11</td><td>+6
−15</td><td>+10
−22</td><td>−4
−17</td><td>0
−21</td><td>+4
−29</td></tr>
<tr><td>30
40</td><td>40
50</td><td>+25
+9</td><td>+34
+9</td><td>+16
0</td><td>+25
0</td><td>+39
0</td><td>+62
0</td><td>100
0</td><td>+160
0</td><td>+250
0</td><td>±8</td><td>±12</td><td>±19</td><td>+3
−13</td><td>+7
−18</td><td>+12
−27</td><td>−4
−20</td><td>0
−25</td><td>+5
−34</td></tr>
<tr><td>50
65</td><td>65
80</td><td>+29
+10</td><td>+40
+10</td><td>+19
0</td><td>+30
0</td><td>+46
0</td><td>+74
0</td><td>+120
0</td><td>+190
0</td><td>+300
0</td><td>±9.5</td><td>±15</td><td>±23</td><td>+4
−15</td><td>+9
−21</td><td>+14
−32</td><td>−5
−24</td><td>0
+30</td><td>+5
−41</td></tr>
<tr><td>80
100</td><td>100
120</td><td>+34
+12</td><td>+47
+12</td><td>+22
0</td><td>+35
0</td><td>+54
0</td><td>+87
0</td><td>+140
0</td><td>+220
0</td><td>+350
0</td><td>±11</td><td>±17</td><td>±27</td><td>+4
−18</td><td>+10
−25</td><td>+16
−33</td><td>−6
−28</td><td>0
−35</td><td>+6
−43</td></tr>
<tr><td>120
140
160</td><td>140
160
180</td><td>+39
+14</td><td>+54
+14</td><td>+25
0</td><td>+40
0</td><td>+63
0</td><td>+100
0</td><td>+160
0</td><td>+250
0</td><td>+400
0</td><td>±12.5</td><td>±20</td><td>±31</td><td>+4
−21</td><td>+12
−28</td><td>+20
−43</td><td>−8
−33</td><td>0
−40</td><td>+8
−55</td></tr>
<tr><td>180
200
225</td><td>200
225
250</td><td>+44
+15</td><td>+61
+15</td><td>+29
0</td><td>+46
0</td><td>+72
0</td><td>+115
0</td><td>+185
0</td><td>+290
0</td><td>+460
0</td><td>±14.5</td><td>±23</td><td>±36</td><td>+5
−24</td><td>+13
−33</td><td>+22
−50</td><td>−8
−37</td><td>0
−46</td><td>+9
−63</td></tr>
<tr><td>250
280</td><td>280
315</td><td>+49
+17</td><td>+69
+17</td><td>+32
0</td><td>+52
0</td><td>+81
0</td><td>+130
0</td><td>+210
0</td><td>+320
0</td><td>+520
0</td><td>±16</td><td>±26</td><td>±40</td><td>+5
−27</td><td>+16
−36</td><td>+25
−56</td><td>−9
−41</td><td>0
−52</td><td>+9
−72</td></tr>
<tr><td>315
355</td><td>355
400</td><td>+54
+18</td><td>+75
+18</td><td>+36
0</td><td>+57
0</td><td>+89
0</td><td>+140
0</td><td>+230
0</td><td>+360
0</td><td>+570
0</td><td>±18</td><td>±28</td><td>±44</td><td>+7
−29</td><td>+17
−40</td><td>+28
−61</td><td>−10
−46</td><td>0
−57</td><td>+11
−78</td></tr>
</table>

续表

公称尺寸/mm		常用公差带											
		N			P		R		S		T		U
大于	至	6	7	8	6	7	6	7	6	7	6	7	7
—	3	-4 -10	-4 -14	-4 -18	-6 -12	-6 -16	-10 -16	-10 -20	-14 -20	-14 -24	—	—	-18 -28
3	6	-5 -13	-4 -16	-2 -20	-9 -17	-8 -20	-12 -20	-11 -23	-16 -24	-15 -27	—	—	-19 -31
6	10	-7 -16	-4 -19	-3 -25	-12 -21	-9 -24	-16 -25	-13 -28	-20 -29	-17 -32	—	—	-22 -37
10	14	-9 -20	-5 -23	-3 -30	-15 -26	-11 -29	-20 -31	-16 -34	-25 -36	-21 -39	—	—	-26 -44
14	18												
18	24	-11 -24	-7 -28	-3 -36	-18 -31	-14 -35	-24 -37	-20 -41	-31 -44	-27 -48	—	—	-33 -54
24	30										-37 -50	-33 -54	-40 -61
30	40	-12 -28	-8 -33	-3 -42	-21 -37	-17 -42	-29 -45	-25 -50	-38 -54	-34 -59	-43 -59	-39 -64	-51 -76
40	50										-49 -65	-45 -70	-61 -76
50	65	-14 -33	-9 -39	-4 -50	-26 -45	-21 -51	-35 -54	-30 -60	-47 -66	-42 -72	-60 -79	-55 -85	-86 -106
65	80						-37 -56	-32 -62	-53 -72	-48 -78	-69 -88	-64 -94	-91 -121
80	100	-16 -38	-10 -45	-4 -58	-30 -52	-24 -59	-44 -66	-38 -73	-64 -86	-58 -93	-84 -106	-78 -113	-111 -146
100	120						-47 -69	-41 -76	-72 -94	-66 -101	-97 -119	-91 -126	-131 -166
120	140	-20 -45	-12 -52	-4 -67	-36 -61	-28 -68	-56 -81	-48 -88	-85 -110	-77 -117	-115 -140	-107 -147	-155 -195
140	160						-58 -83	-50 -90	-93 -118	-85 -125	-137 -152	-110 -159	-175 -215
160	180						-61 -86	-53 -93	-101 -126	-93 -133	-139 -164	-131 -171	-195 -235
180	200	-22 -51	-14 -60	-5 -77	-41 -70	-33 -79	-68 -97	-60 -106	-113 -142	-101 -155	-157 -186	-149 -195	-219 -265
200	225						-71 -100	-63 -109	-121 -150	-113 -159	-171 -200	-163 -209	-241 -287
225	250						-75 -104	-67 -113	-131 -160	-123 -169	-187 -216	-179 -225	-317 -263
250	280	-25 -57	-14 -66	-5 -86	-47 -79	-36 -88	-85 -117	-74 -126	-149 -181	-138 -190	-209 -241	-198 -250	-295 -347
280	315						-89 -121	-78 -130	-161 -193	-150 -202	-231 -263	-220 -272	-330 -382
315	355	-26 -62	-16 -73	-5 -94	-51 -87	-41 -98	-97 -133	-87 -144	-179 -215	-169 -226	-257 -293	-247 -304	-369 -426
355	400						-103 -139	-93 -150	-197 -233	-187 -244	-283 -319	-273 -330	-414 -471

* 公称尺寸<1 mm 时,各级的 A 和 B 均不采用。

四、配合

1. 基孔制

附表 36 基孔制优先、常用配合

基准孔	轴																				
	a	b	c	d	e	f	g	h	js	k	m	n	p	r	s	t	u	v	x	y	z
	间隙配合								过渡配合			过盈配合									
H6						$\frac{H6}{f5}$	$\frac{H6}{g5}$	$\frac{H6}{h5}$	$\frac{H6}{js5}$	$\frac{H6}{k5}$	$\frac{H6}{m5}$	$\frac{H6}{n5}$	$\frac{H6}{p5}$	$\frac{H6}{r5}$	$\frac{H6}{s5}$	$\frac{H6}{t5}$					
H7						$\frac{H7}{f6}$	$\frac{H7^*}{g6}$	$\frac{H7^*}{h6}$	$\frac{H7}{js6}$	$\frac{H7^*}{k6}$	$\frac{H7}{m6}$	$\frac{H7^*}{n6}$	$\frac{H7^*}{p6}$	$\frac{H7}{r6}$	$\frac{H7^*}{s6}$	$\frac{H7}{t6}$	$\frac{H7^*}{u6}$	$\frac{H7}{v6}$	$\frac{H7}{x6}$	$\frac{H7}{y6}$	$\frac{H7}{z6}$
H8					$\frac{H8}{e7}$	$\frac{H8^*}{f7}$	$\frac{H8}{g7}$	$\frac{H8^*}{h7}$	$\frac{H8}{js7}$	$\frac{H8}{k7}$	$\frac{H8}{m7}$	$\frac{H8}{n7}$	$\frac{H8}{p7}$	$\frac{H8}{r7}$	$\frac{H8}{s7}$	$\frac{H8}{t7}$	$\frac{H8}{u7}$				
				$\frac{H8}{d8}$	$\frac{H8}{e8}$	$\frac{H8}{f8}$		$\frac{H8}{h8}$													
H9			$\frac{H9}{c9}$	$\frac{H9^*}{d9}$	$\frac{H9}{e9}$	$\frac{H9}{f9}$		$\frac{H9^*}{h9}$													
H10			$\frac{H10}{c10}$	$\frac{H10}{d10}$				$\frac{H10}{h10}$													
H11	$\frac{H11}{a11}$	$\frac{H11}{b11}$	$\frac{H11^*}{c11}$	$\frac{H11}{d11}$				$\frac{H11^*}{h11}$													
H12		$\frac{H12}{b12}$						$\frac{H12}{h12}$													

注：1. $\frac{H6}{n5}$、$\frac{H7}{p6}$在公称尺寸小于或等于 3 mm 和$\frac{H8}{r7}$在小于或等于 100 mm 时，为过渡配合。

2. 标注“*”的配合为优先配合。

2. 基轴制

附表 37 基轴制优先、常用配合

基准轴	孔																				
	A	B	C	D	E	F	G	H	JS	K	M	N	P	R	S	T	U	V	X	Y	Z
	间隙配合								过渡配合			过盈配合									
h5						$\frac{F6}{h5}$	$\frac{G6}{h5}$	$\frac{H6}{h5}$	$\frac{Js6}{h5}$	$\frac{K6}{h5}$	$\frac{M6}{h5}$	$\frac{N6}{h5}$	$\frac{P6}{h5}$	$\frac{R6}{h5}$	$\frac{S6}{h5}$	$\frac{T6}{h5}$					
h6						$\frac{F7}{h6}$	$\frac{G7^*}{h6}$	$\frac{H7^*}{h6}$	$\frac{Js7}{h6}$	$\frac{K7^*}{h6}$	$\frac{M7}{h6}$	$\frac{N7^*}{h6}$	$\frac{P7^*}{h6}$	$\frac{R7}{h6}$	$\frac{S7^*}{h6}$	$\frac{T7}{h6}$	$\frac{U7^*}{h6}$				
h7					$\frac{E8}{h7}$	$\frac{F8^*}{h7}$		$\frac{H8^*}{h7}$	$\frac{Js8}{h7}$	$\frac{K8}{h7}$	$\frac{M8}{h7}$	$\frac{N8}{h7}$									
h8				$\frac{D8}{h8}$	$\frac{E8}{h8}$	$\frac{F9}{h8}$		$\frac{H8}{h8}$													
h9				$\frac{D9^*}{h9}$	$\frac{E9}{h9}$	$\frac{F9}{h9}$		$\frac{H9^*}{h9}$													
h10				$\frac{D10}{h10}$				$\frac{H10}{h10}$													
h11	$\frac{A11}{h11}$	$\frac{B11}{h11}$	$\frac{C11^*}{h11}$	$\frac{D11}{h11}$				$\frac{H11^*}{h11}$													
h12		$\frac{B12}{h12}$						$\frac{H12}{h12}$													

注：标注“*”的配合为优先配合。

§8 常用材料

一、黑色金属材料

附 表 38

标准	名称	牌号	性能及应用举例	说明
GB/T 700—2006	碳素结构钢	Q215（A2、A2F）	金属结构件，拉杆，套圈、铆钉、螺栓、短轴、心轴、凸轮（载荷不大的）、吊钩、垫圈；渗碳零件及焊接件	Q 表示碳素结构钢，215、235 表示抗拉强度；括号内表示对应的旧牌号
		Q235（A3）	金属结构构件，心部强度要求不高的渗碳或氰化零件；吊钩、拉杆、车钩、套圈、气缸、齿轮、螺栓、螺母、连杆、轮轴、楔、盖及焊接件	
GB/T 699—1999	优质碳素结构钢	10	这种钢的屈服强度和抗拉强度比较低。塑性和韧性均高，在冷状态下，容易模压成形。一般用于拉杆、卡头、钢管垫片、垫圈、铆钉，这种钢焊接性甚好	牌号的两位数字表示平均碳的质量分数，45 钢即表示平均碳的质量分数为 0.45%；含锰量较高的钢，须加注化学元素符号“Mn”；碳的质量分数≤0.25%的碳钢是低碳钢（渗碳钢）；碳的质量分数在 0.25%～0.60%范围内时碳钢是中碳钢（调质钢）；碳的质量分数大于 0.60%的碳钢是高碳钢
		15	塑性、韧性、焊接性和冷冲性均极良好，但强度较低。用于制造受力不大、韧性要求较高的零件、紧固件、冲模锻件及不要热处理的低载荷零件，如螺栓、螺钉、拉条、法兰及化工贮器、蒸汽锅炉等	
		35	具有良好的强度和韧性，用于制造曲轴、转轴、轴销、杠杆、连杆、横梁、星轮、圆盘、套筒、钩环、垫圈、螺钉、螺母等。一般不作焊接用	
		45	用于强度要求较高的零件，如汽轮机的叶轮、压缩机、泵的零件等	
		60	这种钢的强度和弹性相当高，用于制造轧辊、轴、弹簧圈、弹簧、离合器、凸轮、钢绳等	
		15Mn	它的性能与 15 钢相似，但其淬透性、强度和塑性比 15 钢都高些。用于制造中心部分力学性能要求较高且需渗碳的零件。这种钢焊接性好	
		65Mn	强度高，淬渗性较大，离碳倾向小，但有过热敏感性，易产生淬火裂纹，并有回火脆性。适宜作大尺寸的各种扁、圆弹簧，如座板簧，弹簧发条	
GB/T 1299—2014	工模具钢	T8、T8A	有足够的韧性和较高的硬度，用于制造能承受振动工具。如钻中等硬度岩石的钻头、简单模子、冲头等	用“碳”或“T”后附以平均碳的质量分数的千分数表示，有 T7～T13；平均碳的质量分数为 0.7%～1.3%

续表

标准	名称	牌号	性能及应用举例	说明
GB/T 1591—2008	低合金高强度结构钢	16Mn	桥梁、造船、厂房结构、储油罐、压力容器、机车车辆、起重设备、矿山机械及其他代替 Q235 的焊接结构	碳素钢中加入少量合金元素(总量<3%)。其力学性能较碳素钢高,焊接性、耐蚀性、耐磨性较碳素钢好,但经济指标与碳素钢相近
		15MnV	中高压容器、车辆、桥梁、起重机等	
GB/T 3077—1999	合金结构钢	20Mn2	对于截面较小的零件,相当于 20Cr,可作渗碳小齿轮、小轴、活塞销、柴油机套筒、气门推杆、钢套等	钢中加入一定量的合金元素,提高了钢的力学性能和耐磨性;也提高了铁的淬透性,保证金属在较大截面上获得高的力学性能
		15Cr	船舶主机用螺栓、活塞销、凸轮、凸轮轴、汽轮机套环以及机车用小零件等,用于心部韧性较高的渗碳零件	
		35SiMn	此钢耐磨、耐疲劳性均佳,适用于作轴、齿轮及在 430 ℃以下的重要紧固件	
		20CrMnTi	工艺性能特优,用于汽车、拖拉机上的重要齿轮和一般强度、韧性均高的减速器齿轮,供渗碳处理	
GB/T 1221—2007	耐热钢	14Cr11MoV	通常用来制作汽轮机叶片、轮盘、轴、紧固件等。此外,还可用来制造内燃机排气阀	在 650 ℃以下有较高的高温强度、抗氧化性和耐水汽腐蚀的能力,但焊接性较差
GB/T 5613—1995	铸钢	ZG310-570	各种形状的机件,如联轴器、轮、气缸、齿轮、齿轮圈及重载荷机机架	“ZG”是铸钢的代号,310 表示屈服强度最低值,570 表示抗拉强度最低值
GB/T 9439—2010	灰铸铁	HT150	用于制造端盖、汽轮泵体、轴承座、阀壳、管子及管路附件、手轮;一般机床底座、床身、滑座、工作台等	“HT”为灰铸铁的代号,后面的数字代表抗拉强度,如 HT200 表示抗拉强度为 200 N/mm^2 的灰铸铁
		HT200	用于制造气缸、齿轮、底架、机体、飞轮、齿条、衬筒;一般机床铸有导轨的床身及中等压力的液压筒、液压泵和阀体等	
GB/T 1348—2009	球墨铸铁	QT500-15 QT450-5 QT400-17	具有较高的强度耐磨性和韧性。广泛用于机械制造业中受磨损和受冲击的零件,如曲轴、齿轮、气缸套、活塞杯、摩擦片、中低压阀门、千斤顶座、轴承座等	“QT”是球墨铸铁的代号,后面的数字表示强度和伸长率的大小,如 QT500-15 即表示球墨铸铁的抗拉强度为 500 N/mm^2,伸长率为 15%

续表

标准	名称	牌号	性能及应用举例	说明
GB/T 9440—2010	可锻铸铁	KTH300-06	用于受冲击、振动等零件，如汽车零件、农机零件、机床零件以及管道配件等	“KTH”、“KTB”、“KTZ”分别是黑心、白心、珠光体可锻铸铁的代号，它们后面的数字分别代表抗拉强度和伸长率
		KTB350-04 KTZ500-04	韧性较低，强度大，耐磨性好，加工性良好，可用于要求较高强度和耐磨性的重要零件，如曲轴、连杆、齿轮、凸轮轴等	

二、有色金属材料

附 表 39

标准	名称	牌号	性能及应用举例	说明
GB/T 5231—2012	普通黄铜	H62	适用于各种深拉深和弯折制造的受力零件，如销钉、垫圈、螺母、导管、弹簧、铆钉等	“H”表示黄铜，62表示铜的质量分数60.5%~63.5%
GB/T 1176—2013	黄铜	ZCuZn38	散热器、垫圈、弹簧、各种网、螺钉及其他零件	“Z”表示铸，铜的质量分数为60%~63%
	锰黄铜	ZCnZn38 Zn2Pb2	用于制造轴瓦、轴套及其他耐磨零件	铜的质量分数为57%~60%，锰的质量分数为1.5%~2.5%，铅的质量分数为2%~4%
	锡青铜	ZCnSn3Zn8- Pb6Ni1	用于受中等冲击载荷和在液体或半液体润滑及耐腐蚀条件下工作的零件，如轴承、轴瓦、蜗轮、螺母，以及1 MPa以下的蒸汽和水配件	锡的质量分数为2%~4%，锌的质量分数为6%~9%，铅的质量分数为4%~7%，硅的质量分数为0.5%~1%
	铝青铜	ZCnAl10Fe3	强度高、减摩性、耐蚀性、耐压性、铸造性均良好。用于在蒸汽和海水条件下工作的零件及受摩擦和腐蚀的零件，如蜗轮衬套等	铝的质量分数为8%~11%，铁的质量分数为2%~4%
GB/T 1173—2013	铸造铝合金	ZL102 ZL202	耐磨性中上等，用于制造载荷不大的薄壁零件	ZL102表示硅的质量分数为10%~13%、余量为铝的铝硅合金； ZL202表示铜的质量分数为9%~11%、余量为铝的铝铜合金
GB/T 3190—2008	变形铝及铝合金	2A12(LY12) 2A11(LY11)	适于制作中等强度的零件，焊接性能好	2A12表示铜的质量分数为3.8%~4.9%、镁的质量分数为1.2%~1.8%、锰的质量分数为0.3%~0.9%、余量为铝的硬铝，括号内为旧牌号

三、非金属材料

附 表 40

标准	名称	牌号	性能及应用举例	说明
GB/T 5574—2008	普通橡胶板	1613	中等硬度，具有较好的耐磨性和弹性，适于制作具有耐磨、耐冲击及缓冲性能好的垫圈、密封条、垫板	
	耐油橡胶板	3707 3807	较高硬度，较好的耐熔剂膨胀性，可在-30 ℃～+100 ℃的机油、汽油等介质中工作，可制作垫圈	
FZ/T 25001—2012	工业用毛毡	细 毛 半细毛 粗 毡	用作密封、防漏油、防振、缓冲衬垫等	厚度为1.5～2.5 mm
QB/T 2200—1996	软钢纸板		供汽车、拖拉机的发动机及其他工业设备上制作密封垫片	纸板厚度为0.5～3.0 mm
JB/T 8149.2—2000	酚醛棉布层压板	PFCC1 PFCC2 PFCC3 PFCC4	力学性能很高，刚性大，耐热性高。可用作密封件、轴承、轴瓦、带轮、齿轮、离合器、摩擦轮、电气绝缘零件等	在水润滑下摩擦系数极低，为0.01～0.03
QB/T 3625—1999 QB/T 3626—1999	聚四氟乙烯板材	SPT-1 SPT-2 SPT-3 SPT-4	化学稳定性好，高耐热、耐寒性，自润滑好，用于耐腐耐高温密封件、填料、衬垫、阀座、轴承、导轨、密封圈等	
GB/T 7134—2008	有机玻璃		耐酸，耐碱。制造一定透明度和强度的零件、油杯、标牌、管道、电气绝缘件等	有色和无色

注：FZ是纺织工业部标准；QB是轻工业部标准。

§9 热处理名词简介

附 表 41

名词	说明
退火	加热到临界温度以上，保温一定时间，然后再缓慢冷却（可在炉中冷却）
正火	加热到临界温度以上，保温一定时间，再在空气中冷却，冷却速度比退火要快
淬火	加热到临界温度以上，保温一定时间，再放在水、油或盐水中急速冷却
回火	经淬火后再加热到临界温度以下的某一温度，在该温度停留一定时间，然后在油或空气中冷却

续表

名词	说明
调质	在 450~650℃进行高温回火
表面淬火	用火焰或高频电流将零件表面迅速加热至临界温度以上,急速冷却
渗碳淬火	在渗碳剂中加热到 900~950 ℃,停留一定时间,将碳渗入钢表面,深度为 0.5~2 mm;然后再淬火后回火
氮化	使工作表面饱和氮元素
发蓝	用加热方法使工件表面形成一层氧化铁所组成的保护性薄膜,其颜色常为蓝色,属于一种氧化处理

三种硬度的字母代号:

布氏硬度 HBW

洛氏硬度 HRC

维氏硬度 HV